건축의장

히라오 가즈히로 · 스에카네 신고 편저
김 기 수 감수
윤 철 재 민 건 희 역

Architecture in the Modern Age

Architecture in the Contemporary Age

Architecture in the postwar period of Japan

Possibilities of Architectural Drawing

Beginnings of Architecture

Elements of Architecture

Forms of Architecture

Parts and Entirety

Light and Darkness

Image of Space

City in the Modern and Contemporary Age

Expressions of Structure

Sustainability and Architectural Design

기문당

Textbook of Theory and Practice for Architectural Design

머리말

introduction

일반적으로 '의장'(design)이라는 단어에는 '무언가를 고안하는 행위, 취향을 표현하는 행위= idea, device'라는 의미와 함께, '미술 · 공예 · 공업제품 등의 형태 · 색 · 모양 · 배치 등에 대한 독자적인 아이디어, 디자인 = design'이라는 두 가지 의미가 존재한다.

근대건축 이전의 19세기경의 '건축의장'은 '구조'와 대비되어 구조적 해결을 중심으로 건물 본체에 대한 '의장행위=외관의 표현 부여', 즉 미적 · 장식적인 조작을 지칭하는 것으로 여겨졌으며, 로마시대의 건축가 비트루비우스는 건축의 세 가지 요소를 '구조, 기능, 미' 라는 용어를 사용하여 제시하고 있다. 그 중에서 '미'를 다루는 학문으로서의 건축미학은 18세기 후반의 철학자 바움가르텐이 창시한 이래 '건축미의 본질을 탐구하는 학문'으로서 오늘날까지 이어져오고 있다. 이러한 배경으로부터 오늘날에도 '건축의장 = 건축미학'의 도식으로 생각하는 입장도 존재하지만 건축의 형태와 그 구성이론에 관한 연구를 '건축의장학'이라는 이름으로 정의하고자 한다.

본 서는 건축가를 꿈꾸는 학생이나 젊은 설계자들을 대상으로 쓰여졌으며 일상적으로 이루어지는 논의나 설계에 대한 사고에 도움이 될 수 있을 만한 기초적인 지식, 또는 최소한 알아두어야 할 이론적인 토대를 앞서 정의한 시점의 '의장' design 이라는 관점에서 폭넓게 이해함과 동시에, 이러한 견해들을 알기 쉽게 해설한 입문서로서 정리한 것이다. 또한 대학의 학부 수준의 '건축디자인', '건축설계론', '건축공간론' 및 대학원 수준의 '건축설계특론' 등과 같은 의장 · 설계 계열의 교재나 강의 텍스트로서 사용될 수 있도록 광범위한 테마에 대하여 가능한 한 쉽게 여러 견해들의 소개를 시도했다.

이 책은 ① 근대건축 이후의 이론 ② 건축의 '표기'방법과 설계자의 의도 ③ 형태(형태와 구성, 전체와 부분의 논리) ④ 건축 구성요소의 역할 ⑤ 건축의 원점에 관한 논고, ⑥ 공간과 빛의 이미지의 변천사 ⑦ 근 · 현대의 도시 이론 ⑧ 힘의 흐름 ⑨ 디자인 영역의 확대라는 9가지 테마에 대해 13장으로 구성되어 있다. 권말에는 각 장에서 15문제씩, 합계 200문항의 일문일답 형식의 예제를 실었다. 이 책의 사용방법으로서는 본문 13장과 문제집+텍스트를 병행하여 15회에 걸쳐 강의할 수 있도록 되어 있다. 대학 강의에서는 최종적인 도달목표를 '권말의 문제집을 풀 수 있을 수준'으로 설정할 수 있으며 '해답을 작성하기 위해 본문을 읽어나가기'와 같은 순서도 가능할 것이다. 또한 각 문제의 그문이 각 장의 엣센스, 즉 요약 판으로 되어 있으므로 이 문장만을 다시 읽어도 본문의 내용을 개략적으로 이해할 수 있다.

테마의 구성과 지면상의 제약으로 종래의 의장 책에 비해 미학자 · 미술사가 · 건축가 등의 미학론, 심메트리(대칭)나 콘트라스트(대비) 등과 같은 '미의 형식원리', 또는, '색채'와 '장식'에 대한 상세한 해설까지는 싣지 못했다. 이러한 내용에 대해서는 이노우에 미츠오(井上充夫)의 『건축미론의 역사建築美論の歩み』(鹿島出版会, 1991)나 아게마츠 유우지(上松祐二)의 『건축공간론 그 미학적 고찰建築空間論その美学的考察』(早稲田大学出版部, 1997) 그리고 고바야시 모리타(小林盛太)의 『건축미의 과학적 이해建築美を科学する』(彰国社, 1991) 등 훌륭한 입문서 · 해설서가 이미 출간되어 있으므로 참고하기 바란다.

이 책은 40세 전후의 건축디자인 관계자들이 모여 전체구성에서부터 각 장의 내용에 이르기까지 논의를 거듭해가며 만들어낸 것이다. 이러한 논의는 건축디자인의 텍스트라는 광범위한 주제를 다루어야 했던 작업이었기에 필자들의 스터디그룹이라는 성격도 지니고 있었다. 책의 내용 중 예기치 못한 착오 등에 대해서는 많은 지적과 지도를 바란다.

이 책을 읽는 많은 이들이 건축의장에 대해 흥미와 지식을 가지게 되어 앞으로 만들어 낼 건축과 도시의 공간이 보다 좋은 것이 될 수 있도록 본 서가 조금이나마 보탬이 되기를 바라는 바이다.

역자서문

introduction

건축의장에 대한 탐구는 건축, 나아가 도시에 관련된 사람이라면 연령이나 경험과는 관계없이 누구에게나 가능한 것이고 또한 필요한 분야일 것이다. 그러나 그 이면에는 모순적인 측면도 존재하고 있는 것으로 건축의장이 포괄하는 범위란 지극히 넓기 때문에 무엇을 공부해야 하는지, 어디서부터 시작해야 하는지에 대한 실마리를 과연 어디에서 찾을 수 있을까라는 문제에 직면할 때도 있다. 이 책은 이러한 점에 입각하여 다양한 분야에 관한 담론들을 건축의장이라는 하나의 일관된 테마를 통하여 서술해 나간 책이다. 책을 들쳐보게 되면 알 수 있듯이 각 장에서 다루고 있는 내용들은 그 주제의 전개에 따라 무한히 다양한 건축의장의 측면을 보여주고 있는 것이다.

대학에서의 강의를 위한 교재라는 책의 수식어 때문에 무언가 딱딱한 내용으로 가득 찬 책이 아닐까라는 의문을 가지는 독자 분들도 있을 것이다. 그러나 이 책을 번역해나가면서 느낄 수 있었던 점은 다양한 여러 분야의 전문가들이 이 책의 테두리 안에서 우리들이 건축과 도시를 만들어 나가기 위해 필요하고 알아두어야 할 내용들을 포괄적으로 설명하고 있음으로써 앞으로의 우리의 건축을 보다 흥미롭게 만들어 나가자고 주장하고 있다는 것이었으며, 이러한 점들은 페이지를 하나씩 넘겨가는 과정에서 독자 분들께도 충분히 전달될 수 있으리라 믿는다.

우리들은 건축에 둘러싸여 살아가며 건축의 안에서 일하고 생각하고 건축을 느끼면서 여행을 하게 되며 건축의 안에서 죽음을 맞게 된다. 건축으로부터 도망가려 해도 평생 도망갈 수 없는 것이다. 또한 건축은 하나하나가 고립되어 서 있는 것이 아니며 건축이 모이는 곳에서 생겨나는 도시는 건축과의 경계가 없는 존재이다. 우리들 모두가 건축의장이라는 분야에 대해서 고민을 거듭하면 거듭할수록 건축뿐만이 아니라 우리의 도시까지도 아름다워져 갈 수 있을 것이라 생각한다. 이 책이 그러한 점을 위한 하나의 작은 계기가 될 수 있었으면 하는 바람이다.

이러한 본 서의 의미부여와 함께 번역을 하면서 많은 독자 분들께 몇 가지 부탁드리고 싶은 점도 찾을 수 있었다. 먼저 일본서라는 원저의 특성으로부터 각 장의 내용에 따라 국내의 독자들에게는 이해가 어려운 부분들을 다수 발견할 수 있었다. 이러한 부분은 가능한 한 역자주를 통해 이해를 도울 수 있도록 노력하였다. 또한 기본적으로 광범위한 내용을 한정된 분량에서 다룰 수밖에 없었으므로 본문에서는 각 장의 내용 전개에 필수적인 내용만을 다루고 있다는 점이다. 보다 심층적인 이해를 얻고자 하는 독자 분들께서는 본문주석에 언급되고 있는 관련문헌들을 참조하기 바란다.

이 책의 작업에 착수하고 나서 가장 어려웠던 점도 이러한 내용의 다양함과 풍부함에 기인하는 것이었다. 광범위한 분야의 여러 전문가들의 고견을 우리말로 옮겨 가면서 턱없이 부족한 지식의 한계를 통감하였으며, 이로부터 혹여 발견될 수 있는 오류에 대해서는 많은 독자 분들의 넓은 이해와 지도편달을 바라는 바이다.

끝으로 이 책의 번역을 믿고 맡겨주신 기문당출판사 강해작 사장님과 관계자 분들께 깊은 감사의 말씀을 드린다.

2009년 8월

역자

차 례

contents

범례

notes

- 인명은 모두를 원칙으로, 작품명은 한국어로만은 전달이 부족하다고 판단되는 경우에 따라 영어명, 일어명을 병기하였으며, 기준은 처음의 경우만 풀네임으로 기재하고 차후부터는 문맥에 맞추어 생략하여 기재하였다.
- 본문의 인용문헌, 찾아보기의 참고문헌에 대해서는 가능한 한 원제를 그대로 사용하는 것을 원칙으로 하였으며 본문의 일본어 책의 경우는 우리말 번역과 함께 원저가 있는 경우 영어로 병기하였다.
- 타 장에 관련도판이 기재되어 있는 경우에는 가능한 한 ⇨으로 참조를 표기했다.
  예) ⇨p.45 그림 2-7……본서 p.45의 그림 2-7을 참조
- 타 장에 관련설명이 기재되어 있는 경우에는 가능한 한 ☞으로 참조할 곳을 표기했다.
  예) ☞p.45, 2장 2절……본서 p.45의 제2장 제2절을 참조.
- 역자주가 필요한 단어의 바로 옆에 "역자주"라 명기한 후 주석을 달았다.
- 문제집은 강의에서의 이해도를 돕기 위해 작성하였다. 활용방식을 고려하여 해답은 게재하지 않는다.
- 색인(찾아보기)에 관해서는 개념적 사항에 의해서도 색인화 되었으며, 반드시 그 단어가 본문 중에 기재되어 있는 것은 아니다.
- 도판출전에 대해서는 인용한 도판을 포함하여 지면 관계상 본 서의 마지막 부분에 정리하여 게재하였다.

01 근대의 건축

근대화의 제반조건, 세기말 전환기, 전위운동, 프랭크 로이드 라이트, 르 코르뷔지에, 미스 반 데어 로에, 합리주의, 기능주의

타이틀그림 : 빌라 사보아

1_ 근대로의 변용

● 사회의 변용

18세기 후반에 영국에서 일어난 산업혁명을 계기로 농업이 기반이었던 봉건적인 형태의 토지지배적 사회에서 공업을 중심으로 한 사회로의 변화는 근대의 다양한 가능성을 보여줌과 동시에 많은 과제를 안겨주었다. 공업화가 진행됨에 따라 사람들은 농업에 적합한 장소로부터 공업의 입지에 적합한 장소로 유입되어가는 도시화[1-1]현상을 경험하게 된다. 토지에 속박된 기존의 제도로부터 이탈하려는 사람들 중에는 전문적인 기능을 보유한 중산상류계급이나 노동자계급이라는 새로운 사회계급을 형성하며 근대도시의 주역이 되어 갔다. 그와 동시에 새로운 일터를 찾아 도시에 모여드는 사람들의 주거형태도 기존의 것들과는 다른 성격을 나타내게 되었다. 노동과 주거가 일체화된 주택으로부터 노동과 주거가 분리된 전용주택(집합주택과 교외주택)으로 변화하게 된 것이다.

공업화가 진전됨에 따라서 공장뿐만이 아닌 물품을 수송 및 보관하는 시설이나 도시에 거주하는 사람들을 위한 공공적인 시설과 공장에서 생산된 물품을 관리하는

이른바 제3차 산업에 종사하는 사람들이나 작업장으로서의 사무소 및 그 공간에서 근무하는 사람들을 위한 주거도 필요하게 되었다.

'근대건축의 역사는 이렇듯 거대한 사회의 근대화의 과정 속에서 건축이 변화해 가는 역사라고 생각해야 한다.'[1-2]

건축에 관련된 주목할만한 변화로는 지금부터 살펴볼 빌딩 타입의 변화와 새로운 재료 및 기술에 대한 적응을 들 수 있다.

● 빌딩 타입[1-3]의 변화와 새로운 재료와 기술

공업화에 따른 도시화의 진전과 사회구조로서의 자본주의로의 이행은 이전에는 볼 수 없었던 새로운 건축을 필요로 하게 되었다. 공장, 창고 등과 같은 생산에 직결된 것들에서부터 제품을 수송하기 위한 철도와 역, 교량 등의 교통시설, 제품을 유통시키기 위한 박람회장이나 시장, 백화점, 사무소, 시청, 도서관 등의 공공시설, 그리고 독립주택 등이 건축가가 다루는 새로운 빌딩타입으로 등장하게 되었다.

공업화가 진행되어감에 따라 건축을 구성하는 철, 콘크리트, 유리 등과 같은 재료도 대량생산이 가능하게 되어 점차로 돌이나 벽돌을 대체하는 주요 건축재료의 자리를 차지하게 되었다. 또한 철이나 콘크리트에 관한 물리적, 과학적 성질이나 구조방식에 대한 공학적인 연구도 동시에 이루어지게 된다. 고딕건축 연구가인 비올레 르 뒥(Viollet Le Duc)은 고딕건축의 부재(건축을 분절한다는 사고방식은 근대의 사상과 통하는 것이었다)를 철재로 대체하는 것이 가능하다고 주장하면서 새로운 재료와 건축의 양식을 연계시켰다.

1851년의 조셉 팩스턴(Joseph Paxton)이 설계한 수정궁(➩p.269 그림 2-22)에서는 철의 특성을 살린 가느다란 구조체에 의한 거대스팬의 구조형식을 유리로 덮음으로써 이전까지의 건축의 공간적 성질을 전환시키고 있다. 또한 구스타프 에펠(Gustave Eiffel)의 높이 300미터의 에펠탑(1889, ➩p.236 11장 타이틀 그림, p.268 그림 2-20)이나 115미터의 거대한 스팬을 가지는 파리 만국박람회 기계관(1889, 페르디난드 뒤테르(Ferdinand Dutert) + 빅토르 콩타맹(Victor Contamin), 그림 1-1) 등 유사한 경향을 가지는 다양한 건축이 나타나기 시작한다. 이렇듯 엔지니어들이 선도적으로 설계한 건축물들에서는 대부분 장식적인 디테일을 발견할 수가 있는데, 양식과 그에 기초한 장식이 새로운 가치관과 호응하는 조형으로 대체되기까지는 건축가들의 의식개혁이 결실을 맺는 20세기에 이르러서야 이루어지게 되는 것이다.

그림 1-1 파리 만국박람회 기계관

● **원형의 모색과 양식의 상대화**

사회나 기술 등의 변화와 함께 건축에 대한 사고방식도 변화를 겪게 된다.

'역사를 움직이는 것은 사회, 경제, 기술 등의 힘뿐만이 아니라 인간의 의지의 힘이기도 하다.'[1-4]

마르크 앙투와느 로지에(Marc Antoine Laugier)는 『건축시론(Essai sur l'architecture)』(1755, 제2판, ➩p.102 그림 3-4)에서 4개의 기둥과 그것들을 잇는 보와 도리로 이루어진 맞배지붕의 오두막을 건축의 원형으로 제시하고 있다.[1-5] 또한 장 니콜라이 듀랑(Jean Nicolas Louis Durand)[1-6]은 『건축교과과정의 개요(Précis des leçons d'architecture données à l'École royale polytechnique)』(1802-05)에서 평면, 단면의 구성을 다이어그램으로 파악함으로써 건축구성의 기하학적인 공통점을 유도하였다. 이러한 사고방식은 기존의 건축을 이해하는 방법론이었던 양식으로부터의 탈피와 함께 건축의 보편적인 원형을 추구하는 자세로 볼 수 있다.

그와 동시에 18세기 중반부터는 그리스 건축이 로마건축을 대신하는 새로운 원형으로서 재발견되고 유럽 각국의 문화적 전통의 근원인 고딕건축을 필두로 세계 각지의 다양한 양식이 같은 시기에 출현하게 된다. 고트프리트 젬퍼(Gottfried Semper)[1-7]는 『공학 및 공학기술적 예술에 있어서의 양식 혹은 실천적 미학(Style in the Technical and Tectonic Arts; or, Practical Aesthetics)』(1860)에서,

> '건축의 기본형식에 대한 구조적, 기술적인 이해란 조잡한 유물론적 고찰과는 다른 것이다. 진정한 유물론적 고찰에 따르면 건축의 고유한 성질이란 마감된 구조, 도해되고 착색된 정역학과 동역학, 순수한 소재표현 이외의 그 어느 것도 아니다.'[1-8]

라고 하면서 건축을 이해하는 기반으로서의 구조와 소재의 중요성을 강조하였다.

18세기 중반에 들어서는 이전의 시대와 호응해 왔던 건축의 양식이나 건축에 대한 사고방식이 점차 절대적인 것이 아닌 상대적인 것으로 변화해가게 된다. 또한 보편성(신고전주의의 범용적인 모델)과 고유성(고딕양식 등의 중세모델)의 대립도 계속되면서 건축을 새롭게 정의할 필요성도 대두하게 되었다. 이러한 배경은 19세기 중반부터 근대사회에 걸맞는 건축을 둘러싼 다양한 사고로 이어지게 된다.

2_ 세기말 전환기의 건축

● **중세모델과 생산 · 디자인의 조화 : 수공예 운동**

미술비평가이며 사회사상가로서도 후세에 큰 영향을 끼친 존 러스킨(John Ruskin)은 『건축의 칠등(The Seven Lamps of Architecture)』[2-1] (1849)에서 중세를 모델로 하는 건축, 나아가 사회로의 회귀를 주장하였다.[2-2] 러스킨의 영향을 받았으며 그와 마찬가지로 기계에 의한 대량생산에 반감을 가지고 있던 윌리엄 모리스(William

Morris)는 예술에 대하여,

> '인간에 의한, 노동에 대한 기쁨의 표현'이며 '민중에 의해, 민중을 위하여 만들어진, 만든 사람과 사용자에게 동시에 즐거움을 주는 것'[2-3]

이어야 한다고 주장하였다. 이러한 이상을 실현하기 위해 모리스는 상회를 조직하게 되고 중세의 길드적인 수공예로의 회귀를 통해 생활 전반에서의 종합적인 예술화를 도모하게 된다.

모리스가 필립 웹(Phillip Webb)과 함께 설계한 붉은 집(Red House, 1859, 그림 2-1)은 근대 특유의 유복한 중산계급을 위한 교외의 전용주택이라는 특색을 가진다. 특히 내부의 기능적인 요구를 그대로 외관에 표현하고 심메트리 등의 양식적인 구성을 회피하여 솔직한 공간구성을 취하고 있다는 점과 모리스에 의한 가구나 생활소품들이 건축과 잘 조화되고 있어 수공예 운동(Art and Craft Movement)의 건축의 대표작이라고 할 수 있다.

수공예 운동은 고딕양식의 재발견과 함께 종래에는 응용예술로 여겨졌던 가구분야에 회화와 같은 지위를 부여한 것이나, 실용성이 높은 고급 제품을 중시했다는 점, 조직을 만들어 사회개혁에 뛰어들었다는 점이 그 의의로 평가되는 한편, 기계를 부정했다는 점에서 그 한계도 지적되고 있다.

● **양식으로부터의 이탈과정 : 아르누보**

새로운 예술이라는 의미의 아르누보(Art Nouveau)는 19세기말 유럽의 도시문화를 석권하게 된다. 그 명칭은 각 나라에서 서로 다르게 불렸으나 그들 대부분이 식물적인 곡선을 나타내는 것이었다. 또한 회화나 건축부터 가구나 유리식기 등의 응용예술에 이르기까지 폭넓은 분야를 그 대상으로 한 점이 아르누보의 특색이었다.

헥토르 기마르(Hector Guimard)가 설계한 파리의 지하철 입구(1900, 그림 2-2)는 식물을 연상시키는 유기적이고 가벼운 주철의 곡선구조와 부드러운 곡선을 가지는

그림 2-1 붉은 집

그림 2-2 파리 지하철 입구

그림 2-3 타셀 저택

유리 지붕이 사람들을 지하철로 유도하고 있다. 평면적인 장식성이라는 점에서 아르누보의 특색을 잘 나타내고 있으며 구조체나 유리의 교체가 용이하도록 프리패브리케이션으로 고려되어진 점도 주목할 만하다. 또한 빅토르 오르타(Victor Horta)의 타셀저택[2-4](Hotel Tassel, 1892, 그림 2-3, ⇨p.201 그림 6-9)도 기마르의 작품과 마찬가지로 식물을 연상시키는 유기적인 곡선을 보이고 있다. 하지만 이 작품에서는 계단실을 중심으로 주택의 내부공간 전체를 유기적으로 연속시켜 주는 역할로서 장식을 이용하고 있다.

언뜻 보기에는 거의 차이가 없어 보이는 두 작품에서도 건축가의 의도와 그 효과에서는 차이를 보이고 있는 것이다. 안토니오 가우디(Antonio Gaudi)의 사그라다 파밀리아 성당(1883-1926, 그림 2-4)에서는 가우디 특유의 다양하면서도 풍부한 이미지들과 복잡하면서도 고도의 조형이 펼쳐지고 있는데 이러한 특징은 그리스의 조형적 장점을 계승한 것이며, 그와 동시에 탑의 형태는 구조적으로 합리적인 판단에 따른 결과물이었다. 자국의 문화적 배경을 근대라는 시대에 오버랩시키는 사고방식은 핀란드의 엘리엘 사리넨(Eliel Saarinen)의 헬싱키 중앙역(1905-14, ⇨p.147 그림 2-18) 등과 같은 건축에서도 나타나고 있는 특징으로서 낭만적 민족주의로 불리기도 한다.

찰스 레니 맥킨토시(Charles Rennie Mackintosh)가 활약한 글래스고에서는 그를 중심으로 전통적인 예술이나 장식의 수법을 중시하면서도 근대와의 적극적인 연계에 대한 모색이 활발하였다. 식물에서 영감을 얻어 흐르는 듯한 직선을 사용하였다는 점은 아르누보와 마찬가지이지만, 맥킨토시의 글래스고 예술학교(Glasgow Art School, 1899, 1909, 그림 2-5)에서는 직선을 위주로 한 조형을 중심으로 공업적인 것과 수공예적인 것의 융합이 시도됨으로써 근대적인 추상성을 획득하고 있다. 아르누보 건축에는 전반적으로 식물적인 곡선을 중심으로 한 평면적인 장식성이라는 공

그림 2-4 사그라다 파밀리아

그림 2-5 글래스고 예술학교

그림 2-6 빈 우체국 저축은행

그림 2-7 슈타이너 저택

공통점이 존재하기는 하나 각각의 건축가의 차이에 주의를 기울일 필요가 있다.

● 표층의 자립과 장식의 배제 : 오토 와그너와 아돌프 로스

1897년 빈에서는 화가 구스타브 클림트(Gustave Klimt)와 요제프 올브리히(Joseph Maria Olbrich)에 의해 분리파가 결성되었다. 그들은 과거의 양식으로부터 단절을 선언하고 당대에 걸맞는 양식을 창조할 것을 주장한다. 오토 와그너(Otto Wagner)는 『근대건축(Moderne Architektur)』[2-5] (1895)에서 목적의 정확한 파악, 소재의 적절한 선택, 간결하고 경제적인 구조라는 세 가지 요소를 고려하여 성립되는 형태가 필요에 의해 창조되어지는 시대의 양식이라고 규정하면서 필요양식이라는 용어로써 정의하였다. 그가 설계한 빈 우체국 저축은행(1906, 그림 2-6)에서는 외벽과 석판이 리벳으로 고정되어 표층의 자립이 생성되고 있으며, 메인 홀은 유리천장과 유리블록의 바닥으로 이루어진 청결한 분위기의 공간이 연출되고 있다. 간결한 구조와 그것과는 분리된 표층이 자유자재로 내외공간을 감싸안고 있으며 모든 장식적인 그래픽이나 디테일은 자립한 표층성을 강조하기 위해 사용되었다. 이러한 특징이 와그너가 주장하는 필요양식이었으며 표층의 자립이라는 문제는 근대로 이어지는 가교역할을 하게 된다.

아돌프 로스(Adolf loos)는 『장식과 죄악(Ornament and Crime)』(1908)[2-6]에서,

'문화의 발전이란 실용품으로부터 장식품을 배제하는 것과 같은 것이다'[2-7]

라고 하면서 근대를 향한 의식의 전환점을 시사하고 있다. 슈타이너 저택(Steiner House, 1910, 그림 2-7)은 이러한 그의 사상을 실천한 대표작으로서 외관에서 보여지는 대칭성을 중시한 구성을 제외하면 장식적인 디테일을 일체 배제하고 평활한 벽면과 개구부로 이루어진 기하학적인 전체가 구성되고 있어 이후의 국제주의 양식(International Style)의 선구적인 작품으로 평가받고 있다. 로스는 공간구성에 있어서도 '라움플랜(Raum Plan)'[2-8]이라 불리는 독자적인 사상을 전개하였다. 그 대표적인 작품인 뮐러 저택(Villa Muller, 1929, 그림 2-8)에서는 건물 전체를 3차원의 공간으로 인식하고 그 내부의 각 실들을 3차원적 공간으로 잘라 내면서 공간적 연관성을 획득시킨 것으로서 근대건축의 하나의 공간상을 제시한 것으로 평가되어진다.

● 균질공간으로의 여정 : 시카고파와 고층건축

시카고에서는 1871년의 대화재 이후 도시의 복구과정 속에서 기능적인 면에서는 오피스, 형식적인 면에서는 고층건축이 출현하게 되었다. 시카고파의 선구자인 리차드슨(Henry Hobson Richardson)의 작품은 형태의 단순성과 석조의 중후감을 추구한 것으로 아치를 제외한 장식이나 양식적인 디테일을 모두 배제한 것이었다. 다니엘 번햄(Daniel Hudson Burnham)은 모나드녹 빌딩(Monadnock Building, 1891)에

서 삼단구성이나 대칭성과 같은 고전적인 구성과 장식을 피하고 있으며, 릴라이언스 빌딩(Reliance Building, 1895)에서는 리벳에 의한 철골의 접합, 철재의 부식방지와 내화성능을 확보하는 스팬드럴, 경량의 바닥재나 철골 브레이스의 사용, 시카고 창과 같은 구성요소로 이루어진 고층건축의 형식을 도출해냄으로써 시카고파를 선도하게 된다.

그림 2-9 오디토리엄 빌딩

세기말 전환기의 미국을 대표하는 건축가 루이스 설리반(Louis Sullivan)의 초창기의 고층건축 작품으로는 오디토리엄 빌딩(1889, 그림 2-9)이 있다. 그는 오페라하우스와 호텔, 오피스 등으로 이루어진 복합건축을 삼단구성을 중심으로 잡석마감과 아치로써 통합하는 방식으로 처리하고 있다. 또한 카슨 피리에 스콧 백화점(Carson Pirie Scott store, 1904, 그림 2-10)에서는 소박한 장식의 흰색 데라코타 타일이 외장재로 사용되고 그 격자가 건물 정상부까지 사용됨으로써 삼단구성으로부터의 이탈을 나타냄과 동시에 수평성을 표현하고 있다. 삼단구성을 기조로 하여 그 추상성을 높인 설리반의 건축에서는 항상 장식이 사용되고 있다. 설리반 자신의 건축관이기도 한 '형태는 기능을 따른다(Form Follows Function)'라는 테마는 후세의 근대건축가들에 의해 합리주의적 기능관으로 이해되었지만 정작 설리반 자신은 건축의 구성방식을 자연에서 볼 수 있는 식물들의 구성에서 차용해 왔다. 그의 건축은 이러한 그의 사상의 표상이라고도 할 수 있을 것이다.

번햄과 설리반의 시도는 건축이 고층화 되어 가는 시기에 직면한 새로운 디자인적 과제이기도 했다. 시카고파에서 시작하여 고딕적인 양식을 고층건축의 디자인에 적용한 존 미드 하웰(John Mead Howell)과 레이몬드 후드(Raymond M. Hood)의

그림 2-8 뮐러 저택

그림 2-10 카슨 피리에 스콧 백화점

그림 2-11 시카고 트리뷴

시카고 트리뷴 타워(1922, 그림 2-11)를 거쳐 동 설계공모에서 발터 그로피우스(Walter Gropius)가 제시하였던 균질한 공간이 적층된 표현(그림 2-12)은 근대건축의 하나의 도달점을 나타내는 것이었다.

● 수공예 운동에서 근대로의 이행 : 독일공작연맹

1904년 헤르만 무테지우스(Hermann Muthesius)는 『영국의 주택(Das englischer Haus)』을 집필하고 영국 수공예 운동의 예술가들 그룹의 조직화를 통한 수공예 재부흥을 위한 노력과 영국의 주택에서 보여지는 합리성을 소개하였으며, 1907년에는 독일공작연맹을 앙리 반 데 벨데(Henry van de Velde)와 함께 설립하게 된다. 1914년에 개최된 공작연맹 대회에서 무테지우스는 규격화의 중요성을 주장한데 비하여 벨데는 일정한 형태와 규격은 예술적 창조와 걸맞지 않다고 주장한다. 이 대회가 개최되는 동안에 건설된 모델건축으로는 벨데에 의한 아르누보풍의 곡선이 사용된 극장, 브루노 타우트(Bruno Taut)의 다양한 유리의 소재나 질감을 이용해 수정[2-9]의 이미지를 형상화한 건축(그림 2-13)이나 그로피우스의 양 끝의 계단실이 유리 커튼 월로 되어있는 경쾌하면서 투명한 느낌의 건축(그림 2-14)이 출품되었다. 타우트나 그로피우스도 벨데의 생각을 지지한 것으로 보이지만 규격화와 예술적 창조 사이의 갈등 속에서 제시한 모델건축은 이후의 근대건축의 표현방식을 제시하는데 일정 수준의 성공을 거두었다. 또한 독일공작연맹은 기계를 어떻게 사용하는가에 따라서 높은 수준의 제품을 생산하는 것이 가능하다며 기계를 인정하는 주장을 한 점이나, 주장을 함께 하는 사람들이 모여 활동을 전개했다는 점으로부터 CIAM(근대건축국제회의) 등으로 계승되는 활동의 규범을 제시함으로써 근대건축의 형성에 기여했다고 할 수 있다.

그림 2-12 시카고 트리뷴(그로피우스 안)

그림 2-13 독일공작연맹대회 글라스 파빌리온

그림 2-14 독일공작연맹대회 모델공장

3_ 전위운동과 근대건축의 모색

● 속도의 미학 : 미래파

1909년 시인 필립포 마리네티(Filippo T. Marinetti)는 미래파의 첫 선언인 '미래주의(Futurism)'를 저술하면서 먼저 이데올로기를 명시하는 글로 활동을 시작한다. 그는 공업화 사회와 그에 동반하는 도시화의 진전이 문화적 전통이나 유산이 집적되어 있는 이탈리아의 패쇄적 상황을 타파할 것이라고 하며 적극적으로 평가하고 그 특색을 살릴 것을 주장한다. 구체적으로는 '속도의 아름다움'을 규범으로 내세우고 자동차를 위시한 기계와 그로 인해 가능케 되는 도시의 생활을 찬미하였다. 마리네티의 이러한 주장에 동조한 조각가나 화가 등이 집결해 전시회 등을 중심으로 활동을 전개하기에 이른다.

1914년에 '미래파 건축선언'을 마리네티와 공동으로 저술한 건축가 안토니오 산텔리아(Antonio Sant'Elia)는 신도시(La Citta Nuova, 1914, 그림 3-1)라는 제목의 16장의 드로잉을 통해 미래파의 주장을 건축적으로 표현하였다. 역과 고층주거, 발전소 등을 새로운 도시의 상징으로 하고 이들을 가능케 하는 선로나 차도, 엘리베이터 등과 같은 테크놀로지를 적극적으로 채용하여 속도와 높이로 불리는 역동성과 이를 달성하려는 인간의 능력에 찬사를 표하고 있는 것이었다.

미래파는 건축적으로 실현되지 못하였지만 근대라는 시대의 특성에 대한 시선을 마니페스토(선언)와 드로잉이라는 미디어를 통해 세계에 전파하고자 하였다.

● 혁명과 건축 : 러시아 구성주의

러시아의 전위운동은 큐비즘이나 미래파와 함께 전위화가 카지미르 말레비치(Kazimir Severinovich Malevich)의 절대주의(Suprematism, ⇨p.221 그림 4-8)의 영향을 받은 것으로 회화와 조각, 건축에 머무르지 않고 문학과 연극, 영화 등의 광범위한 영역으로 확대되어 20세기 예술 전체에 큰 영향을 끼쳤다.

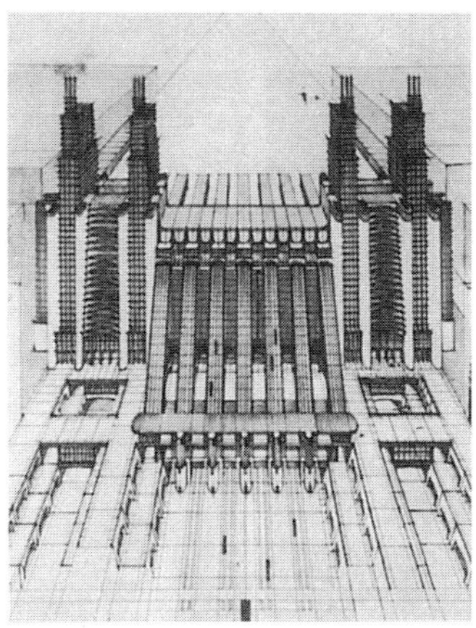
그림 3-1 신도시

1917년의 혁명 이후 러시아에서는 기존의 고전주의적인 사회를 일소하고 새로운 체제로 이행하려는 노력이 추진되었다. 신체제에 대한 집단의 의지나 노동의 상징적이고 직접적인 표현이 필요하게 됨에 따라 새로운 세계관을 표현하는 구성주의 예술가가 중용되기 시작한다.

러시아 구성주의의 창시자, 블라디미르 타틀린(Vladimir Tatlin)은 부르주아적인 예술을 구시대의 것으로 규정하고 새로운 사회에 걸맞는 소재, 볼륨, 구성을 중심으로 한 추상예술에 의해 혁명을 달성할

그림 3-2 제3인터내셔널 기념탑 계획안

그림 3-3 레닌 연구소 계획안

그림 3-4 레드 앤 블루 체어

것을 목표로 제시하였다. 그의 대표적인 작품인 제3 인터내셔널 기념탑 계획안(1920, 그림 3-2)은 400미터 높이를 설정하고 지면과 경사진 나선형의 구조체에 회의장, 오피스, 정보통신센터의 기능을 갖춘 입방체, 사각추, 원통형 등의 플라톤 입방체가 조합되고 있는데 각각의 입방체는 1년, 1개월, 1일에 1회전하도록 되어 있다. 나선형의 구조에 각 입방체의 움직임이 더해지는 역동성은 타틀린이 갈구한 혁명을 선동적으로 표현한 것이었다.

러시아 구성주의는 전위예술이 해산하게 되는 30년대 전반까지 엘 리시츠키(El Lissitzky, ⇨p.232 그림 8-3), 베스닌(Vesnin) 형제, 콘스탄틴 멜리니코프(Konstantine V. Melnikov) 등 수많은 건축가를 배출하였다. 그들의 조형은 대담한 기하학적 구성을 중심으로 표식이나 광고, 엘리베이터 등을 디자인 요소로 도입한 작품이 많았다. 특히 구성주의 말기에 활동을 전개한 이반 레오니도프(Ivan Ilich Léonidov, p.57 그림 3-4)는 레닌 연구소 계획안(1927, 그림 3-3)에서 균질하면서 무한히 확장되는 장소에 문화적인 복합시설을 순수형태의 구성으로서 전개하여 이후의 탈구축주의[3-1] 건축가들에게 큰 영향을 끼치게 된다.

● 추상을 향한 의지 : 데 스틸

1917년 테오 반 스부르그(Theo van Doesburg)를 중심으로 화가 피트 몬드리안(Piet Mondriaan), 건축가 야콥 요하네스 피터 아우트(Jacobus Johannes Pieter Oud) 등에 의해 잡지 '데 스틸(De Stijl)'이 네덜란드에서 창간되었다. 그들은 급속히 변화하는 근대사회에 부응하는 예술로서 개인적인 것이 아닌 보편적인 것이야 말로 앞으로의 '양식, 즉 스틸(Stijl)'이라고 주장한다. 그들에게 있어서 '양식'이란 조형요소를 점과 선, 면으로 명확하게 분절하고 빨강, 파랑, 노랑의 3원색과 무채색인 흰색과 검은색의 계조에 한정해서 전개되는 것이었다. 가구 제작자였던 게릿트 리히트벨트(Gerrit Th. Rietveld)가 데 스틸에 참가하기 이전인 1918년에 발표한 Red and

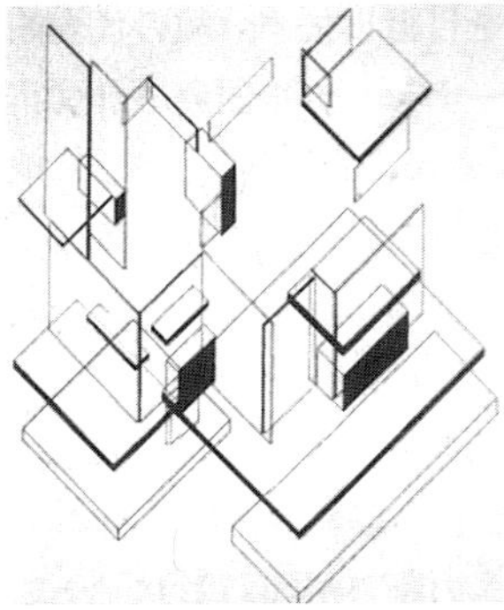

그림 3-5 메종 파티큘리에

그림 3-6 바우하우스 교사

Blue Chair(그림 3-4)는 선과 면이 서로 독립되어 있다는 점을 부재의 접합방식과 채색으로 나타낸 20세기를 대표하는 가구이다. 리히트벨트는 이 의자에서와 동일한 수법을 슈뢰더 주택(Schröder House, 1924, ➩p.138 7장 타이틀 그림, p.184 그림 6-8b, p.220 그림 4-6)에서 건축공간으로 전개하고 있다. 흰색, 회색, 검정으로 칠해진 면 위에 3원색의 선형부재가 가볍게 떠있는 듯한 배치를 볼 수 있는데 이러한 구성은 내부공간에서도 철저하게 지켜져 있으며 건축, 가구, 회화 등의 여러 예술을 통합한 것으로 평가받고 있다.

유럽 각국의 전위예술가들과 적극적으로 교류하던 되스부르그[3-2], 판 에스테렌(Van Esteren)의 공동작품 메종 파티큘리에(Maison Particulière, 1923, 그림 3-5 ➩p.184 그림 6-8a)에서 부유하는 면으로써 3차원적인 공간을 창출하는 수법을 고안하여 건축에 적용하게 되었다. 그러나 1931년 그가 사망함과 동시에 데 스틸은 종지부를 찍게 된다. 데 스틸이 제시한 기하학으로의 환원적 사고는 근대의 전위예술과 공통적인 부분이 많으며, 추상성을 철저히 추구했다는 점은 이후의 근대건축의 조형언어에 큰 영향을 끼치게 된다.

● 국제건축으로 : 바우하우스

바우하우스(Bauhaus)는 1919년에 발터 그로피우스가 교장으로 취임하면서 설립되었다. 바우하우스의 전신인 공예학교에서는 중세적인 공방의 다양한 창작활동을 건축을 중심으로 통합한다는 방침의 교육이 행하여졌다. 바우하우스에서도 이와 마찬가지로 조형일반에 관한 기초적인 훈련을 반년에 걸쳐 받는 기초교육을 거쳐 무대, 조각, 가구, 텍스타일 등의 공방에서 창작을 행하는 3년간의 공방교육, 전 과정을 총괄하는 건축교육으로 구성된 커리큘럼이 편성되었다.

공방에서 창작을 중심으로 했다는 점에서는 수공예 운동에서 독일공작연맹으로 이어져 왔던 영향을 엿볼 수 있으나 기계생산에 대응한 창작에 비중을 두었다는 점에서 이전과는 차별화된 모습을 띠고 있었다. 바우하우스에는 화가로는 요하네스 이

텐(Johannes Itten), 파울 클레(Paul Klee), 바실리 칸딘스키(Wassily Kandinsky), 모홀리나기(Moholy-Nagy ➪p.230 그림 8-1,2), 무대예술가 오스카 슐레머(Oskar Schlemmer), 건축가로는 아돌프 마이어(Adolf Meyer), 그리고 미스 반 데어 로에(Mies Van Der Rohe) 등, 근대의 대표적인 예술가들이 운집하게 된다.

1925년, 바우하우스는 데사우(Dessau)로 이전한다. 그로피우스가 설계한 바우하우스의 새로운 교사(1926, 그림 3-6, ➪p.183 그림 6-6a)는 그의 저서 『국제건축(Internationale Architektur)』[3-3] (1925)에서의 주장을 건축적으로 표현한 것으로, 근대건축의 대표적인 사례로서 세계적으로 큰 영향을 끼치게 된다. 그는 이 저서에서 시대정신에 걸맞는 건축이란 과거의 양식을 채용하는 것이 아니라, 근대의 특징을 적극적으로 도입한 전 세계적으로 공통된 의지와 기술에 의한 것으로서 기능과 프로포션을 중시한 보편적인 것이어야 한다고 주장한다. 바우하우스 교사는 대칭성을 중시한 평면과 삼단구성의 입면을 조합하는 전통적 구성이 아닌 흑백조의 벽면과 유리로 된 커튼월,[3-4] 수평방향의 연속된 창 등으로 이루어진 3개의 직방체의 매스의 볼륨을 비대칭적으로 조합한 역동적인 구성을 하고 있다. 이러한 역동성은 유리에 의해 개방된 건물 모서리 부분의 표현에 더욱 잘 나타나 있다. 1928년, 한네스 마이어(Hannes Meyer)가 2대 교장으로 취임하게 되고 그 후 미스가 교장이 되지만 바우하우스가 주장하는 국제적인 보편성은 나치스가 주장하는 자국민의 우위성과 대치되는 사상이라는 이유로 폐쇄당하게 된다.

● 근대와 개인의 표현 : 표현주의

지금까지 살펴본 근대의 전위운동에서 공통되는 점은 근대라는 시대의 독자성을 그들의 조형이론이나 수법에 적극적으로 채용하여 추상화와 보편성을 지향하였다는 점을 들 수 있을 것이다. 한편, 독일공작연맹의 대회에서 반 데 벨데가 주장한 개인적이고 내면적인 동기에 기초한 예술적 창조의 경향도 1910년대부터 20년대의 독일과 네덜란드의 암스테르담에서 고조되어 가게 된다. 표현주의라 불리는 이러한 경향은 불안감, 비합리성이나 주관을 중시한 이상적인 사회의 실현을 그들의 표현을 통해서 주장하는 것이었다.

아인슈타인의 상대성이론을 검증하기 위해 지어진 에리히 멘델존(Erich Mendelsohn)의 아인슈타인 탑(1921, 그림 3-7)은 곡면이나 곡선을 다수 채용한 약동적이고 조각적인 조형으로 표현주의의 조형적 특성을 잘 나타내고 있다. 동일하게 조형적 경향을 띠는 작품으로 인지학을 제창한 루돌프 슈타이너(Rudolf Steiner)의 괴테아눔(Goetheanum, 1920, 28, 그림 3-8)을 들 수 있다. 하나의 요소를 규칙적으로 반복사용한 표층적인 조형 또한 표현주의의 조형의 특색 중 하나로 한스 펠치히(Hans Poelzig)의 베를린 대극장(1919)이나 프리츠 헤거(Fritz Höger)의 칠리 하우

그림 3-7 아인슈타인 탑

그림 3-9 칠리 하우스

그림 3-8 괴테아눔

우스(Chilehaus, 1924, 그림 3-9)가 그 대표적인 사례이다. 또한 채색된 유리와 유리블록 등을 통한 새로운 공간의 가능성을 도출하여 수정[3-5] 등 광석의 결정과도 같은 조형을 만들어낸 브루노 타우트(⇨p.203 그림 7-2)는 독일공작연맹의 대회에서의 글라스 파빌리온(1914, 그림 2-13 ⇨p.203 그림 7-1)에서 색유리를 투과시킨 빛을 통한 환상적인 공간을 만들어 내고 있다. 개인의 내면을 중시하는 경향은 시대와 관계없이 예술에서 불가피한 것이다. 반면에 이러한 극도의 고유성은 많은 이들에게 확산되기는 힘들다는 경향도 동시에 지니고 있는 것이다.

4_ 근대건축의 3거장

● 플로잉 스페이스와 유기적 건축 : 프랭크 로이드 라이트

근대건축의 거장 중 하나인 프랭크 로이드 라이트(Frank Lloyd Wright)의 활동은 미국의 전통과 독자성에 대한 경의심에 근거한 것으로 미국의 건축이 단순히 유럽을 모방하는 것이 아닌 자신들의 표현을 창출해내는 과정이라는 점을 피력하는 것이기도 하였다. 그는 1890년대부터 1910년대에 걸쳐서 '프레리 하우스(Prairie house 초원주택)' 시리즈를 창출하면서 첫 번째 전성기를 구가하게 되는데 이 시기의 대표작으로 로비 하우스(1909, 그림 4-1)를 들 수 있다. 로비 하우스에서는 벽난로를 중심으로 거실을 십자형으로 배치하고, 이를 덮고 있는 상부의 지붕을 면적요소로서 건물의 외형선에서 크게 돌출시킴으로써 광대한 미국의 대지와 호응하는 건축을 만들어냈다. 이러한 공간구성에 대하여 라이트는,

'외부공간이 내부로 침입하고 내부공간이 외부로 흘러나오는 느낌을 주는 쉘터의 형태이다.'[4-1]

라고 언급하면서 내부와 외부 또는 내부 상호공간의 유동성(플로잉 스페이스)을 중시한 공간의 창출에 대해서 언급하고 있다.

그림 4-1 로비 하우스

그림 4-2 낙수장

그림 4-3 제이콥스 저택

그림 4-4 구겐하임 미술관

그의 건축은 유럽에 큰 영향을 끼쳤다. 베를라헤(Hendrik Petrus Berlage)는,

> '그의 독창성에는 『가소성』이란 표현이 가장 적절하다. 유럽 건축의 내부공간이 평탄한 2차원 적인 것에 비해 내부와 외부의 상호침투가 이 주택의 독창성을 만들어 내고 있다. 이러한 독창성을 새로움이라고 불러도 좋을 것이다. 이 경이로운 미국건축에 대해 유럽에는 경쟁할 만한 상대가 없다.' [4-2]

고 찬사를 보냈다.

1910년대부터 20년대의 '잃어버린 시대'를 넘어서(⇨p.285 그림 2-2) 라이트는 낙수장(Falling Water, 1936, 그림 4-2)으로 부활에 성공하며 제2의 전성기를 맞게 된다. 폭포와 함께 하는 생활을 테마로 한 이 주택에서 그는 폭포 위의 암반으로부터 캔틸레버의 슬래브를 돌출시켜 폭포 위에서 생활할 수 있는 공간을 창출해낸다. 거실 바닥에는 빛을 반사시키는 도장시공된 석재를 사용함으로써 거실 자체가 수면과 같은 효과를 내는 공간을 만들어 내고 있다. 또한 30년대 이후의 라이트[4-3]는 '유소니언 하우스(Usonion House)'라고 불리는 주택 시리즈를 선보이게 된다. 그 중 대표작인 제이콥스 저택(1937, 그림 4-3, ⇨p.122 그림 3-10)에서는 정원을 향하여 바닥부터 천장까지 높이의 큰 개구부를 만들고, 그 반대편에는 벽면을 배치하여 전후의 차이를 명확히 함과 동시에 지붕을 비롯한 슬래브들은 면적요소로서 건물의 볼륨으로부터 돌출시키고 있다. 이러한 효과는 각 건물이 다양한 방법으로 더욱 강화되어 내외공간의 강한 일체성을 달성토록 하는 것이다. 이러한 '유소니언 하우스'의 공간구성은 1890년대의 대칭성을 중시한 구성으로부터 프레리 하우스에서의 면적요소에 의한 박스형태의 해체라는 구성을 거쳐 건물의 구성요소를 모두 2차원의 면으로 구성하는 그 자신만의 수법에 도달한 것이라고 할 수 있다. 이후 그는 존슨 왁스 본

사(1936-39)나 구겐하임 미술관(1959, 그림 4-4, ➩p.144 그림 2-6) 등의 명작을 차례차례 실현시키게 된다.

그가 지향한 '유기적 건축'은 그리너프(Horatio Greenough)[4-4]가 제창하였던 다양한 형태를 유지하면서 각각의 기능에 호응하는 자연의 조형을 중시하여 이들을 기초로 기능에 충실한 디자인을 해야 한다는 주장에 근거한 것이었으며, 이러한 사상은 설리반의 계승을 이어 라이트에까지 이어졌다고 할 수 있는 것이다.

라이트의 건축은 미국이 가지고 있는 광대한 자연과의 친밀한 관계가 의도되어진 것이라고 할 수 있다. 내외공간이 서로 침투하고 깊이가 있는 처마를 가진 지붕이 광활한 대지에 낮게 깔리는 형식을 사용하였다는 점, 또한 그 대지에 걸맞는 소재를 사용하였다는 점에서 미국의 대지 속으로 넓게 퍼져나가는 이미지를 구현한 것이었다.

● 근대건축의 5원칙과 조소성으로의 전환 : 르 코르뷔지에

르 코르뷔지에(Le Corbusier)는 20대 중반부터 30대에 걸쳐 『동방기행(Le Voyage d'Orient')』(1911)을 시작으로 잡지 '에스프리 누보(L'Esprit Nouveau', 1920-), 『건축을 향하여(Vers Une Architecture)』(1923), 『근대회화(La Peintur Moderne)』(1925), 『도시계획(Urbanisme)』(1925) 등을 꾸준히 출간하였다.[4-5] 『동방기행』에서는 파르테논 신전 등을 통하여 건축의 보편성과 함께 지중해적인 정신의 풍토를, 『근대회화』에서는 순수주의라는 의미의 '퓨리즘(Purism)'을 표명하면서 큐비즘을 넘어서는 질서를 추구하였으며 『도시계획』에서는 근대도시가 갖춰야할 점을 제시하고 있다.

새로운 정신이라는 의미의 '에스프리 누보'에 게재한 논문을 정리한 내용인 20세기를 대표하는 건축서 『건축을 향하여』에서 그는 건축에 대하여,

> '빛의 존재 하에서 신중히 고려되어진, 올바르고 훌륭한 공간의 조합'[4-6](➩p.117 그림 2-2)

이라고 언급하고 있으며 그의 생애에 걸쳐서 설계의 주요한 대상이 되는 주택에 대해서는,

> '주택은 살기 위한 기계이다'[4-7]

라고 정의하고 있다. 이러한 정의들로부터 지중해의 온화함을 유지하면서도 보편적인 원리를 명쾌한 형식으로 표현하고자 하는 코르뷔지에의 근간을 엿볼 수 있는 것이다.

1914년에 발표한 도미노(➩p.115 그림 1-1) 계획안은 기둥과 보로 이루어진 라멘 구조의 개발을 가능토록 한 근대건축의 원형이라고 말할 수 있다. 이 원형을 토대로 대량생산을 목표로 발표한 시트로엥 주택(1920, 그림 4-5)의 계획안을 거쳐 1926년

에는 '근대건축의 5원칙'(⇨p.116 그림 1-2)을 발표함으로써 필로티, 옥상정원, 자유로운 평면, 연속창, 자유로운 입면이라는 근대건축의 특성을 제창하였다.

코르뷔지에가 그의 5원칙을 충실하게 적용시킴으로써 20세기의 대표적인 주택 중 하나가 된 작품이 빌라 사보아(Villa Savoye, 1931, p.13 1장 타이틀그림, ⇨p.116 그림 1-4, p.165 그림 1-4)이다. 파리 근교인 포와시(Poissy)에 건설된 빌라 사보아는 근대만의 건축적 과제였던 전용주택에 대하여 그가 제시한 해답이라고 할 수 있다. 가늘고 둥근 기둥으로 이루어진 필로티가 구조형식 뿐으로서만이 아닌 건축과 대지의 새로운 관계를 제시하고 있다. 주공간이 되고 있는 2층은 내외부의 구분 없이 건물의 4면을 연속창이 횡단하고 있으며(자유로운 입면), 상하층의 관계가 아니라 기능에 대응하여 방들의 구획이(자유로운 평면) 옥상에 적용된 곡선과 직선으로 구성된 벽면이 옥상정원의 존재를 시적으로 표현하고 있다. 또한 건물의 중앙부에 배치된 슬로프는 1층에서 옥상까지 동선을 유도하고 지면과 옥상을 완만하게 연결하면서 진행과 더불어 나타나는 내부와 외부의 공간의 교차[4-8]가 '건축적 산책로'를 형성하고 있다.

1920년대에 들어서 그는 주택의 원형에 의한 규격화와 대량생산이라고 하는 기계를 모델로 한 1910년대부터의 사고를 발전시켜 그 귀결점으로 도시로의 사고[4-9]를 확장시켜 간다. 300만을 위한 현대도시(1922, ⇨p.243 그림 3-4), 브와쟁 계획(1925, ⇨p.245 그림 3-5), 빛나는 도시(La Ville Radieuse, 1935, ⇨p.89 그림 4-3) 에서는 기하학적인 그리드 상의 도시구성을 기축으로 오피스와 주택을 포함하는 고층건축, 그리고 고층화에 수반되는 풍부한 녹지의 이미지를 제시한다. 이러한 제안은 1933년의 CIAM의 제4차 회의에서 도시계획의 주요한 기능으로서 주거, 노동, 여가, 교통이라는 요소를 이끌어내는 결과로 이어지게 된다. 이러한 기능들은 근대도시가 갖춰야 할 이상적인 모델로서 제시된 것이었다. 그러나 코르뷔지에의 도시계획이 실현된 것은 1950년 인도의 찬디가르 계획에 들어서였다. 또한 그는 유니테 다비타시옹(1952, 그림 4-6, ⇨p.133 그림 6-9, p.142 그림 1-13)이라는 집합주택을 마르세유에서 완성시킴으로써 주거 유닛을 집합화하고 고층화시킨다는 도시주거의 이미지를 구체화시켰다.

이상적인 모델의 추구라는 점에서는 치수체계로서의 모듈러[4-10](⇨p.141 그림 1-12)를 개발하는 등 일관된 자세를 유지

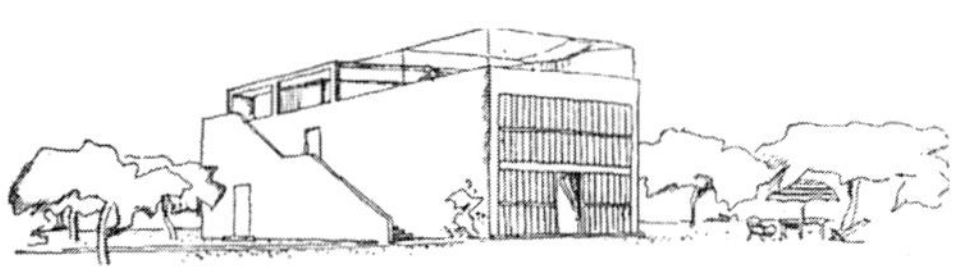
그림 4-5 시트로엥 주택

그림 4-6 유니테 다비타시옹

해온 코르뷔지에였지만, 그 표현방식에 있어서는 20~30년대에 걸친 기하학적이고 백색의 입탕체라는 표현방식으로부터 제2차 세계대전 이후 콘크리트의 조소성과 소재감을 강조한 표현방식으로 변화해 간다. 롱샹성당[4-11] (1955, 그림 4-7, 8, ➪p.75 그림 2-1, p.143 9장 타이틀그림, p.191 그림 3-4)이나 라 툴렛트 수도원(1959, ➪ p.143 그림 2-3)이 그 대표적인 작품이다. 백색의 빛이 충만한 공간으로부터 빛과 어둠이 교차하는 공간으로 전환되어 기계를 초월한 형태와 공간의 상징성을 창출해내고 있는 것이다. 이러한 공간은 그의 내면에 항상 존재하고 있던 건축의 고전적인 힘을 백색의 건축과는 차별화된 형식으로 표현한 것이라고 할 수 있는 것이다.

● 유니버설 스페이스로의 환원적 전개 : 미스 반 데어 로에

자신의 일생에 걸쳐 하나의 목표를 추구하였던 건축가 중의 한 사람으로서 미스 반 데어 로에를 들 수 있다. 독일에서 석공의 아들로 태어난 그는 당초 고전주의적 건축작품을 설계하였는데 1910년대 후반부터 20년대 초반에 발표한 계획안에 대해서는,

'모든 건축의 역사를 통틀어 극히 중요한 이미지'[4-12]

라는 평가를 받고 있다. 프리드리히가의 오피스빌딩(1919, 그림 4-9), 유리 마천루(1922, ➪p.1883 그림 6-7), 콘크리트의 오피스빌딩(1922, 그림 4-10), 벽돌조의 컨트리 하우스(1923, ➪p.150 그림 2-29), 콘크리트의 컨트리 하우스(1923) 등이 이에 해당되며, 근대의 건축적 과제였던 오피스와 주택에 초점을 맞추어 근대에 들어와 가능해진 구조형식을 적극적으로 채용하고 있다. 더욱이 3개의 오피스 계획에서는 형태적인 차이만을 보일 뿐 네 면의 유리의 피막[4-13]을 통한 균질공간[4-14]이 반복적으로 적층됨으로써 고층화 된다고 하는, 근대뿐 아니라 현대에 들어서도 유효한 프로토 타입 구성이 나타나고 있다. 그와 동시에 벽돌조의 컨트리 하우스 안에서

그림 4-7 롱샹성당

그림 4-8 롱샹성당

그림 4-9 프리드리히가의 오피스빌딩

그림 4-10 콘크리트조의 오피스빌딩

그림 4-11 바르셀로나 파빌리온

돌출되어 자립하고 있는 벽이 서로 교차되지 않는 구성은 추상적인 기하학을 확보하면서도 공간의 유동성과 확장을 실현한다고 하는 근대적인 공간조형 수법의 한 축을 확실히 보여주고 있는 것이다. 미스가 추구하였던 공간은 먼저 20년대부터 30년대에 걸쳐 바르셀로나 파빌리온(1929, 그림 4-11)과 투겐하트 저택(Tugendhat House, 1930, ➪p.80 그림 2-11)을 통하여 구체화된다. 바르셀로나 파빌리온에서는 선적인 십자형의 기둥이 균질한 그리드를 표상화하고 내외부에 관계없이 사용된 바닥의 석재가 그 균질성을 한층 강화시킴으로써 균질한 공간의 확장을 표현하고 있다. 이러한 질서를 자립한 면으로서의 벽이나 지붕이 지배하지도 혹은 종속되지도 않으면서 공간을 유동적으로 규정하고 있다.

바우하우스의 교장을 거쳐서 시카고로 근거지를 옮긴 미스는 일리노이 공과대학에서 교편을 잡고 대학캠퍼스의 마스터플랜(➪p.157 그림 4-4)을 작성하게 된다. 균질한 그리드를 적용한 건물군을 통해 그가 20년대 이후 시도해 왔던 균질하면서도 극한적 추상성이 추구된 공간의 실현과 함께, 심메트리를 근간으로 한 전체구성에서 근대주의와 고전주의가 교차되고 있음을 알 수 있다. 라이트의 낙수장, 르 코르뷔지에의 빌라 사보아와 함께 근대주택의 걸작이라고 평가받는 판스워스 주택(Farnsworth House, 1950, 그림 4-12)에서는 2장의 면(바닥 슬래브와 지붕 슬래브)을 기둥으로 연결시키고 유리로 둘러싸인 일체적인 공간이 가구 등을 통하여 나누어진 균질하고 투명도 높은 공간이 연출되고 있다. 여기서 주목할 점은 바닥과 지붕에 대해 기둥이 밖으로 나와 있다는 것이다. 후기의 미스는 기둥, 즉 중력에 대항하는 수직재를 표현의 주요요소로 사용하여 건축의 고전성과 근대의 균질공간의 융합을 시도하게 된다.

그림 4-12 판스워스 저택

그림 4-13 레이크 쇼어 드라이브 아파트먼트

1951년 그의 대표적인 작품인 고층주거 레이크 쇼어 드라이브 아파트먼트(그림 4-13)가 시카고에 세워지게 된다. 오피스인 시그램 빌딩(➪p.221 그림 4-7)과의 차이를 분간하기 어려울 정도로 철골로 형성된 균질공간을 유리가 둘러싸고 있음으로 해서, 균질성을 철저히 추구하여 어떠한 기능에도 대응되는 균질하면서 보편적인 공간(유니버설 스페이스)을 'Less is More'라는 이념으로 제시하고 있는 것이다.

5_ 근대건축의 성숙과 그 전개

● 근대건축의 사고형태와 디자인

1928년, 르 코르뷔지에를 위시한 유럽의 전위건축가들이 모여 'CIAM'을 결성하고 자신들의 주장을 '라사라 선언'으로 표명하였다. CIAM은 근대 특유의 이데올로기로서 건축가 본연의 모습이 보다 광범위하고 국제적인 형태로 표출된 것이라고 할 수 있다.

'라사라 선언'에서는 현재만을 대상으로 한다는 점, 건축은 불모적인 아카데미즘이나 기존 양식의 영향으로부터 해방되어져야 한다는 점, 가장 효과적인 작품은 합리화와 규격화를 통하여 얻어질 수 있는 것이라고 주장하면서 공업화 사회에 걸맞는 보편성과 합리성을 갖춘 건축을 제창한다. 스즈키 히로유키(鈴木博之)는 이러한 사고방식을 '기계 모델'로 설명하고 있다.[5-1] 기계란 목적을 가진 시스템으로서, 부품에서 조립되어진 구조를 갖추고 보편적으로 작동하는 것이며, 기계를 모델로 하는 건축은 추상적이고 보편적인 공간성 · 시간성의 개념을 중시하면서 장소나 역사와 같은 건축에 관한 고유성을 파기하는 것이다. CIAM은 주택으로부터 이와 같이 도시에까지 이르는 대상을 보편적이고 합리적인 사고형태를 통하여 파악하고 추출함으로써 사회를 이끌어간다는 일관된 자세를 유지하였다.

CIAM의 제10차 대회의 준비를 계기로 스미슨 부부(Alison & Peter Smithson), 야콥 바케마(Jacob Berend Bakema), 알도 반 아이크(Aldo Van Eyck) 등에 의한 팀 텐(Team X)은 그때까지 CIAM을 지지해 온 건축가들의 사고형태를 비판하게 되고 그 결과로 CIAM은 막을 내리게 된다. 스미슨 부부는 미스의 명확한 공간구성과 소재 그대로의 사용, 재료의 조립형식을 직접적으로 표현한 디테일을 갖춘 작품을 발표한다. 그들의 이러한 시도는 레이너 번햄(Reyner Banham)에 의해 '신 브루탈리즘(New Brutalism)'[5-2]이라고 명명되어 근대건축의 한 축을 이루게 된다.

1932년에는 뉴욕현대미술관(MOMA)에서 '근대건축 국제전시(Modern Architecture -International Exhibition')[5-3]가 개최되고 전시회의 기획자 히치콕(Hernry Russel Hitchcock)과 필립 존슨(Phillip Johnson)은 『국제주의 양식(The International Style)』을 저술하게 된다. 그들은 세계적으로 널리 받아들여지고 있는 새로운 건축에서 그 사상적인 배경을 분리시켜 디자인상의 특색을 '스타일'(양식)로 정의하면서 볼륨으로서의 건축, 규칙성을 갖춘 건축, 장식을 배제한 건축이라는 세 가지의 원리로 정리하였다. '스타일'이란 자칫하면 형식적이 되기 쉬운 측면을 가지고 있었으나 1960년대까지 지배적인 경향으로 군림하게 된다. 그와 동시에 빠뜨릴 수 없는 내용들로서 합리성, 보편성, 지역 및 역사 등의 고유성과의 호응을 중요시하는 시도들이 제시되었다.

● 보편성과 지역성과의 호응 : 캘리포니아 모던

1920년대 이후 로스앤젤레스에서는 루돌프 쉰들러(Rudolph Schindler)와 리차드 노이트라(Richard Neutra) 등의 빈 출신 건축가들이 같은 시대의 유럽의 건축가들과 같은 수준을 유지하면서도 로스앤젤레스 특유의 기후풍토에 맞는 건축을 만들어 가게 된다.

쉰들러의 2세대 주택 쉰들러 체이스 주택(Schindler Chace house, 1922, 그림 5-1)은 각 부부를 위한 두 개의 거실 겸 침실을 ㄷ자형으로 구성하고 그 결절점에 화장실과 욕실 등의 코어가 되는 유닛을 배치하여 전체적으로는 S자형으로 구성하면서 식당과 부엌을 공유시킨 것이었다. 온난한 로스앤젤레스의 기후풍토에 맞추어 내외공간의 차이를 없애기 위해 내외공간의 바닥재는 레벨을 일치시키고 슬라이딩이 가능한 스크린, 담과 높은창, 가동식 벽체, 슬리핑 포치, 옥외에 설치된 난로 등 다양한 구성언어를 개발하였으며 이후 이들은 로스앤젤레스의 근대건축의 특질을 정의하게 된다. 노이트라의 로벨주택(Lovell House, 1929, 그림 5-2)은 급한 경사의 대지에 건물 전체가 부유하는 듯한 디자인과 함께 완전한 철골구조의 주택으로서는 미국 최초의 것이며 단기간에 건설되었다는 것을 특징으로 들 수 있다. 라멘구조의 특질을 살린 섬세한 철재의 반복사용에 의한 규칙성과 입체적인 공간의 상호관입이 전면적으로 전개되어 국제주의 양식의 전형으로 평가받는 작품이다. 나아가 2차세계대전 이후에는 '케이스 스터디 하우스'(CSH)가 전개되어지는데, 그 중 CSH#8(1948, 그림 5-3) 임스부부(Charles & Ray Eames)의 자택에서는 철골 프레임에 건축자재 카탈로그에서 선별한 규격품으로 주택을 구성한다는 독창적인 발상의 건축이 전개되고 있다. 또한 피에르 쾨니그(Pierre Koenig)의 CSH#22(1960, 그림 5-4)는 미스와도 같은 투명감이 엿보이는 건축을 통하여 눈 아래로 펼쳐지는 시가지의 전경을 내려다 볼 수 있는

그림 5-1 쉰들러 체이스 주택

그림 5-2 로벨주택

그림 5-4 CSH#22

그림 5-3 CSH#8(임스 저택)

그림 5-5 카사 델 파쇼

계획이 이루어지고 있다.

로스앤젤레스에서의 근대건축은 추상성이 강한 형태와 고도의 공간조작, 신재료의 채용 등을 통하여 하나의 근대건축 전형으로 평가받는 동시에 기후와 건설기술 등 지역적 독자성과의 호응이라는 점이 그 특색이라고 할 수 있다.

● 근대와 고전의 융합 : 이탈리아 합리주의 건축

근대를 선도해 온 미래파를 낳은 이탈리아는 파시즘이라는 정치적 상황에 직면하고 있었다. 같은 시기 독일의 나치즘은 선민사상을 내세우며 국제적인 보편성을 주장하는 바우하우스를 폐쇄하였다. 한편, 이탈리아에서는 다른 유럽의 국가들에 비해 공업화가 뒤쳐져 있었다는 점과 파시즘의 사상이 반드시 근대건축을 부정하는 것은 아니라는 점, 그리고 이탈리아라는 자국의 아이덴티티에서 유도되는 고전주의라는 요인이 겹쳐지면서 근대건축과 고전주의가 융합되는 양상을 보이게 된다.

그 대표적인 작품으로서는 쥬세페 테라니(Giuseppe Terragni)의 파시스트 당 지방본부인 카사 델 파쇼(1934, 그림 5-5, ➩p.81 그림 2-13, p.143 그림 2-2)이다. 기둥과 보의 격자구조와 비대칭적이면서 근대적인 파사드의 구성을 통하여 고전적인 프로포션이 엄격히 적용됨과 동시에 교묘한 평면구성에 의해 균질성과 변화를 공간적으로 동시에 실현할 수 있었다. 또한 그는 1938-40년의 단테움[5-4](Danteum, ➩p.84 그림 3-6)이라는 계획안을 작성하게 된다. 이는 단테의 신곡을 근대적인 조형언어와 황금분할 등의 고전적인 구성수법을 통해 시적인 공간으로 승화시킨 것이었다.

1937년과 42년에는 이탈리아에서 만국박람회 EUR이 개최된다. 이 시기에 세워진 건물의 대부분은 장식적 디테일이 배제된 결과 근대건축으로도 고전주의건축으로도 보이는 양면적인 성격을 띠는 것이 특징이었다.

● 경험주의와 근대 : 북유럽 경험주의

북유럽의 근대건축의 발전과정에서는 자국의 정체성에 대한 자부심과 보편적인 동시대성이라는 두 가지의 요소가 경쟁하는 경향이 존재하였다. 스웨덴에서는 군너 아스프룬드(Erik Gunnar Asplund)가 스톡홀름 시립도서관(1928, 그림 5-6, ➩p.205 그림 7-9)과 숲의 예배당(1940, 그림 5-7, ➩p.160 그림 4-18)에서 근대건축의 추상성이 강한 조형과 기능주의라고 하는 성과를 채택하면서도 신고전주의적인 구성을 북유럽의 풍토와 자연을 융합시킴으로써 근대건축에 대한 경험주의적인 수정을 가하는데 성공하게 된다.

알바 알토(Alva Aalto)[5-5]의 마이레아 저택(Villa Mairea, 1939, 그림 5-8)은 나무의 선형재료를 주체로 한 내부공간과 마치 숲을 걷는 듯한 경험을 상기시키는 디자인을 통하여 근대건축의 조형원리를 준수하면서도 북유럽의 풍토에 근원을 둔 표현을 전개시킨 작품이었다. 이후 세이나찰로 타운 홀(Säynätsalo Town Hall, 1952, 그림 5-9, ⇨p.48 그림 5-3)에서는 수목이 풍부한 환경 속에서 벽돌조의 간결한 볼륨군을 통한 회화적인 배치구성으로 촉각적인 성격이 짙은 소재를 이용한 공간을 창출하여 숲의 풍경과 대비적인 조화라는 과제를 풀어내고 있다.

북유럽에서 근대건축의 전개는 근대건축의 보편적 언어를 중심으로 하면서도 자연과 풍토를 중시한 경험주의의 개별성과 대립구도를 제시하는 것으로서, 오늘날에도 그 소박하면서 따뜻한 공간이 많은 이들을 매료시키고 있다.

그림 5-6 스톡홀름 시립도서관

그림 5-7 숲의 예배당

그림 5-8 마이레아 저택

그림 5-9 세이나찰로 타운 홀

02 현대의 건축

근대건축에 대한 비평, 역사, 유형, 장소, 기술, 탈구축

타이틀 그림 : 라빌레트 공원

1_ 현대건축의 시점

근대와 현대를 무엇을 가지고 나눌 것인가? 근본적으로 어느 시점부터를 근대라고 보는 것이 좋을까라는 질문부터가 매우 어려운 것으로, 이는 개인의 역사관이나 건축관에 따라 달라지기 마련이다.

여기에서는 현대의 기점을 근대에 대한 다양한 반론의 제기가 사회전체에 큰 바람을 불러일으킨 1960년대 후반으로 보는 것으로 한다. 이 시기에는 핵실험이나 공업화 사회로부터 정보화 사회로의 이동, 자본주의의 글로벌화, 소비사회의 진전, 전쟁에 대한 반대나 환경보호를 주장하는 운동 등 종래의 질서에 대한 비판과 새로운 질서의 모색이 이루어졌다. 이러한 상황을 설명해 주는 단어로서 건축의 세계로부터 생겨난 포스트모던이라는 용어가 있다.

지금부터 서술해 가고자 하는 현대건축의 이론은 전반적으로 다음과 같은 경향을 지니고 있다. ① 근대건축에서 공통적으로 존재하던 사고방식이나 그에 기초해 만들어지는 건축에 대한 비판이 행하여졌다는 점 ② 건축이론으로서 하나의 큰 흐름이 만들어진다기보다는 복수 혹은 상반되는 다원적 사고방식이 선택되어진다는 점 ③ 사상이나 철학 등, 다양한 영역에서의 검토가 직접적으로 건축의 이론과 관계를 가

지게 된다는 점을 들 수 있다.

1932년에 '근대건축·국제전시회(Modern Architecture-International Exhibition')[1-1] 를 개최한 뉴욕현대미술관(MOMA)은 이후 건축에 관한 다수의 기획전 개최를 통해 동시대 건축의 동향을 정리하여 시대를 유도하는 역할을 맡게 된다. 1964년의 '건축가 없는 건축(Architecture without Architects)'전에서는 전 세계의 버내큘러(토착)적 건축을 채택, 전시함으로써 건축가에 의한 순수예술로서의 건축에는 존재하지 않는 풍부함을 유도해 내는데 성공하였다. 1975년의 '보자르(The Architecture of The École des Beaux-Arts)'전에서는 근대건축과는 가장 거리가 먼 것으로 여겨졌던 고전주의 건축의 재평가라는 시도를 수행하기도 하였다. 또한 1979년의 '근대건축의 변용'[1-2]전에서는 조각적 형태, 조각, 혼성(hybrid), 루이스 칸(Louis I. Kahn), 제임스 스털링(James Stirling), 로버트 벤츄리(Robert Venturi), 엘리먼트, 버내큘러라고 하는 8개의 키워드와 건축가를 선별하여 전시하게 된다. 이 범주를 보게 되면 근대건축에서의 기능주의·합리주의적 사고로부터 크게 테마가 변하였다는 점을 알 수 있다. 전술한 버내큘러뿐만 아니라 조각은 '형태는 기능을 따른다'에 대한 안티테제를, 또 하이브리드나 엘리먼트는 장식을 배제한 추상성이나 기하학성을 중시하는 것에서의 변용을 가리키는 것이다.

더욱이 1980년에 열린 베니스 비엔날레에서의 전람회의 테마는 '과거의 현전'이었다. 전체의 총괄을 맡은 파올로 포르토게시(Paolo Portoghesi)는,

> '반세기 동안 지속되었던 강제적인 기억상실 후의 이러한 기억의 회복은 풍습이나 의상, 역사와 그 소산에 관한 관심의 보급에서, 혹은 기계문명에 대립하는 자연에 대한 관찰로부터의 경험이나 적극성에 대한 광범위한 요구에서도 나타나고 있는 것이다.'[1-3]

라고 말하면서 근대건축에서는 성찰의 기회가 적었던 역사성이나 풍토, 지역을 형성해 온 고유성의 중요성을 제시함으로써 현대건축의 사고방식에 큰 영향을 주게 되었다.

다시 뉴욕현대미술관으로 눈을 돌려보자. 1988년에 필립 존슨의 연출하에 이루어진 프랭크 게리(Frank Gehry), 다니엘 리베스킨트(Daniel Libeskind), 렘 쿨하스(Rem Koolhaas), 피터 아이젠만(Peter Eisenman), 자하 하디드(Zaha Hadid), 쿠프 힘멜브라우(Coop Himelblau), 베르나르 츄미(Bernard Tschumi) 등의 20세기로부터 21세기로의 전환기의 건축계를 선도하는 건축가의 작품이 모여진 '탈구축주의 건축'[1-4] (그림 1-1)전이, 또한 1994년에는 '렘 쿨하스와 베르나르 츄미'전이 개최되었다. 이들 전람회에 의해 건축의 디자인뿐만 아니라 건축의 사고방식 자체에 대한 반론이 제기되어진다. 그 이후에도 뉴욕현대미술관에 의한 기획전은 세지마 가즈요(妹島和

그림 1-1 「Deconstructivist Architecture」 표지

그림 1-2 「The light Cconstruction」 표지

그림 1-3 「The Un-Private House」 표지

世)와 니시자와 류에(西沢立衛)의 사이슌칸제약(再春館製薬) 여자기숙사가 카탈로그의 표지가 된 1995년의 '라이트 컨스트럭션(The light Construction)'[1-5](그림1-2)전, 1999년에 렘 쿨하스의 보르도의 주택이 카탈로그의 표지가 된 'The Un-Private House'[1-6](그림 1-3)전 등이 개최되어 네오 모던이라고도 불리는 경향을 정리하는 등 현재도 계속하여 세계의 건축가들에게 영향을 미치고 있다.

본 장에서는 이러한 기획전 등을 통하여 나타난 여러 가지 현대건축의 사고방식을 참고하면서 케네스 프램프톤(Kenneth Frampton)의 강연집 '현대건축의 5원칙'[1-7](1981)에서 나타난 역사, 합리주의, 기술, 구조주의, 장소와 연관되는 사조를 중심으로 그 이후에 전개되어지는 탈구축의 사고까지 포함하여 개괄해 보도록 한다.[1-8]

2_ 역사주의

● 로버트 벤츄리와 건축의 의미성

르 코르뷔지에의 『건축을 향하여』, Ernst Wasmuth사에서 출판된 프랭크 로이드 라이트의 작품집과 함께 건축역사가 빈센트 스컬리(Vincent Scully)가 20세기의 건축서를 대표하는 것으로 간주하는 것이 로버트 벤츄리의 『건축의 복합성과 대립성(Complexity and contradiction in architecture)』[2-1]이다. 그는 기호론이나 게슈탈트 심리학과 같은 학제적인 이론을 배경으로 'Less is Bore(적은 것은 보다 지루하다)'라고 주장하였다. 이는 'Less is More'라고 하였던 미스 반 데어 로에의 작품이나 근대건축의 특징적인 건축구성과 언어를 추상화시켜 환원해 간다는 사고방식에 정면으로 저항하는 것이다. 또 벤츄리는 근대건축이 그 순수성을 확보하기 위해 대립되는 양면성이 존재할 때 어느 한 가지를 선택하는 경향이 있었던 반면에, '양자공존(Both-And)'의 주장을 펼쳐서 순수성보다는 혼성을, 직선보다는 비틀어짐을, 질서보다는 이치에 맞음을, 분절보다는 모호함을 추구하여 하나의 요소가 둘 이상의 기능을 소유한다는 점의 중요성을 보여주는 것이다. 이렇듯 근대에 대한 부정을 펼쳐 보이는 그의 시선은 근대가 파기시킨 건축에 있어서의 역사, 그 중에서도 특히 건축역사의 중심이었던 양식과 언어에 향해 있었다. 벤츄리는 건축의 양식이나 언어를 상징성이나 의미성[2-2]과 함께 이들 요소가 가지는 연상성이나 친근감과 같은 효과를 중시하면서 건축에 채용하게 된다. 또한 그는 배우자인 데니스 스코트 브라운(Denise Scott Brown)과의 공저 『라스베가스의 교훈(Learning From Las Vegas)』[2-3]에서 종래 키치(Kitsch)적인 것으로 간주되었던 라스베가스의 건축군을 '장식된 쉐드(decorated shed)'로서 그 형태가 가지는 상징성 등을 적극적으로 평가하고 있다(⇨ p.86 그림 3-9, 10).

그러나 여기서 한 가지 주의가 필요하게 된다. 벤츄리는 건축이 소유하는 역사에 대해 충분한 경의를 표하고는 있으나, 양식을 있는 그대로 재현한다는 것은 아니라는 점이다. 그는 양식이나 그 언어까지도 합리성을 갖춘 혼성적인 것으로 재현한다. 그리고 역으로 그렇게 함으로써 양식이나 언어를 재인식시킨다 라고 하는 반전적인 구도를 그려낸다는 것이다. 그가 자신의 이름을 세계의 건축계에 알렸던 작품인 어머니의 집(Mother's House, 1963, 그림 2-1)에서는 삼각형의 전체형상이 미국의 원풍경 중 하나인 헛간의 형태를 연상시키면서도 고전건축적인 페디먼트의 이미지를 이끌어 내고 있다. 대칭성을 강조한 전체의 형태에 있어서도 안드레아 팔라디오(Andrea Palladio)의 빌라 말콘테타(Villa Foscari la Malcontenta)를 바탕으로 재구성하였다고도 일컬어지는 내부공간[2-4]은 평면과 단면 모두에서 전체성을 느낄 수 없도록 한 조작이나 굴뚝의 위치나 창문의 크기 등을 조절함으로써 대칭성을 약화시키는 등의 여러 가지 조작이 이루어지고 있다.

● 역사주의의 다양한 시도

건축이 소유하는 유구한 역사에 대한 경외심을 건축의 직접적인 컨셉으로 연결시켜 가는 자세는 찰스 무어(Charles W. Moore), 마이클 그레이브스(Michael

그림 2-1 어머니의 집

그림 2-2 시 랜치 콘도미니엄

그림 2-3 이탈리아 광장

Graves), 로버트 스턴(Robert Stern), 필립 존슨 등 수많은 건축가에게 근대건축을 극복해 가는 시점으로서 공유되어 가게 된다.

무어는 주말주택 시 랜치 콘도미니엄(Sea Ranch Condominium, 1965, 그림 2-2, ➪p.177 그림 4-7)에서 단일지붕의 헛간-빈센트 스컬리가 그의 저서 『아메리카 주택론(The shingle style today or the historian's revenge)』[2-5]에서 규정한 미국의 원풍경을 구성하는 요소 중 하나-을 계승하는 디자인을 전개하였다. 내부공간에서는 슈퍼그래픽을 이용한 장난감과도 같은 디자인이 전개되어 있다. 나아가 이탈리아 광장(1978, 그림 2-3)에서는 역사적인 건축언어의 디테일을 간략화시켜 적용하고 있는데, 소재적 측면에서 석재의 요소가 금속으로 바뀌고, 이탈리아 영토의 형태를 모방한 랜드스케이프나 화려한 색채를 다수 사용하고 있는 수법 등이 보이고 있다. 찰스 무어 자신 역시 역사에 대한 존중의식을 나타내면서 그 위에 기호성이나 장난감 등과 같은 팝아트적인 조작을 부가시킴으로써 근대건축에 대한 비판과 함께 현대성을 이끌어 내고 있다. 마이클 그레이브스는 포틀랜드 시청사(1982, 그림 2-4)에서 삼단구성의 파사드 디자인과 함께 역사적인 건축언어의 디테일을 간소화시켜 담아내는 동시에 하나의 요소를 건물 전체를 포괄하는 스케일까지 확대하고 있다. 필립 존슨의 초고층 빌딩 AT&T빌딩(1984)에서는 상부에 페디먼트 요소를 채용함으로써 르네상스나 고딕과 같은 양식을 병용하여 전체를 매듭짓고 있다.

이렇듯 현대건축에 있어서의 역사주의는 우선 역사가 가지는 중요성을 설득하였다는 점에서 그 의의를 찾을 수 있다. 나아가 건축적 언어와 그 해석의 다양함에 중점을 둠으로써 양식이나 언어의 변환이 이루어지고, 이를 통하여 건축의 역사를 현대적으로 재인식한다고 하는 점에 특색이 있다고 할 수 있다.

● 네오코르뷔지안 : 근대건축의 역사

1975년 콜린 로우(Colin Rowe)[2-6]는 『매너리즘과 근대건축(The Mathematics of the Ideal Villa and Other Essays)』[2-7]이라는 저서를 출간하였다. 그는 이 저서에서 안드레아 팔라디오의 빌라 말콘테타와 르 코르뷔지에의 빌라 가르쉐(Villa Garche)의 평면구성을 비교하여 그 동질성을 이끌어내고 있다. 이를 통하여 역사와의 단절을 주장하였던 근대건축, 그 중에서도 특히 대표적인 작품으로 여겨져 온 빌라 가르쉐가 공간의 구성적인 측면에서는 역사성을 소유하고 있다는 점을 역설하고 있다. 나아가 그는 근대건축의 투명성에 대하여 유리를 통한 자의적 투명성과 르 코르뷔지에의 작품에서 평가되어지는 깊이감[피카소(Pablo Picasso)나 블라크(Georges Braque), 레제(Fernand Léger)의 회화에서와 동질]을 창출하는 현상적 투명성으로 구분하고, 이들 중 현상적 투명성이 바로 근대건축의 특성이라고 주장한다. 즉, 근

그림 2-4 포틀랜드 시청사

그림 2-5 더글러스 하우스

그림 2-6 주택VI호

대건축은 역사와 상통하는 것임과 동시에 그 진전의 가능성을 나타내고 있다는 것이다.

이러한 가능성을 전개시켜 나간 사람들로서 피터 아이젠만, 리차드 마이어(Richard Meier), 존 헤이덕(John Hejduk, ⇨p.161 그림 4-19), 찰스 과스메이(Charles Gwathmey), 그레이브스 등의 건축가를 들 수 있다. 그들은 콜린 로우의 사고를 배경으로 큐비즘 사상의 건축적 전개나 20년대의 르 코르뷔지에의 공간구성 및 건축언어를 재구성하여 각자의 작품을 창조하였다. 이러한 점으로부터 그들을 네오코르뷔지안이라 부르면서 그들의 활동 거점과 백색을 기조로 한 건축을 만들어내는 것으로부터 뉴욕 파이브(New York Five)라고 부르기도 한다.

리차드 마이어의 더글러스 하우스(1973, 그림 2-5)는 코르뷔지에의 20년대의 작품과의 명백한 유사성을 인정받는 작품이다. 아이젠만은 주택VI호(1973, 그림 2-6)를 비롯한 일련의 주택작품에서 건축의 언어와 구성을 기하학이나 언어학 등 당시 학문의 최신의 성과를 근거로 개념적인 수준으로까지 승화시킨 건축작품을 만들어 냈다.

벤츄리 등에 의한 건축에서의 역사의 재평가와 기호론에 근거하는 재해석과는 성격이 조금 다르긴 하지만, 네오코르뷔지안에 의한 근대건축과 역사의 문제는 현대건축에 있어서 충분한 고려가 필요한 중요한 항목으로서 역사라는 요소를 부각시키고 전통적 거리경관의 디자인 서베이 등을 실행하여 역사적인 요소를 재평가하는 풍조를 만드는 계기가 되었다.

3_ 합리주의

● 합리로서의 유형

건축의 세계에서 유형(Type)이라는 용어는 여러 가지 의미로 사용된다. 예를 들어 빌딩유형이라고 하면 건물의 기능이나 효용성으로부터의 관점을 의미하며 라멘이나 트러스와 같은 구조형식도 유형적인 분류로 여겨지기도 한다. 반면 탈구축(해체)을 주장하는 철학자 자크 데리다(Jacques Derrida)는 유형을 건축 내에서의 건축이라고

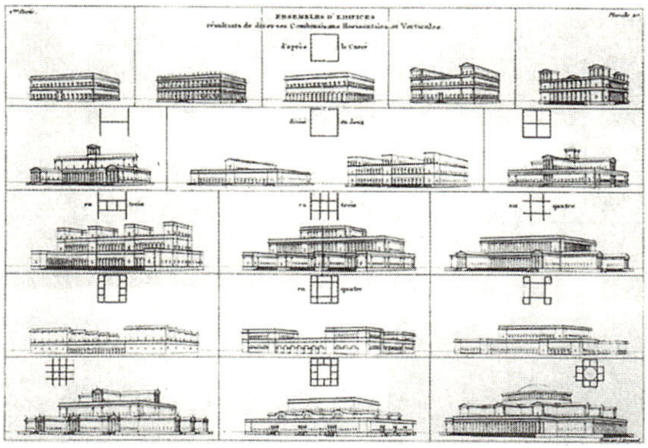

그림 3-1 듀랑, 『건축교과과정의 개요』

그림 3-2 유추적 도시

정의하고 있다.

본 절에서 서술해 나가는 유형의 개념은 듀랑이 19세기 초에 저술한 『건축교과과정의 개요』[3-1](그림 3-1)에서 단적으로 설명되어지고 있다. 그는 양식을 중심으로 정리해 온 당시까지의 건축적 사고방식이 아닌 평면 및 단면의 구성을 기하학적인 유닛의 조합인 다이어그램을 이용한 분석을 통하여 어떠한 양식에서라도 각 양식을 뛰어넘은 기하학적인 공통성이 존재한다는 결론을 도출해 내고 있다. 이는 건축을 양식으로서가 아니라 전체 구성상에서 유형적으로 파악이 가능하다는 점을 보여주는 합리적인 사고[3-2]이다. 즉, 기하학적인 관점에서 건축의 구성을 살펴보면 앞 절에서 살펴본 내용 중 콜린 로우가 팔라디오와 르 코르뷔지에의 유사성을 지적했던 것처럼 기하학적인 구성의 수준에서는 근대건축도 역사성을 소유하고 있다는 것이 된다. 단, 역사주의와의 차이는 역사주의가 건축의 양식이나 언어 및 그 해석의 다의성에 중점을 둔 것에 비하여 합리주의는 양식이나 양식의 언어를 추상화하고 전체구성의 기하학적인 성격에 중점을 두었다는 점이다.

● 알도 로시와 기억속의 도시

1973년의 밀라노 트리엔날레의 '합리주의건축(Architettura Razionale)'전을 주도한 알도 로시(Aldo Rossi)[3-3]가 자신의 건축적 사고방식의 제안으로서 발표한 것이 유추적 도시(그림 3-2)이다. 이 콜라주에는 실재하는 도시의 지도에 계획이나 장소가 서로 다른 건물의 이미지가 병치되어 있다. 이 콜라주로부터 그의 사고방식을 이해하기 위해서는 꿈속에서의 공간체험을 떠올리는 것이 좋을 것이다. 미아가 된 꿈을 꾸고 있다고 가정해보자. 꿈에서 보여지는 거리의 풍경은 어딘가의 거리와 닮아있지만 그 거리가 정확하게 재현되고 있지는 않다. 가끔 골목을 돌아서면 전혀 다른 거리가 되어 있다거나 또 꿈속의 거리를 구성하는 건물들도 어떤 부분은 세세한 부분까지 재현되고 있는 것에 비하여 어떤 부분은 대략적인 부분밖에 재현되고 있지 않기도 한다. 꿈에서의 공간체험이란 사람들의 기억속에 있는 시간이나 공간이 시간적, 공간적인 연속성을 가지지 않은 채 단지 병치되고 있는 것이라고 생각할 수 있는 것이다.

알도 로시가 말하는 '유추적'이라는 의미는 이렇듯 기억에 근거하여 재구축되는 것을 뜻한다. 그는 자신의 기억에 있는 거리나 건물, 그리고 그곳에서의 경험을 바탕으로 설계를 전개해 나간다. 기억에 근거하는 것이기 때문에 건물의 형태나 디테일, 소재감은 일반적으로 간략화되지만, 그 반면 기억에 강하게 남겨진 형태나 디테일은 오히려 원형보다 강조됨으로써 반복되는 형태가 가지는 강렬함에 대한 친숙성이 높아지게 되는 것이다. 또한 기억을 바탕으로 하는 설계란 같은 거리나 건물을 체험한 기억을 설계자 이외의 사람들과 공유할 수 있다는 가능성을 가지게 된다. 로시에 의한 유추적 도시는 건축의 양식이나 언어를 추상화하고 기하학적인 강렬함을 내세운다는 점에서 합리주의의 성과임과 동시에 도시나 풍경의 독자성을 재해석하여 반영한다는 점에 특색이 있다고 할 수 있다.

그의 갈라라테세 집합주택(Gallaratese housing complex, 1973, 그림 3-3)은 180미터가 넘는 건물의 장변 전체에 걸쳐 좁은 간격으로 배치된 벽기둥과 원주로 이루어진 필로티, 정방형의 구멍만이 뚫려져 있는 벽면이 채용된 구성을 하고 있다. 벽기둥을 통해서 필로티로 강하게 비쳐 들어오는 빛과 그림자의 연출이 이루어지고는 있지만 무표정한 분위기의 주랑, 오더가 장식된 기둥을 상기시키는 원주, 금욕적인 생활을 나타내는 정방형의 개구부 등, 마치 기리코(Giorgio de Chirico)의 형이상학적 회화에 자신의 꿈을 겹쳐놓은 듯한 연상성으로 가득 찬 공간이 형성되고 있다.

● 합리주의의 전개

합리주의적 건축을 전개해 나갔던 건축가로서 웅거스(Oswald Mathias Ungers)와 조르지오 그라시(Giorgio Grassi)를 들 수 있다. 웅거스의 유형에 대한 추구는 가장 기초적인 형태인 입방체를 이용한다고 하는 환원적인 수법으로 나타난다. 그라시는 로시와 같이 합리주의적인 형태의 전개에 몰두하였으나, 그 이상으로 형태나 언어의 추상화를 철저히 추구하였다(그림 3-4).

그림 3-3 갈라라테세 집합주택

그림 3-4 학생 기숙사

건축의 기하학성에 기억을 통한 풍경이나 장소와 같은 문제를 중첩시킨 로시의 사고방식은 현대와도 통하는 중요한 논점을 제시하고 있다. 그러나 그의 작품 중 호텔 일 팔라초(Il palazzo) 등에 대한 평가와도 같이 로시의 기억은 이탈리아에서는 공유될 수 있는 것으로서 사람들에게 제시되는 효과가 있는 반면, 동일한 기억을 공유하는 것이 어려운 타국에서는 위화감을 수반하는 것이 되기 십상이다. 이러한 점을 그의 방법론의 한계라고 볼 수 있을 것이다.

4_ 구조주의 [4-1]

●서양문명 밖으로의 시점

문화인류학자 레비 스트로스(Claude Lévi-Strauss)는 저서 『야생의 사고(La pensée sauvage)』[4-2]에서 아프리카 원주민의 생활방법이나 사고방식이 서양에서는 비합리적이고 야만적이라고 생각되 온 것에 대하여, 그들이 기초로 하고 있는 신화적 사고가 결단코 서양의 과학적 사고에 뒤지는 것이 아니라, 오히려 그들의 감성을 중요시한 표현에 의해 세계나 우주를 체감하고 파악할 수 있는 '구체적인 과학'이라고 하면서 그 의의를 주장한다.

즉, 이는 서양의 근대를 인류가 도달한 역사상 최고의 단계로 간주하던 진보주의적 세계관이 전복되고 이성을 중시한 사고에 대한 반성을 촉구한 것이다. 구조주의에서의 '구조'란,

> '인간이 사회를 생각하기 위한 사고의 범주일 뿐만 아니라 인간의 사고가 자연히 촉발되고 생성되는 과정 바로 그 자체' [4-3]

를 의미한다.

또한 레비 스트로스는 손재주라는 의미로서의 브리콜라주라는 개념의 중요성을 강조한다. 아프리카의 원주민이 주택을 만드는 경우를 생각해 보면, 그들 주위에 있는 한정된 도구나 재료를 사용하여 조합시키고 있다. 특별히 준비를 한 것이 아닌 그때 그 장소에 있는 도구나 재료에 의한 주택이기 때문에 일상적인 수준에서 만들어질 수밖에 없다. 그들의 이러한 손재주를 이용한 진행방식은 미리 결정된 계획에 맞추어 목표를 달성해 나간다고 하는 서양적 혹은 근대적 사고와는 근본적으로 다른 사고방식에 근거하는 것이다. 그러나 레비 스트로스는 원주민의 신화적 사고형태에 근거하는 생활이 훨씬 풍요롭다는 점을 지적한다.

언어나 관념을 사물의 상징이라고 보는 근대 서양철학의 주관 및 객관 원리에 근거하는 이성주의를 근본적으로 비판하였다는 점에 레비 스트로스 사상의 중요성이 존재하는 것이다. 이러한 비판을 철저히 계승한 것이 앞으로 설명할 포스트구조주의이다.

● 헤르츠베르거와 도시 · 건축 공간의 영역화

서양적 시점에 머무르지 않고 서양문명 외부로 시선을 돌렸던 레비 스트로스의 주장은 주로 네덜란드의 건축가에 의해 전개되어 간다. 그 대표적인 건축가로서 헤르만 헤르츠베르거(Herman Hertzberger)와 알도 반 아이크를 들 수 있다. 헤르츠베르거는 델프트 공과대학에서의 강의내용을 『도시와 건축의 퍼블릭 스페이스(Lessons for students in architecture)』[4-4]라는 저서를 통하여 정리하고 있다. 이 교과서는 3부로 구성되어 있으며 헤르츠베르거뿐만 아니라 구조주의 건축가들 사이에 공유되고 있는 논의[4-5]들이 제시되고 있다.

제1부 '공공의 영역'에서는 개인에서 집단에 이르기까지 인간관계의 단계적 위계질서와 그에 걸맞는 영역설정의 중요성이 고금동서의 여러 공간에서 사람들의 행동에 대한 관찰을 통하여 도출되고 있다(그림 4-1). 각각의 영역에서 사람들이 즐겁게 시간을 즐기고 있는 모습이 여러 장면을 통하여 묘사되고 있으며, 우리들은 이를 통하여 레비 스트로스가 아프리카의 집락에서 찾아낸 것과 같은 사람과 사람, 사람과 영역과의 조화를 재확인할 수 있는 것이다.

제2부 '공간을 만드는 법, 지나치게 만들지 않고 비워 두는 법'에서는 크게 두 가지의 테마가 논의되고 있다. 첫째로 영역의 기본단위로서의 유닛과 집합형식, 집합을 성립시키는 구조나 규범(오더)에 관한 내용이며, 다른 하나는 건축을 사용하는 사람들이 스스로 공간의 사용법을 발견하고 만들어 냄으로써 공간에 대한 애착을 가질 수 있게 하기 위한 '공간을 지나치게 복잡하게 하지 않는 법', '그러한 기분을 불러일으키는 방법'에 관한 고찰이다. 여기에서는 콘크리트 블록벽의 블록에 난 구멍을 화분처럼 사용할 수 있다는 것을 발견한 어린이에 의해 식물이 자랄 수 있다는 예가 설명되고 있다. 또한 그는 건축이나 공간의 형태를 '악기와도 같은 것'

그림 4-1 가로의 풍경

그림 4-2 센트럴 비히어

이라고 설명하면서 건축이나 공간을 다루는 사람들이 이를 풍부한 공간으로 전환시키는 가능성과 중요성을 보여주고 있다. 제3부 '마음을 자극하는 형태'에서는 특히 개인적인 공간에서 집단적인 공간까지를 공간의 친근성이나 시야, 스케일의 문제를 다루고 있다.

● **구조주의의 건축**

헤르츠베르거가 그의 저서 『도시와 건축의 퍼블릭 스페이스』에서 보여준 여러 가지 논점은 그의 작품 센트럴 비히어(Central Beheer, 1972, 그림 4-2)에 잘 나타나 있다. 약 1,000명이 일하는 오피스 빌딩을 설계하는 경우, 가변성이 많은 스팬을 가지는 큰 균질공간을 만든다는 것이 일반적인 경우이겠지만 그와 달리 헤르츠베르거는 먼저 약 10미터 그리드의 공간을 기본단위로 설정한다. 이 기본단위가 적은 인원의 집무공간, 회의실, 휴게실, 화장실 등의 개실을 만들어 낸다. 이들 기본단위의 공간에는 사방에 슬릿이 사용되어 있으며 각 기본단위들끼리는 브리지로 연결되고 있다. 흔히 큰 균질공간을 취지로 하고 있는 오피스 공간에서는 사람과 사람, 사람과 영역 또는 공간이 친밀한 관계를 소유하기 어렵다는 점으로부터 도출된 설계 컨셉인 것이다. 기본단위의 입체적인 중첩을 내외로 표출시킴으로써 아프리카 집락의 구성과 그곳에서의 사람과 공간의 조화를 표방한 것이라고 할 수 있다.

또한 알도 반 아이크가 설계한 어린이의 집(1960, 그림 4-3, ➩p.213 그림 2-9)은 약 120명의 고아가 생활하는 양호시설이다. 부모와 떨어져 마음의 상처를 가진 어린이들이 매일같이 집단으로 생활해 가는 시설 계획에서 그는 개인으로부터 소수인의 그룹, 그보다 상위그룹(8그룹), 그리고 모두가 여러 가지 활동이 가능하도록 3.3미터의 유닛을 기본단위(이 단위유닛은 침실이나 놀이실, 독서실이 되고 있다)로 설정하였다. 이들을 10미터×10미터의 그룹활동 유닛 주변으로 모으고 중정이나 통로를 중간에 매개시킴으로써 하나의 마을(세계)을 이루는 구성을 취하고 있다. 거기다

그림 4-3 어린이의 집

그림 4-4 어린이의 집

기둥을 중심으로 바닥에 그려진 원을 통해 아이들은 기둥을 만지면서 회전을 거듭한다(그림 4-4). 그는 헤르츠베르거와 같은 이러한 '마음을 자극하는 형태'에 의해 이곳에서 생활하는 어린이들에게 살아간다는 것에 대한 의미를 재발견시키고자 하였던 것이다.

개인의 영역을 중시하고 '마음을 자극하거나' 혹은 형태를 '지나치지 않게' 형성함으로써 공간을 자신들의 것으로 만든다는 헤르츠베르거나 알도 반 아이크의 건축은 공간을 만드는 것에서 사용하는 것으로의 시각적 전환이며 그 프로세스를 중시하는 것이라고 할 수 있다. 그들의 설계수법은 기본단위를 설정, 조합시키는 것으로서 심벌성이 있는 명확한 전체상을 나타내는 것이 곤란한 점은 있지만 사용의 측면과 프로세스를 중시한 것은 현대의 건축이나 도시의 설계에 있어서 중요하게 부각되고 있다.

5_ 장소

● 공간으로부터 장으로 : 현대건축의 의식전환

건축을 이야기할 때에 당연스럽게 사용되는 단어는 '공간'이다. 그러나 이노우에 미츠오(井上充夫)[5-1]에 따르면, '공간'이라고 하는 문제를 가장 먼저 이론적으로 체계화된 것은 아우구스트 슈마르조(August Schmarsow)[5-2]에 이르러서였으며, 특히 그의 저서 『건축적 창조의 본질로서의 공간구성(The Essence of Arhchitectural Creation)』(1914)에서는 건축공간의 여러 가지 문제가 종합적으로 설명되고 있다. 말하자면 건축에 있어서의 '공간'[5-3]이란 근대건축의 진전과 궤도를 같이 함으로써 발견되고 전개되었던 것이라고 할 수 있는 것이다.

CIAM의 서기장을 역임하였던 지그프리드 기디온(Sigfried Giedion)이 1941년에 저술한 『공간, 시간, 건축(Space, Time and Architecture)』은 근대건축의 성립과정으로부터 그 특성까지를 기술한 책으로, 건축을 공부하는 사람들에게 있어서 필독서이다. 그는 근대건축의 공간적 특성을 르네상스의 투시도법적인 공간파악으로부터 벗어난 것[5-4]으로 보고,

> '공간의 본질은 그 다면성, 즉 내부적 관계로의 무한한 가능성에 있는 것이다. 따라서 어떤 하나의 시점에서 하나의 장소를 남김없이 전부 기술하는 것은 불가능한 것이며 공간의 성격은 이를 보는 시점에 의해 변화되는 것이다. 공간의 올바른 성질을 파악하기 위해서는 보는 사람은 그 속으로 자기 자신을 몰입시켜야 한다. 에펠탑 상층부의 계단은 내외공간의 연속적인 상호관입을 건축적으로 표현한 가장 빠른 예이다.'

라고 서술하고 있다. 또 하라 히로시(原広司)는 근대건축의 공간적 특질을 균질공간으로 간주한 후 앞에서 설명하였던 구조주의의 중요성과 함께 공간의 비균질성에 대한 지향성을 내보인다.[5-5] 이와 함께 역사나 콘텍스트 등 건축이나 도시의 고유한 중

요성에 대해 지적함과 동시에 현상학 등을 배경으로 한 공간 및 영역과 인간이 서로 관계되어지는 방법을 논하고 있다.

● 비판적 지역주의

케네스 프램프톤이 1983년에 저술한 논문 '비판적 지역주의를 향해서(Towards a Critical Regionalism)'[5-6]는 철학자 폴 리쾨르(Paul Ricoeur)의 말을 인용하는 것으로 시작한다. 인류의 여러 측면에서 진보가 우리들의 삶의 기반인 전통적 문화라는 창조의 핵을 파괴하고 있다는 인식을 표명한 후, 근대문명에 발맞추어 가기 위해 과학적, 기술적, 정치적인 합리성을 도입할 필요성과 함께 전 세계가 동일화 되어가는 식민지적 성격에 대하여 각 나라 고유의 정신을 이끌어 내어 정신적, 문화적인 측면에서 각자의 것을 보호해야 할 필요성을 주장하고 있다. 또한

> '어떻게 하면 근대화를 진행시킴과 동시에 근원으로 되돌아올 수 있을 것인가, 어떻게 하면 태고의 잠들어 있는 문명을 재건시킴과 동시에 보편적 문명에 참가할 수 있을 것인가'

라고 하면서 종래의 진보주의도 보수주의도 아닌 쌍방을 포괄할 수 있는 사고의 필요성을 주장한다. 즉, '계몽주의의 진보적 신화'나 '공업화 이전의 과거형태로 회귀하는 반동적이고 현실과 동떨어진 충동'에 대하여 거리를 두면서 '보편적 기술을 중시하고 이용하면서도, 동시에 그에 저항하는 문화 혹은 각자의 아이덴티티를 확보하는 문화'를 전개하고 있는 것이다. 나아가 그는 장소[5-7], 지역적 특성, 콘텍스트, 기후, 빛, 구조적 형태, 그리고 촉각성을 들면서 '국소적인 견해의 확산이나 질, 독특한 구조양식으로부터 도출되는 구축술(Tectonic)', 혹은 주어진 '장소의 지역적 특성'의 중시를 호소하고 있다.

● 비판적 지역주의의 전개양상

요른 웃존(Jorn Utzon) (⇨p.277 그림 3-2)의 바그스바에르드 교회(Bagsværd Church, 1976, 그림 5-1,2, ⇨p.123 그림 4-1)는 콘크리트 패널이나 블록이 규칙적으로 설치된 공장과도 같은 외관과 내부공간을 전부 덮고 있는 곡선의 천장이 만들어 내는 명확한 대비가 하나의 건축에 공존하고 있다. 프램프톤은 이에 대하여 외관에서 평가되어지는 합리적인 보편성과 동양에서의 불탑 지붕을 연상케 하는 내부의 비합리성이 추구되었다고 평가하고 있다. 또한 알바 알토의 세이나찰로 타운 홀(1952, 그림 5-3, ⇨p.34 그림 5-9)에 대해서는 돌, 벽돌, 나무 그리고 내부로 진행됨에 따라 부드러워지는 바닥재에 주목하면서 신체적인 경험 자체에 의해서만 읽을 수 있는 촉각성을 중시한 건축이라는 점으로부터, 근대적인 시각중시의 사고방식으로부터의 변환이자 보편적인 문명에서 상실되어 왔던 것에 대한 회복이라고 역설하고 있다. 또한 루이스 바라간(Luis Barragan ⇨p.128 그림 5-6)이나 안도 다다오

그림 5-1 바그스바에르드 교회

그림 5-2 바그스바에르드 교회

그림 5-3 세이나찰로 타운 홀

(安藤忠雄, ➪p.85 그림 3-11, p.77 그림 2-4, p.155 그림 3-20)의 건축에서 나타나고 있는 것처럼 콘크리트를 채용한 근대적인 조형언어로써 각자의 나라의 독자적인 공간을 창출하고 있는 점 등을 비판적 지역주의의 예로서 들고 있다.

● 텍토닉(Tectonic) : 루이스 칸의 구조와 스카르파의 디테일

프램프톤이 건축의 자립성의 첫 번째 원리로 주장하였던 '구축의 결절점, 즉, 구조의 통사론적인 형식이 중력의 작용에 저항하는 수법'을 면밀히 검토한 저서 『텍토닉 컬쳐(Studies in Tectonic Culture)』[5-8](1995)에서는 라이트, 오귀스트 페레(Auguste Perret), 미스, 웃존과 함께 루이스 칸과 카를로 스카르파(Carlo Scarpa)가 거론되고 있다.

프램프톤은 루이스 칸[5-9] (➪p.156 그림 4-1, p.162 그림 4-23, p.164 그림 1-3)의 건축을 근대화와 새로운 모뉴멘트성이라는 시점에서 고찰함으로써 그가 근대의 테크놀로지를 제도적인 시설형태와 통합시키는 것을 목표로 하고 있으며, 이 통합은 구조형태와 소재기술이 결부된 표현이나 Served / Servant space라는 개념의 도입을 통해서 실현되어진 것이라고 설명한다. 또 루이스 칸은 솔크 연구소(1965, 그림 5-4, ➪p.128 그림 5-5)나 킴벨 미술관(1972, 그림 5-5, ➪p.183 그림 6-5)을 필두로

그림 5-4 솔크 연구소

그림 5-5 킴벨 미술관

그림 5-6 카스텔베키오 미술관

그림 5-7 브리온 묘지

한 작품에서 기하학적 형태나 플라톤 입방체를 주로 사용함으로써 건축의 영속성이나 시간을 뛰어넘은 건축, 즉 사물로서의 건축의 본연의 자세를 내보임으로써 건축의 모뉴멘트성을 추구하였다고 역설하고 있다.

스카르파의 작품(➪p.82 그림 2-15) 카스텔베키오 미술관(1964, 그림 5-6)이나 브리온 묘지(1972, 그림 5-7) 등에서 높은 평가를 받고 있는 순차적인 전개장면의 연출과 그 장면을 만들어 내는 디테일이 가득 찬 디자인은 결합부(조인트)에 대한 숭배와 경의라고까지 평가할 수 있는 상징성을 소유하고 있는 것이다.

6_ 구조 · 기술

● 구조표현주의 건축

19세기말에는 철근콘크리트 구조의 기술이 개발되는 등, 철이나 콘크리트 등의 재료에 관한 연구가 진행되고 라멘구조나 트러스 구조와 같은 구조형식에 있어서도 여러 가지 형식이 개발되어 현재까지 이르고 있다.

1960년대에는 쉘구조나 절판구조,[6-1] 현수구조[6-2] 등의 구조형식을 적용시킴으로써 새로운 건축형태를 창출하고자 하였던 구조표현주의라고 불리는 경향이 나타나게 된다. 그 대표적인 작품으로는 쉘구조를 통한 에로 사리넨(Eero Saarinen)의 TWA공항 터미널(1962, 그림 6-1, ➪p. 126 그림 4-10, p.273 그림 2-38)이나 같은 시기의 단게 겐조(丹下健三)의 작품을 들 수 있다. 벅민스터 풀러(Buckminster Fuller)는 지오데식 돔(1961)을 통하여 거대한 공기막의 돔에 의해 맨해튼의 기후를 이상적인 상태로 일정하게 유지할 수 있다는 계획안을 보여주기도 하였다.

● 하이테크 : 기계로부터 환경으로

70년대 후반으로 들어가면서 건축에서의 테크놀로지(기계의 이미지)의 측면을 수

그림 6-1 TWA공항 터미널

그림 6-2 퐁피두센터

그림 6-3 홍콩 상하이 은행

사학적, 장식적으로 표현해 가는 하이테크(high-tech) 건축이 태동하게 된다. 건축가 렌조 피아노(Renzo Piano), 리차드 로저스(Richard Rogers)와 구조설계가 오브 애럽(Ove Arup)의 공동작품인 퐁피두센터(1977, 그림 6-2, ⇨p.91 그림 4-11, p.268 그림 2-19)는 강관프레임과 원색의 도장으로 구분되고 있는 설비배관, 내외를 사이에 두고 있는 유리라는 3개의 요소를 명확히 분절화시켜 표현함으로써 하이테크 건축의 시초를 알린 작품으로 평가받고 있다. 또 노먼 포스터(Norman Foster)의 홍콩 상하이 은행(1986, 그림 6-3)은 구조와 설비계의 유닛을 주된 표현요소로 하고 있어 마치 갑각류인 게와도 같은 형상을 하고 있다. 나아가 급속히 발전하는 정보화를 위해 업무공간의 모듈화나 가변성에 대한 철저한 대처와 인텔리전트 빌딩으로서의 높은 성능을 갖추는 것은 물론, 최상층에 설치된 거대한 반사경(solar reflector) 등을 도입함으로써 지속 가능성(sustainability)[6-3]에 대한 높아진 중요성을 제시해주고 있다.

90년대에 들어와 건축분야의 큰 주제가 되고 있는 이러한 지속 가능성에 대한 대처에도 첨단의 테크놀로지가 적용되어 있다. 구조표현주의에서는 구조형식이 공간의 창출에 직접적으로 결부되고 있었던 것에 비하여, 하이테크에서는 퐁피두센터와 같이 기계의 이미지를 표출하는 디자인에서부터 홍콩 상하이 은행처럼 디자인으로서는 표출되지 않았던 정보화나 에콜로지에 대한 기술적인 대처 등, 건축에서 기술의 대상이 변화되었으며 이에 대한 디자인도 변천을 거듭하게 된 것이다. 최근에 와서는 컴퓨터에 의한 해석방법이 풍부화되면서 해석기술의 진전에 힘입어 종래에는 해석이 불가능하였던 복잡한 형태를 요소별로 분절한 해석이 아닌 일체적으로 해석하는 방법도 가능해짐에 따라 구조와 건축표현의 새로운 관계가 나타나고 있다.

7_ '건축'의 해체와 탈구축

● 건축의 해체

이소자키 아라타(磯崎新)는 『건축의 해체』[7-1](1975)에서 동시대 건축가들의 사상을 고찰함으로써 근대건축뿐만 아니라 건축을 지배하였던 주제에 대한 반론을 표명한다. 이 저서의 내용 중 한스 홀라인(Hans Hollein)[7-2]은, '모든 것은 건축이다'라고 하면서 항공모함을 광대한 랜드스케이프 속에 배치한 항공모함 도시(1964, ➩p.83 그림 3-2), 낡어져 가는 전원에 플러그를 찔러놓은 듯한 초고층 건축(1964) 등의 콜라주를 내보이면서 '건축 그 자체의 개념을 해체해 감으로써 전혀 새로운 시각으로부터 건축을 다시 파악할 수 있는 것이다'라고 역설하고 있다. 또 피터 쿡(Peter Cook)이나 론 헤론(Ron Herron) 등으로 구성된 아키그램(Archigram)[7-3]은 플러그인 시티(1964, ➩p.90 그림 4-7)나 워킹 시티(1964, ➩p.90 그림 4-9) 등의 수많은 SF 영화와도 같은 드로잉으로 그들의 유토피아적인 도시관을 그려낸다. 이들은 가변성이나 가동성을 전면에 내세우고 있는데, 이는 메타볼리즘의 경우에서와 같이 테크놀로지에 대한 굳건한 신뢰를 보이는 것이 아니라 오히려 테크놀로지를 철저히 이용함으로써 역으로 비판을 하고 있다고 볼 수 있는 것이다. 세드릭 프라이스(Cedric Price)는 철저한 시스템(➩p.89 그림 4-6)을 통해, 또 슈퍼 스튜디오(Superstudio)는 도시를 횡단하는 원초적인 형태를 표현함으로써(그림 7-1) 아키그램과 같이 기술 지상주의의 해체를 촉구하고 있다. 나아가 벤츄리나 크리스토퍼 알렉산더(Christopher Alexander)[7-4], 찰스 무어와 같은 건축가들에 의한 혼성수법이나 환경형성 언어, 팝아트에 대한 시각은 종래의 건축언어나 구성원리를 해체하는 것이었다. 근대건축에 대한 비판뿐만 아니라 건축 그 자체에 대한 해체의 선언이 행하여지고 있던 것이다. 이러한 해체는 특히 포스트구조주의의 현대사상의 분야에서 개념이 규정됨으로써 철저히 계승되고 있다.

● 구조주의와 포스트구조주의

자크 데리다로 대표되는 탈구축에 대한 사고는 레비 스트로스 등의 구조주의에서 주장하였던 서양의 주류적 사고방식인 형이상학 중심주의의 해체를 계승하여 보다 철저히 이행하려는 경향을 가지고 있던 점으로부터 이들을 포스트구조주의라고 부르기도 한다.

데리다[7-5]는 전통적 사고방식과 그에 따른 결과들 속에 내재하고 있는 내적논리의 극한에까지 도달하고자 하는 형이상학적 사고의 활성화에 대하여, 형이상학적 개념이 성립했을 때에 배제되고 은폐되어 있던 것들을 밖으로 표출하는 것을 탈구축의 의의라고 말한다. 때때로 형이상학이란 그것을 근저로 삼고 있는 사고형식이나 체계 자체가 달성해 왔던 것으로서 '건축'으로 비유되기도 한다. 데리다는 이렇듯 전제를

그림 7-1 12의 이상도시

그림 7-2 더 피크

일축해 버림으로써 얻을 수 있는 자유나 정의로의 방향을 제시하였으며, 철학을 비롯해 예술, 건축, 정치 등 여러 분야에 영향을 주었다.

● 탈구축의 건축

뉴욕현대미술관이 1988년에 개최한 '탈구축주의 건축'전의 기획자 필립 존슨은 전시회에 참여한 건축가들에게는 형태의 조작이나 러시아 구성주의의 계승 등과 같은 공통점이 있다고 진술한다. 자하 하디드의 더 피크(1983, 그림 7-2, ➪p.91 그림 4-12)의 현상설계안에서는 단편화된 건축의 구성요소들이 중력에 저항하고 있는 형태로 한데 모여짐으로써 건축은 기정된 사물이라고 하는 전체성, 완결성이 무시되고 있으며 기능과 형태의 일치나 이를 유지하는 명쾌한 구조와 같은 근대건축의 사고형태에 대한 비판이 이루어지고 있다.

단편화된 기하학 형태에 의한 실험을 계속해 온 다니엘 리베스킨트(➪p.85 그림 3-7)는 유대인 박물관(1998, 그림 7-3, ➪p.178 그림 4-8a)에서 불규칙하면서도 날카로운 형태의 개구부가 설치된 콘크리트의 벽면이 불안정하고 단편적인 상태를 유지하면서 의미가 제거된 내부공간을 만들어 냄으로써 아우슈비츠 수용소에서와 같이 내일이 분명치 않은 불안감을 연출해 내고 있다. 프랭크 게리는 빌바오의 구겐하임 미술관(1997, ➪p.121 그림 3-5)이나 디즈니 콘서트홀(2003, 그림 7-4, ➪p.159 그림 4-11)에서 마치 물고기나 뱀을 연상시키는 다수의 티타늄 곡면이 각각의 단편성을 유지하면서 공중에 부유한 채로 굳어버린 듯한 인상을 주는 건축을 만들어 내고 있다. 모형을 먼저 만들고 이를 3차원 스캐너를 통하여 건축도면으로서 2차원화 시켜가는 그의 설계수법 자체가 평면도를 중심으로 하는 종래의 건축에 대한 비판이라고도 할 수 있는 것이다.

그림 7-3 유대인 박물관

데리다가 제창한 탈구축을 가장 그 문맥에 충실히 계승한 건축가는 아이젠만(➪p.154 그림 3-

그림 7-4 디즈니 콘서트홀

그림 7-5 막스 라인하르트 하우스

15)이다. 그는 건축을 사고하는데 있어서 전제적으로 올바르다고 간주하는 개념이나 사고형태를 '자연'성이라 부르고, 이를 변환시켜감으로써 건축을 해방시켜야 한다고 주장한다. 그에 따르면 건축은 제도를 불가피하게 만들어 낼 수밖에 없지만 이 제도에 저항하여 보다 나은 새로운 제도를 만들어낸다고 하는, 즉 제도화라는 형이상학은 유지하되 제도적인 것을 해체한다는 것이다. 그는 장소, 역사, 의미와 같은 개념규정을 의심할 수 없는 전제로서의 '자연'성을 근거로 해석하고 다시 이러한 '자연성'을 해체하기 위해서 중첩, 스케일, 거리, 방향의 변환 등의 사용을 주장한다(그림7-5).

● 베르나르 츄미와 렘 쿨하스

1983년에 개최된 프랑스의 라 빌레트 공원의 현상설계는 자연의 재현을 취지로 하는 조경가의 사고방식과 그 '자연'성에 이의를 표방하는 건축가의 사고방식의 괴리로부터 큰 논쟁을 불러왔다. 이 현상설계를 통하여 당시까지는 주로 건축에 관한 자신들의 이론적인 연구에 몰두해 왔던 베르나르 츄미와 렘 쿨하스라는 두 명의 건축가가 일약 건축계의 세계적인 스타로서 탄생하게 된다.

츄미와 쿨하스는 모두 1940년대에 태어났다. 활동 초기에 츄미[7-6]는 '죠이스 정원'(1977)이나 『맨해튼 트랜스크립트』[7-7](1981, ➩p.80 그림 2-10) 등의 저술을 통하여 공간을 기능이나 유용성에 맞추어 창출하는 것이 아니라 문학이나 영화 등을 참조함으로써 건축공간의 새로운 가능성에 대한 노력을 보여주고 있다. 렘 쿨하스도 『정신착란증의 뉴욕(Delirious New York)』[7-8](1976) 등을 통하여 기능적인 구성을 뛰어넘는 도시[7-9]의 가능성에 대해 언급한다. 이러한 논고를 통해 츄미나 쿨하스는 공간과 기능, 형태와 기능, 배치와 기능, 스케일과 기능, 도시와 기능 등 건축설계에서는 명

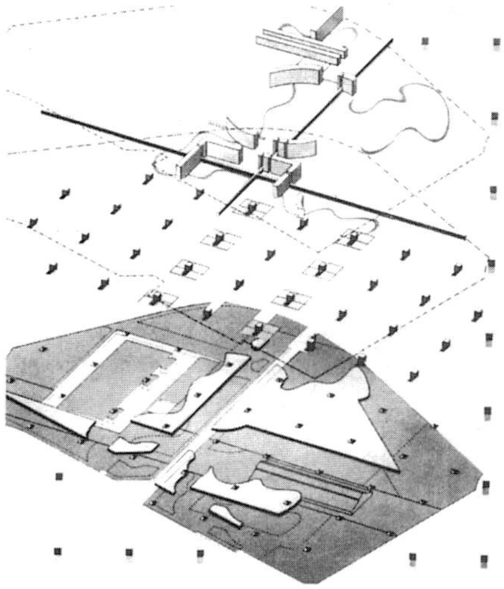

그림 7-6 라빌레트 공원

그림 7-7 프랑스 국립도서관

백한 것으로 여겨져 왔던 사항들에 대하여 '해프닝'이나 '프로그램'이라는 개념을 도입해 이것들로부터 탈구축을 전개시켜 나간다.

츄미가 당선된 라빌레트 공원(1989, p.35 2장 타이틀 그림, 그림 7-6)은 55ha라는 광대한 공원에 '점', '선', '면'을 3개의 레이어[7-10]로 나누어 중첩시키면서 전체를 구성하고 있으며, 120미터의 그리드를 설정하여 그 교점에 폴리를 '점'으로서 배치하고 있다. 이들 폴리는 여러 가지 기능과 호응할 수 있도록 역으로 기능과는 독립된 형태로서 설정되고 있다. 프롬나드나 갤러리가 되는 '선', 그라운드나 광장이 되는 '면', 이들 요소가 서로 독립한 단편으로 중첩됨으로써 예기치 않은 '해프닝'의 유발이 계획되고 있다.

또 욕망에 의해 만들어지는 도시에 건축의 개념을 확장시킬 가능성을 찾고 있던 렘 쿨하스는 80년대 이후 세계의 건축계를 선도하는 건축가로서 그 활동의 폭을 넓혀가게 된다. 항상 혁신적인 아이디어를 내보이는 렘 쿨하스의 활동을 전부 개괄하는 것은 어려운 것이나, 예를 들어 도미니크 페로(Dominique Perr- ault)가 당선된 프랑스 국립도서관[7-11] (1989, 그림 7-7, ➩p.78 그림 2-5~7)의 현상설계에서, 그는 우선 전체를 둘러싸는 볼륨을 설정하고 그 안의 모든 기능들을 부유시켜 구성함으로써 도서관의 기능을 분석하고 있으며, 프로그램에 맞추어 공간을 분절하여 구성한 슬래브를

그림 7-8 에듀카토리움

쌓아올린다고 하는 건축계획학적인 설계방법에 대한 근본적인 이의를 제기하고 있다. 위트레흐트(Utrecht) 대학의 학생회관인 에듀카토리움(Educatorium, 1997, 그림 7-8)에서는 한 장의 만곡된 형태의 슬래브가 지면에서 서서히 부상하여 가장자리부에서 둥글게 만곡부를 그리다 그대로 지붕 슬래브로까지 형성되고 있다. 이는 바닥으로부터 벽, 그리고 지붕이 하나의 이음새 없는 슬래브로 구성된 것으로서, 이러한 요소들의 차이는 무효화되고 있으며, 또한 바닥과 계단을 비롯한 모든 계층화로부터의 탈피에 성공하고 있는 것이다.

03 전후 일본의 건축

전통논쟁, 메타볼리즘, 수법론, 기능에서 양상으로, 대문자의 건축, 라이트 컨스트럭션, 프로그램, 랜드스케이프

타이틀 그림 : 군마현립 근대미술관

본 장에서는 전후역자주 : 일본에서는 일반적으로, 태평양전쟁이 종전한 해인 1945년을 기점으로 전전(戰前), 전후(戰後)로 시기를 구분한다. 일본에서의 건축이론이나 운동에 대해 살펴보고자 한다. 현재 일본건축을 둘러싼 도시와 건축에 대하여 많은 문제가 제기된 1950년대 이후의 건축가들에 의해 제기된 주요 건축이론과 그 배경에 대해 간략하게 설명하도록 한다.

1_ 전후 근대건축과 일본

● 기술적 접근의 추구

건축가 마에카와 구니오(前川国男)는 1951년에 서양 근대건축의 발전단계를 다음의 3단계로 정리하였다.

- 제1단계(1895-1915) : 19세기의 절충주의적 양식건축에 대한 반항의 시대.
- 제2단계(1915-35) : 그로피우스와 르 코르뷔지에가 등장하면서 '기계화'라는 화두를 중심으로 기술이 중요시 된 시대.
- 제3단계(1935-) : 기술을 적용시킨 근대건축에 인간적인 따뜻함, 예술적 감명, 새로운 기념적 표현을 창조하려는 시대. 제2단계에서 한 걸음 더 나아간 조형을 전개시켰던 르 코르뷔지에, 라이트, 알토 등을 예로 들 수 있다.

그에 따르면, 일본에서는 절충주의 건축에 반론을 제기하면서 근대건축의 선구가 되었던 분리파가 제1단계에 해당되지만 그 후에는 건축을 뒷받침하는 기술적인 기초가 충분히 무르익지 못해 당시 일본의 건축은 제2단계에서 제3단계로 이행하지 못했던 것이 실정이었다고 회고하고 있다.[1-1]

따라서 마에카와는 제2단계의 극복을 위해서 기술적 제반문제에 정면으로 부딪치는 디자인을 위해 노력해야 한다는 이른바 기술적인 접근을 주장하였다. 일본상호은행 본점(1952, 그림 1-1)에서는 건물을 경량화하는 구조와 외벽을 기술적인 측면에서 추구하였던 것을 알 수 있다.

하지만 1950년대 중반에 들어서 건축기술은 급속한 발전을 이루게 된다. 이러한 발전에 주요한 역할을 담당한 주인공은 건축가들이 아닌 조직적인 기술 개발력을 가진 건설회사였다는 점에서 건축의 근대화는 결과적으로 마에카와의 의도와는 다른 형태로 실현되었다고 할 수 있다. 그와 동시에 건축가들에게 주어진 과제는 마에카와가 언급한 '진정한' 근대건축의 실현을 목표로 한 기술적 추구에서 조형적인 표현에 의해 근대건축을 넘어서려는 제3단계에 가까운 상황으로 이행되어 가게 된다.[1-2] 새로운 조형표현의 주제로는 근대건축에 있어서의 일본적인 표현문제였다.

● 전통논쟁

[아름다운 것만이 기능적인 것이다]

1950년대에 들어서 세이케 기요시(清家清)가 설계한 모리 박사의 집(1951)이나 사이토 조교수의 집(1952, 그림 1-2)으로 대표되는 진일본조의 일련의 주택작품과 필립 존슨의 추천으로 요시무라 준조(吉村順三)가 설계를 맡아 뉴욕현대미술관에 전시된 서원조(書院造, 1954)와 같은 작품들에 의해 일본 국내외에서 일본건축의 전통적인 측면이 재해석되어진다. 그리고 1955년에는 1910년대의 제국의회 의사당의 양

그림 1-1 일본상호은행 본점

그림 1-2 사이토 조교수의 집

그림 1-3 동경도청사

그림 1-4 가가와 현청사

식문제가 발발하여 1930년대의 건축양식과 제관양식[1-3]을 거쳐 3번째로 건축에 있어서 일본적 건축공간의 표현에 대한 논쟁이 일어나게 된다. 이 논쟁은 후에 '전통논쟁'으로 불리게 된다.

논쟁의 중심인물로는 단게 겐조와 당시 잡지 『신건축』의 편집장이었던 가와조에 노보루(川添登)였는데 단게는 '아름다운 것만이 기능적인 것이다'라고 역설하고 있다.[1-4] 훗날 건축사가 후지모리 데루노부(藤森照信)는 이러한 그의 언급에 대하여, 그가 일본전통과 대치함에 있어 '전통의 형태가 없더라도 전통의 정신에 입각한 태도'를 부정하고 '정신이 아닌 구체적인 형태를 통하여 전통을 살린다'라는 자세를 취했던 것이라고 지적하고 있다.[1-5]

단게는 히로시마 평화공원계획에서 당초 원폭유물품의 보관과 전시를 위해 정면에 배치된 진열관(1952, ➩p.247 그림 3-8)의 기능적인 측면을 고려해 쇼소인(正倉院), 역자주 : 일본 나라(奈良)의 도다이지(東大寺)에 있는 고상식의 대규모 교창조의 창고로 고대 일본의 귀족들의 미술품들이 수장되어 있는 시설의 교창(校倉), 역자주 : 로그하우스에 가까운 형태를 가지며 삼각형에 가까운 단면의 교목을 井자 모양으로 쌓아가 벽을 구성한 창고건축. 본문 제12장 1절의 교창조 부분 참조을 설정하였으나 설계과정에서 이세신궁(伊勢神宮), 역자주 : 미에현(三重県)의 이세(伊勢)시에 위치한 고대신사. 일본 고대의 독특한 건축양식이 특징이 프로토 타입으로 대두되었고 인접한 본관에는 가츠라리궁(桂離宮)역자주 : 교토에 위치한 약 7ha의 천황의 별궁으로 에도시대(1603~1867) 초기에 건설되었다.에서 착상을 얻었다고 하였다.

이에 대해 가와조에는 본관의 구조가 침전조(寝殿造) 역자주 : 헤이안 시대(794~1185)의 귀족 주택의 건축양식. 중앙의 주 실인 침전을 에워싼 건물이 각기 복도로 연결되어 있음와 비슷하다고 지적하였다. 본관에서는 실내의 내진벽이 모두 수평하중을 부담하고 기둥은 수직하중만을 부담함으로써 섬세한 필로티로 구성된 파사드가 표현되고 있다. 이것을 가와조에는 주 구조에 해당하는 안채에 걸린 섬세한 차양이 연출하는 우아하면서도 품위있는 침전조의 모습에 비유했다. 그리고 본관은 가츠라가 아닌 침전조라고 함으로써 전통논쟁이 발발하게 된다.[1-6] 단게는 이후 교토고쇼(京都御所) 역자주 : 가마쿠라시대(1185-1333) 중기부터 1868년까지 일본 천황이 거처하였던 교토의 옛 황궁의 형태적 균형을 의식했다는 동경도청사(1957, 그림 1-3), 차양과 테두리를 돌출시킨 입면의 가가와현 청사(香川県庁舎, 1958, 그림 1-4)를 연이어 발표하고 청사건축의 프로토 타입과 함께 자신의 위상과 작품 스타일을 확립해간다.

[죠몬문화의 추구]

전통논쟁에서 중심적인 역할을 했던 단게와 가와조에에 반해 시라이 세이이치(白井晟一)는 '죠몬문화의 추구'를 주장하면 독자적인 입장을 표명하였다.[1-7]

시라이는 일본의 조형문화를 죠몬문화(縄文文化) 역자주 : 기원전 1만년부터 기원전 500년 전까지 일본에 존재했던 문화. 다양한 문양을 가진 토기가 특징와 야요이문화(弥生文化) 역자주 : 기원전 3세기부터 3세기까지의 시대. 벼농사와 금속기가 사용되었던 것이 특징의 갈등으로 파악하면서 단게와 같은 동시대의 건축가들이 이세

그림 1-5 에가와 니라야마관

그림 1-6 젠쇼지의 본당

그림 1-7 신와은행 본점

그림 1-8 노아빌딩

나 가츠라와 같은 대륙에 기원을 둔 야요이적 전통에만 관심을 가지고 있었던 것에 비하여 시라이는 에가와 니라야마관(그림 1-5)을 야요이의 선구였던 죠몬문화적인 것으로 평가하면서,

> '섬세함과 우아함과 같은 정서의 실태는 존재하지 않는다. … 문화의 향기와는 거리가 먼 생활의 강인한 원시성만을 느낄 수 있다.'

라고 언급한다. 일본적 창조의 계기를 죠몬적 잠재력으로부터 발견해 낸 시라이는 젠쇼지(善照寺, 1958, 그림 1-6), 신와은행 본점(1970, 1975, 그림 1-7), 노아빌딩(1974, 그림 1-8) 등의 작품을 통해서 자신만의 독자적인 건축표현에 몰두하게 된다.

초기의 시노하라 가즈오(篠原一男)도 일본 주거의 전통을 거슬러 올라가 시라이와 비슷한 입장을 취했다. 그의 논문 '주택론'(1960)에서는 귀족주거로서의 남방계 고상주거와 원시시대 이래의 농민의 수혈주거를 대비하면서 브루노 타우트 이래로 전자의 기둥과 보로 구성된 개방적인 공간이 모더니즘의 미학과 공통되는 부분이 있다며 칭송받는 풍조를 강하게 비판하면서 후자를 '비개방적인 공간'으로 부각시키려고 하였다.[1-8]

그는 이어서 '3가지 원공간'(Primary Space)[1-9]을 제시하고 고금동서의 건축은 기능공간, 장식공간, 상징공간의 합성물에 불과하다고 하면서 시노하라 자신은 일본적 건축공간성을 추구하였다. 이러한 사고방식은 가라카사의

그림 1-9 가라카사의 집

그림 1-10 백의 집

집, 1962, 그림 1-9)과 백의 집(1967, 그림 1-10)으로 대표되는 원형적, 추상적, 폐쇄적인 공간구성으로 실현되어진다.[1-10]

2_ 도시로의 진출

● 메타볼리즘과 미래도시

단게 겐조의 동경계획 1960[2-1] (⇨p.89 그림 4-4)을 효시로 어번디자인에 대한 분위기가 고조됨과 동시에 1960년에 동경에서 개최된 세계 디자인회의에서 당시의 젊은 건축가들을 중심으로 '메타볼리즘'(신진대사)이라고 불리는 그룹이 결성되었다.

그들의 선언문[2-2]을 기안한 건축평론가 가와조에 노보루를 중심으로 건축가로는 기쿠타케 기요노리(菊竹清訓), 구로카와 기쇼(黒川紀章), 오오타카 마사토(大高正人), 마키 후미히코(槇文彦)가 참가하였다. 가와조에는 같은 해 『건축의 멸망』(1960)을 저술하고 50년대의 전후복구를 마치고 고도의 경제성장에 따른 대중소비사회를 맞게 된 사회상황 하에서 영구적이거나 혹은 자신이 '신전'[2-3]이라고 표현한 것 같은 '아키텍처'는 더 이상 존재하지 않는다는 입장을 표명하였다. 메타볼리즘은 이러한 관점에서 도시와 함께 신진대사를 해나가는 새로운 건축의 실천을 통해 미래의 도시상을 그려내고자 하였다.

기쿠타케는 탑상도시 1958, 해상도시 1958(⇨p.89 그림 4-5)에서 도시가 자체적으로 부품공장을 가지고 자기증식한다는 구상을 제시하고 있는데, 특히 후자의 작품에서는 암모나이트나 해파리 등 생체의 유추로부터 발상을 얻은 5가지 타입의 도시를 제안하고 있다.

기쿠타케의 자택인 스카이하우스(1958, 그림 2-1)에서는 '무브넷'이라 명명된 키친, 욕실, 수납의 기능을 갖춘 시스템을 설계하여 원룸형식의 거실 주변에 배치하고 있는데, 이후에는 자녀들의 방도 필로티 부분에 무브넷으로서 매달아 설치하고 있다.

메타볼리즘의 의의를 현상분석과 실천 사이의 피드백에 있다고 생각한 기쿠타케는 훗날 건축이론으로서 '가, 가타, 가타치'[2-4]를 제창하고 『대사건축론』(1969)으로 체계화시키게 된다.

구로카와 기쇼는 과학, 예술, 현대예술 등으로부터 다양한 키워드를 추출하는 한편, 작품에서는 가장 직접적인 형식으로 신진대사의 이미지를 형태화하였다. 메타볼리즘의 대표적인 작품 중 하나인 구로카와의 나카긴 캡슐타워(1972, 그림 2-2)는 사전에 거의 완성된 상태의 각 실의 캡슐을 현장에서 엘리베이터 샤프트와 배관공간을 포함한 타워에 부착하는 방식으로 건설된 것이다.

그림 2-1 스카이하우스

그림 2-2 나카긴 캡슐 타워

그림 2-3 다이칸야마 집합주택

그림 2-4 사카이데시 인공토지

오오타카와 마키는 미래도시를 그리기보다는 오히려 현실의 도시속에서 건축의 집합형식을 모색하는 '군조형'을 주제로 삼고 공동설계로 신주쿠터미널 재개발프로젝트(1960)를 제안한다. 훗날 마키는 '외부공간체를 내부공간체의 연결역할로 인식함으로써 성립하는 집합체'인 '골지체(Golgi Body)'의 개념을 다이칸야마 집합주택(1969, 그림 2-3)을 통해 실천하게 되고, 오오타카는 인공토지의 개념을 사카이데시(坂出市)의 인공토지(1965-85, 그림 2-4, ⇨p.123 그림 3-11)에서 실현시키고 있다.

1970년의 오사카 만국박람회에서는 기쿠타케의 엑스포타워와 축제광장을 덮고 있는 스페이스 프레임에 삽입된 구로카와의 주택캡슐 등, 메타볼리즘의 기술에 대한 신앙이 상징적으로 실현되게 되었다. 한편, 엑스포의 구상단계부터 참가한 단게는 과학기술 성과의 전시장으로서의 엑스포의 의미는 퇴색된 것이며 축제광장은 역으로 인간의 부드러운 커뮤니케이션을 생성하는 장소로 계획된 면이 있었다고 언급한다. 그 후로 이어지는 오일쇼크와 후기 공업시대를 맞이하면서 건축가들은 기술에 입각한 미래 도시상과 서서히 결별하기에 이른다.

[프로세스 플래닝 론]

이소자키 아라타는 오이타 현립도서관(1966)의 설계에서 시간의 요소를 도입한 '프로세스 플래닝'[2-5]론을 제창한다(그림 2-5, ⇨p.288 그림 3-4). 건축은 완성되는 순간에 종말의 파국을 맞는다고 하면서 창작되고 있는 현 단계와 종말을 동시에 해석하는 시간적 요인에 입각했을 때에 비로소 건축의 전체성이 유지될 수 있다는 사고인 것이다. 도서관이라는 건축은 완성시의 모습을 영원히 간직하는 것이 아닌 장서의 증가와 관리시스템의 갱신 등 가까운 미래에서부터 변화가 예상되기 때문이다. 이러한 관점에서 이소자키는 '인간이 책을 읽는 공간'을 원형으로 한 프로세스 플래닝에서 종적계열(기능의 유형)과 횡적계열(규모)의 무한한 전개를 예상함으로써 도서관에서 건축의 전체성이라는 개념의 획득을 시도한다.

이소자키가 굳이 준공이 될 때가 건축의 종말이라고 말한 배경에는 기술에 의해 유지되어 온 시스템이 무한하게 확대, 신진대사를 해나가는 낙관적인 메타볼리즘에 비하여 건축가가 완전히 미래를 제어하는 것은 불가능하다는 인식으로부터 미래에 대해 무엇이 제시 가능한 것인가라는 자세를 엿볼 수 있다.

3_ 근대건축의 비판 · 테크놀로지의 비판

● 근대건축 이념의 해체

[수법론에서 건축의 수사로]

이소자키는 1972년에 '왜 《수법》 인가'[3-1]를 발표하고 자신이 60년대부터 근대건축에서 사용해 온 방법을 청산하게 된다. 이 논문에서 이소자키는 철이나 콘크리트를 이용해 공업화시켜 세련된 표현을 완성시킨 근대건축에 반해 전자공학이나 시스템 엔지니어링과 같은 탈공업화의 시대, 물질이 넘쳐나게 된 시대에 표현해야 할 물질적인 형태는 무엇인가에 대해 질문을 던지고 있다. 그리고 이러한 질문에 대해 표현할 주제는 무수히 많다는 자세를 취하면서 개별적 시각언어를 어떻게 조합하는가라는 '수법'[마니에라(매너–manner)]이 중요하게 된다는 의견을 제시하였다. 구체적으로는 증폭, 포장, 절단, 전사, 사영, 포석, 응답이라는 7가지 측면으로 구성된 수법을 제시하고 후쿠오카 상호은행 본점(1971, 그림 3-1)을 발표하게 된다.

한편, 이소자키는 수법론의 발표에 앞서 평론 '신와은행을 본 후'[3-2](1968) 중에서 시라이의 설계방법은 선별된 것들의 조합을 통해 언제나 새로운 것을 만들어 내고 있다 라고 하며, 그 수법을 마니에리즘이라 평하고 있다.[3-3]

이후 이소자키는 일관된 자세로 주제의 소멸과 부재에 대한 사고를 계속하면서 '주제를 빈자리로 남겨놓은 채 형식이 자립하여 자기운동을 계속하는' 수법을 철저히 유지함으로써 조작된 과정이 부각되어지고, 그 결과 '건축의 수사성'이 출현하게 된다고 언급하고 있다.[3-4] 나아가 이소자키는 주제의 부재를 기호론, 언어론, 구조주의 등 건축외부의 현대사상을 인용함으로써 지속적으로 주장해가게 된다.[3-5]

1974년에 발표된 입방체를 모티브로 한 군마현립 근대미술관(p.56 3장 타이틀 그림)과 기타큐슈 시립미술관(그림 3-2), 연속 볼트지붕을 가진 기타큐슈 시립 도서관

그림 2-5 오이타현립도서관

그림 3-1 후쿠오카 상호은행 본점

그림 3-2 기타큐슈 시립미술관

과 후지미 컨트리클럽 하우스(그림 3-3)는 모두 철저한 형태조작의 과정, 즉 수사성에 의해 주제의 부재 속에서 건축의 자립을 시도한 작품이었다.

그는 이어서 『건축의 해체』(1975)[3-6]를 출판하고 근대건축이라는 개념의 해체는 세계적인 현상임을 천명하면서 본인 이론의 선진성을 뚜렷이 각인시켰다.

[유공체 이론과 반사성 주거]

하라 히로시는 그의 저서 『건축으로 무엇이 가능한가』(1967)에서 유공체 이론[3-7]을 제창한다(그림 3-4). 유공체 이론이란 형식주의적인 건축을 만드는 초기단계에 전체패턴을 부여하고 있는 방법론에 대한 안티테제로서 제안된 것이다. 사회구조의 이념을 환경형성(건축의 구성)의 이념에 동화시키는 것을 염두에 두고 있는 유공체 이론은 '하부로부터의 전체성'과 '부분의 자율성'을 전제로 하고 있다.

중요한 개념으로서는 공간단위, 피복, 작용인자, 공(구멍)의 4가지를 들 수 있다. 공간단위란 사회에서 개인에 대응하는 건축적인 기본단위, 즉 닫혀진 방으로 정의하였다. 피복은 이 공간단위의 외피로서 빌딩 엘리먼트이다. 작용인자는 사람과 사물과 함께, 환경적인 요소(비, 바람, 빛 등)와 에너지 등이 포함된다. 그리고 운동하는 작용인자가 공간단위를 출입하기 위해 피복에 공(구멍)이 뚫리게 되는 것이다. 작용인자의 운동과 방향성에 따라 유공체의 내부에는 분할된 영역이 형성된다. 그리고 작용인자의 영향이 적은 영역은 사람에게 있어서 자유도가 높은 영역이 된다.

이상이 단일개체로서의 유공체 정의라고 할 수 있다. 한편, '반사성 주거'[3-8]의 원형이 된 아와츠 저택(1972)에서는 주거 전체에 복합화된 유공체의 공(구멍)이 표출되고 있는 것을 발견할 수가 있다. 유공체로서의 각 방이 '내핵'이라 불리는 주택의 중심영역과 공을 통해서 결합되고 있다. 유공체의 집합은 그 자체가 유공체화 하게 된다.

그는 또한 건축에는 기능적으로 정비된 '결정영역'과 사람의 움직임이 비교적 자유로운 '부유영역'이 존재한다고 주장하였다. 이는 단일 유공체내에서 자유도가 높은 영역이 존재한다는 사고를 3차원적 집합의 유공체에도 적용시킨 것이다. 반사성 주거에서는 주거 내의 '부동선' 하의 각 실을 결정영역으로 배치하고 내핵부분이 부유

그림 3-3 후지미 컨트리클럽하우스

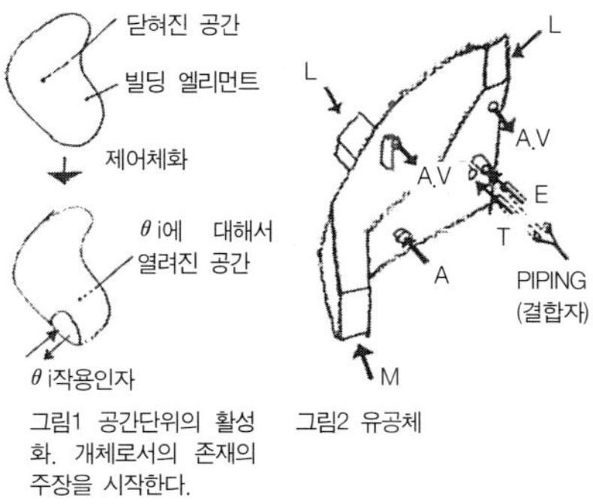

그림 3-4 유공체

그림 3-5 하라 히로시 자택

공간으로 배치되고 있다. 이렇듯 반사성 주거는 각 실과 건물 전체가 각각의 레벨에서 유공체로서 성립하고 있다. 즉, 부분과 전체가 입체적으로 크기를 달리하며 반복되는 반복상자구조로 이루어져 전체가 우위를 점하지 않는 공간구성이 실현되고 있는 것이다.[3-9]

하라 히로시 자택(1974, 그림 3-5)에서는 반사성 주거의 특성으로 '반전'의 개념이 더해져 '협곡으로서의 건축', '주거 속에 도시를 묻는다'[3-10]와 같은 사고가 도입되었는데 이 두 작품은 과밀화된 일본의 도시환경에 대응한 닫혀진 주거형식으로 성립되고 있는 것이었다.

[균질공간론]

1975년은 이소자키의 『건축의 해체』와 함께 근대가 창출한 공간을 일관되게 비판해온 하라 히로시가 '균질공간론'[3-11]을 발표한 해이기도 하다. 그는 '유리상자 안의 롱샹성당'이라는 구도를 제시하면서 기능을 추구한 르 코르뷔지에의 건축이 미스의 유리상자(균질공간) 속에 들어가 있는 것이 근대적인 공간과 근대건축의 실상이라는 것이다. 공간의 기능을 추구한 건축가들이 최종적으로 공간을 사용하는 인간이란 존재는 무엇인가라는 곤란한 질문에 직면한 것에 비하여 기능을 배제한 건축가들은 공간의 좌표만을 그려냈는데, 이러한 건축가들이 그린 좌표야말로 균질공간이라고 주장하고 있다. 균질공간은 공간의 관리자(자본과 제도)와 공간의 사용자(인간)의 분리를 강화하고 공간의 관리자의 편의에 맞춘 공간형식이었기 때문에 전 세계에서 균질공간이 출현했다고 하면서 근대가 낳은 균질공간을 강하게 비판하였다.[3-12]

● 도시로부터의 후퇴 · 주변에 대한 시선

[주택이라는 회로]

당시, 이미 지위를 확립한 건축가들에게는 70년대 전후로 도시나 어번디자인과 같은 영역에서의 철수와 동시에 확대되는 도시교외 속의 집합주택 설계라는 과제가 남겨져 있었다. 우치이 쇼조(内井昭蔵)의 사쿠라다이 코트 빌리지(1970, 그림 3-6)와 60년대의 도시프로젝트의 축소판인 기쿠타케의 파사디나 하이츠(1974, 그림 3-7)가 그러한 예이다.

한편, 도시로부터의 후퇴라는 건축의 정체된 분위기를 타파한 건축가는 시노하라 가즈오였다. 그는 논문 '주택론'(1974)에서 '주택을 이 도시의 악으로부터 얼마나 차단할 수 있는가'가 주택과 도시의 관계에 관한 기본적 대전제라고 단언하고 이러한 화두가 독립주택을 지속적으로 만들어온 자신의 원점이라고 선언한다. 그리고 강한 차단에 의해 오히려 도시로의 연속성 · 인간성의 회복에 대한 기대가 표출된다고 주장하였다.[3-13] 이를 통하여 건축가에 의한 도시주택 설계의 가치가 크게 고조되었다.

그림 3-6 사쿠라다이 코트 빌리지

그림 3-7 파사디나 하이츠

70년대에는 주택설계에 있어 젊은 세대의 건축가들이 대두하였다. '닫혀진 상자'로서의 미나세 주택(1970)과 건축을 구성하는 요소로부터 사회적, 상징적인 의미를 제거하여 집이라는 개념 속에서 생활이라는 형태를 추구한 시로타의 주택(1976, 그림 3-8) 등 사카모토 가즈나리(坂本一成)의 일련의 주택작품, 자신의 기억 속에서 철저하게 추상화된 도시의 이미지를 공간으로 실현한 이토 도요(伊東豊雄)의 나카노 혼쵸의 집(1976, 그림 3-9), 주택 전체를 격자로 메워 물질이 가지는 기능적이고 일상적인 의미를 소거한 후지이 히로미(藤井博巳)의 미야지마 저택(1973, 그림 3-10), 안도 다다오의 스미요시의 나가야(1976, 그림 3-11, ➩p.77 그림 2-4), 건축면적, 채광면적과 같은 주어진 조건으로부터 모든 공간의 스케일을 결정한 하세가와 이츠코(長谷川逸子)의 가모이의 집(1975, 그림 3-12) 등을 들 수 있다. 의미성의 소거, 추상성, 개념적이라는 특징을 가지는 이러한 주택들에는 형식의 철저한 준수에 의한 자립적인 내향성, 외부로의 의식을 의도적으로 결여시킨 개인적이고 반도시적인 의사표명을 볼 수가 있다. 이러한 태도에는 하라가 말하는 '최후의 성곽으로서의 주거설계'라는 태도와 이소자키의 수법론과 공통되는 특징을 발견할 수 있다.

그림 3-8 시로타의 주택

그림 3-9 나카노 혼쵸의 집

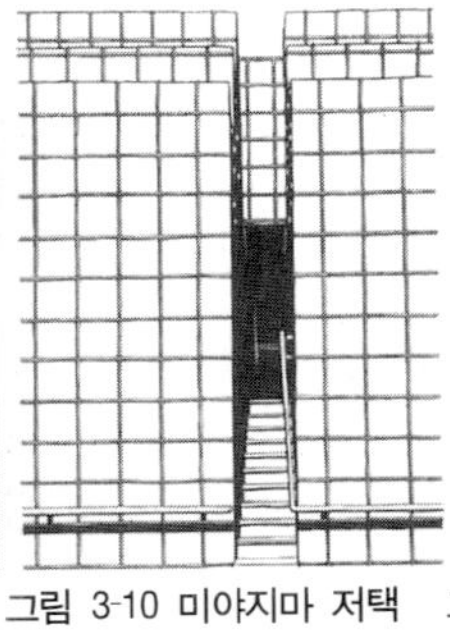

그림 3-10 미야지마 저택

그림 3-11 스미요시의 나가야

이에 대해 하라 히로시와 함께 '집락(集落)으로의 여행'을 경험한 야마모토 리켄(山本理顕)은 근대가족의 형태에 대해 날카로운 질문을 던지는 주택작품을 발표한다. 야마카와 산장(1977, 그림 3-13, ⇨p.124 그림 4-5)을 비롯한 70년대 일련의 주택작품에는 '열린장소', '닫힌장소', '역(閾)'역자주 : 문지방을 뜻하는 한자어로 내외의 경계나 그 경계가 한정되는 현상자체를 의미함 등 이후의 작품을 규정짓는 키워드가 모두 제안되어 있었다.

[디자인 서베이(Design survey)]

한편, 근대건축에 대한 반동은 건축에 종사하는 이들의 시선을 근대건축의 이념에서 누락되어 있던 주변적인 것들로 향하게 하였다.[3-14]

이토 데이지(伊藤ていじ), 가미요 유이치로(神代雄一郎), 미야와키 마유미(宮脇檀) 등이 선봉적인 역할을 하였던 디자인 서베이는 70년대 전반에 대학을 끌어들이면서 전개되기 시작하였다. 이토와 가미요 등의 건축역사가들은 일본적 건축공간과 지방성이라는 주제로 활동하였다. 한편, 건축가 미야와키는 어번디자인의 구체적 수법의 추출을 그 목적으로 하고 있었다. 그러나 디자인 서베이는 70년대 후반에 들어서면서 열광적이었던 지지를 일시에 급속히 잃어가게 된다. 가장 큰 원인을 훗날 미야와키 자신의 말에서 '현실적인 설계에서 디자인 서베이와 직면하는 경우가 없었다'고 고백하고 있듯이 조사내용을 직접적으로 설계에 반영하는 것이 곤란했기 때문이다.[3-15]

[지역주의]

그러나 이러한 움직임은 역사적 건축물의 보존이나 경관, 버내큘러(토착) 건축의

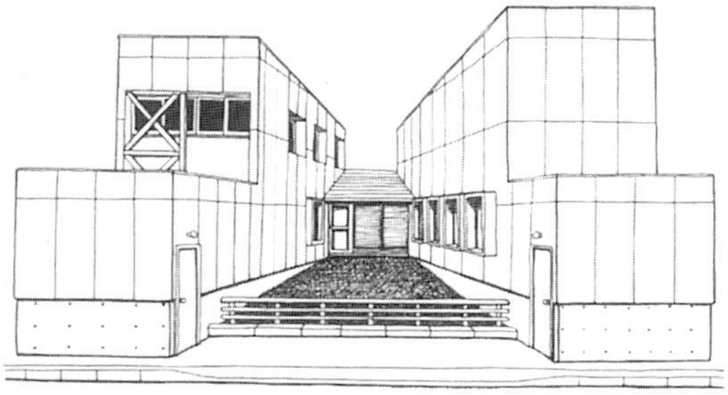
그림 3-12 가모이의 집

그림 3-13 야마카와 산장

그림 3-14 나고 시청사

그림 3-15 이즈 죠하치 미술관

재평가로 이어졌다. 버나드 루도프스키(Bernard Rudofsky)의 『건축가 없는 건축』[3-16] 도 이러한 일련의 움직임에 크게 영향을 미쳤다.

그리고 건축을 만드는 측에서도 지역주의를 주제로 한 건축작품이 생겨나기 시작한다. 대표적인 작품으로는 오키나와에서 활동을 시작한 아틀리에 ZO의 나고 시청사(1981, 그림 3-4)와 이시야마 오사무(石山修武)의 이즈(伊豆)의 죠하치 미술관(長八美術館, 1984, 그림 3-15)을 비롯한 활동 등을 수 있다.

4_ 1980년대

● 표층과 기호

[포스트모던 건축]

후지모리 데루노부는 모더니즘/포스트모더니즘의 대비를 공업적 아이콘의 버내큘러/상업적 아이콘의 버내큘러 대비로 해석한다. 이러한 의미에서 포스트모던은 20세기 최대의 소비사회인 미국이 낳은 대표적인 건축스타일이라고 말하고 있다.[4-1] 당시 후지모리는 일상적 관찰을 통해 많은 일본의 목조건축 상점에 새로운 입면이 덧붙여져 가는 모습을 언급하면서 이들을 '간판건축'이라 평하고 있다.

구마 겐고(隈研吾)의 M2(1991, 그림 4-1)에 의해 제시된 것과 같이 일본에서도 이러한 상업적 아이콘에 의한 스타일이 침투하고 있던 중, 마츠바 가즈키요(松葉一清)는 모더니즘/포스트모더니즘의 대비가 일본에서는 해외로부터의 보편적 문화/일본의 지역성이라는 구도로부터 지역 활성화 운동을 계기로 성립한 것으로 보았다.[4-2] 이시이 가즈히로(石井和紘)의 나오시마 마을사무소(1984, 그림 4-2)는 그러한 좋은 예이다.

[인더스트리얼 버내큘러]

마키 후미히코는 메타볼리즘 내에서도 도시에 대해 비교적 현실적인 접근법을 취한 건축가였는데, 80년대에 들어서 새로운 '도시의 사실'을 의식하기 시작한다.

그림 4-1 M2

그림 4-2 나오시마 마을사무소

그림 4-3 스파이럴

이는 현대일본의 도시가 압도적으로 공업화된 인공물에 의해 구성되어 있을 뿐 아니라, 이미 그 안에 존재하는 것은 역사성이라고 표현될 만한 시간을 획득해 새로운 의미를 가지게 되었다는 인식이었다. 이러한 개념을 인더스트리얼 버내큘러[4-3]라고 하며, 작품으로는 스파이럴(1985, 그림 4-3)에서 실현되어진다. 여기에서는 '불연속의 연속'이라고도 할 수 있는 동경이라는 도시의 이미지가 명쾌한 윤곽을 가진 공업재료의 패치워크로써 구성된 입면으로 표현되어지고 있다.

하세가와 이츠코의 쇼난다이 문화센터(1990, 그림 4-4)는 이러한 공업재료에 대한 긍정적인 자세를 통해 '〈제2의 자연〉으로서의 건축'[4-4] 으로서의 개념을 제시한다. 이 작품에서는 공업제품으로 된 지붕이 일체화되어 지형과 숲을 연상시키는 건축을 만들어내고 있다.

● 대문자의 건축

이소자키 아라타는 일본에 있어서 포스트모던의 집대성으로 주목을 받는 쓰쿠바센터빌딩(1983, 그림 4-5)의 설계를 통해 자국을 표현하는 양식이란 무엇인가라는 질문을 제시하였다. 당시 국가는 자본과 합체하여 스스로의 모습을 감추었다는 인식을 토대로,

> '결코 명확한 이미지로 이어지지 않는, 항상 종잡을 수 없고 가려져 있으며 어른거림만이 지속되는 양식'

이 아닐까라고 하였다.[4-5]

이소자키는 수법론에 있어서 역사건축에서 마니에리즘적 인용을 할 때에 수법이 다양한 의미의 인용으로 변질되어 불특정적인 주제를 풍기게 됨을 자각한다. 이러한 작업을 통해 70년대에 자신이 주장한 주제의 부재에서 80년대에는 '주제의 탐색'이라는 주제가 부상하게 되었다고 하였다.[4-6] 이소자키 자신에게는 국가 양식의 탐색과 주제의 탐색은 아마도 서로 깊은 관계를 맺고 있었을 것이다.

또한 동서양의 건축양식과 건축요소를 인용하여 하나의 건축으로 통합하는 과정에서 건축을 지속적으로 추상화해온 근대건축에 대해서,

> '건축이 질서를 구성하고 있는 것은 이러한 추상 가능한 부분뿐만이 아니라 장식을 포함하여 모든 표층에서 나타나는 건축적 요소라고 불려왔던 것들의 총체였을 것이다.'

그림 4-4 쇼난다이 문화센터

그림 4-5 쓰쿠바센터 빌딩

그림 4-6 야마토 인터내셔널

라고 스스로 인정하지 않을 수 없다는 사고에 도달한다.[4-7] 이러한 상위적 개념의 '총체', 형식으로서의 건축개념에 대해 이소자키는 '대문자의 건축'[4-8]이라고 명명한다. 이는 주제탐색의 종착점 어딘가에서 모습을 나타낼 무언가로서 지속적으로 추구해야 할 목표인 것이다.

● 기능에서 양상으로

'백색의 산들이 석양에 물들어 가는 상태를 어떤 말로 표현할 것인가. 이전 『건축으로 무엇이 가능한가』(1967)를 출간한 이래 계속해서 적당한 단어를 찾아 헤맸다. 그것은 바로 〈양상〉이었다.'

균질공간론으로 근대건축을 비판해 온 하라 히로시가 이러한 의문으로부터 20년이 지나 도달한 것이 근대건축을 넘어서기 위한 '양상'이라는 개념이다. 그 사이에 하라는 저서 '집락으로의 여행'을 통해서 버내큘러 건축과 집락의 특성을 다음과 같이 정리하고 있다.

① 건축과 집락이 '장소를 생성하고 있다', '장소와 융합되어 있다'라고 설명될 수 있는 의미에서 장소성을 가지고 있다.
② 자연의 주기적인 변화에 호응 혹은 이를 완화시키거나 증폭시키는 형태로 변화한다.
③ 사회적인 여러 관계가 어느 정도 물상화 됨으로써 제도가 가시화된다.
④ 집락과 같은 건축을 요소로 하는 집합에서는 요소 간에 동일 혹은 유사함과 차이의 네트워크가 인정되고 이 구조가 집락의 느슨한 또는 견고한 일체성을 표출한다.

즉, ① 장소성 ② 친자연성 ③ 제도의 가시성 ④ 일체성으로 정리되어지며, 근대건축이 놓쳤던 이러한 특성들을 경험을 통한 의식에 의해 생성되고 유지되는 정경적인 양상으로 간주한 하라는 이들을 표출하고 있는 외양, 출현, 분위기, 모습 등의 공간의 현상을 '양상'이라고 명명한다.

또 '근대건축' : 기능 - 신체 - 기계, '현대건축' : 양상 - 의식 - 전자장치와 같이 후자가 전자를 포함하여 대비되는 도식을 제안하였다. 즉, 근대건축에 있어서는 기계를 은유한 사회가 신체를 통해서 기능주의 건축을 낳은 것에 반해 현대건축에서는 일렉트로닉스의 은유가 의식을 통해 양상이라는 개념을 갖춘 건축을 낳는다는 것이었다.[4-9] 야마토 인터내셔널(1986, 그림 4-6)은 양상의 개념을 구현화한 작품이었다.

5_ 1990년대 이후

● 랜드스케이프와 공공성

1990년대 전반에는 건축과 랜드스케이프를 융화시킨 건축이 등장한다. 이토 도요

그림 5-1 야츠시로 시립박물관

는 그의 첫 공공건축 설계작이었던 야츠시로 시립박물관(1991, 그림 5-1)에서 기복이 있는 녹지를 조성하고 그 안에 건축을 배치시켰다. 옛 성곽의 유적과 인접해 있는 대지를 고려하여 건축의 일부를 녹지 속에 묻는 동시에 지상부분의 볼륨을 신중하게 제어하고 있다. 이어진 공공건축인 시모스와의 스와호 박물관(1993, ⇨p.153 그림 3-13), 나가오카 리릭홀(1996), 타이샤 T홀(1999, 그림 5-2) 등에서는 건축의 볼륨조차 랜드스케이프와 융화된 형태로 변화해 가고 있으며, 후쿠오카 아일랜드시티 중앙공원의 핵심시설인 '그린그린'(2005, 그림 5-3)에서는 자유곡면의 쉘구조에 의한 지붕면이 옥상녹지로 조성되었다.

이러한 일련의 작품에서 보여지는 자유로운 녹지의 도입과 건축의 랜드스케이프화는 환경시대에서의 건축이 가지는 공공성의 표현이라고 생각할 수 있다.

● 라이트 컨스트럭션

'라이트(light)'란 가벼움과 밝기를 동시에 표현하는 개념으로, 라이트 컨스트럭션이라고 하면 철재에 의한 가벼운 구조와 유리를 많이 사용함으로써 밝은 공간을 가지게 되는 건축을 지칭한다.[5-1] 하라 히로시는 '라이트'란 원래 브룩크너(C. E. Brukner)가 일본건축의 특성을 설명하기 위해 사용한 개념으로, 자신이 세지마 가즈요의 작품을 이 개념을 사용해 설명한 것이 라이트 컨스트럭션이라는 용어의 시초였다고 말하고 있다.[5-2] 그리하여 90년대 후반부터 세지마 가즈요와 니시자와 류에의 작품을 중심으로 동일한 경향을 보이는 건축이 라이트 컨스트럭션으로 불리게 된다.

후루카와 종합공원 음식시설(1998, 그림 5-4)에서는 불과 300㎡의 바닥면적에 약 100개의 직경 6cm의 스틸기둥이, 구조를 지지한다기보다는 말 그대로 '가볍게' 서있

그림 5-2 타이샤 T홀

그림 5-3 그린그린

그림 5-5 센다이 미디어테크

다.' 시각적인 경쾌함과 동시에 지붕과 바닥슬래브가 가볍게 보이는 점도 매우 중요하다. 이를 위해 시각적으로 방해가 되는 보를 통해 지붕슬래브를 지지하는 공법 대신 슬래브는 완전한 수평면으로 최대한 얇게 만들어져 있다. 후루카와 공원시설의 지붕은 25mm의 키스톤 플레이트 위에 4.5mm 두께의 철판이 용접된 것으로 불과 30mm의 두께로 되어 있다.

그림 5-4 후루카와 종합공원 음식시설

이토 드요의 센다이 미디어테크(2000, 그림 5-5)의 독창성은 그 컨셉 드로잉에 단적으로 나타나있다. 이 드로잉에서는 높이가 서로 다른 슬래브가 해초와도 같이 유연한 구조체를 통하여 서로 연결되고 있다. 개념적으로 건축의 구성요소를 분절해 나갈 경우 기존의 최소단위 중 하나였던 기둥이 더욱 미세하게 분절되어 내부에는 빈 공간을 포함하면서 부드럽게 재구성되어 있는 것이다. 그는 센다이 미디어테크 이후의 작품에서 벽과 기둥의 차이를 없애고 구조와 공간이 동시에 생성되는 건축을 제안하고 있다.

이렇듯 매우 섬세한 라이트 컨스트럭션을 가능케 하는 것은 구조계산의 진보와 시공정밀도의 향상이 있었기 때문이다. 세지마와 이토의 최근 작품은 항상 구조 디자이너인 사사키 무츠로(佐々木睦朗)와의 협력을 통해 만들어지고 있다. 사사키는 평평한 지붕이 8개의 스틸기둥으로 지지되는 바르셀로나 파빌리온이 자신의 구조설계의 모티브 중 하나라고 말하고 있다.

● 건축과 프로그램

서양에서 건축의 프로그램론은 탈구축주의 건축[5-3]의 사고방식으로부터 건축을 형식주의적(formalistic)으로 취급하는 경향이 생겨나게 되었다. 그 반면, 일본에서의 프로그램론은 오히려 사회학적인 시점에서 기존의 빌딩 타입이 더 이상 시대의 실정에 맞지 않은 점을 문제시해 왔다. 즉, 용기로서의 건축과 소프트웨어적인 측면의 공간이용 사이에 어긋남이 생겼다는 자각이 생긴 것이다.

야츠카 하지메(八束はじめ)는 렘 쿨하스의 영향을 받은 일본의 건축가들이 형태를 경시하고 프로그램을 중요시하는 유행에 대해 비현실적인 시뮬레이션 또는 도시공간을 재구축할 힘이 없는 단순한 패키지라고 비판하면서 집합주택에 관해서는 프로그램론이 확실히 유효함을 인정하였다.[5-4]

그림 5-6 호다쿠보 제1단지

그림 5-7 시노노메 캐널코트 CODAN

그림 5-8 하이타운 기타가타

프로그램(또는 빌딩타입)은 건축을 둘러싼 '제도'와 깊이 관계하고 있다. 야마모토 리켄은 호다쿠보 제1단지(1991, 그림 5-6)에서 기존의 제도가 건축에 미치는 힘이 아닌 건축이 제도에 미치는 힘의 가능성을 탐구하였다. 이 작품에서는 기존의 집합주택의 Public(외부)-Semi-Public(공용공간)-Private(주호)라는 단계구성이 파기되고 Semi-Public은 Semi-Private으로 닫혀진 공용중정이 되고 있으며, Public(외부)과 Private(주거)는 직접 출입 가능하도록 연결시키고 있다. 여기에서는 그가 70년대에 자신의 주택작품에서 제시하였던 '역'의 개념이 주거동에 적용되고 있는 것이다.[5-5]

또한 그는 일본의 집합주택에서 주거와 공용부분이 철문에 의해 분리되어 온 점이 큰 문제라고 하면서, 시노노메 캐널코트 CODAN(2003, 그림 5-7)에서는 투과성 현관을 비롯하여 포이어 룸, 선 룸형 다용도실 등의 아이디어를 실현시키게 된다. 또, 기후현 하이타운 기타카타의 세지마가 설계한 주동에서는 세대 내의 각 실이 개별적으로 외부복도를 통해 연결되도록 함으로써 현대 가족제도에 대한 재해석과 함께 집합주택의 프로그램을 재고한 좋은 사례이다.

세지마와 니시자와는 개별 사례에 관한 과제분석을 철저히 함으로써 기존 건축에 대한 사고방식에서 벗어난 시점과 방법을 도출하고, 이를 구현화시킴으로써 개별사례를 능가하는 보편적인 변화와 가능성을 도출하고자 하였다. 가나자와 21세기미술관(2004, 그림 5-9)에서는 기존 미술관이 회화의 보호를 위해 벽면을 중심으로 구성되고, 감상을 위한 동선을 명확하게 하기 위해 전시실을 연속적으로 구성한다는 건

그림 5-9 가나자와 21세기 미술관

그림 5-10 히로시게 미술관

축계획의 일반적 원리를 반전시키고 있다. 여기에서는 건축의 외형을 원형의 유리로 감싸고 그 내부에는 전시실과 커뮤니티 공간이 수많은 유닛으로 분해되고 있다. 각 유닛의 사이에는 부분적으로 방문객에게 개방된 통로를 배치함으로써 전시구성뿐만이 아니라 공간의 사용법과 사용되는 방법에서 기존의 상식과는 다른 새로운 자유로움을 창출하는데 성공하였다.

또 디스프로그래밍은 종래의 건축에 대한 사고방법 그 자체의 재고를 요구하고 있는데, 구마 겐고는 기존의 건축 자체와 건축에 대한 사고방식의 근간을 '강함'에 있다고 하면서 이를 비판하고 '부드러움'을 주장한다. 그에게 있어서 '강함'이란 지배적이고 억압적인 사고와 표현형태이며, 기둥과 보 등의 구조, 물질, 마감, 설비 등 건설에 관한 명확한 계층화를 나타내는 것이었다. 그는 '강함'과 '부드러움'의 이항적 대립을 회피할 것을 제안하면서 플랫함과 입자화라는 개념을 이용하고 있으며, 조형적 언어로서는 면으로서의 벽이나 선이 아닌 루버를 적극적으로 사용하고 있다. 히로시게 미술관(2000, 그림 5-10)은 맞배지붕의 간결한 형태에 전체를 삼나무의 루버로 둘러싼 것이다. 맞배지붕이라는 원형적인 형태는 서양적으로도 일본적으로도 해석될 수 있는 중의적인 형태였기 때문에 서양과 일본이라는 이항적 대립에 대한 조정도 달성되었다고 평가할 수 있는 것이다.

04 건축표기의 범위

드로잉, 도면·도법, 언빌트, 아키그램, 피터 쿡, 런던 아방가르드

타이틀 그림 : 가루이자와의 산장 A·평면도, 단면도, 입면도

1_ 건축표기로부터 파악할 수 있는 것

눈에 보이는 건축물을 경험하였다고 해서 그 건축의 모두를 이해할 수는 없다. 사람이 실제의 경험으로부터 이해할 수 있는 것은 한정된 것이며 표층에 의해 숨겨진 내부나 구성의 모두를 알 수는 없기 때문이다. 하물며 실제의 건축물에 이르기까지의 설계 프로세스를 이미 건축되어진 실체로부터 읽어내는 것은 불가능한 것이다. 하지만 이러한 문제들은 그 건축의 표기로부터 해결될 수 있다. 적절하게 표현된 건축표기로부터는 그 구조나 구성을 종합적으로 이해할 수 있고 건축적 의도나 설계 프로세스를 읽어내는 것이 가능해진다.

그렇다면 건축표기에는 어떠한 것들이 있는지 살펴보도록 하자. 예를 들면 배치도, 평면도, 입면도, 단면도와 같은 건축의 일반도면들, 투시도[1-1], 액소노메트릭[1-2]과 같은 방법, 나아가 다이어그램[1-3]이나 콜라주[1-4], 스케치와 같은 여러 가지 표기방법이 있을 것이다. 단, 이들의 표기법에는 각각의 방법에 따른 의도와 성격이 있다는 것을 유의하지 않으면 안 된다. 각각의 목적에 적합한 알맞은 표기방법의 선택과 적절한 사용법이 선택되지 않으면 건축표기로서의 의미를 찾는 것은 불가능하다. 한

편, 뛰어난 건축표기로부터는 대상의 건축을 이해하고 고찰한다는 단편적인 목적을 넘어 그로부터 확산되어 가는 건축적 사고의 전개를 찾아낼 수 있다. 즉, 건축표기를 이해함으로써 얻을 수 있는 점이란 '보이는 것'에 숨겨진 '보이지 않는 것'을 해독하는 것[1-5]임과 동시에 광대한 건축의 영역에 대한 사고의 확대를 가져다주는 것이라고 할 수 있을 것이다.

영국의 건축가 피터 쿡은 건축에서 드로잉의 의미에 대해 다음과 같이 말하고 있다.[1-6]

> '드로잉은 제한 없는 탐구를 기록하는 수단이다. 드로잉은 의도적으로 미완성으로 끝낼 수도 있다. 드로잉의 세계에서는 지을 수 없는 것을 그릴 수도 있고 비뚤어진 색채의 조합을 할 수도 있다. 또 결코 있을 수 없는 각도로부터의 장면을 만들어 낼 수도 있다. 이들 모두는 직선적 사고나 일반적인 결론에 다다르는 것을 피하기 위한 선택이다.'

2_ 의도의 전달

● Situation

[대지 · 환경]

건축이 놓여지는 상태, 즉 건축의 대지에 있어서 여러 가지 조건은 항상 건축과 상호관계를 가진다. 일반적인 건축의 대지는 실재적인 환경에 따라 설정되지만 목적에 따라서는 가상의 개념으로부터 설정될 수도 있다. 어느 쪽이든 간에 건축과 대지 환경과의 관계를 모르고는 건축의 의도를 이해할 수 없는 것이다.

요시무라 준조의 가루이자와의 산장A(1962)의 평면도와 단면도(p.74 4장

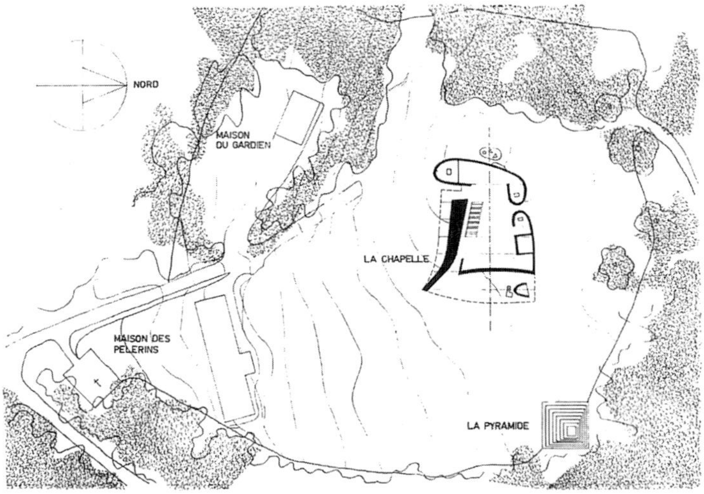

그림 2-1 롱샹성당 · 배치도

타이틀 그림)를 보면 숲 속의 완만한 경사 진입부를 지나 조금 높은 언덕 위에 산장이 위치하고 있다. 주요 주거공간은 2층 레벨로 들어 올려져 있으나 도면을 좀 더 살펴보면 묘사되어 있는 주변의 나무들은 모두 높고, 더욱이 나무들에 달려있는 무성한 잎들도 높은 위치에 자리하고 있다. 여기에서는 나무들의 높이에 맞춰서 주거공간의 레벨이 설정되고 있는 것으로서 건축계획에 주거공간으로부터의 조망이 고려되고 있음을 알 수 있다. 또한 진입부의 중간부에는 사람이 그려져 있어 도면의 스케일을 이해할 수 있는 것과 동시에 진입부로부터의 시선과 주거공간으로부터의 시선이 서로 교차하지 않고 있는 것도 알 수 있다. 즉, 이 표기가 의도하는 것은 '산장의 거주공간에서 보는 경치'라는 것을 알 수 있는 것이다.

[방위 · 빛]

아침 예배시 약간 우측의 후면부로부터 비쳐오는 태양빛을 받으며 언덕을 올라가면 르 코르뷔지에의 롱샹성당(1955, ➪p.29 그림 4-7, 8)이 눈에 들어온다. 진입부에 대치되는 형식으로 세워진 만곡된 중후한 벽은 이 빛을 받아 흰 반사광을 발산함으로써 언덕을 올라오는 사람에게 그 존재를 일깨워 준다. 그러나 내부로 들어가면 상황은 급변하여 벽은 그 중후한 두께로 이 빛을 모두 차단해 버린다. 깊이를 가지며 조심스럽게 배치된 개구부는 직전까지 등을 비추고 있던 빛은 억제하고 신성한 장소로 인도하는 빛을 연출하고 있다(➪p.185 9장 타이틀그림). 롱샹성당의 배치도(그림 2-1)에서는 등고선이나 방위 등과 함께 진입부와 대치되어 세워진 벽이 빈틈없이 검게 칠해진 굵은 선으로 그려져 있다. 이는 이 표기가 단지 건물의 배치를 설명하고 있는 것뿐만 아니라 만곡한 벽이 그 벽과 대치되는 진입부나 빛이 비치는 방향과 밀접한 관계성을 가진다는 점을 강조하고 있는 것이다.

[풍경]

사람의 손길이 아직 닿지 않은 환경에 건축물을 세우려고 하는 경우, 풍경의 일부로서 건축이 보일 수 있도록 하는 방법은 대단히 중요한 검토요소라고 할 수 있을 것이다. 알바 알토는 지형과 건축의 관계성을 의식한 다수의 스케치를 남기고 있는데 이들은 모두 풍부한 자연환경 속에서 건축이 추구하여야 하는 자세를 스케치를 통하여 탐구하려는 흔적이라고 할 수 있다. 스웨덴의 키루나 타운 홀(Kiruna Town

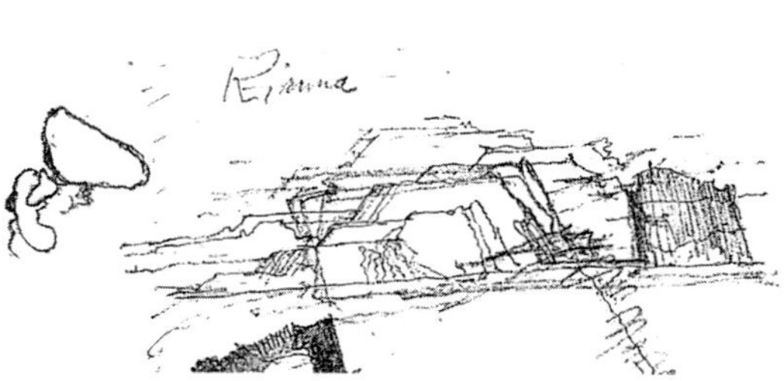

그림 2-2 키루나 타운 홀 스케치

그림 2-3 로욜라 교회 스케치

Hall, 1958)의 스케치(그림 2-2)에는 주위의 지형과 호응하는 듯한 형태의 건축이 주변 풍경과 함께 일체화되어 표현되어 있다. 또 이탈리아 북부의 산간지방의 로욜라 교회(1978)의 스케치(그림 2-3)에서는 조금 높은 언덕 위에 위치한 건축물의 조형적 이미지를 먼 곳에서 바라보듯 그려냄으로써 풍경 속에서 건축이 보여지는 방법을 검증하고 있다.

● Area

[안과 밖]

안과 밖의 개념은 건축을 사고함에 있어 가장 근원적인 요소의 하나이다. 일반적으로는 '안'이 건물의 내부이며 '밖'이 건물의 외부가 될 것이다. 그러나 한편, 이들을 혼재시키거나 연관되게 함으로써 여러 가지 효과를 끌어내려는 건축적 시도도 이루어질 수 있는 것이며, 이러한 건축적 의도를 드로잉으로부터 읽어내는 것도 가능한 것이다.

안도 다다오의 스미요시의 나가야(1976, p.65 그림 3-11)의 1층 평면도(그림 2-4)를 보면 직사각형 형태의 외형으로부터 생겨나는 내부공간이 4.7미터의 스팬으로 균등하게 3분할되어 있다. 바닥에 붙여진 돌의 이음새를 보면 이들은 3스팬의 사이에 걸쳐 연속으로 표기되고 있어 분할된 3스팬의 간격이 각각 동등하게 취급되고 있는 것을 알 수 있다. 널리 알려진 것처럼 중앙의 사이는 중정으로 되어 있지만 여기에서 중정은 어디까지나 건축물 '안'에서의 공간의 하나이며, 주택밀집지에서 안과 밖의 개념을 향해 질문을 던지고 있는 이 주택의 의도를 나타내고 있다고 할 수 있다. 또, 세이케 기요시의 나의 집(1954)의 배치도 겸 평면도에서는 정원의 포석이 주택의 내부와 연속되어 표기되고 있다. 포석이 연속되고 있는 방향의 건축물

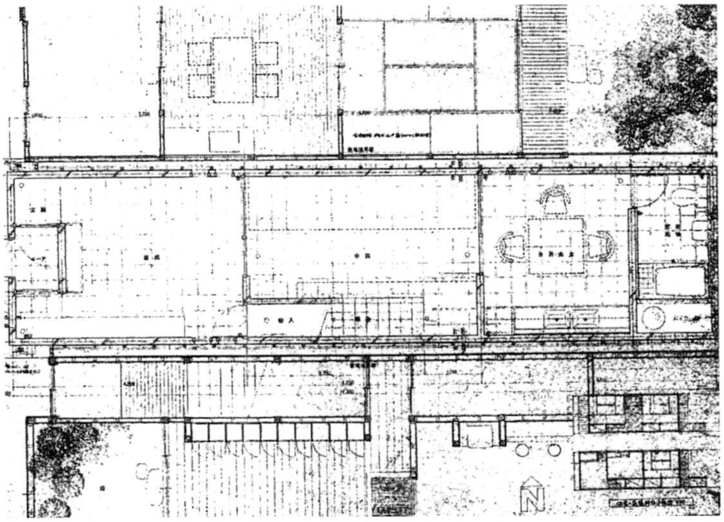

그림 2-4 스미요시의 나가야 1층 평면도

내부로 눈을 돌리면 구조적인 벽을 제외하고는 커튼에 의한 간이적인 칸막이가 있을 뿐, 화장실 문조차 찾을 수 없다. 즉, 이 표기에는 건축의 내부를 외부로 가능한 한 연속시킴으로써 협소한 주택의 내부공간을 확장시키려는 의도[2-1]가 나타나 있다.

[매스와 보이드]

실질적인 '매스'[2-2]의 영역만이 건축적인 기능이 설치되어 있는 부분이라고 한정할 수 없다. 예를 들어 텅 비어 있는 공간인 '보이드'[2-3]도 건축 구성상 중요한 기능이 부여되어 있는 경우가 많다.

렘 쿨하스/OMA의 프랑스 국립도서관의 현상설계안 (⇨p.54 그림 7-7)에서는 실질적인 영역(매스)과 비어 있는 영역(보이드)을 반전시키는 수법을 통하여 실험적 건축을 시도하고 있다. 이 현상설계안의 액소노메트릭(그림 2-5)을 보면 부정형의 볼륨이 봉 형태의 볼륨에 꿰어진 모습이 재현되고 있다. 단선으로 그려진 윤곽이 건물 전체의 볼륨을 나타내고 있어 언뜻 보면 보이드의 영역 속에 꼬챙이를 꿴듯한 부정형의 매스가 설치되어 있는 것 같은 형상을 하고 있다. 그러나 실제로 이들은 완전히 반전된 형식으로 다루어지고 있는 것으로 사각의 매스 속에 부정형으로 가로질러진 보이드가 설치되어 있고, 이 보이드에는 열람 스페이스나 홀 등의 건축적 기능이 주어져 있다. 또 부정형한 볼륨을 관통하는 봉 형태의 부분은 엘리베이터 샤프트로 되어 있다. 매스의 부분에는 통상의 층 개념이 설정된 서고가 가득 채워져 있지만 보이드의 부분은 소위 층의 개념과는 동떨어진 것으로, 이른바 매스 속을 부유하는 보이드에 의해 도서관의 주요기능으로 구성되어 있다. 이러한 점들은 평면도(그림 2-6)를 살펴보면 보다 명쾌한 해석이 가능하다. 검게 칠해진 부분이 매스이며 희고 둥글게 가로질러진 부분이 보이드이다. 또한 보이드는 층의 설정과는 무관한 부유하는 볼륨이기 때문에 여기에서의 평면도는 보통의 경우와 같은 층별 표기가

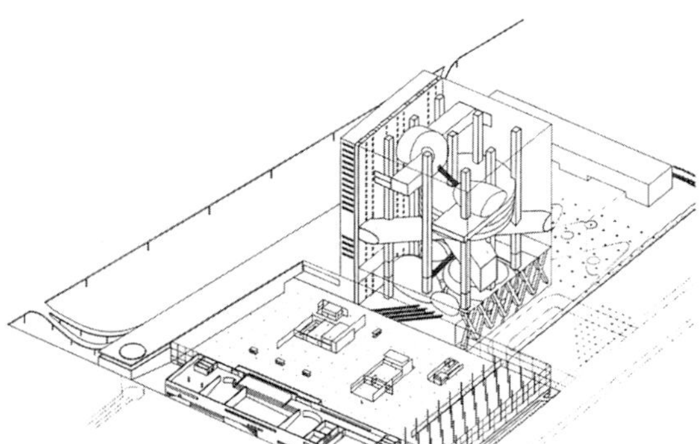

그림 2-5 렘 쿨하스, 프랑스 국립도서관 현상설계안 액소노메트릭

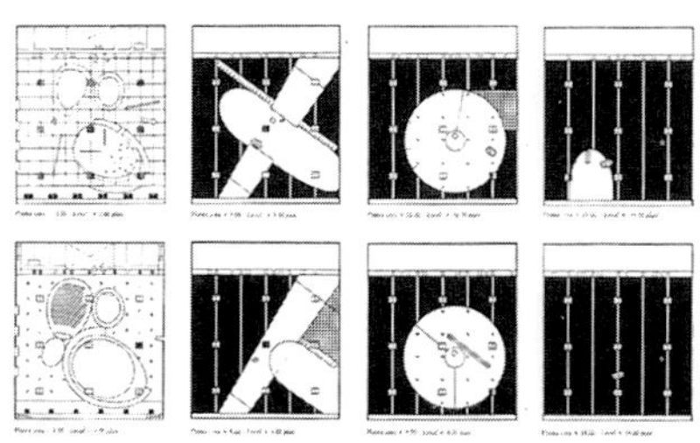

그림 2-6 렘 쿨하스 프랑스 국립도서관 현상설계안 평면도

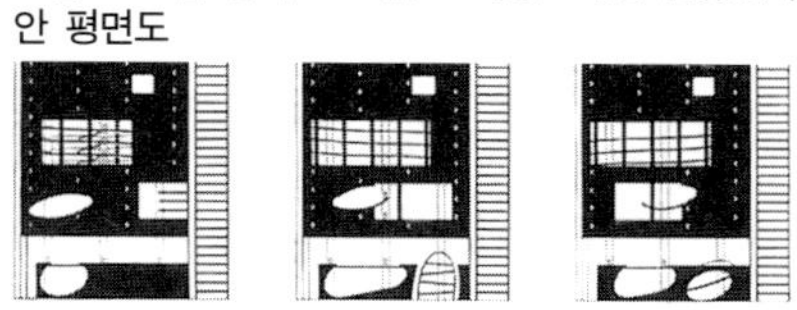

그림 2-7 렘 쿨하스 프랑스 국립도서관 현상설계안 단면도

이루어지고 있지 않다. 단면도(그림 2-7)를 보면 평면도와 연관된 수직방향의 구성이 더욱 이해하기 쉬워진다.

● Occasion

[리얼리티의 확인]

투시화법은 실제의 입체적 공간요소를 사람의 눈에 보이는 형태와 가까운 형상으로 평면위에 표기하는 것으로 그 현실성을 유사적으로 확인하기 위한 것이라고 할 수 있다.

예술 아호가의 주택의 현상설계에 제출된 찰스 레니 맥킨토시의 계획안(1901, 그림 2-8)에서는 수채화의 투시화법을 통해 익스테리어나 인테리어의 세세한 부분에 이르기까지 치밀하게 표현되어 있다. 현상설계 당시는 당선안이 선발되지 않아 프로젝트는 보류되었으나, 1995년에 들어서 글래스고시와 글래스고 예술학교[2-4]의 협력에 의해 맥킨토시의 계획안은 실현되어진다. 건설에 임하여 현상설계안의 원도면에는 시공을 위한 설계도면이 포함되어 있지 않았으나, 수많은 색채 풍부한 투시도를 통하여 초기의 설계안을 충실하게 재현할 수 있었다고 전해지고 있다.[2-5]

한편, 디야와키 마유미는 건축의 설계과정을 나타내는 많은 투시 스케치를 남기고 있다. 마츠카와 주택[2-6](1971-91)의 제2기 공사의 스케치(그림 2-9)에서는 건축의 외형이 간략화된 단선으로 나타내어지고 주요한 인테리어가 투시되어 표현되고 있다. 내부구성을 이해하기 위해서 그려진 이러한 표기법은 다른 사람을 위한 프레젠테이션이라고 하기보다는 오히려 건축가 자신의 설계 확인을 위한 것으로서, 그곳에서 영위되어질 생활과 그와 관계되는 건축구성과의 관련성을 살펴보려고 하는 의도가 나타나 있는 것이다.

[사건]

건축은 단지 그 자리에 서 있는 것만이 아니라 여러 가지 요소들과 관계함으로써 성립된다. 베르나르 츄미[2-7]는 맨해튼 트랜스크립트(1976-81)라고 명명된 일련의 드

그림 2-8 예술애호가의 주택 투시도

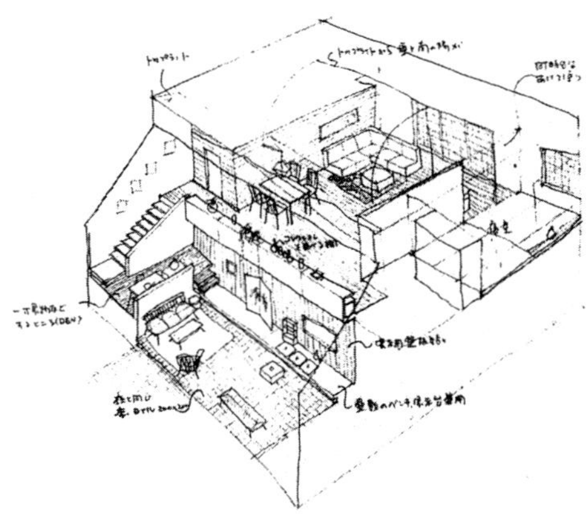

그림 2-9 마츠카와 주택 제2기공사 스케치

로잉(그림 2-10)에서 도시에서 일어나는 사건과 그 사건에 연쇄적으로 일어나는 사람들의 움직임이나 장소의 상황, 나아가 시간의 경과 등을 다이어그램으로써 표기하고 이로부터 건축을 해석하기 위한 독자적인 시점을 제시하고자 하였다. 도시의 여러 가지 요소가 서로 배타적이면서도 관련성을 가지면서 우연한 해프닝 등이 개입되어 사람이 프로그램할 수 없는 복잡한 도시와 건축의 성립요소를 지속적으로 전개되는 연속장면으로 표현하려는 의도를 보여주고 있다.

[위치]

드로잉에서의 건축물의 스케일감이나 공간의 전개는 가구나 사람을 표기함으로써 보다 쉽게 실감할 수 있다. 이 수법은 여러 가지 드로잉에 사용되어지고 있으나 그 중에서도 미스 반 데어 로에의 투겐하트 저택(1930) 평면도(그림 2-11)는 좋은 예가 되고 있다. 이 도면에는 가구나 피아노의 배치가 표현되고 있는데 우리들은 이로부터 스케일감을 얻을 수 있을 뿐 아니라 그것들이 놓여진 장소나 방향에 따라서 구획의 위치나 사용의도가 나타나고 있는 것이다.

또한 렌조 피아노가 설계한 간사이 국제공항 여객터미널 빌딩(1994)의 단면도(그림 2-12)에는 의도적으로 많은 사람들이 혼잡스럽게 표현되어 있다. 사람이 혼잡되게 그려진 장소를 좇아 가보면 실제로는 차에서 사람들이 내리는 곳으로부터 체크인 플로어나 출발로비를 거쳐 비행기에 탑승할 때까지 공항에서 사람의 동선을 읽어낼 수 있도록 하고 있을 뿐 아니라, 건축 내부에서의 활기찬 공간을 위치적으로 이해할 수 있도록 고안되어져 있는 것이다.

● Division

[비율]

황금분할[2-8]은 고대 그리스 이래 가장 조화적이고 아름다운 비율로서 여러 가지

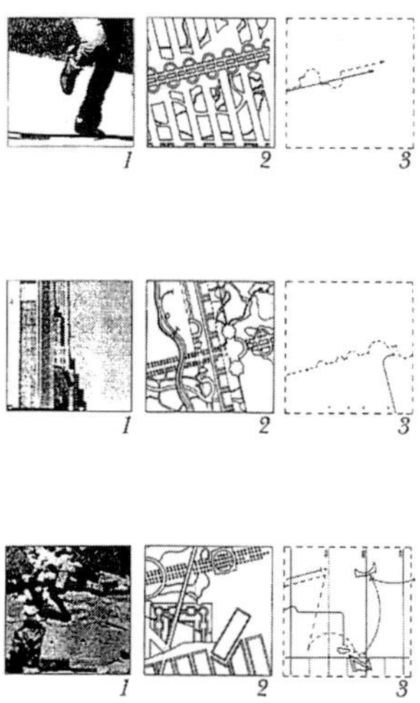

그림 2-10 맨해튼 트랜스크립트

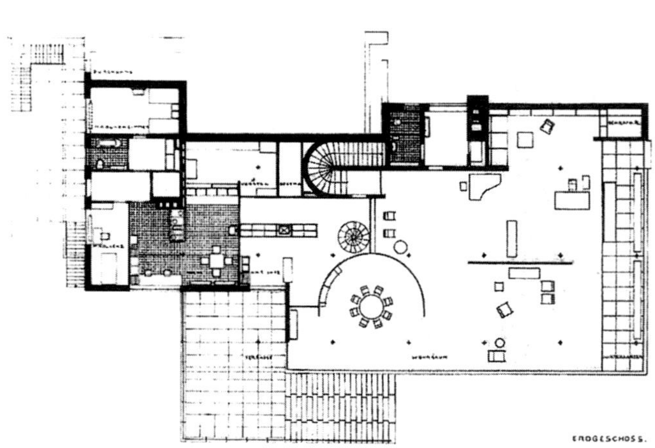

그림 2-11 투겐하트 주택 평면도

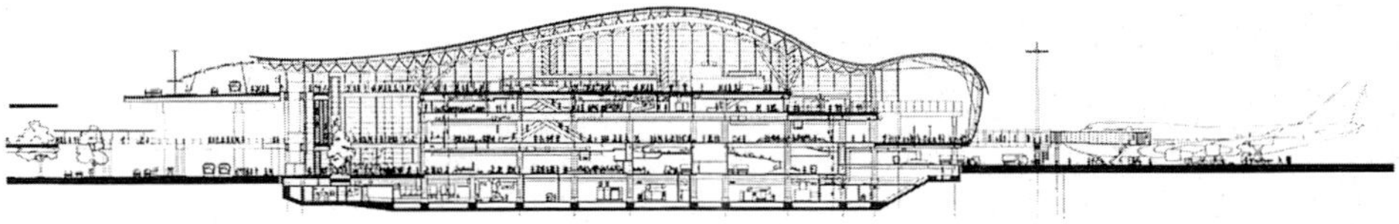

그림 2-12 간사이 국제공항 여객터미널 단면도

규칙으로 사용되어 왔다. 건축의 형태를 결정할 때에도 이러한 기하학적 비율이 사용된 예를 자주 볼 수 있다. 르 코르뷔지에는 황금분할을 파사드 디자인의 결정적 요소로 삼았을 뿐 아니라, 이러한 비율을 기초로 한 독자의 모듈인 모듈러[2-9](1948, ➪p.141 그림 1-12)를 고안하고 계획을 위한 기본모듈로서 건축설계에 적용하고 있다. 또 이탈리아 합리주의[2-10]의 대표적인 건축가인 쥬세페 테라니가 설계한 카사 델 파쇼(➪p.32 그림 5-5)의 입면도(그림 2-13)에서도 약 1 : 2의 비율을 보이는 선이 도처에 사용되고 있어 건축형태가 기하학적인 비율로써 구성되고 있다는 것을 강조하고 있다.

[디테일]

디테일을 표기하는 의도는 그것을 통하여 건축의 구성이 '성립'되는 것을 이해하기 위함이라고 할 수 있다. 여기에서의 '성립'이란 건축을 구성하는 부품 하나하나의 형상이나 재질 또는 그것들이 나타내는 서로 다른 성질에 이르기까지 이들이 건축 전체와 어떻게 관련되어 성립하고 있는가라는 정황을 지시하는 것이라 이해하면 좋을 것이다.

렌조 피아노는 대규모 건축을 계획함에 있어 건축구성상의 상세한 부분을 치밀하고 논리적으로 탐구하는 건축가로서 알려져 있다. IBM의 순회전시를 위한 파빌리온(1984)의 단면상세도(그림 2-14)를 보면, 동일 형상의 목제 프레임이 폴리카보네이트[2-11]제의 외부피복을 지지하고 있으며 트러스 프레임을 통한 3힌지 아치[2-12]의 형태를 만들고 있는 것을 알 수 있다. 또, 바닥 유닛에는 기능상의 장치가 설치되어 있는데 이 장치는 아치를 떠받치기 위한 인장재의 역할도 동시에 하고 있는 것이다. 또한 해체되어 순회하는 것을 전제로 구조체의 성격에 맞춰 각 파트의 역할과 이들에 의해 구성되는 전체상이 명쾌하게 나타나고 있다. 체계적으로 사용

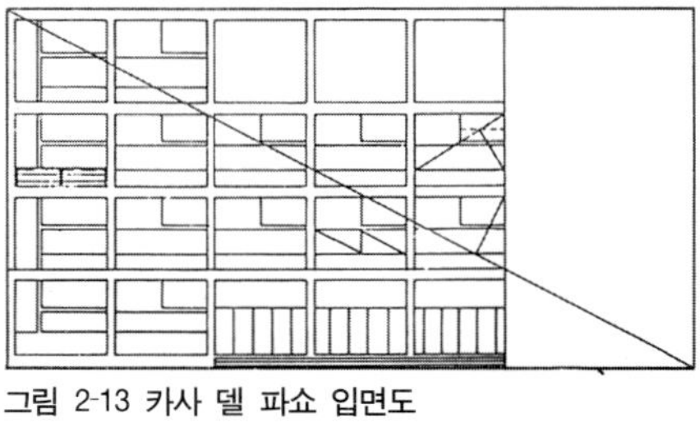

그림 2-13 카사 델 파쇼 입면도

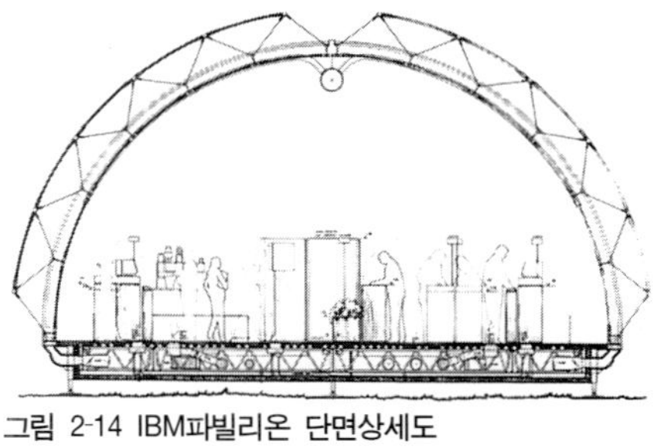

그림 2-14 IBM파빌리온 단면상세도

되어지는 렌조 피아노의 디테일과 대조적으로 카를로 스카르파의 디테일에는 독자적인 세계관에 깊이 몰입해 가는 듯한 장인적인 개성이 강하게 나타나 있다. 스카르파는 다수의 색연필로 그린 디테일 스케치(그림 2-15)를 남기고 있는데, 이러한 스케치는 사용되는 소재의 성질과 이를 사용함으로써 표현될 수 있는 작가 개인의 세계관을 디테일에서 추구하려는 의지가 표현된 것이라고 할 수 있을 것이다. 이러한 탐구를 거쳐 결정된 디테일은 건축의 부분으로서의 기능을 하면서도 이들이 축적됨에 따라 구현되는 건축 전체의 개성을 만들어 내게 되는 것이다.

[엘리먼트]

액소노메트릭은 입체적인 구성요소를 엘리먼트로 분절하여 표기하는 것이 가능하고 건축구성의 입체성을 도식으로 표현하는데 적합하다. 스티븐 홀(Steven Hall)의 풀 하우스와 조각 스튜디오(1981)를 위한 드로잉(그림 2-16)에서는 대지에서 수영장과 건축의 위치관계가 건축기능의 각 엘리먼트와 함께 액소노메트릭에 의해 표현되어 있다. 또 피터 윌슨(Peter Wilson)의 스즈키하우스(1993)의 드로잉(그림 2-17)에서는 외벽의 전개도와 액소노메트릭에 의한 건축의 내부구성이 함께 표현되고 있어 건축의 구성요소들 간의 관련성을 나타나고 있다. 즉, 이러한 드로잉에서는 건축이 드로잉 속에서 분절화되면서도 총체적으로 나타내고 있어 엘리먼트로부터 이루어지는 건축 전체의 구성요소를 종합적으로 표기하고 있는 것이다.

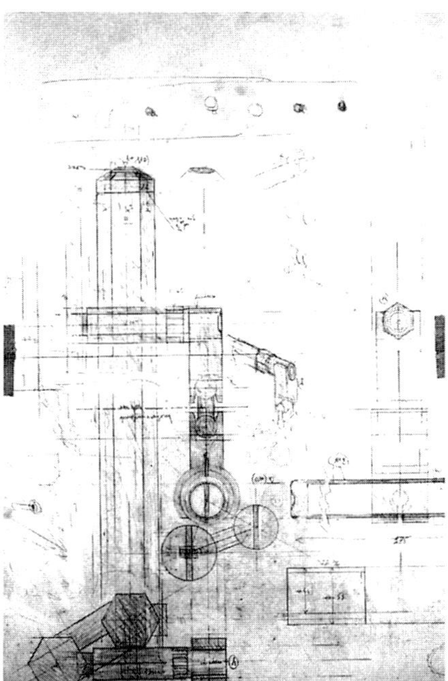
그림 2-15 스카르파의 스케치

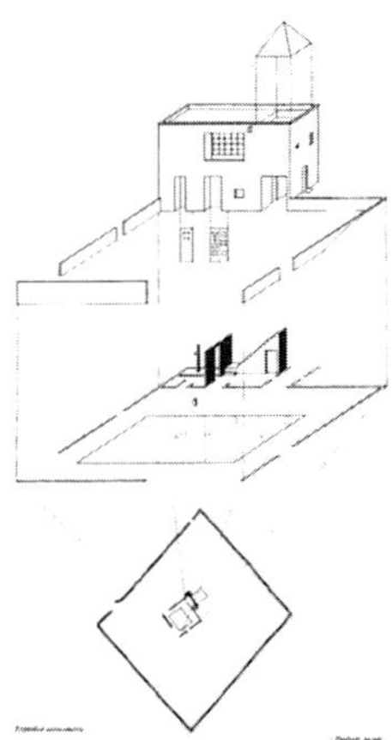
그림 2-16 풀 하우스와 조각 스튜디오

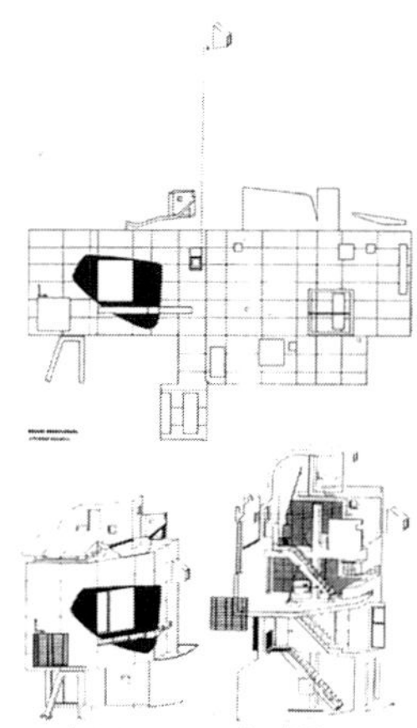
그림 2-17 스즈키 하우스 드로잉

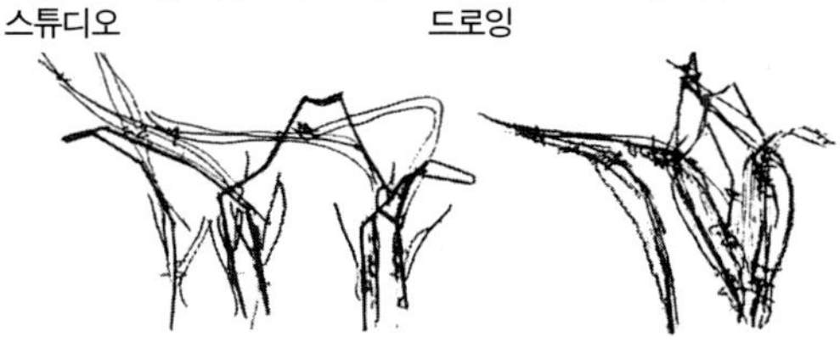
그림 3-1 우나즈키 전망휴게소 스케치

3_ 사고의 외재화

● Sketch

[이미지의 묘사]

건축의 조형을 창조하고자 할 때 우선은 자신 내부의 혼돈스러운 형태의 이미지를 눈에 보이는 것으로 바꾸어 가는 작업이 필요하다. 이때 가장 일반적으로 사용할 수 있는 수법이 스케치라고 할 수 있을 것이다. 엔릭 미라예스(Enric Mirales)의 쿠로베계곡이 바라다 보이는 우나즈키 전망휴게소(1991)의 스케치에서는 감각적으로 그려진 대나무의 스케치(그림 3-1)로부터 단계적으로 이미지를 발전시켜 나가 최종적으로 건축되어지는 실재의 조형을 이끌어내고 있다. 또 쿠프 힘멜브라우의 경우는 건축설계작업의 시작단계에서 그야말로 '손이 움직이는 대로'라고 말하는 것이 어울릴 듯한 이미지 스케치[3-1]로부터 실제로 건축되는 최종형태로서의 복잡한 조형이 도출되고 있다.

● Collage

[변환]

오스트리아의 건축가 한스 홀라인[3-2]은 '모든 것은 건축이다'라고 하면서 전통적 건축양식에 고집하는 빈의 보수적인 건축조류뿐만 아니라 근대건축의 양식에도 구속되지 않는 새로운 건축스타일을 만들어 내고자 하였다. 이러한 의도에서 사용된 것이 항공모함을 건축으로 간주하여 대지에 콜라주 시킨 드로잉(1964, 그림 3-2)이다. 여

그림 3-2 항공모함 도시

그림 3-3 Orchard Palace

그림 3-4 중공업 인민위원회 계획안

기에서는 건축이 아닌 물체를 돌연 건축으로 변환시키는 아주 극적인 수법을 통하여 기존의 건축개념을 뒤집고 있다.

[즉효성]

아키그램의 일련의 드로잉에는 도시의 리얼리티를 즉효적으로 표현하기 위한 테크닉으로서 콜라주가 빈번하게 사용되고 있다. 예를 들면, 피터 쿡의 Orchard Palace(1972)의 드로잉(그림 3-3)에서는 당시의 풍속을 반영하는 패션이나 자동차 등 여러 가지 사진이 삽입되고 있어 전위적인 건축에 익숙한 풍경을 반영시키고 있다. 즉, 비현실적인 건축계획에 구체적인 리얼리티를 주고 있는 수법이 여기에서 사용되고 있는 콜라주의 의도인 것이다.

[이미지의 유도]

이반 레오니도프[3-3]의 중공업 인민위원회 계획안(1934, 그림 3-4)은 건축의 형태와 기능의 통합을 통한 합리성을 구 소비에트의 공업화 추진이라는 시대적 배경과 관련시켜 구성하여 사회적 메시지를 내포시킨 건축계획이다. 이 계획의 타워 상부에는 철제 프레임으로 떠받쳐지고 있는 발코니가 사용되고 있는데, 그 옆에 콜라주된 비행기의 날개는 발코니를 지지하는 프레임과 유사한 형태를 하고 있다.

당시의 최신기술의 상징이라고도 할 항공기의 형태가 건축의 형태까지 유도하고 있다는 메시지를 이 표기로부터 읽어낼 수 있는 것이다.

● Description

[비물질적 실재]

일반적으로 건축은 실재의 사물이지만 표현되어 있는 건축은 실재와는 다른 차원에 세워지는 비물질적 실재라고 볼 수 있다. 이러한 비물질적 실재의 건축은 실재하는 건축물처럼 외적요소나 보는 각도에 따라 보여지는 형태라든가 존재 그 자체

그림 3-5 아크

그림 3-6 연옥의 문

의 정황이 바뀌어버리는 경우는 없다. 어디까지나 한정적 상황 하에서만 존재하고 있는 것으로 그 이외의 상황이란 일체 거부되어지는 독자적인 세계에서만 실재하는 것이 가능한 것이다. 몇 종류의 갈아 문드러진 연필을 사용하여 종이 위에 조각해 넣듯이 그려내는 다카마츠 신(高松伸)의 드로잉(그림 3-5)은 물질적인 실재로부터 분리되어 독자적으로 존재하고자 하는 건축의 모습을 나타내고자 하는 것처럼 보인다.

[절대성]

단테움(1938)은 단테의 '신곡'[3-4]을 모티브로 한 쥬세페 테라니의 작품이다. 단테의 신곡은 지옥편, 연옥편, 천국편의 3부 구성으로 이루어지고 있는데, 테라니의 단테움에서도 크게 3개로 나누어진 실이 각각 기하학적인 비율에 따라서 구성되어 있다. '지옥의 방'에서는 100개의 기둥의 숲이 빛을 차단함으로써 은유되어지고 있으며 '연옥의 방'(그림 3-6)에 도달함으로써 드디어 조작되어진 빛이 삽입되어진다. '천국의 방'은 유리기둥이 설치되어 빛으로 가득 찬 장소가 되어 각각의 실이 신곡의 장면구성과 관련성을 가지면서 설정되고 있다.[3-5] 단테움은 언뜻 보았을 때 신곡의 줄거리를 그대로 건축으로 옮겨놓고 있는 것처럼 보이나, 여기에서의 본질은 실재하는 인간이 끼어들 수 없는 공간 자체의 '절대성'을 나타내고자 했던 것이 아닐까라는 느낌을 주고 있다.

[대화]

현대미술을 해석할 때 사용되는 변증법[3-6]적 수법은 언어와 실재의 교류에 의해 이루어진다고 할 수 있다. 명쾌한 언어로 설명되는 것이 아닌 건축표기도 이러한 방법으로써 해석 가능한 경우가 있다. 예를 들면 다니엘 리베스킨트의 여러 단편적 조각이 집적된 드로잉(그림 3-7)에 확증적인 설명을 기재할 수는 없다. 마치 은유와 같이 부여된 언어와 드로잉의 사이를 오가는 것만이 이 표기를 이해하려는 사람에게 주어진 유일한 단서인 것이다. 이러한 의미에서 에가시라 신(江頭愼)의 피시 머신(Fish Mmachine, 1990, 그림 3-8)도 같은 문맥 하에서 이해되어야 할 것이다. 시점을 바꾸어 보면 이러한 표기는 언어를 통한 명확한 이해를 의도하지 않은 것일 수도 있다. 즉, 언어를 배제하고 감각이나 감성에 의존한 표기와의 대화가 이들 드로잉을 이해하기 위한 본질이라고 할 수 있는 것이다.

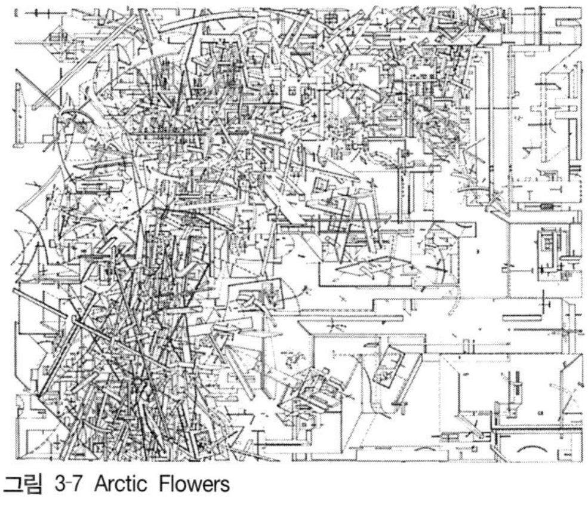

그림 3-7 Arctic Flowers

그림 3-8 Fish Machine

그림 3-9 I am a Monument

그림 3-10 The Duck

[선언]

로버트 벤츄리[3-7]는 건축의 표층에서 대중사회의 실제적인 의미를 찾아내기 위하여 모더니즘의 여러 가지 테제를 부정하는 새로운 건축표현을 주장하였다. 'I am a Monument'라고 명명된 드로잉(그림 3-9)에서는 건축의 기능상 목적을 건축물의 표층에 언어화하여 표현하든 아니든 그 기능은 다양한 건축계획상 디자인과는 별도로 명쾌하게 인지된다는 것을 입증하고 있다. 또 'The Duck'이라 불리는 드로잉(그림 3-10)에서는 오리를 형상화한 레스토랑이라는 건축의 목적을 건축 자체의 디자인으로 상징화하려는 시도가 제시되고 있다.[3-8]

● Rhetoric

[변형]

건축물 이외의 사물의 형태를 모티브로 하여 건축의 형태를 연구하는 경향도 있다. 이때 근간이 되는 형태를 어떠한 방법으로 목표하는 건축형태로 만들어 갈 것인가, 이는 심사숙고해야 할 어려운 문제일 것이다. 피터 윌슨은 오사카에서 열린 꽃박람회를 위한 폴리(1990)의 형태를 결정하기 위하여 잠수함의 형태를 모티브로 한 독특한 시도를 하고 있다. 복사기를 통하여 변형된 잠수함의 모습은 그 디테일이나 분위기를 남기면서 다른 형태로 변형되고 있는 것이다(그림 3-11). 그는 이러한 작업을 반복함으로써 마음에 드는 형태를 찾아 그 형태를 채용함으로써 결과적으로는 잠수함의 분위기를 가지는 건축의 형태를 끌어내고 있다.

그림 3-11 꽃박람회의 폴리 드로잉

그림 3-12 비푸리 도서관 천장 스터디

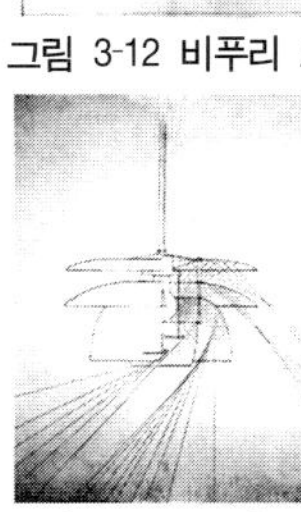

그림 3-13 PH램프 벡터도

[벡터]

공간의 구성을 고찰할 때 소리나 빛과 같은 요소는 중요한 검토대상이라고 할 수 있을 것이다. 하지만 이러한 소리나 빛을 눈에 보이는 실체로서 묘사할 수는 없다. 여기서 이들이 진행하는 방향성을 벡터로서 도식적으로 치환하고, 이를 통해 공간구성과의 관련성을 표현하고자 하는 수법은 여러 가지 드로잉에서 사용되고 있다. 알바 알토는 비푸리 도서관(1934) 강연실의 천장디자인에서 강의를 하는 사람의 목소리가 청중에게 명확하게 전달되도록 천장의 단면형상과 목소리의 벡터를 도면상에서 스터디(그림 3-12)하여 특징적인 천장의 형태를 만들어내고 있다. 또 PH램프[3-9]의 디자이너르 유명한 폴 헤닝센(Poul Henningsen)은 전구에서 발생된 빛이 전등갓에 반사되어 확산되어 가는 형상을 벡터를 사용한 도면(그림 3-13)으로 표기하고 전등갓 디자인의 근거를 보여주고 있다.

[레이어]

건축설계를 계획해 나갈 때 대지의 형상이나 건축구체 등을 각각 별도의 트레이싱 페이퍼에 그려가면서 반복적으로 이들 전체를 개관하며 검토하는 것은 일상적으로 이루어지는 과정일 것이다 또 CAD[3-10]로 도면을 작성할 때에도 치수선이나 구체선 등을 각 레이어로 나누어 정리하기도 한다. 이렇게 레이어는 동일 건축물에서의 구성요소를 각 용도의 목적별로 정리하는데도 적합하다. 베르나르 츄미의 라 빌레트 공원(1983, ⇨p.74 4장 타이틀 그림, p.54 그림 7-6)의 전체계획을 나타내는 드로잉에서는 공원을 구성하는 여러 가지 기능이 각각 3종류의 레이어로 정리되어 있다. 가장 하부의 레이어에는 '면'적 요소로서 대지를 나타내고 그 위의 레이어에서는 여러 가지 기능을 가지는 파빌리온이 '점'요소로서 표현되고 있다. 가장 상부의 레이어에는 '면'과 '점'을 기능적으로 연결시켜 동선의 역할을 가지는 구조체가 '선'적 요소로서 표기되어 공원에서 각 요소들의 기능이 합리적으로 정리되고 있다.

4_ 언빌트의 표기

● 언빌트

언빌트(unbuilt)란 '지어지지 않은'으로 번역할 수 있을 것이다.[4-1] 다시 말해 '지어지지 못한' 건축이 아닌 '지어지지 않은' 건축적 사고를 지칭하는 것으로서, 이들 대부분은 드로잉으로 표기되어 있거나 모형 혹은 그 밖의 다른 표현수단이 사용되는 경우도 있다. 언빌트의 목적은 지어지지 않은 자신의 건축적 사고를 눈에 보이는 시각적 형태로 다른 사람들에게 전달하기 위한 것이며, 지금은 실현될 수 없는 혹은 실현되기까지에 시간을 필요로 하는 건축적 아이디어의 전달수법이라고 할 수 있을 것이다. 그러나 때때로 확실히 목적을 해석할 수 없는 경우도 있으므로 여러 가지의 언빌트의 경향을 한마디로 표현할 수는 없다. 단, 이들을 실재와는 무관한 가상적인

그림 4-1 헬리콥터의 스케치

그림 4-2 피라네지의 계단실

건축적 개념이라고 해석해 버리는 것은 잘못된 것으로, 다양한 드로잉에 내포된 건축적 메시지가 실재에 작용하는 중요한 시점이 된다는 점을 놓쳐버리는 것이 되고 마는 것이다.

지금부터 본 절에서 소개하고자 하는 내용들은 근대 이후에 생겨난 특징적인 언빌트의 작품과 작가들[4-2]을 중심으로 다루고 있으나 근대의 이전에도 오래전부터의 언빌트적 표현은 존재해 왔다는 점은 기억해 두도록 하자. 예를 들어 레오나르도 다빈치(Leonardo da Vinci)가 남긴 다수의 스케치(그림 4-1)를 들여다보면 바로 위에서 언급한 언빌트의 개념과 들어맞는 다수의 드로잉을 볼 수 있으며, 피라네지(Giovanni Battista Piranesi)의 드로잉(그림 4-2)에 그려진 불가사의한 공간과 건축의 프로포션에서도 언빌트적 경향을 찾아볼 수 있다.[4-3]

● 도시와 언빌트

근대 이후의 언빌트적 경향을 살펴보는 데 있어 도시는 가장 중요한 대상의 하나라고 할 수 있다. 르 코르뷔지에의 빛나는 도시(1935, 그림 4-3)나 단게 겐조의 동경계획 1960(1961, 그림 4-4)은 미래의 사회생활에 맞는 새로운 도시 시스템을 언빌트적 드로잉으로 표현하고 있다. 또 기쿠타케 기요노리(그림 4-5)나 구로카와 기쇼의 메타볼리즘[4-4] 활동은 건축 가능한 도시기능의 구체적 제안이며 실제로 그 중 수개의 작품은 훗날 실현을 맞게 된다.

1960년대 초반 영국 런던에서는 도시를 다루고 있는 중요한 드로잉이 AA스쿨[4-5] 출신의 두 명의 젊은 건축가에 의해 연이어 제안되어진다.

세드릭 프라이스의 Fun Palace(1961, 그림 4-6)는 기술이나 테크놀로지를 도시구성의 수단으로 보고 사람들의 생활과 연관시키자는 의도의 제안이다. 여기에서는 영화관이나 스튜디오와 같은 여러 가지 문화시설이 규격화된 구조구체의 내부에 체계적으로 구성되고 있다. 사람들은 공중에 설치된 움직이는 통로를 통해 자유롭게 이들 사이를 왕래할 수 있음을 알 수 있으며, 이는 자동화되어진 도시적 문화 콤플렉스의 모습을 그려내고 있는 것이다.

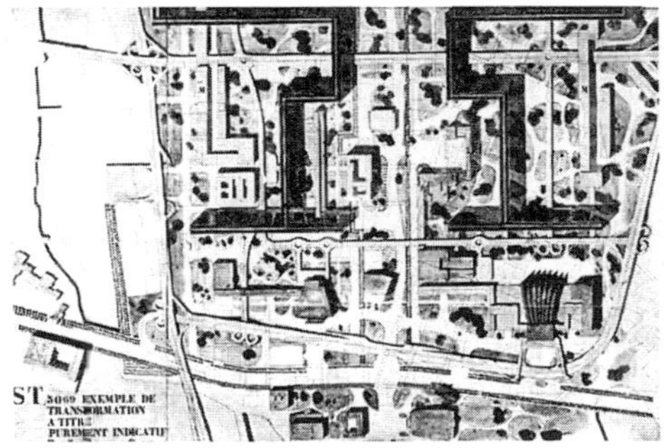

그림 4-3 빛나는 도시

그림 4-4 동경계획1960

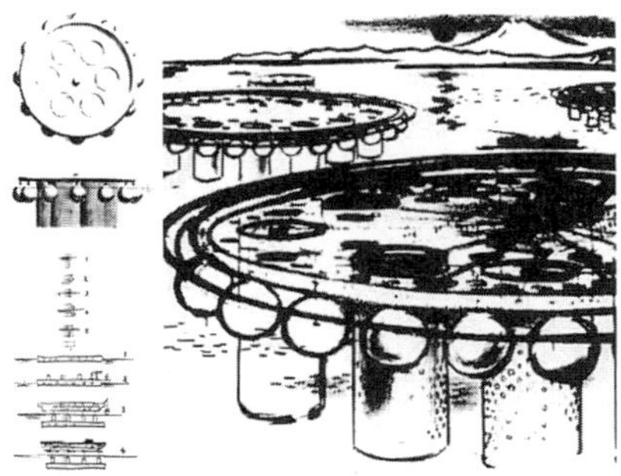

그림 4-5 기쿠다케 기요노리의 해상도시 1958

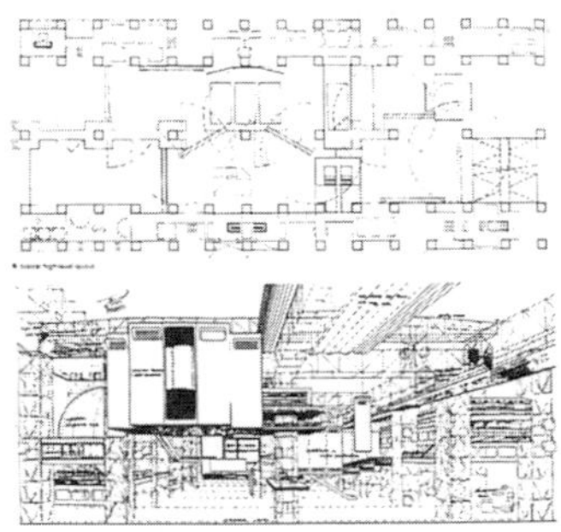

그림 4-6 Fun Palace

피터 쿡의 플러그인 시티(1964, 그림 4-7)는 거대한 스페이스 프레임[4-6]이 도시에 설치됨으로써 마치 전자회로에 플러그를 집어넣는 것처럼 여러 가지 기능을 가진 분리 가능한 스페이스 유닛이 프레임에 삽입될 수 있다는 아이디어를 보여주고 있다. 이 도시적 구조체는 기계부품을 교환하는 것처럼 도시의 기능을 활성화시키는 것이 가능하여 사회변화에 따라 유동적으로 대처 가능한 도시의 모습을 건축적으로 그려내고 있다. 또한 인스턴트 시티(1964, 그림 4-8)에서는 부유하는 비행선에 매달려진 여러 가지의 도시기능들이 시시각각의 도시의 상태를 즉각적으로 활성화시키는 모습을 표현함으로써 이동 가능한 도시기능의 유용성을 제시하고 있다.

론 헤론의 워킹 시티(1964, 그림 4-9)에서는 8개의 다리를 가진 거대한 구조체 자체가 도시를 의미하고 있으며, 피터 쿡의 인스턴트 시티에서와 같이 이 구조체가 이곳저곳을 움직임으로써 도시 간 커뮤니케이션이 이루어지는 이동하는 도시의 가능성을 나타내고 있다. 그러나 한편으로 이 드로잉은 기술지상주의에 대한 경고를 보여주고 있는 것으로 기계화되어 가는 도시의 시스템에 대한 통렬한 아이러니[4-7]로 해석하는 것도 가능하다.

● 아키그램과 세드릭 프라이스

1960년대 초반의 런던의 건축은 대단히 보수적인 경향이 지배하고 있었다. 이러한 조류 속에서는 기존의 건축에 싫증을 내고 있던 젊은 건축가들이 자신들의 이상을 구체화시킬 수 있는 기회란 전무한 것이었다. 여기서 이들이 활동의 수단으로 찾

그림 4-7 플러그인 시티

그림 4-8 인스턴트 시티

그림 4-9 워킹 시티

그림 4-10 아르카디아
Trickling Towers

아낸 것이 언빌트였다. 런던에서의 이러한 동향은 이후 런던 아방가르드[4-8]라고 불리게 되는데 아키그램과 프라이스의 활동은 런던 아방가르드의 시초가 되었다고 할 수 있다.

아키그램은 피터 쿡, 워렌 초크(Warren Chalk), 데니스 크롬튼(Denniis Crompton), 데이비드 그린(David Greene), 론 헤론, 마이크 웹(Mike Webb)의 6명으로 이루어진 그룹이다. 아키그램의 명칭은 당초 피터 쿡이 그린이나 웹과 함께 1960년에 작성하였던 자신의 작품을 게재하기 위해 자신이 출간한 잡지를 가리키던 용어였다. 이후 이 잡지에 다른 멤버들이 합류하게 되고 발간을 거듭하는 사이에 점차로 사회에 대한 매니페스토(선언)의 색을 띠게 된다. 앞에서 언급하였던 플러그인 시티나 워킹 시티도 아키그램의 잡지를 통해 발표된 것이다. 아키그램은 1970년의 제9호까지 발간되는데 이후의 그룹의 활동명으로서 계속 이 명칭이 사용되게 된다.

아키그램의 드로잉에서 보여지는 특징은 당시 미국에서 왕성히 전개되고 있었던 팝아트[4-9]의 표현을 도입함으로써 종래의 건축표기의 상식을 완전히 뒤집고 있을 뿐 아니라, 건축이라고 하는 구체화되어야 할 형식에 구속되지 않고 완전히 자유로운 건축의 영역을 끌어내었다고 하는 점에 있을 것이다. 특히 리더적 존재였던 피터 쿡의 드로잉은 일관적으로 현대도시에 대한 신랄한 메시지를 담아내면서 자유로우면서도 독특한 일러스트레이션의 세계를 확립하였다. 1976년부터 79년에 걸쳐 지속적으로 작성된 '아르카디아'계획(그림 4-10)에서는 건축이란 사람들의 생활과 함께 성숙하는 것으로, 궁극적으로는 자연으로 회귀해 간다라는 도시에 대한 메타포[4-10]가 선명한 색채표현으로 묘사되고 있다.

프라이스는 잡지 아키그램에 자주 게재를 하였지만 아키그램과는 선을 긋고 독자적인 활동을 하였다. 그가 목표로 했던 것은 Fun Palace에서의 자신의 주장과 같이 기술을 도입한 구축 시스템을 통하여 완전히 프로그래밍된 건축사회의 확립이었다. 프라이스는 훗날 Interaction Center(1975)를 실제로 완성시키게 되는데 여기에서는 건축이 예술이라 하더라도 공예품과 같은 성격은 아니라고 하면서 사람들의 생활과 연관된 사회시스템이라는 일관된 주장을 실천을 통해 보여주고 있는 것이다.[4-11]

이러한 아키그램이나 프라이스의 드로잉은 이후의 건축적 동향에 엄청난 영향을 주게 된다. 예를 들어 렌조 피아노 등에 의한 퐁피두센터의 현상설계안(1971, 그림 4-11, ⇨p.50 그림 6-2)을 비롯한 '하이테크'[4-12]라 명명된 건축적 경향은 이들의 활동과 관련 없이는 성립할 수 없었을 것이다. 또 아키그램이나 프라이스가 학생들을 가르치면서 자신들의 활동거점이기도 하였던 AA스쿨은 피터 쿡과 같은 시기에 재적하고 있었던 리차드 로저스를 비롯하여 니콜라스 그림쇼(Nicholas Grimshaw), 렘 쿨하스, 피터 윌슨, 자하 하디드 등 현대의 중요한 건축가를 배출하고 건축교육에서의 전위성을 현재까지 계승시킴과 동시에 런던 아방가르드의 거점으로서 널리 이름을 알리게 되었다.

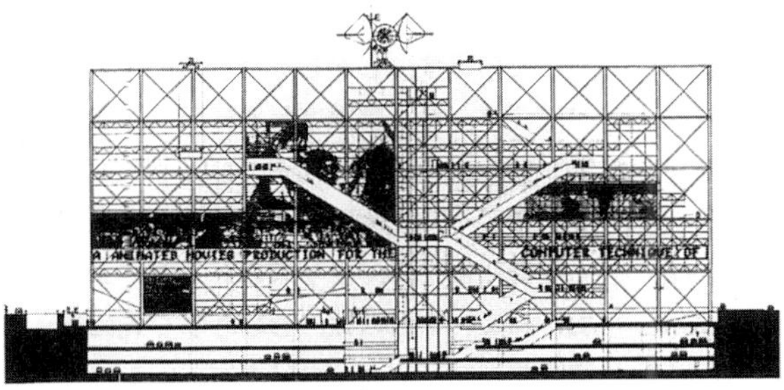
그림 4-11 퐁피두센터 현상설계안

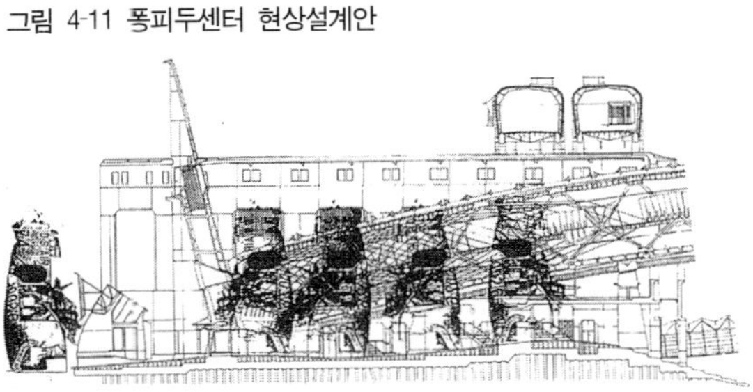
그림 4-13 Accademia Bridge

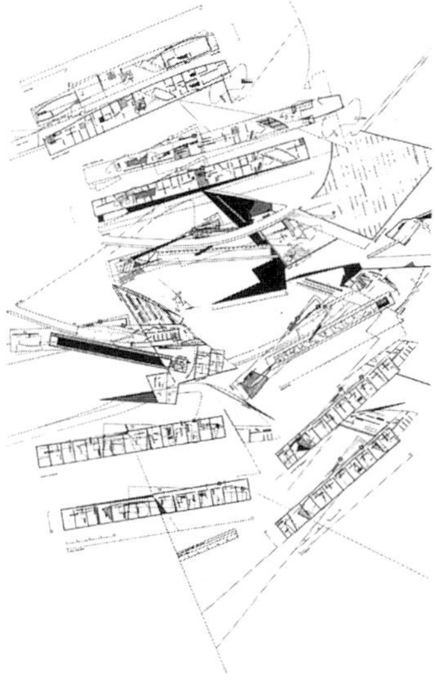
그림 4-12 The Peak

● 강화된 물질적 존재

자하 하디드는 홍콩의 더 피크(The Peak, 1983)의 현상설계 당선을 통하여 일약 그 이름을 알리게 된다. 이 현상설계에 제출된 드로잉(그림 4-12, ➪p.52 그림 7-2)에서는 리조트시설의 각 기능이 단순화된 물질적 단편으로 공중에 적층됨으로써 자립적으로 약동해 가는 도시의 모습[4-13]을 날카로운 건축적 단편으로 치환하여 설명하고 있다. 절대주의[4-14](➪p.221 그림 4-8)의 의도와도 연관되는 이 같은 표현수법은 이후의 하디드의 드로잉에 일관적으로 사용되어진다. 단순화되고 극단적인 투시화법에 의해 칼날과도 같은 날카로움이 부여된 건축의 구성요소는 실재하는 건축의 물질적 존재를 표기에 의해 강화시키려는 시도로 해석할 수 있다.

● 리얼리티의 표기

피터 솔터(Peter Salter)의 드로잉(그림 4-13)의 특징은 어떠한 스케일의 도면표기에서도 대단히 치밀하게 세부에 걸친 디테일까지를 보여줌으로써 건축의 전체를 표현하려고 하는 점에 있다. 이는 건축구성 요소 하나하나에 대한 고유한 질감이나 양감을 비실재적이지만 항상 이를 추구하려고 하는 리얼리티의 표기라고 할 수 있을 것이다. 또 이렇듯 상세한 도면에 삽입되는 명쾌한 장면의 스케치나 메타포로서의 비건축적 이미지는 소재나 스케일에 대한 경험적인 리얼리티를 드로잉 속에서 상기시키려는 의도를 지원하는 요소로서 작용하고 있다.

● 스토리로서의 건축

더글러스 다든(Douglas Darden)은 자신의 드로잉을 통하여 스토리로서 완결된 세계관 속에서 작가의 의사에 따라 완전하게 제어되는 건축생애의 표기를 추구하고 있다. Oxygen House[4-15](연도 불명, 그림 4-14)에서는 스토리의 진행과 함께 변화를 거듭하면서 존재하는 건축의 시작으로부터 종말까지가 극명하게 그려지고 있다. 현실에서 지어지는 순간 그 건축을 지배하는 여러 가지 예측 불가능한 외적요소 모두를 배제시키려 하는 것과 같이 그의 건축은 모든 것이 작가의 의도 안에서만 존재시키려는 스토리로서의 건축표기라고 할 수 있을 것이다.

● SF적 건축

더글러스 다든의 건축을 일상의 리얼리티를 내포하고 있는 픽션이라고 한다면 레비우스 우즈(Lebbeus woods)의 건축은 사이언스 픽션[4-16] 속의 건축이라고 해야 할 것이다. Aerial Paris(1988-91, 그림 4-15)에 표현되어진 파리 상공을 부유하는 건축적 물체는 과학을 수반한 완전한 공상의 세계 속에 존재하고 있다. 그러나 그의 세계관을 현실성으로부터 완전히 격리된 건축적 유희로 간주해 버리는 것은 경솔한 일이다. 왜냐하면 과거의 SF적 세계가 오늘날 현실화 되고 있는 것과 같이 그의 드

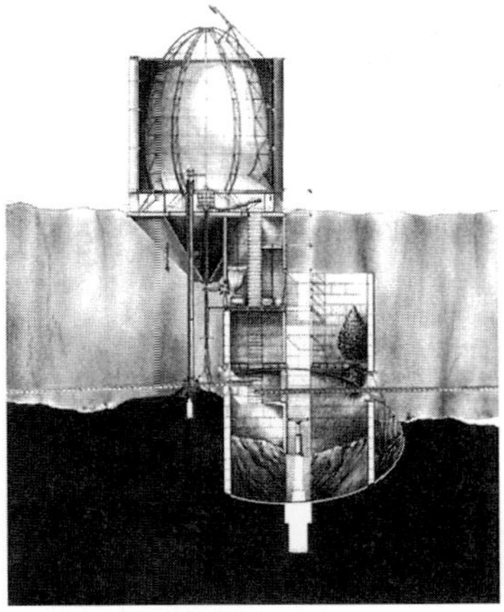

그림 4-14 Oxygen House

그림 4-15 Aerial Paris

그림 4-16 Forum of a Thousand Truths

로잉에 표현되어 있는 내용들은 오히려 바로 앞의 미래에 나타날 수 있는 건축적 리얼리티의 은유적 표현이라고 해석할 수 있기 때문이다. 예로서 베를린 프리 존(1990)에서 보여지는 기존 건축물에 삽입된 기생적 볼륨은 SF적인 공상세계를 표현하면서도 이미 현실의 일부분을 나타내기 시작한 리얼리티라고 해석할 수도 있는 것이다.[4-17]

● 사회에 대한 풍자

건축표기는 건축적 아이디어의 표현에만 이용되는 것이라고 한정지을 수는 없다. 예를 들어 사회를 풍자하는 데에 사용되어진 예를 발견할 수도 있는 것이다. 알렉산드로 브로드스키(Alexander Brodsky)와 일리야 우츠킨(Ilya Utkin)은 파트너로 활동하는 러시아의 3인조 건축가 그룹이다. 그들은 실제의 건축설계 활동과는 별도로 건축 드로잉을 이용하여 여러 가지의 사회풍자를 시도하고 있다. Forum of a Thousand Truths(1987, 그림 4-16)라고 명명된 드로잉에서는 주어진 지식이란 아무런 역할도 하지 못하는 것으로, 참된 지식을 얻기 위해서는 그 자신에 있어서 수천 가지의 정보 속에서 참된 정보를 골라 내지 않으면 안 된다는 사회에 대한 풍자를 제시하고 있다.

05 건축의 원점

원시, 동굴, 거석유적, 신성한 장소, 신화, 마을의 이데아, 원시 가옥, 자연의 모방, 루이스 칸, 기원, 실존적 공간, 장소의 혼

타이틀 그림 : 소뿔 모양을 한 장식, 크놋소스 궁전(그리스 크레타 섬)

1_ 자연의 변화와 인간에 의한 구축

● 원점으로의 지향

본 장의 주제는 건축과 도시의 기원과 원류의 정체를 해명하는 것에 그 목적이 있는 것은 아니다. 여기에서는 원점을 지향하는 인간에 초점을 맞춤으로써 건축과 도시, 그리고 공간과 장소가 인간에게 있어 어떠한 의미를 지니면서 나타나는가를 그때마다의 '원점'으로 파악하여 고찰해보기로 한다.

또한 원점으로의 지향이란 근대화의 반동으로 때때로 보여지는 원시사회로의 회귀에 대한 갈망과는 별개의 것이다. 오히려 그러한 이상론에 안주하지 않고 인간이 주변환경 및 자연과 관계를 맺는 방식을 자각적으로 반성하여 보다 나은 관계성을 구축해 가고자 하는 의지의 표현이라고 생각할 수 있다.

● 원시의 인간에게 있어서의 동굴

자연의 동굴은 인간을 위한 공간의 원점으로 그 위치를 평가받아 왔다. 프랑스의 인류학자인 앙드레 르로와 그란(André Leroi-Gourhan)은, '인간적으로 구축된 공간의 시초에 대해서는 어떠한 단편적인 정보조차도 존재하지 않는다'라는 전제를 두면

서 원시인이 동굴을 주거로 이용했다는 설에 대해서는,

> '완강한 과학적 전통으로 인하여 선사시대의 인간은 동굴에 살고 있었다고 생각하려는 경향이 존재한다. … 그러나 인간은 동굴이 주거 가능한 상태였을 경우에 한하여 이따금 이용하는 정도였다고 생각하는 편이 정확할 것이다. 통계적으로 압도적인 대다수의 인간들은 야외에서 생활하였고 정보가 파악된 경우에 가서야 은신처를 만들어서 살았던 것이다.'

라며 회의적인 반응을 보였다.[1-1] 또한 미술사학자 오니마루 요시히로(鬼丸吉弘)도,

> '당시의 사람들은 이따금 자신들의 주거장소로서 천연동굴을 이용하기는 했지만 모든 동굴을 이용한 것이 아니라 햇볕이 잘 드는 남향에 통풍도 잘 되는 입구부분과 같은 제한된 좋은 조건을 갖춘 장소에 한정되어 있었다.'

라고 언급하고 있다.[1-2] 두 학자 모두 동굴의 한정적인 이용을 시사하면서 동굴은 주거로서의 기능보다는 비를 피하고 맹수로부터 몸을 지키는 피난처이자 쉘터 이상의 공간은 아니었다는 것을 추측할 수 있다.

오히려 동굴은 상징적인 벽화가 그려져 있다는 사실에서 종교적인 의식이 행해진 신성한 장소로서 중요한 의미를 가지고 있었다고 생각되어진다.[1-3] 르로와 그란은 통계적 분석을 토대로 동굴벽화는 질서성, 정합성, 시대별 양식성을 가지고 있는 도상의 집대성이며 '기념비'적 특징을 가지고 있다는 점을 분명히 하였다.[1-4]

이렇듯 동굴로부터는 인간이 세계 속에서 자기 자신을 정위할 수 있는 주거기능으로서의 증거를 확인하기는 힘들다. 그러나 인간과 세계가 일정한 의미를 가지고 연결된 원초적이면서도 신성한 장소가 그곳에 존재했다는 사실은 엿볼 수 있다.

● 천체의 움직임과 거석에 의한 구축물

동굴과 같은 에워싸여진 공간과는 달리 열린 대지에 있어서는 경계의 설정이나 모뉴멘트의 구축 등에 의해 의미와 상징성이 부여되었다.

현존하는 가장 오래된 건축적 행위 중에는 스톤헨지(Stonehenge, ⇨p.258 12장 타이틀 그림)로 대표되는 거석유적이 있다. 거석은 그 조합방식에 따라서 몇 가지 형태를 가지는데 그 중에서도 멘히르(menhir, 직립장석)는 하나의 거석이 중력에 저항하며 대지에 수직방향으로 세워진 가장 기본적인 구축물이다. 대지에 하나의 멘히르가 세워지는 것만으로도 그곳이 일종의 중심성을 가지게 됨을 알 수 있다. 스톤헨지는 이러한 멘히르가 원을 이루는 형상으로 배치되어 둘러싸인 장소에 영역성과 중심성을 부여하는 것으로 이해

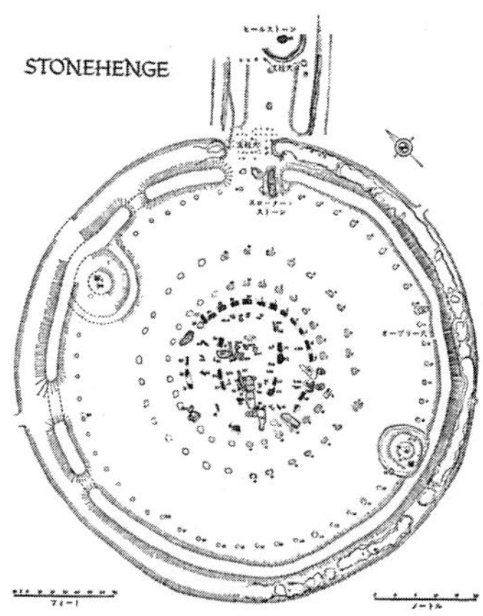

그림 1-1 스톤헨지 평면

그림 1-2 알리뉴망, 프랑스, 카르나크 유적

그림 1-3 돌멘, 프랑스, 카르나크 유적

그림 1-4 나라 아스카 지방, 이시마 이다이 고분

할 수 있다(그림 1-1). 한편, 같은 거석유적이라도 프랑스의 카르나크(Carnac, 브루타뉴 지방)의 알리뉴망(Alignement : 일직선의 의미)의 경우에는 멘히르가 수 열에 걸쳐서 일직선상으로 배치되어 큰 군을 이루면서 방향성을 부여하고 있다(그림 1-2).

이러한 거석유적이 만들어진 진정한 목적은 지금까지도 수수께끼로 남겨져 있다. 그러나 최근의 연구성과에 의하면 스톤헨지나 카르나크의 알리뉴망도 태양과 달의 궤도와 밀접한 관계를 가지고 정확하게 배치된 것으로 밝혀졌다.[1-5]

엄청난 노력의 결과로 구축된 이러한 유적의 사례는 우주의 영위와 인간의 생활과 불가분적인 관계로 당시 사람들에게 얼마나 절실한 문제였는지를 오늘날까지 전해주고 있다.

● 거석유적의 상징성

거석유적에는 우주와의 관계를 나타내는 측면과 함께 돌멘(Dolmen, 그림 1-3, 복수의 직립석 위에 거석을 얹은 탁석의 형태. 일본 나라의 아스카지방의 이시마이다이(石舞台)고분[1-6]과 유사한 것으로 비교됨) 등 분묘로서 영혼과의 지속적인 관계를 상징하는 것으로 여겨지는 것들도 있다.

건축이론가인 크리스티앙 노베르그 슐츠(Christian Noberg-Schulz)는 거석유적 그 자체에 조상숭배와 자손번영의 상징성이 존재한다고 주장하며 주로 다음과 같은 점들을 지적하고 있다.[1-7] : ① 선조의 혼은 살아있으며 방치해서는 안 되는 것으로 돌이 선조의 혼의 거처가 된다. ② 돌의 단단함과 무거움은 영원성과 불후성을 나타내고 이는 세대존속의 표현이며 자손번영의 갈망을 의미한다. ③ 에너지를 축적하여 직립하고 있는 멘히르는 남성의 상징으로서 생명력이 깃들어 있다. ④ 모든 생명이 태어나는 은혜로운 대지 속에 있는 동굴은 돌의 '수직-수평' 관계의 기본적인 질

그림 1-5 토석묘의 선돌(멘히르)과 인공 동굴, 프랑스, 카르나크 유적

서와는 대조적으로 최초의 공간적 요소이자 여신과 그 자손의 상징이다. ⑤ 동굴이 인공적으로 건축화되어 성스러운 결혼을 상징하기 위해 멘히르를 동굴에 배치한다. ⑥ 위의 두 가지 요인의 결합은 '건축적 심벌의 최초의 시스템'인 것이다(그림 1-5).

여기서 주목해야 할 점은 거석 그 자체에 영력이나 신성성이 깃들어 있다는 것이 아니라 그 자체가 하나의 심벌로 이해되고 있다는 점이다. 종교학자인 미르체아 엘리아데(Mircea Eliade)는 주술적 · 종교적인 가치를 부여하는 심벌리즘에 의하여 일반적인 돌이 성스러운 특성을 획득하게 되었다라고 언급하였다.[1-8]

2_ 신성한 장소의 이념과 생성

● 신성한 장소와 원초적 체험

종교현상학자 게라두스 반 데르 레우후(G. van der Leeuw)는,

> '자연과학에서 말하는 공간은 모든 것이 유사한 가치를 가지며 상호교환 가능한 균질적 공간이다. 그러나 실제로 이러한 공간은 존재하지 않으며 모든 공간은 독자적 특성과 독자적인 가치를 가지고 있다. 어떤 공간 안에서 힘이 계시되면 그 공간은 그에 의해 특별한 것이 되며 다른 공간들과는 분리되어진다. 이러한 공간을 우리는 신성한 장소라고 부른다.'

라고 신성한 장소를 정의하고 있다.[2-1] 여기서 말하는 성스러움의 현현(顯現)을 엘리아데는 '신성현현(神聖顯現, Hierophanie)'[2-2]이라는 합성어로 표현하고 있다. 그는 이를 '공간의 비균질성에 대한 종교적 체험'이며, '하나의 원초적 체험'으로 간주하였다. 그리고 이 체험을 통하여 생겨나는 공간 속의 (의미적) 단절[2-3]이야말로 세계의 형성을 가능케 한다고 하였다. 그것은 이러한 단절이 '장래에 대한 모든 방향성을 정하기 위한 기초가 되는 《고정점》, 중심축을 만들어내는' 것이기 때문이다. 엘리아데는 이러한 관점에서 성스러운 공간 속의 '중심성'과 '(중심)축성'의 출현을 보았던 것이다.[2-4]

● 신성한 장소의 구축 -중심성과 축성-

중심을 수직으로 관통하는 중심축은 세계의 중심임과 동시에 이승과 저승을 이어주는 고리이기도 하다. 로마의 '문두스(Mundus)'라 불리는 황천의 입구는 그러한 일례이다. 실증되진 않았으나 건축사가인 죠셉 리쿼트(Joseph Rykwert)는 문두스를 '지하계의 입구'로 추론하고 있다. 그는 또한 문두스가 도시축인 '카르도 막시무스[(Cardo Maximus) 남북주요도로축]'와 '데크마누스 막시무스[(Decumanus Maximus) 동서주요도로축]'의 '데쿠시스[(Decusis) 십자로]'와 관련성이 있었을 가능성에도 주목하고 있다.[2-5]

엘리아데가 언급한 수직방향의 중심축과 함께 수평방향으로도 확장되는 축선도 중요한 의미를 가지는 경우가 있다. 멕시코의 테오티아칸 유적에서는 곧게 뻗은 '죽

그림 2-1a 멕시코, 테오티아칸 유적의 축선 '죽음의 길'

그림 2-1b 멕시코, 테오티아칸 유적의 배치도

그림 2-2 히로시마 미야지마의 이츠쿠시마 신사

음의 길'이 '달의 피라미드'를 기점으로 형성되어 있다. '죽음의 길'의 후방부에는 신전의 폐허가 남아있는 높직한 산 '케로 고르도(Cerro Gordo)'가 위치하고 유적과 성스러운 산이 시각적으로 연결된 축선구성(그림 2-1a)으로 이루어져 있다. 그리고 이 성스러운 도시축이라고도 불리는 '죽음의 길'을 기축으로 격자상으로 '태양의 피라미드'를 비롯한 수백여 채의 피라미드가 태양의 궤도를 고려하면서 각자의 위계를 가지고 배치(그림 2-1b)되어있다.[2-6]

또한 일본 미야지마의 이츠쿠시마 신사(그림 2-2)에서는 반대측 해안의 본토로부터 바다를 끼고 오오토리이역자주 : 토리이(鳥居)란 신사건축에서 신의 영역과 인간이 거주하는 속계를 구획하기 위한 일종의 문을 지칭하며 오오토리이는 그 중에서 가장 큰 토리이를 지칭하는 것으로 신사의 정문에 해당한다.와 사전(社殿)을 관통하여 배후의 영산으로 이어지는 축이 구성되어 있다. 여기서는 테오티아칸의 '죽음의 길'과 같은 물리적으로 연속된 축의 구성은 존재하지 않는다. 그러나 장소가 가지는 고유한 우주론으로서의 정토세계로 통하는 축선이 구성되고 있는 것이다.

이러한 사례들을 통해 신성한 장소란 천체의 움직임이나 자연의 지형과 밀접한 관계를 가지면서 건축이라는 상징작용을 통해서 나타난다는 것을 알 수 있다.

● 신화와 창조

고대에는 건축과 도시가 건설될 때에 천문학의 지식과 지형의 특징과 같은 자연의 체험만큼이나 신화가 중요한 역할을 담당했다.[2-7] 엘리아데가,

> '신화는 초자연적 존재 행위의 역사를 구성한다.' '이 역사는(그것이 실재에 관여함으로써) 절대적인 진실이자, (그것이 초자연적 존재의 위업으로써) 신성한 것으로 여겨진다.'

라고 말한 것처럼 신화에서 제시된 과학적이고 역사적 내용의 진위는 문제가 되지 않으며 당시의 사람들이 신화를 믿고 창건의 행위를 행하였다는 사실이 중요한 것이다. 엘리아데에 따르면 이는 신화 그 자체에 '생명력'을 부여하는 것이며 진정한 '종

교적' 경혼을 의미한다. 따라서 '신화에서 일어난 일을 기념하는 것이 아니라 반복하는 점이 증요'하게 되며, 이를 통하여 '원초의 시간'을 체험하는 것이 가능하게 된다. 이렇듯 신화가 인간행위의 귀중한 모범이 됨으로써 신화는 과거 사건의 반복에 그치지 않고 '창조'에도 관여하고 있다고 엘리아데는 신화의 중요성을 주장하였다.[2-8]

이제부터는 신화가 어떤 형태로 창조에 관여해 왔는지 그 전형적인 사례로서 로마의 창건의례를 살펴보기로 한다.

● '도시'(키비타스)와 '도회'(우르브스)

역사학자인 퓌스텔 드 쿨랑쥬(Fustel de Coulanges)는 'city'와 'urban'의 어원인 라틴어의 '도시'[키비타스(Civitas)]와 '도회지'[우르브스(Urbs)]는 고대인들에게는 유사어가 아니었다고 하면서 다음과 같은 차이를 지적하고 있다.[2-9]

> '도시는 가족과 부족의 종교적 · 정치적 단체이고 도회지는 이 단체의 집회의 장소, 생활의 장소이며, 특히 그들의 신성한 장소이기도 하였다 고대의 도회지를 현재와 같은 것으로 상상해서는 안 된다. 현재의 개념에서는 몇 채의 가옥을 세워 이들이 마을을 이루고 다시 가옥의 수가 조금씩 증가해서 도회지로 되어갈 것이다. 그리고 경우에 따라서는 해자나 성벽으로 둘러싸게 된다. 그러나 고대에서의 도회지의 형태는 그러한 완만한 인구와 세대수의 증가로 서서히 이루어진 것이 아니다. 고대인은 일거에 도회지를 건설하고 그 전부를 하루에 완성시킨 것이다. … 가족과 친척과 부족이 같은 제사를 지내기로 동의가 이루어지면 곧바로 공동의 성소로 사용하기 위하여 도회지를 건설하였다. 따라서 도회지의 건설은 항상 종교적인 행위였던 것이다.'

이러한 설명에 따르면 지금부터 살펴보게 될 창건의례는 '도회지'의 창건의례이며, 그 과정에서 관념화되었던 것은 리퀴트가 그의 저서의 타이틀에서 표현한 것처럼 '≪마을(town)≫의 이데아'라고 할 수 있을 것이다.

● '마을'의 이데아와 개념 모델

리퀴트는 마을의 구체적인 평면형태와 사람들이 가지고 있던 이념과의 관계에 대해서,

> '로마의 여러 도시가 오늘날 잘 알려진 것처럼 격자상의 패턴을 띄기 이전에 질서정연한 도시평면의 이념이 이미 그들의 마음속에 형성되어 있었음에 틀림없다. 직선으로 이루어진 도시란 그들이 많은 시행착오적인 실험을 거친 후 의미를 부여한 것은 아니다.'

라고 말한다.[2-10] 즉, 격자상의 형태로 이어지는 정연한 '개념모델'(the conceptual model)이 당시의 로마인들의 머릿속에 이미 형성되어 있었다는 사고가 나타나고 있는 것이다. 리퀴트는 이 '개념모델'이란 로마의 창건의례에서 행위와 말로 구성되고, 이후에도 습관과 신앙에 근거한 의식을 통해 반복되고 계승되어 간다고 주장하고 있다.

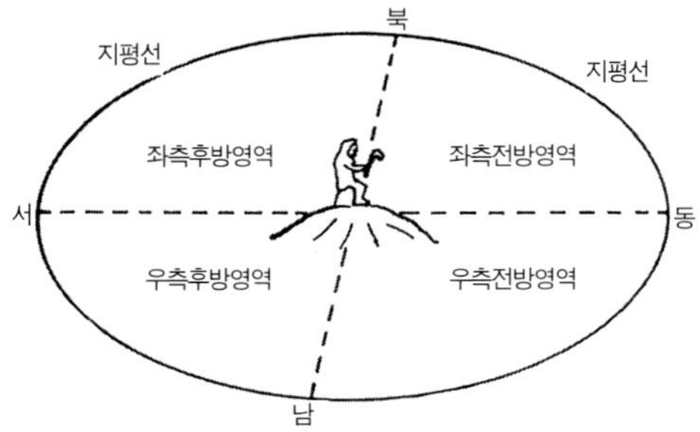

그림 2-3 로마의 4분할

● **고대로마의 창건의례와 개념모델**

이러한 '개념모델'은 시간이 경과함에 따라서 다양하게 변용되어가는 것이며, 그때마다의 구체적인 도시형성 과정에 맞추어 명확화 되어야 할 필요가 있다. 여기서는 가장 원초적인 고대 로마의 창건의례에 관한 세 가지의 중요한 '개념모델'의 형성을 살펴보기로 한다.[2-11]

① '문두스(Mundus)'

전설 속의 로마 창건자인이며 초대 왕인 로물루스가 팔라디움의 언덕에 동그랗고 작은 구멍을 파고 진혼의 의미로서 고향 알바에서 가져온 한 줌의 흙을 그 구멍 속으로 던져 넣었다. 이 구멍 '문두스'는 망자의 혼이 일년에 세 차례 출입하는 명계와의 역(閾)으로서의 의미를 가지며 평소에는 돌로 막혀져 있다. 로물루스가 이 장소에 제단을 만들고 성화를 밝힘으로써 마을의 물리적 · 정신적 중심이 형성되었다.

② '포메리움(Pomoerium)'

'문두스'를 중심으로 하여 마을의 경계가 정해지게 된다. 쟁기에 청동날을 입혀 소에게 끌도록 하여 깊은 쟁기골을 만들었다 이 골은 '스르쿠스 프리미게니우스(Sulcus Primigenius)'(최초의 쟁기골)라 불리며, 이 골을 따른 벽을 '포메리움'이라고 불렀다. 그리고 문을 만들고자 예정한 곳에는 쟁기의 날을 떼어내고 쟁기를 들어올려 틈새를 만들었다. 문(porta)은 부정한 것을 운반하여(portare) 반출입시키는 곳이며, 그 이외의 벽 전체는 신성한 것으로 생각하였다.

③ '사방위 정위'

둘러싸여진 부지가 중심을 관통하는 직교축에 의해 4분할되어져 축성과 방향성이 도입되었다. 또한 실증된 것은 아니지만 이 직교축과 '카르도(남북축)와 데크마누스(동서축)'와 '로마 콰도라타'(로마의 사분할)(그림 2-3)와의 연관성이 지적되고 있다.

3_ 건축이념과 '원시오두막'

● **원초적 형태로서의 원시오두막**

인간과 자연과의 근원적 관계성을 명확하게 하기 위한 실마리로서 '원시오두막'에 주목하여 그 개념에 대한 다양한 관점에서의 논의가 이루어져 왔다. 특히 르네상스 시기 이후 '원시오두막'을 둘러싼 역행적인 탐구를 통하여 다음의 두 가지 점이 주요한 테마로 부상하게 되었다 : ① 이성의 원리로서의 원시오두막 ② 건축에 의한 자연의 모방과 원시오두막의 의의.

본 절에서는 이 두 가지 점에 관한 대표적인 사례를 살펴보기로 한다. 그에 앞서 먼저 고대 로마의 건축가이자 건축이론가인 비트루비우스(Marcus Vitruvius Pollio)의 원시오두막을 다루기로 한다. 이는 이후의 논고들에 있어서 항상 참조되고 있는 원시오두막의 '원형'이라고 할 수 있기 때문이다.

● 비트루비우스의 원시오두막

비트루비우스는 그의 저서 『건축십서(De architectura)』(기원전 33-22경 집필) '제2서, 제1장'에서 인류가 '불'의 발견을 계기로 언어를 사용하게 되고 간소한 목조의 원시오두막(그림 3-1)을 건축하기까지의 과정을 서술하고 있다.[3-1]

또한 그리스 이외의 예로서는 삼림이 우거진 폰투스라는 지역에 살았던 콜키스(Colchis)족(그림 3-2 좌측)과 삼림이 거의 없는 평지에 살았던 프리지아(Phrygia)인의 원시오두막(그림 3-2)이 설명되고 있다.[3-2] 이 그림은 비트루비우스의 서술을 토대로 프랑스의 건축가 클로드 페로(Claude Perrault)[3-3]가 재현시킨 것이다.

같은 책 '제2서, 제1장'에서는 인류에게는 본능적으로 배우고 습득하는 성향이 있으며 점차로 오두막의 건설기술이 발달함에 따라 그들 중에는 '장인'으로 불릴만한 기술자도 나타나게 되었다고 언급하고 있다. 여기서 원리[아르케(arche)]를 알고 기술[테크네(techne)]을 구사하는 사람 '아르케+테크톤(tecton)', 즉 '건축가(architecton)'의 어원을 알 수 있다. 나아가 가옥의 건설로부터 그 외의 기술과 학문이 발전하면서 인간은 문화적인 성향을 가지게 된다는 설명이 이어진다. 그 결과로 인간은 기술의 다양성과 함께 넓은 사고로 앞을 내다볼 수 있게 되면서 그리스 건축의 중요한 이론인 '심메트리아'까지 도달하게 되었다고 하면서 다음과 같이 그 전개과정을 설명하였다.[3-4]

그림 3-1 비트루비우스의 원시오두막 이미지(독일어판의 삽화)

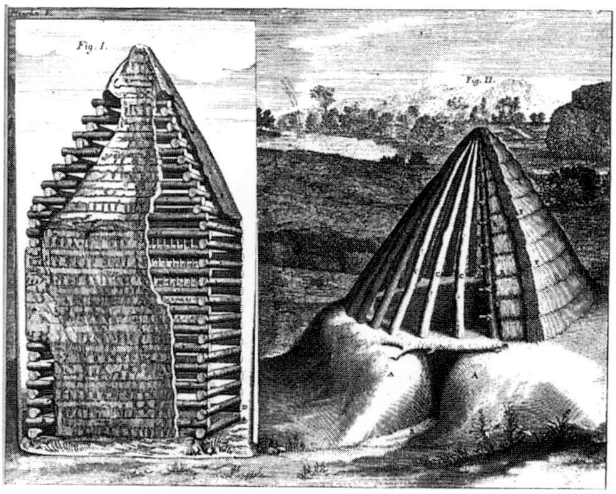

그림 3-2 클로드 페로의 원시오두막 재현안, 콜키스 족(좌), 프리지아인(우)

'(단순히) 오두막뿐만이 아니라 벽돌로 기초를 만들고, 돌로 벽을 쌓고, 목재와 기와로 지붕을 씌운 훌륭한 집을 만들기 시작하고, 거듭된 연구를 존중하면서 부정확한 판단으로 시작하여 정확한 심메트리아의 이론에 도달하게 되었다.'

이 심메트리아에 의해 신전의 구성이 정해지게 되어(제3서, 제1장) 신전은 그리스 고전건축의 부동의 규범으로 발전해 간다.

이렇듯 비트루비우스의 원시오두막 그 자체는 규범성을 가지는 것은 아니었지만 자연의 섭리에 따라 발전을 거듭해가면서 심메트리아의 원리를 획득해 간다고 하는 건축의 중요한 첫걸음으로 해석할 수 있다.

● 이성의 원리로서의 원시오두막

비트루비우스의 원시오두막은 이른바 발생론적인 건축의 시초로서 그 위치를 평가할 수 있다. 이에 비해 건축의 '원형모델'로서의 원시오두막에 대한 개념을 명확히 제시한 인물은 예수회의 사제였던 로지에[3-5]였다. 로지에는 전문적인 건축교육을 받지는 않았지만 그 비평적 정신을 토대로 『건축시론』(1753초판, 1755 제2판)을 저술하여 큰 반향을 불러일으켰다. 로지에는 과다한 장식의 로코코 건축에 대한 비판, 섬세한 아름다움을 지닌 고딕양식에서의 단순함과 자연스러움의 결여에 대한 비판 등을 전개하였다. 한편으로는 합리주의적 시점에서 고전건축을 연구하여 고상한 정취를 지닌 고전건축과 아름다운 고딕건축과의 융합에 의한 독자적인 교회설계 이론을 전개시켜 나가기도 하였다.[3-6] 이러한 그의 사고는 쟈크 제르망 수플로(Jacques-Germain Soufflot)의 파리 생 쥬느비에브 성당(판테온, 1755-92, 그림 3-3, ⇨ p.201 그림 6-4)의 설계에 영향을 끼쳤다고 여겨지고 있다.[3-7]

로지에는 『건축시론』(제2판) 제1장 '건축의 일반원리'에서 모든 건축의 '원형모델'로서의 원시오두막을 제시하고 있다.[3-8] 리쿼트의 해석에 따르면, 이 책의 속표지(그

그림 3-3 생 쥬느비에브성당/판테온

그림 3-4 로지에의 원시오두막

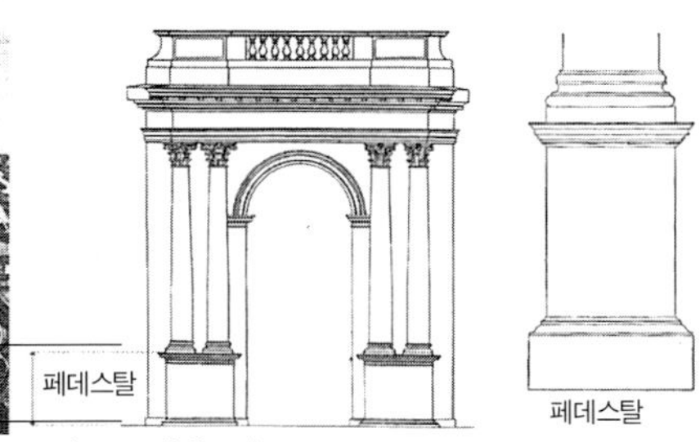

그림 3-5 페데스탈

림 3-4)에서는 여성으로 의인화된 건축이 이 원시오두막을 손가락으로 가리키면서 불을 의미하는 어린아이를 향해 이것이야말로 건축의 진정한 모델이라고 계시하는 모습이 그려지고 있다.[3-9] 단순한 자연의 원리에 기초한 이 원시오두막에는 볼트, 아케이드, 페데스탈[3-10](그림 3-5), 계단, 문, 창 등이 없는 점이 강조되고 있다. 또한 원시오두막의 기본요소는 원주, 엔태블러처(Entablature), 페디먼트(pediment, 그림 3-6)로 한정되어 이 3요소가 모두 적당한 위치 및 형태로 배치된다면 작품을 완벽하게 만드는 것이 가능하며 특별히 다른 요소를 부가할 필요가 없다는 결론을 내리고 있다.[3-11] 이러한 결론은 오더의 각 부분은 건물의 구성과 과부족 없이 일체화되어야만 한다는 로지에의 '절대적으로 확신하고 있는 하나의 진리'에 따른 것이다. 이어서 로지에는 이 원리가 실천과정에서 이따금 지켜지지 않을 때 이를 수정하는 것이 이성의 역할이라고 주장했다. 그는 원시오두막으로 상징되는 진정한 건축의 원리에 걸맞는 사례로서 프랑스 남부 님(Nimes)에 있는 '메종 카레(Maison Carre)'(기원전 19년경, 그림 3-7)를 언급하며 높이 평가하였다.[3-12]

● 로지에와 듀랑 = 자연과 인위

원시오두막을 모델로 이성에 기초한 오더가 모방되어 간다는 로지에의 생각에 대하여 듀랑은 격렬하게 반론을 펼쳤다. 듀랑은 프랑스의 왕립학교에서 전개하였던 『건축교과과정의 개요』(1802-05, ➪p.41 그림 3-1)를 통해서 건축 설계원리에서의 경제성, 간결성, 효용성의 우위를 주장하였다. 이러한 실천적 시스템의 유용성이 로지에의 주장보다 훨씬 더 많은 확실성과 단순성, 자연스러움을 갖추고 있으며 오더의 성립의 근거가 된다고 생각했다. 나아가 로지에의 원시오두막은 인간이 만들어낸 최초의 주거로 보기에는 충분한 기능을 수행하지 못했다며 즉물적 비판을 가하게 된다.[3-13] 고전주의와 신고전주의의 연구자인 시라이 히데카즈(白井秀和)는 이러한 로지에와 듀랑의 대립을 '심층으로서 자연을 바라보는 '입장과 '표층으로서의 인위를

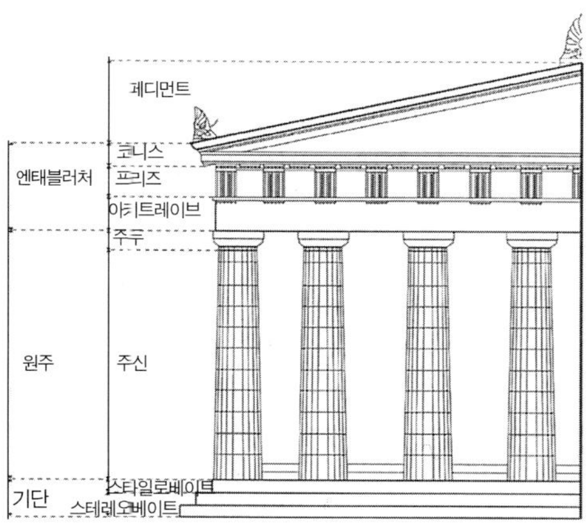

그림 3-6 그리스신전 정면 각부의 명칭

그림 3-7 프랑스, 님의 메종 카레

바라보는' 입장의 차이로 설명하고 있다.[3-14]

결론이 어느 쪽이든 일본의 건축평론가인 야츠카 하지메가 지적하듯이 로지에가 제시한 것은 원시오두막에 대한 고증이 아니라 하나의 해석이며 허구였다.[3-15] 그러므로 로지에가 구상한 건축의 원형으로서의 원시오두막은 듀랑의 비판에서처럼 형태상의 원형이 아닌 이성을 통해 그때마다 자각적으로 재해석할 수밖에 없는 규범으로 이해해야 할 것이다.

● 건축에 의한 자연의 모방 · 재현

건축은 그 외의 예술(시, 음악, 무용, 회화, 조각 등)과는 달리 자연(인간의 외면과 내면도 포함된다)을 직접적으로 모방, 재현하는 것이 불가능하다. 이로 인하여 15세기말부터 18세기 말에 걸쳐 건축이 예술로서 높이 평가받고, 그 지위를 유지하기 위해서는 건축이 어떤 식으로 자연을 모방 및 재현할 수 있는 지에 대한 증명이 필요하였다고 역사가 에드리안 포티(Adrian Forty)는 지적하고 있다. 그에 따르면 증명의 내용이란 - ① 가상 속의 원시의 건물(목조나 가죽으로 구성된 오두막이나 텐트)을 하나의 자연모델로 간주함으로써 건축이 그 형태를 석재로 바꾸어 재현해가는 것은 자연의 모방일 수 있다는 주장 ② 건축은 자연 그대로를 재현할 수는 없지만 한편으로 자연 본래의 여러 가지 원칙을 재현해왔으며, 그러한 점으로부터 건축은 자연의 재현이 문자 그대로의 의미와도 같이 직접적으로 나타나는 다른 예술분야와 비교해 보다 심원한 모방, 재현의 형식을 이끌어낼 수 있다는 주장 - 의 두 종류로 크게 구분되어지는 것이다.[3-16]

● 자연의 모방으로서의 원시오두막

①의 주장에서는 비트루비우스의 원시오두막이 그 원형으로 간주된다. 그 모방의 발전과정의 예로서는 윌리엄스 챔버스(Williams Chambers)의 간결한 그림을 찾아볼 수 있다(⇨p.123 그림 4-3). 챔버스의 원시오두막은 원추형의 텐트를 원형모델로 하고 있다. 죠셉 리쿼트에 따르면, 원추형을 사용한 것은 비트루비우스에 대한 클로드 페로의 재현안(그림 3-2)을 참조한 것으로서 로지에의 그것보다 훨씬 더 단순하고 가장 용이한 건축방법이라고 주장한다. 그리고 마침내 원추형의 기울어진 벽의 불편함을 해소하고 수직방향으로도 여유로운 공간을 만들기 위하여 평지붕 형태의 입방체로 발전하고 우수처리에 적합한 맞배지붕으로 전개되어 가는 흐름이라는 것이다.[3-17]

● 자연의 규범성으로서의 원시오두막

②의 주장을 살펴보면 우선 앞서 언급한 로지에의 원시오두막이 이에 해당한다. 로지에의 개념은 ①의 주장과 마찬가지로 자연의 모방으로서의 원시오두막을 제시하면서도 그 실재성과 전개과정이 아닌 이성에 의해 명확해지는 고전적 규범성(자연이 드러내는 합리성과 간결성 등)의 의의를 주장하고 있다는 점에서 ②의 주장에 근

거를 부여하고 있다.

이렇듯 원시오두막의 위상을 자연 속의 하나의 모델로 간주하는 수준에 머무르지 않고 규범성의 수준까지 끌어올리려고 하는 사고방식을 더욱 심화시킨 인물이 프랑스의 건축이론가 카트르메르 드 켕시(Quatremère de Quincy)였다.

그는 돈조건축의 구성이 석재로 치환되었다는 비트루비우스의 견해를 계승하면서 건축의 유형(타입)으로서 ① 동굴 ② 텐트 ③ 오두막의 세 가지를 들고 있다. 이 중 견고성, 경쾌성, 조화와 균형 등의 관점으로부터 나무로 만든 오두막이 가장 완전하고 아름다운 것이며, 그러므로 목조의 축조법이 그리스인들에게 받아들여져 완성에 이르게 되어 모방할 만한 가치를 지니게 되었다고 카트르메르는 생각하였다.[3-18] 여기서 중요한 점은 형태상의 모방이 아닌 목조건축 속에서 인정된 자연의 질서를 규범으로 간주하여 석조 건물로 실천적인 변환이 이루어졌다는 사고방식이다. 이러한 관점에서는 모방할 자연의 모델은 더 이상 필요치 않게 되며, 건축 그 자체가 자연과 같이(즉, 자연을 따르며) 규범을 창출해 가게 된다고 여겨졌던 것이다.

4_ 루이스 칸의 기원에 대한 물음

● 건축의 '기원'

루이스 칸은 그의 언어와 작품을 통해서 건축의 시작인 '기원(beginning)'을 일관되게 지향하였다.

> '나는 기원을 사랑합니다. 나는 기원에 대해 경탄하지 않을 수 없습니다. 존속을 확증하는 것은 기원이라고 생각합니다. 만일 기원이 확증되지 않는다면 그 어떤 것도 존재할 수 없으며 또한 존재하지 않을 것입니다.'

이렇듯 칸은 기원을 사물의 존재와의 관계에 있어서 근원적인 것으로 이해하였다.[4-1]

나아가 그는 건축에 관해서,

> '건축은 존재화 되려는 부정할 수 없는 충동을 가지고 있었습니다. 즉, 존재화 되기까지 그곳에는 건축이라고 부를만한 것은 없었습니다. 건축은 항상 그러한 방식으로 존재한다고 나는 생각합니다.'

라고 언급하고 있다. '건축의 정신'이라고도 표현할 수 있는 '존재를 향한 충동'은 〈건축〉(이른바 건축의 이데아와도 같은 것)의 본성적인 작용이라고 이해할 수 있다. 그리고 인간이 실현하는 건축〈작품〉이라는 '현존(presence)'을 통해서 〈건축〉은 스스로를 개시하는(것이 가능한) 것이다. 동시에 건축〈작품〉은 인간에게 있어서 의미를 지닌 공간이나 장소로서 나타나게 된다. 단 〈건축〉과 건축〈작품〉이 동일할 수는 없으며, 그 차이를 명확히 의식한 상태에서 건축〈작품〉이란,

'최상의 상태로 완성되었을 때, 즉 건축의 기원의 경이를 갖추고 있을 때에 한해서 건축에 바쳐지는 봉헌물과도 같은 것으로 보아야 할 것입니다.'

라고 칸은 말하고 있다.[4-2]

그는 이러한 건축의 기원의 예로서 아르카익 시기의 파에스툼(Paestum)의 포세이돈 신전(기원전 460년경, 그림 4-1, ⇨p.173 그림 3-3)을 들면서 그 후에 이어지는 모든 경이를 그 안에 포함시키고 있으며 파르테논 신전도 이에 촉발된 것으로 간주하였다.[4-3]

이렇듯 건축의 기원이란 인간과 〈건축〉과의 상호작용의 결과로 나타나게 되는 건축〈작품〉을 매개로 하여 〈건축〉의 본질 · 본성이 동시에 출현하는 원점으로 이해할 수 있는 것이다.

● '오더'와 '디자인'

칸은 건축이나 도시의 본질 · 본성을 어떻게 파악할 것이며, 다시 그것을 어떤 식으로 표현을 해야 할 것인가를 탐구해 온 건축가였다. 이러한 탐구는 1950년대 이후 다음의 몇 가지 중요한 개념과 작품으로 이어지게 된다.

1950년대의 초기 단계에는 '공간의 본질(nature of space)-오더(order)-디자인(design)'이라는 도식을 설정하였다(그림 4-2). 여기서 '오더'란 '공간의 본질'을 꿰뚫어보고 구체적인 형태인 '디자인'으로 도출해가는 과정에서 발생하는 하나의 규범과 이성의 작용으로 생각할 수 있다. 이에 대하여 그는 벽돌과 아치의 사례를 들어 다음과 같이 알기 쉽게 설명하고 있다.

'디자인은 〈오더〉에 대한 이해를 요구합니다. 벽돌을 다루거나 벽돌을 사용하여 디자인을 할 때에 당신은 벽돌에게 그것이 무엇을 원하는지, 또는 무엇을 할 수 있는지를 묻지 않으면 안 됩니다.'

그리고 벽돌의 본성을 깨닫고 그것이 요구하는 본질적인 디자인이 아치임을 깨달아야 한다고 자신의 주장을 이어간다. 또한 비록 벽돌로 아치를 만드는 것이 구조적으로 어렵고 값비싼 것이라 해도 개구부의 윗부분을 콘크리트 인방으로 대체하는 행위는 벽돌의 본질에서 벗어난 행위라고 지적하였다.[4-4]

그림 4-1 이탈리아, 파에스툼의 포세이돈 신전

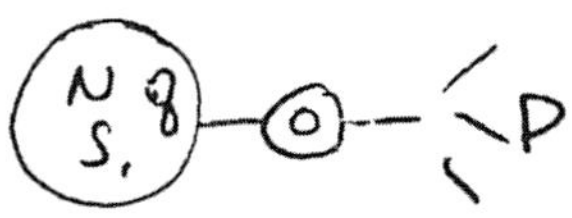

그림 4-2 디자인-오더의 도식

● 'Servant Space'와 'Served Space'

'오더'에 대해 고찰을 계속하던 중 칸은 생명체가 생명유지를 위해 순환기구(수분, 양분, 혈액 등)를 그 '오더'로서 갖추고 있는 것과 마찬가지로 건축에 있어서도 각 실의 전기와 물의 순환, 환기 등을 위한 독립된 공간을 갖추어야 한다고 생각하였다.[4-5] 그리고 '오더' 속에 '구조(structure)'와 '기능(function)'의 개념을 도입시켜 간다. 이러한 사고방식은 'Servant Space(봉사하는 공간)'과 'Served Space(봉사 받는 공간)'과의 분리에 기초한 설비스페이스의 구성으로 이어진다.[4-6] 펜실베이니아대학 리차즈 의학연구소(1957-1960, 그림 4-3)는 그 대표적인 실천사례이다.

● '오더'에서 '형태'로

알렉산드라 팅(Alexandra Tyng)에 따르면 1950년대 말부터 1960년대 전반에 걸쳐 칸의 사고가 심화되면서 '오더'의 정의는 좁혀지고 그만큼 '형태(form)'로 전환되기 시작하여 그림 4-2의 도식에서 보여지던 '공간의 본질'에 대한 개념도 '형태'로 통합되어져 갔다고 말한다.[4-7] 또한 이 시점에서의 '형태'는 다음과 같이 기원의 차원에서 파악되어지게 된다.

> '형태란 형상도 치수도 가지지 않습니다. 형태는 단적으로 말해 본성을 가지고 특성을 가집니다. 그것은 불가분의 여러 요소를 지니고 있습니다. … 디자인이란 보이지 않던 형태를 존재하는 것으로 변환시키는 행위입니다.'[4-8]

즉, '형태'란 결코 결정된 모습을 가지는 것이 아니라 다른 존재와의 차이를 담당하는 무언가의 본질, 본성이며 예측할 수 없는 것으로서 여겨지게 되었던 것이다.

● '형태'와 '깨달음'

본질이자 본성인 '형태'는 존재화 되려고 하는 충동과 의지만을 지니고 있다고 칸은 생각했다. 이러한 '형태'의 작용을 깨닫고 호응하고 존재화 시키는 것은 인간 정

그림 4-3 리차즈 의학연구소

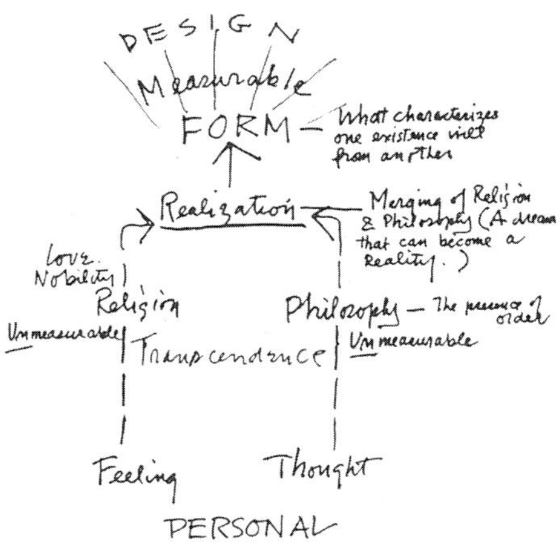

그림 4-4 형태-깨달음의 전개도식

그림 4-5 제1 유니테리언 교회

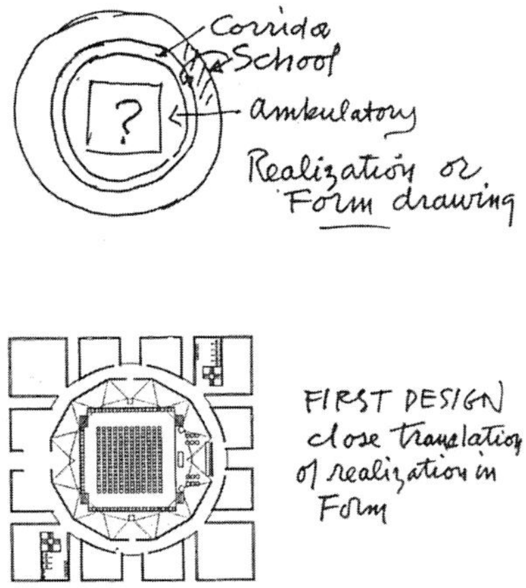

그림 4-6 형태-깨달음의 도식

신의 작용인 것이다. 이 상호작용을 '형태-깨달음의 전개도식'(1960, 그림 4-4)을 통하여 표현하고 있다. 이 도식에서는 먼저 '개인(personal)'은 '감정(feeling)'과 '사고(thought)'라는 두 가지 측면에서 구상되고 있다. 각각이 '초월성(transcendence)'의 레벨인 '종교(religion)'와 '철학(philosophy)'과 같은 '측정불가의(unmesurable)' 차원으로까지 격상되어 일체로 융합되었을 때 그곳에 '깨달음(realization)'이 생겨나 '형태(form)'가 상기되어진다는 것이다. 그리고 이 '형태'에 이끌려, '측정 가능한(measurable)' 차원인 개개의 '디자인'이 탄생한다고 이해할 수 있는 것이다.

건축가 고오야마 히사오(香山壽夫)는 이러한 원형으로서의 '형태'라는 기반이 있으므로 사람들은 서로 공감할 수 있으며, 그러한 전제를 토대로 각각의 사람들의 다양한 '디자인'이 가능해진다고 지적하고 있다.[4-9]

● '형태' 도식의 공간적 특징

제1 유니테리언 교회(First Unitarian Church, 1959-67, 그림 4-5)의 '형태-깨달음 도식'(그림 4-6)은 위계를 동반한 같은 형태가 크기를 달리하는 반복상자구조를 나타내고 있다. 이 그림은 '형태'의 공간적인 평가를 시사한 것으로 생각할 수 있다. 가장 안쪽의 중심에는 성역(sanctuary)이 배치되고, 사각형으로 둘러싸여 '?' 기호가 표시되고 있다. 이것이 의미하는 바는 교회에 있어서 '형태'의 본질/본성인 성스러움을 구체적으로 밝히는 것은 불가능하다는 것이며 지속적으로 의문을 가져야 할 대상으로서의 '?' 라고 이해할 수 있다는 것이다. 본래 성역은 불가침의 영역이다. 그러나 칸이 생각하는 '형태'로서의 성역은 오히려 그곳에 머무름으로써 '형태'에 대해 고민하고 그 출현을 경험하는 것, 즉 '깨달음'을 가능케 하는 장소로서 이해할 수 있는 것이다.

그의 발상이 독창적인 점은 한 영역과 다른 영역의 사이에 그것들을 연결하는 별

그림 4-7a 브린모어 대학 기숙사

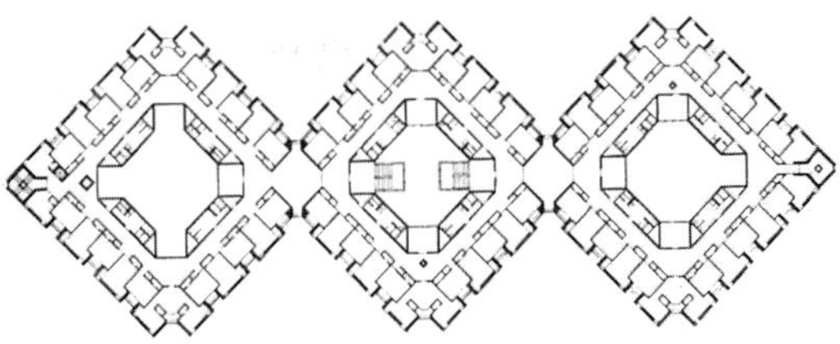
그림 4-7b 브린모어 대학 기숙사, 최종평면도

도의 중간적인 영역이 고려되었다는 점이다. 제1 유니테리언 교회의 드로잉에서는 성역과 학교(school) 사이를 두 겹의 회랑이 둘러싸고 있다. 성역의 바로 바깥쪽에는 성역에 속하는 주회랑(ambulatory)이 배치되고 그 바깥에는 학교에 속하는 복도(corridor)가 그려져 있다. 특히 이 주회랑에는 칸의 독창성이 잘 나타나고 있다. 그에 따르면, 이 회랑은 성역에 들어갈 것인가 말 것인가를 조금 거리를 두고 자유롭게 생각하는 장소이다. 그러므로 이러한 중간영역에서 인간은 '형태'로서의 성역에 대해 질문을 계속하게 되는 것이다.

이 '형태-깨달음 도식'은 제1 유니테리언 교회에서만 적용된 것이 아니라 그의 개념도출의 기본형이라고 해석할 수 있다. 예를 들면 비슷한 시기에 진행되었던 브린모어 대학 기숙사(1960-64)에서는(그림 4-7a,7b) 기숙사의 형태가 동일한 공간구성법으로 추구되고 있다. 각 정방형 유닛의 내부에는 스카이라이트가 설치된 밝은 공용공간이 중심에 배치되어 있다. 그리고 이 공용공간을 에워싸듯이 화장실과 계단 등의 공동으로 사용되는 공간이 배치되고 있으며, 다시 이들 둘레를 외주부의 각 개실들이 둘러싸고 있다. 하나의 유닛은 가족이 모여 사는 한 채의 주택으로 계획되어 거의 동일한 공간구성으로 이루어진 3개의 정방형 유닛이 나란히 연결되고 있다.

● 기원의 장소로서의 '룸'

'침묵과 빛'에 관한 노년기의 드로잉(1973, 그림 4-8)에는 자연과 인간과의 근원적인 관계를 기원에서 찾으려했던 그의 원점을 향한 강한 의지를 엿볼 수 있다. 이 점에 관해서 알렉산더 팅은

> '칸은 빛을 자연에 의해서 고안된 표현수단 혹은 표현의 도구로 간주하고 있으며, 또한 침묵을 집단의 무의식중에서 헤아려지는 표현에 대한 갈망으로 생각하였다. 그리고 이 양자가 만나는 지점에서 발상이 생성되어 그 발상이 예술작품의 창조로 이어진다. 칸이 침묵과 빛 사이에서 발견한 이 관계는 자연법칙과 함께 행동하는 것을 표현하고자 하는 인간의 충동이 발상을 가능케 한다는 그의 초기이론을 확대한 것이다.'

라고 하면서 '빛'을 자연의 사상으로, '침묵'을 인간의 사상으로 해석하였다.[4-10]

그림 4-8의 도식에는 '침묵은 빛으로', '빛은 침묵으로'라는 글과 함께 양자가 격렬

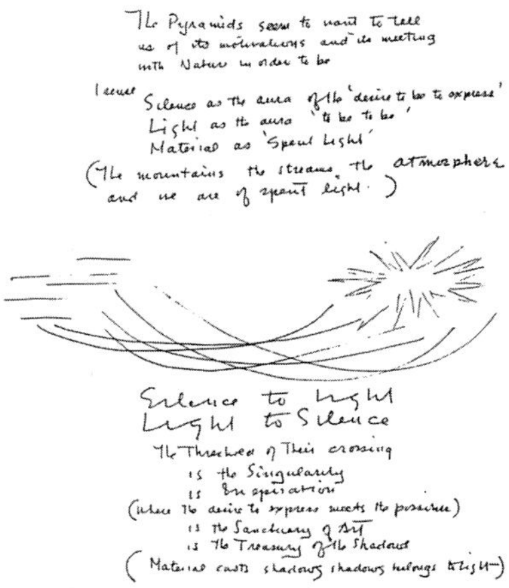

그림 4-8 '침묵과 빛'의 드로잉

그림 4-9 '룸'의 드로잉

하게 교차하는 모습이 그려지고 있다. 이 '빛'(자연의 모습)과 '침묵'(인간의 모습)이 교차하는 '역(閾, threshold')에 위치한 것이 '룸(room)'(그림 4-9)이라고 해석되는 것이다.[4-11]

칸은 '룸'에 대해서 다음과 같이 정의하고 있다.[4-12]

> '룸이란 건축의 기원입니다. 그것은 마음의 장소입니다. 스스로의 확산성과 구조와 빛을 가지는 룸 안에서 인간은 그 룸의 성격과 정신적인 영기에 응답하게 되며, 나아가 인간이 계획하고 만드는 것은 모두 하나의 생명이 되는 것을 확인합니다.'

그림 4-9의 윗부분에 쓰인,

> '건축은 룸을 만드는 것으로 시작된다.'

라는 표현은 룸이 건축의 기원이라는 그의 사상을 명확하게 표명한 것이다.

하나의 '역'인 '룸' 중에서도 특히 창은 또 다시 '룸'의 내부와 외부세계를 연결하는 '역'이 되는 중요한 장소이다.

'룸'을 통해서 들어오는 빛이 '룸'에 속하게 되고, 반대로 태양은 '룸'이 만들어질 때 비로소 태양 그 자체의 경이로움을 깨닫게 된다.[4-13] 이와 같이 자연과 인간의 양방향성과 함께 동시적인 성립의 가능성에 대해서 열려 있는 장소가 창인 것이었다.

칸은 도시에서도 가로를 공동체의 '룸'으로 간주하고,[4-14] 이 '룸'에 부여한 개념을 인간과 세계, 인간과 자연을 잇는 기원의 '장소'로 바라보고 있음을 이해할 수 있다.

5_ 실존적 공간과 장소의 혼

● 실존적 공간의 개념

실존적 공간을 이야기 할 때, '실존'[5-1]으로서의 인간에게 있어 어떤 의미를 지닌 공간이 '어떻게' 출현하게 되는지가 문제가 된다. 이러한 실존적인 공간은 예를 들면, 철학자 오토 프리드리히 볼로프(Otto Friedrich Bollnow)가 이야기한 '체험되는 공간'[5-2]과 사회심리학자 쿠르트 레윈(Kurt Lewin)이 제창한 '호돌로지(hodology, 노정학)적 공간'[5-3] 등에 그 특징이 잘 나타나 있으며, 수학과 물리학에서 다루는 '추상적 공간'의 개념과는 다른 것이다.

이렇듯 인간에게 있어서 의미작용과 관계하는 실존적 공간의 개념이란 크리스티앙 노베르그 슐츠에 따르면 '정위작용(orientation)'과 '동일화작용(identification)'이라는 기본적인 심리적 기능으로 구분이 가능하다. 즉, 인간이 주변환경 속에서 그 환경과 동일화 될 때 그 환경은 인간에게 있어서 의미있는 것이 된다. 이때에 인간은 환경속에서 '거주하는' 것이 가능하다고 표현되어지고 그로부터 비로소 '편안한' 감각을 얻을 수 있게 된다.[5-4] 이는 하나의 기원의 상태이며 루이스 칸의 '룸'은 바로 이러한 실존적 공간이라고 할 수 있는 것이다.

노베르그 슐츠는 심리학자 장 피아제(Jean Piaget)가 제시한 인간의 공간지각의 단계적 구성이라는 연구성과를 토대로 실존적 공간을,

> '비교적 안정된 지각적 쉐마(schema)의 체계, 즉 환경의 ≪이미지≫이다.'

라고 정의하였다.[5-5] 또한 실존적 공간은 '자아중심적'이라고도 표현하고 있다. 이는 공간의 현상은 사람들에게 있어서 천차만별이므로 임의적인 해석이 허용된다는 의미는 결코 아니라는 것이다. 노베르그 슐츠는 여기에는 개인적인 '제반공간'에 공통된 '일반적인 제반구조'가 존재함을 지적하고 있다.[5-6]

● 실존적 공간의 제반요소와 단계

노베르그 슐츠는 실존적 공간이 지니는 '일반적 제반구조'를 분석하기 위해서는,

① 추상적 측면(피아제가 상세하게 연구한 토폴로지적, 기하학적 종류의 일반적인 쉐마, 근접, 분리, 계속, 완결, 연속 등의 제반관계) ② 구체적 측면(자연경관, 도시경관, 건축물, 물리적 사상 등 '환경적 제반요소'의 파악에 관계되는 요소)와 같은 두 가지 측면을 포괄할 필요가 있다고 생각하였다. 그리고 인간이 스스로를 정위하기 위해서 파악해야 할 관계들로는 ① 중심(centre), 즉 장소(place, 근접관계) ② 방향(direction), 즉 통로(path, 연속관계) ③ 구역(area), 즉 영역(domain, 완결관계)의 세 가지 점을 들고 있다.[5-7]

이들은 가장 초기적 단계에서의 쉐마의 성립에 기여하는 구성요소들이다. 나아가 이러한 제반관계들은 '지리적 단계' '경관적 단계' '도시적 단계' '주거' '용기'와 같은 가장 포괄적인 수준으로부터 우리들 신변의 세세한 수

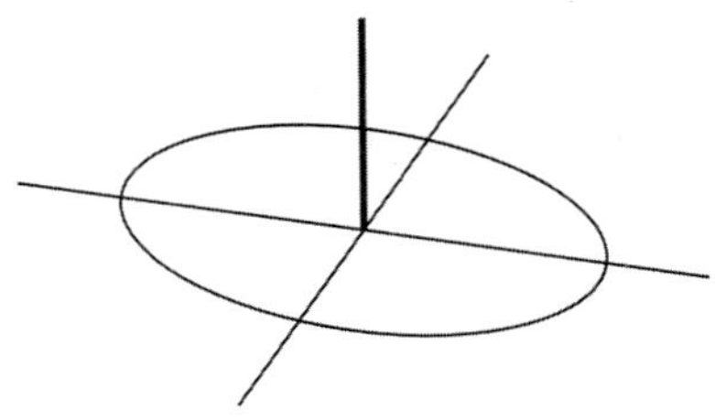

그림 5-1 실존적 공간의 기본 쉐마

준에 이르기까지 위계적 체계 안의 다양한 단계에서 나타난다는 점이 지적되고 있다.[5-8](그림 5-1, 5-2)

● 장소의 혼의 개념

실존적 공간이 건축적 공간으로 구체화 될 때 그 기반이 되는 장소의 성격이 문제로 대두된다. 그리고 이는 장소의 본질에 관계되는 '장소의 혼'에 대한 추구로 이어지게 된다.

장소의 혼(Genius Loci)이란 고대 로마에서 유래하는 개념이다. '게니우스 = 혼, 영기'와 '로키 = 장소(locus)의 소유격'으로 구성된 라틴어로서 '장소/토지의 혼, 정령' 혹은 '지령'으로 번역되는 경우도 있다.[5-9] 이탈리아의 건축가 알도 로시는,

> '〈점유지〉, 즉 부지란 "genius loci"[장소의 혼], 이른바 토지의 신에 의해 지배를 받아왔으며, 이러한 신이 그 토지에서 일어나는 모든 일의 중재자로서 군림해 왔다.'

라고 장소의 혼에 대해 언급하였다.[5-10] 단, 엄밀한 의미에서의 장소의 혼이란 '토지의 신' 그 자체를 지칭하는 것은 아니다. 노베르그 슐츠는 '혼'이라는 개념의 '근본적인 본성'에 대해서,

> '고대 로마인의 신앙에 따르면 모든 《독립적인》 존재는 고유의 혼, 즉 수호령을 가지고 있다고 한다. 이 영은 사람들과 장소에 생명력을 부여하고 태어나서 죽을 때까지 함께 하면서 그들의 성격 또는 본질을 결정한다. 신들조차도 고유의 혼을 지니고 있었다.'

라고 설명하고 있다.[5-11] 즉, '혼'이란 사람에게도, 토지에게도, 신에게도 깃드는 '영' 그 자체이며 실태로서 파악되는 것은 아니다. 여기에서는 장소의 혼이 계시를 내리거나 하는 일종의 초월적인 존재가 아니라는 것을 먼저 이해할 필요가 있다.

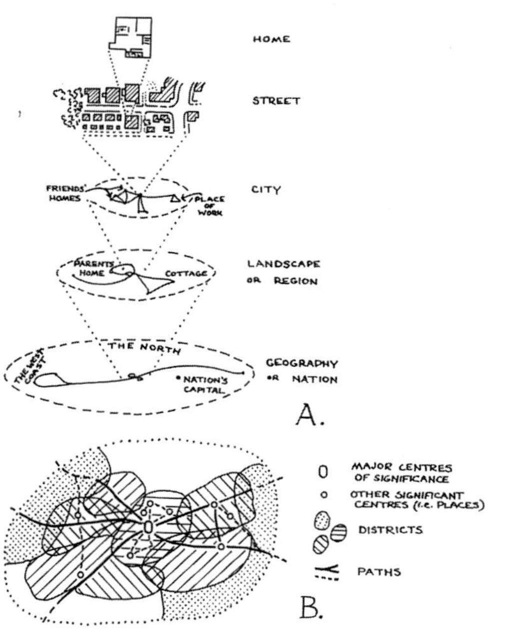

그림 5-2 에드워드 렐프가 작성한 실존적공간의 단계와 구성요소의 개념도

● 장소의 혼의 양의적 본성

그렇다면 이 장소의 혼은 어떤 식으로 우리들과 관계하고 있는 것일까? 단적으로 '시적 상태'(폴 발레리)와 '순수경험'[5-12] 등으로 대표되는 '원초의 상태'에서 토지와 인간이 상호작용함으로써 가능해지는 것으로 여겨진다. 즉, 주관(보는 주체)과 객관(보여지는 주체), 정신과 물질과

같은 '이원론적 세계관'이 아닌 '주객이 분리되지 않은' 상태에서 장소의 혼이 자각되게 되고 나타난다는 것이다. 이러한 관점에 이르러서는 데카르트적 이원론에 뿌리를 두고 전개되어 온 근대건축이나 도시에서의 획일성(물질로서 객관적으로 분리되어 버린)에 대한 반성으로[5-13] '공간'에서 '장소'로의 패러다임(사고의 틀)이 변환된 이유를 이해할 수가 있을 것이다.[5-14] 이러한 점을 전제로 건축이론의 연구자인 가토 구니오(加藤邦男)는,

> '장소의 혼이 시사하는 바는 토지로부터의 영감, 연상성, 가능성, 토지가 가지는 배경 및 성격 등과 같은 잠재적인 구조의 의미뿐만이 아니다. 또한 토지가 가지거나 혹은 토지에서 발견되는 고유의 분위기, 양상, 기풍이라는 말만으로는 불충분하다. 그것은 이른바 participation(분배)을 유도하는 우주적인 주 · 객에 공통되는 울림의 힘이다.'

라고 정의하고 있다.[5-15] 여기서 주 · 객 공통이라는 표현은 주관, 객관과 같은 이원론을 넘어서는(오히려 포괄하는) 상호작용적인 상태임을 앞서 설명하였다. 이보다 더욱 중요한 점은 이러한 현상(인간을 포함한)의 저변에 그 관계 자체를 지지하고 성립시키는 무언가(그 자체는 파악 불가능한 비인칭적인 존재)를 발견할 수 있다는 점이다.

● 인간과 장소의 쌍방성

노베르그 슐츠는 장소의 혼과 인간과의 이러한 관계방식을 'take place'(발생하다/장소를 점하다)라는 두 가지 의미적인 현상으로 이해하였다.

건축역사가인 스즈키 히로유키는 토지와 인간과의 관계에 착목하는 경우에 이러한 양의적인 상태 'take place'(①발생하다/②장소를 점하다)를 'A. 장소의 혼이 지닌 양면성'과 'B. 건축에 있어서의 두 가지 가능성'으로 해석하고 있다.[5-16] 이를 조합하면, ①-A. '장소의 고유성이 인간에게 호소한다는 측면'과 ①-B. '건축을 인식하는 가능성', ②-A. '장소에 대한 인간의 주관적인 작용이라는 측면'과 ②-B. '건축을 만들어 갈 가능성'으로 정리할 수 있다. 바꿔 말하면 ①에서는 장소의 고유성이 인간에게 작용하여 그곳에서 건축의 출현을 인식한다는 것이며, ②에서는 인간이 장소에서 적극적인 의미를 발견하여 건축해 나간다는 것이다. 단, 이 두 가지의 모습은 이분적인 것이 아닌 동시적이며 쌍방적인 작용을 하고 있으며, 그것이야말로 장소의 혼이라는 개념의 본질이라고 할 수 있다.

06 건축의 요소

서양과 일본의 내부와 외부, 바닥, 지붕, 벽, 기둥, 문과 창문 (개구부)

타이틀 그림 : 몽생미셸 수도원의 회랑기둥

1_ 서양의 내부와 외부

● 건축은 「안과 밖」이 만나는 곳에서 만들어진다

서양건축의 '내부와 외부'에 관한 사고에 대해서 우선 건축가 로버트 벤츄리의 말을 인용하는 것부터 시작하고자 한다.

> '외부와 내부가 서로 다른 것이라고 하면 그 접점인 벽이야말로 무언가가 일어나는 곳일 것이다. 외부와 내부의 공간이나 용도상의 요구가 충돌하는 곳에 건축이 생겨나는 것이다.… 건축은 내부와 외부를 구분 짓는 벽으로부터 생성되는 것이라고 하면, 그 건축이란 내부와 외부의 갈등과 화해를 공간에 기술한 것이라고 할 수 있다.'[1-1]

이 표현에서 알 수 있듯이 건축은 내부와 외부의 경계에 존재하고 있다. 벤츄리가 나타내고 있는 도식, 즉 '건축을 만드는 것 = 내외를 구분하는 것'이라는 사고방식은 견고한 돌로 된 벽의 건축을 주체로 하는 서양 고전건축의 기초개념이다. 건축의 생성에 의해 안과 밖이라고 하는 개념상의 이분적 대립은 강화되고 내외부공간의 차이나 이러한 양자의 대립에 의해 경계로서의 건축디자인을 규정하게 된다. 이와 같은 현상에 대해 예술심리학자 루돌프 아른하임(Rudolf Arnheim)은,

'건축가의 업무 중 공간을 다루는 것에 있어 가장 특징적인 문제는 내부와 외부를 관련짓는 것

으로서, 개괄적으로 말하자면 동일한 개념 속의 두 가지 요소로 볼 수 있는 필요성이다.'[1-2]

라고 공간개념의 이면성에 대해서 언급하고 있다.

● 서양건축사에서의 내부공간의 형성

그렇다면 서양건축에서의 내부와 외부의 구별은 어느 시기부터 현저히 나타나게 되었을까? 건축역사가 기디온은 1941년의 저서 『공간 · 시간 · 건축』에서 건축공간의 변천에 대해 다음의 3단계로 정리하고 있다.[1-3]

① '볼륨으로서의 건축' : 이집트(피라미드)나 그리스 건축과 같이 내부공간이 무시된 '단일공간적' 건축을 가리키는 개념으로 공간은 볼륨간의 상호작용에 의해 만들어지고 공간을 방사하는 입체와 수직성에 의해 특징지어진다.

② '도려내어진 내부' : 로마의 판테온과 같이 볼트형식이 건축적 수법으로 되어 있는 내부공간으로서의 건축을 말하며, 로마시대의 중기로부터 18세기 말까지 서양건축의 주류를 형성하고 있는 개념이다.

③ '상호관입' : 빌라 사보아(⇨p.13 1장 타이틀 그림)와 같이 인간의 운동이나 시선의 움직임을 전제로 한 내부공간과 서로 다른 레벨의 상호관입을 특징으로 하는 건축을 가리킨다. 원근법적인 단일시점을 배제하고 연속적인 유리의 개구부를 통한 내외공간의 융합이 특징이다.

이렇듯 내부공간의 형성이라고 하는 건축의 역할은 볼트구조의 발명이 이루어진 로마시대 이후에 결정적인 요소로 작용을 한 것으로,

'시공간개념 - 볼륨을 공간에 배치하고 이들에 서로간의 관련성을 부여하는 방식 혹은 내부공간과 외부공간을 철저히 분리시킨다거나 외부공간을 관통시킴으로써 상호관입 효과를 기대하는 방식 - 은 모든 현대건축의 기초가 되고 있는 보편적인 특질이다.'[1-4]

이와 같이 기디온의 말에 요약되어 있는 것처럼 내외부의 ① 상호관입 ② 관계성의 규정은 20세기 이후의 건축에 중요한 두 가지 테마가 되고 있다.

● 르 코르뷔지에의 4가지 내 · 외부 규정

기디온은 20세기 전반의 건축 중 내외의 상호관입이 가장 잘 나타난 건축으로서 르 코르뷔지에의 빌라 사보아(1931)를 언급하였다. 르 코르뷔지에는 기둥과 수평 슬래브, 계단만으로 이루어지는 '도미노 시스템'(그림 1-1)을 고안하여 벽의 해체, 내외의 상호관입이 가능한 형식을 1914년에 제안한다. 그 후 빌라 사보아로

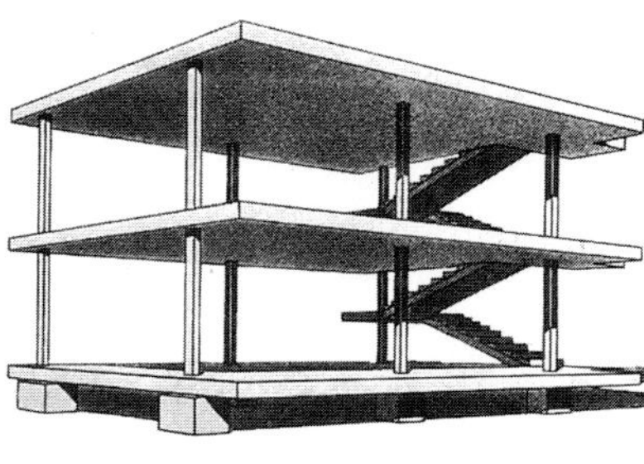

그림 1-1 도미노 시스템

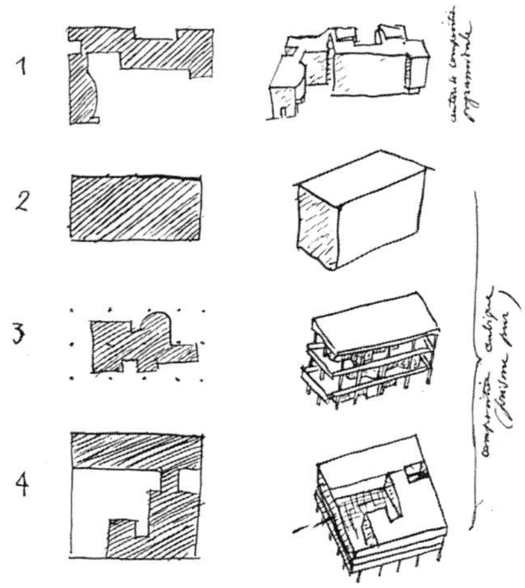

그림 1-2 르 코르뷔지에의 평면계획의 4형식

그림 1-3 빌라 라로슈 잔느레

그림 1-4 빌라 사보아의 내 · 외부

까지 연결되는 '내부와 외부'의 사고방식의 진화 프로세스에 대해서는 저서 『건축과 도시계획의 기존 상태에 관한 소고(Précisions)』에서 '평면계획의 4형식'을 통해 설명하고 있다.[1-5] 그림 1-2에 나타난 발전과정에 따라 요약해 보면 ① 내부를 자유롭게 구성하고 외부에 내부의 요철이 불규칙하게 드러나는 제1형식(빌라 라로슈 잔느레, 그림 1-3, ➪p.148 그림 2-24) ② 외부를 순수기하학적 형태로 규정하고 내부를 구속된 형태 안에서 분할하는 제2형식(가르쉐 주택) ③ 먼저 외형을 뼈대(도미노 프레임)를 통하여 기하학적으로 구성하고 그 범위 내에서 내부를 자유롭게 구성하는 제3형식(바이센호프 주택) ④ 제2형식과 같이 외형을 규정하면서도 제1, 3형식과 같이 내부를 자유롭게 구성하는 제4형식(빌라 사보아)으로 정리할 수 있다

이러한 과정을 통하여 르 코르뷔지에는 내부를 자유롭게 구성하면서 외형을 명쾌한 형태로 구성할 수 있는 형식을 발견하고 빌라 사보아에서 '내부 같은 외부, 외부 같은 내부'의 상호관입적이며 이중적인 공간을 만들어 내었던 것이다(그림 1-4).

2_ 동양의 내부와 외부, 모호한 경계

● 목조건축의 구성

다음은 동양 건축의 내부와 외부에 대해서 일본 목조건축이 만들어지는 방법을 살펴보는 것부터 시작하기로 한다. 서양의 벽식 건축에서는 밑으로부터 순서대로 돌이나 벽돌을 쌓아올려 필요한 부분에 개구부를 형성시키고 다시 벽을 쌓아나가 마지막으로 지붕을 완성시킨다. 이에 반해 전통적인 일본의 목조건축에서는 최초의 기둥을 세우고(주립) 간(기둥사이 거리)을 결정한 후 다음 기둥을 세워가면서 기둥의 머리를 도리로 수평방향을 고정시킨 뒤 용마루를 올려서 지붕을 얹는다.[2-1] 이러한 수법에서는 먼저 기본뼈대의 축조[2-2]후 지붕이 생기고 그 후에 벽이나 개구부의 조작[2-3]

공사가 이루어진다. 이렇듯 일본건축의 경우, 구축의 순서로부터 벽이나 개구부는 2차적인 요소로 여겨지고 있는 것으로 벤츄리는 일본 건축에 관해 다음과 같이 언급하고 있다.

> 'Roof as Umbrella, Wall as Furniture : 지붕은 우산이며 벽은 가구와도 같다.'[2-4]

여기서 알 수 있듯이 벽은 가벼운 공사에 해당하게 된다. 이러한 서양의 석조와 목조의 차이를 포함하여 그림 2-1에서의 요약과 같이 큰 지붕 밑에 처마나 툇마루를 가지는 일본 건축의 특질을 쉽게 이해할 수 있을 것이다.

● 내 · 외부의 연속과 중간영역

이러한 처마와 툇마루를 특징으로 하는 일본 건축의 내부와 외부에 대해서, 미야카와 에이지(宮川英二)는 『풍토와 건축』에서,

> '유럽의 주택은 두꺼운 벽돌로 만들어진 벽이 외부와 내부를 명확히 구분하고 있다. … 일본의 경우에는 … 정원과 집이란 연속되는 생활의 장소이다. … 좌식의 방을 중심으로, 좌식 방⇔툇마루⇔뜰과 같이 안에서 밖으로 확산되어 가는 공간이 정적공간(내부)으로부터 동적공간(외부)으로 파도치듯 퍼져가는 것이 일본의 공간이며 … 일본의 주택은 건축의 내외를 두 종류의 공간으로 집약시켜 구분하는 것이 아니다.'

> '일본인은 벽에 뚫려진 개구(창)를 통해서 자연을 보는 것이 아니라 자신이 앉아 있는 곳이 자연의 일부이기를 원한다.'[2-5]

라고 하면서 내외부의 연속성과 자연과의 융화성을 강조하며 논하고 있다.

또 건축역사학자 이토 데이지는 툇마루를 포함한 처마밑 공간 (⇨p.195 그림 4-3a)은 목수용어에서는 문자 그대로 '처마 밑'으로 불려지고 있는 것에 비해 정원사들 간에는 '처마 속'으로 불리어져 정원의 일부로서 인식되고 있다는 점에서, 이 공간을 정원과 건축의 양쪽에 속하는 '회색의 공간(pivot space)', '연결의 공간(joint

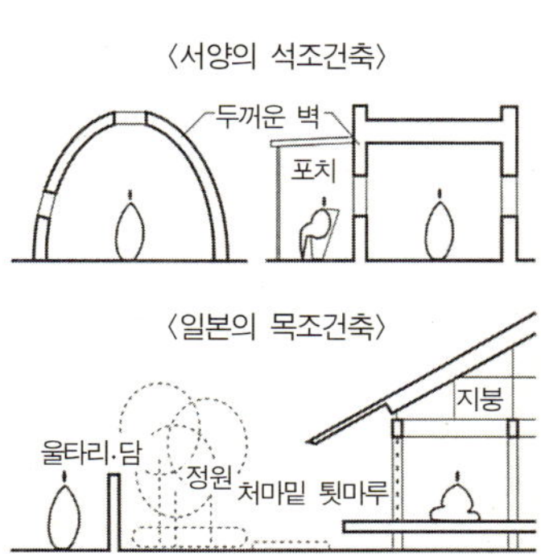

그림 2-1 내부와 외부의 비교

그림 2-2 아미타당의 결계

space)'이라 부르고 있다. 또한 이러한 공간에 대해서,

> '처마밑 공간은 내부공간과 외부공간의 한쪽에 속한다고 할 수도 있고, 또는 어느 쪽에도 속할 수 없다고 할 수도 있는 성격적으로 지극히 모호한 성격을 나타내고 있다. 내부공간, 외부공간이라는 … 대립적인 공간분류법은 서양적인 사고방식이며 … 일본의 전통적인 공간 속에는 이러한 양측의 어느 쪽의 범주에도 속하지 않는 성격의 공간이 존재하게 된다.'[2-6]

라며 내부로도 외부로도 분류되지 않는 모호한 성격의 중간영역을 일본의 건축공간의 특징이라고 하였다.

● 결계(結界)의 특성

내부와 외부를 이렇듯 모호하게 구분하는 일본 건축의 특징은 처마밑 공간 이외에 경계면의 디자인에도 나타나고 있다. 이토 데이지는 상가 매장의 카운터나 사원 본당의 내진과 외진을 구분하는 결계[2-7](그림 2-2)를 예로 들면서 '구분 지으면서도 연결시키고 있는' 일본의 경계의 특질을 다음과 같이 말하고 있다.

> '결계 기능의 중요한 점은 구분을 지으면서 그와 동시에 연결하는 역할을 하고 있다는 점에 있다.'

이렇게 경계를 물리적인 벽으로 완전히 구분 짓는 것이 아니라, 간단한 도구를 세우거나 상징적 지시물만으로 설정하여 공간적인 관계의 상태를 남겨두는 것은 일본 공간의 특징이라고 할 수 있을 것이다.[2-8] 영역을 연결하면서도 동시에 구분하는 것으로서의 '결계'에는 신사에서의 토리이, 시메나와(注連縄 금줄), 시데(紙垂 지수, 역자주 : 시메나와 등에 매달아 드리우는 종이)로 대표되는 '신사경내의 결계'(그림 2-3), 집락(전통취락)에서의 도조신(道祖神)역자주 : 여행자 수호신으로 도로의 악령을 막고 행인을 지켜준다는 신. 자연석이나 석상 등의 형태로 표현되며 마을의 경계나 고개 등에 세워져 있음 문 등으로 대표되는 '마을의 결계' (상록수림의 산기슭에 신사와 절이 늘어서고 마을과의 결계를 침)를 비롯해 다다미의 가선(= 색에 의한 서열[2-9], 다이코쿠바시라(大黒柱)역자주 : 일본식 목조 건물에서 집의 중심에 세우는 굵은 기둥로 대표되는 '집의 결계' 등이 있다. 또, 신을 제사지냈던 것이 기원인 '4기둥의 결계 = 히모로기(神籬)역자주 : 고대에 신령이 깃들인 곳으로 여겨지는 노목 등의 둘레에 상록수를 심고 울타리를 두른 신성한 곳, 노오무대(能舞台)역자주 : 일본의 가면 음악극 중 하나인 노오를 연주하는 무대 스모의 씨름판'이 비일상적 의식의 시기에 설치되어 사용된다는 점으로부터 알 수 있듯이 결계란 원래 그곳에 발현되는 '임시'적인 것, 즉 '강림시에 의존하는' 내방신을 맞이하는 가설적 측면을 가지고 있었다. 이렇듯 때에 따라

그림 2-3 가스가다이샤 신사 경내의 결계

설치되어지고 어느 시기가 지나면 소멸되는 일종의 시간개념[2-10]을 내포하면서 일본 건축에서의 경계는 가볍고 덧없으며 불명확한 공간형식으로서 다양한 전개를 보여왔다.

이러한 전통적인 문맥 하에서 일본의 내부와 외부는 서서히 분절되어 온 것이다.

3_ 바닥

● 건축공간의 구성요소

지금까지 건축의 내부와 외부에 관한 일반적인 내용의 일부를 살펴보았다. 다음으로는 내·외부를 구분하는 건축요소의 실체적인 부분에 대하여 개괄해 보도록 한다. 알베르티(Leon Batista Alberti)는 건축의 기본요소에 대해 그의 『건축서』에서,

> '건물이란 6개의 부분적 요소로 전체가 구성된다는 점은 명백한 것이다. … 지역, 바닥면, 분할, 벽, 지붕 및 개구가 바로 그것이다.'[3-1](건축서1.2)

라고 하면서 '바닥, 벽, 지붕, 개구'에 대해 언급하였다. '건축이란 공간의 구성자이다'라는 정의로 잘 알려진 19세기의 이론가 슈마르조는 공간의 구성요소를 ① 공간을 닫는 요소=바닥, 천장, 지붕, 벽 ② 공간을 여는 요소=문, 창, 기둥간격 ③ 공간을 나누는 요소=지주, 원주, 아케이드, 난간이라는 3가지로 분류하였다.[3-2] 이와 같은 언급을 바탕으로 다음 절에서는 '바닥[3-3], 지붕[3-4], 벽[3-5], 기둥[3-6], 개구부[3-7]'의 5요소를 살펴보도록 하자.

● 바닥의 기원

먼저 바닥에 대해서 살펴보도록 하자. 일본의 고어에서의 '바닥(床) 유카'는 '판자를 한 단 높이 깔아서 만든 하나의 구획'의 의미이고 유사어인 '토코'는 토대, 곳(장소)이 원래의 뜻으로 '높게 쌓아올린 평평한 구역'이라고 정의된다.[3-8]

또 '유카'는 ① '이카'(斎所=신성화되어진 장소의 뜻)가 변화한 것이라는 주장과 함께 ② '寝(이카)処'가 침대나 평상 등을 의미하는 것으로부터 기본적으로 (받침)대와 같은 것을 가리키는[3-9] 것으로 여겨지고 있다. 이렇게 바닥에는 ① 신성화되어진 구획이라는 뜻과 ② 대(침소)라고 하는 두 가지의 어원을 생각해 보는 것이 가능하다.

건축역사가 후지모리 데루노부는 신성화된 구획으로서의 바닥에 대해서 다음과 같이 언급하고 있다.

> '평탄함과 신성함, 우리들이 생각하고 있는 이 두 가지의 바닥의 특징에 대해 건축의 역사를 거슬러 올라가보면 결국에는 고대의 신사에까지 다다르게 된다. … 일본의 선조들은 … 단지 하나의 기둥과 그 주위에 구획된 신성한 평면만으로 충분히 성스러움을 느끼고 이해할 수 있었던 것이다. 그리고 이 신성한 평면에 대한 성스러운 마음이 바닥이라고 하는 요소에 대한 깊은 감수성으로까지 연결되어 가는 것이다.'[3-10]

그림 3-1 이세신궁의 유니와

그림 3-2 아크로폴리스 언덕

그림 3-3 노오를 위한 무대

이 지적은 신이 춤추면서 강림하는 '유니와(斎庭)'[3-11], 즉 흰 모래 등으로 신성화된 구획 속에 세워진 하나의 백목기둥과 같은 간소한 공간에 대하여 (그림 3-1) 깊은 신성성을 느끼고 이해하는 감성이 바닥의 의미의 근원점이라는 것을 나타내고 있다.

● **고상마루와 토방**

또 하나의 '대 : 받침'을 기원으로 하는 바닥에 관한 논의에 대해서는 오오타 히로타로(太田博太郎)가 지적한 것과 같이, 인간의 생활면이 토방인가 혹은 마루인가에 따른 본질적인 차이를 들 수 있다. 역사상 어느 나라이든지 주거의 시작은 토방인 것이 일반적이겠지만 후대로 오면서 인간사회의 계급차이(귀족계급)가 생겨남과 동시에 높이의 차를 갖는 도구인 의자와 침대가 생겨나게 되었다. 의자와 침대의 발생은 ① 지면의 습기를 피하는 기능과 함께 ② 귀족이 그들의 지위를 노예에 대하여 과시하는 등의 역할을 해 왔던 것으로 간주된다. 같은 경위로 일본에서도 고상마루는 고귀한 것, 토방은 서민적인 것을 의미한다고 하는 것이 오오타가 제시하는 설명이다.[3-12]

● **장소를 규정하는 기단과 대좌**

일본의 바닥뿐만 아니라 서양에서도 높이가 다른 수평면(기단, 고상, 대좌 등)을 구축함으로써 ① 장소를 규정하고 영역을 명시함과 함께 ② 그 장소에 특별한 의미를 부여하는 시도가 행하여진다.[3-13]

고저 차이를 이용해서 중요한 영역을 구분하여 나타내는 고전적인 사례로는 먼저 아테네의 아크로폴리스(그림 3-2)를 들 수 있다. 여기에서는 아테네의 수호신 아테나가 도시 내에서도 특별히 높은 장소에 놓여져 있다. 또 일본의 신사에서의 참배당이나 춤을 봉납하기 위한 노오무대[3-14](그림 3-3), 부처가 모셔진 사원의 수미단이나 계단(戒壇)[3-15](그림 3-4) 등도 이러한 바닥이 가지는 근원적인 특성을 이용한 것이다.

신고전건축이나 현대건축(그림 3-5)에서도 건축물을 기단 위에 올려놓음으로써 '건축 작품 = 특별한 것'으로 취급하는 표현이 이루어지고 있다.[3-16] 이러한 수법은 또 ① 그리스 신전과 같이 '복수의 기둥의 확산을 억제하여 통일성을 가져오는 효과'[3-17] (➪p.103 그림 3-6) ② 도나토 브라만테(Donato Bramante)가 설계한 템피에토

그림 3-4 도쇼다이지의 계율의식을 위한 제단

그림 3-5 기단 위에 놓여진 빌바오 구겐하임 미술관

(Tempietto, 그림 3-6)에서 보이듯이 '건물형태의 완결성을 시각적으로 명시하는 효과'를 가지는 것으로부터[3-18] 서양고전에서는 상투적으로 이용되어져 온 요소이다. 또한 캄피돌리오 광장(⇨p.148 그림 2-19)에서 알 수 있듯이, 바닥이란 도상적인 의장 표현의 캔버스로서의 역할도 가지고 있다.

● 계급이나 서열을 설정하는 바닥의 의장

앞에서 살펴보았던 상하의 계급 차이의 위계질서는 고대 이집트나 그리스 시기부터 존재하고 있었다. 주거형식의 원류로서 고상주거와 수혈주거의 두 가지 계열이 존재하는 일본에서도 고상주거란 신성화된 공간이나 특권계급이 이용할 수 있었던 점에 비해, 수혈형식의 토방주거는 일반서민(농가)에 해당되었던 것이라는 점은 이미 언급한 바와 같다.

이러한 일본의 건축공간에서의 상하의 위계질서란 고대 이후의 시기에서도 ① 판자 위에 설치한 다다미가 고대의 왕자(천황)의 자리였었다는 점이나, ② 헤이안(平安) 시대의 침전조를 절정으로 '지면→툇마루→마루방(고상형식)→원좌(円座)[3-19]→다다미'라는 서열, 즉 앉는 위치의 미세한 고저 차이가 계급에 따라 정해져 있었다는 사실에도 나타나고 있는 것이다.[3-20] 이러한 바닥에 의한 계급의 설정은 가마쿠라 시기[역자주 : 일본 최초의 무가정권인 가마쿠라 막부가 창립한 1180년대부터 멸망한 1333년까지의 시기]에 무사계급이 정착하면서 서원조[역자주 : 일본 목조건축양식의 하나]의 상좌 · 하좌의 평면적 분화로 연결되고(⇨p.196 그림 4-9), 더욱 발전하여 무로마치 시기[역자주 : 무로마치 막부가 일본을 통치하던 시기로 1336년부터 1573년까지의 시기] 이후의 오시이타(押板)[역자주 : 서원조의 방에서 널빤지를 깐 도코노마. 도코노마에 대해서는 제8장 그림 2-11 참조], 선반, 부서원(付書院)[역자주 : 도코노마 옆의 마루로 내민 책상 높이 정도의 선반], 조다이(帳台)[역자주 : 안방에서 귀인이 앉거나 눕기 위해 마련한 침소. 보통 판자를 깐 위에 다다미를 두 장 펼쳐놓은 후 네 귀퉁이에 기둥을 세우고 전후좌우로 휘장을 둘러서 만든다.]와 같은 서원조의 형식으로 결실을 맺어 나갔다. 근세로 오면서 에도성(江戸城 그림 3-7), 니조성(二条城)의 니노마루(二の丸)[역자주 : 성곽건축에서 혼마루의 외측을 둘러싸는 성곽] 어전 등의 무가서원에서 서열의 공간화는 그 절정기에 달하게 된다.

그림 3-6 템피에토

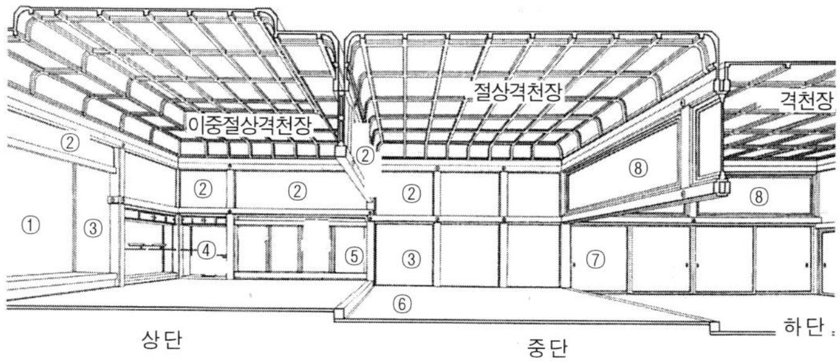

그림 3-7 에도성의 혼마루(本丸)역자주 : 성곽건축의 중심건물. 성주가 머무는 곳 대객실

①도코(床), 도코노마 : 일본 건축에서 객실인 다다미방의 정면에 바닥을 한 층 높여 도코를 만들어 놓은 곳(벽에는 족자를 걸고 바닥은 도자기 · 꽃병 등으로 장식함).
②고카베(小壁) : 천장과 윗미닫이틀 사이에 있는 작은 벽
하리츠키(張付) : 판에 종이나 천을 붙여서 마감함
③하리츠케카베(張付壁) : 판에 종이나 천을 붙인 벽
④치가이다나(違棚) : 도코노마 옆에 설치하는 두 장의 판자를 좌우에서 아래위로 어긋나게 댄 선반
보오코(房戸) : 방의 출입구, 방문
⑤조다이가마에(帳台構) : 서원조의 상단의 방의 측면 등에 설치한 장식중 하나
⑥쇼단카마치(上段框 : 상단마룻귀틀
⑦후스마쇼지(襖障子) : 맹장지. 문에 햇빛을 막기 위해서 안밖으로 두껍게 바를 때 쓰는 종이
⑧란마(欄間) : 천장과 미닫이문 사이에 나무로 만들어진 통풍 겸 채광용 교창

'서원조에서 도코노마의 가장 큰 역할은 지위를 상징하는 것으로서 … 또한 옥내의 바닥은 상단, 중단, 하단으로 구분되어 있었기 때문에 장군은 가장 높은 바닥에 앉게 되고 지위가 낮아지면 낮아질수록 그 정도에 따라 낮은 바닥에 앉게 되었다. 즉, 거리와 바닥의 높이가 지위를 상징하게 되었던 것이다.'

이토 테이지의 위와 같은 지적[3-21]에서 보이듯이, 신분 차이를 엄격하게 규정하는 장치로는 바닥의 높이와 함께 윗자리로부터의 거리도 작용하였다는 것을 알 수 있다.

● 생명이나 식량을 지키는 바닥, 기능을 분화하는 바닥

이상의 내용을 요약하면 바닥은 '귀중한 것이나 중요한 것을 떠받치는 존재'라는 의미와 관계를 가져왔다고 할 수 있다. 이러한 문맥에서 보면 바닥이란 인간에게 있어서 '근원적인 귀중한 존재 = 생명이나 식량'을 외부의 적이나 홍수, 지면의 습기로부터 보호하는 본질적인 역할을 해 왔다는 것도 빠뜨려서는 안 된다. 식량을 지키는 바닥의 예로서는 19세기까지 북유럽이나 북해도, 오키나와의 촌락에서 사용되어져 왔던 고상식량 창고(그림 3-8), 생명이나 생활을 보호하는 바닥으로서는 아프리카나 동남아시아에서 발견되는 고상의 수상주거[3-22] 등을 찾을 수 있다.

또한 바닥은 객석과 무대, 토방과 마루로 구분되는 것같이 단차이, 마감 등에 의해 기능을 나누는 경향도 있다.

그림 3-8 라플란드의 고상창고

그림 3-9 델포이의 야외극장

그림 3-10 라이트의 제이콥스 저택

● 대지와의 관계 인공의 바닥

건축은 항상 대지 위에 지어진다. 이러한 대지 위에 어떤 바닥을 설치할 것인가는 설계에 있어 중요한 테마가 된다. 그리스 델포이의 건축은(그림 3-9) 대지의 경사를 이용하여 바닥을 설치하고 있는 예이다.

그림 3-11 사카이데시의 인공토지

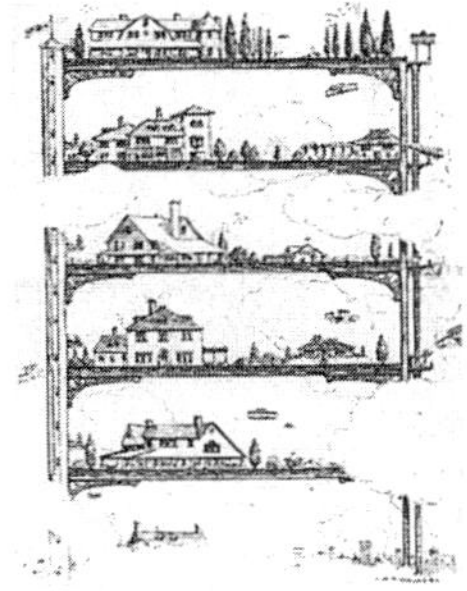

그림 3-12 1909년의 상상도

프랭크 로이드 라이트는 일련의 프레리 하우스(초원주택)의 작품에서 대지와 평행한 수평기초판(바닥)과 지붕을 설치함으로써 평원과 내외부가 일체화된 건축의 이미지를 지향하고 있다[3-23](그림 3-10).

이와는 반대로 바닥을 대지와는 다른 존재, 즉 제2의 지면(인공지반)으로서 계획한 예로 메타볼리즘 그룹의 일원이었던 오오타카 마사토의 사카이데시의 인공토지(그림 3-11)나 SITE의 계획안 등이 있다. 건축가 렘 쿨하스는 그의 저서 『정신착란증의 뉴욕』에서 미국 대중지 'Life'에 게재된 일러스트(그림 3-12)를 인용하면서, 개척자들에 의해 철저히 개척이 이루어진 20세기 미국에 있어 새로운 토지를 추구하고자 하는 욕망이 인공지반으로서의 바닥(마천루건축)으로 연결되고 있는 점을 지적하고 있다.[3-24]

4_ 지붕

● 지붕의 시작

그림 4-1은 건축가 요른 웃존이 일본의 전통건축을 표현한 스케치이다. 이 인상적인 구성을 통하여 나타내고자 하는 것, 즉 일본 건축의 생명선은 바닥과 지붕에 있다는 점이다. 바닥의 다음 요소로서 지붕에 대해서 살펴보도록 한다. 우선 일본의 지붕의 기원과 역할에 대해서, 이토 데이지는 수혈주거(그림 4-2)를 예로 들어

그림 4-1 요른 웃존의 불교사원 건축의 스케치, 지붕과 바닥

그림 4-2 도로유적(登呂遺跡)
역자주 : 시즈오카에 있는 야요이 시대의 촌락과 농경유적의 하나임
의 수혈주거

그림 4-3 윌리엄스 챔버스의 도판

'적어도 나라시대로부터 헤이안시대의 중기에 걸쳐서 지붕을 뜻하는 일본어 '야네'의 '야'는 건물 또는 지붕을 가리키고 있었다. '네'는 식물의 뿌리와 관련되는 뜻으로서 확실히 원시시대의 수혈주거 지붕과 연결되고 있는 것으로, 여기에서의 지붕의 서까래는 대지에까지 파고 들어가 있었다 라는 점에서 보면 '야네'라고 하는 말은 수혈주거의 시대로까지 거슬러 올라가게 된다. … 이 수혈주거의 지붕은 외적과 추위를 피하는 역할을 가지고 있었을 것이다. … 지붕의 최대의 목적은 무엇보다도 비를 피함이었다.'

면서,라고 언급하면서[4-1] 건물 내부를 비바람으로부터 지키는 것이 경사지붕의 원초적 기능이라는 점을 설명하고 있다. 서양에서도 윌리엄스 챔버스(그림 4-3)나 로지에의 원형이미지(원시오두막 ⇨p.102 그림 3-4)에서 보여지듯, 동굴로부터 나온 인간이 비바람을 피하기 위해서 흙 위에 기둥을 세우고 삼각형의 지붕을 만들었다고 하는 주장이 널리 알려져 있다.[4-2]

● 영역을 표시하고 구축을 매듭 짓는다

비바람으로부터 내부를 지키는 것 이외에 지붕은 그 아래에 영역이 존재하는 것을 나타내는 역할을 한다. 이토 데이지는 저서 『지붕』에서 사라시나일기(更級日記)역자주 : 헤이안 시대를 대표하는 왕조 여류 일기문학의 대표적인 작품의 한 구절을 인용하여,

'한 자루의 우산을 세운다는 것은 그곳에 기예를 연기하는 무대를 만들었다는 것이다. 이로부터 무대라고 하는 공간이 출현한 것이다. 그 중 어떤 것은 지붕만으로 되어 있어 벽은 없는 것이었으나 공간은 그곳에 확실히 존재하고 있었던 것이다.'[4-3]

라고 하면서 한 자루의 우산만으로 형성되는 공간의 존재를 역설하고 있다.

또한 지붕은 둘러싼다고 하는 속성에 의해 복수의 영역을 통합하고 구축물을 한데 모으는 성격을 지닌다. 호류지의 고후조(法隆寺 綱封蔵 그림 4-4)역자주 : 일본 나라에 있는 호류지의 보물창고)의 '나라비쿠라(双倉)' 역자주 : 형식이 같거나 다른 창고를 연이어 붙임으로써 이루어지는 창고형식 에서는 중앙의 보이드와도 같은 공간이 연속되고 있는 동일한 형식의 창고의 공용 입구를 이루면서 하나의 지붕 밑에 두 개의 볼륨이 정리되어 있다.[4-4] 현대에서는 건축가 야마모토 리켄이 야마카와의 산장에서 분산되어 있는 개인의 영역(private core)을 지붕을 통해 정리하고 그 밖의 공간을 거실로서 확산시키는 개념을 사용하여 계획하고

그림 4-4 호류지 고후조의 나라비쿠라

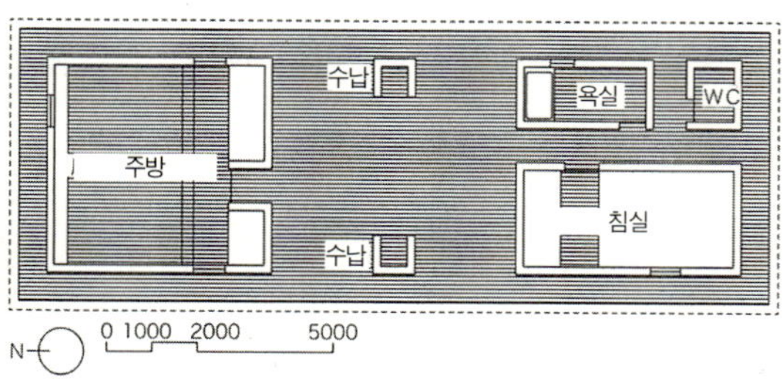

그림 4-5 야마카와 산장의 평면

있다(그림 4-5, ➩p.66 그림 3-13). 이는 지붕이 뿔뿔이 흩어져 있는 볼륨을 통합하고 나아가 '지붕 밑에 있는 것 = 공간'이라는 사고를 단적으로 계획한 예이다.

지붕은 또한 반복적으로 나란히 배치되어 군으로서 인식되어진다. 용마루나 처마가 연속되는 일본의 전통적인 가옥경관(지붕이 연이어 줄지어 있는 모습, 그림 4-6)이나 이탈리아 도시의 지붕 스카이라인(그림 4-7)은 각각의 지붕의 높이와 크기는 조금씩 달라도 소재나 경사의 유사성에 의해 전체의 통일감이 확보되고 있는 예이다.

● 계급이나 서열을 표현한다

또한 일본건축의 지붕은, '격'을 표현하는 역할도 담당하여 왔다. 지붕은 가옥의 상징이자 때로는 사회적 지위나 경제적 풍요로움을 나타내는 심벌의 역할도 하고 있다.[4-5]

지붕형상의 위계에 대해서 오오타 히로타로는 일본의 불교건축에서는 '팔작지붕이나 우진각 지붕'이 금당이나 그 밖의 중요한 건물에 사용되어지는 점에 대해 '합각머리' 역자주 : 맞배지붕의 양끝의 삼각형 모양의 부분는 문이나 기타 위치가 낮은 건물에 사용되어졌다는 점을 언급하고 있다. 이와는 반대로 불교건축이 유입되기 이전의 고분시대에는 '맞배지붕' 쪽을 훌륭한 지붕으로 간주하는 경향이 신사건축에 계승되어 있다는 점을 지적하였다.[4-6] 또한 신사의 지붕에 부수된 가츠오기(鰹魚木그림 4-8)역자주 : 신사나 궁전의 용마루 위에 그것과 직각으로 늘어놓은 장식의 나무부재는 고분시대에는 종교적인 사제나 정치군사적 권력자(수장)에게만 허용되어 권력의 상징으로 인식되었다.[4-7]

● 기술진보와 지붕 표현

지붕의 형태는 시공성 등의 이유로 평평하거나 일정한 곡률을 가진 단면형으로 이루어지는 경우가 일반적인데, 일본의 전통적인 지붕 중에는 오목하거나 혹은 볼록한 곡선의 형상으로 미세하게 구배를 변화시킨 의장수법을 볼 수가 있다. 이러한 표

그림 4-6 교토의 전통촌락의 경관

그림 4-7 피렌체의 스카이라인

그림 4-8 가츠오기

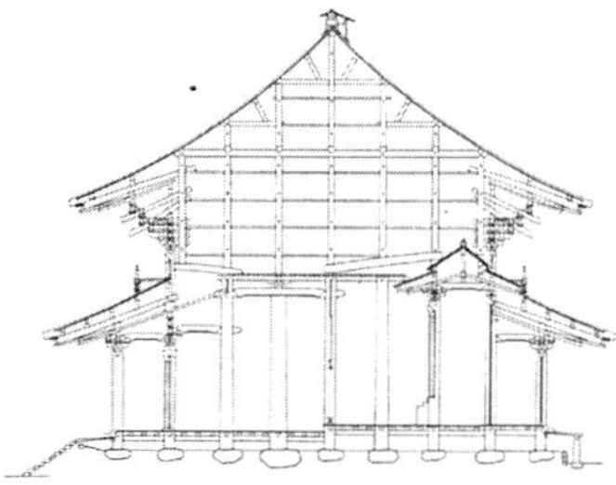

그림 4-9 긴푸센지(金峯山寺) 본당 단면도

그림 4-10 사리넨의 TWA터미널

현양식은 역사적으로는 '노야네(野屋根)'라는 목조공법(기술발전)의 출현으로 일반화된 것이다.[4-8](그림 4-9)

근 · 현대에 이르러서는 RC, 철, 유리, 알루미늄, 스테인리스와 같은 새로운 재료와 함께 컴퓨터 기술의 진보가 다양한 형태의 지붕표현을 가능하게 했다. 에로 사리넨의 TWA Terminal의 쉘구조 지붕(그림 4-10)이나 렌조 피아노의 날개형 단면을 가진 간사이공항 터미널(p.81 그림 2-12)이 그러한 예이다.

5_ 벽

● 서양건축의 주요 모티브

일본의 전통건축에서는 바닥과 기둥이 건축의 기본요소이다. 이에 비해서 서양건축에서는 벽이 중요한 역할을 담당한다. 로버트 벤츄리가,

'벽은 건축에서의 승부처이다.'

라고 한 것처럼 서양적인 문맥에서는 벽은 건축가에게 있어서 내외부 공간형성의 첫 번째 요소이다. 또한 벤츄리가,

'건축에서 벽은 언제나 적어도 두 겹으로 이루어져 있다.'[5-1]

라고 말한 점으로부터 알 수 있듯이, 건축은 외부로부터의 힘과 내부로부터의 힘이 경합하는 곳에서 발생한다.

그림 5-1은 외벽(외주면)과 내벽(내주면)의 관계를 나타내는 벤츄리의 다이어그램이다. 로마나 바로크 건축에서는 외부(외형)와 다른 내부공간을 만들려고 할 때 외주면과 내주면의 사이는 '잔존부분 : 포쉐(Pochee)'이라 불리게 되고 '벽'(g의 빗금부분)이나 '잔여의 공간'(e,f,h의 사각형과 원의 사이)으로서 인식되어 왔다.[5-2]

건축가 알도 반 아이크는 이 포쉐의 가치에 대해,

'건축이란 명쾌하게 규정된 매개공간(잔존부분 : 포쉐)을 형성하는 것이라고 생각된다.'

라며 적극적으로 평가하고, 벤츄리 또한

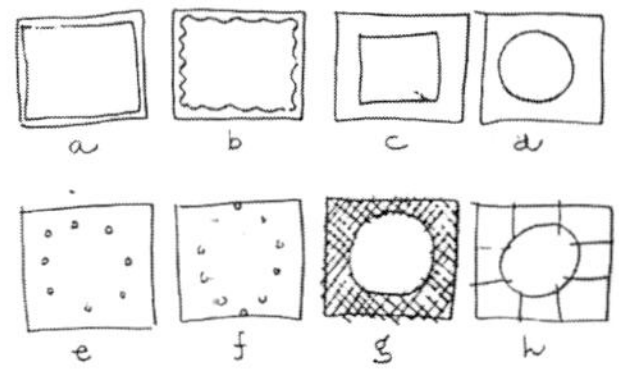

그림 5-1 벤츄리의 내 · 외부의 다이어그램

그림 5-2 카를로스 5세 궁의 내주면.

그림 5-3 카르카손의 시 경계벽

'잔여의 공간은 귀찮은 존재로 취급받기도 한다. … 경제적인 이점이 없기 때문이다. … 그러나 이러한 종류의 공간은 본래 대비, 긴장, 한정을 동반하는 것으로, 『건축은 좋은 공간과 함께 나쁜 공간도 가져야 한다』라는 루이스 칸의 주장을 통해 이해할 수 있다.'

라고 말하고 있다. 내외의 힘의 경합은 언뜻 보기에는 낭비로 보이는 '잔여공간이나 두꺼운 벽'을 생기게 했지만, 이러한 요소가 건축의 매력을 지탱해온 것도 사실인 것이다.[5-3]

● 방어를 위한 벽

벽이 가지는 물리적 기능에 대해서 가장 먼저 거론되어야 할 것이 보호성이다. 벽은 외부공간과 내부공간을 구분하는 역할과 함께 역사적으로 외적의 침입과 자연의 위협으로부터 내부를 보호하기 위해서 존재해 왔다. 이러한 '방어를 위한 벽'의 대표적인 예로서 서양 중세시대의 성벽(그림 5-3)과 함께 일본 근세의 성벽이나 국토의 방위를 위한 만리장성 등을 들 수가 있다. 또한 이러한 방어적 성격은 주거에서 요구되는 기능이기도 하다.[5-4]

● 분할하는 벽

벽의 제2의 기능으로는 '영역의 분할성'을 들 수 있다. 이는 점유나 소유의 개념을 포괄한 ① 자연과 인간사회 ② 지배자와 일반민중의 분할 ③ 가족간, 가족 내의 개인 간의 분할 등, '영역을 구분하는 작용'을 지칭한다.

이러한 '분할하는 벽'의 특징은 그 목적과 관계성에 따라서 견고하게 또는 간소하게 만들어지기도 하며, 그 형태 또한 다양하게 분류되어진다.[5-5] 감옥이나 회벽이 발라진 창고의 두꺼운 외벽과 일본의 목조주택의 가벼운 칸막이벽은 양쪽 모두 영역을 분할하는 벽이지만 그 구성은 전혀 다르다. 또한 담이나 울타리[5-6]는 공간을 구획하고 영역을 표시한다는 점에서 분할의 벽의 일종이라고 볼 수 있지만, 그 중에는 벽이라고 하기엔 초라한 것들(그림 5-4)도 끼어있어 보호성을 담보하지 못하는 것들이 대다수이다.

● 벽의 인지성과 질서화, 표현의 장

지면에 대하여 수직면을 형성하는 벽은 수평면(지면과 바닥 등)과 경사면(지붕 등)

그림 5-4 가츠라리궁의 갈대담장

그림 5-5 솔크 생물학 연구소 수직벽

그림 5-7 산타 마리아 노벨라 성당의 파사드

그림 5-6 루이스 바라간의 라스 아르볼레다스

에 비해 인간의 시각이 인식하기 쉬운 특징을 가진다. 아른하임은 수직면이 수평면에 비해서 인간의 형태지각에 영향을 끼치기 쉽다는 점에 대해서 다음과 같이 지적했다.

'일상 속의 시각적 경험에서 어떤 물체 또는 생물은 대지로부터 융기해 있기 때문에 보여지는 것이며 수직축이 그 형태의 현저한 특징을 이룬다. … 뚜렷하게 수직적인 형태에 대하여 우리들은 모든 수평요소를 제일 먼저 수직적 질서 속에서 바라보게 된다. 이 질서 속에서만 그 수평요소를 주위의 엇비슷한 세밀한 부분과 비교할 수 있게 된다.'[5-7]

이와 같이 인간의 지각은 어지간히 평평한 형태가 아닌 이상 수직면의 질서를 우선적으로 인지하게 된다. 이러한 연유로 건축에서는 벽(또는 기둥)을 적절하게 배치하는 것이 공간 전체의 질서감의 형성으로 이어지는 것이다(그림 5-5).

이러한 질서의 힘을 활용한 벽의 예로 '독립벽'을 들 수가 있다. 독립벽은 독립적인 기둥이나 독립적인 문과 마찬가지로 장식에 있어서 보다 강력한 상징성이나 기념성을 부여함으로써(방어성이나 분할성과는 다른) 제3의 기능, 즉 '표현성'을 지니게 된다. 또한 벽화나 조각 등과 같은 장식표현이 대부분 교회의 내벽 등에 전개되어온 사실로부터 벽은 다양한 예술표현의 무대로서 기능해왔다는 것을 알 수 있다.[5-8] 또한 소재가 지닌 패턴이나 색채를 이용한 의장표현의 예도 다수 발견할 수 있다. 필립포 브루넬레스키(Filippo Brunelleschi)가 설계한 두오모나, 산타 마리아 노벨라 성당(Chiesa di Santa Maria Novella)의 알베르티에 의한 파

그림 5-8 뉴하운의 채색된 벽화

사드(그림 5-7), 코펜하겐 뉴하운(Nyhavn)의 색채벽화(그림 5-8) 등은 벽의 이러한 특성을 잘 나타내는 예라고 할 수 있다.

● **일본의 벽**

사찰 건축, 침전조[역자주 : 일본 목조건축양식의 하나] 양식, 민가, 서원조 양식에서의 일본의 벽에 대해서 이토 테이지는 서양의 벽과 비교하면서 그 차이에 대하여,

> '목조건축만 놓고 본다면 일본의 벽은 마감공사의 일부인데 비하여 서양의 벽은 골조공사의 일부이다. 그러한 이유로 일본건축에서는 벽을 제거하더라도 건물은 무너지지 않지만 서양의 건물은 무너질 것이다.'[5-9]

라고 설명했다. 또한 ① 원래 일본은 서양에 비해서 벽의 수가 매우 적으며 있더라도 매우 얇았다. 벽은 기껏해야 집의 구획과 시선을 차단하는 정도의 것이었다. ② 근세 이후의 성곽, 주택, 창고의 벽으로 회벽이나 흙벽 또는 기둥이 보이지 않은 벽을 사용하게 된 것은 도시가 발전해가면서 특히 마치야(町屋)[역자주 : 주로 목조로 이루어진 일반상인들의 가옥]의 방화대책을 의식하게 되었기 때문이었다[5-10]는 지적이 있다. 일본의 벽이 집의 구획, 즉 분할성만을 만족시키는 정도의 것이라는 특질은 어원적으로 보더라도 일본어의 벽을 지칭하는 단어 가베에서, '가'가 거처를 의미하는 아리카(在り処)[역자주 : 소재, 있는 곳], 스미카(住み処)[역자주 : 사는 곳]의 가, '헤'는 격리를 의미하는 헤다테(隔て)라는 두 가지 단어의 결합으로 이루어져 있다는 사실로도 확인할 수 있다. 또한 근세 후기 에도(江戸)[역자주 : 도쿄의 옛 이름으로, 에도 성을 중심으로 한 지역. 시기적으로는 에도 막부가 정권을 잡은 1603년 ~1867년의 시기]에서는 관용구 '벽으로 본다=촌스럽게 여긴다' 등의 의미로부터 알 수 있듯이 벽은 촌스럽고 억지스러운 모습을 지칭했었다. 이러한 사례들로부터 일본인들의 벽에 대한 사고의 단면을 엿볼 수가 있다.

6_ 기둥

● **기본구조의 심벌로서의 기둥**

일본의 벽이 서양에 비해 가벼운 경향을 지니는 것에 비해 기둥은 일본건축의 기본구조를 담당하여 왔다.

기본구조(Basic Structure)란 '축조(軸組, Framework)', 즉 토대, 기둥, 보, 도리, 지주 등으로 구성된 골조를 지칭하고, 그 예로 불교사찰 목탑의 심주(心柱, 그림 6-1)와 함께, 문형(역U자형) 프레임과 그 조합(사다리형), 마치야의 정글짐과 같은

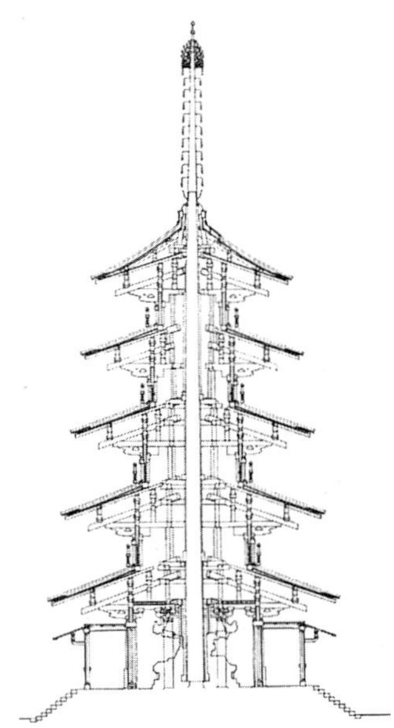
그림 6-1 호류지 5중탑 단면도

축조구조, 민가의 십자형, 우산형 구조 등을 들 수 있다.[6-1]

> '전통적인 일본건축의 특색은, 그 축조 속에 《기본구조》의 전형을 반드시 포함하고 있는 것이다. … 일본에서는 건물이 지어질 당시의 평면을 후세까지 유지하는 경우는 매우 드물다. 원래의 기둥 중에서 어떤 것은 사라지거나 훗날 부가되는 기둥도 있다. 그럼에도 불구하고 절대적이라고 할 수 있을 만큼 그 위치의 변화가 없는 기둥이 있다. … 이러한 기본구조는 그 필연적인 결과로서 기둥의 일정한 배치형식 = 패턴을 만들어낸다. … 기둥은 기본구조의 상징인 것이다.'

이러한 이토 데이지의 지적[6-2]과 같이 기둥과 기둥이 만들어내는 기본구조는 일본의 건축공간의 프레임으로서 그 기능을 하고 있는 것이다.

● 기둥의 의미

일본에서 기둥(柱 : 하시라)이라는 고어는 ① 집 · 문 · 다리 등의 전체를 지지하며 서있는 기다란 나무 ② 중심적인 지지요소로서 가장 힘을 받고 지탱하는 것(중심성) ③ 건물의 중심, 지지요소로 존중한다는 의미로부터 신, 부처, 귀인 등 신앙이나 존중하는 대상의 숫자를 셀 때 사용되는 단위, 이상 세 가지 의미를 가진다.[6-3]

기둥의 특성 중 하나인 '중심성'에 대해서는 19세기말의 미학자 테오도르 립스(Theodor Lipps)가 조형예술을 묘사적 예술과 공간예술로 구분하면서 공간예술(건축, 공예)을 다음의 세 가지, ① 실체적인 매스로 채워진 공간을 만드는 요소 : 기둥 ② 실체적인 매스에 의해서 공간을 에워싸는 요소 : 실, 용기 ③ 매스에 의존하지 않고 공간을 만드는 요소 : 문양으로 구분하는 동시에 '우뚝 서서 주위에 공간을 만들어내는 것'이 기둥의 역할이라고 정의하였다. 또한 기둥은 수직으로 서있음으로 해서 벽과 마찬가지로 지각적인 질서형성의 힘을 가지고 있으므로 기둥의 오더는 서양 고전건축의 주요테마가 되어왔던 것이다.[6-4]

● 중심을 나타내는 기둥과 세계축

중심을 이루고, 나아가 신을 상징화하는 기둥의 역할은 '요리시로(依代)' 역자주 : 신령이 깃드는 대상 [6-5]에서 현저하게 나타나고 있다. 고대 일본의 종교인 신도에서는 오목한 돌이나 백목의 기둥을 신의 강림장소로 여기고, 그 주위를 흰 모래의 정원으로 청결하게 에워싼 후 나아가 그 바깥쪽 둘레에 금줄을 둘러 결계를 규정하는 행위가 행해졌다. 훗날에 요리시로의 기둥을 보호하는 의미로 건축화된 것으로는 '신노미하시라(心御柱)'역자주 : 이세신궁 정전의 실내 중앙에 위치한 신이 깃들여졌다고 여겨지는 기둥 [6-6]를 설치한 이세신궁과 '이와네노미하시라(岩根御柱)' 역자주 : 이즈모타이샤의 본전내 중앙에 위치한 기둥 를 설치한 이즈모타이샤(出雲大社)역자주 : 시마네현 이즈모시에 위치한 신사 [6-7]등이 있다. 또한 강림의 상징으로서의 기둥에 관해서는 일본의 고사기에 나오는 이자나기와 이자나미역자주 : 일본 신화 속의 부부 신. 이자나기는 남신 이자나미는 여신을 뜻하며 일본의 창조신이다.의 결혼으로 세워진 '아마노미하시라(天の御柱)'가 우주의 기둥이라는

그림 6-2 다이토쿠지의 방장 남쪽 정원의 모래

그림 6-3 델포이의 세계의 중심

그림 6-4 브루겔이 그린 바벨탑

이라는 허석[6-8]과 원뿔모양으로 쌓여진 흰 모래(그림 6-2)가 강림의 상징으로 고대 귀족들의 정원에 항상 설치되어, 이것이 이후의 고산수 정원(枯山水庭園)역자주 : 일본의 정원에서는 장대한 자연을 축소시켜서 재현하는데 물 대신 흰모래 같은 재료로 물의 느낌을 살리려고 하였다. 이러한 정원 양식을 고산수 정원이라고 한다.으로 계승되었다는 설이 있다.[6-9]

이러한 성스러운 수직성을 향한 신앙은 종교적 · 신화적 세계에 있어서의 '천지를 잇는 심벌 = 성스러운 기둥의 이미지'[산, 사다리, 덩굴, 생명의 나무 등과 같은 세계의 기둥 (axis mundi)]를 통해 세계 도처에서 찾아볼 수 있다.[6-10] 델포이의 세계의 중심(그림 6-3), 바벨의 탑(그림 6-4), 고대 로마의 세계의 정상(caput mundi), 인디안의 토템폴(Totem Pole) 등은 초월적인 천계 · 우주와의 연계를 통해 지상세계에 질서를 형성하려고 하는 인간들의 갈망의 표현이다.[6-11] 또한 거대하고 성스러운 기둥의 건설은 고대 사람들의 정열을 결집시키는 공동체적인 의미를 지니고 인간에 의한 구축의 근원적인 의미를 표현하는 행사이기도 하였다.[6-12] 이렇듯 기둥과 수직 오브젝트는 신성성과 중심성을 표현하는 역할을 담당해 왔던 것이다.[6-13]

● 방향성과 영역성

위에서 언급한 특징 이외에도 기둥에는 방향성과 영역성을 나타내는 역할이 있다(그림 6-5). 일정한 축선을 따라 늘어섬으로써 방향성을 나타내는 예로 팔미라(palmyra)의 중앙주랑(그림 6-6), 하세데라(長谷寺)의 등랑(登廊)역자주 : 지붕이 달린 계단의 열주등과 같은 열주랑을 들 수가 있다. 또한 에워쌈으로써 영역구분을 하고 내외를 구획짓는 주열로는 수도원의 회랑주(p.114 6장 타이틀그림), 제라쉬(jerash) 유적의 포럼(Forum), 알람브라(Alhambra)궁전의 중정 등에서 찾아볼 수 있다.[6-14] 또는 카르나크

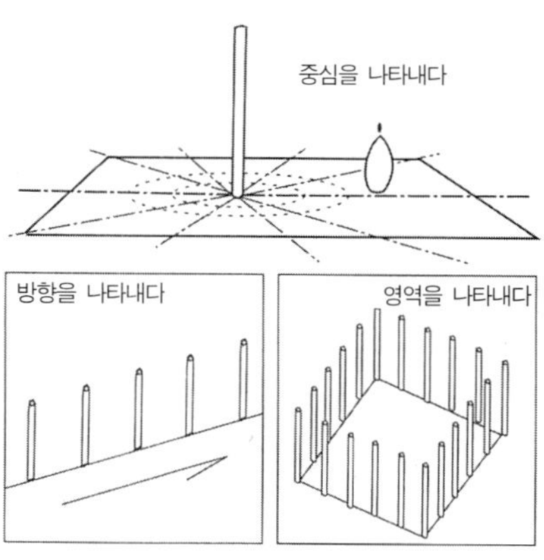

그림 6-5 기둥의 기능

그림 6-6 팔미라의 중앙주랑

그림 6-7 카르나크의 아몬 신전

그림 6-8 아미앵 대성당의 기둥

신전(karnak, 그림 6-7, ➪ p.157 그림 4-7)이나 코르도바 모스크(Cordoba mesquite, ➪ p.230 그림 7-3), 쥬세페 테라니의 단테움에서 볼 수 있는 '다주실'은 ① 질서의 심벌(기둥)을 신을 향해 과도하게 구축한 건축 ② 태고의 숲의 은유적인 표현 ③ 기억 · 전승의 기둥이라고도 일컬어짐으로써 다의적인 기둥(지주, 장주, 위요주, 장식주[6-15])의 해석을 가능케 하는 공간이며, 기둥의 구축성을 확대해 너비를 확보하려고 했던 점에서 영역성을 나타내는 예로서 이해할 수 있다.

일본의 침전조에서도 안채의 기둥이 둥근형 단면의 기둥인데 반해 주변 실의 기둥은 각진 기둥으로 이루어져 있어(바닥의 높이도 한 단을 내린다), 기둥은 그 단면 형상에 의해서도 영역구분을 표시한다(➪ p.195 그림 4-4). 일정한 지위 이하의 사람은 각형기둥의 방보다 안쪽으로 들어가는 것이 허용되지 않았던 것처럼 기둥은 위계의 지시장치로서 기능을 했던 것이다.[6-16] 나아가 근세에 들어서부터는 서원조와 스키야조양식, 초암(草庵)[역자주 : 차실의 다른 명칭, 소박하게 만든 차실을 지칭한다.]에서 각각의 기둥의 굵기 치수가 두 배 정도 차이가 나며,

> '스키야(차실)나 스키야조로 불리는 건축은 모두 차양이나 복도에서 쓰이던 가느다란 기둥만으로 구성되었다고 할 수 있다.'[6-17]

라고 하는 건축사가 가미요 유이치로(神代雄一郎)의 지적처럼 격식을 중시하는 서원조의 '굵은 기둥'에 비해 비격식적이고 자유로운 형식을 중시한 차실 · 스키야에서는 '가는 기둥'이 채용되어 기둥의 굵기가 양식의 차이에도 반영되고 있었던 것이다.

● 기둥의 형태가 가지는 효과

아른하임은 기둥의 형태가 가지는 동적인 효과의 결정인자로 첫째, '기둥의 높이와 굵기의 비율'을 지적한다.[6-18] 이 지적에 따르면, 굵고 짧은 기둥은 하중에 견디는

'지주'의 역할을 표현하고, 역으로 가늘고 긴 기둥은 무게의 감각을 부정하고 부유감과 개방감을 불러일으키는 '장주'가 된다. 하늘을 향한 상승 지향을 나타내는 고딕성당의 기둥(그림 6-8), 역동적인 바로크양식의 뒤틀린 기둥, 스키야의 나카바시라(中柱)역자주 : 차실의 중심에 위치한 기둥 주로 풍로 옆에 있다. 등은 가벼움과 역동적인 효과를 추구한 장주의 예이다.

그림 6-9 유니테 다비타시옹의 필로티 기둥

또한 그가 주장하는 제2요소인 기둥의 '형태'에 대해서는 기둥에 시각적인 폭을 가져다주는 효과를 제시하고 있다. ① 고전적인 기둥에서 자주 볼 수 있는 하부가 굵고 상부가 가는 '원추형의 기둥'은 대지와의 강한 연계를 나타냄과 동시에 상부를 향해 밀어내는 힘을 느끼게 하는데, ② 바닥부분에서 3분의 1이 가장 부풀어 오른 형태의 '엔타시스(entasis) 기둥'은 '하중의 압박을 받았을 때의 탄력성을 눈으로 보이도록 표현하고 있는'(리차드 노이트라) 것과 같은 인상을 준다. 이에 대해 ③ 상부가 굵고 하부가 가는, 즉 지지하고 있는 물체로부터 '늘어져 나온 다리' 같은 '역원추형 지주'의 경우는 대지로부터 자립하여 독립적으로 서있는 듯한 인상을 준다[6-19](그림 6-9).

7_ 문과 창(개구부)

● 열려있으면서도 닫혀진 문

슈마르조의 용어를 빌리면 벽, 지붕, 마루와 같은 닫힌 요소들과 함께 건축은 열린 요소(문, 창)를 필요로 한다. 문, 호, 창 과 같은 개구부가 존재함으로써 건축의 내부와 외부는 처음으로 관계를 맺는 것이 가능해진다.

'門'이라는 한자(상형)는 양쪽으로 열리는 문짝을 나타내고 한나라의 훈서인 '석명(釈名)' 역자주 : 한자의 의미를 풀어놓은 고대 중국의 책 에는 '문은 미는 것이다'이라고 쓰여 있는 점으로부터 밀어서 여는 문짝이 달린 '입구'를 뜻한다.[7-1] 문은 개폐한다는 용법에서 알 수 있듯이 때로는 열리고 때로는 닫히는 것이다. 열어놓기만 하는 문은 필요가 없는 것이며 볼로프의,

> '문의 근본적인 규정 중 하나는 반투성, 즉 반만 투과시키는 성질에 기인한다. … 집안사람은 문을 통해서 자유롭게 출입할 수가 있으나 … 이에 반해, 외부인은 차단당하고 특별히 허락을 받고서야 안으로 들어갈 수 있는 것이다.'[7-2]

라는 지적에서 알 수 있듯이, 상황에 따라 통과와 방어라는 두 가지 기능을 담당한다.

방어를 위한 문의 예로 성벽으로 둘러싸인 서양의 도시의 문을 먼저 떠올릴 수 있다. 도시의 문 안쪽에는 법률 · 질서를 준수하는 시민이 살았던 데 반해 바깥쪽에는 무법자가 배회한다는 일화[7-3]는 질서 · 시민을 보호하는 문의 역할을 표현한 것이다. 또 일본에서의 방어적인 문으로는 성문, 무사저택의 문, 지주농인들이 살던 나가야의 문 등이 있다.

나아가 사찰건축의 중문(그림 7-1)이나 궁전의 정문의 경우 그곳이 '내부를 알현하는 장소'로 성립했던 것에서 알 수 있듯이, 문은 통과 · 방어뿐만 아니라 '방문자와의 교섭공간'으로도 기능했던 것이다.[7-4] 또 문은 기념비로서의 독립적인 문으로 건설되어 장식의 무대가 됨과 동시에 역사 · 기억을 전승하는 역할을 담당하였다. 이러한 역할은 문이 필연적으로 높이를 형성하고 인지성이 높은 존재였던 점과 관련이 깊고,[7-5] 닛코의 도쇼구(日光東照宮)[역자주 : 일본을 통일하고 에도막부 시대를 연 도쿠가와 이에야스의 신사]의 요메이몬(陽明門)[역자주 : 도쇼구의 상징이자 가장 화려한 건축양식으로서 1636년에 완성됨. 가로 7m 높이 11m에 달하는 거대한 문], 로마의 파르디아 정복을 기념한 셉티미우스 세베루스 개선문(Arch of septimius severus, 그림 7-2), 파리의 개선문이 그 대표적인 예이다.

● 역(閾)

사람은 누구나 문 밑을 통과하거나 열고 들어가려 할 때 일종의 심리적으로 고양됨을 경험하게 된다. 이러한 심리적 기능을 가지는 경계를 특히 '역(閾)threshold of consciousness'이라고 부르며, 이 단어는 어떠한 의식작용이 생성 또는 소실되는 일반적인 경계를 지칭한다. 또한 종교학자 엘리아데는,

> '역(閾)과 출입문은 직접적이고 구체적인 방법으로 공간 연속의 폐기를 표현한다.'[7-6]

라고 하며, 이 역이 신성한 장소(내부)로의 경계를 제시한다는 점을 지적했다.

성스러운 영역으로 들어가는 출입문, 즉 '사람의 마음을 준비시키는 문'의 예로는 먼저 로마네스크나 고딕양식 성당의 문(Portail)을 들 수 있다. 여기서는 팀파눔, 홍

그림 7-1 호류지 중문

그림 7-2 셉티미우스 세베루스 개선문

그림 7-3 아미앵 대성당의 입구

예석(tympanum, voussoir : 성인 등의 부조조각이 아치형상으로 겹쳐져서 구성된 것, 그림 7-3)이 속세적인 일상으로부터 성스러운 세계로 향하는 사람들의 의식변환 장치, 심적인 필터로서 작용하고 있다.

일본에서 같은 효과를 노린 문의 예로는 신사의 도리이(그림 7-4)를 비롯하여 탑두(塔頭)^(역자주 : 선종사상에서 대사찰의 고승의 임종을 맞은 제자들이 그 덕을 기려 무덤탑의 머리 근처에 마련한 숙소)의 굽어지는 어프로치 공간[7-7], 챠테이(茶庭)나 로지(露地)^(역자주 : 챠테이와 로지는 차실로 향하는 길의 정원. 자연의 야산과 같은 느낌을 중요시했다.)의 중문, 차실내의 작은 문, 사원의 문지방 등을 들 수 있다. 차실내의 구구리도(潜り戸 : 쪽문)는 문지방을 특별히 높이 설정함으로써 일부러 장애물과 같은 문을 설치하여 이곳을 통과하는 인간의 신체적 저항감을 통하여 의식의 전환을 유도하였던 예이다.[7-8]

● 도시를 향해 열려있는 문

도시를 향해 열린 건축에서 문은 사람들이 휴식을 취하거나 교류 · 담소 · 대기하는 장소를 제공한다.

> '주랑 및 현관은 … 그 집의 식솔들만을 위한 것이 아닌 일반시민들을 위해 설치되었다고 인정할 수 있다.'[7-9]

알베르티의 이 말은 현관과 그 주변에 만들어진 오두막 · 주랑(콜로네이드) · 포치 등의 설치물이 모든 사람들에게 열려있다는 상황에 대해 언급한 것이다. 이러한 문의 예로는 성당 입구의 포르티코(Portico)[7-10]와 극장의 엔트런스 홀, 민가나 타운하우스의 현관 앞 공간(그림 7-5) 등을 들 수가 있다. 또한 일본의 마치야에서 흔히 보이는 도오리니와^(역자주 : 앞문에서 뒷문으로 바로 지나갈 수 있게 한 공간)와 미세의 공간^(역자주 : 일본어의 '미세'라는 말에는 ① '상점(店)'이라는 뜻과 ② '보여주는(見せ)'이라는 두 가지 뜻이 있다.)(그림 7-6)은 평상시에는 상업행위와 접객 · 생활의 공간으로서 도시에 관여하는 데 반해 하레[7-11]의 축제 때는 모든 사람에게 열린 장소가 된다. 이렇듯 문은 시간 · 계절에 따라서 그 모습을 바꾸면서

그림 7-4 후시미이나리신사의 센본토리이

그림 7-5(a) 디종(Dijon)의 노트르담교회

그림 7-5(b) 뉴욕 브루클린의 브라운스톤

그림 7-6 마치야의 입구와 봉당

그림 7-7 헬로윈의 현관장식

그림 7-8 교마치야의 격자창

도시를 꾸며주는 장치가 되기도 한다(그림 7-7).

● 시선을 통하게 하는 창

창을 뜻하는 일본어 '마도(窓)'는 '마 = 目(눈)'과 '토 = 門(문)'의 의미를 가진 단어가 결합된 단어로 시선 혹은 빛을 제어하는 뜻을 갖고 있다.[7-12] 또한 '마도(間戸)'라는 표현에서 일본건축의 기둥과 기둥 사이의 문(戸 도), 또는 방(間 마)의 구획을 지칭하는 말로도 사용되었다.

> '창이 가지는 가장 단순한 작용은 … 내부공간에서 외부세계를 관찰할 수 있다는 점이다. … 엿보기 위한 구멍의 존재를 통해서 사람은 위협적일지도 모르는 외부인의 접근에 초점을 맞추어 가옥의 주위를 살펴볼 수가 있던 것이다. … 창은 가옥의 눈으로 해석할 수 있으며, 나아가 이러한 경우에는 창 자체가 … 간혹 눈의 형태를 하고 있었다는 것을 부언해도 좋을 것이다. … 관찰되지 않으면서 관찰할 수 있다는 것, 이러한 조심성 많은 생명보전의 근본원칙은 창의 경우에서 가장 순수한 형태로 구현화되었다.' [7-13]

볼로프의 이러한 표현에서 나타나듯이 창의 첫 번째 기능은 내부로부터 외부를 관찰하는 것에 있다. 창은 '인간은 보호받으면서도 외부에서 무엇이 일어나고 있는지를 알고 싶어 한다.'(애플턴의 원리)라는 인간의 근본적 욕구에 호응한다. 이러한 외부를 감시하는 기능은 일본의 격자창에도 보여지는데 교마치야(京町屋)역자주 : 주로 교토의 직장주거 일체형의 가옥형식을 말한다. 격자창이 그 특징이다.의 격자창(그림 7-8)은,

> '이러한 투과성의 구조에 의해 … 밝은 길가에서는 어두운 실내의 모습은 거의 알 수 없다. 이에 비해 실내로부터는 그 안에 있으면서도 외부의 상황과 기척을 알 수 있다.'[7-14]

라는 지적에서 알 수 있듯이 격자창은 마을의 상호감시기구로 기능해 왔다.

시선을 통하게 한다는 점에서는 창은 풍경을 액자효과를 통해 2차원적인 '그림'으로 잘라내는 역할, 즉 픽처 윈도우(picture window)로서의 역할을 한다. 테두리와 처마끝에 의해 수평으로 잘라내진 일본의 정원의 풍경도 이러한 창이 가진 기능을 이용한 것이다[7-15](그림 7-9).

그림 7-9 호센인(宝泉院)의 차경

그림 7-10 윈도우 시트

그림 7-11 독립된 통풍을 위한 창

● 빛과 바람을 통하게 하는 창

창은 시선 이외에 빛과 바람이 통하는 길이 된다. 르 코르뷔지에는 빛과 창에 대해서,

> '태양의 빛은 인류의 본질 그 자체에 뿌리를 둔 영향력을 지니고 인간이라는 동물에 작용하는 것이다. 그러므로 창의 개구위치의 중요성을 이해하지 않으면 안 된다. 여기에서야말로 건축이라는 큰 부분이 존재하며 건축의 결정적인 인상은 이것에서 유래하는 것이다.'[7-16]

라고 하면서 창의 위치가 건축의 인상을 결정짓는다고 하였다. 또한 창가에는 빛으로 충만한 공간이 됨으로써 독서와 식사 · 작업 등을 위한 책상이나 좌석이 배치되는 경우가 많으며 '공간으로서 일체화된 특별한 창가, 윈도우 시트'로 되어있는 경우가 많으며(그림 7-10), 일본의 서원창(역자주 : 부서원에 만드는 작은 창, 빛을 들이기 쉽게 얇은 장지를 바른다.)이 이에 해당한다.[7-17]

또한 루이스 칸은 창의 역할에 대해서,

> '근대건축의 창, 즉 큰 판형의 유리와 새시로 만들어진 개구부에 의해 우리들의 창에 대한 감각은 둔화되고 있다. 창이란 무엇인가. 그 기능은 무엇인가. 창은 다양한 기능을 하고 있다. 빛이나 바람을 들이거나 혹은 막고, 시선을 유도하거나 혹은 가로막아주며 또한 그 열고 닫히는 방향과 정도도 각양각색이다. 한번 그것을 분해하여 각각에 가장 적합한 형태를 부여해보자. 그리고 다음으로 그것들을 하나로 조합해 보자.'[7-18]

라고 하면서 빛, 시선, 바람에 관한 창의 세 가지 기능을 언급했다. 이 언급에는 건축의 부위가 가지는 본질적인 역할을 재고하여 각각에 적합한 디자인을 부여할 필요가 있다는 그의 생각이 단적으로 나타나 있다.

그림 7-11은 르 코르뷔지에가 설계한 브라질 학생회관의 창으로, 여기서는 칸의 표현대로 빛, 시선과는 별도로 통풍의 창이 독립적으로 설계되어 르 코르뷔지에의 독자적인 디자인으로 장식되어있다. 이러한 예로부터 건축의 구성요소의 성립과 그 의미를 재해석하여 실제 작품에서 개성적인 디자인을 실천하는 거장의 비범함을 엿볼 수가 있는 것이다.

07 건축의 형태

기하학, 중심성, 방향성, 감산적 가산적 형태, 중첩과 분할, 규칙성을 가진 군, 불규칙성의 조직화

타이틀 그림 : 슈뢰더 주택

1_ 형태의 기본

● 형태의 기본요소

[점 · 선 · 면 · 볼륨]

점은 공간 속에서 하나의 위치를 나타낸다.

점은 그 자체로는 정적이고 구심적인 것이다. 단점, 교점, 중심점이 선이나 원에 의해 표현되어지듯이 점을 도형적으로 규정하기 위해서는 적어도 2차원 도형의 도움을 필요로 한다. 두 개의 점이 연결되면 선이 생겨난다. 선은 위치를 나타냄과 동시에 길이나 방향과 같은 성질을 가진다. 그리고 수직의 선, 즉 기둥이 수평으로 이동하는 궤적에 의해 면이 성립된다. 면은 선의 성질에 더하여 폭, 윤곽, 앞뒤와 같은 성질을 가진다. 면이 수평으로 이동하면 볼륨

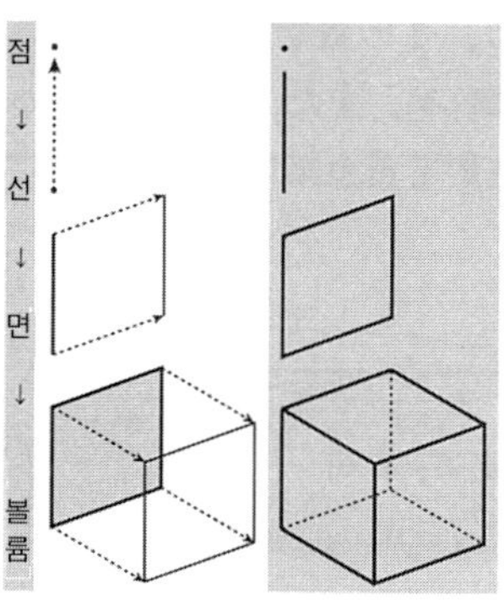

그림 1-1 점, 선, 면 볼륨

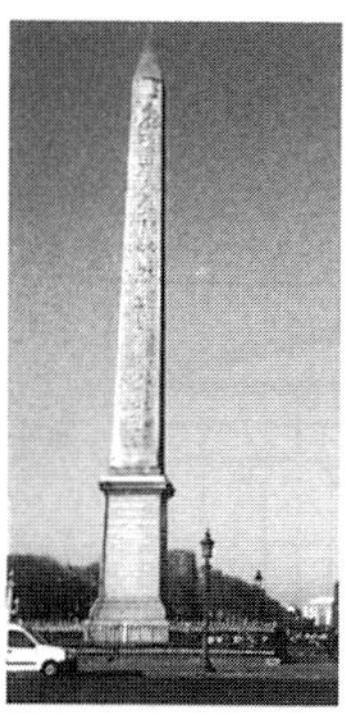

그림 1-2 콩코드(Concorde)의 오벨리스크

이 생겨나고 볼륨은 깊이에 의해 내부공간을 만들어 낸다(그림 1-1).

이러한 기본적인 형태의 요소를 잘 살린 건축의 예를 몇 가지 살펴보도록 하자. 상공을 향해 힘차게 솟구친 형태의 기념비는 선적인 건축의 대표적인 예이다[1-1](그림 1-2). 기본요소가 선에서 면으로 이행하고 있는 것이 열주랑이다. 기둥의 모습이 남겨져 있으면서도 면의 존재를 암시하여 정면성이 생겨나게 된다. 또한 하나의 면이 건축에서 대단히 중요한 역할을 하는 경우도 있다. 다니구치 요시오(谷口吉生)의 히가시야마 가이이(東山魁夷) 세토우치 미술관에서는 세토나이카이(瀨戶內海)역자주 : 일본 혼슈 서부와 규슈, 시코쿠로 둘러싸인 내해로서 일본 제1의 해상국립공원의 풍경과 진입공간을 둘로 나누고 있는 큰 벽이 공간구성의 기본이 되고 있다(그림 1-3). 리히트벨트의 슈뢰더 주택에서는 다양한 종류의 움직이는 면을 통하여 자유로운 공간이 형성되고 있다. 면이 이동함으로써 공간이 성립한다고 하는 기본적 성질을 건축화시켜 보여주고 있는 좋은 예라고 할 수 있을 것이다(p.138 7장 타이틀 그림, ➪p.184 그림 6-8b, p.220 그림 4-6). 본 장에서는 이러한 건축의 형태를 조직화 시켜 감에 있어서의 기본적인 사고방식에 대해 설명해 가도록 한다.

● 이상적인 기하학과 비례

먼저 2차원적인 프로포션을 결정하는 몇 가지의 수법에 대해서 살펴보자.

[루트 장방형]

건축의 형태를 결정할 때 이상적인 기하학을 실현시키기 위해서 사용되어 온 규칙이 존재한다. 직사각형의 프로포션을 정함에 있어 다음 절에서 설명하게 될 황금비율에 의한 분할과 함께 자주 사용되는 것이 루트 장방형의 형태이다. 20세기에 고전건축의 비례에 대해 연구를 해왔던 햄비지(J., Hambidge)[1-2]는 정방형, 황금비의 장방형에 $\sqrt{2}$, $\sqrt{3}$, $\sqrt{4}$(2배 정방형), $\sqrt{5}$ 장방형을 더한 6가지의 형태로써 그리스의 비례는 성립되어 있다고 말하고 있다. $\sqrt{2}$ 장방형의 대각선으로부터 $\sqrt{3}$ 장방형의 작도가 가능하고 이와 같은 방법을 되풀이해감으로써 다른 루트 장방형도 작도가 가능해진다(그림 1-4). 즉, $\sqrt{2}$ 장방형은 다른 루트 장방형의 기본형인 것으로 '조화의 문'

그림 1-3 히가시야마 가이이 세토우치 미술관

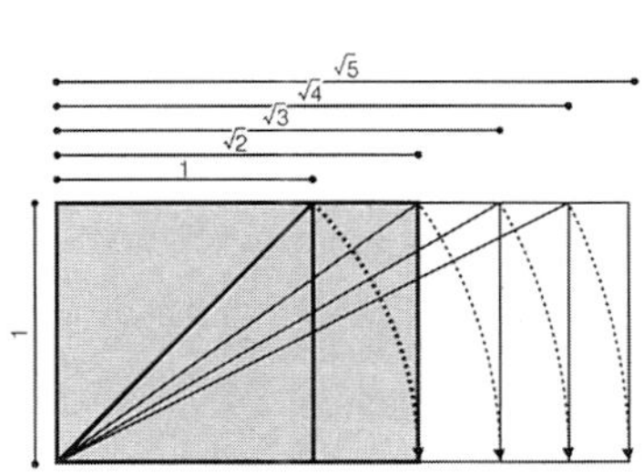

그림 1-4 √장방형의 작도법

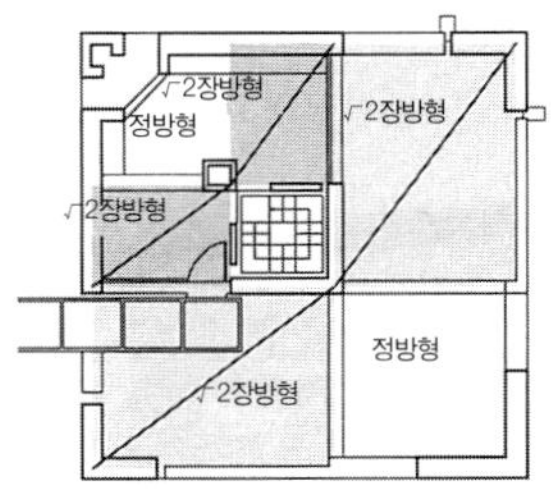

그림 1-5 리바 산 비탈레의 $\sqrt{2}$ 장방형

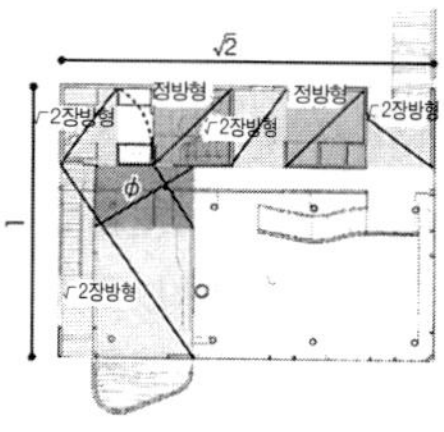

그림 1-6 샴버그 하우스의 $\sqrt{2}$ 장방형

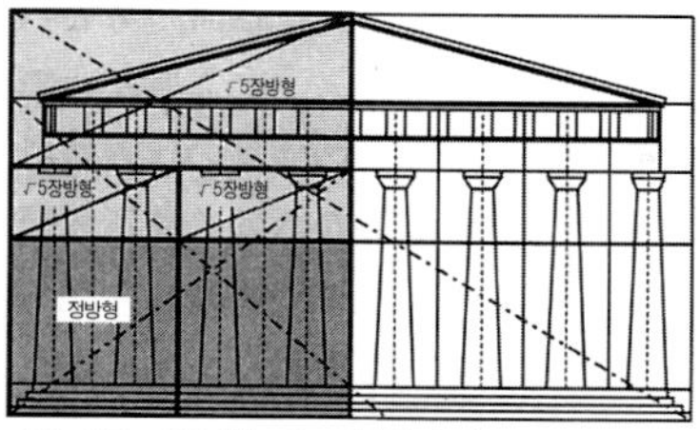

그림 1-7 파르테논의 $\sqrt{5}$ 장방형

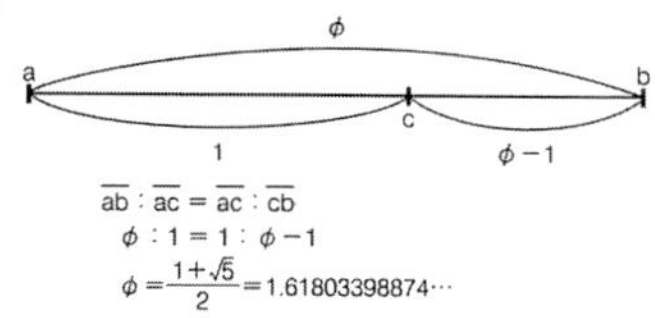

그림 1-8 황금분할의 정의

이라고도 불리고 있다.[1-3] 역사적 건축에서는 브루넬레스키의 산 로렌조의 교회 성구실(聖具室), 현대건축에서는 마리오 보타(Mario Botta)의 리바 산 비탈레의 주택에도 $\sqrt{2}$ 장방형의 평면이 사용되고 있다(그림 1-5). 동일한 수법으로서 리차드 마이어의 샴버그 하우스(Shamberg House)에서도 정방형이나 황금비의 장방형과 조합을 이루면서 $\sqrt{2}$ 장방형이 다수 채용되고 있다(그림 1-6). 또한 햄비지는 파르테논 신전의 파사드 구성에 $\sqrt{5}$ 장방형이 사용되어 있는 점을 설명하고 있다[1-4](그림 1-7). 이와 같이 루트 장방형은 형태에 안정된 구성을 가져다주는 수법인 것이다.

[황금분할]

고대 서양에서의 조형의식은 우리들에게는 상상이 가지 않을 정도로 황금분할에 집착해 왔다. 고대에서는 로마의 판테온이나 이집트의 호루스 신전, 근대에 와서는 르 코르뷔지에, 현대에서는 이소자키 아라타의 로스앤젤레스 현대미술관에서도 입면이나 평면의 구성을 결정하는데 사용되고 있다.[1-5]

하나의 선분을 둘로 분할해서 생겨난 큰 부분과 작은 부분의 비율이 선분 전체와 큰 부분의 비율과 동일하게 되도록 분할했을 때에 황금분할이 생겨난다. 이는 $\phi^2-\phi-1=0$의 해로서, $\phi=(1+\sqrt{5})/\sqrt{2}=1.61803398874\cdots$라고 하는 무리수가 되고, 이 수를 황금비 (ϕ : 파이)라고 한다(그림 1-8). 또 두 변의 비가 ϕ가 되는 장방형을 황금비의 장방형(ϕ장방형)이라고 하고, 이것이 건축에서의 면 분할에 큰 역할을 하고 있는 것이다. 황금비 장방형의 하나의 대각선 위로 반대방향의 꼭짓점에서 수직선을 내리고 그 연장선이 원래의 사각형의 한 변과 교차한 점을 기준으로 하여 사각형을 분할하면 정방형과 작은 황금비의 사각형이 생긴다고 하는 불가사의한 도형적 성질이 있기 때문이다. 이를 계속해 가면 점차로 작은 정사각형들이 생기고 마지막으로 황금비의 장방형이 남게 된다. 생겨난 정사각형의 같은 점을 이어 가면 황금나선이라고 불리는 어패류와 같은 곡선이 생겨나게 된다(그림 1-9).

[규준선]

르 코르뷔지에는 로마의 캄피돌리오 광장 정면의 세나토리오 궁(Palazzo Senatorio)이나 프티 트리아농(Petit Trianon)의 입면에 직각삼각형의 조합(그림 1-10), 파리의 노트르담 사원의 입면에서 원과 정사각형에 의한 규준선(trace

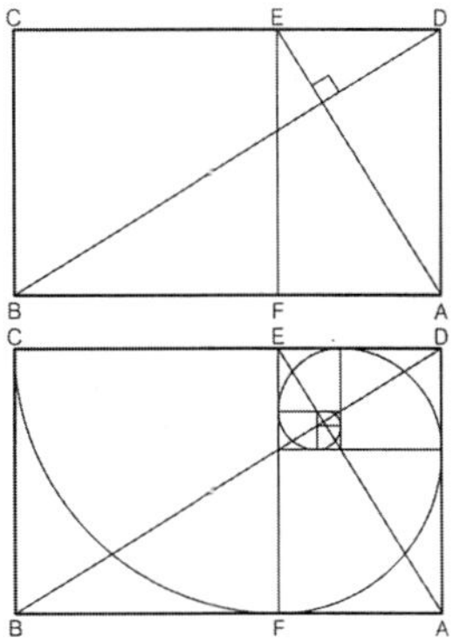

그림 1-9 정방형의 가산성과 ϕ 나선

그림 1-10 세나토리오 궁전의 지표선

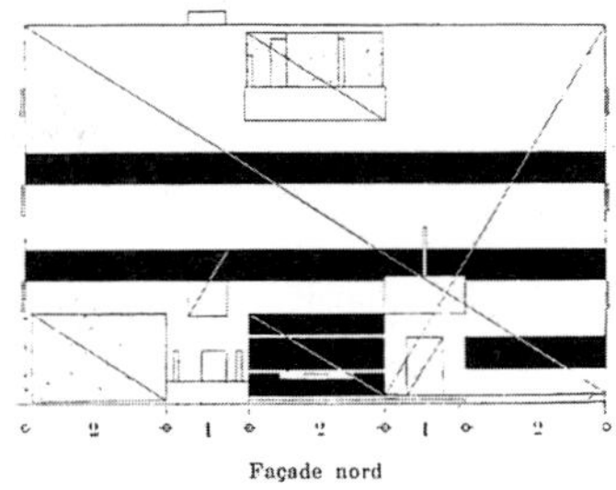

그림 1-11 빌라 가르쉐의 지표선

regulateur)을 찾아내었다.[1-6] 이렇듯 서구의 건축에서는 건축의 배후에 기하학을 기준선으로 이용함으로써 형태의 질서가 갖추어져 왔다.

빌라 가르쉐에서는 이러한 사고가 명쾌하게 실천에 옮겨지고 있는데(그림 1-11) 그 내용은 다음의 두 가지로 요약이 가능하다.

① 파사드 전체를 정수비에 따라 분할한다.

② 파사드 전체의 대각선과 평행한 대각선을 이용해서 전체와 개구부를 유사한 형태로 한다.

①은 파사드의 수평과 수직의 양방향에 적용되고 있다. 수평방향의 경우를 보면, 북측 파사드의 입구 캐노피로부터 상부의 벽이 두 개의 수평방향의 연속된 창문에 의해 3분할되어 있다. 이 흰 벽의 띠는 그 폭이 상부로부터 4 : 2 : 1의 정수비로 이루어져 있는 것이다. 수직방향은 2 : 1 : 2 : 1 : 2로 분할되어 있다. 그 근거는 이 분할을 2+1+2 : 1+2 = 5 : 3이라고 보면 황금분할에 가까운 비를 이루고 있기 때문이다.

②의 해석에는 먼저 파사드의 윤곽이 원래 황금비의 장방형이라는 것이 중요하다. 파사드 전체의 대각선과 평행한 대각선을 가지는 개구부의 윤곽은 동일하게 황금비를 가지게 된다.[1-7]

[모듈러]

규준선이 순수하게 기하학적인 처리를 통하여 건축의 파사드의 분할을 규정하는 수법이었던 것에 비하여 르 코르뷔지에는 새롭게 모듈러라고 스스로 이름을 붙인 치수체계를 개발하였다(그림 1-12). 그 자신이 '인체치수와 수학으로부터 태어난 치수를 위한 도구'[1-8]라고 말한 것처럼 수학적인 조화만을 근거로 함으로써 공간의 치수를 인체를 기초로 하여 내부로부터 결정하려고 했던 것이다.

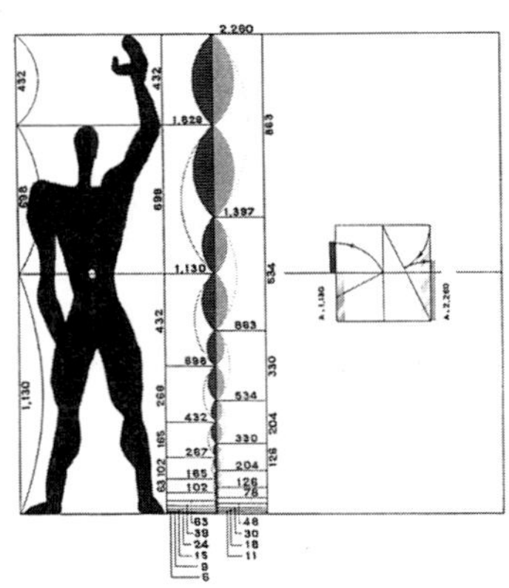

그림 1-12 모듈러의 치수체계

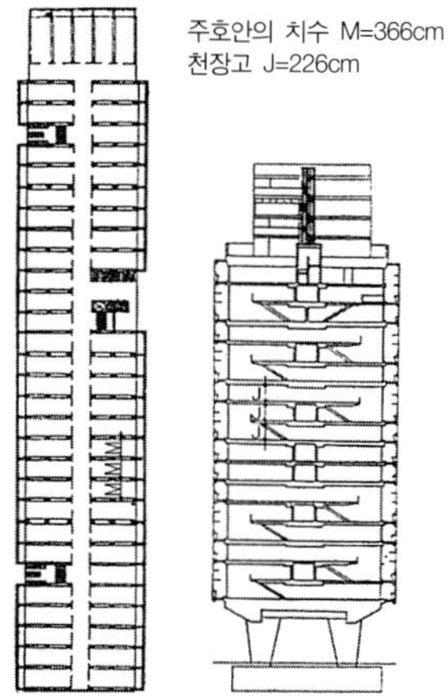

그림 1-13 유니테 다비타시옹 계획안의 모듈러

인체를 정방형과 원의 내부 속에 표현하였던 비트루비우스[1-9]에 비하여(➩p.173 그림 3-1), 모듈러에서는 한쪽 손을 든 인간이 정확히 배꼽의 높이까지 쌓아올린 두 개의 정사각형 속에 꼭 들어맞고 있다. 이때 기준이 되는 것은 인간의 신장 182.9cm(6피트)과 쌓아올린 정방형의 높이(=손의 높이) 226.0cm이다. 모듈러의 치수체계는 색으로 구분된 두 계열의 수열의 조합으로부터 이루어진다. 붉은 계열(좌열)의 기준값이 되는 것이 전자, 푸른 계열(우열)의 기준값이 되는 것이 후자이다. 여기서 피보나치 수열[1-10]을 이용하여 인체와 황금비를 연관지어 치수체계를 끌어냈다는 것이 중요한 점이다. 구체적으로는 붉은 계열이 27cm, 43cm, 70cm, 113cm, 183cm, 푸른 계열이 86cm, 140cm, 226cm로 되어 있으며, 이 수치들을 통하여 의자, 테이블, 싱크대 등의 높이라고 하는 우리와 친숙한 치수를 발견할 수 있는 것이다.

르 코르뷔지에는 마르세유의 유니테 다비타시옹의 계획안에서 메조네트 주호의 폭과 높이, 브리즈 솔레이유의 치수 등을 실제로 모듈러를 사용하여 설계하였다(그림 1-13, ➩p.28 그림 4-6, p.133 그림 6-9). 예를 들면 주호의 안목치수는 366cm(=226+140cm), 주호 1개층 분의 천장고는 226cm로 되어 있다.[1-11]

2_ 단일체로서의 형태

● 중심성을 가지는 형태

[원형]

원형은 어떠한 점의 주변을 같은 거리에서 둘러싼 복수의 점의 집합이다. 이 때문에 항상 중심이 강조되며 집중적이고 내향적인 도형이 된다. 주위에 다른 도형이 있더라도 그들을 종속시켜 강하게 조직화하고 스스로 중심의 위치를 움직이려고는 하지 않으며 안정화하려는 경향이 강하다. 집중식 평면의 교회당이 이러한 예이다.

[ㅁ자형]

ㅁ자형도 원형과 같이 중심성을 가진다. 그러나 원형이 주위의 도형을 자신에 종속시키려 하는 성향이 강한 것에 비하여, ㅁ자형은 윤곽인 4각형이 한 방향만을 강조하지 않는 중립적인 도형이라는 점으로부터 주변의 도형과 규칙적인 연계를 가지기 쉬운 성격을 가진다.

중심부분은 중정과 같은 외부일 수도 있고 실내일 수도 있지만 그보다 중요한 것은 스케일에 따라 구분되어 사용되어 왔다는 점이다. 큰 스케일의 ㅁ자형은 건물

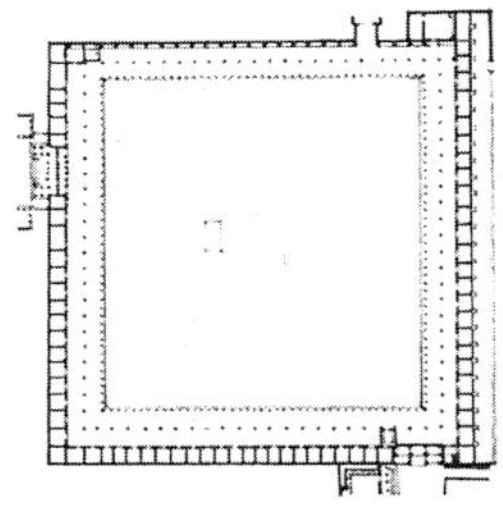

그림 2-1 에페수스의 아고라

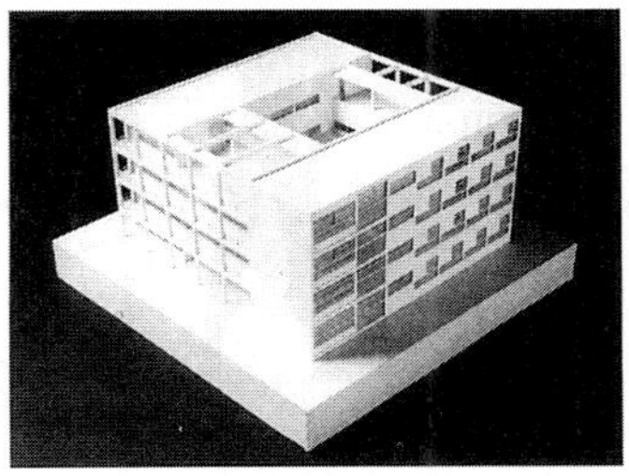

그림 2-2 카사 델 파쇼

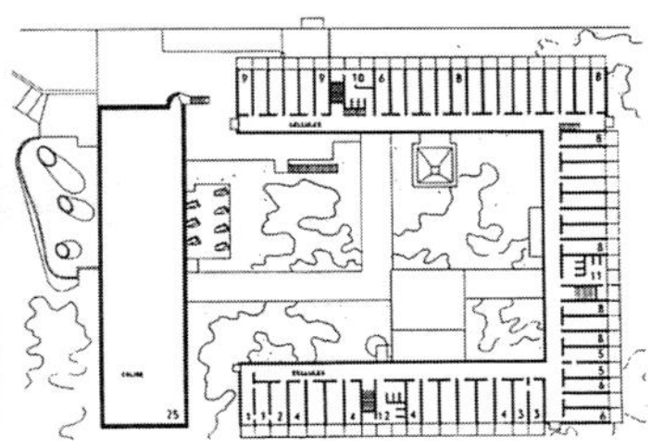

그림 2-3 라 투렛트 수도원

의 공공성이나 공용성을 나타내기 위해 사용되어 왔다. 고대 소아시아의 에페수스(Ephesus)의 아고라는 정치 및 경제활동 등의 시민생활의 중심이 되었던 장소였다(그림 2-1). 팔라초(palazzo)를 인용한 쥬세페 테라니의 카사 델 파쇼[2-1](그림 2-2, ⇨p.32 그림 5-5, p.81 그림 2-13), 알바 알토의 세이나찰로 타운홀(⇨p.34 그림 5-9, p.48 그림 5-3)은 정치와 관련된 장소이며, 르 코르뷔지에의 라 투렛트 수도원(그림 2-3, ⇨p.206 그림 7-15)은 수도사들이 공동생활을 영위하는 장소였다.

한편, 작은 스케일의 ㅁ자형은 주택, 특히 중정형 주거에 이용되어 왔다. 이슬람의 경우 도시의 밀집한 도시환경에서 주위와 연속되면서도 통풍의 기능을 겸비한 사적인 영역을 만들어 내고 있다. 또한 사막 주거에서의 중정은 일사로부터 차폐된 장소를 형성함과 동시에 모래만이 계속되는 세계에서 인간이 정주할 수 있는 위치를 결정해 준다(그림 2-4). 중정을 둘러싸는 형태는 가혹하기까지 한 주변환경 속에서 중심을 형성시켜 인간이 자기 자신을 정위시키는 장치의 기능을 하고 있는 것이다.[2-2]

[나선과 순회]

나선이란 순수하고 이념적인 원의 형태와 대조적으로 자연계 속에서 발견되는 형태이다. 원의 형태가 안정되어 있는 것에 비하여 소용돌이나 코일 용수철과도 같이 나선은 움직임이나 에너지를 가지게 된다. 이중의 나선계단을 레오나르도 다빈치가 창안했다고 하는 점도 그에게서 보여지는 자연과학 연구자로서의 한 측면과 깊은 관계가 있다고 생각되는 것이다.

건축물에서는 나선이 가지는 이러한 역동성이 순회하면서 상승해 가는 형태로서 나타나게 된다. 일본의 사자에당(栄螺堂)영라당, 역자주 : 에도시대 후기의 특이한 건축양식의 불당으로서 복도형식의 순로를 따라 33관음이나 100관음 등이 배치되어 당내를 진행하는 것만으로 순례가 이루어지는 구조이나 이라크 사마라(samarra)의 미너렛(minaret, 그림 2-5)은 인간이 공간을 따라 상승해 가는 프로세스가 건축화된 것이다. 현대건축에서는 프랭크 로이드 라이트의 구겐하임 미술관(그림 2-6, ⇨p.26 그림 4-4)이나 노먼 포스터의 런던 시청사(그림 2-7) 등을 들 수 있다. 두 경우 모두 나선상의 슬로프가 건물의 외형을 구성하고 있다. 전자의 경우 중심을 형성하고 있는 것은 톱 라이트가 설치된 보이드 공간이다. 후자의 경우는 상승과 함께 선회하는 형태를 통하여 중심이 비껴져 나가는 다이내믹한 구성이 되고 있다.[2-3] 또한

그림 2-4 튀니지아의 촌락

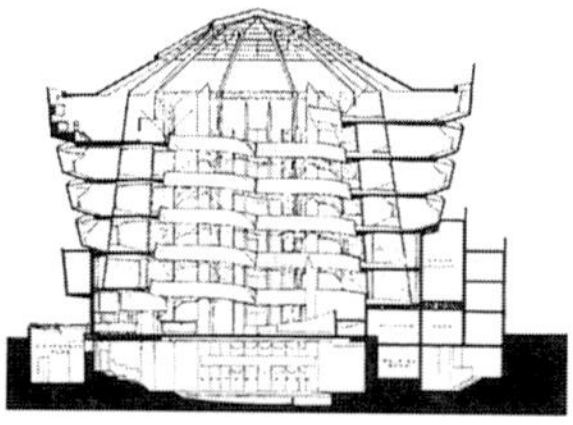

그림 2-6 구겐하임 미술관

그림 2-5 사마라의 미너렛

그림 2-7 런던 시청사

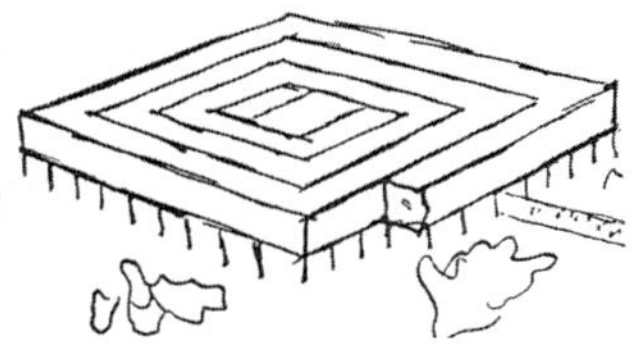

그림 2-8 무한 성장 미술관

나선은 식물이나 조개에서처럼 성장발전을 의미하기도 한다. 코르뷔지에의 성장하는 미술관은 전시실이 조개와 같이 확장한다는 생각인 것이다.(그림 2-8) 또 순회라고 하는 행위는 중심에 대한 경외심을 수반하는 표현하는 의미를 가진다. 고딕교회의 주회랑, 이슬람교의 성지 메카에 있는 카바 신전[2-4] 천태종의 죠교도(常行堂, 상행당)[2-5] 등에서 이루어지는 기원의 행위나 순례는 순회라고 하는 공간체험을 동반하는 경우가 많다.

● 방향성을 가지는 형태

[심메트리와 축선]

서양건축에서의 신전이나 교회는 평면과 입면 모두에서 심메트리(symmetry, 대칭성)가 이용되어져 왔다. 그리스의 신전은 메갈론(megalon)이라 불리는 고대주거의 형식을 원형으로 하고 있다고 일컬어진다. 이에 더하여 신전이나 교회에서 심메트리가 지속적으로 이용되어질 수 있었던 이유는 그것이 하나의 가장 완전하고 명확한 질서를 가진 구성원리이기 때문에 신의 존재를 나타내는데 어울린 형태이었기 때문일 것이다. 심메트리에서는 하나의 축선의 존재에 따라 모든 공간의 질서가 구성된다.

이러한 축선에 대하여 르 코르뷔지에는 다음과 같이 언급하고 있다.

'축선이란 인간 자신의 최초의 표명일지도 모른다.'[2-6]

근대에 들어와서 축선의 개념을 신이나 형식주의가 아닌 인간중심으로 다시 해석해야 한다는 점이 주장되게 된다. 르 코르뷔지에가 말하는 축선은 심메트리를 구성하는 중심축과 그에 교차하는 수많은 축선이 19세기 이후에 유명무실화한 것으로 취급되는 것에 대한 비판이었다.

고바야시 가츠히로(小林克弘)는 심메트리의 중심축을 인간의 동선과의 관계에 따라 '공간축선'과 '구성축선'의 두 가지로 분류하였다(그림 2-9). 공간축선이란 동선

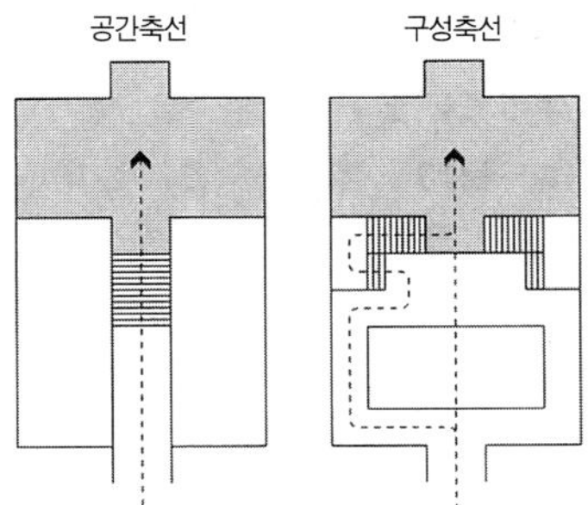

그림 2-9 공간축선과 구성축선

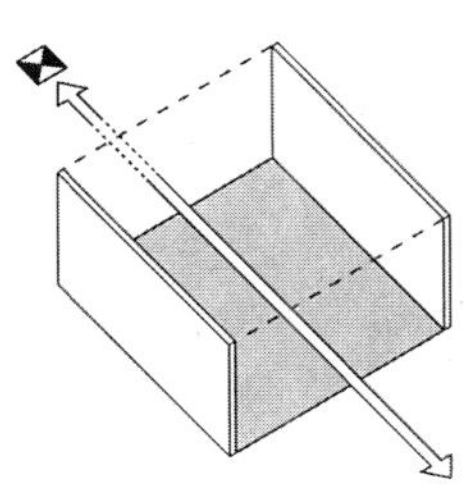

그림 2-10 평행한 벽의 구성

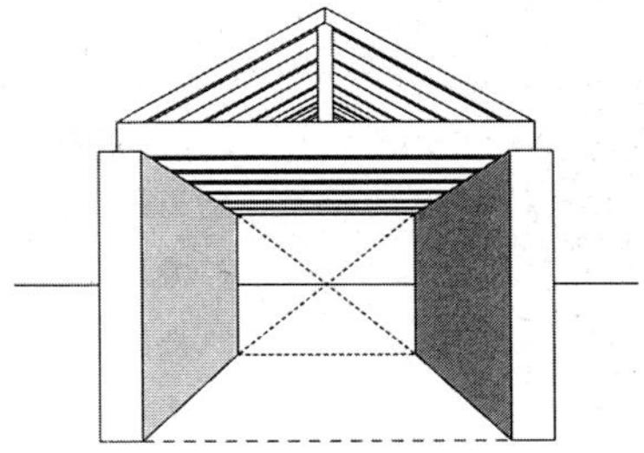

그림 2-11 내력벽과 지붕구조

과 중심축이 겹치는 경우로서 자주 고전적인 격식스러움과 연결되고 있는 것에 비하여, 구성축선은 동선을 중심축과는 다르게 구성함으로써 변화에 가득 찬 공간체험을 얻을 수 있다고 하는 사고이다. 고바야시는 구성축선의 한 예로 파울 클레의 로댕 미술관을 들고 있다.[2-7] 뵤도인 호오도(平等院鳳凰堂)역자주 : 1052년 후지와라 가문의 전성기에 관백(관직명)이었던 요리미치가 아버지 미치나가의 별장을 사원으로 개축한 것. 호오도는 그 이듬해에 건립된 아미타당으로 일본의 국보이다.의 연못이나 큐가든(Kew Garden)의 팜 하우스(Palm House)의 정원을 돌아보게 되면 이와 유사한 공간체험을 느낄 수 있다.

[병렬]

여기서 말하는 병렬(parallel)이란 평행으로 배치된 두 장의 벽으로 된 경우를 지칭한다. 두 장의 벽 사이의 공간은 벽을 통하여 보호받으면서도 외부공간으로의 방향성을 나타내게 되고, 때에 따라서는 초점을 구성한다(그림 2-10). 빈센트 스컬리는 고대 그리스인은 건물을 먼 산의 정상에 있는 성역과 관련 지우기 위하여 이 평행한 벽의 개념을 이용하였다고 말하고 있다.[2-8] 또 평행한 벽은 내력벽으로서 가장 간편하게 지붕을 지지할 수 있는 구조로서 소규모의 주택에 빈번하게 이용된다. 더욱이 벽과 직각방향으로 반복되는 지붕구조는 시각적으로 내부공간이 가지는 방향성을 보다 강하게 나타낸다(그림 2-11). 동일한 효과를 위해 볼트지붕이나 연속되는 톱 라이트도 자주 이용되어진다. 루이스 칸의 킴벨 미술관(➪p.48 그림 5-5)이나 나이토 히로시(内藤廣)의 바다의 박물관 등의 일련의 작품은 그 좋은 예이다.

교회나 예배당에서는 제단으로의 방향성이 중요하기 때문에 이 같은 형태가 사용되는 경우가 있다. 핀란드의 시렌형제(Kaija and Heikki Siren)의 오타니에미 공과대학 채플은 내부 정면의 유리벽 반대측에 있는 숲속의 십자가를 향하여 평행한 벽이 내부공간을 만들고 있다(그림 2-12). 알도 반 아이크의 아른헴 조각 파빌리온에서는 관람자의 동선의 흐름을 유도하기 위하여 평행한 벽을 사용하고 있는데, 삽입된 반원형 벽의 앞뒤의 양면 쪽에 만들어지는 알코브를 통하여 절묘하게 전시공간을 분절하고 있다(그림 2-13).

지금까지는 소규모 건축의 경우로서, 공간을 구분하고 분리할 필요가 없기 때문에 비교적 평행한 벽을 이용하기 쉬운 경우의 사례들이었다. 그렇다면 복잡한 기능을 가지는 건축에서 공간을 구분할 필요가 있을 경우에는 어떠한 결과가 될까? 오카다 신이치(岡田新一)의 일본 최고재판소(그림 2-14)는 국회의사당과 국회도서관을 연결하는 축선상에 계획되어 있다. 주공간은 이 축선과 같은 방향, 혹은 축선과 직교방향으로 배치된 평행한 벽들로써 형성되어 있다. 거대한 벽은 그 하나하나가 중공벽으로 되어 있고 그 내부에는 계단, 엘리베이터나 설비 등의 기능이 삽입되어져 있다. 루이스 칸의 Servant space[2-9]와도 유사한 개념으로서 오카다는 이를 '스페이스 월'이라 부르고 있다.

[U자형]

U자형의 형태는 평행한 벽에 또 하나의 벽이 추가되어 바닥을 가지게 되는 형태이다. 바닥에 해당되는 벽은 건물의 벽 중에서도 가장 중요한 벽이 된다(그림 2-15). 이러한 U자 형태의 바닥이 중요한 공간을 가지는 예로서 카이로에서 가장 오래된 아즈하르 모스크(Azhar Mosque)가 있다. U자형의 바닥의 벽에는 키블라(Qibla = 성지 메카의 방향)를 나타내는 니치(niche)가 있으며, 이는 기도행위에서의 초점공간이 되고 있다. 이 벽의 움푹 파인 부분은 미흐라브(Mihrab)라고 하는 특별한 이름을 가진다(그림 2-16).

반대로 U자형의 개방된 방향의 단부는 병렬된 벽의 형태와 동일하게 외부로 향하려고 하는 방향성을 나타내거나 확산되어 가는 성질이 있다. 따라서 U자형의 바닥부분으로부터 건물 내부로 들어갔을 때 풍경이 열려 있는 경우에 대단히 유효하다. 라그나르 오스트베리(Ragnar Ostberg)의 스톡홀름 시청사의 지상층에서는 U자형의 바닥에 위치하는 입구로부터 중정으로 진입하면 그 전면방향으로 개방된 단부가 열주랑을 형성하고 있다(그림 2-17). 수많은 섬으로 이루어진 스톡홀름이지만 개방된 끝부분의 열주랑의 저편은 연속되는 바다의 수면이 펼쳐지고 있는 것이다.

이렇듯 U자형은 바닥부분과 개방된 단부라고 하는 양쪽의 성질을 가지는 형태이다. 이러한 특징을 잘 살린 두 가지 예를 추가로 살펴보도록 하자. 엘리엘 사리넨의 헬싱키 중앙역은 U자형의 바닥부분이 중앙 출입구가 되고 개방부의 단부에는 여러 개의 선로가 펼쳐지고 있다(그림 2-18). 또 미켈란젤로의 로마 캄피돌리오 광장은 U

그림 2-12 오타니에미 공과대학 채플

그림 2-13 아른헴(Arnhem)의 조각 파빌리온

그림 2-14 최고재판소

자형의 바닥부에 시청사(세나토리오)가 서 있고 개방부의 단부는 바티칸의 산 피에트로 사원의 방향을 가리키고 있다(그림 2-19, p.224 그림 5-9).

[L자형]

L자형으로 둘러싸여진 영역은 그 안쪽 구석에서 사각형의 대각선 방향을 따라 밖으로 퍼져나가는 방향성을 지닌다. 그리고 이 구석에서 멀어짐에 따라 공간의 밀도는 엷어지는 방향으로 확산되어 가는 성질이 있다(그림 2-20). 이 확산되어 가는 경향에 의해 안쪽 구석부의 영역은 외부공간이나 혹은 아트리움, 보이드 등의 오픈된 공간으로서 설계되는 것이 일반적이다. 케빈 로쉬(Kevin Roche)와 존 딘켈루(John Dinkeloo)가 설계한 포드 재단본부는 이러한 확산성과 방향성이라는 두 가지 요소를 잘 살려 계획되어 있다. 둘러싸여진 영역은 아트리움화 된 정원으로 전면도로와 연속되어 간다. 아트리움을 지지하는 3개의 거대한 기둥은 계단실을 내부에 포함하면서 대각선 방향으로 잡아 늘린 듯한 형태로 구성됨으로써 어프로치의 방향성을 나타내주고 있다(그림 2-21, ➩p.206 그림 7-14).

또한 L자형의 볼륨은 L자의 안측부를 반대편 외측부가 강하게 차폐하는 경향도 가지게 된다. 제임스 스털링의 케임브리지대학 역사학부는 진입부에서 보면 L자형의 외측부가 높은 벽이 되고, 이 건물에서 가장 중요한 보이드 내부의 도서관을 주차장이나 도로, 캠퍼스 내의 사람의 흐름으로부터 막아주고 있는 형태로 되어 있다(그

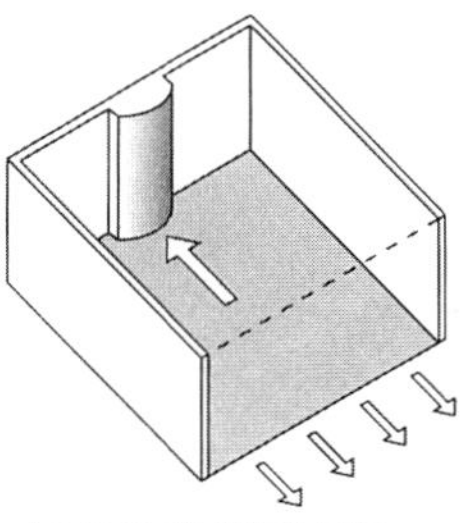

그림 2-15 U자형의 구성

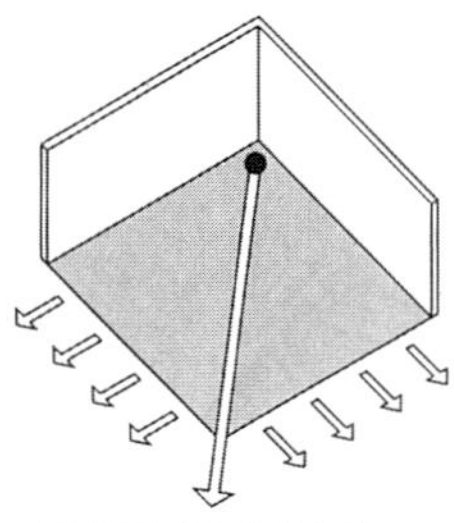

그림 2-20 L자형의 구성

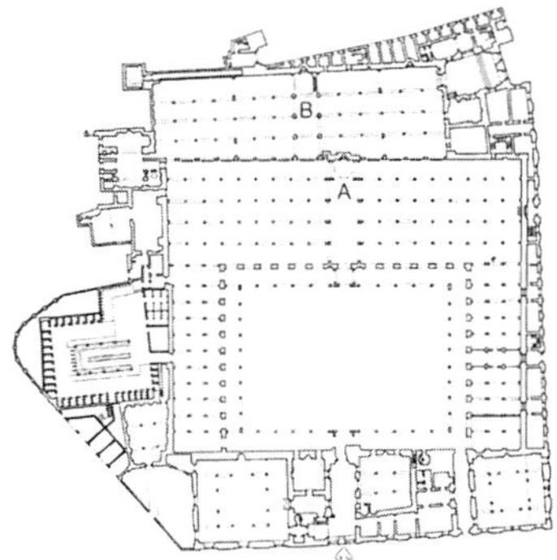

A : 오래된 미흐라브 B : 새로운 미흐라브

그림 2-16 아즈하르 모스크

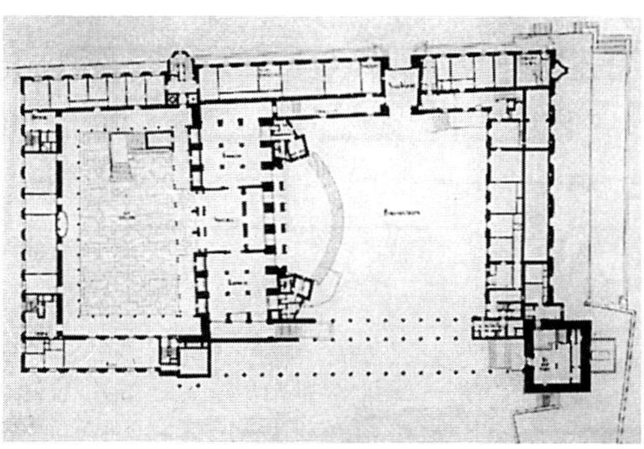

그림 2-17 스톡홀름 시청사

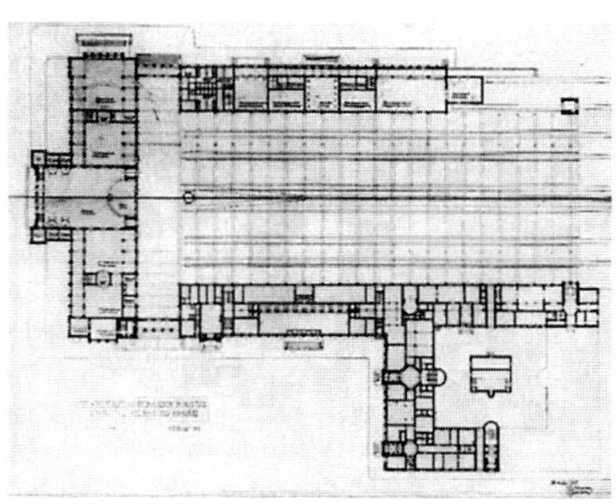

그림 2-18 헬싱키 중앙역

림 2-22).

L자형 플랜을 가지는 주거 유닛은 이러한 차폐성을 살려 각 주호에 중정을 확보하면서도 고밀도로 배치가 가능하다. 요른 웃존의 킹고(Kingo) 주택단지의 배치계획이 좋은 예이다(그림 2-23).

L자형 플랜의 또 하나의 중요한 점은 두 가지의 다른 성격의 개실을 L자의 양 날개부에 나누어서 할당할 수 있다는 점이다. 프랭크 로이드 라이트의 유소니언 주택에서는 L자형의 한쪽 날개부에 거실, 다른 한쪽에 침실군이 배치되고 있다[2-10](⇨p.26 그림 4-3). 또 르 코르뷔지에의 라 로슈 잔느레 주택(⇨p.116 그림 1-3)에서는 한쪽 부분에 갤러리, 다른 부분에 주택이 배치되어 있다[2-11](그림 2-24).

● 구심성과 원심성

[십자형, 풍차형, 방사형]

본 절에서 설명하는 형태들은 모두 구심성과 원심성을 동시에 갖추고 있는 형태들이다. 중심성과 복수의 방향성이 공존하고 있는 형태라고 바꿔 말해도 좋을 것이다. 이러한 형태들의 성격은 중심을 향해서 밀도를 높여 가는 내향적인 수법이라기

그림 2-19 캄피돌리오 광장

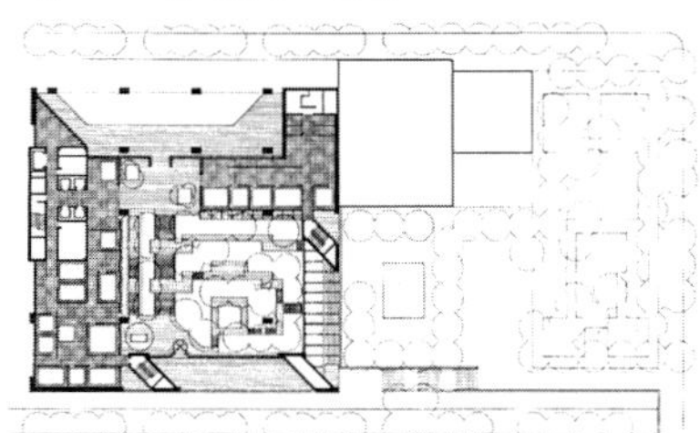

그림 2-21 포드재단 본부

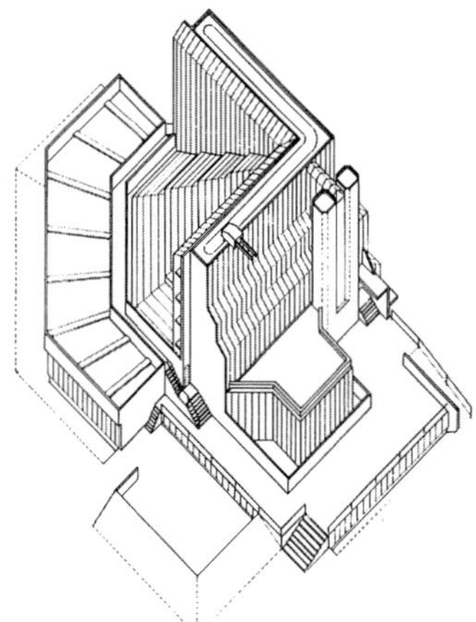

그림 2-22 케임브리지대학 역사학부

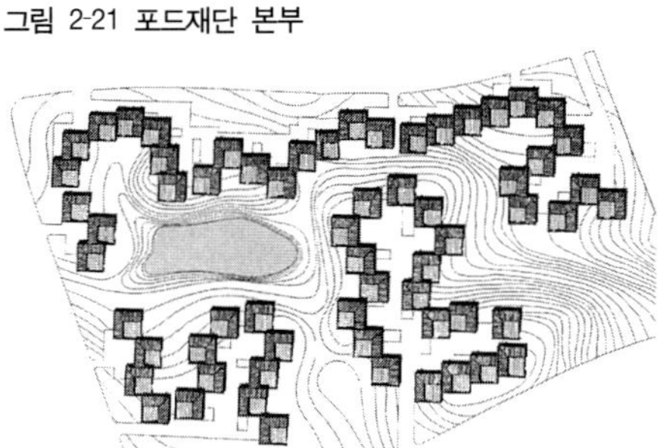

그림 2-23 킹고 주택단지

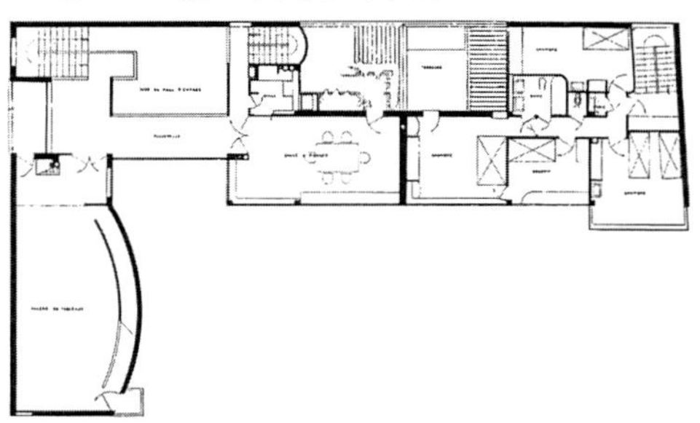

그림 2-24 라 로슈 잔느레 주택(2층 평면도)

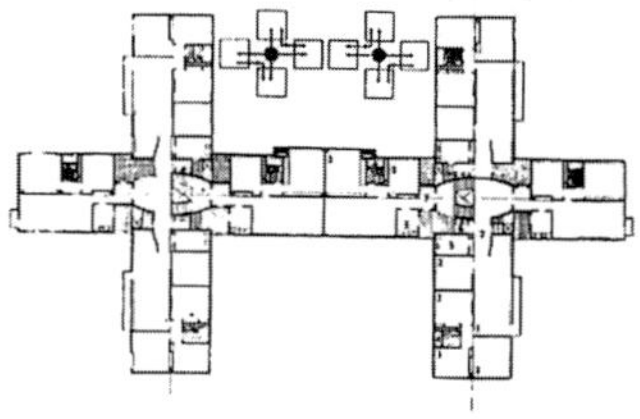
그림 2-25 하이포인트 I

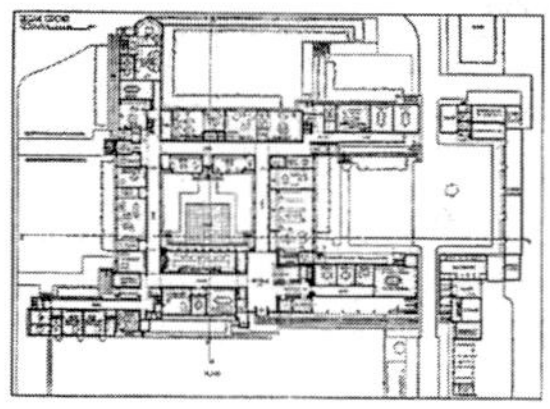
그림 2-26 힐베르쉼 시청사

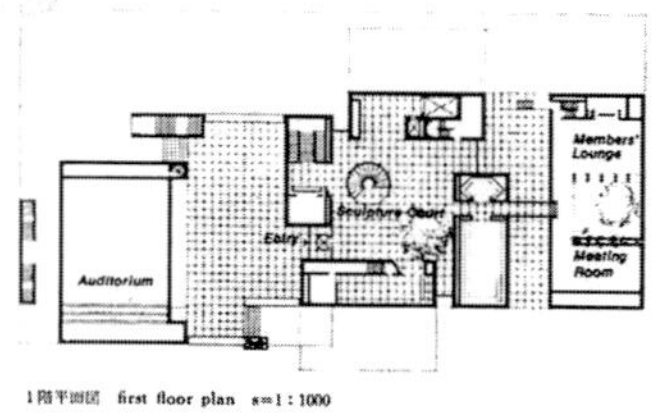

그림 2-27 에버슨 미술관

보다는 보다 외측을 향하여 연장되어 가는 외향적 수법이다.

먼저 십자형의 경우 4개의 날개부는 길이나 기능적인 관점에서 보아 대등한 관계에 놓이는 경우가 많다. 가장 완전한 십자형 플랜은 안드레아 팔라디오의 로툰다에서와 같이 날개부는 돔을 중심으로 하여 사방으로 완전한 대칭이 되고 있다(⇨ p.158 그림 4-8). 바르톨드 루베킨(Berthold Lubetkin)의 작품인 집합주택 하이 포인트 I은 두 개의 십자가의 형태를 연결시킨 모양을 가지고 있다. 각각의 십자형태의 날개부분은 모두 거실이다. 한편, 십자형태의 교차부는 계단실이 되고 있다(그림 2-25).

십자형태의 중심부는 보통의 경우 방 하나 정도의 규모인데 비해 풍차형태의 중심부에서는 보다 넓은 공간이 형성된다. 뒤도크(Willem Marinus Dudok)의 힐베르쉼(Hilversum) 시청사(그림 2-26)나 아이엠 페이(I. M Pei)의 에버슨 미술관(그림 2-27)에서의 중심부는 중정이 되고 있다. 풍차형태의 또 하나의 큰 특징은 날개를 따라 회전하는 다이내믹한 동선이 도입된다는 점이다. 프랭크 로이드 라이트의 프라이스 타워에서는 정방형의 평면에 풍차의 형태를 의도적으로 30도 비틀어 중첩시킴으로써 풍차형태가 가지는 움직임이 강조되고 있다(그림 2-28).

풍차형태의 외측은 부분적으로 L자형의 벽 배치가 이루어진다. 여기에서는 앞부분의 L자형에 관한 설명의 서두에서 언급하였던 45도 방향으로 원심적으로 퍼져나가는 성질이 나타난다. 미스 반 데어 로에의 벽돌조의 컨트리하우스[2-12](그림 2-29)는 이러한 성질을 능숙하게 이용하고 있는데, 복수의 풍차형태를 45도 방향으로 연속시킴으로써 외부를 향해 공간이 원심적으로 길어지면서 확장되어 가는 다이내믹한 평면구성을 하고 있는 것이다.

방사형태를 수학적으로 표현하기 위해서는 중심점으로부터의 거리와 각도에 의한 극좌표가 사용되어진다. 이 각도와 거리가 항상 일정하다면 정다각형[2-13]이 되어 정적이고 구심적인 경향이 보다 강해지지만, 만일 그렇지 않다면 동적인 원심성이 보다 강해지게 된다. 알토의 작품에서는 외부공간을 향해 넓어져 가는 듯한 동적인 방사형의 평면을 가진 여러 사례를 찾아 볼 수 있다.

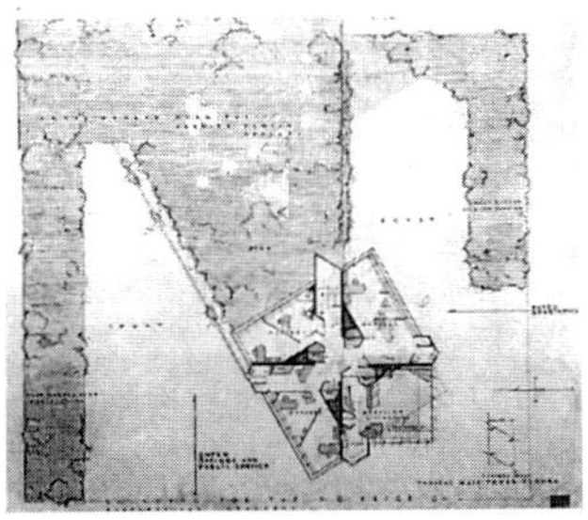
그림 2-28 프라이스 타워빌딩

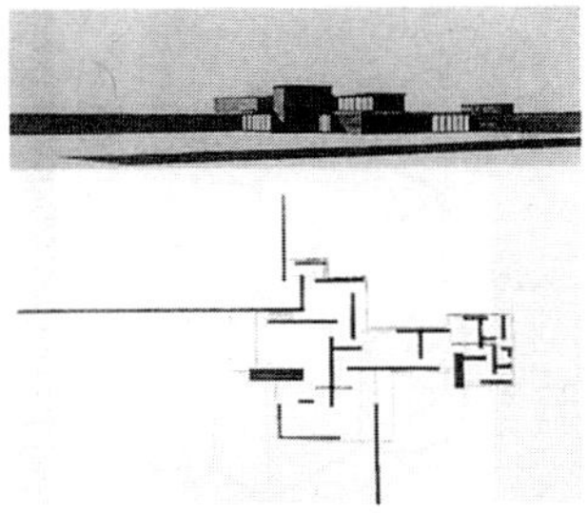
그림 2-29 벽돌조의 컨트리 하우스

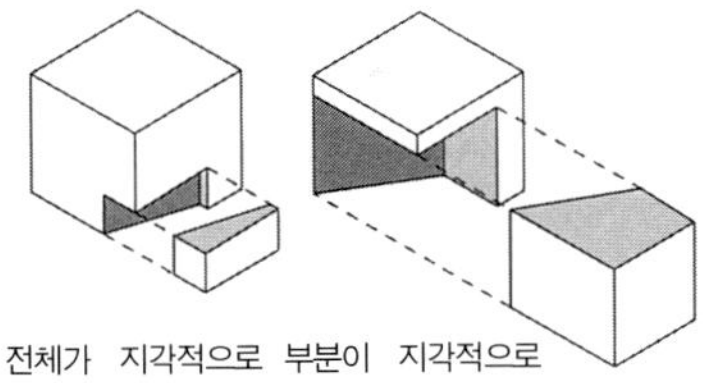

그림 3-1 감산적 조작의 2단계

3_ 형태의 기본조작

● 감산적, 가산적 형태

지금까지 단일체로서 비교적 완결되어 있는 형태가 가지는 의미를 살펴보았다. 다음으로는 이러한 형태에 조작을 부가하여 완결된 모양을 무너뜨리거나 두 가지의 형태를 조합시키는 등의 기본적인 수법에 대해서 살펴보고자 한다.

[감산적 조작]

어떤 완전한 형태로부터 그 볼륨의 일부를 덜어냄으로써 그 형태를 바꾸는 것이 가능하다. 감산적 조작(subtraction)을 통한 디자인은 크게 다음의 2단계로 나누어서 생각해 볼 수 있다(그림 3-1).

① 감산의 정도가 작으면 원래의 형태의 윤곽이 유지되고 부분에 대하여 전체가 지각적으로 우위에 있게 된다.

② 감산의 정도를 크게 하면 원래의 형태의 성질이 크게 바뀌고 전체에 대하여 부분이 지각적으로 우위에 있게 된다.

과스메이 자택은 ①에 해당하는 예로서 거실 앞의 테라스는 입방체의 볼륨에서 잘려나온 장소이다. 그러나 건물 전체의 윤곽을 남겨놓음으로써 외부공간을 입방체의 볼륨 속으로 끌어들여 건물의 표정에 깊이를 주고 있다(그림 3-2). 내터링 리데이크(Neutelings Riedijk)의 IJ Tower는 복합쇼핑센터의 집합 주택동 부분에서 입방체로부터의 감산적 디자인이 이루어지고 있다. 빠져 나오는 부분에 반드시 건물의 윤곽부분을 포함시켜 원래의 입방체의 윤곽이 희미해지므로 볼륨의 감산이 강조되고 있다(그림 3-3). 스티븐 홀의 MIT시몬스 홀도 같은 수법을 사용하고 있다.

니시자와 후미타카(西澤文隆)의 정면이 없는 주택은 직사각형의 부지 속에 수 개의 중정이 계획되어 있다. 각 실의 배치가 주체적인 형태를 구성하고 있다기보다는 중정에 의해 차감되어진 부분이 건물이 되고 있는 것이다. 이 건물은 외측으로부터 전체의 형태가 지각되는 것을 고려하고 있는 것이 아니라, 내부의 각 실로부터 체험되는 공간의 본연의 모습이 가장 중요한 점으로 고려되어 있는 것이다(그림 3-4).

그림 3-2 과스메이 자택

그림 3-3 IJ Tower

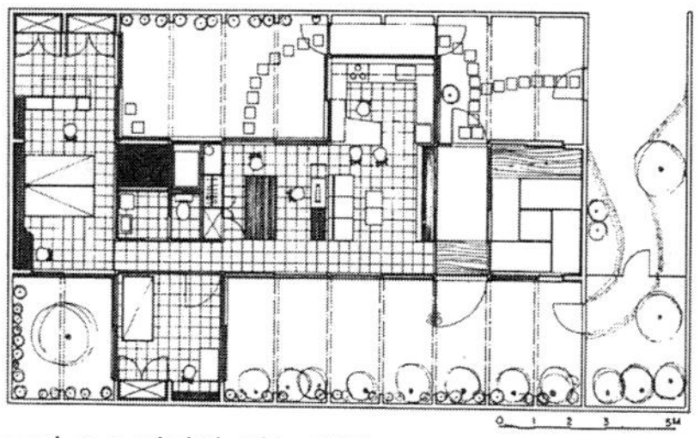

그림 3-4 정면이 없는 주택

이는 ②의 경우에 해당하는 예라고 할 수 있다.

실제의 건축작품 속에는 이 같은 두 요소를 절묘한 조화를 통하여 성립시킨 사례도 찾아볼 수 있다. 스티븐 홀의 벨뷰 미술관(Belleview Museum)에서는 건물 전체로부터 입체적으로 몇 개의 볼륨이 차감되어지고 있는데, 여기에서는 남겨진 각각의 볼륨이 부분적인 형태로서 확실한 존재감을 보이고 있으면서도 동시에 건물 전체의 윤곽도 상상력의 도움을 빌려 지각되고 있다(그림 3-5). 여기서 중요한 점은 그로 인하여 건축의 외부공간(차감된 보이드 부분)과 남겨진 건축의 솔리드한 볼륨이 어느 한쪽에 종속되는 것이 아니라, 경우에 따라서는 주역이 반전되는 듯한 거의 대등한 관계가 만들어지고 있는 것이다. 스티븐 홀의 작품에는 이렇듯 아주 교묘한 볼륨의 조작이 자주 나타나고 있는 것을 발견할 수 있다.

[가산적 조작]

가산적(Additional) 형태의 조작이란 어떠한 볼륨에 다른 형태를 부가시킴으로써 만들어진다. 가산적인 디자인에서는 형태가 부가되거나 빠져 나오거나 하기 때문에 특히 그 부분이 두드러지게 되고 지각적으로 우세하게 된다(그림 3-6). 또 MVRDV의 100세대의 노인용 집합주택에서처럼 가산적인 디자인은 건물이 식별 가능한 유닛의 집합이라는 이미지를 불러일으키게 된다(그림 3-7).

그림 3-5 벨뷰 미술관

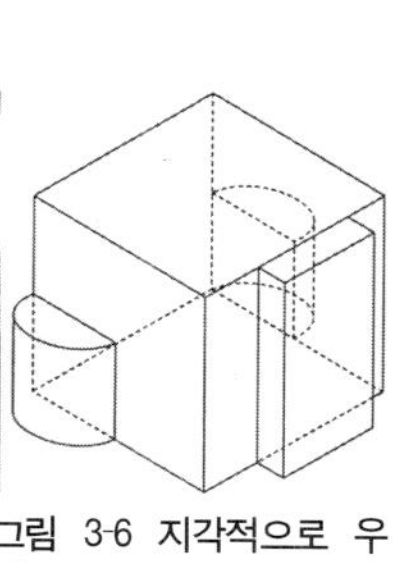

그림 3-6 지각적으로 우세한 부분

그림 3-7 100세대의 노인용 집합주택

프란시스 D. K 칭(Francis D. K. Ching)은 간단한 볼륨을 가산시키는 수법으로서 ① 공간의 장력 ② 모서리와 모서리의 접촉 ③ 면과 면의 접촉 ④ 상호관입이라는 4가지 경우를 들고 있다.[3-1] ①과 ②는 조합되어지는 형태의 각각의 성질이 유지되지만 ③과 ④의 경우에서는 점차로 명확치 않게 된다.

가산적인 디자인과 감산적인 디자인의 두 가지 개념을 병행하여 이용함으로써 디자인적인 풍부함을 한층 높이는 것도 가능하다. 앞서 예를 들었던 과스메이 자택도 감산적 조작을 통한 테라스와 함께 가산적 조작인 계단과 옥상으로부터 도출되어 있는 삼각의 톱 라이트가 외관상의 큰 악센트가 되고 있다.

● 중첩과 분할

[중첩]

두 가지의 형태를 겹쳐놓는 중첩의 수법에는 크게 다음 세 가지의 패턴이 있다(그림 3-8).

① 중심을 공유해서 겹쳐놓음으로써 서로의 형태의 특성이 상쇄되어 새로운 형태로 융합되는 경우(융합).

② 한쪽의 형태가 다른 쪽의 형태에 포함되어지는 경우(내포).

③ 두 가지의 형태가 각각의 특성을 유지하면서 서로 관입하여 일부의 볼륨을 공유하는 경우(관입).

이 중 어느 경우도 중첩되는 부분(②의 경우는 내측의 도형)이 원래의 형태에 대하여 특수한 의미를 가지는 장소가 된다는 점이 중첩의 가장 중요한 기본적 성격이다. ①에 해당하는 예로서 프랭크 로이드 라이트의 베스 쇼롬 유대교회(Beth Sholom Synagogue)가 있다. 중심을 공유하는 두 개의 삼각형을 중첩시킴으로써 육

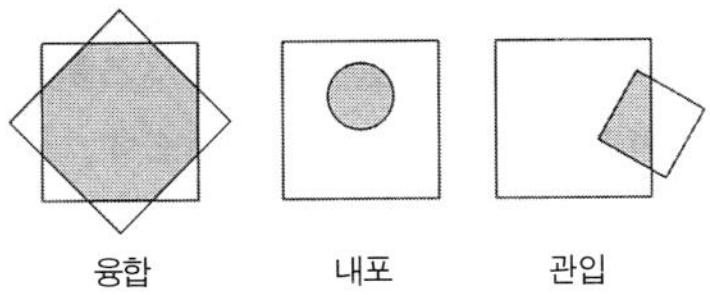

그림 3-8 형태의 중첩패턴

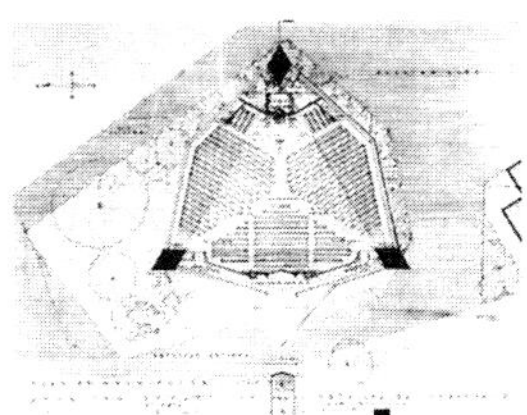

그림 3-9 베스 쇼롬 유대교회

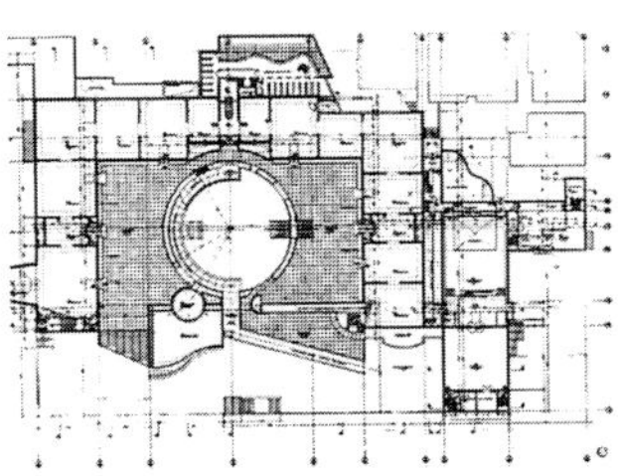

그림 3-10 슈투트가르트 현대미술관

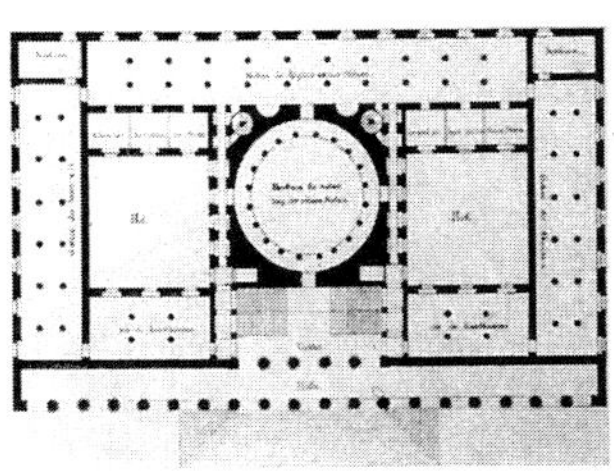

그림 3-11 알테스 뮤제움

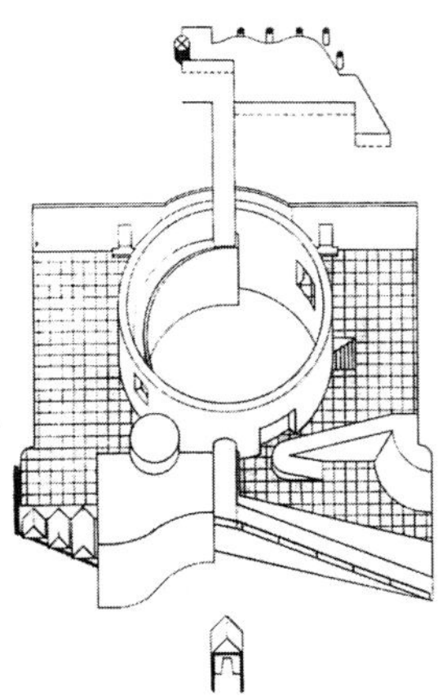

그림 3-12 원형 중정의 액소노메트릭

각형이 만들어지고 처음의 삼각형에는 없었던 구심적인 공간이 만들어지고 있다(그림 3-9, ➩p.205 그림 7-8). 이는 동시에 유대 문양의 아이콘을 형상하고 있는 것이기도 하다.

②의 예로서 빈번하게 이용되어 온 것은 입방형의 건물 내부에 구심적인 공간을 확보하기 위해서 원이 내포되는 경우이다. 내포된 모양의 특수성을 교묘하게 이용한 예로 제임스 스털링의 슈투트가르트 현대미술관이 있다(그림 3-10). 칼 프리드리히 쉰켈(Karl Friedrich Schinkel)의 알테스 뮤제움의 평면(그림 3-11)을 하부에 펼쳐놓고 그 위로 직사각형 평면의 내부에 원형의 중정이 계획되고 있다. 이 두 가지의 도형에는 건축이 맡고 있는 기능이나 동선 등의 면에서 서로 다른 기능이 할당되고 있다. 원형의 중정은 미술관 내부에서는 휴식의 장소이지만 외부로부터의 방문자가 통과할 수 있는 장소로도 이용되고 있다. 도형상에서 두 가지 형태가 중첩하는 부분은 관람자와 통과자가 함께 공간을 이용하는 장소로서 활용되고 있는 것이다. 또한 이렇듯 관람자와 통과자는 중정의 공간을 공유하게 되지만 외부에서는 관내로 들어갈 수 없게 함으로써 양자의 동선이 교묘하게 분리되어 있다는 것도 유의해야 할 점이다(그림 3-12).

③의 예로서는 이토 도요의 몇 가지의 작품을 예로 들 수 있다. P호텔이나 스와호(諏訪湖) 박물관에서는 객실이나 전시실 등의 선형의 볼륨 속으로 타원형의 엔트런스가 관입하고 있다. 이 타원의 형태는 입구의 위치를 외부에 알림과 동시에 내부에서는 건물의 중심인 엔트런스 홀의 위치를 결정하는 기능을 하고 있다(그림 3-13).

주변 콘텍스트와의 관계로부터 발생하는 형태의 중첩에 대해서도 살펴봐야 할 필요가 있다. 리차드 마이어의 시카고 문예박물관(The Chicago Athenaeum Museum)은 구불구불한 곡선 벽과 직선의 볼륨이 중첩하고 있는데, 이러한 구성은 전자가 대지 주변의 강측을 면하고 있으며 후자가 인접건물 측을 향하고 있기 때문이다(그림 3-14). 또 피터 아이젠만의 Cannaregio Town Square 계획안(그림 3-15), 베르나르 츄미의 라 빌레트 공원(p.54 그림 7-6)은 모두 대지가 갖는 기존의 콘텍스트에 현대

그림 3-13 스와호박물관

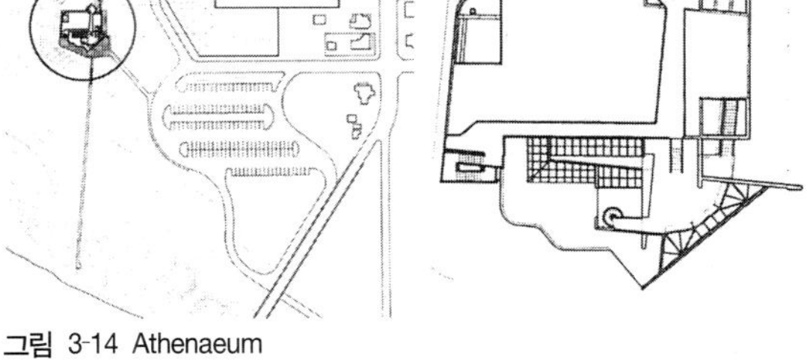
그림 3-14 Athenaeum

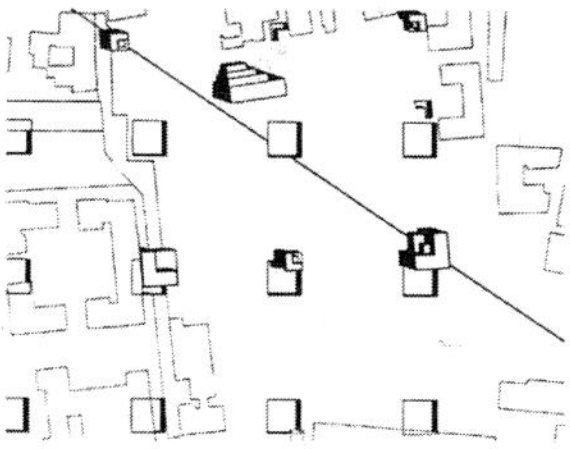

그림 3-15
Cannaregio Town Square 계획안

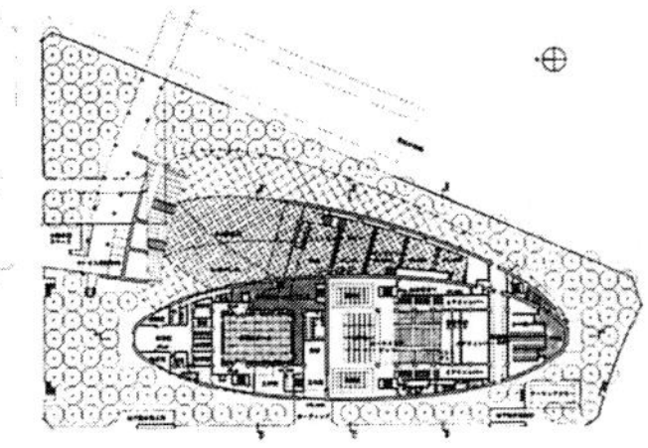

그림 3-16 나라 백주년 기념홀

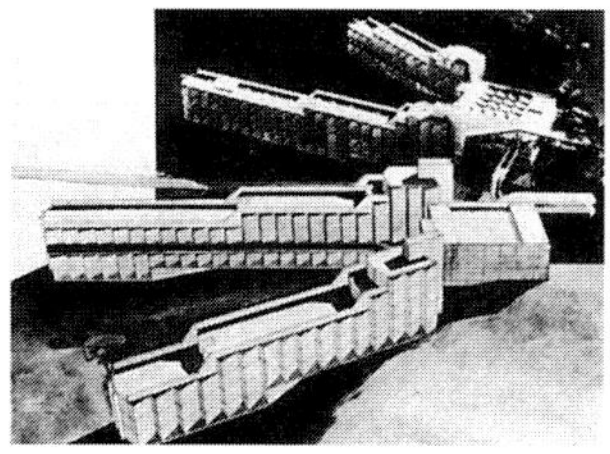

그림 3-17 세인트 앤드류대학 학생 기숙사

적인 그리드를 중첩시킴으로써 생겨나는 충돌부분에서 새로운 가능성을 발견하려는 시도인 것이다.[3-2]

[회전]

회전은 어떠한 형태를 그 각도를 비틀어가면서 중첩시키는 수법이다. 원 형태의 성질을 유지하면서도 비틀려 가는 역동성에 의해 회전의 중심에 대하여 방사상의 방향성이나 움직임이 만들어진다. 이소자키 아라타의 나라 100주년 기념홀에서는 타원을 회전시킨 공간이 원래 형태의 외주부를 따라 진입공간과 포이어(foyer)의 공간을 만들어 내고 있다(그림 3-16).

또 회전되어진 형태는 각각이 원래의 성질을 유지하고 있기 때문에 대등한 관계에 있는 반면, 회전의 중심은 특수한 장소가 된다. 스털링의 세인트 앤드류대학 학생기숙사에서는 회전의 중심은 입구와 관리동이 되고 있다(그림 3-17). 또 라이트의 탈리아신 웨스트에서는 평행하게 정돈된 볼륨을 따라 회전되어진 외부공간의 형태가 건물 주위를 맴도는 새로운 방향성과 리듬감을 가져다주고 있다. 회전의 중심은 건축의 볼륨으로 구성되어 있지는 않으나 정원이나 건물로 통하는 어프로치나 복도 등 복수의 외부공간을 연결하는 동선의 결절점이 되고 있다(그림 3-18, ➩p.204 그림 7-7).

[분할]

분할이란 한 형태의 윤곽은 유지하면서 그 안쪽을 보다 작은 형태로 나누어 분절해 가는 수법이다. 그러므로 단순한 형태의 외형 속에 공간의 대비나 시퀀스를 능숙하게 짜 넣음으로써 풍부한 내부를 어떻게 실현하는가가 중요하게 된다. 이 수법에 사용되는 많은 건축요소의 종류를 생각하면 여러 가지 공간의 분할방법이 있을 것이지만, 여기에서는 크게 다음의 경우로 나누어 살펴보기로 한다.

① 원래의 형태의 기하학적 성질에 입각한 분할

② 원래의 형태와는 다른 질서를 채용한 분할

①은 기본적으로 분할된 각 부분이 전체를 구성하는 유닛(단위요소)이 된다. 그 때문에 규칙적이고 이해하기 쉬운 구성이 되고 특히 라멘구조와의 호응이 쉬우므로 구조적으로도 합리적이다. 벽에 의한 분할뿐만 아니라 바닥의 레벨이나 천장고를 변

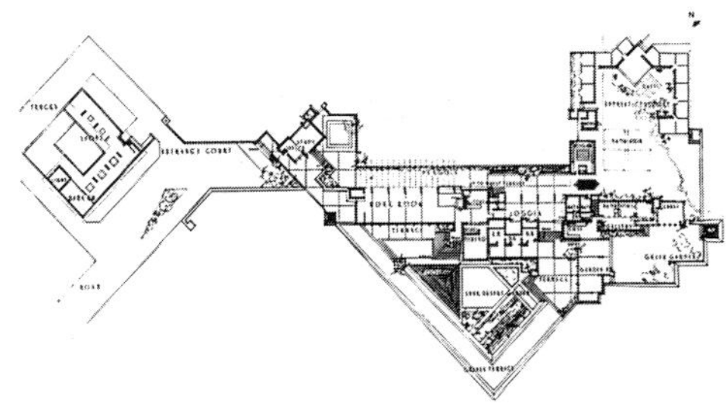

그림 3-18 탈리아신 웨스트

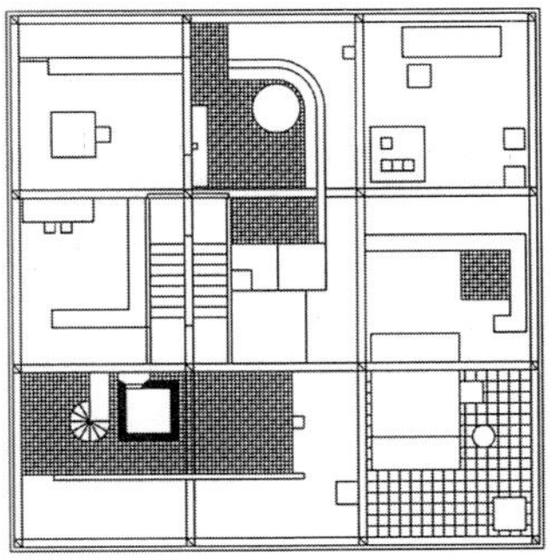

그림 3-19 House 7

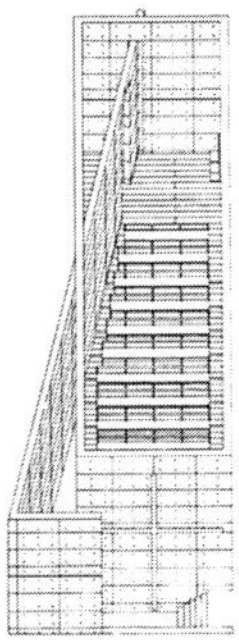

그림 3-20
빛의 교회

화시킴으로써 유닛들의 사이를 부드럽게 분할할 수도 있다. 존 헤이덕의 하우스7(그림 3-19)의 평면은 전체를 3×3으로 분할한 같은 크기의 9개의 유닛으로써 형성되고 있다. 각 유닛은 스케일적인 통일감을 가지면서도 각각의 성격이 다른 공간으로 변화가 풍부한 디자인을 보여주고 있다.

일본의 전통민가에서 공간을 넷으로 구획하는 경우도 같은 수법이 사용되고 있는 것으로, 날씨가 좋은 날 미닫이문을 떼어내면 보다 개방된 공간을 얻을 수 있는 것처럼 유닛에 의한 분할은 다시 쉽게 연결할 수 있다는 점이 중요한 성질이다.

②의 경우는 기본이 되는 형태에 몇 가지의 다른 질서를 가진 건축요소를 도입함으로써 내부의 장소를 특별한 공간으로 계획하는 수법이다. 안도 다다오의 빛의 교회에서는 직사각형의 교회당에 비스듬한 벽을 관통시켜 분할함으로써 직사각형 평면을 작은 엔트런스홀과 예배실로 분할하고 있다.[3-3](그림 3-20) 여기서 중요한 것은 이 특별한 비스듬한 벽을 관통시킴으로써 예배실로 진입하는 일종의 경건한 공간을 만들고 있다는 것이다.

4_ 형태의 조직화

건축의 규모가 커지고 보다 복잡한 기능을 필요로 하게 되면 하나의 건물은 많은 형태나 볼륨을 포함하게 된다. 이때 각각의 형태의 집합을 군이라고 하는데 다음에서는 이러한 군조형을 구성하기 위한 수법으로 형태의 조직화를 살펴보도록 하자.[4-1]

● 규칙성을 가진 군

[반복]

하나의 완결된 형태를 반복하게 되면 단일체 형태의 완결된 강인함은 상실되지만 반대로 단일체 형태에서는 야기될 수 없었던 안정된 리듬감을 만들어 낼 수 있다. 또 형태와 형태 사이의 장소나 공간을 이용할 수 있게 된다는 것도 큰 특징이다.

루이스 칸의 인도 경영대학은 강의실군과 학생기숙사군이 서로 다른 형태의 질서와 배열방향에 의해 대조적으로 반복됨으로써 모여 배우는 장소로서의 본연의 자세와 풍경이 표현되고 있다(그림 4-1). 니콜라스 그림쇼의 Grand Union Walk의 집합주택에서는 에어포일(aerofoil)[4-2]로 싸여진 볼륨(각 주거세대의 침실)이 반복되면서, 그 사이에 생겨나는 투명한 유리로 덮여진 공간이 열려진 거실로 디자인되어 있다(그림 4-2).

[리니어(Linear)]

리니어한 형태는 앞서 살펴보았던 중심축, 평행, 반복과 많은 부분에서 공통적인 성질을 가지고 있으나 여기에서는 특히 유닛들이 틈새 없이 선상으로 연속되고 있는 형태를 생각하고자 한다. 리니어한 형태는 굴절 혹은 구부러진 형태로 쉽게 조작이 가능하다. 이를 통하여 지형이나 대지조건에 부합시키거나 때로는 단조로움을 초래하는 지나치게 긴 리니어의 형태를 적당한 정도의 스케일로 분절하는 것이 가능해진다. 알바 알토의 MIT베이커하우스의 구부러진 평면은 이 좋은 예이다(그림 4-3). 리차드 마이어의 코넬대학 기숙사 계획안도 이 형태를 따른 것으로 여겨지고 있다.

[그리드(Grid)]

그리드는 크게 직교 그리드, 경사 그리드, 방사 그리드의 세 가지로 나누어진다.

직교 그리드는 자연계의 형상에서는 찾기 힘든 것으로 인공적인 이미지를 환기시킨다. 미스 반 데어 로에의 일리노이 공과대학 캠퍼스의 마스터 플랜[4-3](그림 4-4)이나 이소자키 아라타의 군마현립 근대미술관[4-4] (➪p.56 3장 타이틀 그림)은 건축의 형태 자체가 완전히 자립하고 있는 듯한 순수한 직교 그리드의 기하학을 추구한 건축이다.

또 직교 그리드에는 단일 그리드와 이중 그리드가 존재하는데 이들은 각각 치수, 안목치수에 해당한다. 후자는 모듈러 코디네이션[4-5]에 의한 공업화 주택에 이용되어져 왔다.

경사 그리드의 각도는 60도를 기본단위로 하는 것이 일반적이다. 2배수인 120도는 둔각, 180도는 직선을 만들 수 있기 때문이다. 프랭크 로이드 라이트는 경사 그리

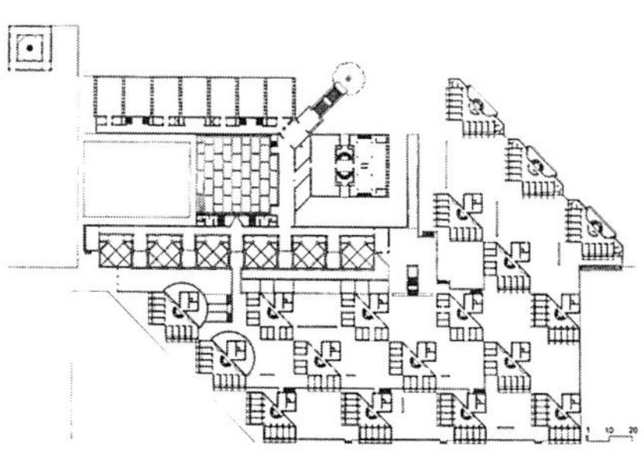

그림 4-1 인도 경영대학

그림 4-2 Grand Union Walk의 집합주택

리드를 자주 이용하고 있는데 정6각형의 형태와 60도 그리드를 교묘하게 통합하여 사용하고 있다. 직교 그리드의 다용성으로부터 기인한 확산성에 비하여 경사 그리드는 그와 달리 구심적인 공간을 형성시켜준다.

아크로폴리스(➪p.120 그림 3-2)에서의 각 신전의 배치에 대해 독시아디스(Doxiadis)는 프로필라이아(Propylaia)를 중심으로 한 방사 그리드 상에 위치하고 있다고 설명하고 있다(그림 4-5). 방사 그리드에서는 시점의 설정이라는 사고가 도입되고 있는 것이 가장 중요한 점이다.[4-6]

[반복상자구조]

반복상자구조란 동일한 형태를 스케일을 낮춰가면서 응축시켜 가는 구조로서 공간의 밀도를 높여감과 동시에 스케일 간의 계층성을 만들어 낼 수 있다.[4-7] 모즈나 몬타(毛綱モン太)의 반주거기(Anti-Dwelling Box)는 입방체와 정방형 3개의 볼륨으로 이루어진 상자구조를 가지고 있는데 각각이 환경, 가족, 인간의 의미를 가지고 있다(그림 4-6). 고대 이집트의 카르나크 신전(Karnak Temple)의 다주실은 평면상으로 연장되어진 상자구조로 신전의 가장 내측부의 성소를 향해서 기둥의 수와 스케일의 감소가 되풀이되면서 공간이 응축되어 가고 있다(그림 4-7).

로툰다(Rotunda)에서는 중심의 돔의 직경을 시작으로 그에 외접하는 4각형과 다시 그에 외접하는 원으로 이루어지는 형태의 구성을 수차례 되풀이함으로써 4방향

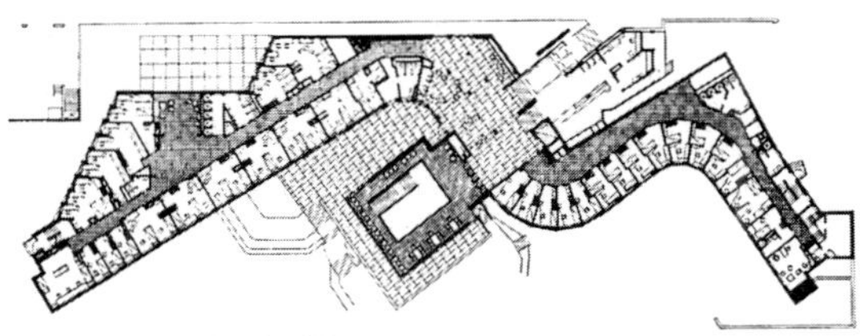

그림 4-3 MIT 베이커 하우스

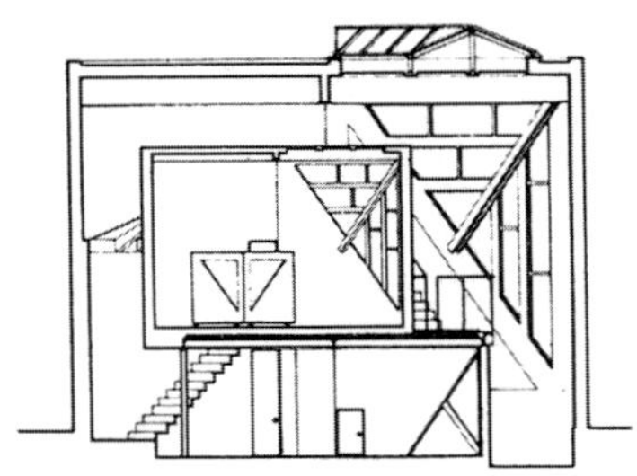

그림 4-6 Anti-Dwelling Box의 단면도

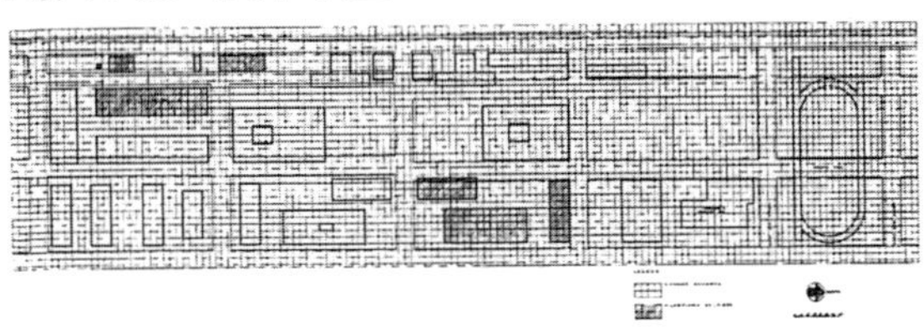

그림 4-4 일리노이 공과대학 배치계획

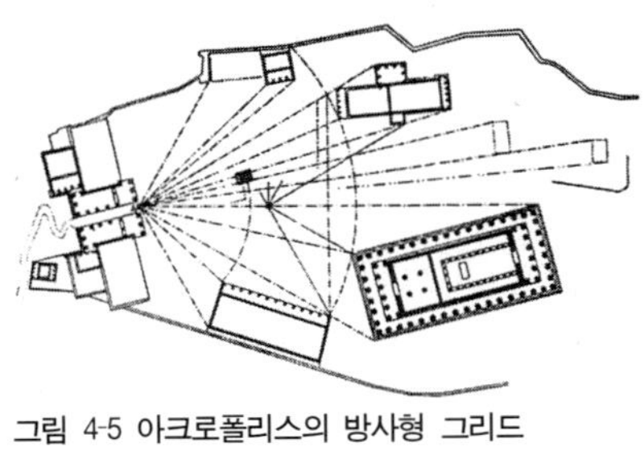

그림 4-5 아크로폴리스의 방사형 그리드

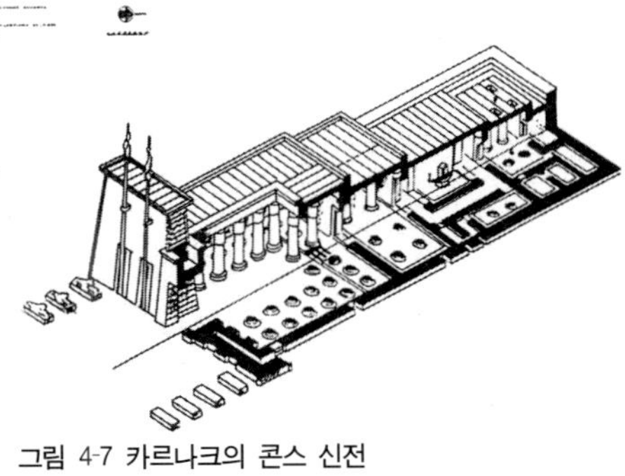

그림 4-7 카르나크의 콘스 신전

의 날개부의 평면치수가 결정되고 있다. 이상적인 기하학에 지배된 상자구조가 되고 있는 것이다(그림 4-8).

● 불규칙성과 역동성(dynamism)

[비대칭성(Asymmetry)]

근대건축의 여명기에 들어와 건축형태의 비대칭성이 주창되어지게 된다. 국제주의 양식(International Style)을 표방한 히치콕과 필립 존슨은 규격화된 구조 시스템의 근대건축은 새로운 질서를 가지게 된 것으로 인식하여 고전주의에서의 좌우 대칭성의 질서에 의문을 제기하면서,

> '비대칭적인 디자인의 도식은 현실적, 기술적, 미학적으로 바람직하다.'

라고 주장하였다.[4-8] 이는 근대의 시작에 들어와서도 여전히 고전주의 건축의 권위주의적 입장을 옹호하고 있었던 에콜 드 보자르에 대한 비판이었다.

[유기적]

프랭크 로이드 라이트의 건축공간의 유동성이나 핀란드의 자연을 근간으로 하는 알바 알토의 로맨틱한 곡선은 유기적 건축의 대표적인 예로서 잘 알려져 있으며 공간구성의 자유도나 감성을 기본적인 전제로 하고 있다.[4-9]

한편, 휴고 헤링(Hugo Haring)은 인간의 신체가 여러 가지의 내장기관으로 성립된다는 점과 비교하면서 '기관(organ)'[4-10]으로서의 건축을 주장하였다. 가르카우 농장(Garkau Farm)의 외양간에서는 65마리의 소를 한사람의 노동자가 관리할 수 있도록 고안된 구조가 그대로 형태를 결정하고 있다(그림 4-9). 즉, 유기적인 건축의 형태란 내부의 요구로부터 출발되어야 한다고 생각했던 것으로서, 이는 20세기 최초의 4반세기 동안 우세하였던 기계를 메타포로 하는 기능주의에 대한 안티테제였던 것이다.

한스 샤로운(Hans Scharoun)의 베를린 필하모니 음악당(그림 4-10)에는 이러한 헤링의 유기적인 생각이 계승되고 있다. 여러 개의 천막으로부터 매달려진 듯한 자유로운 외관을 가지고 있으나 이는 오케스트라를 사방의 둘러싼 부정형의 관객석에

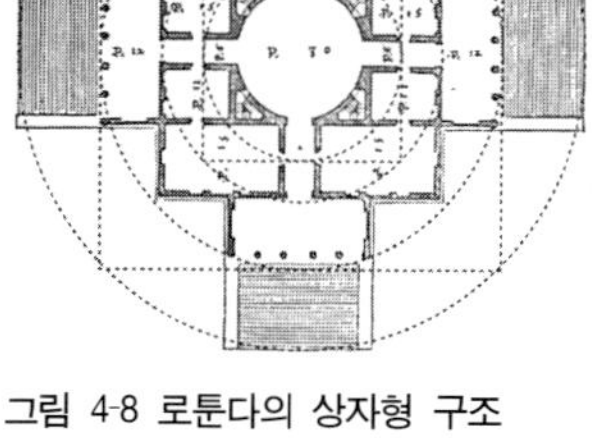

그림 4-8 로툰다의 상자형 구조

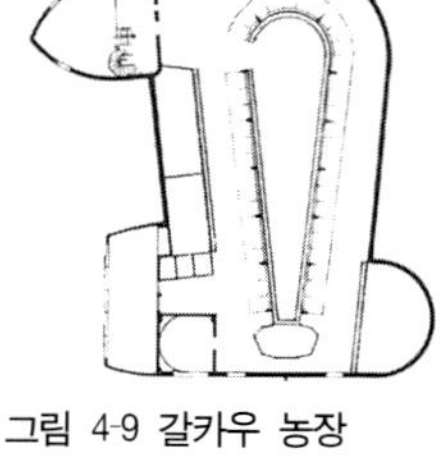

그림 4-9 갈카우 농장

그림 4-10 베를린 필하모니 음악당

서 내려다보는 평면의 실현이라고 하는 내부의 요구를 우선시 하고 있기 때문이다. 샤로운은 오케스트라는 계곡의 밑바닥, 관객석은 중턱의 포도밭, 천장은 하늘에 비유하고 있다.

월트 디즈니 콘서트홀(⇨p.53 그림 7-4)은 빌바오 구겐하임 미술관과 함께 유기적인 형태를 채용한 프랭크 게리의 대표작이다. 이 건물은 GPS를 이용해서 외벽의 시공을 수행하지 않으면 안될 만큼 획기적인 형태를 가지고 있는 것으로, 많은 외벽과 외벽의 틈으로부터 자연광이 흘러 들어오고 연주 홀 내부 이외에는 거의 건물 전체가 인공조명을 필요로 하지 않도록 건축 내부의 요구에 세심한 주의를 기울여 형태가 결정되고 있다는 점이 주목할 점이다(그림 4-11).

[클러스터(Cluster)]

클러스터는 서로 근접해야 하는 조건으로부터 군집에 의해 형태가 모여져 있는 것을 말한다. 윤곽, 크기, 소재 등의 요소들 중 유사한 것이 있다면 클러스터는 성립하게 된다. 기하학적인 모양의 군보다는 개개의 형태를 비교적 자유롭게 전체의 뼈대로 묶어 조합시킬 수 있다.[4-11]

전통적인 민가나 집락을 클러스터의 전형적인 예로 볼 수 있으며, 뉴멕시코 주의 타오스 푸에블로(Pueblo de Taos)[4-12]의 주거는 흙이라고 하는 공통된 소재로 형성된 크고 작은 다양한 볼륨이 모여져 있는 것이다(그림 4-12). 또한 전통적인 가옥들이 늘어선 거리는 이러한 클러스터의 사고로 볼 수 있으며 조화가 이루어진 경관을 만들어 내고 있다. 이는 예정된 조화라고 하기보다는 크리스토퍼 알렉산더가 지적하듯, 근대 이전의 세계에서 재료와 공법의 제한에 의해 사람들이 아무리 그들만의 독창성을 발휘하더라도 주위와 크게 차별화된 건물을 만드는 것은 어려웠다는 한계 속의 결과적 조화로서 현대에 사는 우리들도 유의해야 하는 점일 것이다.[4-13]

클러스터는 군(모임), 자유도, 작은 스케일과 같은 성질을 가지게 되므로 유치원이나 초등학교 등의 어린이를 위한 공간에 적합하게 된다.

그림 4-11 디즈니 콘서트 홀

그림 4-12 타로스 푸에블로의 주거

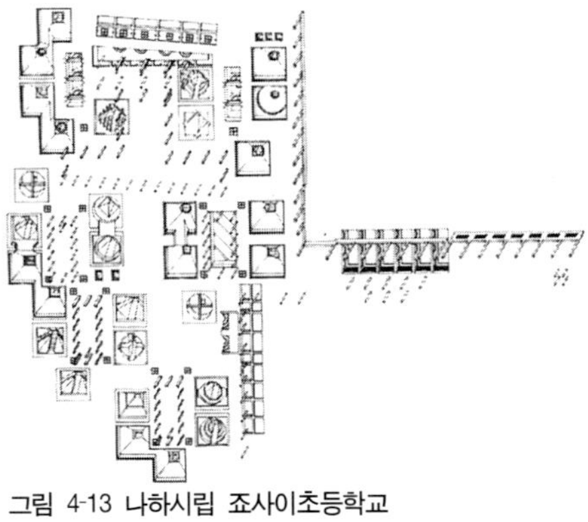
그림 4-13 나하시립 죠사이초등학교

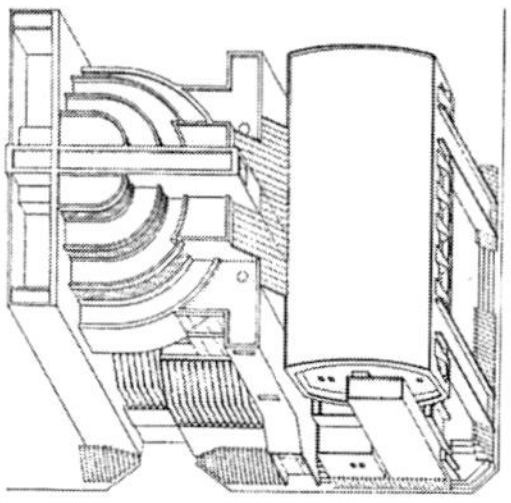

그림 4-14 오이타현 의사회관

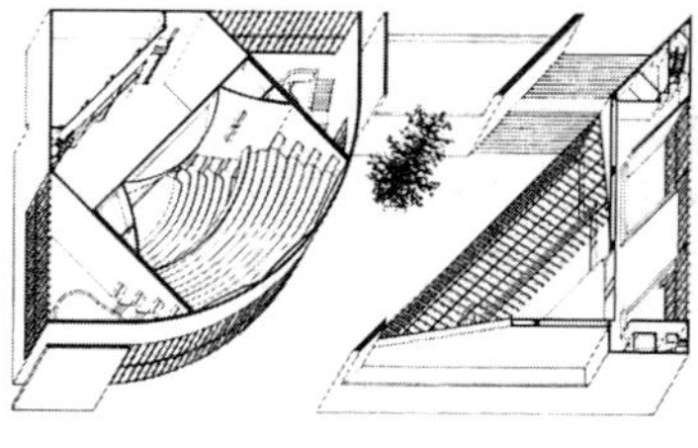

그림 4-15 폴 멜런 아트센터

그림 4-16 브라질리아 삼권광장

지붕의 형태는 클러스터를 구성하는데 대단히 중요하다. 클러스터 전체에 공통된 통합을 가져올 뿐 아니라 각각의 지붕이 가지는 굴뚝이나 톱 라이트는 개개의 형태에 중심성과 일정한 자립성을 부여하기 때문이다. 고아원으로 계획된 알도 반 아이크의 암스테르담의 어린이의 집(⇨p.45 그림 4-3,4, p.213 그림 2-9)이나 하라 히로시의 아틀리에 ϕ의 나하(那覇) 시립 죠사이초등학교(그림 4-13)는 그러한 좋은 예이다. 후자에서는 각 교실은 오키나와의 전통민가를 모티브로 하여 지붕의 외관이 통일되어 있으나 각각의 천장을 올려다보면 서로 다른 유쾌한 디자인이 이루어져 있다.

● 불규칙성의 조직화

[밸런스(balance)]

밸런스는 부분의 형태가 다르면서도 어떠한 균형상태가 실현되고 있는 것으로 다음의 세 가지로 나누어 생각해 볼 수 있다.

① 평면상의 형태배치에 의한 밸런스

② 입체적인 형태배치에 의한 밸런스

③ 솔리드(포지티브)와 보이드(네가티브)에 의한 밸런스

①은 평면상에서 두 종류의 서로 다른 형태를 대치시킨 것으로 이소자키의 오이타-현의 사회관(그림 4-14)이나 I.M 페이의 폴 멜런(Paul Mellon) 아트센터(그림

그림 4-17 오카야마 서부 경찰서

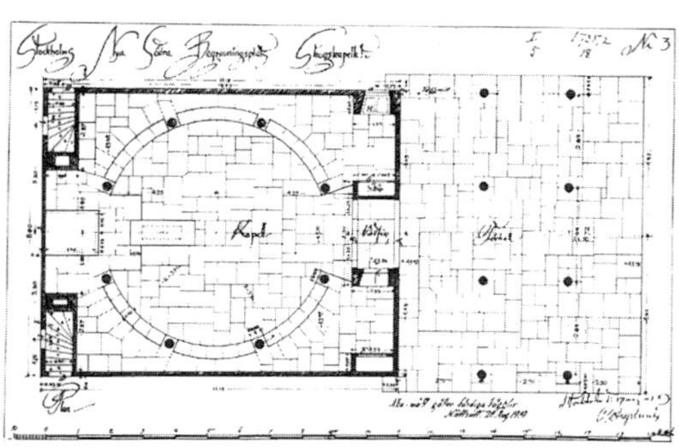

그림 4-18 숲의 예배당

4-15)를 들 수 있다. ②는 대비적인 볼륨의 조합에 의한 것으로 오스카 니마이어(Oscar Niemeyer)의 브라질리아의 삼권광장이 대표적인 예이다. 사법, 입법, 행정을 담당하는 국가의 최고 기관이 각각의 다른 형태로서 대치되고 있다(그림 4-16). ①과 ②는 서로 다른 형태가 긴장감을 유발하고 대비되면서 공존하고 있다는 점에 그 조합의 미묘함이 존재한다. ③의 경우는 솔리드와 보이드의 볼륨의 대치에 의한 밸런스로서 그 사례로는 리차드 마이어의 일련의 주택작품에서 빈번하게 보이는 보이드의 거주공간과 거실들(⇨p.40 그림 2-5), 이소자키의 오카야마 서부경찰서(그림 4-17)나 군너 아스프룬드의 숲의 예배당의 엔트런스 코트와 건물부분의 관계(그림 4-18) 등을 들 수 있다(⇨p.47 그림 5-7, p.191 그림 3-3).

[연결]

연결이란 각각으로는 분리되어 있는 서로 다른 형태들을 제3의 형태로 이어나가는 것이다. 특히 연결되는 형태와 다른 형태나 대비적인 형태를 이용하면 연결이 강조된다. 선, 원형, 사각형에 의한 연결의 예를 순서대로 살펴보도록 하자.

하우스14(1/2시리즈), 하우스15(3/4시리즈, 그림 4-19) 등의 헤이덕의 주택에서는 반원형, 삼각형, 직사각형 등의 분산된 형태가 선형의 공간으로 연결되어 있다. 결핵환자의 요양원인 알바 알토의 파이미오 요양소는 병동, 진찰동, 관리동 등이 감염예방을 위해서 분리되어 있고 각각의 건물은 최대한의 일사를 받을 수 있는 방향을 향하여 배치되어 있으면서 선형의 복도로 연결되고 있다(그림 4-20).

빌라 아드리아나(Villa Adriana)에서는 원형 보이드의 바다의 극장(theatro

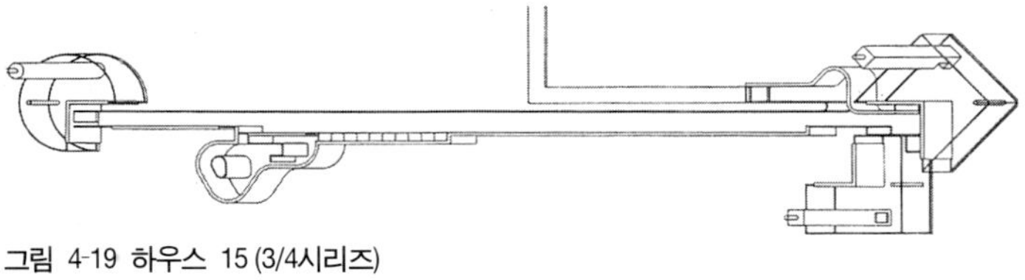

그림 4-19 하우스 15 (3/4시리즈)

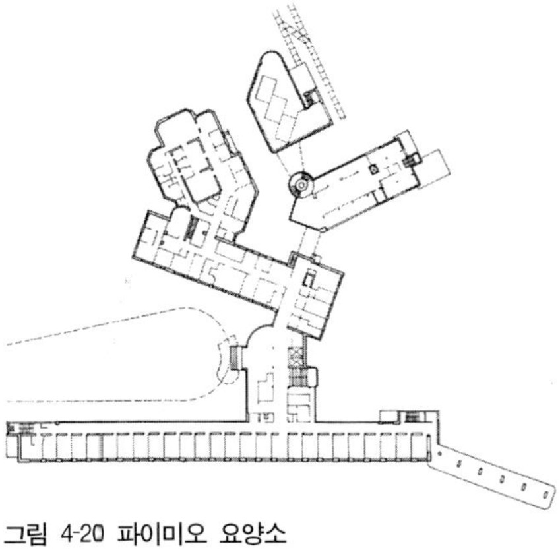

그림 4-20 파이미오 요양소

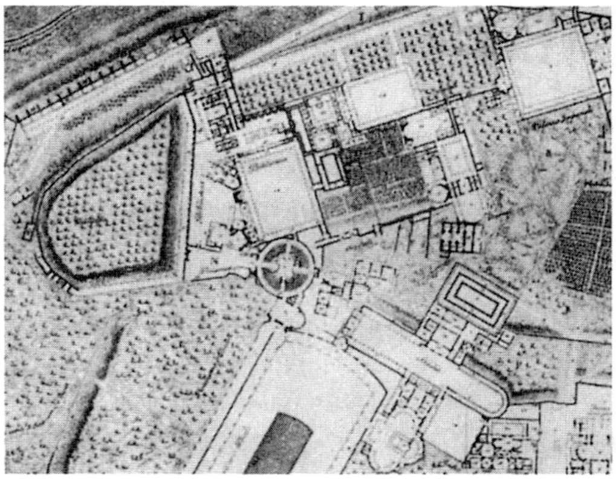

그림 4-21 빌라 아드리아나

maritimo)이 주위의 직사각형 형태들의 각도를 변화시키면서 연결되고 있다[4-14](그림 4-21).

고오야마 히사오는 전통적인 시토회 수도원[4-15]에서는 예배당과 수도원에서의 생활을 지원하는 여러 가지 실들이 사각형의 중정에 의해 훌륭하게 연결되어 있다고 언급하고 있다[4-16](그림 4-22). 여기에서는 주위의 솔리드한 볼륨이 대비적인 보이드의 중정에 의해 연결되어 있다는 것이 중요한 점이다.

[위요]

위요란 내포하는 불규칙한 형태를 조직화하는 수법으로서 유효하다.[4-17] 루이스 칸의 도미니칸 수도원 계획안(그림 4-23)은 먹고 기도하고 배우는 등의 인간의 기본적인 생활행위들은 각각 대등한 가치를 지니는 것이라고 하는 사고를 바탕으로 각각 별개의 볼륨으로써 다양한 각도로 배치된 후 수도사들의 개실에 의해 둘러싸여진 형식이 되고 있다.[4-18] 스티븐 홀의 Palazzo del Cinema는 객석 자체도 불규칙하게 늘어서 있으며, 입체적으로 조합되어져 공중에 부유하는 복수의 영사홀을 하나의 건물로 조직화하고 구조적으로 지지하기 위한 포이어로 둘러싸여져 있다(그림 4-24).

이상은 직선적인 형태로 둘러싸여진 예인데 비하여 르 코르뷔지에의 브라질리아의 프랑스 대사관(그림 4-25)이나 세지마 가즈요와 니시자와 류에의 가나자와 21세기 미술관(그림 4-26, ➩p.72 그림 5-9)과 같이 원형에 의해 둘러싸여지는 예도 찾아볼 수 있다.

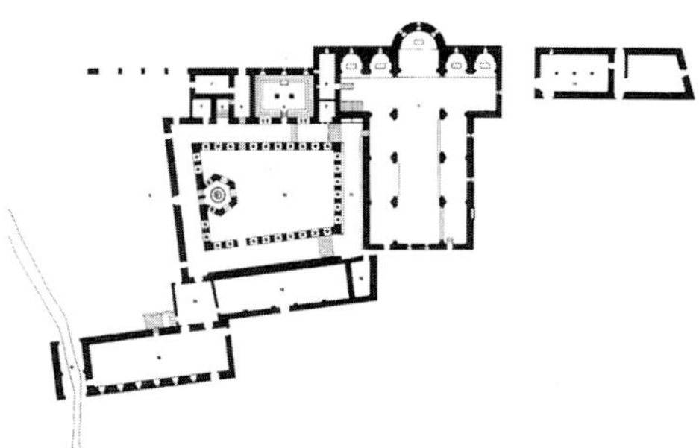
그림 4-22 토로네 수도원

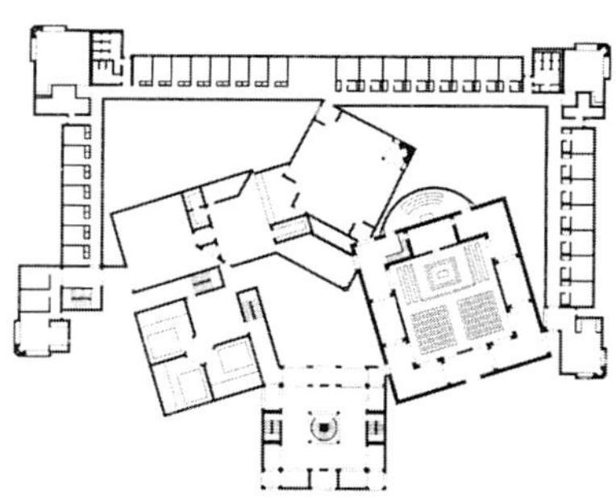
그림 4-23 도미니칸 수도원 계획안

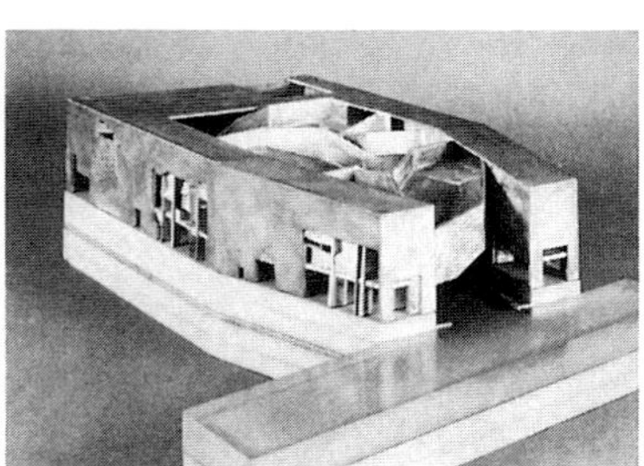
그림 4-24 Palazzo del Cinema

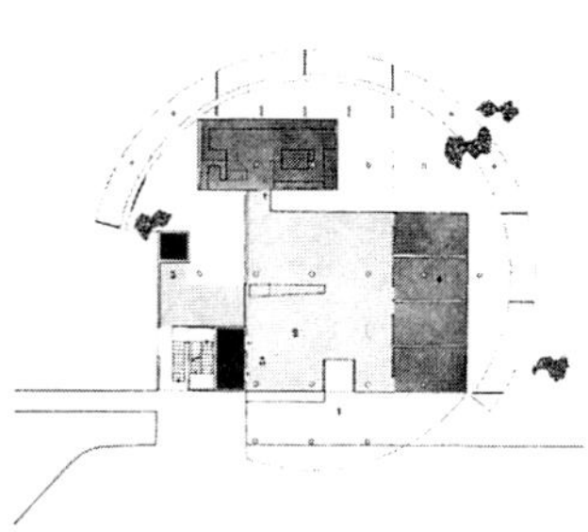
그림 4-25 브라질리아 프랑스 대사관

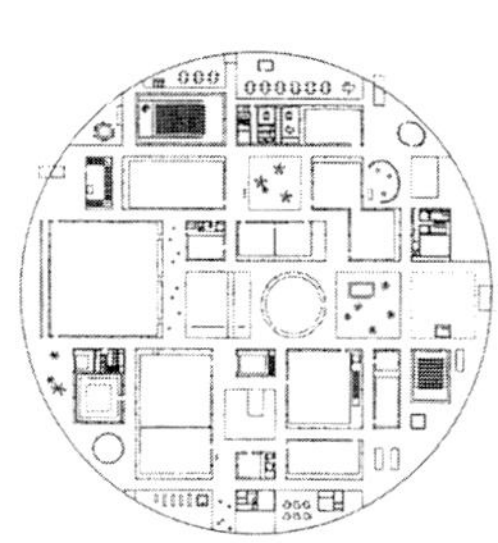
그림 4-26 가나자와 21세기 미술관

08 부분과 전체

조화, 신체, 미크로코스모스, 부분의 집합방식, 분절

타이틀 그림 : 프랭크 게리, Ray and Maria stata Center

1_ 부분과 전체의 개념

본 장의 테마는 부분과 전체이다. 건축에 대한 이야기를 시작하기 이전에 우선 '부분과 전체'의 개념에 대해서 간단히 살펴보고자 한다.

그리스의 철학자 아리스토텔레스(Aristoteles)는 『형이상학』의 제5권에서 '멜로스(부분) Melos'에 대해 4가지의 정의를 내렸다.[1-1] 그에 따르면 우리들이 일반적으로 생각하는 '어떤 사물이 분할될 때 생기는 「부분」' 이외에 '어떤 사물을 설명하기 위해 필요한 「요소」가 되는 것도 부분이다'라고 정의되어 있다.

한편, '전체'에 관한 오래된 정의 중에는 5세기의 신학자 프로클로스(Proklos)[1-2]가 저서 『신학원론』에서 ① 부분에 대해 우선하는 전체='원인'으로서의 전체 ② 부분으로 이루어진 전체='실체'로서의 전체 ③ 부분 속에 있는 전체='분유(分有)'에 의한 전체와 같은 3가지 구분을 제시하였다.

건축가 하라 히로시는 이러한 부분과 전체에 관한 고대 철학이론의 역사적인 추이를 그림 1-1과 같이 3단계로 분류하고 있다.[1-3] 그에 따르면, ① 현대에는 부분에 자립성이 부여되어 있으므로 전체라는 개념이 반드시 필요한 것은 아니다. ② '공동존립'이라는 철학자 에드먼드 후설(Edmund Husserl)의 개념에서 나타나듯이 '단편

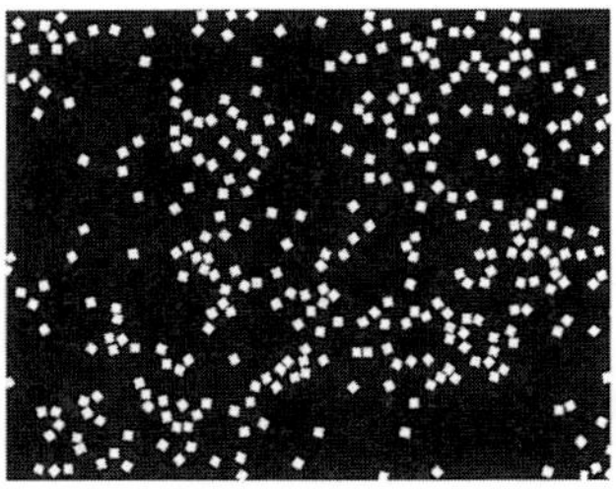

그림 1-2 엘만 드 브리에의 콜라주

그림 1-3 작은 부분의 표현 : 리차즈 생물학연구소

화한 것들을 모은 것'(브리콜라주와 위상)이 현대의 특징이라는 점이라고 하는 두 가지로 설명하고 있다(그림 1-2).

고대	전체의 우위 하나의 통일된 존재를 이상으로 여김
중세	① 전체는 부분의 합 ② 전체의 우위
현대	전체란 적당한 요소로부터 만들어진 부분집합의 집합(부분집합족) 부분의 선택방법은 위상의 상태(이산위상, 순서위상, 밀착위상)에 따라 다양함.

그림 1-1 부분과 전체에 관한 이론의 역사적 추이

● 건축에서의 부분과 전체

건축에 있어서 부분과 전체의 관계개념에 대해서는 아리스토텔레스의 개념에 따라 크게 두 가지 사고방식을 살펴보기로 한다.

첫 번째는 아리스토텔레스의 분할, 즉 '크기'(거리척도)를 통해 부분과 전체를 위계화 하는 것이다. 이는 치수(거리척도)가 작은 것을 부분으로 하고 큰 것을 전체로 하거나 혹은 작은 부분이 모여서 큰 전체를 이룬다는 간단한 사고방식에 의한 것이다. 건축의 세계에서는 부분을 세밀하게 묘사하는 상세도(디테일도)와 그 이외 축척의 도면(기본도, 일반도, 배치도, 광역도 등)을 구분함으로써 거리척도의 위계를 도면척도로서도 단계화시키고 있다.

건축이론가인 크리스티앙 노베르그 슐츠는 인간의 거주환경을 거리척도에 따라 상세로부터 광역까지 나누면서 '건축적 공간의 모든 단계'로서 '기물, 가구, 주거, 도시, 경관, 지리학적 스케일'의 6단계로 구분하였다[1-4](➪p.112 그림 5-2). 이 중 주거 스케일에 관해서는 고오야마 히사오가 루이스 칸의 '룸(room)'의 컨셉(➪p.110 그림 4-9)을 토대로 건축단위='셀(독방의 의미)'을 부분으로 보고, 셀이 모여서 이루어지는 거대한 공동체로서의 건축물을 전체로 한다는 개념을 나타내고 있다.[1-5]

> '평면, 즉 그것은 룸의 공동체로서 살고 일하고 공부하기에 적절한 하나의 장소이다.'
> '우선 개개의 실이 어떤 식으로 되고자 하는가를 생각하라, 그리고 그들을 통합시키기 위해 모아보도록 하자.'
> '건축이란 방의 사회학이다.'

이러한 칸의 언급은 자립한 작은 부분(룸)의 개성을 말살시키지 않고 전체를 구성

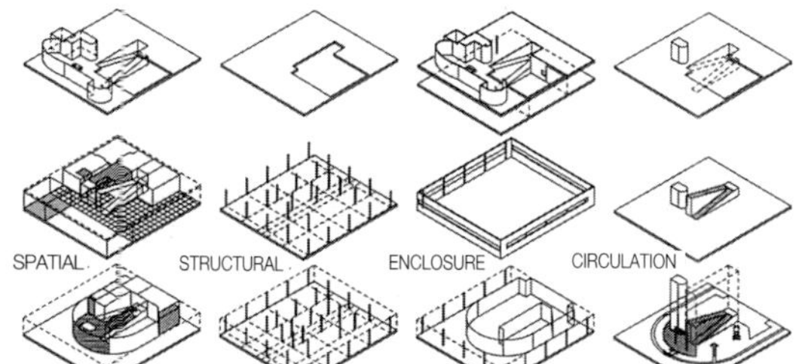

그림 1-4 부분으로서의 건축의 각 시스템(빌라 사보아)

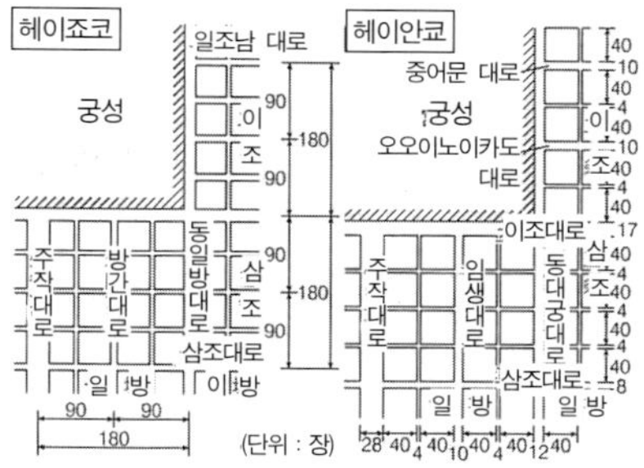

그림 1-5 헤이죠쿄와 헤이안쿄의 시가지 구성방식의 차이

해간다는 발상, 즉 신체를 중심으로 인간을 에워싸는 작은 공간단위를 기초로 하여 건축 전체를 형성하는 것에 대한 중요성을 강조한 것이다[1-6](그림 1-3).

다음으로는 아리스토텔레스가 지적한 '설명요소'를 따른 '시스템 구성'의 부분과 전체의 관계에 대해서 살펴보도록 한다. 이것은 그림 1-4와 같이 전체를 구성하는 '각 계(system)'를 부분으로 간주하는 사고방식이다. 이 그림에서는 건축 전체에 대해 공간시스템, 구조시스템, 인클로저 시스템, 동선시스템 등의 계로 분해한 것이 부분으로 간주되고 있다.[1-7] 반대로 전체는 각 시스템이 중첩[1-8]된 것이 되며, 오버레이 수법[1-9] 등 부분들을 서로 관계시킴으로써 전체설계를 제어하려는 발상을 낳게 된다.

● 전체로부터의 발상과 부분으로부터의 발상

일반적으로 건축과 도시의 설계에서 아이디어는 전체로부터 발상되어야 할 것인가 아니면 부분으로부터 발상되어야 할 것인가에 대해 많은 의견이 있을 수 있다.

실례로서는 먼저 오오타 히로타로가 지적한 헤이죠쿄(平城京)역자주 : 일본 나라시대의 708년경의 수도, 현재의 나라시 부근. 중국의 낙양이나 장안을 모방해서 조성되었다.와 헤이안쿄(平安京)역자주 : 794년 간무 천황이 나라에서 이전하여 현재의 일본 교토지방에 세운 일본의 수도. 기본적으로는 헤이죠쿄의 계획을 답습했으나 성벽은 없었다.의 구성방식의 차이를 살펴보도록 하자. 그림 1-5에서 블록과 가로의 척도의 차이에 주목해보면 8세기 초의 헤이죠쿄의 시가지 구획은 전체로부터의 발상인 것에 비하여 헤이안쿄에서는 부분으로부터 발상된 것을 이해할 수 있다. 헤이죠쿄는 '전체의 분할'에 의해 구성된 것에 비하여 헤이안쿄는 단위(블록과 가로)의 척도를 먼저 결정하고 그것을 더해나가는, 즉 '단위의 가산'에 의해 형성되었다고 할 수 있다.[1-10]

이상의 두 가지 설계법은 서구 고전건축에 있어서의 부분·전체에 질서를 부여하기 위해 사용된 방법론과 아주 흡사하다. 그림 1-6과 같이 ① 전체를 분할해 가는 설계법은 'H법(harmonic)·조화적 분할법' ② 단위를 가산해 가는 설계법은 'E법(empirical)·기준단위 가산에 의한 경험법' 등으로 각각 불리며, 대조적인 조작개념으로서 빈번히 사용되어 왔다. 기본적인 개념으로는 H법이 부분을 전체의 '분수'로 보고 질서를 부여하는 방법인 것에 반해 E법은 모든 부분을 기준단위의 '배수'로 규

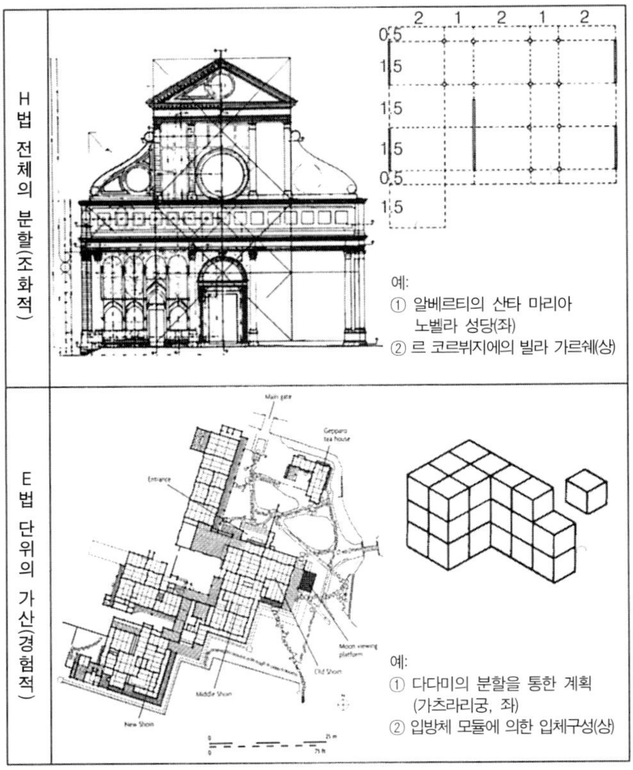

그림 1-6 H법과 E법

정짓는 구조로 이루어져 있다.[1-110]

위의 예들로부터 유추할 수 있듯이 실제의 설계에서는 부분에서의 발상과 전체에서의 발상의 양쪽을 상황에 맞게 적절하게 사용하면서 작업하는 것이 일반적이다. 그림 1-7은 전체~부분×추상~구상의 도식으로부터 이루어진 설계프로세스의 개념모델로서, 주택과 같이 우리에게 친숙한 부분으로 시작하여 전체로 이동하였다가 마지막에 부분으로 돌아오는 등 상황에 따라서 다양하게 다루어진다. 이러한 다양한 순서체계는 설계프로세스에 있어서 '엔트리 포인트(Entry Poin)'에 따른 다양성으로 불린다.[1-12]

● 지각하는 입장에서는 '부분'이 우선한다

20세기 이후 크게 발전한 심리학의 분야 중에서도 특히 게슈탈트 심리학은 건축분야에 있어서 흥미로운 성과를 수없이 제공하고 있다. 그 중에서도 부분과 전체의 관계에 관한 주장으로 주목할 만한 것들로는 지각의 입장에서 본 경우 '부분의 집적

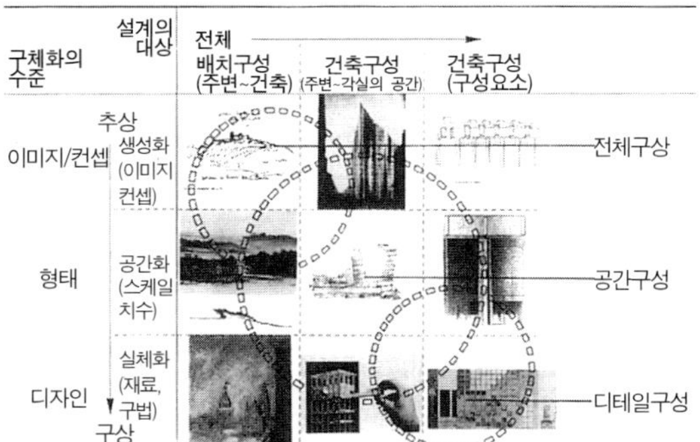

그림1-7a 가와사키 기요시(川崎清)의 설계프로세스 모델

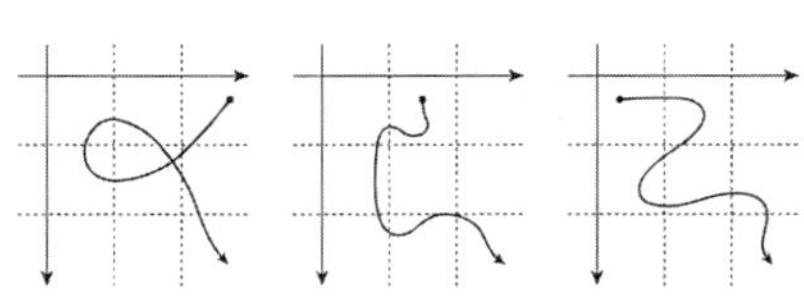

그림 1-7b 엔트리 포인트에 따른 다양성

과 그 결과로서의 전체는 별개이다'라는 주장이다.[1-13] 도시나 대규모 건축과 같은 스케일이 큰 축조물의 경우, 인간이 직접 지각할 수 있는 것은 일부분만이며 전체상을 한꺼번에 파악하는 것은 어려운 것이다. 전체의 모습은 부분지각의 집적을 토대로 인간이 내면에서 새롭게 구성하면서 인식되는 것이라고 할 수 있다.

그림 1-8 롤랑 시무네(Roland Simounet) 설계의 파리 피카소미술관

루돌프 아른하임은 이러한 게슈탈트 심리학의 관점을 토대로 건축조형과 지각의 문제에 대해 고찰하고 건축에 있어서는 ① 부분으로부터 전체를 생각한다는 점 ② 전체의 크기에 대한 지각이 분절된 부분의 지각으로부터 단계적으로 형성된다는 두 가지 점을 주장하면서[1-14] 다음과 같은 말을 남겼다.

> '보다 가까운 거리에서도 완전하게 파악되는 부분으로부터 먼 거리에 가서야 시야에 들어오는 전체의 이미지가 형성되는 등의 현상은 건축가에게는 오랜 시간에 걸친 좋은 훈련이 될 수 있을 것이다. (중략) 우리가 어떤 건물을 바라볼 때 크기는 단순히 그 크기만큼의 물체로서 그곳에 존재하는 것이 아니라, 우리들의 눈이 작은 단위에서보다 큰 부분으로 그리고 다시 더 큰 부분으로 옮겨감을 반복하여, 결국 마지막의 전체의 크기란 그때까지 어느 정도의 크기를 보았는가에 의해 지각적으로 측정된다 - 이른바 크기는 상당부분 내부적인 관계성의 문제인 것이다'

이와 같이 전체의 이미지는 우리들의 의식 속에서 구성되어가는 측면을 지닌다. 부분에서 전체로 흘러가는 지각의 프로세스는 20세기 초반의 예술가들이 주장한 '시공간의 개념'[1-15]이나 일본건축에서 나타나는 '공간의 연속적인 파악'[1-16]과 공통되는 점이 많으며 이는 또한 미로와 같은 건축공간의 경험, 도시에 있어서의 '근방공간'[1-17] 등의 인상을 체험할 때에도 우리들이 일상적으로 행하고 있는 행위인 것이다(그림 1-8).

2_ 조화와 비례(Proportion)

● 조화와 질서

서구 고전건축에서는 부분과 전체의 관계에 대해서 생각할 때에 '조화(Harmonia)'라는 개념이 역사적으로 중요시되었다. 그리스어로 '결합 · 조직'의 의미이며, 마치 음악의 화음(그림 2-1)이 다른 소리와의 공존적인 결합인 것처럼 다양함의 통일을 위한 원리를 지칭한 용어이다.

특히 기원전 6세기의 남부 이탈리아 크로톤을 중심으로 활동한 피타고라스 학파, 수를 사물의 본성(아르케 arkhe)이라고 보고 음악(무시케 Mousike), 천체와 우주(테

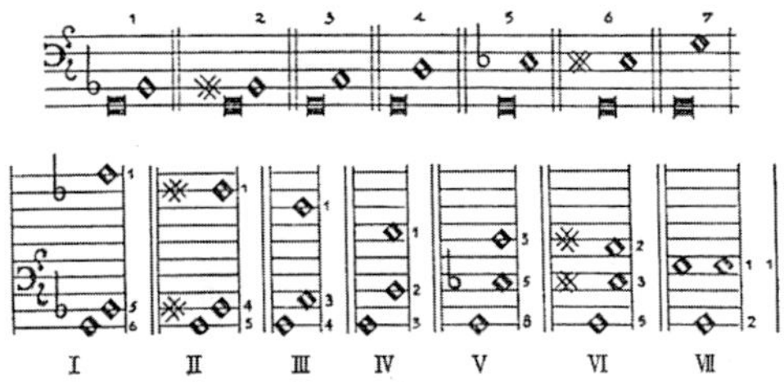

그림 2-1 화음의 비례(케플러 「우주구조의 신비」중에서)

오리아, Theoria)의 연구에 전념하여 사물의 수량적 관계로 이루어진 '질서 정연한 세계 이미지'를 구상한 것으로 유명하다.[2-1]

이 피타고라스 학파의 수적 조화에 대한 탐구는 고대 그리스건축의 미적 형식원리, 즉 기하학적인 비례를 통해 건축에서도 질서를 생성하려는 경향, 혹은 '미란 비례이다'라는 정의와 연결되어 가게 된다.[2-2]

또한 조화의 개념과 함께 철학자 소크라테스와 그 제자 플라톤에 의한 '질서(Taxis)'라는 개념도 '미'와의 관계 속에서 고찰되었다. 크세노폰(Xenophōn)은 『가정론(家政論) Oeconomicus』에서 스승 소크라테스의 말을 다음과 같이 전하고 있다.

> '인간에게 있어서 질서(Taxis)만큼 유익하고 아름다운 것은 없다. … 요컨대 훌륭하게 배치된 것들 중에 아름답게 보이지 않는 것은 없다.'

플라톤 또한 『고르기아스(Gorgias)』에서,

> '질서(taxis kai kosmos)를 갖추어 지어진 집은 유용(kherstos)하며 무질서한 집은 좋지 않은 집이다.'

라고 서술하고 있다. 이렇듯 고대에는 '유용한 것'과 '아름다운 것'이 Taxis의 개념에 의해 종합적으로 판단되고 있었다.[2-3]

그렇다면 이 같은 조화와 질서의 개념은 현재의 건축에도 유효한 것일까?

> '건축가는 형태를 정돈한다는 자기 자신의 정신의 순수한 상상을 통해 질서를 실현시키고 형태를 통해 우리들의 감각에 강하게 호소하며 조형적인 감동을 불러일으킨다. 여기에서 생겨나는 비례는 우리들에게 깊은 공명을 일깨워 주고 세계의 비례와 조화를 느낄 수 있는 질서의 운율을 부여해 우리들의 감성과 다양한 작용을 확정짓는다. 이 때에 우리들은 아름다움을 느끼는 것이다.'

> '건축은 구조를 강조하거나 다양한 요구들을 만족시키는 것 이외에 다른 목적이나 의미를 지니고 있다. 특히 건축은 뛰어난 예술이자 플라톤적인 위대함, 수학적인 질서, 감동을 불러일으키는 모든 관계를 통해서 조화를 음미하여 지각으로 이끄는 것이다. 이것이 바로 건축의 목적이다.'

이와 같이 르 코르뷔지에가 '건축을 향하여'(그림 2-2)에서 논한 '조화 · 질서 · 미 · 건축의 목적'에 관한 주장,[2-4] 또는 프랭크 로이드 라이트가 '완일성(integral sense)'을 키워드로 한 다음의 말[2-5] 안에서 그 해답을 찾을 수 있을 것이다.

> '본질(Entity)로서의 완일성이 가장 중요하다. 이 완일성이라는 의미는 모든 부분들이 조화로운 전체의 일부분이라는 사실 외에도 그 일부분 자체만으로는 어떤 가치도 가지지 못한다는 의미이다.'

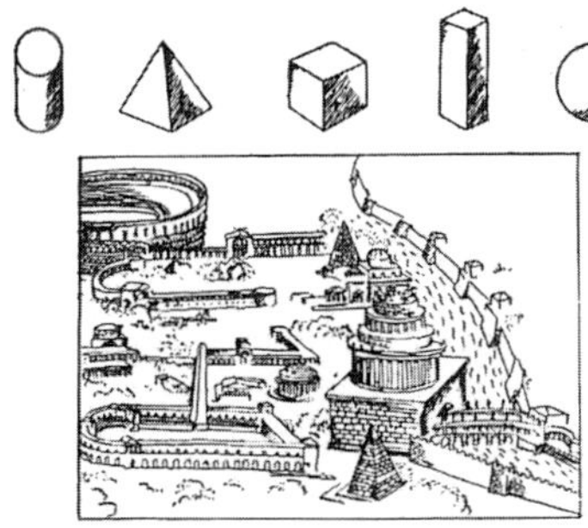

그림 2-2 르 코르뷔지에의 입체스케치

그림 2-3 프랭크 로이드 라이트의 야마무라 하우스의 부분

이와 같이 근대의 거장들의 주장이 고대의 사상과 놀라울 정도로 유사한 사실에서, 건축의 본질과 함께 거장의 비범함을 엿볼 수가 있다(그림 2-3).

● 신전의 심메트리아

앞에서 언급한 거장들의 주장 이외에 고대의 부분 · 전체의 조화와 질서의 형식을 전해주는 실례 중의 하나로 그리스 신전의 '오더'[2-6]와 '주할'[2-7]의 체계가 있다. 이 체계에 대한 가장 오래된 해설은 비트루비우스의 건축십서 제1서 2장에 '개개의 부분에서 전체의 형상에 이르기까지 일정 부분을 따른다는 것 = 심메트리아의 원리'가 있다.[2-8] 이것은 기둥의 모듈러스(반경)[2-9]를 기준으로 주초 · 주신 · 주두와 주상의 엔태블러처[2-9] 각 부분의 비례가 결정되어 있으며, 나아가 '정면의 기둥 수'와 '기둥의 배치형식'을 지정함으로써 신전의 정면폭 · 측면폭까지의 결정이 가능하다는 체계를 말하는 것이다.[2-10](그림 2-4, ➩p.103 그림 3-6) 예를 들어 기둥의 굵기와 같은 '부분'이 결정되면 신전 '전체'가 구성되는 조화관계가 체계화되어 있었던 것이다.

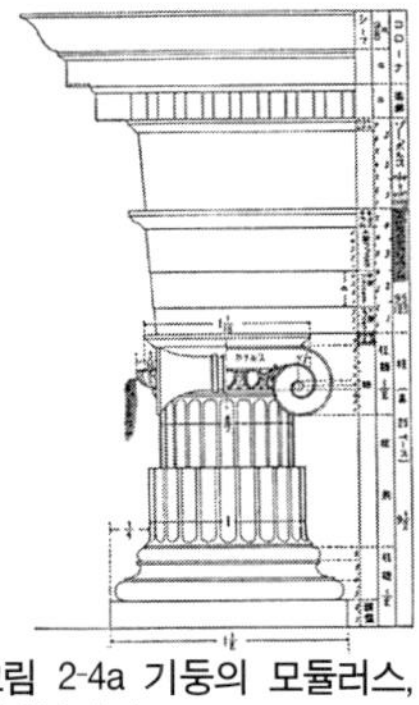

그림 2-4a 기둥의 모듈러스, 엔태블러처

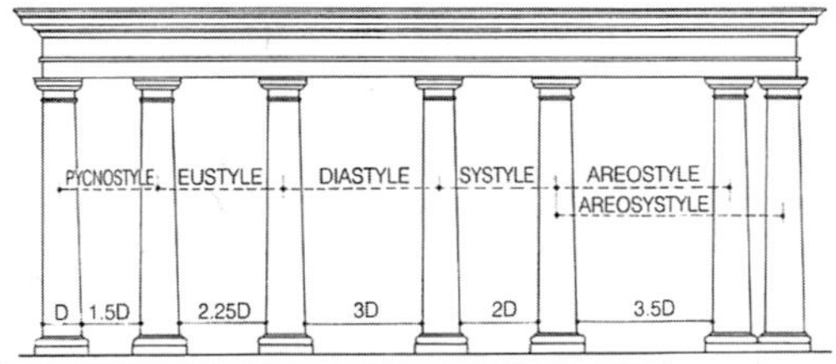

Inter Columniation(열주의 형식)	주간의 간격	기둥의 높이[3]
PYCNOSTYLE(밀주식)	① 5D [1]	10D
SYSTYLE(집주식)	2D	9.5D
EUSTYLE(정주식)	② 25D	9.5D
DIASTYLE(격주식)	3D	8.5D
AREOSTYLE(소주식)	③ 5or4D [2]	8D

신전의 기둥간격과 비례

*1 : D는 원주의 하부직경

*2 : 치수규정은 없다. 기둥 사이가 넓기 때문에 엔태블러처는 목조가 된다.

*3 : 주열의 간격이 늘어나면 비례적으로 기둥의 굵기도 늘어나도록 되어있다. 이는 주신을 빈약하게 보이지 않게 하기 위해서이다.

그림 2-4b 주할(기둥의 간격)

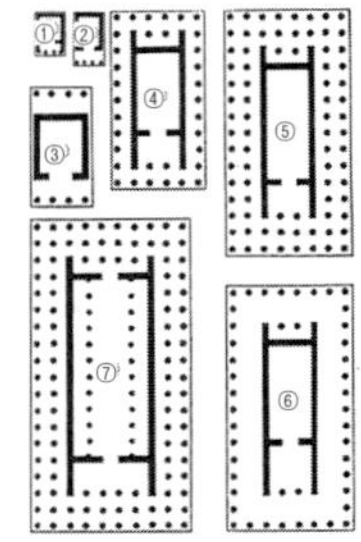

① 인 = 안티스식(in-antis)
② 전주식(prostyle)
③ 양전주식(amphiprostyle)
④ 주익식(peristyle)
⑤ 이중 주익식(dipteral)
⑥ 의사이중주익식(pseudodipteral)
⑦ 노천식(hypaethral)

그림 2-4c 기둥배치

● 르네상스의 원주학

그리스, 로마시대에 탄생한 오더는 이후 15세기 르네상스 시대부터 18세기까지 당시의 건축가들에 의해 철저히 연구되었다. 16세기에는 세바스티아노 세를리오(Sebastiano Serlio), 자코모 다 비뇰라(Giacomo Barozzi da Vignola), 안드레아 팔라디오, 필리베르 들로름(Philibert de l'Orme) 등이 이론서를 출판하고 1650년에는 각 건축가들이 오더의 차이를 비교한 프레아르 드 샴브래이(Freart de Chambray)의 『고대건축과 현대건축의 비교(Parallele de l'Architecture Antique avec La Modernee)』가 완성되었다(그림 2-5).

> '아름다움은 다음과 같은 것들로부터 생겨난다. 아름다운 형식, 전체와 각 부분의 대응관계, 각 부분 상호간의 대응관계, 그리고 그 각 부분과 전체와의 대응관계로부터 생겨나는 것이다.'

팔라디오의 이러한 언급[2-11]에서 알 수 있듯이, 실제 작품을 만들어가면서도 건축가로서의 조화를 추구하는 정열은 변함없이 존재해 왔다(그림 2-6).

건축가 빈첸초 스카모치(Vincenzo Scamozzi)는 1615년의 저서 『건축의 일반적 이념 (L'Idea dell'Archittectura Universale)』에서 오더란 원리적으로 신에 의해 만들어진 세계와 자연의 작용원리, 즉 '우주의 기구(Macchina del Mondo)'라고까지 칭송하였다.[2-12] 이러한 끊임없는 오더의 추구라는 역사적 흐름에 대해서, 20세기 건축사가인 존 서머슨(John Summerson)은 르네상스시대의 위대한 업적은 로마건축의 모방에 있는 것이 아니라, 모든 건축의 기획에서 응용 가능한 '규범(Rule)'이 되는 고대의 건축문법을 체계화한 점에 있다고 하면서,

> '고전주의 건축의 목적은 항상 각 부분의 조화를 분명히 증명할 수 있는 형태로 만들고자 한 것이었다.'

라고 종합하여 설명하고 있다.[2-13]

● 알베르티의 수적 '균형(concinnitas)'

르네상스 건축가 중에서도 알베르티는 1452년에 출판된 그의 저서 『건축론(De re aedificatoria)』에서 ① 미란 고유하면서 내면적인 것 ② 장식과 건축 본체의

그림 2-5 클로드 페로의 5가지 오더

그림 2-6 팔라디오의 바실리카

그림 2-7a 알베르티의 산 탄드레아 교회

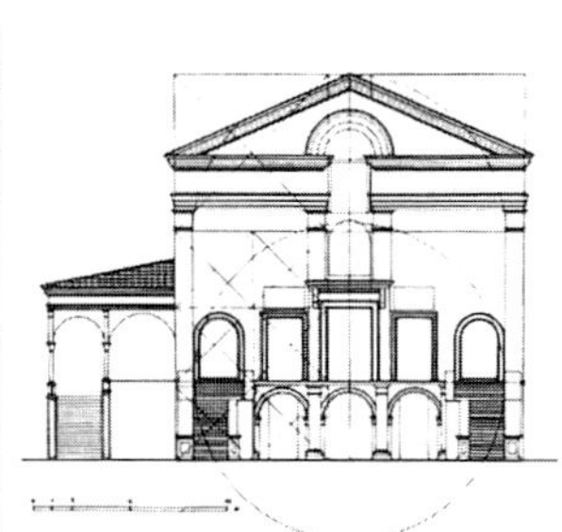

그림 2-7b 산 세바스티아노 교회 입면도

아름다움과는 구별된다[2-14](건축론 6.2)라고 하며 당시의 선구적인 주장을 펼쳤다. 부분과 전체의 조화에 대해서도 'Concinnitas : 조화로운 구성, 균형'이라는 표현을 사용하면서,

> '건축은 모두 윤곽선과 구조로 구성되고 있는 것이다. … 윤곽성의 작용은 … 건물과 건물의 부분에 정확한 위치, 특정한 수치(비례), 권위로운 모습 또는 유쾌한 질서감을 미리 결정하는 것이다(건축론 1.1).'
>
> '미란 이론적 방법을 동반한 모든 구성부분의 균형과 조화(Concinnitas)로부터 얻어지는 것이며, 쇠퇴함 없이는 부분들의 어떤 하나를 증감시키거나 혹은 이동시킬 수 없는 상태의 것이다(건축론 6.2)'.

라고 주장하였다.[2-15] 알베르티의 부분 · 전체의 조화이론은 피타고라스 · 플라톤의 수의 형이상학을 토대로 하면서 수의 균형과 조화(비례)의 관계로써 철저하게 설명하고 있는 점이 특징적이며,[2-16] 구체적으로는 ① 수(Numerus) ② 마감면의 윤곽(Finitio) 및 ③ 배치(Collocatio)의 세 가지 원리를 통해서 해설하고 있다[2-17](그림 2-7).

● 입체적인 비례

상기의 이론은 원래 단순한 평면적인 것이었으나 알베르티와 팔라디오의 이론서에서는 각 실의 폭 · 깊이는 물론 높이의 산정방법에까지 그 적용범위가 확대되었다. 알베르티의 건축서에서는 원형 신전의 구면천장까지의 내벽 높이는 평면 직경 2/3, 3/4, 11/14의 배율이 자주 사용되었다는 점을 지적하고 있으며,[2-18] 팔라디오의 저서 『건축사서(I Quattro Libri dell' Architettura)』의 '주 실에 부속된 실들의 높이에 관한 장'에서는 방의 폭 b · 길이 l로부터 높이 h를 결정하는 3가지 방법이 그림으로 설명되어 있다[2-19](그림 2-8). 특히 팔라디오는 정방형 평면의 방의 경우 높이는 폭 · 길이와 같을 것, 즉 입방체(cube)의 방이 이상적인 것으로 보았다.

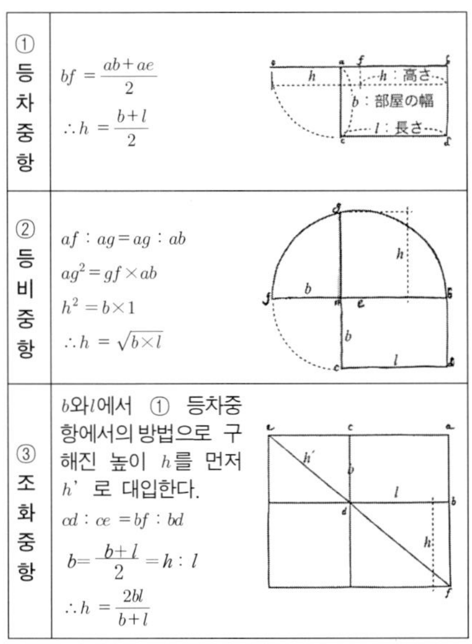

그림 2-8 '건축사서'의 3가지 작도법

이와 같이 르네상스시대의 각 실의 이상적인 비례가 3차원적 성질을 띠게 된 점에 대하여 루돌프 비트코버(Rudolf Wittkower)는 알베르티와 레오나르도 다빈치 등과 같은 예술가들에게 있어서 '비례조화의 개념은 이미 공간개념과 관련되어 있었다'라고 지적했다.[2-20] 또한 스즈키 히로유키의 저서 『건축의 일곱 가지 힘』에서는 오더를 발전시켜 가는 과정을 거쳐 최종적으로 가로 세로 높이의 비례 = 1 : 2 : 1의 더블큐브(입방체

그림 2-9 일본 다이고지(醍醐寺)의 5중탑

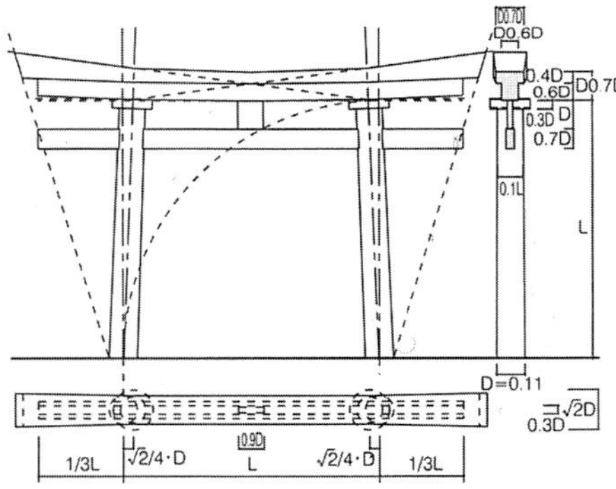

그림 2-10 도리이의 기와리(나카가와 다케시 박사의 방식)

두 개를 나란히 배열한 것)가 가장 좋다는 결론이 내려졌다고 한다.[2-21]

● **기와리(木割)와 쇼메이(匠明)**

지금까지 살펴본 것과 같은 조화로운 부분 · 전체의 관계 지향성은 중세, 근세의 일본건축에서도 발견할 수 있다(그림 2-9). 중세 말기부터 근세 초기의 건축설계기술을 체계적으로 서술한 헤이노치 마사노부(平内政信)의 『쇼메이(匠明, 1608)』에는 전통목조의 비례체계가 전해지고 있다. 일본에서는 건물의 규모에 따라서 주간(기둥간격)[2-22]으로부터 기둥의 굵기 치수를 결정하고, 기둥 굵기를 기준으로 각 부재의 치수를 비례적으로 산출해가는 행위를 '기와리(木割)'라고 하며 그림 2-10은 쇼메이 '샤키슈우(社記集)'에 실린 토리이의 실제 사례를 보여주고 있다. 일반적으로 비례치는 기준치수의 배수 또는 분수관계로 간결하게 표현할 수 있도록 조직화되어 있고[2-23] (그림 2-11) 이러한 객관적 치수체계의 정비 · 기술의 공동화를 통해 도료우(棟梁 : 목수들의 우두머리, 우리말로는 도편수)-가미다이쿠(上大工, 상위목수)-시모타이쿠(下大工 : 하위목수)-도제와 같은 목수집단이 근세에는 생산성이 높은 조직으로 재편되어진다. 특히 근세의 '도세이호(當世法)'에서는 주간을 6.5척으로 정하고 일반민가나 스키야조의 설계에서는 '다다미와리(畳割)'[2-24]의 수법이 발달함과 동시에 유통과정의 정비도 이루어져 있어 목재 · 건구(문 · 창 · 장지 등 칸막이를 위하여 옥내에 설치하는 가동성 물건의 총칭), 다다미(畳) 등의 건축부재가 호환성이 높은 동일규격으로 만들어지게 되었다.[2-25]

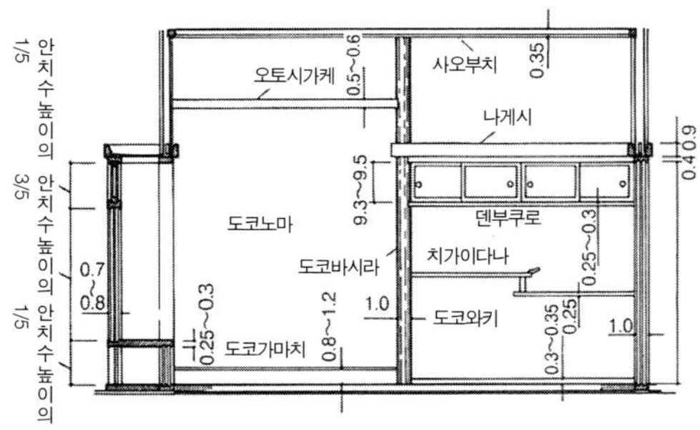

그림 2-11 서원과 도코노마의 기와리(도코바시라의 굵기=1.0)

3_ 신체와 인간척도

● 오더와 신체

비트루비우스는 그의 건축서에서 앞서 언급한 심메트리아의 원리를 인간의 '신체'에 비유하여 설명하였다. 건축십서 제3서 제1장에서는 인체비례를 정방형 · 원과 같은 기하학형태와 관련지어 논하였다.[3-1] 15세기 말에 레오나르도 다빈치가 그린 그림 3-1은 비트루비우스의 설을 토대로 그린 것으로 유명하다.

또한 그리스의 3가지 오더(도리스, 이오니아, 코린트)는 남녀의 성별에 비유하여 설명되기도 했다. ① 도리스식을 '남성'의 다리와 신장의 비례(원주의 직경과 높이의 비가 1 : 6)로, ② 이오니아식을 여성(같은 방식으로 1 : 8)으로, ③ 코린트식을 결혼 전의 소녀(도리스와 이오니아의 융합)로 각각 비유하여 오더의 성립의 일화를 인상적으로 전달하고 있다.[3-2] 또, 르네상스기의 건축가 세바스티아노 세를리오는 3가지의 오더를 ① 도리스식 = 남성의 성자를 모시는 교회 ② 이오니아식 = 여성의 성자를 모시는 교회 ③ 코린트식 = 동정녀 마리아를 모시는 교회에 어울리는 기둥이라고 설명하고 있다.[3-3] 15세기의 건축가 프란체스코 디 조르지오 마르티니(Francesco di Giorgio Martini)는 비트루비우스의 일화를 토대로 그림 3-2와 같은 코린트식 오더를 어린 나이에 죽은 소녀의 관(바구니)으로 이미지화시키고 있다.[3-4] 또한 도리스식 오더인 파에스툼 신전의 원주는 전사의 거상 콜로서스가 진군하는 모습으로 비유되었다(그림 3-3).

이와 같은 '의인화된 기둥'과 관련하여 미술사가 조지 허쉬(Geroge Hersey)는 서구 고전에서의 다양한 신체를 모방한 기둥[여상주(카리아티드), 남상주(아틀란트), 포로주(프리즈너)등]과 그 의미체계에 대하여 상세한 해석을 하고 있다. 이에 따르면 16세기 초의 프라 지오콘도(Fra Giovanni Giocondo)와 케사레 케사리아노(Cesare Cesariano)의 비트루비우스 건축십서의 '주해서' 속에는 전쟁에 패해 징벌된 것을 본

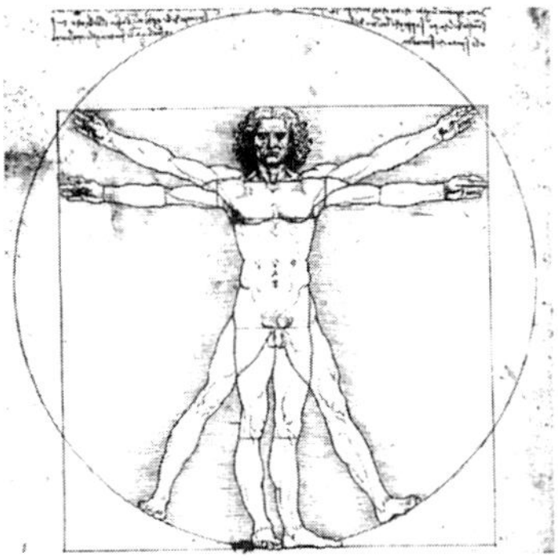

그림 3-1 레오나르도 다빈치의 신체비례도

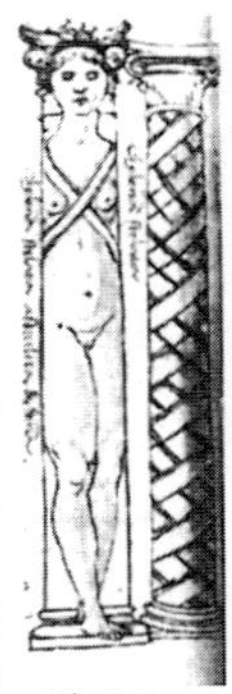

그림 3-2 조르지오의 코린트식 오더의 기원

그림 3-3 파에스툼의 신전

보기로써 기둥이 된 '칼류아의 여상주', '페르시아인 병사의 포티코'가 반복해서 도판화(그림 3-4)되고 있듯이 신체는 '역사상 · 군사상의 기념비'나 '민중교육'을 위한 기둥 모티브로서 정치적으로 자주 이용되어 왔던 것이다(그림 3-5).

● 척도단위의 기초로서의 신체

일본의 치수체계에서도 신체는 중요한 기준이었다.[3-5] '척(尺)'이라는 한자는 고대중국의 엄지와 검지를 펼쳐 치수를 재는 형태를 형상화한 것이다(그림 3-6). 그 외에도 1히로(ヒロ) = 양손을 수평으로 뻗은 길이(손가락 끝), 1쓰에(ツエ) = 평균신장(약 5척), 1척 = 발가락 끝에서 뒤꿈치까지의 약 30센티미터(1피트와 거의 동일하다)[3-6] 등, 신체의 부위에 치수규격을 대응시키고 있다.

건축이 인간에게 사용된다고 하는 이상, 인체척도란 건축의 기본이 되는 측면을 지니게 된다. 프랭크 로이드 라이트는 1936년에 그의 에세이 『유기적 건축』에서,[3-7]

> '나는 이전부터 주거 안의 모든 비례는 인체의 척도로부터 결정되어야 한다고 생각하였다. 인간의 쉼터가 되는 장소의 척도는 인간의 척도 이외의 그 어느 것도 아닐 것이다.'

라고 하는 등, 주택설계에 신체를 토대로 한 스케일 도입의 중요성을 반복하여 주장한 건축가이다.

● 신체 주변의 거리대

치수와 신체의 관계라는 측면으로부터 인간이 무의식중에 자신의 주변에 형성하는 '거리대'에 대해서 짚고 넘어갈 필요가 있다. 야생동물이 각자의 '영역'을 가지고 있다는 사실은 잘 알려져 있는데, 동물 심리학자인 헤디거(Hediger)는 이것을 도주거리, 공격거리, 임계거리, 개체거리, 사회거리라고 하는 일정 법칙에 따라 5가지의 거리대를 발견하였다.[3-8] 이를 단서로 문화 인류학자인 에드워드 홀(Edward T. Hall)은 인간에게도 동일한 거리대가 존재함을 지적했다. 그의 관찰에 의하면 ① 매우 친

그림 3-4 여상주와 페르시아 병사의 기둥(프라 지오콘도)

그림 3-5 에렉티온의 여성상

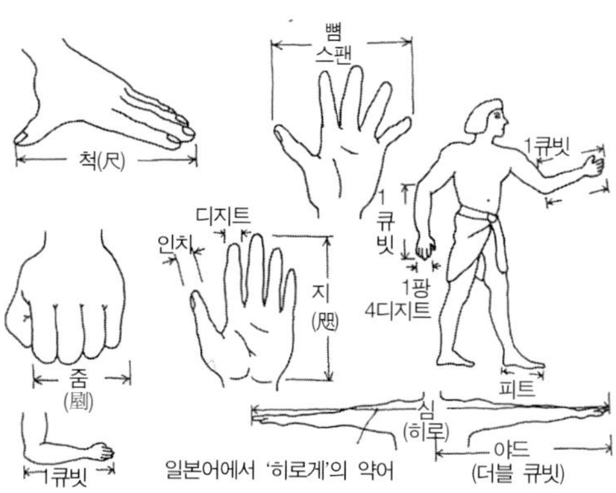

그림 3-6 신체에 따른 치수

밀한 이들끼리의 '밀접거리' = 45cm 이내, ② 사적인 관계의 '개체거리' = 45~120cm, ③ 개인적이 아닌 용건이나 집회 등에서의 '사회거리' = 120~360cm, ④ 강연 등의 공적인 장소에서의 '공적거리' = 360cm, 이상의 4가지로 나타나게 된다는 것이다[3-9] (그림 3-7). 이 거리대들은 일반적으로 '사적인 공간(personal space)'으로 불리며, 개체와 함께 이동하는 것이므로 보통 영역과는 구별되어 사용된다.

'자신이라는 존재의 경계는 몸의 외부로까지 확산되어 있는 것이다 … 인간은 측정 가능한 공간(dimension)의 범위를 지닌 일련의 눈에 보이지 않는 거품에 둘러싸여 있다.'

에드워드 홀은 이 같은 주장을 통해 인간의 몸 주변에 본인도 깨닫지 못하는 보이지 않는 몇 가지 경계가 존재함을 시사하고 있다.[3-10] 이와 같이 인간의 신체는 비례관계와 척도의 기준이 됨과 동시에 동심원 형태로 퍼져나가는 환상대의 중심으로도 기능하고 있는 것이다(⇨p.227 그림 6-1).

4_ 미크로코스모스의 사상

● 미크로(Micro)와 마크로(Macro)

지금까지 인간의 신체가 비례이미지와 척도의 근원으로서 건축과 깊숙이 관계해왔다는 점을 살펴보았다. 이 같은 의미에서 좀더 시야를 넓혀 '인간과 우주'의 관계에 대한 사상의 개요를 개괄적으로 살펴보기로 한다.

플라톤의 『티마이오스(Timaios)』는 우주만물의 생성에 관한 저서이다. 이 책에서 그는 '인간'(이성)이란 '혼'을 매개로 선한 구축자[데미우르고스(Demiurge)]가 제작한 '우주'와 동질적인 관계를 가진다고 정의하였다.[4-1] 이 개념에 따라 플라톤의 우주관을 계승하게 되는 신플라톤주의에서는 천상세계와 지상(인간)에는 연속성의 의미가 포함되어 우주가 마크로코스모스(대우주)라면 인간은 미크로코스모스(소우주)라는 개념이 생겨나게 되었다[4-2](그림 4-1). 또한 이탈리아의 르네상스시대에는 '세분할의 원리'(모든

그림 3-7 사적 거리관계가 형성된 파리의 카페

그림 4-1 17세기의 대우주와 소우주에 관한 삽화

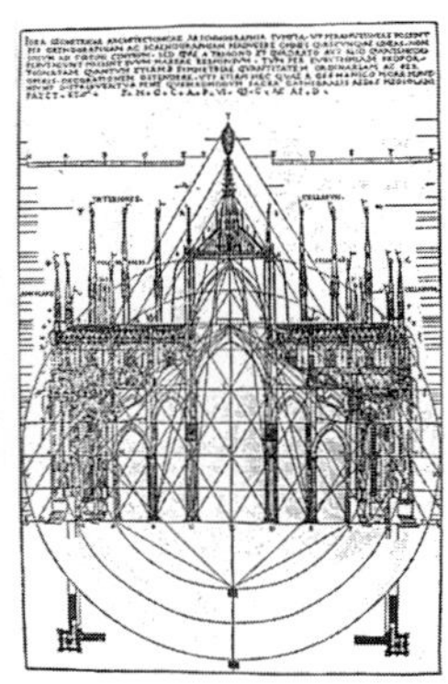

그림 4-2 케사리아노에 의한 밀라노 대성당의 단면 비례

실체가 유한한 전체이며, 이는 수학적인 비례가 부여된 부분으로 분할된다는 사고방식)로 이어져 케사레 케사리아노 등에 의해 건축의 균형모델로서 이용되었다[4-3](그림 4-2).

● **부분이 전체를 나타낸다**

플라토니즘의 '인간에게도 소우주(microkosmos)가 깃들어 있다'라는 사고는 일반적으로 '크기'에 의해 계층화되는 전체(우주)와 부분(인간)의 위계에 대해 매개물(이 경우에는 영혼)을 도입함으로써 의도적으로 비위계적인 상황을 조성하여 상징표현을 가능케 한 수법 중의 하나이다. 이러한 '부분이 전체와 근원적으로 통한다' 또는 '부분이 전체를 나타낼 수 있다'라는 사고는 '인간-우주'의 관계 외에도 '건축-우주' '주택-도시' 등의 관계로서 역사적으로도 종종 거론된 주제였다.

예를 들어, 알베르티는 그의 건축서에서 철학자의 의견을 인용하면서,

> '도시는 주택이며 … 반대로 주택은 일종의 가장 작은 도시이다.'

라는 말을 남기고 있다.[4-4] 미적분학의 아버지이자 17세기 모나드론(단자론)의 철학자 라이프니츠(Gottfried Wilhelm Leibniz)는,

> '모든 실체는 하나의 완결된 세계와 같으며 신의 거울 또는 소우주의 거울과 같은 것이다. 예를 들어 동일한 도시에서도 그것을 바라보는 사람들의 위치가 다르기 때문에 다양하게 표현되듯이 각각의 실체는 그 나름대로의 전 우주를 표출한다(형이상학서설Discours de Métaphysique)'.

라고 도시에 대하여 독특하게 설명하고 있다.[4-5] 18세기 독일 낭만파 철학자이자 '건축이란 응고된 음악이다'라는 표현으로 유명한 쉘링(Friedrich Wilhelm Joseph Schelling)은,

> '건축은 오직 그것이 이념의 표현, 즉 우주와 절대적인 존재의 상이 될 때에 한해서 자유롭고 아름다운 예술로서 나타난다.'

라며 자신의 저서 『예술철학』에서 우주와 건축의 상징관계의 중요성을 강조하였다.[4-6] 그리고 현대 지리학자 이푸 츄안(Yi-Fu Tuan)은,

> '부분이란 전체의 축소판이 아니며 전체와 동등한 본질을 지니는 것도 아니다. 그러나 신화적 사고에서는 부분은 전체를 상징하고 전체가 가지는 힘의 모두를 지니는 것이 가능하다. … 작은 것은 큰 것을 투영한다. … 건축적 공간(가옥, 신전, 도시)은 산이나 강과 같은 자연의 지형에는 없는 명철함을 지닌 소우주이다.'

라고 하면서 미크로코스모스 사상의 요점을 단적으로 시사하였다.[4-7] 이 같은

그림 4-3 우주의 축소로서의 키바(Kiva)

그림 4-4 축경으로서의 일본의 정원(교토 류안지)

사고방식들에는 아무리 하찮은 작은 '부분'일지라도 전체가 투영된 우주가 될 수 있다는 것으로 건축가에게 있어서는 매우 매력적인 이미지가 잠재되어 있는 것이다(그림 4-3).

일본에서도 이와 아주 유사한 개념을 이용한 예로 무로마치 시대 중기 이후, '지척만리(咫尺万里)' '소중견대(小中見大)'의 사상[4-8]에 입각한 '축경'의 정원과 다실의 디자인 등을 예로 들 수가 있다.[4-9] 이러한 일본의 사고에서는 한정된 공간 속에서 어떻게 하면 크기를 지각할 수 있는 세계를 만들 수 있을지가 초점이 되었던 것이다(그림 4-4).

● 일원론과 다원론

이와 같이 부분과 전체를 서로 닮은꼴로 생각하는 사상은 일신교가 중심인 서구에서는 '유일신'의 존재를 전제로 우주와 인간세계에 질서를 부여하여 이해하려는 고대철학을 바탕으로 발달해 왔다. 오래된 예로는 기원전 5세기 아낙사고라스의 '만물은 만물 속에 존재한다',[4-10] 3세기 프로티노스의 '유출설(Emanationism)',[4-11] 5세기 프로클로스 신학의 '일(一)과 다(多)'[4-12]의 사상 등이 그 예라고 할 수 있다. 이러한 '신의 유일성'과 현실세계의 다양성을 설명하기 위한 논리를 '일원론(Monisme)'이라고 하며, '유일하고 위대한 존재가 만물과 그 세계를 깃들게 한다'라는 것이 기본적인 태도이다(그림 4-5). 이에 비해 이질적인 요소의 동시 존재를 허용하는 논리를 '다원론(Pluralism)'이라고 한다.[4-14]

● 현대의 자기상사성

현재에는 부분과 전체의 상사관계[4-15]가 다양한 자연현상 속에서도 발견할 수 있다고 알려져 있다. 그리고 이를 설명하기 위한 개념으로서 '프랙탈(Fractal)'[4-16] 이라는 수학적 개념이 등장한다. 그림 4-6은 프랙탈의 '부분과 부분이 서로 닮았다'와 '부분과 전체가 서로 닮았다'라는 자기상사성의 특징을 나타낸 것이다. 이러한 성질을 공간화 · 건축화한 것으로는 '반복상자구조'[4-17]가 있다(그림 4-7). 또한 건축평론가 찰

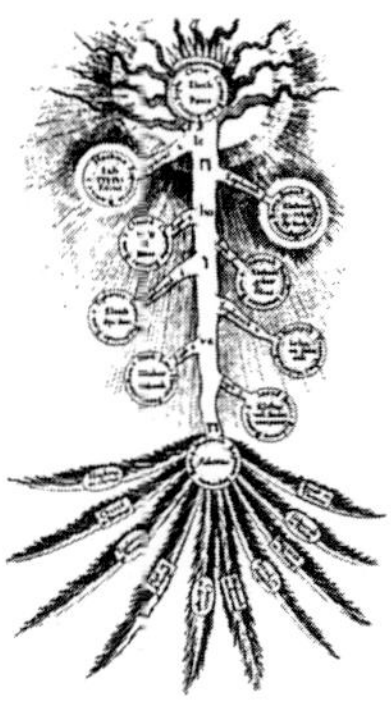

그림 4-5 거꾸로 된 나무[4-13]

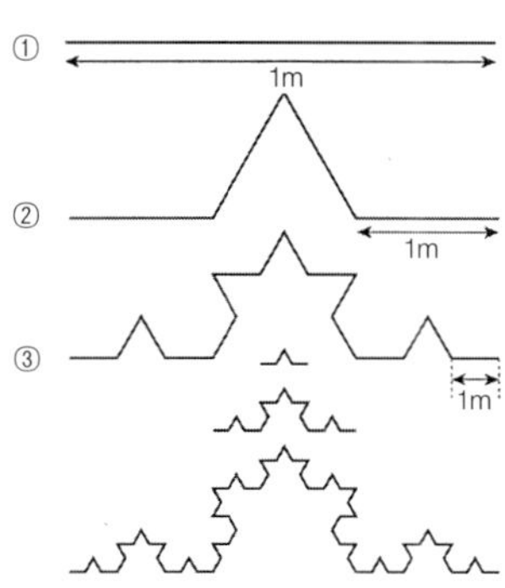

그림 4-6 코흐 곡선의 작도법

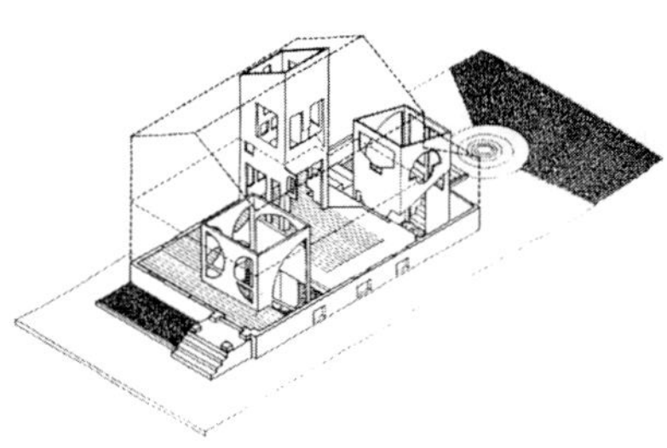

그림 4-7 찰스 무어 자택

스 젱크스(Charles Jencks)는 다니엘 리베스킨트가 설계한 유태인 박물관(그림 4-8a), 브루스 거프(Bruce goff) 설계의 주택, 프랭크 게리의 볼륨 조작방식(그림 4-8b)과 같이 현대건축가의 복잡한 형태조작에서는 프랙탈적 경향을 발견할 수 있다고 주장하였다.[4-18]

5_ 부분이 모이는 방식

● 통합(Unitas) : 유기적 통일과 논리적 통일

다음으로는 부분이 '모이는 방식'에 대해 통합에 관한 두 가지의 개념을 검토하는 것으로부터 시작하고자 한다.

먼저, 이질적인 부분들이 각각 자체의 이질성을 유지한 채로 서로 관련지어 가며 하나의 전체를 이루는 상태를 '유기적 통일'이라 하고 자연이 그 대표적인 모델이라고 할 수 있다. 이에 비해 다수의 개별적 · 특수적인 것들을 하나의 개념으로 포괄하면서 질서를 부여하여 관련짓는 것을 '논리적 통일'이라 하며 형이상학 · 신학 · 백과사전적인 과학 등이 이를 지향하고 있다.[5-1] 참고로 이러한 문맥에서 본다면 20세기의 '기계미학'은 다양한 부분들이 전체가 되어 하나로 작용하는 부분 · 전체의 유기적 관계를 '기능(function)한다'라고 하는 논리적 통일개념으로 중첩시켰다고 할 수 있을 것이다.

● 르네상스와 바로크의 대비

미술사가인 하인리히 뵐플린(Heinrich Wölfflin)은 1915년의 저서 『미술사의 기초개념(Kunstgeschichtliche Grundbegriffe)』에서 르네상스와 바로크를 비교하여 논하고 있다. 그 중에서 ① 부분이 독립성을 그대로 유지하면서 비례에 의해 통일되는 르네상스 고전건축'에 비해(그림 5-1) ② 주요 모티브를 위해 부분이 종속 모티브가

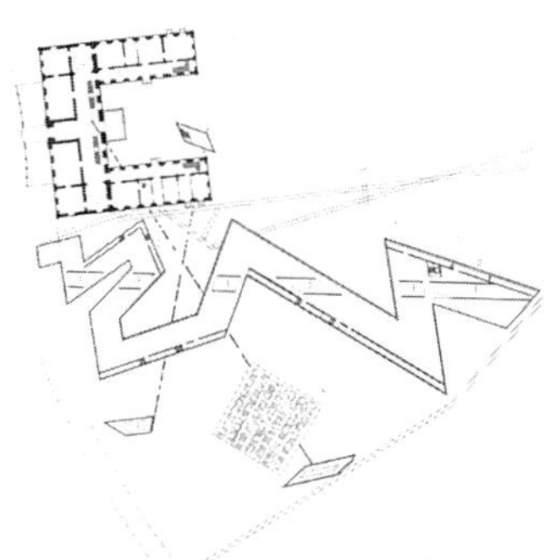
그림 4-8a 리베스킨트의 유태인 박물관 평면도

그림 4-8b 비트라 디자인 뮤지엄

그림 5-1 브루넬레스키가 설계한 산토 스피리토 교회

그림 5-2 베르니니가 설계한 산탄드레아 알 퀴리날레 교회

'되는 것이 '바로크 건축'이라고 설명하고 있다[5-2](그림 5-2). 특히 바로크건축에 대해서는 건축가 쟌 로렌조 베르니니(Giovanni Lorenzo Bernini)의 예를 들어 다음과 같이 언급하였다.

> '우리들은 베르니니에 대해 하나하나 맞춰가며 충실히 해석해 나갈 수도 있으나 베르니니는 그러한 방법으로 읽혀지기를 원하지 않는 것이다. … 바로크에서는 요소의 강조라는 경향이 언제나 엿보이는 것이다.'

바로크 건축은 부분을 분석적으로 보는 것이 아니라 요점을 읽어내어 전체를 한꺼번에 파악할 필요가 있다는 것이다.

● 단일중심과 다중심

이상의 예를 통해 살펴본 부분이 '모이는 방식'에 관한 두 가지 대조적인 사고방식을 정리해보도록 하자. 먼저 논리적 통일의 이미지와 바로크 건축의 예에서와 같이 중심을 하나로 설정하고 그 외의 것들을 종속된 부분으로 보는 '단일중심'의 관점이 그 중 하나이다. 이에 비하여 유기적 통일이나 르네상스 건축과 같이 부분이 독립해 있으면서 전체가 성립하는, 혹은 독립된 부분 하나하나에 중심이 존재하는 이른바 '다중심'의 관점도 존재한다. 이 두 관점은 이미 언급한 일원론과 다원론의 대비관계와도 논리적으로 유사하다고 할 수 있다.

● 단일중심의 건축의 예

단일중심의 건축은 평면을 보았을 때, 핵이 되는 구심적인 공간 주변에 종속되는 공간들이 붙어 있는 형태로 구심적 구성(그림 5-3)을 취하며, 고전건축 중에서도 특히 일신교 종교건축의 대다수가 이에 해당한다. 현대건축가 마리오 보타는,

> '가능하다면 나는 건축의 복잡한 공간 안에 기준이 되는 장소를 생성할 수 있는 건축적인 요소를 삽입하는 것이 중요하다고 생각한다.'

라고 하면서 '핵'이 되는 공간의 중요성을 지적하고 있다.[5-3] 그리고 핵이 되는 공간의

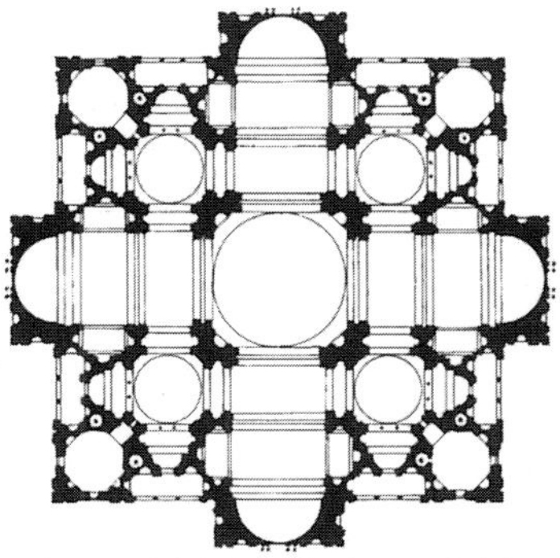

그림 5-3 브라만테의 성 베드로 대성당 계획안

그림 5-4a 엑스터 아카데미 도서관 중앙홀

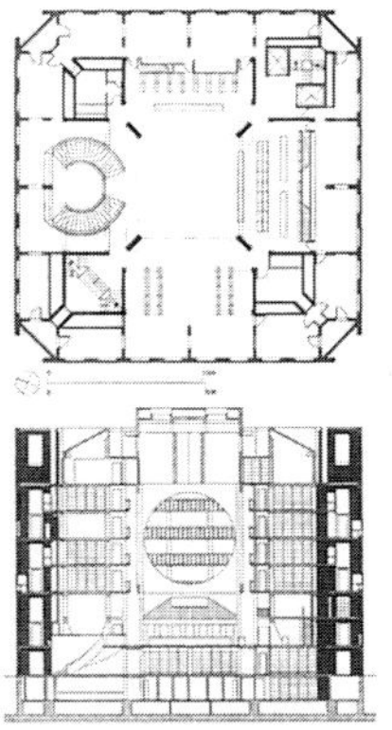

그림 5-4b 엑스터 아카데미 도서관 평면도 단면도

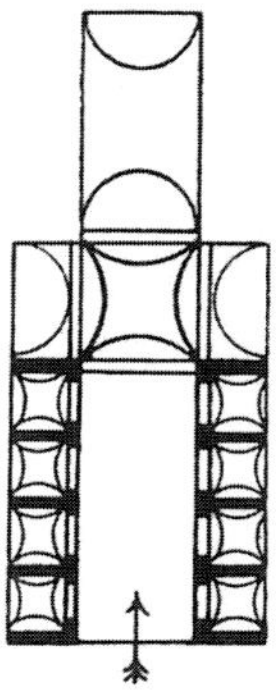

그림 5-5a 장축중심의 모식도

그림 5-5b 코펜하겐 대학도서관(1861)

그림 5-5c 코펜하겐 대학도서관의 열람실

형상에 따라 일반적으로 ① 구심성의 중심구성(그림 5-4)과 함께 ② 장축성의 중심구성(장축적인 중심공간의 양옆에 종속적인 부분을 배열해가는 방법, 그림 5-5)이 있다.[5-4]

이와 같이 '중심과 주변부'라는 사고방식과 관련하여 루이스 칸은 주공간 = '봉사를 받는 공간(Served Space)'과 부공간 = '봉사하는 공간(Servant Space)'으로 구분하고 있다(그림 5-6).

> '공간의 본질은 그에 봉사하는 부공간에 의해 성격이 부여된다. 창고, 서비스실, 각종 소규모의 실들은 단순히 하나의 공간구조를 분할한 영역으로서가 아니라 그 자체만의 구조가 부여되지 않으면 안 된다.'

그의 위와 같은 언급에서 나타나듯이 ① 서번트 스페이스에도 본질적인 가치가 있다는 점, ② 서번트 스페이스에 독자적인 구조를 부여할 필요가 있다는 점이 동시에 설명되고 있다는 사실에 주의할 필요가 있다.[5-5]

● 다중심 건축의 예

한편, 다중심의 구성은 부분 또는 부분이 합쳐져 생겨나는 '클러스터'[5-6]가 상호적인 관계를 맺으면서 전체를 구성하는 방식이다. 고오야마 히사오는 다중심의 형태

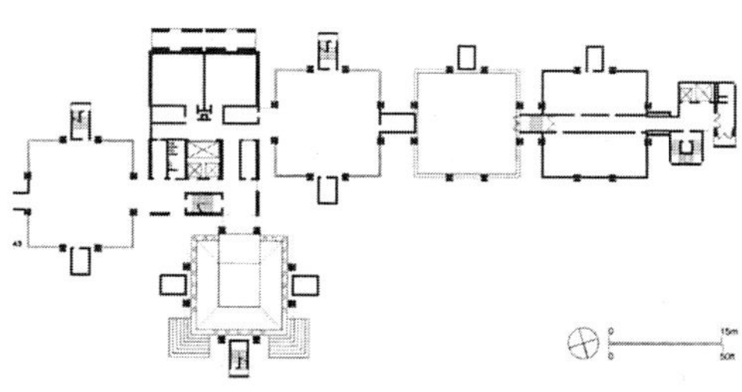

그림 5-6 리차즈 생물학연구소 평면

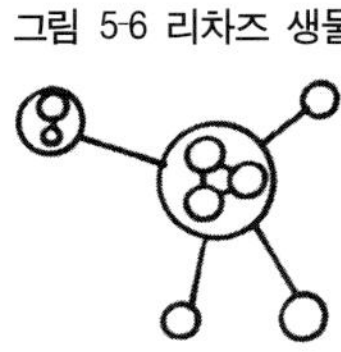

그림 5-8 노베르그 슐츠의 다이어그램

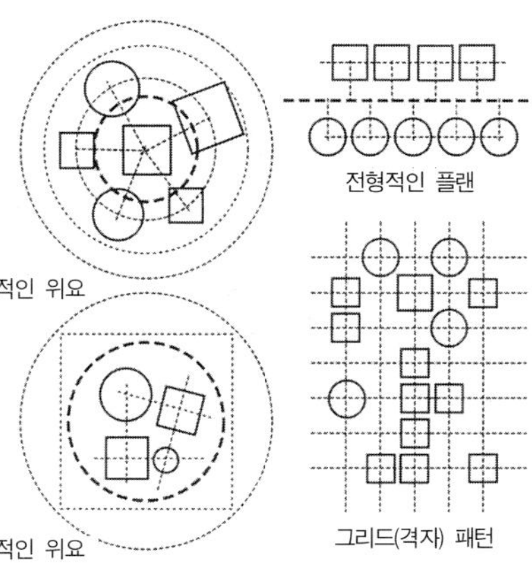

그림 5-7 유형의 다이어그램(고오야마 히사오의 분류)

그림 5-9 통일된 군을 이루는 취락(남부 프랑스 루베롱 지방의 고르도)

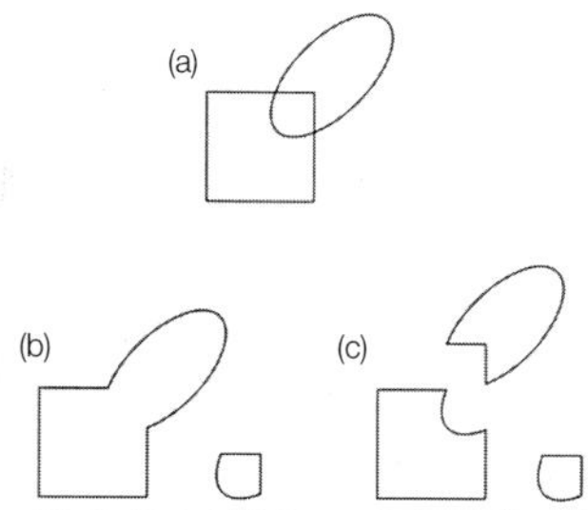

그림 5-10 '닫힘(Closure)'의 사례(프래그난츠의 법칙)

패턴으로서 ① 외부의 위요와 내부의 위요 ② 리니어한 평면 ③ 그리드 패턴의 3가지 방식을 제시하고 있다[5-7](그림 5-7). 또한 노베르그 슐츠가 구상한 다중심구성의 다이어그램(그림 5-8)은 다중심 구성의 경우에도 전체 안에 특별히 강한 중심이 존재한다는 경향을 나타낸 것이다.[5-8]

> '건축물이라는 것은 개별적 그림으로 나타나듯이 분산되거나 혹은 클러스터, 즉 한 방상의 군을 형성하는 듯한 밀도로 배치되어야 한다. 이 『분산된 집중화』의 원리는 자연을 독립된 여백으로 보지 않는 자연을 자연으로서 보전하는 유일하고 가능한 방향이 아닐까라고 생각된다.'

그는 이와 같이 논하며[5-9] ① 건축이 일정 거리를 갖고 분산되거나 ② 일정한 군을 형성하거나(응집)라는 두 가지 상태 중에서 한쪽을 취해야 한다고 설명하였다(그림 5-9).

● **프래그난츠의 법칙**

군을 형성하는 경우, 전체를 한눈에 파악할 수 있는 단순한 형태 · 색채로 구성해야 한다는 생각이 게슈탈트 심리학에서의 '프래그난츠의 법칙(principle of prignancy)'[5-10]이다. 구체적인 군집화 · 분절을 결정하는 모든 요인을 게슈탈트 요인(법칙)이라고 부르며 ① 근접(proximity) ② 유사(similiarity) ③ 연속성(Good Continuation) ④ 닫힘(Closure) 등이 대표적인 개념이다.[5-11] 그림 5-10은 '닫힘=서로 닫혀 있으면서 분절된 하나의 면을 만드는 것은 한 덩어리가 되기 쉽다'는 것을 나타내는 예로서 (a)는 (b)나 (c)에 비해 전체의 형태가 만들어지는 방식이 이해하기 쉽다는 것을 알 수 있다.

6_ 분절화

● **분절(Articulation)**

본 장의 마지막으로 '공간과 형태레벨'의 통합을 실현하기 위한 중요한 개념인 '분절[6-1]에 대해서 살펴보기로 한다.

분절이란 '건축의 개별요소를 명료하게 표현하는 조형처리'를 지칭하는 말이다. 입

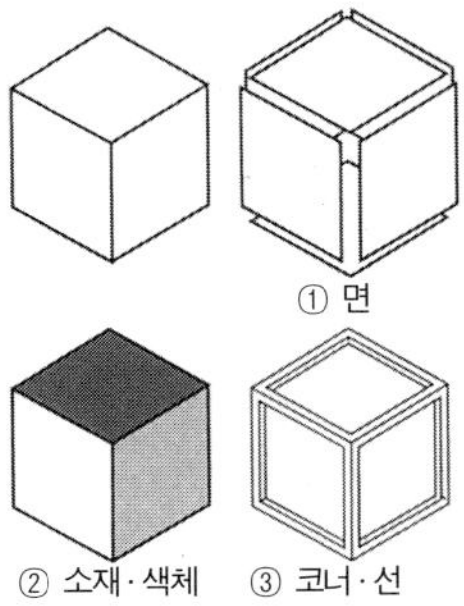

그림 6-1 입방체의 분절화

그림 6-2a 모쉬 세프디 설계의 habitat 67

그림 6-2b 피에트 블롬의 큐브 하우스

방체(단일볼륨)를 예로 들어 분절화 수법을 정리해보면 그림 6-1에 나타낸 것과 같이,

① 면을 분해한다.

② 각 면의 소재 · 색채를 바꾼다.

③ 코너 · 선을 강조한다.

이상의 3가지 방법이 있다.[6-2]

● **건축에 있어서의 6가지 분절의 예**

이러한 방법들이 실제의 건축에 적용됨으로써 분절의 수법은 더욱 다양하게 분화되고 복잡해지게 되나 간단한 이해를 돕기 위해 다음의 6가지 사례들을 소개하고자 한다.

[거대한 볼륨의 스케일 분절]

전체 볼륨을 작은 볼륨으로 나누는 분절을 말하며 단조로워지기 쉬운 집합주택의 볼륨을 작은 주거단위로 분해하는 사례를 볼 수 있다(그림 6-2, ⇨p.61 그림 2-3). 인지하기 쉬운 작은 단위로 나눠가면서 큰 스케일의 전체를 구성해가는 수법이 인간에게 안정적인 게슈탈트(독일어로 형태라는 의미)를 부여한다[6-3]는 심리학의 주장과 일치하는 분절방식이다.

[표면 · 파사드의 분절]

거대하고 평활한 파사드에 수평의 삼단구성을 채용한 고전적 사례(그림 6-3)들이나 유닛화한 부재를 이용하여 파사드를 구성한 사례(그림 6-4) 등이 있다. 그리고 기둥과 보의 접합부에 줄눈을 그어 두 부재가 각각 독립된 부위로 보이게 하는 수법(그림 6-5)은 각각의 건축부위가 가지는 본질적 · 근원적인 의미를 존중하기 위한 분절사례이다.[6-4]

[프로그램별 형태로 분절][6-5]

바우하우스의 데사우 교사(그림 6-6a, ⇨p.23 그림 3-6)와 이반 레오니도프의 레닌연구소계획, 러시아 구성주의 건축가인 야콥 체르니코프(Jacob Chermicov)의 일

그림 6-3 미켈로쪼의 팔라조 메디치

그림 6-4 렌조 피아노의 Rue de Meaux Housing

그림 6-5 루이스칸의 킴벨미술관의 줄눈의장

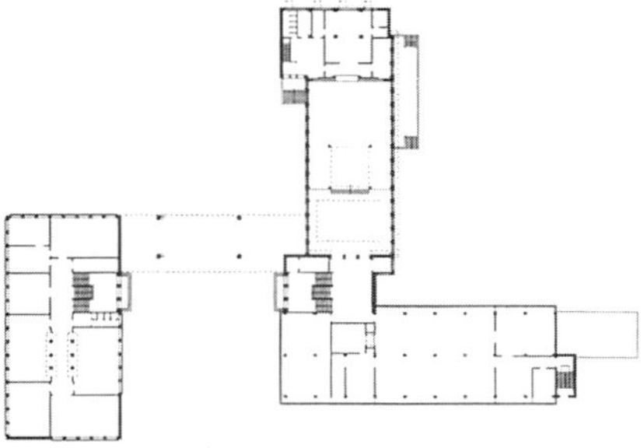

그림 6-6a 바우하우스 1층 평면도

그림 6-6b 체르니코프의 공장계획(1933)

련의 계획안들(그림 6-6b, ➪p.22 그림 3-3)에서와 같이 사무소동 · 도서관동 · 교실동 등, 기능이나 구역별로 형태를 할당하는 분할법을 지칭한다.

[구조의 분절표현]

미스 반 데어 로에가 프리드리히가의 오피스빌딩에서 '표피와 뼈대(Skin and Bone)'[6-6]라는 컨셉을 토대로 표피와 구조를 분리한 것처럼, 구조를 분절하여 표현의 주체로 삼는 수법이다(그림 6-7, ➪p.50 그림 6-3). 오직 벽식구법에 의존한 서구 건축에서는 이러한 분절의 발견은 건축표현에 있어서 혁명과 같은 전환점이 되었다.[6-7]

그림 6-7 유리의 마천루

[선과 면(건축의 구성요소 element)의 분절]

지붕(천장) · 벽 · 바닥 · 기둥과 같은 건축의 구성요소를 순수한 '면과 선'적인 요소로서 조형처리하는 수법으로, 테오 반 되스부르그의 메종 파티큘리에와 슈뢰더주택, 바르셀로나 파빌리온 등의 예가 있다(그림 6-8, ➪p.29 그림 4-11).

[명암에 의한 공간의 분절]

'선적인 리듬 = 윤곽에 있어서의 리드미컬한 분절'에 대해서 미학자인 알로이스 리글(Alois Riegl)이 '색채리듬'이라고 명명한 빛과 그림자의 리드미컬한 교차를 말한다.[6-8] 그림 6-9에서는 단일한 실의 공간인 전시실이 명암의 대비에 의해 작은 스케일 단위로 분할되어 있다.

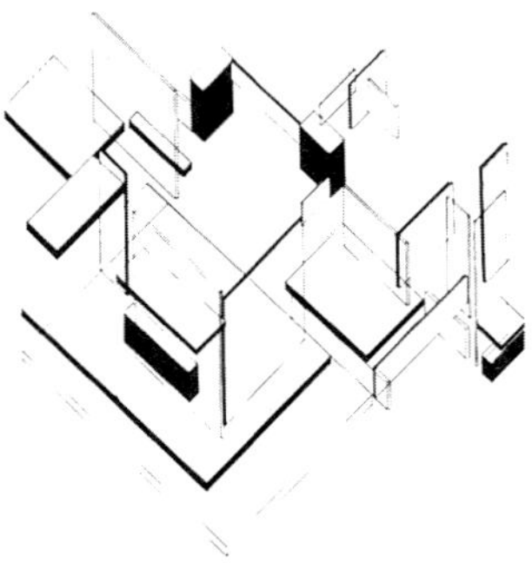

그림 6-8a 되스부르그의 '반구축'

그림 6-9 크리스티앙 드 포잠박의 부르델 미술관

그림 6-8b 슈뢰더 하우스의 면에 의한 분절

09 빛에 대하여

그림자를 만드는 빛, 들이비치는 빛, 일본의 빛, 빛의 벽, 채우는 빛

타이틀 그림 : 롱샹성당

1_ 건축과 빛

● 쇼펜하우어의 말

본 장의 테마는 건축에서의 빛이다. 그 시작은 서두에 19세기 철학자 쇼펜하우어의 말을 인용하는 것으로 시작하려고 한다.

> '대체적으로 빛이란 아름다움에 있어서 불가결한 조건이며 가장 아름다운 것일수록 빛이 적절하게 위치함으로써 한층 더 그 아름다움을 고조시킨다. 그러나 빛의 은혜를 통하여 그 아름다움이 고조되는 것은 무엇보다도 건축물로서, 실제로 보잘 것 없는 건물이라 할지라도 빛의 관여 여하에 따라서 그 이상 아름다울 수 없을 정도의 대상이 되기도 한다.'[1-1]

보잘것없는 건물조차 '빛'에 의해 아름다워질 수 있다. 이 표현에서는 그 만큼 강력한 빛의 힘이 서술되고 있다. 쇼펜하우어(Arthur Schopenhauer)는 저서 『의지와 표상으로서의 세계(Die Welt als Wille und Vorstellung)』[1-2]에서 건축의 아름다움에 대하여,

> '중력과 강성의 투쟁이야말로 아름다운 건축의 유일한 미적 소재이며 … 건축의 유일한 불변의 테마는 지지와 하중이다.'

라고 하면서 '역학적인 측면'을 가장 먼저 언급하였다. 단, 이 책에서는 다음의 내용이 보다 중요한 것으로, 건축의 또 다른 사명에 대하여 '빛을 명확하게 직관할 수 있도록 하는 것'이라고 지적하면서 다음과 같은 말을 남기고 있다.

> '건축작품은 빛에 대해 전적으로 특별한 관계를 지니고 있다. 푸른 하늘을 뒤로 하여 깊숙이 쏟아지는 태양의 빛을 그득히 받으면 건축물의 아름다움은 배가되고, 그것이 달빛의 경우라면 이번에는 전혀 다른 효과를 발휘할 것이다. … 이러한 사실은 모두 밝은 조명이 있음으로 해서 건물의 모든 부분과 그 관계가 명확히 가시화된다는 점에서 이유가 있다는 것은 물론이거니와 … 사견이지만 건축의 기술에는 중력과 강성을 표현해야 하는 사명과 함께 중력, 강성과 명백히 대립하는 빛의 본질마저도 돋보이게 해야 하는 사명도 있기 때문이라고 할 수 있는 것이다. 즉, 빛이란 건물과 같이 거대하고 불투명하며 뚜렷한 윤곽과 다양한 형태를 지닌 매스에 의해 가려지고 방해 받는 대립의 관계를 통해서, 빛은 그 본성과 특질을 가장 순수하면서도 유연하게 전개시킴으로써 이를 응시하고 있는 사람을 매우 즐겁게 해주기 때문이다.'[1-3]

이와 같이 ① 빛에 의해 건축이 아름답게 보인다는 점, ② 빛의 변화에 의해 건축의 인상이 변한다는 점, 그리고 ③ 건축이야말로 '빛의 본질'을 드러낼 수 있다는 점의 세 가지를 지적하고 있다.

● '빛의 양'보다는 '빛의 질'

쇼펜하우어의 이러한 지적과 같이 건축은 빛의 상태에 따라 그 인상이 변화되어 간다. 설계에서는 공간의 스케일이나 방향성, 소재 등을 결정할 수 있더라도 시시각각 변하는 태양의 움직임, 기후에 의한 빛의 양의 변화를 제어하는 것은 불가능한 것이다.

이 점에 대하여 덴마크의 도시계획 이론가 라스무센(Steen Eiler Rasmussen)은 인간의 시각환경에 대한 적응력은 놀라울 정도로 뛰어난 것으로서, 건축의 설계에서는 빛의 양적인 변화가 아닌 '빛의 질 또는 빛을 떨어뜨리는 방법'을 제어하는 것이 중요시되어야 한다고 주장하였다.[1-4]

(빛을 떨어뜨리는 방법은 잠시 접어두도록 하자.) 그렇다면 빛의 질을 어떤 식으로 이미지화 시키면 좋을 것인가? 본 장에서는 고오야마 히사오가 주장한 '물체에 비추어지는 빛 · 물체를 비추는 빛'과 '공간을 채우는 빛'이라는 대위적 개념[1-5]을 단서로 하여, '그림자를 만드는 빛' '들이비치는 빛' '채우는 빛' 등의 키워드를 임의로 설정하여 빛에 대해서 살펴보기로 하자.

2_ 그림자를 만드는 빛

● 빛 아래의 조형

물체가 빛을 통해 우리들 눈에 보이는 사물이 된다는 점은 자명한 사실이다. 르코르뷔지에는 『건축을 향하여』에서,

'건축이란 빛 아래에 모인 볼륨들의 지적이고 정확하며 장대한 유희와도 같은 것이다. 우리들의 눈은 빛의 아래에서만 형태를 볼 수 있게 되어 있으며, 명암을 통해서 형태가 드러나게 되는 것이다. 빛이란 입방체, 원추, 구, 원통 또는 각추형과 같은 위대한 원초적인 형태를 선명하게 드러내 주는 것이다. 이러한 형상들은 명확하게 파악될 수 있는 것이며, 어떠한 모호함도 존재하지 않는다. 그렇기 때문에 아름다운 것이고 가장 아름다운 형태이다. 그 누구에게도 이러한 점은 동일한 것이다. 어린 아이에게도, 야만인에게도, 철학자에게도, 빛이란 조형예술의 조건 그 자체라고 할 수 있다.'

그림 2-1 기원전 2500년경의 피라미드

라고 말하면서[2-1] 빛에 의해 비추어진 볼륨[2-2]으로서 건축의 모습에서 조형예술의 근본을 찾아내고자 하였던 것이다. 이 같은 물체나 매스[2-3]에 빛이 비추어짐으로써 뚜렷한 명암의 면을 만들어내는 빛을 '그림자를 만드는 빛'이라고 부르기로 한다.

● 그리스 신전의 기둥

그림자를 만드는 빛의 적절한 예로서 그리스 건축을 들 수가 있다. 특히 신전건축(⇨p.259 그림 1-5)은 내부공간을 충실히 구성한 로마건축(내부로부터 바라보는 건축)에 비해 구축적이고 외향적(외부로부터 바라보는 건축)이라는 점이 일반적으로 일컬어지고 있다.[2-4] 미술사가 기디온은 로마 이전의 피라미드(그림 2-1)나 그리스 신전을 '공간을 외부로 방사하는 입체로서의 건축'[2-5]이라 부르고, '내부공간은 무시되고 있었다'라고 지적하였다.[2-6]

그리스 건축의 표현상 중요한 점은 오더[2-7]가 특히 중시되었다는 사실로부터 알 수 있듯이 '주열'에 있었다.[2-8] 오귀스트 슈와지(Auguste Choisy)는 『건축사(Histoire de l'Architecture)』를 통하여 그리스 건축의 세세한 부분은 빛과 그림자의 대비효과를 목적으로 결정되고 있다고 역설한다.[2-9] 그림 2-2는 파르테논 신전 기둥의 플루팅(세로홈)[2-10]을 나타내고 있는데, 하나의 기둥을 일반적으로 단순히 평활한 면의 원형기둥이 아닌, 기둥의 표면을 세로의 홈에 의한 분절화, 즉 타원형의 몰딩을 통하여 여러 개의 그림자의 모여짐이나 중복효과를 가져옴으로써 기둥 그 자체에 조각적인 매력을 부여하고 있다.

그리스인들의 건축의장적인 업적 중의 하나로 이러한 형태와 빛의 힘을 통하여 외부적 시점에서의 오브제적인 아름다움과 내부공간이 아니더라도 건축이 사람들에게 감동을 줄 수 있다는 것을 제시하였다는 점에 있다.

● 빛의 주물사

19세기 영국 낭만주의[2-11]를 대표하는 존 러스킨은 무명의 공예 직공들에 의한 수

그림 2-2a 파르테논 기둥의 플루팅

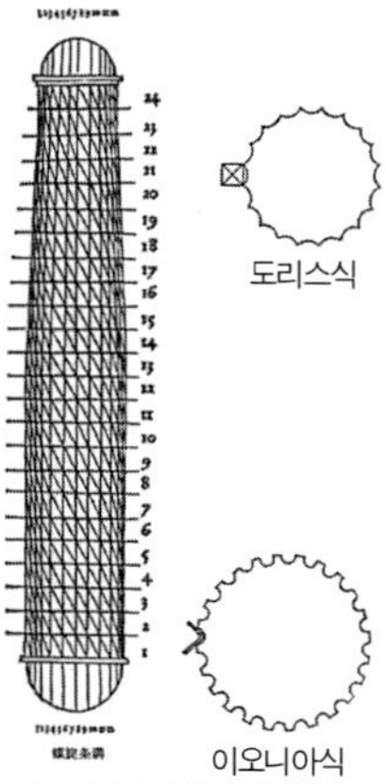

그림 2-2b 플루팅(알베르티 건축서)

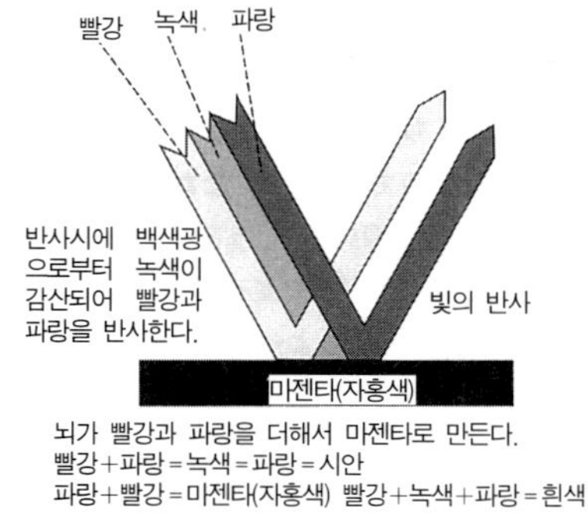

그림 2-3 감산혼합의 메커니즘

작업의 건축적 가치를 인정한 예술비평가였다. 그의 사상은 19세기 후반 윌리엄 모리스에게 계승되어 20세기 아돌프 로스나 바우하우스에도 영향을 끼쳤다.[2-12] 그는 자신의 저서 『건축의 칠등』에서 건축의장에 대한 빛의 중요성에 대해 다음과 같은 유명한 문구를 남기고 있다.

'… 그리고 나는 어떠한 건축도 다양한 벽으로부터 생겨나는 역동적이고 심오하며 거대한 그림자의 매스를 지니지 않고서는 진정으로 위대한 건축은 아직까지 없었다고 믿는다. 그리고 젊은 건축가가 가장 먼저 습득해야 할 습관 중의 하나로서 의장을 그림자 속에서 생각하는 습관, 즉 디자인을 그 가련한 선으로만 이루어진 뼈대와 같은 것으로 생각할 것이 아니라, 서광이 그 위를 비추고 황혼이 지나칠 무렵 그 돌이 뜨거워지고, 그 틈새가 식어갈 무렵 도마뱀과 그림자가 그 돌 위에서 볕을 쬐고 있고, 또한 새가 그 틈새에 둥지를 틀고 있을 때에 디자인이 존재한다고 상상하는 습관이다. 건축가는 스스로 냉기를 느끼고 열기를 느끼며 디자인을 해나가야 한다. 사람들이 물이 없는 평지에 우물을 파는 것처럼 그림자를 만들고, 주물사가 뜨거운 금속을 만들어내듯이 빛을 이끌어내야 한다. 건축가는 이러한 빛과 그림자 어느 것이라도 자유로이 다룰 수 있어야 하고, 그것들이 어떤 식으로 충돌하여 어디에서 흐릿해지는지를 알 수 있도록 주의를 기울여야 한다. 자신의 종이 위 선들, 혹은 그 선들의 균형이란 아무런 가치도 없는 것이다. 건축가가 해야 하는 모든 것은 명암의 장소를 통해서 이루어지지 않으면 안 된다.'[2-13]

이렇듯 러스킨은 선으로 형태를 만드는 것이 아니라 대장장이가 금속을 다루듯이 건축가는 빛과 그림자를 다룰 수 있어야 한다고 주장하였다.

● 빛과 색채

빛이 만들어낸 음영이나 색채의 효과에 대하여 특히 훌륭한 지적을 했던 예술가는 레오나르도 다빈치이다. 그는,

'그림자는 빛보다 큰 힘을 가지고 있다.'

'그림자라고 하는 것은 … 그것이 어둡다고 해서 결코 그림자의 바탕이 되는 색채를 지워버리는 성질을 가지는 것은 아니다.'[2-14]

그림 2-4 오르세 미술관

그림 3-1 레베렌츠의 산 마르코 교회

이와 같이 회화에 있어서 ① 입체감을 가져다주는 그림자가 색채보다도 중요하다는 점, ② 그림자가 검정색이라고 생각하기 쉽지만 실은 색채를 지니고 있다는 점의 두 가지를 주장하였다. 나아가 색채에 대해서 '들판의 한가운데 서있는 여인'으로 비유하며, 여인이 두르고 있는 흰옷의 색깔은 하늘의 '청색'으로 물들어 있으나 녹색의 풀밭에 가까운 옷 주름의 부분은 반사광선으로 인해 '녹색' 빛으로 물들어 있다고 설명하고 있다.

이렇듯 빛과 그림자뿐만 아니라 '빛과 색채'에 관해서도 분리해서 생각할 수 없다. 색유리를 통과한 빛이 그 색이 바뀌는 것처럼 빛은 의장적인 조작에 의해 다양한 색으로 변화한다.

그림 2-3은 '색의 빼셈 = 감산혼합'이라는 빛과 색의 메커니즘을 나타낸 것이다.[2-15] 예를 들어 여름의 '나뭇잎'이 우리들 눈에 '녹색'으로 보이는 것은 빛의 3원색(빨강, 파랑, 녹색)으로 구성된 태양의 백색광을 받은 나뭇잎이 빨강과 파랑의 가시광을 모두 흡수하고 녹색의 가시광만을 반사하기 때문이다.

이러한 사실로부터 알 수 있듯이 - ① 건축의 소재는 반사된 빛의 색을 변화시켜 ② 건축소재에 부딪히는 빛의 색이 소재의 색이 보여지는 방식에 영향을 끼친다 - 라는 두 가지 사실이 '소재와 색광'의 관계를 형성하는 것이다.[2-16] 그림 2-4는 가에 아울렌티(Gae Aulenti)가 설계한 오르세 미술관(Musée d'Orsay, 1986)으로서 자연광 및 백색, 황색의 전구와 함께 사용되는 소재의 조합을 통하여 공간을 채우는 빛의 색이 다양하게 제어되고 있다. 소재가 반사하는 빛으로 인해 생기는 현상을 가르쳐주는 좋은 예라고 할 수 있다.

3_ 들이비치는 빛

● 내부공간으로 들이비치는 빛

다음으로는 어둠 속을 비추어 주는 빛에 대해 알아보자. 18-19세기 독일의 문호 괴테(Johann Wolfgang Von Goethe)는 오르페우스 찬가를 통해,

'자연! 우리들은 그녀들에게 둘러싸여 그녀들의 품속에 감싸여 있다. … 자연은 인간을 어둠의

상태로 감싸둔 채로 영원히 빛을 추구하도록 그를 부추긴다.'[3-1]

라고 서술하면서 어둠 속에서 빛을 추구하는 인간의 본성을 지적하였다. 또한 19세기의 철학자 헤겔(Georg Wilhelm Friedrich Hegel)은,

> '어둠이 빛을 규정하여 색채를 부여하고, 이로 인해 처음으로 빛 그 자체에 가시성을 부여하는 것이며, 따라서 어둠은 빛 속에서 실제로 움직이고 있다는 사실을 나타내는 것이다 … .'[3-2]

라고 하며 빛의 존재를 느끼기 위해서는 '어둠'의 존재가 불가결하다는 점을 언급하고 있다. 본 절에서는 어둠을 가르고 내부공간으로 들어오는 빛을 '들이비치는 빛'이라고 부른다(그림 3-1).

로마건축은 아치구조를 통해 그때까지는 없었던 규모의 내부공간을 창조하였으며 '보는 사람이 건축으로 둘러싸인 건축'[3-3] 이라는 새로운 공간의 장르를 개척하였다. 그렇다고 한다면 로마 이전의 건축은 어떤 식으로 간주되었을까. 하버드대 교수를 지냈던 지그프리드 기디온은 여명기의 건축 이미지에 대해서,

> '역사의 여명기에는 인간과 우주적 조화와의 관계는 아직 분리되지 않았다. 이러한 관계를 표현하고 있는 것 중 한 가지는 끝없는 공간 속에 볼륨을 놓아두는 것이다. 내부공간은 대부분 빛을 받아들이지 못했다. 그것들은 대지의 모태로서의 암흑을 상징하고 있었다.' [3-4]

라고 언급하면서 '볼륨으로서의 건축=암흑'의 도식을 전개하고 있다. 한편, 로마건축에 대해서 '내부공간의 형성'이라는 견해가 지적된 것은 1901년의 미학자 알로이스 리글의 저작이 계기가 되었던 것으로,

> '모든 예술 중에서 건축이 가지고 있는 유일한 특권이란 … 하나의 내부세계를 구축할 수 있다는 점이다. 그 세계란 어떠한 기하학, 어떠한 기구, 어떠한 광학 … 의 법칙에 의거하여 공간과 빛을 갖춘 세계이다.'[3-5]

이 같은 미학자 앙리 포시옹(Henri Focillon)의 1943년의 말에 요약된 것처럼 현대의 미학이론에서는 내부공간을 만들고, 그곳에 빛을 유도하는 것이 건축의 특권의 역할이라고 규정되고 있다.[3-6]

● 돔과 천창

이러한 '공간과 빛의 세계'를 실현하였던 고대의 건축, 어둠 속에서 새어 들어오는 한 줄기 빛을 현재의 우리들에게 가장 단적으로 보여주는 건축으로 로마의 판테온(125)이 있다. 직경 약 43.8미터(148척)의 건물의 평면 위에 동일한 직경의 돔을 얹은 이 건물은 구에 완전히 외접한 내부공간을 지니고 천장부분에 뚫린 직경 8.92미터의 원형천창(Opaion)[3-7]이 내부공간에 극적인 빛을 만들어 내고 있다(그림 3-2, ⇨ P.262 그림 1-16). 라스무센은 판테온의 내부세계에 대하여 소란스러운 외부를 배제시킨 '천공의 세계와 직접 이어진 세계'라고 평가하였다.[3-8] 이소자키 아라타도 이와 같은 감각을 다음과 같이 기록하고 있다.

> '원형의 닫혀진 소우주가 단지 한 점의 빛에 의해서 대우주로 연결될 수 있다고까지 느껴지는 것이다.' [3-9]

그림 3-2 로마의 판테온

그림 3-3 아스프룬드의 숲의 예배당

그림 3-4a 롱샹성당의 벽면 마감

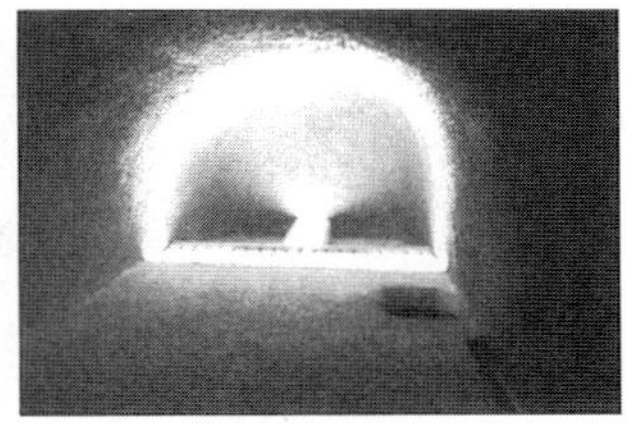

그림 3-4b 색광을 받는 면

이와 같이 미크로코스모스(소우주)까지도 암시하는 '돔과 오파이온'이라는 조합은 서구에서는 들이비치는 빛의 기본형식으로서 예배당이나 홀 등에 수 없이 응용되어 왔으며 스케일, 소재, 디테일 면에서 극히 다양한 형태가 존재한다(그림 3-3).

● 빛을 받는 면

건축 내부로 들이비치는 빛을 시각적으로 강조하기 위해서는 그 빛을 받는 면의 질이 중요하게 된다. 그림자나 색 이외에 빛의 존재를 구현화 시키는 의장적 수법으로는 표면의 자잘한 요철이나 음영을 강조하는 재료의 사용을 들 수 있다. 그림 3-4는 르 코르뷔지에의 롱샹성당의 빛의 원통(소예배당의 탑라이트)으로서, 거칠거칠한 석탄질의 마감이 내부로 스며드는 빛의 계조를 선명하게 시각화하고 있다.

> '건축의 요소는 빛과 그림자, 그리고 벽체와 공간이다.… 곧은 벽이 있다 … 바닥이 있다. 인간 또는 빛이 통하는 구멍, 출입구나 창이 있다.… 빛과 벽, 그것을 커다란 면으로 전개시키는 벽과 수평벽인 바닥과 빛이 닿는 벽을 만드는 것이 내부의 건축적인 요소를 구성하는 것이다.'[3-10]

이와 같이 르 코르뷔지에는 '빛이 닿는 면'의 중요성을 거듭 강조하고 있다.

● 르 토르네 수도원의 두터운 벽과 강한 빛

빛을 받는 면과 재료가 가지는 표현력이라는 관점으로부터 르 토로네 수도원(Le Thoronet, 1175년경)은 건축가를 지속적으로 매료시켜 온 건축이다[3-11](그림 3-6, ⇨ p.162 그림 4-22). 이 건물은 지붕을 포함해 중후한 석재만으로 이루어져 있으며

그림 3-5 요한 셀싱의 성토마스 교회의 벽돌면

그림 3-6 르 토로네 수도원

그림 3-7 붉은 빛이 감도는 거친 돌

그림 3-8 내부공간의 신체감각

붉은빛이 도는 '거친 석재'(그림 3-7)로의 환원과 철저한 장식의 배제와 같은 미니멀하면서 엄격한 자세로 일관하고 있다. 이렇게 완성된 공간은 순수하게 빛의 체험이 주제라 할 수 있는 것으로 무뚝뚝한 외부와는 대조적으로 내부공간에서는 빛을 받는 '돌의 피부'의 존재감이 보는 사람의 신체에 밀착해 오는 듯한 감각을 부여한다(그림 3-8).

중세의 토로네 수도원 건설의 모습을 묘사한 페르낭 푸이용(Fernand Pouillon)의 소설에는 수도승이면서 현장책임자였던 기욤이 석재를 어떻게 다루려 했는지에 대해 다음과 같이 기술되어 있다.[3-12]

> '석재의 대부분은 대략 거칠게 깎아내기만 하자. … 태양이 까칠까칠한 면이나 갈라진 틈에 반사되어 반짝이는 석재가 보석처럼 보일 것이다. 각진 부분과 접합부가 마감되어 깎여짐으로써 깨끗한 모서리를 만들어내어 … 미묘한 조합의 조심스러운 복잡함에 의해 기본이 되는 그물눈의 이음매를 만들어 내는 것이다.'

또한 루이스 칸은 다음과 같은 말을 남겼다.

> '로마네스크 양식의 벽은 두껍지 않으면 안 된다. 빛은 그 두께를 통과하는 사이에 변질되어 밀도를 높이고 가시적인 공간의 형태로 변하는 것이다. 로마네스크 시대의 석공들이 그 개구부에 쏟은 정열을 세심하게 살펴보아야 한다.'[3-13]

성 베네딕트(St. Benedict)의 엄격한 계율로 잘 알려진 시토회의 수도승들은 자신들의 손으로 돌을 잘라내어 돌의 결과 같은 세세한 부분에 주의를 기울이며, 들이비치는 빛만을 이용해 엄숙함과 정숙함이 충만한 훌륭한 건축을 만들어냈던 것이다.

● 바로크와 키아로스큐로(chiaroscuro, 명암법)

들이비치는 빛을 효과적으로 사용하여 조각과 회화를 동원하면서 공간효과를 과감하게 추구했던 건축양식으로는 바로크 건축을 들 수 있다. 이소자키 아라타는,

> '바로크의 공간은 무엇보다도 외부의 빛과의 투쟁이다. 외부로부터의 빛을 다양한 형태로 내부의 공간으로 끌어들여 그 빛이 만들어내는 갖가지 효과가 내부로 들어가는 인간을 몽환적인 세계로 인도하는 것이다. 그것은 … 빛과 그림자라는 극과 극의 대위법이기도 하다. … 공간은 … 빛과 그림자의 착란으로 채워지기 시작한다. 이러한 빛의 농도분포가 공간 그 자체가 된 것이다.'[3-14]

라고 하면서 바로크의 빛과 그림자의 효과가 환영의 레벨과 공간 그 자체로 승화된 모습을 평하고 있다.

바로크 건축에서는 내부의 빛의 효과를 높이기 위해서 명암의 대비(Contrast)를 강화하고, 필요에 따라서는 국소부를 비추는 빛을 도입한다. 그림 3-9는 베르니니의 '성 테레사의 환희(The Ecstacy of St.Teresa)'로서 어두운 성당에서 천사의 화살에 맞은 성녀의 환상의 형상이 천창으로부터의 스포트라이트에 의해 극적으로 부각되도

그림 3-9 성 코르나로 예배당

그림 3-10 피어첸 하일리겐 성당

그림 3-11 테너브리즘의 작품(만프레디)

록 설계되어 있다. 또한 그림 3-10에서는 원근법적 구도로 나란히 겹쳐진, 마치 주름진 듯한 여러 면에 명암이 부여되어 성당을 깊숙이 걸어 들어감에 따라 빛의 체험이 '명→암→명'의 순서로 시간에 따라 분절된 것처럼 구성되어 있다.

이러한 바로크 건축의 빛의 연출에는 '키아로스큐로'라는 당시의 회화기법과 연결되는 면이 존재한다. 키아로스큐로는 이탈리아어의 키아로(chiaro, 빛 또는 밝음)와 오스큐로(oscuro, 어둠)로부터 유래한 단어로서 빛과 그림자를 이용하여 형태에 입체감을 주는 수법을 가리킨다.[3-15] 16세기말의 화가 카라바조(Michelangelo Caravaggio)의 명암법은 특히 '테너브리즘(Tenebrism)'(어둠의 양식)이라 불리며 17세기 유럽회화에 절대적인 영향을 끼쳤다[3-16](그림 3-11). 이러한 시대적인 배경 속에서 17세기 바로크 건축에서의 빛의 연출은 평가되어지고 있는 것이다.

4_ 일본의 빛

● 음영 예찬과 반사되는 빛

일본 전통건축의 빛의 특징을 이해함에 있어 대전제로 축조[4-1]를 주체로 하는 목조구법의 건축과 그 위로 크게 펼쳐지는 지붕의 존재를 들 수 있다(그림 4-1). 요

그림 4-1a 일본의 지붕 (도후쿠지)

그림 4-1b 온죠지 미츠키 무대

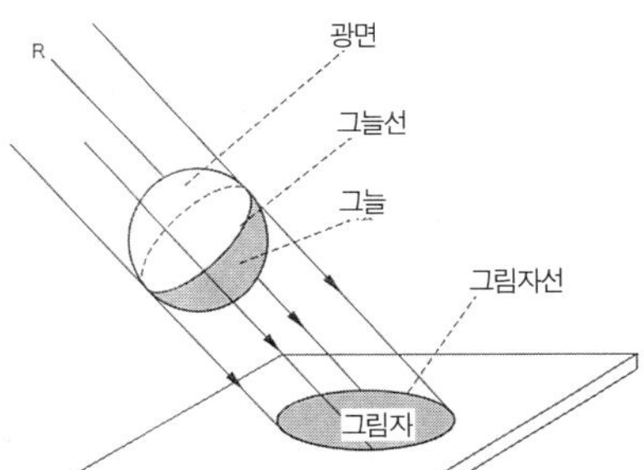

그림 4-2 그림자와 그늘의 차이

시무라 데이지(吉村貞司)는 목조구법에 대하여,

'서양건축은 하부로부터 쌓아올리는데 비하여 일본건축은 우선 높이를 형성한다. 지붕부터 만들기 시작하는 것이다.' [4-2]

라는 말로 요약하고 있으며 이토 데이지는 일본건축의 특징을,

'바깥쪽으로 길게 뻗어나온 처마, 즉 차양. 그 아래에 공간이 존재한다.'[4-3]

라고 표현하였다. 다니자키 준이치로(谷崎潤一郎)는 저서 『음영예찬』중에서 일본의 빛과 건축공간 · 생활도구와의 관계에 대해서 수많은 중요한 지적을 하고 있다. 그 중에서 일본건축의 지붕에 관해 다음과 같은 한 구절을 찾을 수 있다.[4-4]

'서양 사원의 고딕건축이라 불리는 건축은 지붕이 높고 뾰족하며 그 끝이 하늘에 닿을 듯한 모습에 아름다운 모습이 존재한다고 한다. 이와는 반대로 일본의 가람은 건물의 상부에 우선 큰 기와를 덮어씌우고 그 차양이 만들어 내는 깊고 넓은 그늘 속에 전체의 구조를 집어넣는다. 사원뿐 아니라 궁전에서도, 서민의 주택에서도, 외부에서 볼 때 가장 먼저 눈에 띄는 것은 때로는 기와지붕, 때로는 억새로 엮은 커다란 지붕과 그 차양 아래에 감도는 짙은 어둠. … 이것은 지온인(知恩院)[역자주 : 일본 교토에 위치한 사찰]이나 혼간지(本願寺)[역자주 : 교토에 위치한 일본의 정토진종의 본산 사찰]와 같은 거대한 규모의 건축의 경우에서도, 벽촌의 민가의 경우에서도 모두 마찬가지인 것으로 … 적어도 눈으로 본 바로는 지붕쪽이 무겁고 높고 면적이 넓게 느껴진다. 이렇듯 일본인이 주거를 영위함에는 무엇보다도 지붕이라는 우산을 펼쳐 대지에 일곽의 그늘을 떨어뜨리고 그 어슴푸레한 음영 속에 집을 짓는다.'

이와 같이 일본의 전통공간은 '우산으로서의 지붕' 하부로 퍼지는 '음영, 어둠, 그늘' 속에서 전개되어 왔다. 그림 4-2에 나타낸 것처럼 '그림자(Shadow) : 빛을 가려서 만들어진 것의 형태'와 '그늘(Shade) : 차단되어 빛이 직접 닿지 않는 장소'는 단어의 의미가 기본적으로 다른 것으로,[4-5] 다니자키의 이러한 지적은 일본건축에 그림자가 없다는 것이 아니라, 그늘이 주는 의미가 더 중요하다는 점을 근거로 삼고 있는 것이다. 비가 많은 몬순기후 특유의 높은 습도의 대기를 통과한 일본의 빛은[4-6] 그리스나 로마의 지중해적인 '강렬한 빛' 아래에서와 같은 명쾌한 '그림자'와는 대조적으로 지붕아래의 미묘한 '그늘'을 새로이 만들어 내어 그 속에서 일본적인 디자인이 이루어져 왔다. 또한 빛이 내부로 들어오는 방식에 대해서는,

'어두운 방에 부득이하게 살아야 했던 일본인의 선조들은 어느 새인가 음영 속에서 미를 발견하고, 이윽고 그 미의 목적에 맞도록 그 음영을 이용하기에 이르렀다. … 일본인은 … 햇볕이 들어오기 어려운 건물의 바깥쪽에는 긴 차양을 세우기도 하고 툇마루를 만들어 한층 더 햇빛을 멀리하였다. 그리고 실내에는 정원으로부터 반사된 빛이 장지문을 통해 아련한 밝기로 스며들도록 하고 있다. 일본의 건축의 미의 요소를 이러한 간접적이고 무딘 빛 이외에 그 무엇을 말할 수 있을 것인가. … 보기만으로도 불안정해 보이는 외광이 석양빛의 벽면에 엉겨 붙어 간신히 여명을 유지하는 그 섬세한 밝기를 즐기는 것이다.' [4-7]

이 한 구절에서는 ① 빛이 '차양이나 툇마루'에 반사되어 ② 서서히 조도를 낮춰

그림 4-3a 고잔지 석수원

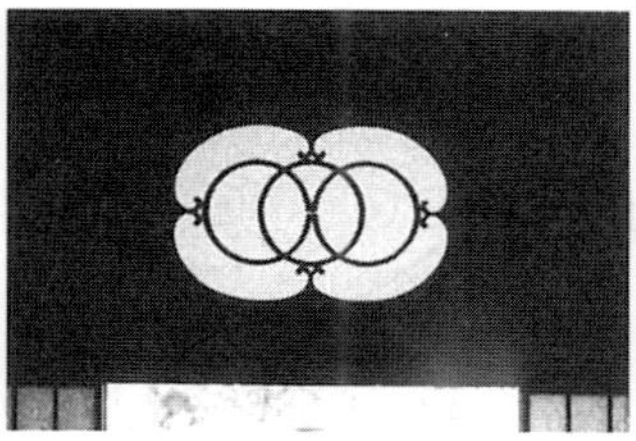
그림 4-3b 란마의 의장

그림 4-4 교토 고쇼 청량전

가며 실내 깊숙이 도달하고 ③ 그 섬세한 밝기 속에 일본의 미는 배가되고 있다는 점을 언급하고 있다.

● 빛을 받는 일본의 의장

일본건축의 빛이 이처럼 실내를 향해 반사되는 빛이라는 점은 전통의장의 중요한 전제가 되고 있다. 빛은 내부공간의 깊숙한 곳을 향하여 실내의 상·하면에 반사되면서 비추어 들어가기 때문에 차양이나 툇마루, 연못이나 백사(흰 모래) 등의 요소들은 빛을 도입하는 장치가 된다. 처마는 빗물을 막아줄 뿐 아니라, 처마 밑의 반사광을 받아 실내로 빛을 끌어들이는 반사판의 역할을 지니고 있으며 처마 안쪽, 툇마루의 천장, 처마주변의 봉당, 교창 등은 당시의 장인이 의장적인 창의력을 집중시키는 장소가 되었다(그림 4-3).

나아가 종교건축의 불상, 법구나 주택의 생활도구 등은 미약하게 내부로 스며드는 빛을 최대한으로 받아들여 반사시키려는 의도를 지닌 채로 각각의 전통적인 미로 발전되어 왔다. 『음영예찬』에서는 '금박병풍, 불상, 칠기와 금칠공예, 법의의 금은사'의 금빛이 어둠 속에서 희미하게 반짝거리는 아름다움에 대하여 매력적으로 표현되고 있다.[4-8]

> '생각해 보면 서양인이 말하는 동양의 신비라는 것은 이와 같은 어두움이 갖는 적막한 고요함을 가리키는 것일 것이다.'[4-9]

다니자키는 일본의 미와 빛은 깊은 어둠과 함께 있다는 점에 대하여 이와 같이 서술하고 있으며, 이소자키 아라타는 일본적 건축공간이 '어둠 속에서 빛이 명멸할 때에 나타난다'라고 정의하고 있다.[4-10]

● 일본 건축의 평면과 빛

다음은 일본의 전통건축의 평면과 빛을 다루는 방식의 변천에 대해 알아보자. 우선 헤이안 시대의 '침전조'(그림 4-4)에서는 빛은 '정원으로부터 툇마루→차양→안채'의 순으로 반사되어 측면에서 유입되고 있으며,[4-11] 실내 빛의 분포는 툇마루가 가장 밝고 중앙으로 갈수록 어두워져 가는 것이다. 당시의 사람들은 외부에서 들어오는 빛을 '발이나 휘장'을 이용해 칸을 막는, 즉 '시츠라이'[4-12](그림 4-5)를 통해 시선과

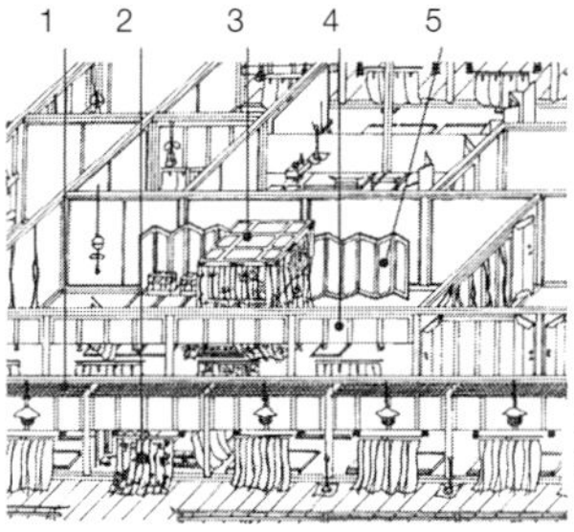

그림 4-5 침전조의 시츠라이

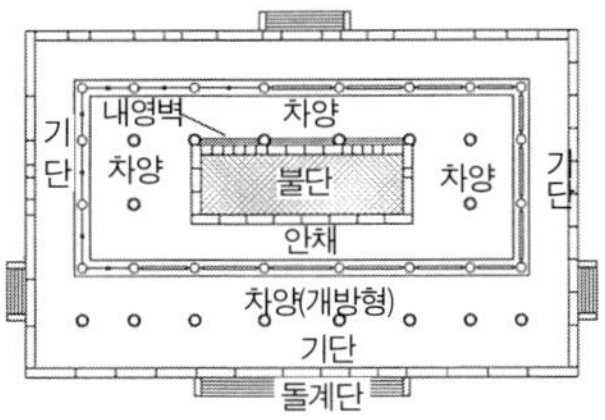

그림 4-6 도쇼다이지의 금당(759), 평면도

그림 4-7 호류지 강당

그림 4-5
1. 시토미도(蔀戶)[역자주 : 격자를 단 판자문)]
2. 기초우(几張, 역자주 : 천을 늘어뜨린 칸막이,휘장)
3. 조다이(張台, 역자주 : 장막으로 둘러싸인 침대)
4. 미스(御簾)[역자주 : 발]
5. 병풍(屛風)

함께 제어하고 있었다. 침전조의 기본구조는 기둥과 판자문만으로 이루어진 간단한 구성이다. 그러므로 헤이안 시대의 귀족주택에 있어서 빛의 의장은 필요에 따른 시츠라이를 고안해내는 것이었다.[4-13]

사원건축(불당)에서는 본존불상에 대한 예배가 주 목적이었으므로 정면방향의 축성이 강하게 된다(그림 4-6). '내영벽,[4-14] 광배(光背)[역자주 : 불상 뒤에 후광을 나타낸 조형물] 천개(天蓋)[역자주 : 불상을 덮는 닫집]' 등을 설치함으로써, 배후나 상부로부터의 빛을 차단하여 정면으로부터 들어오는 빛만으로 불상이 어둠 속에서 희미하게 떠오르는 연출법을 채택한다(그림 4-7). 단, 중원이라는 가마쿠라기의 승려가 설계한 '다이부츠요우(大仏様)' [역자주 : ⇨ 12장 주석 2-4 참조] 양식의 대표작인 정토사 정토당(浄土寺浄土堂, 1192)에서는 본존 아미타삼존불의 배후면, 즉 서쪽의 판자문을 통해 들어오는 역광 속에서 불상이 드러나는 모습을 보면서 동쪽 정면에서 참배하도록 설계되었다(그림 4-8). 이는 '서방정토'의 사고방식이 채광방법에 나타난 사례이다.[4-15]

'서원조'에서는 측면으로부터 들어오는 빛을 그 특징으로 한다. 근대 이전의 서원은 그림 4-9의 평면과 같이 남측의 접객공간과 북측의 일상공간이 종이문으로 구분되어 있으며 접객공간은 무가의 신분관계와 호응하여 동서방향으로 그 서열이 정해져 있었다.[4-16] 이에 비해 빛은 남쪽으로부터, 즉 위계의 축에 대하여 직각을 이루며 측면으로부터 들어온다. 이러한 점에 측면으로부터의 빛, 즉 일본 건축의 '빛에 대한 좌우대칭성이 붕괴된 형태'를 발견할 수 있다.

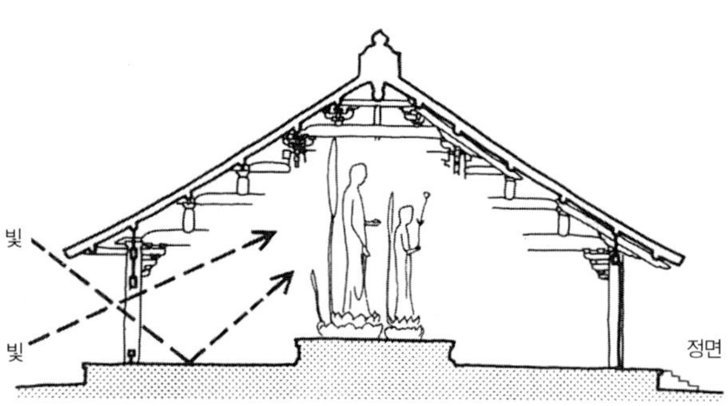

그림 4-8 정토사 정토당의 빛의 유입방식

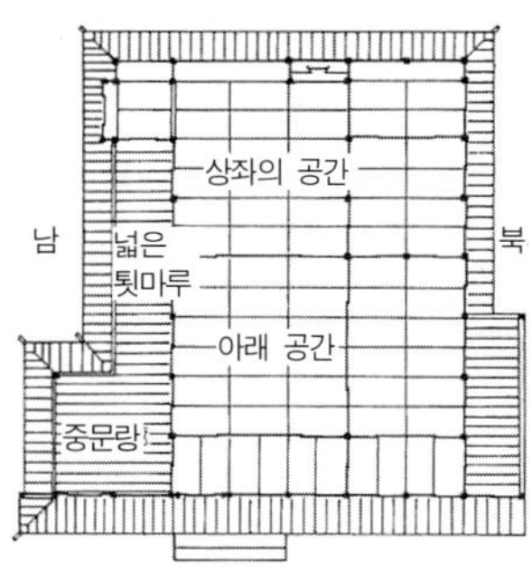

그림 4-9 고죠인 객전(1601) 평면도

근대 일본의 차실의 특징으로 종래의 일본 건축처럼 주간(기둥 사이)을 개구부로 생각하는 것이 아니라, 먼저 벽을 세우고 그 벽에 창을 자유롭게 만들 수 있다는 점을 들 수 있다. 차실의 채광은 벽 위의 여러 높이로 뚫린 개구부로 들어오는 '한정된 빛'에 의해 형성된다(그림 4-10). 이러한 개구부의 위치조절을 통하여 실내의 명암과 빛의 농도 분포를 의도적으로 디자인하는 수법은 천창, 격자창, 지하창 등의 창의 다양화로 이어지게 되고 차실마다 서로 다른 설계자의 '취향'이 표현되면서 의장적인 개성화로 이어지게 된 것이다.[4-17]

5_ 빛의 벽

● 모자이크의 찬란함

4세기 이후의 초기 그리스도교 건축과 6세기 중반 이후 비잔틴 교회의 내부공간의 빛은 고대 로마시대의 '들이비치는 빛'과는 다른 성질을 가지고 있다. 당시의 빛의 모습을 모리타 게이이치(森田慶一)는,

> '4세기 초의 바실리카는 아름답게 연마된 색을 가진 석재의 원기둥, 벽면을 뒤덮는 색대리석, 금빛 테세라(Tessera, 색유리 조각)를 섞은 반짝이는 모자이크 벽화, 보석을 흩뿌린 금빛 찬란한 성구, 이 모든 것들이 빛으로 충만한 분위기를 빚어내어 … 신자들에게 천국의 모습을 상기시키는 것이다.'[5-1]

라고 하며 돌, 유리 모자이크, 성구 등의 '광택을 지닌 물질(Material)'의 반짝임으로 보고 있다. 비잔틴 건축에 대해서는 건축사가 니콜라스 페브스너(Nicolaus Pevsner)가 이탈리아 라벤나(Ravenna)에 위치한 산타폴리나레 누오보 교회(Basilica di San' Apollinare Nuovo)를 예로 들면서,

> '수많은 작은 유리조각들의 모자이크 … 그 미적효과는 독특한 것으로서 … 유리 모자이크는 빛을 다양하게 반사시켜 항상 다르게 보여짐으로써 자신이 무엇으로 구성되어 있는지 느끼지 못하게 한다. 또한 모자이크는 벽의 표면을 덮고 있어서 벽의 존재를 느끼지 못하도록 하는 것이다.'[5-2]

그림 4-10 차실의 음영

그림 5-1 모자이크 벽면의 예(산타폴리나레 인 클라세 성당)

그림 5-2 산비탈레 성당

그림 5-3 하기아 소피아 성당

그림 5-4 성 아우구스티누스가 영시한 천상신의 나라

그림 5-5 생 드니 대성당

라고 모자이크 벽면의 특징을 설명하고 있다(그림 5-1). 그림 5-2 라벤나의 산 비탈레 성당(Chiesa di San Vitale, 547)의 펜던티브 돔(Pendantive Dome)[5-3]을 얹은 팔각 예배당의 벽면은 모자이크나 대리석이 씌워짐으로써 양초의 불빛과도 같은 약한 빛이 반사됨에 따라 증폭의 효과를 가져오게 되어 실내의 환상적인 분위기를 연출하고 있다. 전체의 색조가 황금색이라는 점과 무엇보다 황금 모자이크의 반짝임이 외부와는 다른 비일상적인 빛의 상태를 만들어 내고 있다.

● 신의 궁전과 빛의 형이상학

이러한 빛의 증폭효과는 단순히 실내를 밝히기 위한 수법이라기보다는 예배당 내부를 외부와 다른 빛으로 채움으로써 일상과는 다른 별세계를 만들어 내고자 하는 의도에 따른 것이었다. 6세기 비잔틴 왕국 유스티니우스 시대의 하기아 소피아 성당(Hagia Sophia, 537, 그림 5-3)에 대해서 기록한 프로코피오스(Prokopios)의 『건축기』, 실렌티아리우스(P. Silentiarius) 의 『성 소피아 회당기』에는－①성당 건축의 목적이 초월적 심벌인 '신의 궁전'(그림 5-4)의 재현에 있다는 점, ② 빛의 형이상학＝공간을 가득 채운 광휘성과 색광이 신의 본질이나 건축미의 원리가 되고 있다는 점 － 의 두 가지 사고가 나타나 있다.[5-4] 이와 같이 교회예배당이 '신의 궁전'으로, 또한 예배당 내의 빛이 '신의 본질'로 상징화 될 수 있다는 사고는 중세의 종교건축의 빛을 이해함에 있어 유효한 실마리가 되고 있다.

> '빛의 신격화는 신플라톤주의와 중세 신비주의의 기본적인 특징이 되었다. … 빛은 우주의 질서를 유지하는 수단이자 그 가장 순수한 현존성으로부터 창조신과도 같은 것이다. … 공간과 빛을 동일시하는 모든 이론은 그 성격상 본질적으로 신학적이다.'

물리학자 맥스 야머(Max Jammer)의 이러한 지적[5-5]에 따르면, 이러한 사상은 중세에 들어서면서 ① 빛을 우주창조의 근원으로 한다. ② 공간과 빛은 하나다 라는 사고에 도달하게 된다.

● 중세 고딕교회의 빛

12세기 고딕건축의 성립에 중요한 역할을 담당한 인물들 중, 빛을 보편논쟁[5-6]을 승화시키는 촉매제라고 여겼던 인물들로 사상적인 입장의 토마스 아퀴나스와 건축공간으로 결실을 맺는 구축적인 입장을 표방한 생드니 수도원장 쉬제르(Aboot Suger)가 있다(1284, 그림 5-5). 아퀴나스는 『신학대전』에서 신=빛의 도식을 계승하고 있었다.[5-7]

그림 5-6 샤르트르 대성당의 스테인드글라스

빛의 상징성에 관한 의장적 표현은 이후 고딕교회의 스테인드글라스에 의해 극에 달하게 된다(그림 5-6). 모리타 게이이치는,

> '교회의 문서나 스콜라 문서 중에는 예배당을 찬미할 때, lucidas(밝다), luciler(찬란하다), luminosus(빛을 발하다), clarus(빛으로 충만하다)라는 형용사가 빈번히 사용되었다. 이러한 밝기나 광휘성은 예배당 내의 조도를 문제시 한 것이 아니라, 건축을 구성하고 있는 재료 그 자체 혹은 장식에서 발생하는 색광을 대상으로 간주하는 것이다.'

라고 하면서 고딕 교회의 '밝기'는 스테인드글라스의 색광을 지칭하는 것이라고 설명하고 있다.[5-8] 고딕건축의 주제는 빛나는 스테인드글라스라고 하는 주장으로는, ① 제들마이어(Hans Sedlmayr)의 '스테인드글라스=스스로 빛나는 벽',[5-9] ② H. 얀첸(Hans Jantzen)의 빛의 벽='디아판네(the diaphane, 레이스천 같은 반투명적) 구조'[5-10] 등이 있다.

6_ 채우는 빛

● 고전주의와 이성의 빛

르네상스 건축의 빛은 앞서 언급한 바로크 건축의 명암 대위법과 비교하면 '온화하게 충만하는 빛' '평이한 빛'에 의해서 특징지어진다. 파울 프랭클(Paul Frankl)은 『건축사의 기초개념(Principles of architectural history)』에서 르네상스 건축의 '가시형태'란,

> '빛의 강약의 차이는 있지만 피렌체의 산 로렌조 교회당이나 산토 스피리토 교회당의 경우처럼 온화한 것이다. 명암이 강한 콘트라스트가 아닌 어두운 곳도 항상 뚜렷하게 사물이 보일 정도로 밝다.'

라고 하며 그에 비하여 바로크 건축에서는,

> '밝은 부분과 어두운 부분과의 대비가 증대하여 … 상부의 밝게 빛나는 볼트천장과 아래쪽의 어두운 공간의 수직적 병치관계가 현저해진다.'

라고 하면서[6-1] 양자의 빛의 상태의 차이를 대비적으로 논하고 있다(그림 6-1,2).

그림 6-1 브루넬레스키의 파치 예배당(1472)

그림 6-2 보로미니의 콰트로 폰타네 성당(1667)

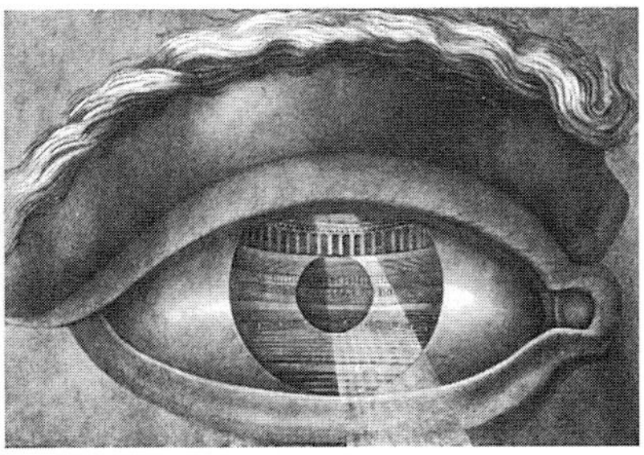

그림 6-3 이성의 빛=눈(르두의 그림)

이와 같이 르네상스 건축은 항상 같은 빛으로 충족되는 특질을 지니고 있었으며, 나아가 18세기말 이후 주류가 된 신고전주의 건축에서는 창의 반복이나 천창의 활용을 통하여 내부공간에 더욱 밝은 빛이 추구되어질 수 있었다. 이탈리아의 건축가 포르토게시는 이러한 변화를 거대한 유리면에 의한 명쾌함과 합리성에 대한 숭배, 즉 '계몽되어진 시대[6-2] 빛이 비추는 시대'의 문화를 고무시키는 흐름이라고 설명하고 있다.[6-3] 미술사가인 헨리 플루머(Henry Plummer)도 마찬가지로,

> '18세기의 계몽사상으로부터 계승되어진 것은 사고 혹은 이성에 대해 사물을 명확히 하는 빛을 중시하는 자세였다. 가능한 한 구석구석, 그리고 균등하게 물체를 비추는 것을 목적으로 하는 빛이다 … 사물의 파악을 어렵게 만드는 그림자를 근절하려는 자세야말로 올바른 것이라 여기고 만물은 … 빛의 파도에 의해 비춰지는 것이다.'

라고 지적하며, 이 시기의 건축에서 보이는 '이성의 빛'[6-4]의 영향을 지적하고 있다[6-5] (그림 6-3).

그림 6-4(➪p.102 그림 3-3)는 파리의 생 쥬느비에브 성당(1790)이다. 이 건물은 건축사가 존 서머슨에 의하여 로지에 신부의 합리주의 사상을 충실히 계승한 건축으로 평가되고 있는[6-6] 신고전주의 건축의 대표작으로서, 그 이전의 종교건축과 비교해 보면 확실하게 빛을 들이는 독특한 방법이 사용되고 외부에서는 상상할 수 없을 정도의 밝은 내부가 실현되고 있다.

● 밝은 도시공간

19세기 중반에 들어서면서 산업혁명이 낳은 철과 유리에 의해 온실, 철도역, 파사주[6-7](Passage, ➪p.239 그림 2-1b), 백화점(그림 6-5) 등 빛으로 가득한 공용공간이 대중사회 속에 만들어지게 되었다. 대규모의 온실이나 역사는 비바람으로부터 보호받으면서도 빛이 내부공간에 들어온다는 점에서 그 당시까지의 고전건축과는 크게 다른 특징을 지니고 있었다. 유리의 지붕으로부터 쏟아져 내려와 내부를 채우는 빛

그림 6-6 모네의 '생 라자르 역'

그림 6-4 생 쥬느비에브 성당 그림 6-5 라파예트 백화점 홀

은 그림자가 없는 부드럽고 부유하는 듯한 감각을 자아내는 공간의 상태를 형성하였고, 이러한 새로운 시각체험은 인상파의 회화로 대표되는 새로운 예술운동의 중요한 소재가 되었다.[6-8] 눈에 보이는 대상 그대로가 아닌, 오직 공기 중에 가득 차 있으며 눈에 보이지 않는 '빛의 상태'에 주목한 인상파의 작품[6-9]으로서는 화가 모네의 '상 라자르 역(Saint-Lazare)'(그림 6-6) 등이 있다.

파사주나 갈레리아[6-10](그림 6-7)는 건축군이 형성하는 블록 속의 보행자통로라는 점에서 '건축 속의 도시'이며, 천장이 있으면서 동시에 하늘이 보이는 사적영역이면서도 공적인 영역, 외부공간이면서도 내부공간이라는 이율배반적인 존재가 공존하는 공간[6-11]으로서 당시의 대중사회에 도입되어진 것이다.

● 거울면과 광정

건축에서는 채광을 위해서 사용되는 중정을 '광정(光庭)', 천장이 있는 오픈스페이스를 '광정(光井)' 혹은 라이트 웰(Light Well)이라고 한다. 문자 그대로 빛을 반사시키고 증폭시키는 장치로서의 빛의 우물인 것이다(그림 6-8).

그림 6-7 빅토리오 에마누엘레 2세의 갈레리아(1878)

그림 6-8 가우디의 카사 바트요의 광정(1910)

그림 6-9 오르타 자택의 광정(1901)

그림 6-10 르 코르뷔지에의 스케치

빅토르 오르타의 타셀 저택의 대합실(➪p.16 그림 2-3)은 실내공간에서의 빛의 증폭효과를 '거울의 반사'를 통해 최대한으로 이끌어낸 예이다. 반투명의 색유리로 구성된 빛의 천장으로부터 들어오는 빛은 벽의 큰 거울에 반사되어 실 전체를 비추어 주고 가벼운 아르누보 풍의 곡선을 지닌 철제 기둥이 연이어 거울에 반사됨으로써 증폭되어 보인다는 최대한의 시각적 효과를 찾아내고 있다. 이 수법은 광정(계단실)의 빛을 다루는 법으로써 그 외의 계획에도 응용되어, 난간 · 지지주 · 조명기구가 식물 문양을 그려내면서 상하로 전개하는 독특한 공간을 만들어냈다[6-12](그림 6-9).

● **위생과 투시성**

'채우는 빛'의 건축은 이렇듯 철과 유리라는 신재료와 기술에 의해 꽃피우게 되었던 것이다. 이러한 빛으로 충만한 공간에 대해 20세기의 근대건축운동에서는 다양한 의미가 부여되었는데 그 중 하나가 '위생'의 이미지이다.

당시 산업혁명에 의해 극도로 과밀화된 유럽의 대도시에서는 위생상태의 개선이 요구되고 있었다. 르 코르뷔지에는 저서 『빛나는 도시』에서 '태양, 공간, 녹지' '개별의 위생적인 생활을 위한 조건' '살아있는 빛'과 같은 말을 수차례에 걸쳐 사용하고 있다[6-13](그림 6-10). 근대건축가의 사회에 대한 높은 문제의식은 청결함의 상징으로서 '백색' '건물을 신선한 빛과 바람에 드러낸다'라는 이념을 만들고 학교나 공장건축, 병원, 주택과 같은 빌딩타입의 설계에 반영되었다.[6-14]

이러한 배경에는 19세기 말의 빛에 관한 의학적 발견도 한 몫을 담당했다. 태양광의 살균작용의 발견(1870)에 이어 1903년에는 닐스 핀센(Niels R. Finsen)이 결핵의 자외선 치료로 노벨상을 수상했다. 이러한 일련의 광선요법의 발달은 이후 1930년대까지 계속되었고,[6-15] 그 사이 요하네스 듀이커(Johannes Duiker)의 오픈에어스쿨(1930, 그림 6-11)과 사나토리움(Zonnestraal Sanatorium, 1928), 리차드 노이트라의 건강주택(1929, ➪p.32 그림 5-2), 알바 알토의 파이미오 요양원(1933) 등, 빛의 위생효과를 추구하는 건축이 탄생하게 되었다. 빌라 사보아(➪p.116 그림 1-4)의 충만한 빛의 공간과 함께,

'빛은 쾌적한 생활의 열쇠이다.'

라고 하는 르 코르뷔지에의 말은 이러한 맥락에서 이해할 수 있다.

그림 6-11 오픈 에어 스쿨

그림 6-12 파구스 제화 공장

그림 6-13 반 넬레 담배공장

다음으로 공장건축의 '투시성'에 대해 알아보도록 하자. 19세기까지 공장의 노동자들은 어두운 공장의 내부에서 작업할 수밖에 없었으나 그로피우스 설계의 파구스 제화공장(Fagus Werke, 1925, 그림 6-12)이나 반 넬레 담배공장(Van Nelle Factory, 1930, 그림 6-13)에서는 유리 파사드에 의해 건물의 구조체나 설비뿐 아니라, 내부의 노동자들도 충만한 빛 속에서 일할 수 있게 되었다. 건축가 미야케 리이치(三宅理一)는 이를 두고, '내부의 움직임을 투시하는 건축' '보고, 보여지는 관계의 건축'이라 불렀으며, 1980년 전후의 퐁피두센터(1977, ⇨p.50 그림 6-2)나 노먼 포스터(⇨p.144 그림 2-7) 등 하이테크 건축의 선구적인 사례로 평가되고 있다.[6-16]

7_ 20세기의 다양한 빛

● 수정의 은유

1920년 전후의 독일에서는 '유리의 사슬(Die glaserne Kette)'이라는 그룹에 의해 명쾌함과 투명성으로 관철된 '이상적 공동체'를 추구하는 공상운동이 이루어졌다. 건축가 브루노 타우트는 1914년의 독일공작연맹 전의 유리의 파빌리온(그림 7-1, ⇨p.20 그림 2-13), 1919년의 『알프스 건축』에서 빛을 받아 반짝이는 도시 이미지(그림 7-2)를 제안하였다. 여기서는 사회운동이 지향하는 도달점, 이른바 공동체의 미래상이 수정과도 같이 스스로 빛나는 건축='발광체로서의 건축'에 실려 있던 것이다.

그림 7-1 글라스 파빌리온 내부

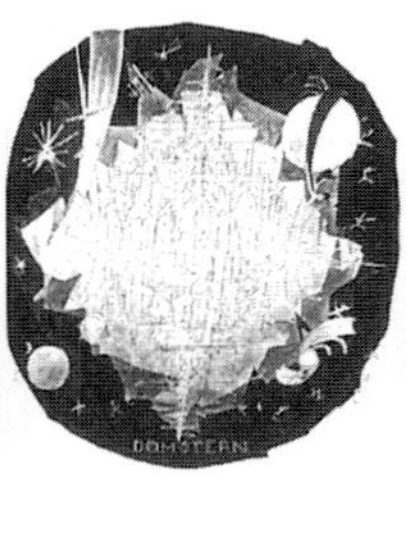

그림 7-2 알프스 건축의 삽화

그림 7-3 프랭클린 가의 아파트

그림 7-4 르 랭시의 교회

같은 시기에 미스 반 데어 로에도 프리드리히가의 오피스빌딩(1919, ➩p.29 그림 4-9), 유리 마천루(1922, ➩p.183 그림 6-7)에서 유리의 건축 이미지를 구상했다. 그는 1968년의 인터뷰에서 당시에 대해,

> '여러 각도에서 빛이 투사되는 것처럼 파사드에 약간의 입체적인 요철을 주었다. 크리스털처럼, 잘라진 크리스털처럼. … 실제로 유리를 사용한 작업을 통해 … 빛과 그림자의 효과가 아닌 반사되는 빛의 흔들림이야말로 중요하다는 것을 나는 깨닫게 되었다.' [7-1]

라고 회상하면서 수정의 이미지와 유리의 '반사'에서 새로운 건축의 미학을 발견했다는 사실을 증언하고 있다. 이 때까지 빛과 그림자의 조형이 벽의 두께나 공간의 깊이 속에서 이루어진 것에 비해 미스 반 데어 로에의 '반사되는 빛'으로 조형을 추구하는 입장은 건축의 표피, 표면에 디자인을 집중시키는 것을 의미한다. 거의 두께가 없는 표피에 확고한 구축성을 부여했던 것이 건축가 미스 반 데어 로에의 일생의 주제이기도 하였다.

● 유리블록과 빛을 통과시키는 벽

철, 유리와 마찬가지로 유리블록도 19세기말부터 20세기 초에 등장한 재료이다. 이것을 건축에 도입한 초기작품으로 헥토르 기마르가 설계한 카스텔 베란제(Castel Beranger, 1898)와 오귀스트 페레 설계의 프랭클린 가의 아파트 계단실(1903)이 있다[7-2](그림 7-3). 전망을 차단하지 않으면서 빛만을 내부로 끌어들이는 유리블록이 유백색의 불투명 유리와 다른 점은, 유리의 투명한 질감을 지님으로써 외부의 기운을 느끼게 하면서도 내부의 순수함을 손상시키지 않는다는 점이다.

이후에 페레는 랭시 성당(Notre Dame De Raincy, 1923, 그림 7-4)에서 프리캐스트의 채광유닛을 사용하여 벽체 전체를 빛으로 채우는 시도를 하게 된다. 이렇듯 단순한 유리와는 다른 '빛을 통과시키는 벽'에 대한 디자인의 시도는 SOM의 베이네케 희귀본 필사본 도서관(Beinecke Library for Rarebook & Mumuscripts, 1963)의 '얇은 돌'(대리석)에 의한 빛의 투과(1963, 그림 7-5)나 현대건축가들의 파사드 표현(그림 7-6)을 통하여 오늘날까지 이어지고 있다.

● 그림자가 없는 확산광

프랭크 로이드 라이트는 1928년의 에세이 『건축을 위하여 : 유리』 중에서 다음과

그림 7-5 SOM의 베이네케 희귀본 필사본 도서관

그림 7-6 리콜라 공장·창고

그림 7-7 탈리아신 웨스트

그림 7-8 베스 쇼롬 유대교회

그림 7-9 스톡홀름 시립도서관

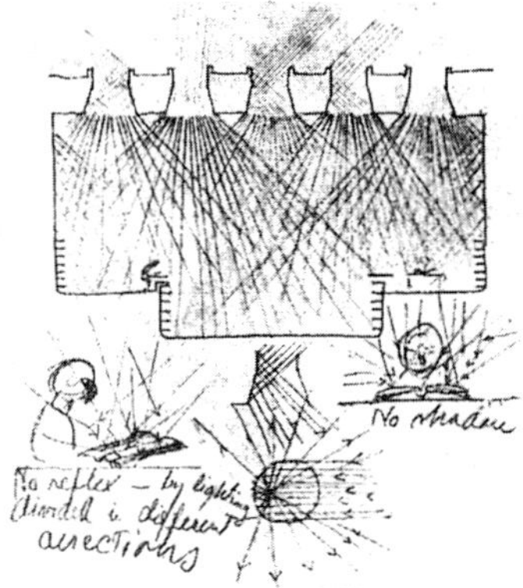

그림 7-10 알토의 빛의 스터디

같은 말을 남기고 있다.

> '빛은 건물 자체의 일부가 된 듯하다. … 낮에는 무지개 빛으로 빛나고 밤에는 눈부시게 반짝이는 불멸의 도시를 상상해 보라! … 그림자는 건축가가 전통적인 건축의 형태를 답습하려 하는 경우의 화법이었다. 그러나 오늘날의 건축가는 발산하는 빛, 반사되는 빛, 굴절되는 빛을 이용할 수 있어야 한다. 그림자는 잠시 접어 두고 빛을 그 자체를 위해서 사용해야 할 것이다.'[7-3]

그는 1930년대 이후 이러한 언급과 같이 유리나 반투명의 공업재료를 적극적, 지속적으로 사용하여 '빛과 그림자의 대비의 소거'라는 테마를 추구하였다. 단열효과와 빛의 투과를 양립시킨 천장을 지닌 탈리아신 웨스트(1938, 그림 7-7), 파이렉스 글라스(Pyrex Glass)의 프리즘 효과를 살린 존슨 왁스 본사, 구겐하임 미술관의 빛의 홀(⇨p.26 그림 4-4, p.144 그림 2-6), 시나이(Sinai)산의 빛나는 심벌로서의 베스 쇼롬 유대교회(1954, 그림 7-8, ⇨p.152 그림 3-9) 등의 대표작에 이러한 사고가 드러나고 있다.

북유럽의 건축가 알바 알토는 스톡홀름 시립도서관(그림 7-9)에서 상부로부터 비스듬히 새어 들어오는 빛의 효과를 발견하고[7-4] 부드러운 빛의 확산을 추구했다. 그 자신 스스로 비푸리 도서관의 빛(그림 7-10)을 '그림자가 없는 빛'이라고 형용한 것처럼 ① 빛의 확산을 위한 곡면의 다용(그림 7-11, ⇨p.86 그림 3-12), ② 빛을 받

그림 7-11 핀란드 국민연금협회 도서관(1956)

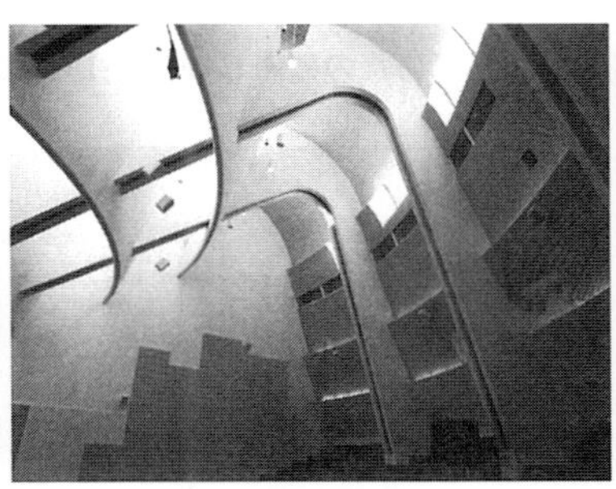

그림 7-12 오타니에미 공과대학 강당(1970)

그림 7-13 크리스탈 스카이라이트

그림 7-14 포드재단

그림 7-15 캐논 뤼미에르

그림 7-16 빛 공간 변조기

그림 7-17 이마트라의 교회

는 흰 벽, 기둥 표면의 다양한 패턴 ③ 조명과 천장에 낸 창의 상호보완적 사용(그림 7-12)이 디자인상의 특징이다. 핀란드 국민연금협회 건물(Kansaneläkelaitos, 1957)이나 아카데미아 서점에서는 '크리스털 스카이라이트'[7-5]라고 불리는 거대한 천창을 도입하여(그림 7-13) 어스름한 북유럽의 겨울 속에서 그림자 없는 밝은 내부공간을 만들어내려는 시도를 했다.

● 아트리움 건축

'아트리움'[7-6]이라는 단어는 1980년대 이후 '유리지붕 등에 보다 충분한 자연채광을 확보한 광장형태의 공간'이라는 의미로 사용되고 있다. 20세기 후반의 대표적 아트리움 건축으로는 케빈 로쉬의 포드 재단본부(1968, 그림 7-14, ➪p.148 그림 2-21)나 미스 반 데어 로에의 IBM빌딩 등이 있다. 역사 건물이나 파사주 등과 비교하여 아트리움 건축이 가지는 특징은 공조시스템 등 설비기술의 급속한 발달을 배경으로 내부공간을 인공적 환경으로 조성함으로써 외부와는 독립시켜 고려한다는 점에 있다.[7-7] 이러한 점에서 이중 유리와 공조시스템을 이용해 내부 열환경을 제어하려 했던 오토 와그너가 설계한 빈 우체국 저축은행(➪p.17 그림 2-6)은 우수한 선례라 할 수 있다.

● 움직이는 빛 = 모바일 라이트

움직이는 빛이란 헨리 플루머가 현대건축에서 지적한 건축의 내부공간 안에서 빛이 시시각각 움직여가는 상태를 말한다.[7-8] 예를 들어, 르 코르뷔지에 설계의 라 투렛트 수도원에 있는 캐논 뤼미에르[7-9](Le canon de lumière, 그림 7-15)나 다양한 집광장치에 의한 내부공간의 빛은 시간의 경과에 따라 그 양상을 바꾸어가면서 공간의 인상을 시시각각 변화시킨다. 이러한 변화가 설계자에 의해 의도적으로 설정되고 있으며, 내부에 있는 사람이 그 변화를 지각 가능한 경우 시간의 공간적 파악이 가능해진다. 플루머는 ① 모홀리나기의 빛 공간 변조기(Light Space Modulator, 그림 7-16)에서의 그림자의 움직임 ② 오직 한번 뿐인 빛의 순간을 연출하도록 설정된 알바 알토의 이마트라의 교회(1958, 그림 7-17) ③ 현대건축가 유하 레이비스카

그림 7-18 리차드 마이어의 헤이그 시청사

그림 7-19 MIT예배당

그림 7-20 빛의 침식(오다 히로키 뮤지엄)

(Juha Leiviskä), 리차드 마이어(그림 7-18), 알바로 시자(Alvaro Siza), 캄포 바에자(Campo Baeza) 등의 내부공간(흰 벽이 빛과 그림자의 스크린이 되어 시간에 따라 그림자가 움직이는 상황)에서 모바일 라이트의 효과가 나타나고 있다고 지적했다.

● 그림자의 복권

19세기 신고전주의~현대의 '등질의 빛, 가득 찬 빛'의 공간에 대하여 1950년대 이후 그림자의 복권을 호소하며 다시금 빛과 그림자의 이원론적 구조로 공간을 만들자는 움직임이 등장한다.[7-10] 파올로 포르토게시는 20세기 전반에 보여지는 '빛 효과의 빈곤화'에 대하여 근대건축의 거장들이 그 회복을 시도한 예로서 롱샹성당, 이마트라의 교회, MIT 예배당, 라이트의 매디슨 유니테리언 교회의 4가지를 그 대표작으로 꼽았다.[7-11]

그림 7-19는 에로 사리넨이 설계한 MIT예배당(1956)이다. 여기서는 어두운 내부공간 안에서 베르토이아의 조각에 떨어지는 빛과 수반으로부터 반사되어 벽을 아래에서 비추는 빛이 이 작은 성당에 압도적인 품격을 부여하고 있다. 포르토게시는 이 건물을 베르니니의 코르나로 예배당(Cornaro Chapel)의 현대판이라 평가하면서 벽, 천장, 바닥의 요소를 빛에 의해 분절하는 수법을 프란체스코 보로미니(Francesco Borromini)의 말을 빌어 '빛의 침식(Corrosion of light)'이라고 칭하였다.[7-12] 이렇듯 분절된 건축요소의 틈으로부터 빛을 받아들이는 수법은 일본에서도 안도 다다오(그림 7-20) 등의 건축가가 받아들이고 있다.

10 공간에 대하여

우주 이미지, 좌표 · 지도, 절대공간 · 균질공간, 건축의 본질 = 공간, 심리적공간과 물리적 공간

타이틀 그림 : 판테온의 오파이온

1_ 공간의 평가

● 공간예술로서의 건축

건축에서 공간은 어떤 위치를 차지하고 있을까. 이러한 물음에 대해 모리타 게이이치는 그의 저서 『건축론』에서 임마누엘 칸트를 의식하며 다음과 같이 말하고 있다.[1-1]

> '건축을 하나의 예술로 보았을 경우, 초월적으로 직관되는 공간이라는 범주 안에서 인식되는 형상으로서 건축이 성립하고 있음은 그 누구도 부정할 수 없다.'

모리타의 건축론에서 그는 첫째로, ① 건축은 '공간예술'이고 ② 건축은 '형식예술'이며[1-2] ③ 또한 건축은 '볼륨을 감각적인 질로서 성립시키는 예술'이다. 라는 세 가지로 명제화 하였다.[1-3] 이렇듯 역사적인 건축논리의 흐름에서 본다면, 회화가 평면을, 조각이 입체를 다루는 것과 마찬가지로 '건축은 공간을 다룬다'라는 전제가 일반화 되어있는 것이다. 이러한 사고는 역사적으로 19세기 말에 출현하였으며 건축가 베를라헤의 다음과 같은 지적,

> '우리들의 창조의 목적은 공간의 예술이며, 그것은 건축의 본질이다.'(1908)

에서 알 수 있듯이 20세기 이후에 널리 인정을 받게 되었다.[1-4] 이러한 상황에 대해

서는 건축이론가 제프리 키프니스(Jeffrey Kipnis)의,

> '20세기의 많은 건축가, 비평가, 그리고 이론가들이 무비판적으로 건축의 본질로서의 공간이라는 사고방식을 받아들이고 공간으로서의 건축이라는 정의, 나아가서는 그 정의에 대한 전개가 가장 중요한 과제로 여겨졌다.'

라는 지적[1-5]에도 잘 요약되어 있다.

● 공간의 불가촉성

다음으로 공간이 가지는 성질중 '불가촉성'에 대해 알아보자. 미술사가인 휴고 쿤(Hugo Kuhn)은,

> '공간은 그 본성상 불가촉적이고 벽과 사물 사이의 비존재물이며 그 사이의 단순한 공기가 아닌 현실에 작용하는 무의 개념이다.'[1-6]

라는 언급을 통하여 간결하게 표현하고 있는 것처럼, 공간은 기본적으로 불가촉적인 것으로 직접 만질 수 없는 비존재물인 것이다. 단 쿤이 '공기가 아니며 현실에 작용한다'라고 표현했듯이 공간이 지닌 불가촉성이나 비존재물이라고 하는 성질은 건축에 없어서는 안 될 요소이기도 하다. 건축가는 기둥과 지붕 · 바닥 · 벽 등, 물질적인 건축요소 · 구체적인 재료와 형태를 사용하여 공간을 간접적으로 만들어냄으로써 건축을 실용적인 것으로 성립시키고 있지만, 이 실용성은 명백히 공간이라는 눈에 보이지 않는 비물질적인 허공(void)의 상태에 의해 유지되는 것이다.

물질적인 건축요소와 공간의 관계를 게슈탈트 심리학의 'Figure-Ground'(형상-배경)의 개념[1-7]을 이용해 표현했을 경우(그림 1-1, ➪p.254 그림 5-3, p.262 그림 1-16), 공간을 '형상'으로 본다면 물질적 요소는 그것을 경계 짓는 '배경'이 된다. 역으로 벽과 천장을 '형상'으로 본다면 공간은 그 사이에 존재하는 틈인 '배경'이 된다. 이렇듯 물질적 존재로서의 사물과 공간은 서로 밀접한 관계를 맺고 있다.

● 노자의 '무'

공간의 '아무것도 없는' 상태야말로 실용을 위해서 귀중하다는 인식은 고대에서부터 존재했다. 기원전 6세기 노자의 『도덕경』의 '무'의 사상에서는 '유'가 '도'[1-8]의 작용이며 항상 사물을 멸망으로 향하게 하려는 것에 비해, '무'(허공)란 '도'의 본체인 동시에 만물의 모체가 되는 심원하고 영적인 것이라고 생각했다.[1-9] 도덕경에서는 '출입문과 들창을 뚫어서 방을 만들지만 그것이 비어 있기 때문에 방으로서 쓸모가 있게 된다.'라는 유명한 비유로 무의 효용을 다음과 같이 알기 쉽게 설명하고 있다.

> '서른 개의 바퀴살이 가운데의 한 바퀴통에 꽂혀 있다. 그러나 그 바퀴통에는 중심이 비어있는 구멍이 있기 때문에 수레의 효용이 있다. 진흙을 굳히고 짓이겨서 그릇이 만들어진다. 그러나 그릇의 중심에 아무것도 없는 파인 곳이 있기 때문에 그릇으로서 쓸모가 있게 된다. 출입문과 들창을 뚫어서 집이 만들어진다. 그러나 그 집의 중심이 비어 있기 때문에 집으로서 쓸모가 있게 된다.'(도덕경 11장)

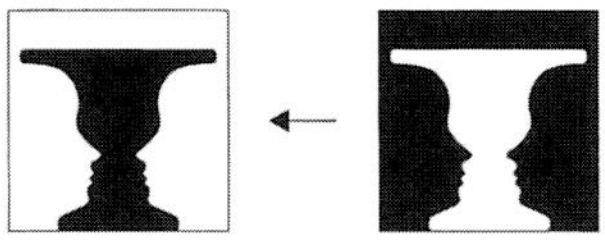

그림 1-1 루빈의 컵(Figure - Ground)

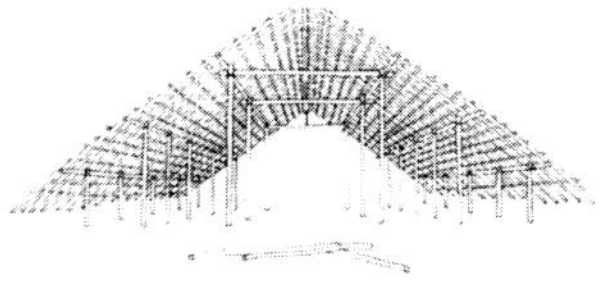

그림 1-2 목공술(Tectonic)의 예 : 콜롬비아 원주민의 주거

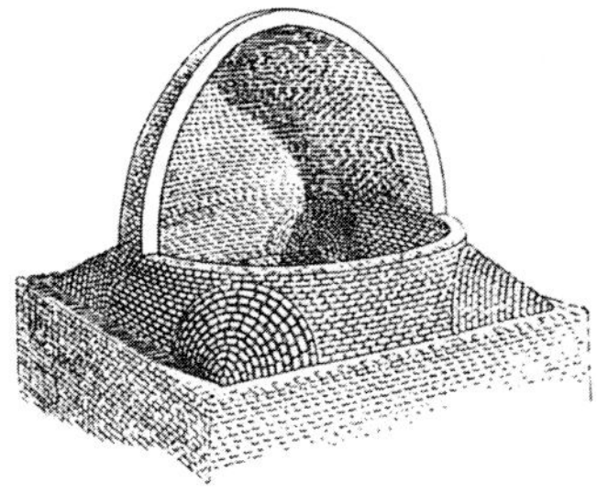

그림 1-3 석공술(Stereotomy)의 예 : 스퀀치 돔

그림 1-4 중국 전통정원 류위안의 경계로서의 창

노자의 비유를 건축이론가 코르넬리스 반 드 벤은 19세기 건축가 고트프리트 젬퍼의 공예분류[1-10]와 관련지어 공간(건축) 타입의 차이로 치환하였다.[1-11] 그에 따르면 ① 수레바퀴의 비유는 젬퍼의 '구축법적(Tectonics, 목공술)인 집합으로서의 공간'(그림 1-2) ② 그릇의 비유는 '공간을 둘러싸는 재석법적(Stereotomy, 석공술)인 것'으로(그림 1-3) ③ 집의 비유는 '안쪽 세계와 바깥쪽 세계를 확립하는 과도기적인 공간', 즉 공간의 존재를 출입문과 창과 같은 경계에 의해 설명을 시도한 인류 최초의 시도로 각각 해석하고 있다[1-12](그림 1-4).

2_ 우주공간의 이미지

● 우주와 공간

공간의 개념이 건축의 영역에서 주요한 테마가 된 것은 불과 19세기 말 이후의 일이다. 그 이전의 공간에 대한 사고는 주로 철학자나 천문학자 · 수학자들에 의해 이루어졌다. 근대 이전의 공간론의 대부분이 만물창생 · 우주창조 · 세계질서 등에 관한 사람들의 구상 속에서 발전된 것이다.

또한 신플라톤주의(헤르메스사상이나 카발라사상)에서는 '우주 - 건축 - 인간'의 상사적 관계가 설정되어 있었다(그림 2-1). 당시의 사람들이 이렇듯 건축공간과 우주공간(세계관)을 서로 유사한 것으로 생각하는 관점에서 보았을 경우, '공간'을 의미하는 영어 'Space'가 우주라는 의미를 함께 지니고 있다는 사실은 흥미로운 점이라 할 수 있을 것이다.

● 플라톤의 코라

고대철학의 공간개념 중에서 자주 인용되는 것이 플라톤의 '코라(Kohra)'이다. 코라는 '공간'이라는 뜻과 '장(場)'이라는 뜻을 동시에 가지고 있는데 플라톤의 저서 『티마이오스(Timaios)』중에서, ① 만물의 조형자 · 위대한 원인 · 지혜 · 이성으로서의 '데미우르고스(demiurge)'(조물주) ② 모든 존재의 원형 · 규범원리로서의 '이데아',

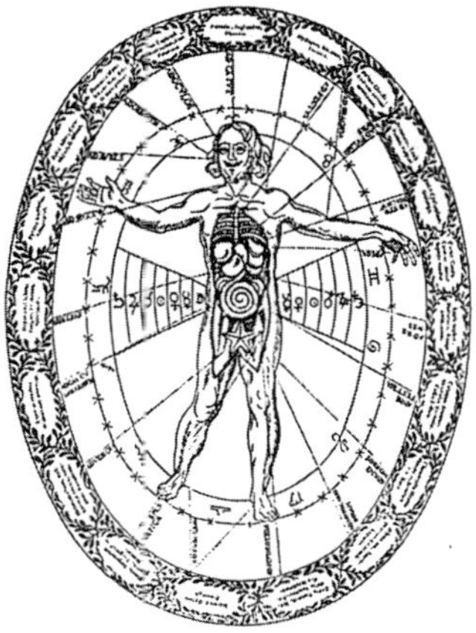

그림 2-1 타원우주와 인간의 관계(17세기 Robert Fludd의 삽화)

그림 2-2 플라톤의 스토이케이아(기본삼각형)

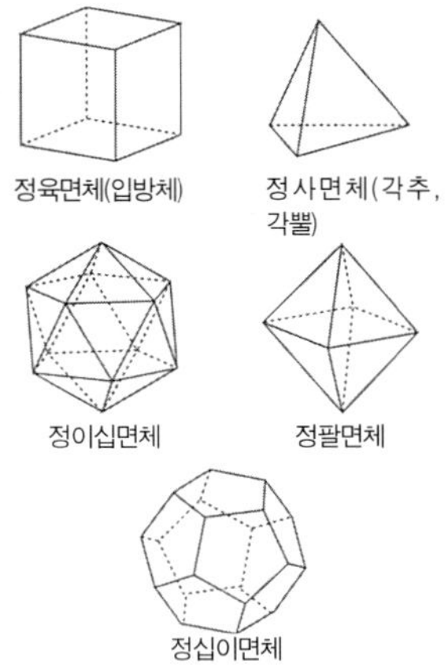

그림 2-3 플라톤의 5가지 정다면체

③ 존재하기 위해 필요시 되는 소재 또는 장(場) · 무한한 것으로서의 '코라', 이상의 우주만물의 생성에 관여하는 삼자 중에 하나로서 등장한다.[2-1] 이 중 코라에 대해서는,

> '모든 생성의, 이른바 양부모와 같은 수용자'(49)
> '그것은 언제나 모든 것을 수용하지만 그와 동시에 그곳에 들어오는 모든 것과 어떠한 방식이나 형터로도 닮지 않았다.'(50.b)

또, 감각으로는 파악할 수 없으며,

> '존재하는 모든 것은 일정한 장소와 일정한 공간을 점하고 있지 않으면 안 된다. 지상에도 존재하지 않고 천계의 어디에도 없는 것은 무(無)이다.'(52.b)

라고 우리가 부르는 그 무언가라고 설명하고 있다.[2-2] 또한 코라는 어떤 형태로도 가공할 수 있는 '황금' (50)과도 같은 것이라고 설명하고 있어 소재적인 것이라는 점에서는 아리스토텔레스의 제1질료의 개념보다 앞서고 있다. 코라에 공간이라는 개념을 적용할 수 있다면 그것은 아무 것도 없는 공허한 공간이 아닌, 무정형인 질료적 소재로 충단한 공간의 모습으로 생각할 필요가 있다.

● 케플러의 태양계 모델

한편, 플라톤은 만물은 형태와 수를 통하여(즉, 기하학을 따라서) 형성되었다고 생각했다. 이러한 사고는 피타고라스학파의 사상을 계승하는 것으로서 기하학이란, 기본삼각형[2-3](Stoicheia, 그림 2-2)을 측면으로 하는 5가지 정다면체(polyhedoron) : ① 정4면체(불) ② 정6면체 = 입방체(흙) ③ 정8면체(공기) ④ 정12면체(우주) ⑤ 정20면체(물)를 지칭하는 것이었다[2-4](그림 2-3).

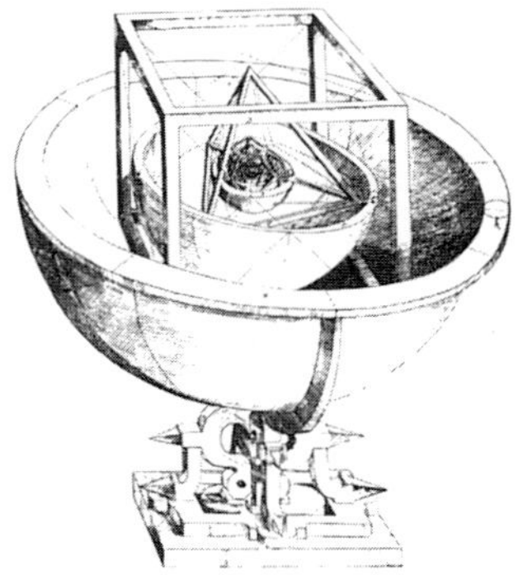

그림 2-4 케플러의 태양계 모델(17세기)

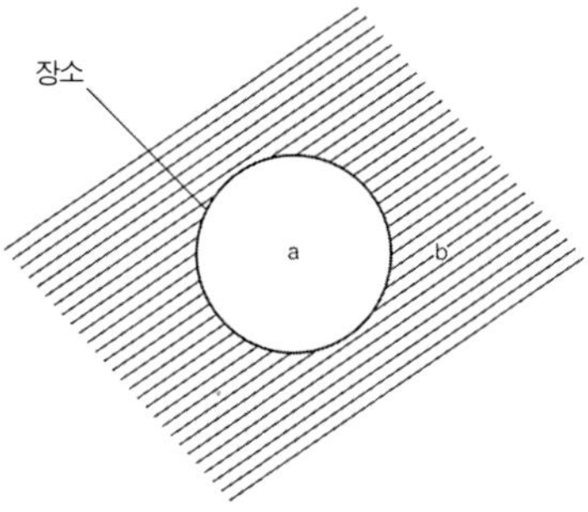

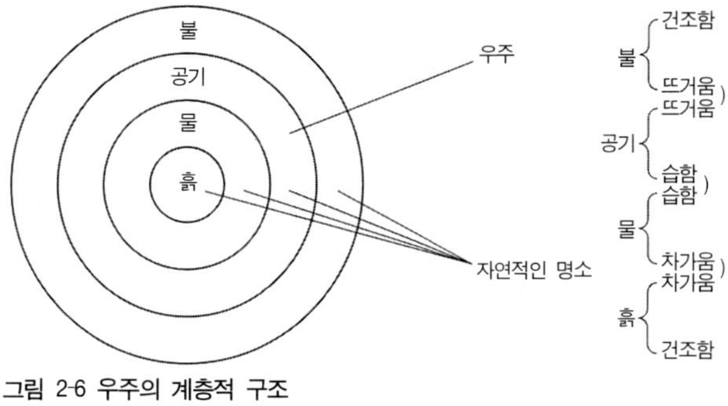

그림 2-5 포괄하는 경계로서의 토포스(장소) **그림 2-6 우주의 계층적 구조**

이러한 플라톤의 기하학을 이용해 태양계의 행성궤도를 천문관측치와 조합한 인물이 16세기말 독일의 천문학자인 요하네스 케플러(Johannes Kepler)였다. 그림 2-4는 케플러가 구상한 태양계의 구조를 나타낸 모형으로서 5개의 정다면체를 내접구와 외접구를 매개로 동심원상으로 겹쳐놓은 경우, 이 때에 만들어지는 일정한 폭을 가진 6개의 구면체의 내부로 태양계 행성의 순회타원궤도가 포함되게 된다.[2-5] 이러한 케플러의 행성궤도 이론의 확립으로 조물주가 기하학을 이용해 질서정연한 우주를 설계했다는 플라톤의 이미지는 현대의 우리들에게도 현실적으로 다가온다.

● 아리스토텔레스의 토포스

아리스토텔레스 우주론의 주요개념은 '토포스(Topos)'(장소)이다. 장소의 정의는 그의 저서 『자연학』속의,

> '장소는 움직이지 못하는 것을 의미한다. … 『어떤 사물을 둘러싸고 있지만 그 사물에 직접 접해지고 있는 움직일 수 없는 경계면』이라는 것이 장소의 규정이라고 할 수 있다.』(212a16-20)

와 같은 언급으로 정의되어,[2-6] '사물을 둘러싸는 용기' 또는 '고유의 장소'라고도 불린다. 단 장소의 가장 중요한 성질은 '장소의 부동성'이며 그림 2-5의 경우, 'a의 장소는 b의 주변이지만 a와 b의 관계가 장소로 성립하기 위해서는 b는 부동이어야 한다.'가 조건이 되며,[2-7] 이를 가장 잘 만족시키는 장소가 '공통의 장소(오이케이오스 토포스) = 전 존재자를 포괄하는 우주의 가장 바깥쪽 테두리, 주변', 즉 천구가 지칭된다.[2-8] 우주는 그림 2-6과 같이 계층구조로 이루어져 있으며 우주의 중심이 아래, 천구의 원운동의 말단부가 위가 되어 우주를 구성하는 4대 원소(불, 공기, 물, 흙)가 각각에 귀속되는 '본래의 장소'를 지닌다고 생각했다.[2-9]

● 유한하면서 구심적인 공간상 · 장소의 현재

아리스토텔레스의 '유한하고 구심적인 공간이미지'(그림 2-7)는 유한한 세계지도(그림 2-8)에서 볼 수 있듯이 중세 세계관의 주류가 된 이후, 17세기 이후에는 르네 데카르트(Rene Descartes), 아이작 뉴턴(Issac Newton) 등에 의한 '무한공간 · 균질

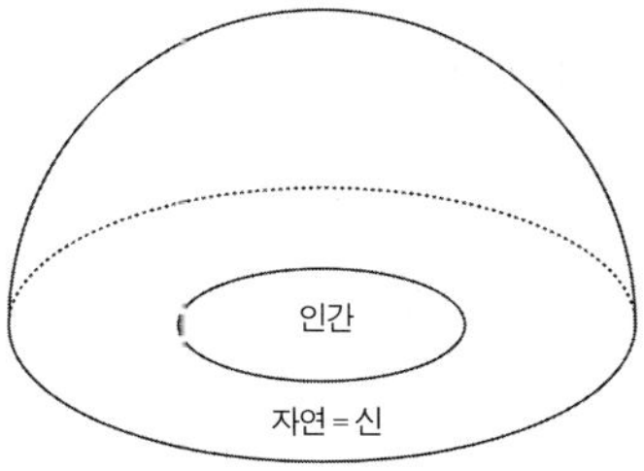

그림 2-7 우주론적 「관점」의 세계관

그림 2-8 예루살렘을 중심으로 한 차륜도(13세기말)

그림 2-9 어린이의 집

공간'의 사고에 밀려나게 된다. 그러나 오늘날 유한공간 이미지가 과거의 유물이 되었다고 단언할 수만은 없다. 20세기에 등장한 실존주의에 의한 장소의 복권 · 공간쉐마, 건축가 알도 반 아이크의 장소개념(그림 2-9), 루이스 칸의 룸의 개념 등[2-10]은 속이 빈 오목한 면(凹)에 의해 유한한 경계가 결정되고 구체적으로 지각 · 경험되는 공간으로서, 오히려 아리스토텔레스적인 유한성을 적극적으로 평가하고 있다.[2-11] 예를 들어 20세기 실존주의철학자 볼로프는 저서 『인간과 공간(Human Space)』에서,

> '우리는 코페르니쿠스의 체계 안에 있으면서 아득히 먼 것들에 대해서는 잘 알고는 있지만 그럼에도 태양은 … 부동의 대지 저편의 동쪽에서 떠오른다는 사실처럼 세계공간의 무한성에 대해서 온갖 것들을 알고 있음에도 불구하고 … 우리들에게 있어서 공간은 … 그 본질은 역시나 항상 유한한 것이었다.'

라고 지적하며 인간에게 있어서는 무한공간보다도 유한공간이 본질적이라고 논하는 동시에 ① 명료한 중심점과 축좌표계가 있으며, ② 다양한 방향성과 장소성에 의해 의미적으로 불연속적이며 분절되어있는 공간을 '체험되는 공간'이라 불렀다.[2-12] 또한 현대 지리학자인 이푸 츄안은 1977년의 저서 『공간의 경험(Space and Place : The Perspective of Experience)』에서,

> '열려 있는 공간이란 어떠한 의미가 쓰일 가능성이 있는 백지와도 같은 것이다. 둘러싸이고 인간화된 공간은 장소이다. 공간에 비하면 장소는 여러 가치가 확립되고 안정된 중심이다. 인간은 공간과 장소의 양쪽을 모두 필요로 한다. 인간의 생활이란 비호와 모험 사이의, 의존과 자유 사이의 변증법적인 움직임이다. 인간은 열린 공간에서는 장소에 대한 의식을 강하게 가지는 것이 가능케 된다. 그리고 비호된 장소에서 고독하게 있을 때는 그 너머에 있는 공간의 광대함이 실재감을 지니며 다가온다.'

라고 말하고 가능한 실태로서의 공간(확장성의 공간)과 인간에 의해 의미가 부여된 장소(아리스토텔레스적 유한공간)를 대비적으로 평가하면서 인간에게는 양자가 모두 필요하다는 결론을 내리고 있다.[2-13]

3_ 유한에서 무한으로

● 유한우주론의 모순

13세기 토마스 아퀴나스 등의 중세 후기의 사상가들은 플라톤주의가 깊숙이 침투

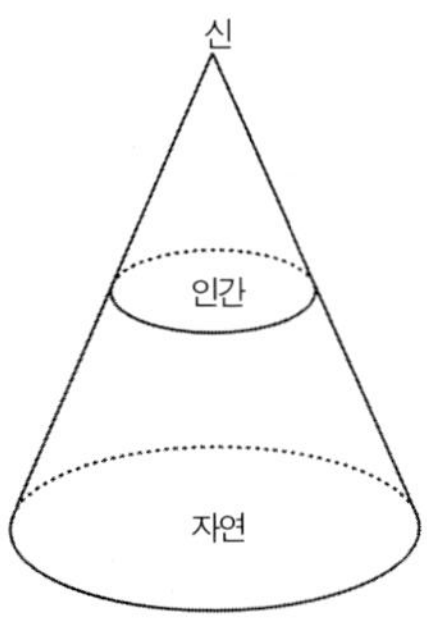

그림 3-1 일신교적 세계관

한 서구 가톨릭교회의 세계관에 아리스토텔레스 사상을 융합하였다. 기독교 신학에서는 자연을 위시한 만물뿐 아니라 우주도 신의 피조물로 여겨졌기 때문에(그림 3-1) 신을 제외한 우주는 완전한 것도 무한한 것도 아니었다. 이러한 의미에서 유한성과 계층성을 특징으로 한 아리스토텔레스의 우주론은 중세 기독교 신학에 있어 매력적인 것으로 여겨지게 되었다.

한편, 아리스토텔레스의 토포스 이론에 대해서는 15세기 초의 유대정통파 신학자인 크레스카스(Crescas)가 행한 유클리드 이론에 기초한 엄밀한 고증에 의해 그 이론적인 모순이 밝혀졌다. 크레스카스는 아리스토텔레스 우주론을 부정하면서 ① 공간은 무한하고 거대한 연속체이어야만 한다. ② 공간은 부동의 공허이며 언제나 물질을 수용하는 존재라는 주장을 펼쳤다.[3-1]

● 축소된 무한우주

기독교 사회의 일원적인 세계관[3-2]과 이러한 아리스토텔레스 공간의 모순 사이의 조화를 꾀하려 한 인물이 15세기 독일의 신비주의 사상가인 니콜라우스 쿠사누스(Nicolaus Cusanus)이다. 쿠사누스는 신의 충만한 무한성에는 미치지 못하지만 공간에는 신의 무한성을 한정되게 비추어내는 '축소된 무한성'(결여적 무한이라고도 불린다)을 갖추고 있다는 주장을 펼치고 신의 존엄성을 유지한 채 우주의 무한성에 논리적인 정당성을 부여하려고 하였다.[3-3]

만일 공간이 유한하다면 중심과 그 주변부와 같은 질적 차이가 공간내부에 발생한다고 가정할 수 있으므로 엄밀하게는 균질이라고 할 수 없게 된다. 따라서 '균질성'은 원래 공간의 '무한성'과 불가분의 개념인 것이다. 쿠사누스의 주장은 축소된 무한에는 중심도 주변도 없다는 내용을 포함하고 있는 것으로서 공간론의 흐름 속에서는 무한성과 균질성을 융합하는 혁명적인 것이었다.[3-4]

● 브루노의 무한 · 세계의 다양성

이러한 조류를 계승하여 16세기 말 르네상스 후기에 우주의 무한성을 주장한 철학자로 조르다노 브루노(Giordano Bruno)가 있다. 당시의 천문학의 분야에서는 니콜라스 코페르니쿠스(Nicolaus Copernicus)가 1543년에 태양 중심설을 발표해(그림 3-2) 기독교

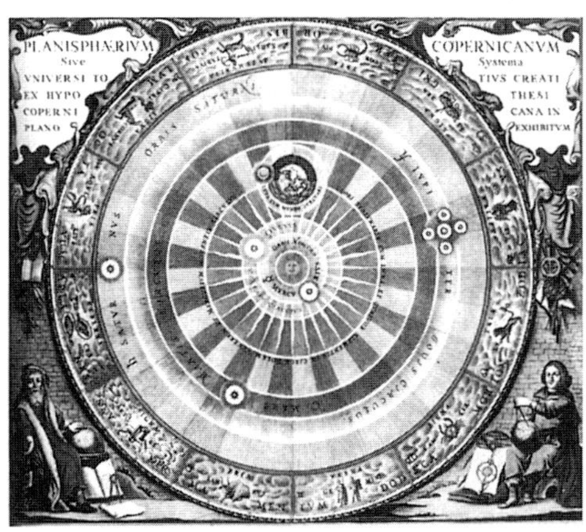

그림 3-2 코페르니쿠스의 우주(17세기 켈라리우스의 동판화)

적 세계관에 큰 충격을 주었다. 코페르니쿠스와 쿠사누스의 사고방식에 영향을 받은 브루노는,

> '단 하나의 보편적인 공간, 단 하나의 끝없는 확장이 있을 뿐 우리는 이것을 공허라고 불러도 좋을 것이다. 그 중에는 무수한 천체가 존재하고 있다. 이 공간은 무한하다고 우리들은 단언할 수 있다.'

라고 말하며,[3-5] 그의 저서 『무한, 우주와 제세계에 관하여(De l'Infinito Universo et Mondi)』에서, ① 우주는 신의 제일의 창조물이며 그 무한성을 구현화하고 있고 ② 중심도 주변도 없으며 모든 곳에 중심이 있다. 또한 ③ 무한의 공허함에는 태양계와 같이 항성과 혹성으로 이루어진 세계가 다수 존재한다. 나아가 ④ 무한우주를 통치하는 이는 세계영혼이며 그 의사를 만물에 전달하는 에테르[3-6]적인 물질로 '스피리투스'[3-7]가 존재한다라고 주장했다.

브루노의 신학적 우주관이 흥미로운 이유는 '우주'와 '세계'를 구별하는 것에 있다. 브루노가 말한 '세계'는 코페르니쿠스가 제시한 태양계와 같은 유한하며 결집된 공간이며 '우주'는 무한 속의 이러한 세계를 무수히 포함한 것으로 생각되었다.[3-8] 또한 임의의 어떠한 점도 중심이 될 수 있다는 다중심성을 주장했던 점은 그 당시까지의 일원적 · 폐쇄적인 우주 이미지와는 달리 지구외 생명체의 존재도 암시하는 상대성을 지닌 것이었다.[3-9]

● 데카르트의 연장 · 해석기하학

17세기의 근대적 세계관의 확립에 결정적인 역할을 한 인물은 데카르트였다. 그는 그 당시까지의 '무한한 실체 = 신'과 대치되는 개념으로서 '물질 = 확장성[연장(Extension)]을 지니는 존재', '정신 = 사유하는 존재'라는 두 가지 개념을 유한실체로서 새롭게 정의하였다. 데카르트가 말하는 실체란 '존재하기 위해 다른 어떠한 것도 필요로 하지 않고 존재하는 것', 즉 완전하게 자립한 존재를 의미했다. 이렇듯 신과는 별개로 물질과 정신을 자립한 것으로 여기고 확실하게 구별하는 태도를 '데카르트적 이원론'이라고 한다. 데카르트적 이원론은 고대로부터의 물체와 영혼의 혼재라는 애니미즘적 세계관이나 종교성을 띤 세계관을 불식시키고 물체의 세계에서 모든 생명과 정신의 잔재를 제거하려는 논리적인 자세의 기초가 된다.[3-10]

> '지각을 경유하는 것이 아니라 나의 정신에 의해서 확신하는 것이다. 그리고 정신이야말로 지각으로는 이해할 수 없는 신과 수학을 이해할 수 있으며 나 그 자체인 것이다.'

이러한 주장[3-11]에서 알 수 있듯이, 그의 이러한 태도는 ① 현실세계에 대한 지식은 이성을 통해서 얻어지며 지각으로 얻어지는 정보는 오류의 원인이 된다. ② 과학적인 증명을 위해서 의심할 여지가 없는 사실부터 출발하여 그 사실로부터 추론을 거듭하여 논리적인 결론을 도출하지 않으면 안 된다 라는 합리주의 사상의 결실이자

근대과학기술의 근간이 되는 기계론적 자연관[3-12]과 주체(정신)와 객체(물질)의 이항적 대립도식으로 근대로 계승되어 간다.

다음으로 물질에 부여된 특성인 '연장(Extension)'의 개념에 대해서는 저서인 『방법서설(Discours de la méhode)』에서,[3-13]

> '나는 … 기하학자가 다루는 대상을 … 하나의 연속된 물체로서 간주하였다. 말하자면 길이와 폭과 높이 또는 깊이에 있어서 무제한으로 확장되는 하나의 공간이며 다양한 부분으로 분할할 수 있으며, 그 부분과 형태의 크기를 여러 가지로 바꿀 수 있고 온갖 방법으로 움직이거나 위치를 변하게 할 수 있다.'

라고 말하며 ① 기하학의 대상 ② 길이 · 폭 · 깊이에 있어서의 무제한 ③ 분할 가능과 가변성 · 가동성 의 세 가지의 점을 들었다.

연장의 개념과 매우 유사한 사고방식으로 이미 아리스토텔레스는 Diastema라고 불리는 개념을 통해서, 물질은 길이와 폭과 깊이의 세 가지 요소를 지니고 그것들에 의해서 물질은 에워싸이고 한정되는 것으로 생각하였다.[3-14] 만일 '연장'의 개념이 '물질 = 3개의 차원(dimension)을 가진다.'라는 지적뿐이라면 지금까지의 논의와 큰 차이가 없다. 그렇다면 데카르트의 연장개념의 혁신적인 점은 도대체 무엇일까?

이 물음에 대답하기 위해서는 수학자로서의 데카르트가 기하학에 공헌한 점에 대해서 이해할 필요가 있다. 고대로부터 당시까지 기하학은 오직 자와 컴퍼스에 의한 작도에 의존하고 있었다. 이에 대해 데카르트는 1637년의 저서 『기하학』[3-15]에서, '기하학상의 한 점은 그 위치를 나타내는 숫자에 의해서 특정할 수 있다'라는 사고를 제시한다. 그는 대수를 기하학적으로 응용(해석기하학 또는 좌표기하학이라 불린다)함으로써 선분과 곡선을 방정식으로 나타내는 것이 가능한 획기적인 체계를 최초로 제시한 것이었다.[3-16] 또한 무한히 추가 · 반복 · 분할이 가능한 수의 개념을 공간이미지와 융합시킴으로써 물체의 존재를 아리스토텔레스와 같은 한정성이 아닌 무한한 확장성으로 자연스럽게 생각할 수가 있었다.

이를 비유적으로 요약하자면 아리스토텔레스가 유한한 형태로서 공간을 이해한 것에 비해 데카르트는 대수학의 숫자와 기하학을 융합한 사고로 우선 특정한 형태와 양을 초월한 무제한으로 확장되는 공간을 설정하고, 그곳에서 형태를 이해하기 위한 태도를 취한 것으로 본다면 두 사람의 차이를 이해할 수 있을 것이다.[3-17]

● 카르테시안 좌표계와 세계지도

좌표에 대한 사고는 고대로부터 달력 · 별자리지도 · 지도를 만들 때 천체위치와 지표면상의 정점을 결정하기 위해 때때로 사용되어왔다. 2세기 알렉산드리아의 천문 · 지리학자이자, 천동설로 유명한 프톨레마이오스(Ptolemaeos)의 정거원추도법에 의한 세계지도는 포르토라노 해도(그림 3-3)와 함께 르네상스 지도학의 기초를 이룬

그림 3-3a 프톨레마이오스의 세계도(15세기 사본)

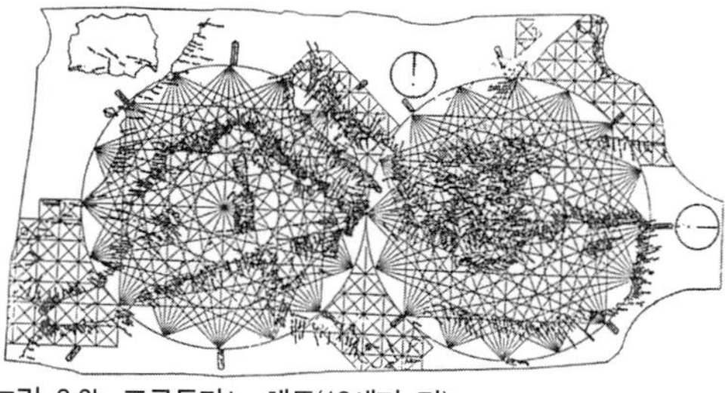

그림 3-3b 포르토라노 해도(13세기 말)

다.[3-18] 또한 르네상스의 예술가들도 투시도법을 위해 직교방안도법을 사용하였다.

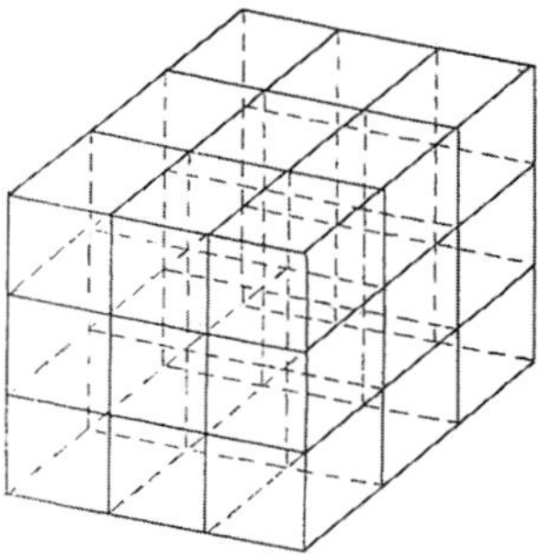

그림 3-4 좌표 시스템(노베르그 슐츠의 삽화)

이에 대해 좌표가 지닌 수학적인 의의를 발견한 것은 데카르트와 17세기 프랑스 수학자 피에르 드 페르마(Pierre de Fermat)였다. 좌표시스템 그 자체는 라이프니츠와 제자 레온하르트 오일러(Leonhard Euler) 등 후세의 수학자가 체계화한 것이지만, 그 원천적인 아이디어를 데카르트가 제시했다는 점에서 직교 좌표계를 데카르트 좌표(카르테시안 그리드)라 부르게 된다[3-19](그림 3-4).

또한 같은 시기에 현재 우리들이 사용하는 메르카토르 도법이 육도와 해도를 통합하는 수단으로 등장하여 대항해시대의 지리학적 발견의 성과가 지도상에 집약되게 되었다. 이렇듯 17세기 중반의 세계관·공간 이미지의 확장은 좌표와 지도라는 두 가지에 의해 확인될 수 있었던 것이다.

● 뉴턴의 절대공간·상대공간

데카르트에 이어 정신·물질의 구별과 마찬가지로 큰 영향력을 갖는 공간상의 정의를 내린 인물이 17세기 말의 과학자 아이작 뉴턴이다. 데카르트의 연장개념에서는 공간은 정신(주체)으로부터 독립하고는 있으나 물질과는 혼동되고 있었다.[3-20] 뉴턴은 이에 대해서 1687년의 저서 『프린키피아(Philosophiae Naturalis Principia Mathematica)』에서 개념은 '감각으로 느낄 수 있는 대상'과의 관계로부터 비롯되는 것이므로 항상 편견이 따를 수 있다는 점이 우려된다고 하며, ① 수학적인 공간, 즉 개별의 사상으로부터 완전히 분리된 '절대공간'과 ② 일상적인 공간, 즉 현상의 '상대공간'으로 구별하였다.[3-21] 절대공간은 뉴턴의 '운동의 제1법칙'(등속직선운동), '힘과 질량'(질점)과 같은 기본개념을 보증하기 위한 이상적이고 자체적인 공간이며 가상적으로 결정된 물리적 사고의 틀이다. 이 무한하고 한결같이 확장되는 부동의 공간과 영원히 과거로부터 미래로 한결같이 흐르는 '절대시간'의 개념은 20세기 알베르트 아인슈타인(Albert Einstein)의 상대성이론이 나오기까지 그 지배적 위치는 결코 흔들

리지 않았다.[3-22]

19세기말의 프랑스인 수학자 앙리 포앙카레(Henri Poincaré)는 이러한 공간을 설명하면서 다음과 같은 비유를 들고 있다.

'나는 방 안에서 의자에 걸터앉아 있다. 어떤 하나의 물체가 탁자 위에 있다. 나는 일초 동안 움직이지 않는다. 그 누구도 그 물체에 손을 대지 않는다. 나는 "그 물체가 그 일초의 시작에 점하고 있던 점 A는 일초의 끝에 점하고 있는 점 B와 같은 것이다." 라고 말하려 한다. 그러나 이는 말도 안 되는 것이다. 점 A로부터 점 B까지는 30킬로미터나 떨어져 있다. 왜냐하면, 그 물체는 지구의 운동에 따라서 움직여버렸기 때문이다. 우리들은 극히 작든지 그렇지 않든지 간에 어떤 물체가 공간에서 절대적 위치를 바꾸었는지 그렇지 않은지를 알 수 있는 방법이 없다.'[3-23]

이는 어디까지나 비유적인 이야기이며, 이 이야기를 들은 우리들이 머릿속으로 지구라는 기준물을 이미지한 순간 그 머릿속의 공간은 뉴턴적인 구분에서는 상대공간이 되어버린다. 즉, 절대공간이 어딘가에 존재하는 것은 의미가 없으며 포앙카레의 말처럼 '절대공간을 표상하는 것은 불가능하다'라는 점에 주의할 필요가 있다.

4_ 무한공간의 파문

● 공간의 공포

데카르트와 뉴턴에 의해 제시된 아득히 확장되는 공간의 이미지는 인간이 의지할 만한 장소의 부재, 끝없이 초라한 존재라는 느낌을 당시의 사람들에게도 안겨주었다. 뉴턴과 동시대인인 파스칼(Pascal)은,

'침묵하는 전 우주를 바라볼 때 … 나는 공포에 휩싸이고 만다. … 공간을 통해서 우주는 나를 감싸고 마치 하나의 점인 것과도 같이 나를 삼켜버린다. 그리고 나는 사고함으로써 우주를 삼킨다.'

라고 그 심정을 밝히고 있다.[4-1] 또한 건축가 클로드 니콜라 르두(Claude-Nicolas Ledoux)는 1804년의 저서 『건축(L'Architecture considérée sous le rapport de l'art, des mœurs et de la législation)』에서 『가난한 자의 집(L'arbi du pauvre)』이라는 드로잉(그림 4-1)과 함께,

그림 4-1 르두의 빈자의 집(부분, 18세기말)

'그야말로 당신을 감탄시키는 이 광대한 우주는 가난한 자의 집이다. 발가벗은 부자의 집이다. 가난한 자는 원형지붕 대신에 창공을 가지며 신들의 모임과 통해 있다. … 누구든지 작은 공간만을 점유할 수밖에 없다는 것을 알 수 있을 것이다. 그것을 크게 만든 순간 낭비가 되고 인간의 손에 의해 우주의 확대무변한 공허가 조금도 충만해지는 일은 없는 것이다. … 인간은 자연에 저항하는 자가 아니라 인간은 건축예술에 의해서야말로 스스로가 필요로 하는 것들을 스스로의 가능성에 위탁하는 것이다.'

라고 말하며[4-2] 무한공간의 광대함과 인간

이 점유하는 공간의 왜소함을 대비적으로 표현하였다.

또한 19~20세기의 조각가 아돌프 힐데브란트(Adolf Hildebrand), 미학자 하인리히 뵐플린과 빌헬름 보링거(Wilhelm Worringers)는 예술활동에 나타난 다음과 같은 현상들 : ① 공허를 채우는 매스에 대한 숭배(그림 4-2) ② 충실한 평면 ③ 아리스토텔레스적 유한공간에 대한 동경 ④ 광장 공포증(방을 오래된 도구로 채우거나 정원을 수목으로 채우는 행위 등) ⑤ 벽면의 공허를 채우는 장식 지향성(이상 뵐플린, 그림 4-3) ⑥ 정적인 감정을 불러일으키는 추상의 개념(보링거)과 같은 사례들을 통해 인간이 망망대해와도 같은 무제한적 혼돈의 공간에 대해서 품은 심리적인 공포감을 지적하고 있다.[4-3]

● **예술에 끼친 영향**

한편, 예술 표현에 대한 긍정적인 영향에 대해서는 20세기의 미술사가인 기디온에 의해 이 시기에 확립된 무한의 공간개념이 한없이 확장되는 무한성의 표현, 예를 들어 네덜란드 풍경화에서의 대기의 표현(그림 4-4)이나 프랑스식 정원의 끝없이 펼쳐지는 모습(➪p.241 그림 2-8)과 같은 인상 표현으로 이어진 점이 언급되고 있다.[4-4] 또한 건축가 불레(Etienne Louis Boullée)는 뉴턴기념관(Cénotaphe a Newton, 1784, 그림 4-5)의 프로젝트에서 무한한 숭고함을 칭송하였다.[4-5]

나아가 뉴턴의 두 가지 공간개념의 명석한 이해와는 구분을 짓고 있었던 인물로 20세기 건축가인 리히트벨트가 있었다.

> '만일 실용적인 목적을 위해서 우리들이 무한의 공간 중 일부를 인간적인 척도로 분리시켜 한정하여 도입을 한다면 그것은 실재로서의 생활에 초래되어진 공간의 단편이 되는 것이다.… 일반적인 공간이란 그 속에 하나의 한정하는 요소를 도입하기 전까지는 실재하지 않는다.'

이러한 언급[4-6]에서 나타나듯이 그는 무한공간과 일반적인 공간(상대공간)을 구별함으로써 건축의 공간이란 '무한공간을 한정한 후에야 가능해진다.'라는 인식을 명쾌하게 표현하였다. 또한 무한공간이 한정된 상태를 '공간의 단편'이라고 표현하고 있

그림 4-2 압도적인 매스(샌프란시스코 아시스 교회)

그림 4-3 공허를 채우는 장식 지향 (알람브라의 장식)

그림 4-4 페르메이르의 〈델프트 풍경〉 (부분)

그림 4-5 불레의 뉴턴기념관

그림 4-6 리히트벨트의 슈뢰더 주택

는데, 이는 슈뢰더 주택(1924)의 디자인 언어와 합치되는 인상을 안겨주고 있다(그림 4-6). 이러한 점에서 공간이념과 공간형태가 관련지어진 훌륭한 예로 볼 수 있다.

● 균질공간(Universal Space)

20세기 근대건축 표현의 배후에 있는 공간으로 오직 좌표에 의해서만 물체의 위치가 표시되는 무한하고 균질한 확장에 대한 개념을 특별히 '균질공간'이라고 부르고 있다.[4-7] 이 개념을 표현한 건축으로는 입체격자구조와 유리로 이루어진 고층 오피스 빌딩, 특히 미스 반 데어 로에의 작품(그림 4-7)의 예가 일반적이다. 건축가 하라 히로시는 그의 저서 『균질공간론』에서 오늘날 세계의 여러 도시에서 보여지는 오피스빌딩이 3가지 특질 - ① 환경 · 기후의 항상성 ② 자유로운 영역구성 ③ 모듈에 의한 생산 · 사용면에서의 합리성 - 에 의해 구체적으로 특징지어짐으로써, '건물을 세우는 장소에 구애받지 않는다'라는 의미와 '원래의 자연이 가지고 있는 장소의 특성을 배제한다'라는 '이중의 균질성'을 가지고 있다고 논하고 있다.[4-8] 또한 균질공간 이념에 의해 만들어진 건축은 '장소의 균질성' 이외에도 ① 기능을 대상화하지 않는다는 점, 즉 사용법을 따지지 않는다는 점, ② 구체적인 것에 부여되어 있는 의미를 분리시킨다는 점[4-9]과 같은 특징을 함께 가지며 그로피우스가 제창한 '국제건축'[4-10]이 진정한 의미에서 실현된 것은 미스의 유니버설 스페이스가 유일하다고 결론내리고 있다.

● 관념으로서의 공간 -로크-

17세기 후반의 철학자이자 데카르트 사상을 검토 · 확장시켜 연장개념이 물질뿐만이 아니라 정신에도 적용할 수 있다고 한 인물이 경험주의[4-11]철학자 존 로크(John Locke)이다.[4-12] 우리들은 보통 공간은 신체의 바깥쪽에 의식과 떨어져서 존재하고 있으며, 우리들의 의식은 객체로서의 공간의 실재성을 모종의 형태로 반영하고 있다고 생각하고 있으며 그 사실에 대해 의심치 않는다. 하지만 그에 의하면 공간은 우리들 안에도 존재하고 있다.[4-13]

로크는 자신의 유명한 저서 『인간지성론(An Essay Concerning Human Unde-

그림 4-7 시그램 빌딩

그림 4-8 추상예술의 비대칭성(말레비치)

그림 4-9 키슬러의 '공간속의 도시'

rstanding)』에서 인간은 촉각으로 느끼는 단단함(Solidity)없이도 공간에 대한 명석한 개념,[4-14] 또는 전혀 사물이 없는 '순수공간'(진공)의 관념을 지닐 수 있다고 주장했다.[4-15] 또한 로크는 무한공간에 대하여 상세하게 개념을 규정하고 있다. 우리들은 길이라고 하는 양의 개념을 반복함으로써 '무한공간'이라는 관념을 가질 수 있다. 단, 마음이 그러한 관념을 지닐 수 있다하더라도 한계가 없는 공간이 현실 속에 존재하는가는 전혀 별개의 문제이다. 경험주의적인 입장에서는 현실 속에 존재할지도 모르는 '무한한 공간'이란 현실에서 바라볼 수 있을 때 처음으로 인정할 수 있는 공간에 대한 관념이다. 그러나 공간이 무한하다면 경계가 없으므로 우리들은 영원히 무한공간의 실제를 보거나 느낄 수 없으며 결국에는 '무한공간의 관념'을 가지는 것은 불가능하다. 따라서 로크에 따르면,

> '어떤 공간, 지속, 또는 수에 대해서 우리들이 마음속에서 품는 실제의 관념은 그것이 아무리 큰 것이라 할지라도 여전히 유한한 것이다.'

라고 결론을 내릴 수 있는 것이다.[4-16]

● 머릿속의 선험적 공간 - 칸트 -

데카르트가 제시한 물질적(물리적) 공간과 정신적(심리적) 공간의 구별 중에서 물리적 공간을 깊이 연구한 뉴턴과 달리 공간을 오로지 주체 · 정신의 문제로서 논하는 조류를 만들어낸 인물이 18세기 철학자인 임마누엘 칸트(Immanuel Kant)이다.[4-17] 그는『순수이성비판』에서,

> '공간이란 현상에 의존하는 규정이 아닌 현상 그 자체를 가능케 하는 조건이며, 외적 현상의 근저에 필연적으로 존재하는 선험적인 표상이다.'

라고 서술하고 있다.[4-18] 우리는 물체를 제거시킨 공간을 상상하는 것은 가능하나 물체가 공간 이외의 곳에서 존재한다거나 시간이 없는 곳에서 물체가 운동하고 있는 모습을 상상하지는 못한다. 이렇듯 공간과 시간은 우리에게 있어서 사물을 인식하기 위한 기본적인 틀을 이루고 있으며, 이들이 없으면 어떤 것을 지각하거나 이해하는

것은 불가능하다는 것이다.[4-19] 칸트에 의해 공간은 오로지 인간의 의식의 문제로 전환되어 ① 경험적 개념이 아니다. ② 선험적(a priori)인 필연적 표상이다. ③ 일반적 개념이 아닌 순수직감이다. ④ 주어진 무한한 양으로서 표상되어진다 라고 정의되었다.[4-20] 칸트의 공간을 비유적으로 표현한다면 우리의 머릿속에 존재하는 것으로, 어떠한 이미지도 직감적으로 받아들임으로써 다양한 관념을 상기하는 것이 가능한 절대공간과 같은 것이라고 비유할 수 있을 것이다. 어쨌든 이러한 로크와 칸트의 철학적 논고는 이후의 공간에 대한 탐구를 물리학과 수학의 대상으로서의 물리적 공간과 19세기 후반에 탄생하는 심리적 공간(심리학의 대상)으로 크게 나누게 되는 계기가 된 것만은 분명한 것이다.[4-21]

5_ 기하학적 공간

● 원근법과 무한원점

원근법(공간도형의 상)에 관해서는 13세기 폴란드의 건축가 비텔로(Witelo)가 유클리드 '광학'을 재편집한 저서 『원근법(Perspectiva)』을 저술하여 이후의 알베르티와 레오나르도 다빈치에게 영향을 끼쳤다. 투시화법(Perspective)이 광학으로부터 독립하여 엄격한 기하학을 통해 체계화된 것은 다빈치를 비롯한 뒤러(Albrecht Dürer), 라파엘로(Raffaelo Sanzio)와 같은 예술가들이 활약한 르네상스기에 이르러서 이루어졌다[5-1](그림 5-1).

여기서 원근법의 원리를 살펴보면 유클리드 공간 내에서 중심사영(그림 5-2)을 행하는 경우, 1대1의 점대응으로는 필연적으로 결함이 발생하게 된다. 예로서 그림 5-3에 '중심 S로부터 직선 p를 선 q에 사영하는' 간단한 평면모델을 나타내었다. 이 그림을 잘 살펴보면 알 수 있듯이 점 p_q는 어디에도 사영되지 않았을 뿐더러, 점 Q_p는 사영되어야 할 원상이 어디에도 존재하지 않는다. 이러한 결함을 수정하기 위해서는 '무한원점'(소점)의 개념을 도입할 필요성이 생기게 되었다.[5-2]

이러한 무한원점이라는 사고는 데카르트 이전의 17세기 초에 이탈리아 학자 우발도 델 몬테(Ubaldo Del Monte)와 케플러에 의해 이미 수학적으로 발견된 것이었다.

그림 5-1 뒤러의 투시화법론의 삽화

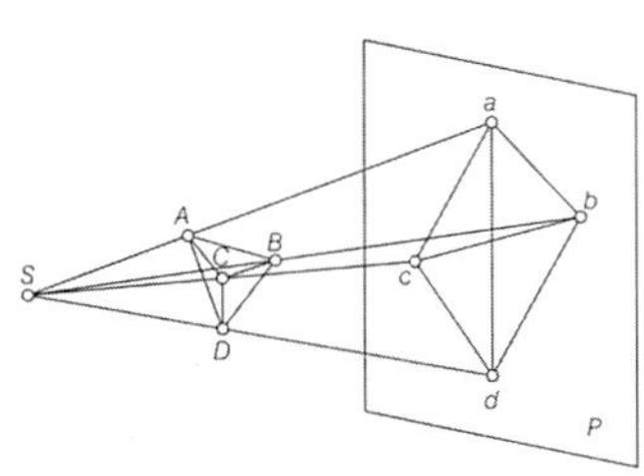

그림 5-2 유클리드 공간에서의 중심사영

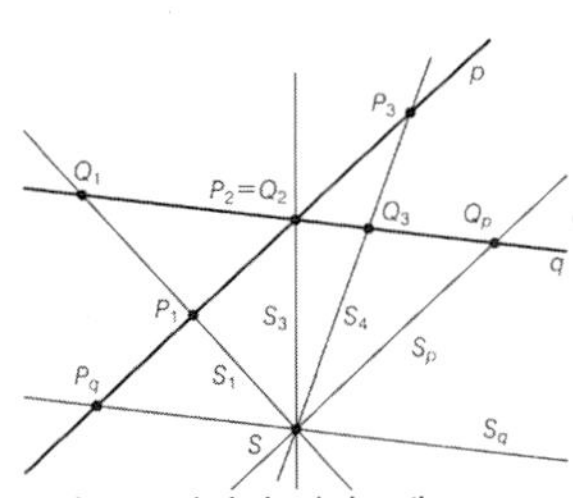

그림 5-3 사영의 평면모델

그 후, 무한원점을 가지는 기하학이론은 17세기 중반에 프랑스인 건축가이자 수학자인 데자르그(Girard Desargues)에 의해 사영기하학(사영공간의 개념)으로 발전하게 된다(그림 5-4). 이렇듯 '무한에 접근한다'는 운동개념은 데카르트, 뉴턴과 동시대에 공간도형의 도상화 과정에 있어서 수학자들 사이에서 도출되었다.

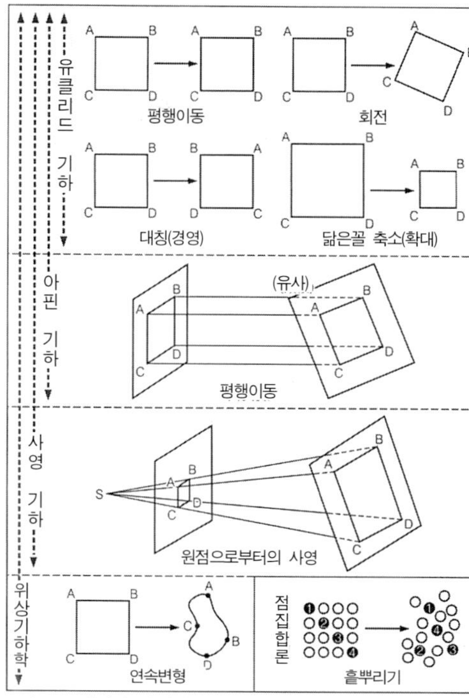

그림 5-4 다양한 기하학(19세기말, Erlangen program)

● 무한개념에 의한 새로운 기하학적 조형

다음으로 바로크 시대를 중심으로 전개된 기하학적 조형에 대해서 살펴보기로 한다. 16세기까지 직교좌표계(평행좌표계)에 의한 도시계획 · 건축과, 원형평면의 건축이 조형원리의 주류였으나 17세기 이후 새롭게 ① 평면해석기하학의 '극좌표계' 형태를 지닌 도시계획과 ② '타원기하학'에 의한 공간조형이 등장하게 된다.

극좌표계는 17세기 빈첸초 스카모치 설계의 팔마노바(Palmanova, 그림 5-5), 망사르(Jules Hardouin-Mansart)와 노트르(André Le Nôtre)의 베르사유의 도시 · 정원(그림 5-6), 18세기의 카를스루에(Karlsruhe) 궁전(그림 5-7), 다음 절에 설명하게 될 바로크적 도시계획 등이 대표적인 예이다. 이들 중 팔마노바는 요새도시임과 동시에 비트루비우스의 도시이론과 필라레테(Filarete)의 이상도시(그림 5-8)의 영향을 받아 성벽으로 둘러싸인 유한성을 지니고 있었다. 이에 비하여 카를스루에와 베르사유에서의 도시의 경계를 구획하는 건물 · 대로는 자유롭게 연장이 가능하고 외곽(전원지대)을 향해서 무제한으로 도시 확장이 가능하다는 특징을 지니고 있었다.[5-3]

그림 5-5 팔마노바

그림 5-6 베르사유의 도시와 궁전(17~18세기)

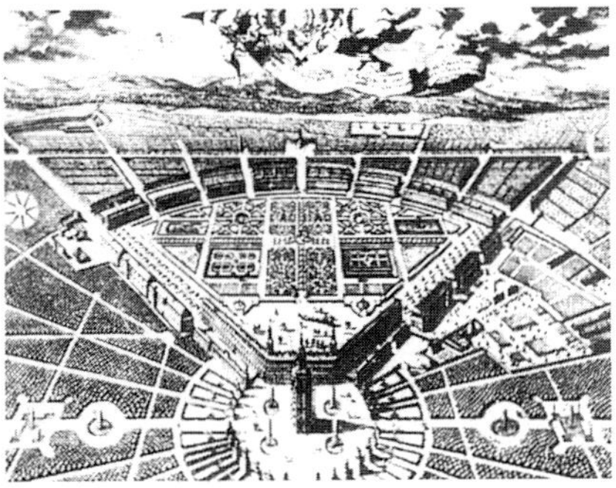

그림 5-7 카를스루에 궁전

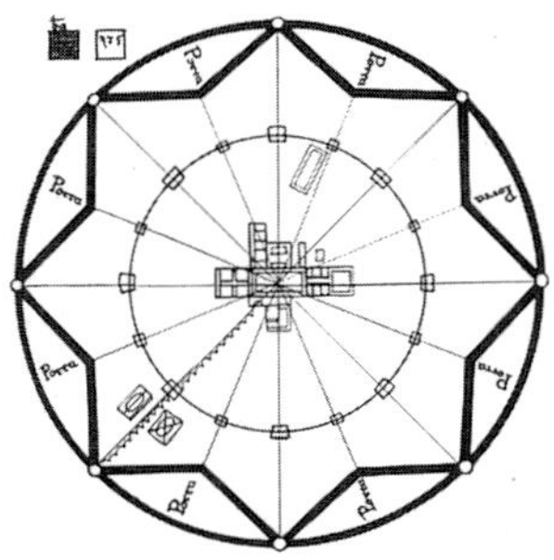

그림 5-8 필라레테의 이상도시도

그림 5-9 미켈란젤로의 캄피돌리오 광장

한편, 타원기하의 조형은 16세기 중반의 미켈란젤로(Michelangelo)가 설계한 캄피돌리오 광장(1536년경, 그림 5-9, ⇨p.148 그림 2-19)을 필두로 17세기에 이르러서는 베르니니가 설계한 산 피에트로 대성당 전면광장(1567, 그림 5-10), 보로미니의 건축 모티브 등에 자주 등장하게 된다(그림 5-11). 이 시기에 타원기하학[5-4]은 케플러가 '쌍곡선-포물선-타원-원'의 수학적 성질의 상호관계에 '초점의 무한' 개념을 발견한 것이 하나의 계기가 되어 큰 발전을 이루고 있던 과정이었다.[5-5]

17세기는 이러한 기하학의 시대적 발전과 새로운 공간조형의 창출이 동시적으로 전개되는 흥미로운 시기였다. 이노우에 미츠오는 직교좌표와 극좌표에는 각각 형상의 기술법에 장단점이 있다고 하더라도, 결과적으로 설계자를 포함한 당시의 사람들이 한 좌표계의 공간질서를 선호하여 실체적 조형을 추구하였으며, 나아가 그 공간을 이해하고 사용했다는 점에서 당시 사람들이 자연공간 자체를 그 좌표계로 이해하려 했다는 사실을 전해주고 있다고 지적하고 있다.[5-6] 이렇듯 기하학이 세계를 이해하기 위한 도구이며 도시 · 건축의 질서형성에 반영되었다고 가정한다면 연장, 무한,

그림 5-10 산 피에트로 대성당 전면광장

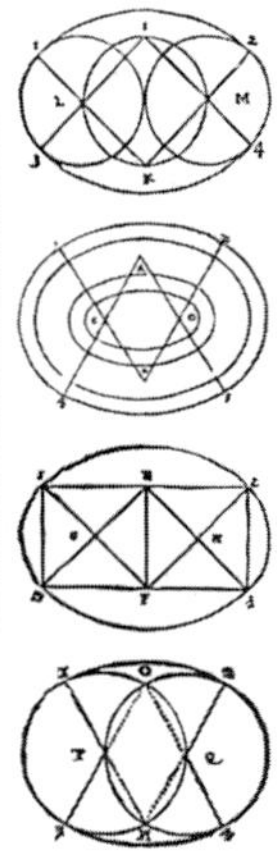

그림 5-11a 세를리오의 타원작도의 4가지 방법

그림 5-11b 보로미니의 라테라노 교회의 타원 창

그림 5-12 랑팡의 워싱턴계획

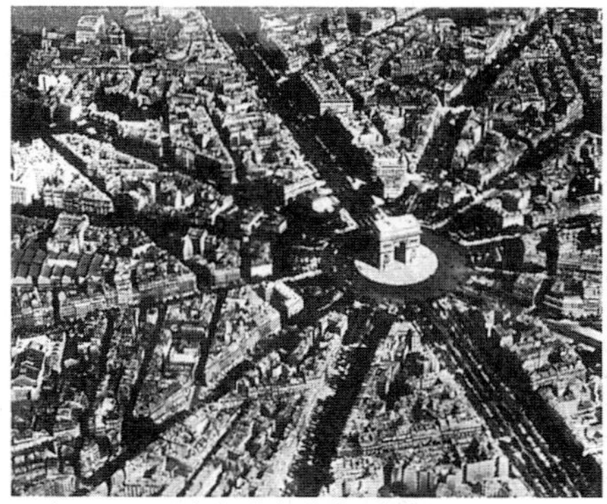

그림 5-13 오스만의 파리 대개조계획

확대, 원근법, 초점과 같은 공간에 관한 여러 개념들은 바로크 시대의 건축 표현을 이해하기 위한 실마리가 될 수 있는 것이다.

● 바로크적인 도시디자인과 비스타

'바로크적 도시디자인'이라 불리는 사례로는 앞에서 언급한 베르사유, 카를스루에, 성 베드로 광장 이외에, 크리스토퍼 렌(Cristopher Wren)의 런던 개조계획을 필두로 피에르 랑팡(Pierre L'Enfant)의 워싱턴계획(1792, 그림 5-12), 오스만(Georges-Eugene Haussmann)의 파리 대개조계획(1853-69, 그림 5-13)과 같은 사례들이 있다.[5-7] 이러한 사례들은 ① 장대한 건축을 향해 뻗어나가는 대로와 투시도법적인 '조망, 원경(Vista)' ② 도시 내의 종교적 · 사회적인 중요지점(초점)을 잇는 '방사상'의 가로배치 ③ 마니에리즘기의 성곽계획보다 거대해진 규모의 군사광장 ④ 기존 도시의 부분적 개조와 특정지구의 미화 등을 특징으로 하고 있다.[5-8]

당시의 사람들은 이러한 기하학적 공간의 특징을 건물 · 도로가 만들어지는 지면과 같은 레벨에 서서 건물 사이를 거닐면서 체감하게 되었다. 나아가 초점(무한원점)과 축성을 가진 가로(좌표)와의 관계로부터 자신이 지금 어디에 있는지, 즉 대략적인 공간정위(Orientation)[5-9]를 가시적 · 순간적으로 행할 수 있었다.

이렇듯 도시의 모뉴멘트(기념비)와 그곳으로부터 방사상으로 뻗어나가는 직선가로

그림 5-14a 팔라초 델 테

그림 5-15b '신혼의 방'의 천장도

그림 5-15 16세기 페루치의 콰드라투라

그림 5-16 세를리오의 무대장치

그림 5-17 테아트로 올림피코

에 의해 원근법적 시각환경과 기하학성에 의한 명쾌한 도시공간이 형성되었던 것이다 (⇨p.240 그림 2-5, 2-6).

● 시각의 유희

17세기 바로크 예술에는 일반적으로 시각의 쾌락을 추구하는 측면이 있었다고 일컬어지고 있다. 르네상스가 대상을 정적으로 바라보는 것에 반해, 바로크에서는 투시도법 자체도 그 틀을 벗어나 감상자까지 일체화시켜 감싸버리는 신체적 몰입의 감각이 추구되어진다. 이러한 의식이 건축의 외부로 향하게 됨으로써 공간조작의 대상은 도시나 정원으로 확장되어 온 것이었다.

역으로 투시도법이 건축의 내부공간 자체, 즉 실내장식에 전개된 예로 '눈속임화법 (Trompe-l'œil, 트롱프 뢰이유)'이 있다. 착시를 이용한 이러한 장식회화는 마니에리즘 시기의 줄리오 로마노(Giulio Romano)설계의 팔라초 델 테(1535)에 그려진 만테냐의 작품 '신혼의 방(Camera degri sposi)'(15세기, 그림 5-14)을 필두로 16세기 중반~18세기 사이에 걸쳐 북이탈리아에서 융성하게 된다. 그 중 원근법적 효과를 이용한 현혹적인 건축부위를 표현한 회화를 특히 '콰드라투라(Quadratura)'(정방형을 의미, 그림 5-15)라고 부른다.[5-10]

건축가의 투시도법을 이용한 무대장치로는 16세기 세를리오가 설계한 3가지 무대(그림 5-16), 팔라디오가 설계한 테아트로 올림피코(Teatro Olimpico, 1584, 그림 5-17)가 유명한 것으로,[5-11] 콰드라투라는 당시 유행하던 연극 · 오페라의 무대기법이 건축의 내부공간에까지 응용된 예이다.

6_ 건축의 본질 = 공간

● 감성의 학문

앞서 언급한 대로 건축의 본질이 공간이라고 규정하는 작업은 19세기경의 미술사가 · 조각가 · 미학자들에 의해 이루어졌다. 그렇다면 왜 건축가가 아닌 그 이외 분야의 사람들에 의해 이루어졌는지에 대해서는 18세기 독일 철학 · 미학의 인간에 관한 논고과정을 살펴볼 필요가 있다.

데카르트의 이원론을 계기로 인간의 정신도 탐구의 대상으로 포함되었다는 사실은 이미 언급한 바와 같다. 그 중 '「이성」에 의한 인식'(상위의 인식)에 대해서는 18세기 전반에 철학자 라이프니츠와 제자 볼프(Christian Wolf)에 의해 논리학으로서 어느 정도의 체계화를 이룩하고 있었다. 한편 인간의 인식, 즉 『감성』에 의한 인식(하위의 인식)에 관한 학문체계는 18세기 중반에 이르러 철학자 알렉산더 바움가르텐(Alexander Baumgarten)에 의해 '감성인식의 학문 = 미학'으로 최초로 주장되게 되었다.

칸트와 헤겔의 미학

이러한 미학에 의한 '미의 자율성'에 지대한 논리적 근거를 제공한 이들이 칸트와 헤겔이다. 칸트는 그의 저서 『판단력비판(Kritik der Urteilskraft)』(1790)에서 미의 인식을 특히 '미학적 판단'(취미 판단)이라 부르고 미학적 판단이 ① 단지 그 자체의 성질을 '유쾌 · 불쾌의 감정'과 연결할 뿐인 판단이라는 점 ② 이해관계와 물욕과 같은 특정한 '관심'이 결여된 미에 대한 관심만이 존재하는 상태라는 점 ③ 개념이 결여되어 있다는 점 ④ 취미판단은 감성적이고 주관적이고 개별적인 판단임에도 불구하고 일종의 공통감, 주관적 필연성(보편적 타당성)을 지닌다는 점, 이상의 4가지 특질을 언급하였다.[6-1] 한편, 헤겔은 저서 『미학 강의(Vorlesungen über die Ästhetik)』(1835-38)에서 '예술의 미는 이념의 감성적 표현이다'라고 하면서 예술작품에 나타난 인간정신 · 이념의 중요성을 강조하고 예술을 자연 이상의 고귀한 위치로 격상시켰다. 또한 예술의 역사적 발전을 다음과 같은 3단계 – ① 낮은 단계의 건축(상징적 · 고대 오리엔트 예술) ② 중간단계의 조각(고전적 그리스 · 로마예술) ③ 가장 높은 단계의 회화 · 음악 · 시(낭만적 · 기독교적 예술) – 로 등급을 분류하였다.[6-2] 이렇듯 건축이 예술 중에서도 가장 낮은 지위가 부여된 이유는 건축이 정신성과는 별도로 재료 · 공리 · 목적 등의 현실적 · 실용적 · 사회적 요소를 다수 지니고 있기 때문이었다.

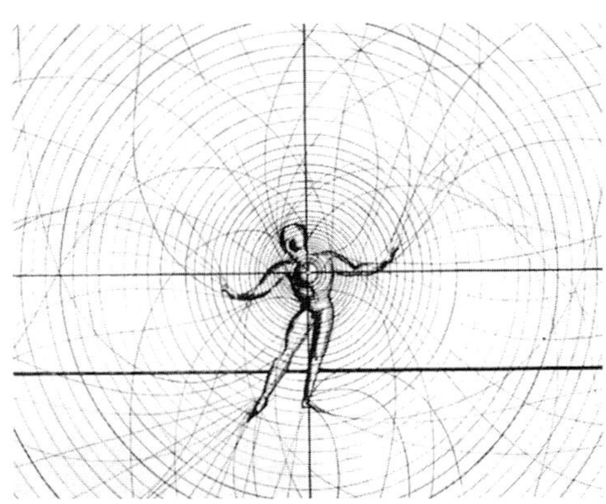

그림 6-1 신체의 연장으로서의 공간(Oskar Schlemmer의 삽화)

젬퍼의 양식론

헤겔의 이러한 '이념'을 주축으로 한 미에 대한 사고방식에 반발하여 건축가로서 역으로 '물질성'을 주축으로 하여 예술을 '실천적 미학'으로 논한 이가 고트프리트 젬퍼였다. 그는 19세기 중반의 저서 『양식론(Der Stil in den technischen und tektonischen Kunstner)』에서 물질이야말로 인간의 창조물의 공통된 출발점이며 이념이란 기계적인 3인자(원재료, 목적, 기술)가 있고 나서야 비로소 최종적인 형태 · 디자인에 도달할 수 있는 것이라고 주장하였다.[6-3] 또한 '재료'에 착목한 역사적인 관점으로부터 공예를 ① 직물(Textile), ② 도기(Ceramic) ③ 목공술(구축법, Tectonics) ④ 석공술(재석법, Stereotomy), ⑤ 금속세공(Metalotechnics)이라는 5가지 범주로 분류하였다.[6-4] 그리고 이후의 『프롤레고메나(Prolegomena)』[6-5](1863)에서는 '폭 · 높이 · 깊이'라는 공간의 3차원을 '대칭, 비례, 방향'이라는 형식미학[6-6]의 3가지 범주와 일체의 것으로서 정식화시켜[6-7] 형식미학의 '면의 원리'의 '공간의 원리'로서 재해석을 시도하였다.[6-8] 그의 이러한 사고가 발전을 거듭하여 다음에 소개하게 될 슈마르조의 개념규정, 즉 물리학 · 수학 · 천문학 · 신학 등의 세계에서 형이상학적 개념으로 다뤄지던 '공간' 개념이 건축 고유의 본질적 성질로 돌아가는 작업으로 이어지게 되는 것이다.[6-9]

● 슈마르조의 공간과 신체

'건축은 공간을 형성하는 행위이다.'라는 정의를 누구보다도 명확하게 선언한 미학자가 아우구스트 슈마르조이다. 그는 1893년의 『건축적 창조의 본질 - 라이프치히 대학 교수 취임식 강연』에서 종래의 '매스(Mass) · 구축술(Tectonics) · 응용예술로서의 건축'이라는 정의들을 답습하면서도,

> '건축이란 그것의 가장 내적인 본질적인 면에서 본다면 공간형성의 작용이다. … 건축은 처음부터 마지막까지 공간형성자인 것이다.'
> '건축예술의 역사는 공간감정의 역사이다.'

라는 주장을 펼쳤다.[6-10] 이를 통하여 '공간이념'과 '공간형태'는 명쾌하게 구별되고 공간형태는 공간이념의 표현이며 공간이념은 역사적 양식을 위한 결정인자로서 평가되어지고 있는 것이다.[6-11]

또한 슈마르조는 젬퍼의 사고를 발전시켜 '직립한 인간의 신체의 연장 = 공간'이라는 이론적 도식을 제안했다. 1914년의 논문에서는 신체에는 '수직 · 수평 · 깊이'의 세 가지 축이 존재하며 각각은 공간이 지니는 3가지 구성원리, 즉 ① 수직성 : 상부를 향한 성장 · 비례 · 비례성 ② 수평성 : 좌우의 균등성 · 심메트리 · 대칭성 ③ 깊이성 : 보행운동 · 리듬이라는 세 가지와 관련되어 있다[6-12](그림 6-1). 또한 건축공간의 지각에는 시각뿐만이 아니라 신체감각이 중요하다는 점을 강조하고 있다.[6-13]

● 공간체험은 말로 표현될 수 없다.

헤겔미학에 의해서 가장 낮은 지위에 놓여진 건축이 19세기의 100년간을 통해 다시금 미학에 의해서 공간이라는 건축 고유의 가치를 부여받게 되는 역사적 과정의

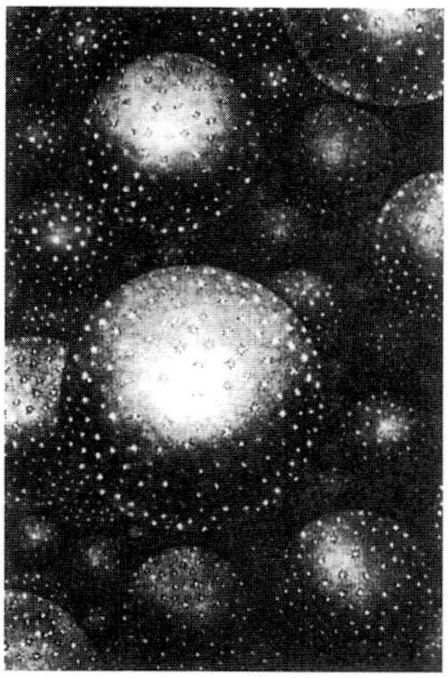

그림 7-1 Thomas Wright의 우주 이미지 (18세기)

개괄은 위에서 설명한 바와 같다.[6-14] 단, 건축의 주요 테마가 공간이라고 정의되더라도 공간체험을 논리화하는 것은 지극히 곤란한 작업이었다.

> '건축의 성격은 최종적으로는 체험에 의해 구현하는 방법 외에는 없다. 이 구현이라는 개념이야말로 주지하는 바와 같이 분석으로부터 달아나 버리고 마는 것이다.(Roger Scruton, 『건축미학(The Aesthetics Of Architecture)』 중에서)' [6-15]

라는 지적에 나타나 있듯이, 훌륭한 공간체험을 말로 하거나 분석하는 것이 불가능하다는 점은 동시기의 미학자들에 의해 이미 분명히 언급되어지고 있었다.

7_ 공허와 비연속적인 공간개념

● 그리스와 칼람(Kalam)의 원자론

여기서 다시 공간개념에 대한 이야기로 돌아가 구심적공간이나 무한공간과는 다른 조류인 '공허와 원자론'의 사상에 대해서 짚고 넘어가기로 한다(그림 7-1).

고대 그리스의 피타고라스학파는 수의 이산성을 뒷받침하기 위해서 '공허(kenon)'[7-1]와 '프뉴마 아페이론(pneuma apeiron)'(무한한 숨결)[7-2]이라는 개념을 사용하였다. 기원전 4-5세기 레우키포스(Leukippos), 데모크리토스(Dēmokritos) 등과 같은 원자론(Atomism)자들도 삼라만상의 다양성 · 생성소멸을 원자(atom)의 자기운동으로 설명하면서 운동하기 위한 틈으로서의 '공허'를 공간의 동의어로 사용하였다. 원자론은 2세기 중반 이후 중세유럽 세계로부터는 추방되었지만 이슬람 세계에서는 9세기경의 이슬람 신학(칼람)사상에서 존재론의 기본으로 여겨지게 된다.[7-3]

이슬람 세계관의 특징은 기독교에서의 세계가 최초에 신에 의해 한 번만 창조되고 그 결과로서 현재의 세계가 존재한다는 생각(인과설)과는 달리 신이 끊임없이 '창조적 개입'에 의해 이 세계를 매 순간마다 새롭게 창조하고 있다고 여긴다는 점이다. 이러한 관점에서 시간에 대해서도 한 순간과 그보다 한 순간 이전의 상태 사이에는 기본적인 단절이 존재한다고 여겨진다(시간의 이산성).[7-4] 공간 이미지에서도 원자는 어떤 성질을 가지고 우연히 그곳에 있는 상태[7-5]에 불과하며, 이러한 상태와 원자는 어느 순간 신에 의해 만들어지고, 또 다음 순간에는 소멸되어 버리는 것이다.[7-6] 이러한 자세로부

그림 7-2 Étienne-Jules Marey의 연속 동태 촬영

그림 7-3 코르도바 모스크의 다주실

그림 7-4 우주의 건축가로서의 신(13세기 삽화)

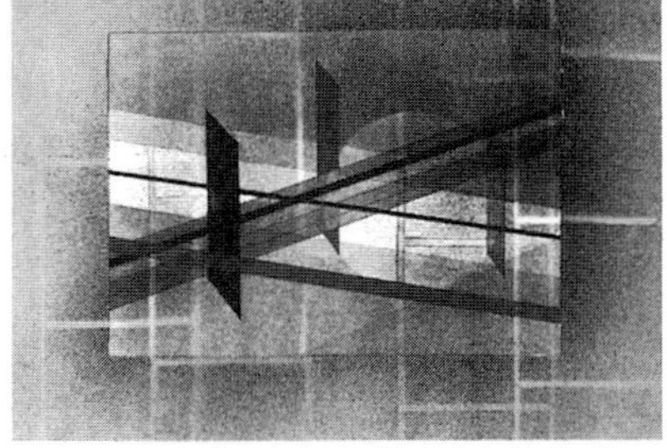

그림 8-1 모홀리나기의 구성주의적인 형태조작

터 운동하는 물체는 한 순간에 나타나서는 소멸하고 다시 그 다음 순간에 신에 의해 창조되어 나타나는 것을 반복하는 '비연속성'을 지니는 것으로, 비유하여 표현하자면 영화의 스틸 컷이나 스트로보 연사화면과 같은 '정지의 순간'의 연속으로 생각할 수 있다[7-7](그림 7-2). 이러한 칼람의 공간 이미지를 바탕으로 코르도바 모스크(mosque)의 다주실을 살펴보면 신의 창조적 개입이 보편적으로 존재하여 비연속적이면서 압도적인 생산력이 나타나고 있는 것을 발견할 수 있다(그림 7-3).

● **라이프니츠의 모나드**

이러한 칼람의 사고방식에 영향을 받아 18세기 초에 세계관에 관한 독특한 사상을 남긴 인물이 뉴턴과 동시대의 독일인 철학자 라이프니츠이다. 그는 물질계의 원자와는 별도로 부피를 가지지 않는 진정한 원자를 상정하고, 이를 '모나드(Monad)'[7-8]라 명명하여 엔텔레케이아(능동적 원리),[7-9] 생명의 원리, 표상의 원리를 주재하는 형이상학적인 점이라고 의미를 부여했다. 또한 모나드를 '삼라만상의 요소', '우주를 자기 자신대로 비추는 거울'이라고도 설명했다.[7-10] 나아가 동물의 정신을 '벌거벗은 모나드', 그 상위로 인간의 이성적 정신(모나드), 최상위에는 신을 배치하여[7-11] 신은 '우주라는 기계'의 건축자(그림 7-4)이며[7-12] 세계는 모든 것이 '예정된 조화'를 이루도록 결정되어 있다고 주장하였다.[7-13] 그리고 공간에 대해서는,

> '공간은 실체와는 전혀 다른 것이다. 시간과 마찬가지로 질서이다. … 공간은 동시존재적인 질서이다. … 공간의 확산에 대해 도처에 점을 내뿌린 연속적인 사상적 공간이라고 생각해서는 안 된다. … 그리고 또한 모나드가 사상적 공간 안에 있는 점과 같이 서로를 움직이고 밀어내고 접촉한다고 생각해도 안 된다. 현상이 그런 식으로 보이게 할 뿐이기 때문이다.'(『레몬에게 보내는 해명』 1714)[7-14]

와 같이 실체도 물질도 아닌 오로지 '동시존재의 질서이다.'라고 정의하고 있다.

8_ 20세기의 공간개념

● 공간은 물체의 위치관계이다

라이프니츠의 사상을 관계성만으로 공간을 파악하려는 사고방식이라고 가정한다면, 이와 비슷한 예를 20세기 바우하우스의 조형작가 모홀리 나기의 저서 『재료에서 건축으로(From Material to Architecture)』(1929)에서 엿볼 수 있다.[8-1]

'공간은 현실성이다. 공간은 … 기본적인 실체로서만 파악되어야만 한다. … 적어도 논리를 전개하기 위한 출발점이 될 만한 공간의 정의는 물리학에서의 『공간은 물체의 위치관계이다』라는 것이다.'

그는 20세기 초에 이르러 공간에 관한 수많은 용어의 범람(inflation)을 인정하면서 ① 지각적 경험에 의해 파악되는 실재하는 공간만을 예술표현의 주제로 삼아야 하며, ② 공간은 물체의 위치관계이다 라는 개념을 정리하였다. 또한 '표면(회화), 매스(조각), 공간(건축)'의 예술영역 분류[8-2]를 시도하는 한편, ① 공간은 폐쇄적인 공간으로부터 개방적인 공간으로 발전한다. ② 건축의 외부와 내부, 상부와 하부는 융합하면서 서로 침투하므로 경계는 유동성을 가진 것이 된다. ③ 건축은 빛과 반사 및 시공간의 개념으로 발전할 가능성을 지닌다 라고 하는 세 가지의 구상을 통해 바우하우스 이론의 확립에 공헌하게 된다. 또한 그의 이념으로부터 도출된 요소적 형태구성(그림 8-1)은 미스에게 지대한 영향을 끼쳤다.

● 시공간의 개념

바우하우스를 포함한 20세기 전반에 나타난 예술운동에 있어서 공간개념의 대표격은 '시공간'의 사고이다. 데스틸의 예술가 테오 반 되스부르그는 1919년의 『3가지 강의』를 통해서,

'공간은 시각적인 의식에 선행한다. … 연속적으로 변화하는 공간적 질서는, 만일 그 대상이 움직이고 있다면, 『시 · 공간』의 질서가 만들어진다. … 건축의 기본은 공간이다.'

라며 공간에 시간차원을 더한 '시공간'의 개념(시점과 대상의 동적관계를 포함한 공간의 이해, 그림 8-2)에 대해 언급하고 있다.[8-3]

또한 러시아 지상주의의 예술가 엘 리시츠키는 시공간의 진정한 효과는 '움직임'에 의해 각성된다고 하며 다중노출과 영화 표현에서 그 가능성을 발견해냈다[8-4](그림 8-3).

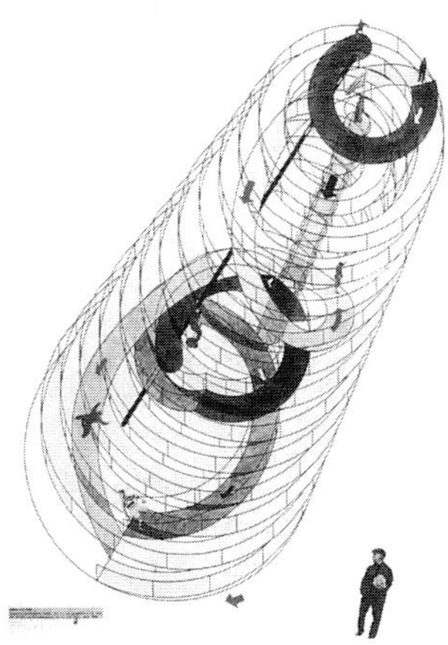

그림 8-2 모홀리나기의 키네스틱 구성 시스템

● 리만에 의한 기하학공간의 상대화

20세기의 수학자들에 의해 발달한 공간개념은 거리공간과 위상공간이라고 일컬어진다.[8-5] 위상기하학

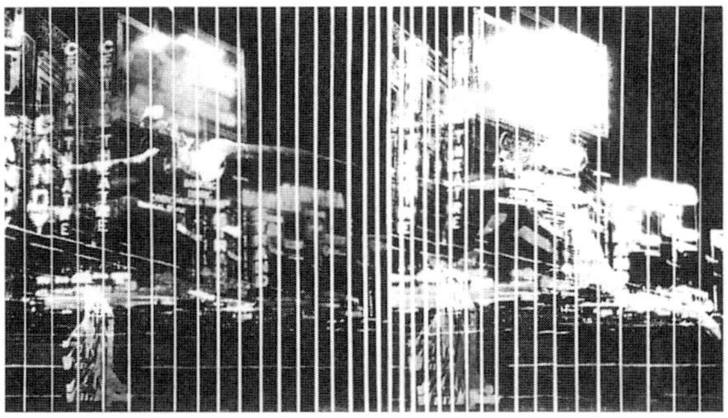

그림 8-3 리시츠키의 다중노출

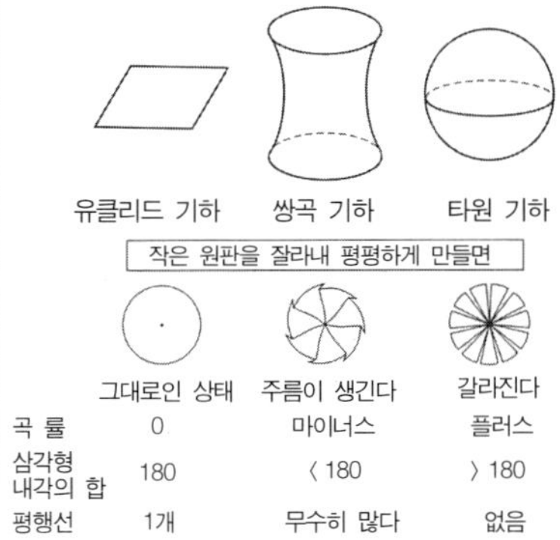

그림 8-4 3가지 리만공간

(Topology)의 창시자 중의 한사람이었던 리만(Georg Friedrich Bernhard Riemann)은 임의의 기하학을 n개의 수에 의해 확정되는 요소로 대체하고 이를 'n차원 공간'이라 불렀다. 이에 따르면 평면상의 원집합은 3차원, 평면상의 쌍곡선은 5차원, 보통의 공간 내의 직선은 4차원이 되는데, 이런 식으로 리만 계량이 확립한 집합을 '리만공간'이라고 부른다. 리만공간에는 유클리드 기하학 이외에 로바체프스키 기하학(안장 모양의 쌍곡기하학), 타원기하학(구면표면 모델의 좁은 의미에서의 리만기하학)의 3가지가 있으며(그림 8-4), 유클리드 공간은 결코 필연적인 것이 아니라 사물을 설명하기 위한 하나의 가정에 불과한 것으로 규정되었다.[8-6]

● 포앙카레의 기하학적 공간과 표상적 공간

리만의 3가지 기하학 공간의 상대화를 토대로 수학자나 물리학자가 다루는 '기하학적 공간'과 인간이 체험하는 '표상적 공간'을 확실하게 구분하여 생각해야 한다는 필요성에 대해 언급한 인물이 수학자 포앙카레였다. 그는 20세기 초에,

> '경험은 물리적 연속체인 표상공간 외에는 결코 우리들에게 접할 기회를 허용하지 않으며 수학적 연속체인 기하학적 공간을 접하게 하는 것이 아니다. 기껏해야 기하학적 공간이 표상공간과 같은 차원에 존재하려면 기하학적 공간은 3차원이다 라고 말하는 편이 편리하다는 사실을 가르쳐줄 뿐이다.'

라고 언급함과 동시에[8-7] ① 비유클리드 기하학(쌍곡기하학과 타원기하학)은 천문학적 척도만으로 정당화된다는 점, 나아가 ② 만일 다양한 기하학을 이용해 공간을 분석적으로 파악하려고 하더라도 시각공간 · 촉각공간 · 운동공간과 같은 인간의 감각에 의해 체험되어지는 '표상적 공간'과 '기하학적 공간' 사이에는 결정적인 괴리가 있음을 밝혀내었다.[8-8]

● 메를로퐁티의 신체로부터의 공간

다음은 심리학과 현상학의 공간에 대해서 알아보기로 하자. 심리학은 19세기말에 시작되어 이후 20세기의 게슈탈트 심리학, 즉 공간지각의 문제를 '주체(내적 통제력)

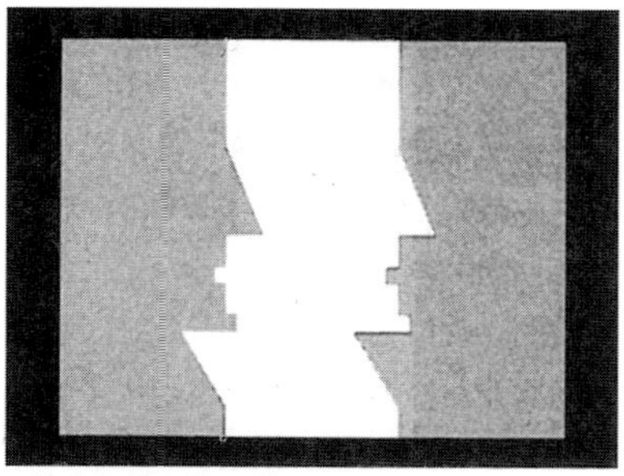

그림 8-5 볼프의 그림

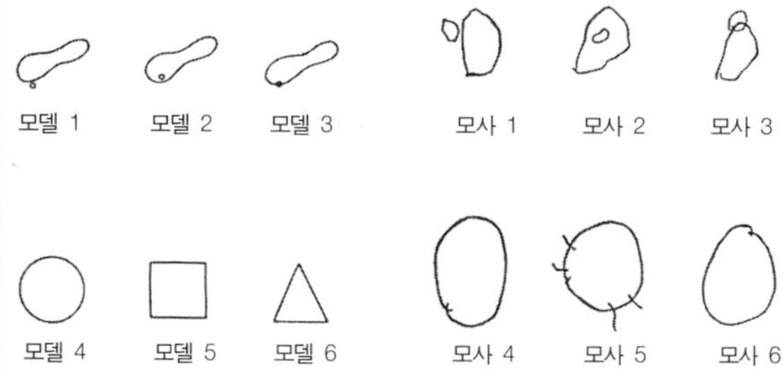

그림 8-6 3~4세 아동의 위상적인 도형묘사

와 객체(외적 통제력) 사이의 동적인 균형'으로써 다루는 학문으로 발전해왔다[8-9](그림 8-5). 한편, 이와 같은 시기에 철학에서는 에드먼드 후설, 모리스 메를로퐁티(Maurice Merleau-Ponty)로 대표되는 현상학자들이 의식작용의 구조로부터 인간의 내면에 존재하는 공간에 접근하려고 하였다.

메를로퐁티는 1945년의 저서 『지각의 현상학(Phénoménologie de la perception)』에서, '신체야말로 공간을 이해하는 힘을 가졌다'고 하면서 '공간적 기준(Niveau Spatial)' '공간의 주체'와 같은 개념으로 신체의 중요성을 주장했다.[8-10] 만년에는,

> '공간은 즉자적이다. … 공간은 이제는 『굴절과학』이 이야기 하는 것 같은, 즉 나의 시각의 제3자적인 증인 내지 나의 시각을 재구성하고 그것을 부감하는 기하학자가 보는 듯한 〈대상간의 관계의 다발〉이 아니다. 그것은 공간성의 영점으로서의 〈나〉의 장소에서 측정할 수 있는 공간이다. 나는 공간을 그 외피를 따라서가 아닌 그 안쪽으로부터 살아가는 것이며, 그것에 둘러싸여 있는 것이다. 말하자면 세계는 나의 주위에 있는 것이며 나의 앞에 있는 것이 아니다.'

라고 말하며 공간이 신체의 바깥쪽에 객체로서 존재한다는 생각을 배척하고 '안쪽에서부터 살아간다', 즉 신체 그 자체를 중심으로 인간과 공간과의 관계를 이해하려는 자세를 취하였다.[8-11]

● 피아제의 심리적 공간의 발달설

프랑스의 심리학자 장 피아제는 인간의 공간인식 형식을 '공간표상'(공간조작)이라 부르고 공간표상은 지각적 공간경험에서만 생기는 것도, 칸트와 같은 선험적(a priori)인 것도 아닌 주체가 공간 내의 대상에 대해서 행한 행위(action)를 조직화하기 위해 처음으로 형성된다고 설명했다.[8-12] 그는 1947년의 저서 『아동의 공간표상(La construction du réel chez l'enfant)』에서 인간의 공간표상의 변화를 ① 위상적 공간[8-13](L'espace topologique) = 4세 정도까지 ② 사영적 공간[8-14](L'espace projectif) = 4~9, 10세까지 ③ 유클리드적 공간(L'espace Euclidien) = 7,8세 이후라고 하는 세 가지의 발달단계로 분류하고 있다.[8-15] 그림 8-6은 3~4세 전후의 어린이의 위상적인 도형인식을 나타내는 실험결과를 나타낸 것이다. 이 그림에서 알 수 있듯이

어린이의 머릿속의 공간의 변화가 기하학의 역사적 발전의 순서와 완전히 거꾸로 되어있는 사실은 매우 흥미롭다고 할 수 있다.

또한 피아제는 1963년의 강연에서,

> '(공간의 감각운동적)발달은 최초 다양한 이질적인 공간(구강공간, 촉각공간, 시각공간 등)을 형성하는 것으로 시작된다. 이러한 공간들은 각각 자기 자신의 신체나 관점에 중심화되어 있었다. 이후 아동에게 일종의 코페르니쿠스적인 전환이 찾아와 그 결과 공간은, 마지막에는 일반적인 용기의 형태를 띠기에 이른다. 그 용기에는 자신의 신체를 포함한 온갖 대상들이 들어가 있으며 이런 식으로 완전하게 탈중심화가 이루어져 가게 되는 것이다.'

라고 말하며,[8-16] 아동의 공간이 ① 초기의 신체화 · 자기중심화된 상태로부터 어느 시기에 탈중심화되어 ② 용기와 같은 공간으로 변화해가는 과정을 언급하고 있다. 철학에 있어서의 공간논고의 역사적 추이가 용기로서의 공간(구심적 공간, 무한공간)으로부터 현상학의 신체적 공간으로 변천해 갔던 사실과 비교해보면 정반대의 순서로 되어있다는 점을 알 수 있다.

● 심리적 공간과 물리적 공간

심리학이 다루는 공간표상의 연구는 20세기 후반에 ① 건축학의 케빈 린치(Kevin Lynch) ② 하트 무어의 참조계 이론[8-17], 시겔 화이트(Siegel-White)의 인지지도 발달[8-18] 등의 대규모 공간표상의 연구(그림 8-7) ③ J. J.깁슨(J. J. Gibson)의 어포던스 이론[8-19] 등으로 전개되어 가게 된다.

이렇듯 20세기의 공간이론은 그 이면성, 즉 물질(물리적 공간)과 정신(심리적 공간) 중에서 특히 후자에 대한 지리학 · 철학 · 정신분석학 등을 끌어들이면서 다양하

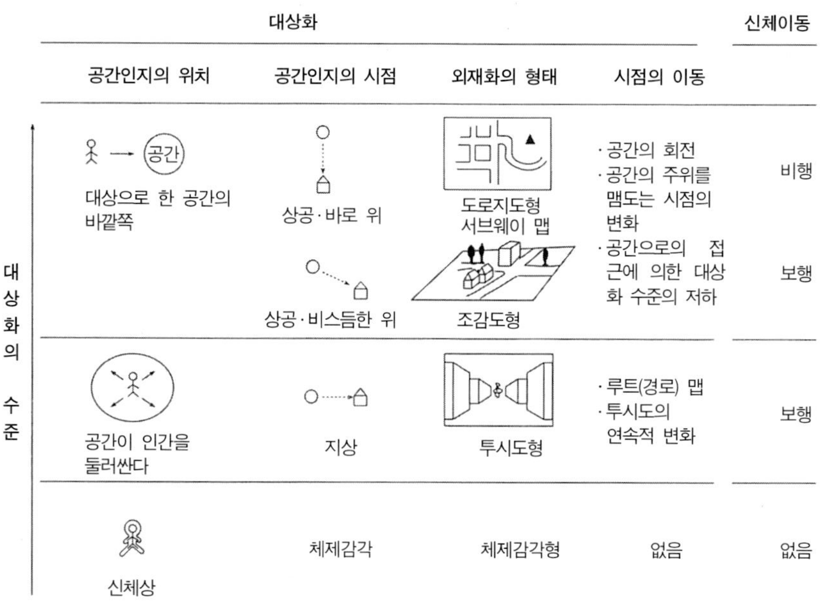

그림 8-7 대규모 공간표상의 공간인지의 분류

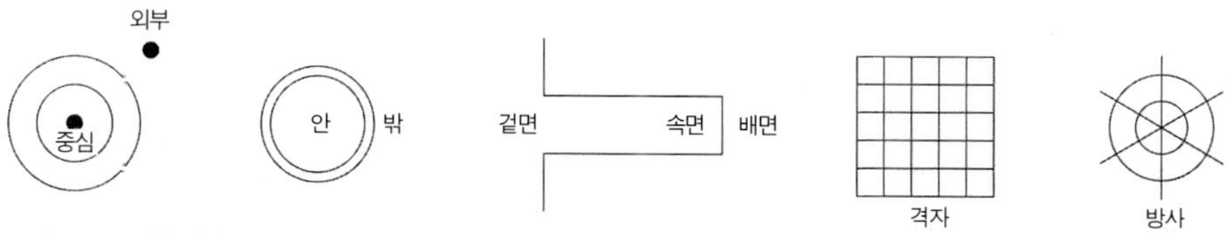

그림 8-8 공간질서의 기초개념

게 전개되는 양상을 보이고 있다.

한편, 앞으로 건축이 오로지 물질세계의 공간질서(그림 8-8)만을 다루어 갈 것인가라고 한다면 결코 그렇지만은 않을 것이라 생각할 수 있다. 예를 들어 이소자키 아라타는 물리적 공간과 심리적 공간의 대위관계를 이용해,

> '공간이란 인간이 그 내부에서 지각했을 때 처음으로 출현하는 것이다. … 그러한 이미지의 내부를 사영한 것으로 공간을 생각함으로써, 다른 하나의 이미지인 외부에 실재하는 공간으로의 탐색이 가능해진다. … 공간의 설계란 바로 이 현상을 역전시킴으로써 현실화되는 것이다. 그 때의 공간은 이중의 구조를 지니고 있다고 할 수 있다. … 환영으로 전환되려고 하는 공간의 이미지가 항상 선행되는 것이다.'

라고 말하고[8-20] 지각이라는 행위가 '물리적 공간에서 심리적 공간으로'의 방향성을 가진다는 사실에 반해, '심리적 공간에서 물리적 공간으로'의 방향성을 갖는 행위가 설계라고 할 수 있다는 점을 명쾌한 도식과 함께 공간 이미지가 설계행위보다 선행한다는 점을 지적하고 있다. 건축가에게 있어서 자기의 내면의 공간 이미지를 외부에 현실화하는 것이 표현이라는 점은 하나의 전제이지만, 그러기 위해서는 머릿속의 공간 이미지(심리적 공간)를 먼저 단련하고 음미하는 노력이 필요하다.

11 근·현대의 도시

무장소성, 글로벌리즘, 산업혁명, 근대화, 파리 대개조, 전원도시, 공업도시, 빛나는 도시, 도시 이미지, 도시 콘텍스트

타이틀 그림 : 퐁피두센터에서 바라본 파리의 야경

1_ 무장소성과 글로벌리즘

● '도시란 무엇인가'라는 물음

도시에 있어서 어떠한 건축설계나 도시계획에 관여할 때 우리들은 적잖이 그 도시의 특징이나 고유성을 문제삼게 된다고 생각한다. 그러나 '도시란 무엇인가', 예를 들어 '파리다움이란 무엇인가' '교토풍이라는 것은 무엇인가'라는 질문에 필요충분한 답을 내리는 것은 불가능하다.[1-1] 왜냐하면 도시는 살아 숨 쉬는 존재이며 불특정 다수의 사람들이나 사물, 정보 등이 집중되고 다양한 차이를 보이면서도 끊임없이 새로운 관계성을 형성하고 있는 장소이기 때문이다. 역으로, 이러한 다양한 관계성은 도시다움의 필요조건이라고 생각되는 것이다.

본 장에서 다루고자 하는 것은 도시와 인간과의 구체적인 관계성에 근거하여 도시의 본질이나 고유성에 접근해보고자 하는 몇 개의 중요한 시도이다. 그것들은 이른바 '도시란 무엇인가'라는 질문 자체를 묻는 시도이기도 하다. 바꿔 말하면 '묻는 방법'의 모색이며 이를 통하여 도출되어지는 제안인 것이다.

● **무장소성**

현대의 도시적 상황에 대해서는 크게 나누어 무장소성과 글로벌리즘의 문제가 지적되고 있다. 무장소성(placelessness)에 대해서는 지리학자 에드워드 렐프(Edward Relph)가 그의 저서 『장소의 현상학』(1999)에서,

> '무장소성이란 의미 있는 장소를 없애버린 환경과 장소가 가지는 의의를 인정하지 않는 잠재적 자세의 양쪽 모두를 가리킨다. 그것은 ≪근원≫을 단절시키는 것이고 상징성을 침해하는 것이며 다양성을 균질성으로, 경험적 질서를 개념적 질서로 바꿔 놓음으로써 장소의 근원적인 의미에까지 영향을 미치는 것이다.'

라고 하면서[1-2] 그 특질과 함께 표출되는 형태의 예로서,

① 장소의 다른 세계로의 지향성 : 예) 관광객 대상의 경관만들기, 디즈니화, 박물관화

② 장소의 균질화와 표준화 : 예) 뉴타운이나 교외지구, 기업화된 상업개발

③ 무양식성, 인간적인 스케일과 질서의 결여 : 예) 거대도시, 문화적인 배려가 없는 건축

④ 장소의 파괴 : 예) 일본 히로시마 등의 전쟁에 의한 파괴, 토지의 수용과 재개발

⑤ 장소의 허무성과 불안정성 : 예) 도심업무지구와 같이 끊임없이 갱신, 재개발되는 장소의 5가지로 정리하고 있다.[1-3]

● **글로벌리즘**

렘 쿨하스는 글로벌리즘(Globalism)에 대해서 프랑스 보르도에서 개최된 『MUTATIONS』 전시회를 통하여 '쇼핑', '중국 주강의 삼각주', '서아프리카의 라고스(Lagos)', '미국의 도시' 등의 현기증 나는 영상 및 사례를 삽입시키면서 그야말로 무장소성을 상징하면서 자본주의에 지배되고 있는 현 도시의 상황을 시각화시키고 있다.[1-4]

이 전시회에 담겨져 있는 메시지를 살펴보면 무장소성을 논할 때의 규범, 즉 역사성을 기반으로 하는 서양적 도시관념이나 가치판단 자체를 포기함으로써 무장소성이라는 개념 자체가 모순이 되어버린다는 것이다. 이를 통하여 '명확한 형상(Figure)과 배경(Ground)' 관계의 상실이나 경관의 획일성 등에서 무장소성을 발견한 크리스티앙 노베르그 슐츠,[1-5] 에드워드 렐프와 같은 사람들의 주장 및 입각점을 의도적으로 흔들어 놓으려는 수사학을 발견할 수 있다는 것이다.

무장소성과 글로벌리즘으로 대표되는 우리를 둘러싸고 있는 이러한 상황은 특히 산업혁명 이후의 근·현대시기에 들어와서 현저히 진행되어 온 것이다. 다음 절에서는 19~20세기 근대의 도시화나 도시 이미지론, 도시 콘텍스트론을 정리함으로써 이러한 과정을 다시 한번 살펴보도록 하자.

2_ . 산업혁명과 근대의 도시화

● 대도시화와 도시계획의 탄생

오늘날 일상적으로 사용되고 있는 '대도시'나 '도시계획'이라는 용어는 근대시기의 도시화에 따라 나타난 비교적 새로운 개념이라고 할 수 있다.

대도시에 관한 관점으로서 도시계획 연구가인 로이드 로드윈(Lloyd Rodwin)과 케빈 린치는,

> '도시는 5000년 전부터 존재하고 있었지만 메트로폴리스(대도시)란 단지 100여 년 전부터 출현한 새로운 현상에 지나지 않는다.'

라고 하면서(1960년 당시) 도시가 개인의 지배를 능가하는 스케일에까지 단기간에 팽창하고 있는 실상을 지적하고 있다.[2-1]

이렇듯 도시가 거대화된 계기가 된 것은 18세기 후반부터 19세기 전반에 걸쳐 영국에서 전개된 산업혁명이다.[2-2] 그와 함께 자본주의 경제의 발전에 따라 산업이나 자본이 집중하는 유럽의 몇몇의 도시를 중심으로 전례에 없던 인구집중이 일어나게 된다.[2-3] 이러한 급격한 인구나 규모의 증가속도가 도시환경이 허용하는 능력치를 넘어서고 그 도시를 구성하는 사회집단의 물적, 정신적인 변용에도 중대한 영향을 미치고 있다는 점을 설명하고 있는 저술로서 역사인구학자 루이 슈발리에(Louis Chevalier)의 『노동계급과 위험한 계급』을 들 수 있다.[2-4]

이러한 근대화에 따른 도시 문제에 대처하기 위해 파리로 대표되는 도시 대개조 프로젝트가 이루어지고 전원도시나 공업도시와 같은 새로운 이상적 도시가 모색되어진다. 이들의 시도는 20세기에 들어서 도시를 한층 실천적으로 제어하여 창조해 나가자 하는 '도시계획'의 개념[2-5]으로 계승되어 가게 된다.

● 19세기 후반의 파리 대개조와 도로의 개설

19세기 후반의 파리 대개조계획[2-6](1853-70)을 통해서 중세적이고 조잡하게 뒤얽힌 도시를 근대화, 정연화[2-7]시킨 인물은 나폴레옹 3세와 세느 지방의 지사 오스만이다.

이 시기의 파리에서는 도시 내의 광대한 수도원 철거지나 사유지를 유리지붕이 씌워진 파사주로 분할하여 큰 블록을 유효하게 이용하기 위한 도시재편(18세기 말의 프랑스혁명 직후로부터)이 부분적으로 진행되고 있었다[2-8](그림 2-1a, b, c).

한편, 파리 대개조의 주목적은 대규모의 ① 위생 및 치안적인 부분의 개선 ② 도시경관의 미화 ③ 도시의 녹화, 공원 건설 ④ 인프라스트럭처, 공공시설정비 ⑤ 교외개발, 부동산개발 등에 있었다. 이들 모든 과제를 종합적으로 해결하는 가장 유효한 수단이 도로개설사업이었던 것으로 여겨지고 있다(그림 2-2).

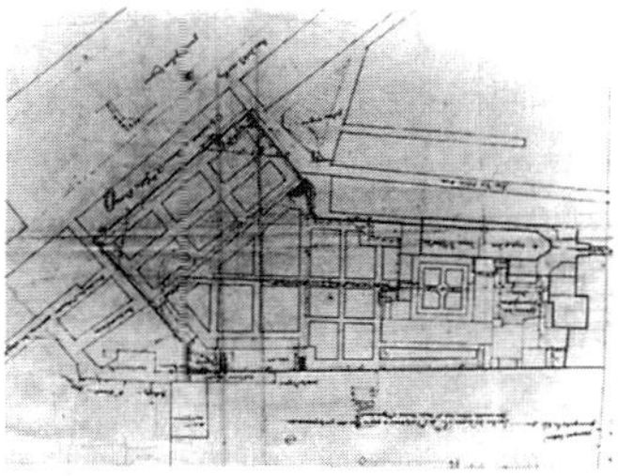

그림 2-1a Fille-Dieu수도원 부지

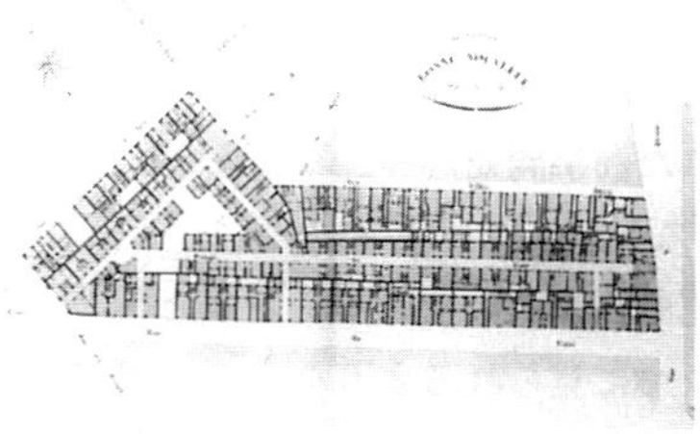

그림 2-1b Fille-Dieu수도원 부지 이적지에 형성된 Passage du Caire의 지적도

그림 2-1c
Passage du Caire

도시역사 연구자인 피에르 피뇽(Pierre Pinon)에 따르면, 오스만의 도로개설사업은 ① 역(오래된 시의 문을 대신할 파리의 새로운 출입구)과 도로망과의 연결 ② 기존의 리볼리거리나 샹젤리제 대로를 짜 넣은 주요 동서 및 남북축 '그랑 크로아제'의 구축 ③ 환상(Boulevard)[2-9]의 형성이라고 하는 세 가지로 특징지어진다[2-10](그림 2-3). 이러한 기본구조 위에 각각의 도로계획이 필요에 따라 삽입되어 가게 되었던 것이다.

● **초과수용과 필지분할의 대규모화**

파리 대개조계획의 도로개설 사업은 그야말로 '외과수술'과도 같이 기존의 가로구조를 절개하는 것이었으므로 대대적인 토지수용이 필요하였다. 파리 대개조에 대하여 특별히 기술해야 할 점은 계획도로의 범위에 들어오는 대지뿐만 아니라 잔여대지까지 포함시켜 부지 전체를 수용하는 '초과수용'이 법적으로 인정을 받았다는 점이다.[2-11] 그 결과 기존의 세밀하고 좁은 필지분할은 커다란 분할, 즉 충분한 넓이를 가진 부지로 효율적으로 통합, 재편성되어 오스만형 건축(그림 2-4)과 그러한 건축들에서 만들어진 통일감 있는 도로경관 구성이 실현되었다.

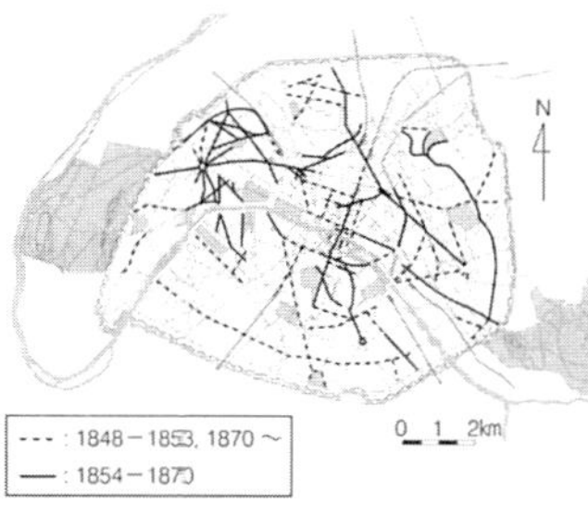

그림 2-2 파리 대개조 도로개설도면

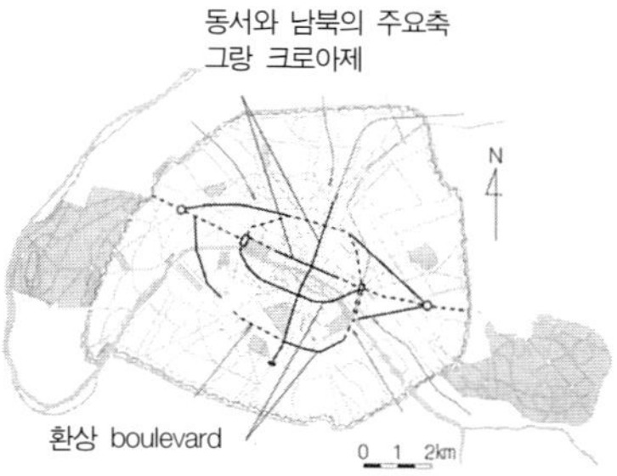

그림 2-3 파리 대개조 도로개설사업의 기본구조

그림 2-4 전형적인 오스만형 건축의 파사드, Sébastopol가 11번지

그림 2-5a 오페라대로와 오페라 극장

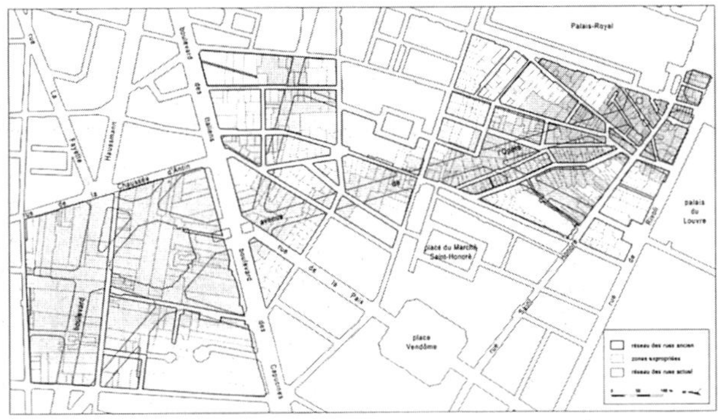

그림 2-5b 오페라대로 개설사업과 토지 수용

● **오스만형 도로의 공간적 특징과 그 원류**

오스만형 도로는 기본적으로 중요한 장소와 장소를 일직선으로 연결하는 대로(폭은 약 20~30m)에서 큰 특징을 찾을 수 있다. 오페라와 팔레 로열 광장(Palais Royal, 루브르 궁전에 인접)을 연결하는 오페라 대로(Avenue d'Opera)는 그 전형적인 예이다(그림 2-5a, b).

이러한 오스만형 대로의 기점을 하나의 장소에 집중시킴으로써 방사상의 광장으로 정비되어진 대표적인 예로는 에투알 광장(현재의 샤를 드골 광장, ⇨p.225 그림 5-13)이 있다. 같은 일환으로 계획되어진 샹젤리제 대로는 루브르 궁전에서 콩코르드 광장, 에투알의 개선문을 거쳐 신도심 라데팡스의 신개선문까지를 연결하는 오늘날 파리의 주요 도시축을 형성하기까지 이르게 된다(그림 2-6).

이러한 투시도적 경관을 연출하는 바로크적인 축의 형성[2-12]의 선구는 식스투스5세(Sixtus V)와 건축가 도메니코 폰타나(Domenico Fontana)에 의한 로마의 도시계획(1585-90, 그림 2-7)에서 찾을 수 있다. 가장 완성도가 높은 또 하나의 사례로는 정

그림 2-6 파리의 주요도시축인 샹젤리제 대로

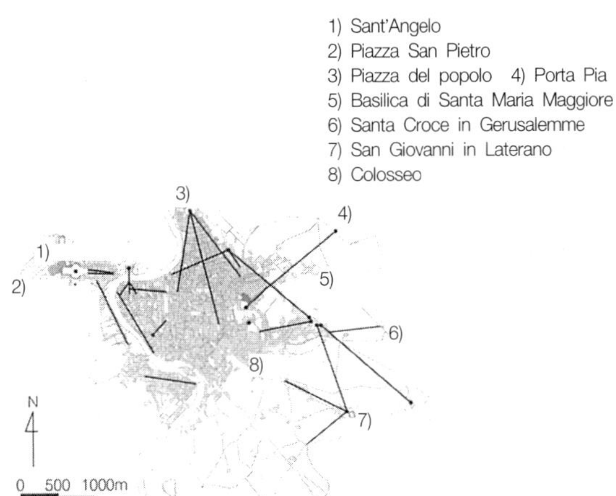

그림 2-7 식스투스 5세의 로마도시계획

원설계가 앙드레 르 노트르의 베르사유 궁의 정원(1661-65년경, 그림 2-8, ⇨p.223 그림 5-6)을 들 수 있다. 이 장대한 스케일감이나 투시도적 공간구성의 강한 영향력은 프랑스의 건축가 피에르 랑팡의 계획안(1791)을 근간으로 한 워싱턴 D.C.의 '몰'계획(20C초 실현, 그림 2-9, ⇨p.225 그림 5-12)에서도 짐작할 수 있다.

그림 2-8 베르사유 궁의 정원

그림 2-9 워싱턴 D.C. 몰

또한 나폴레옹 3세가 런던에서 생활하였던 경험을 가지고 있는 점으로부터 크리스토퍼 렌의 런던 개조계획(1666, 그림 2-10)이나 존 내시(John Nash)의 리젠트 스트릿 및 리젠트공원 건설계획(1812, 그림 2-11)의 픽처레스크적인 도시개조가 파리 대개조에 영향을 끼쳤다는 지적을 찾아볼 수 있다.[2-13]

3_ 근대 도시계획과 유토피아

● 전원도시의 구상

20세기 초에 저서 『내일의 전원도시(Garden Cities of tomorrow)』(1902)[3-1]를 통해서 자연과 인간이 조화 가능한 도시 본연의 자세를 제안한 인물이 영국의 에베네저 하워드(Ebenzer Howard)이다.[3-2] 그의 구상의 특징은 'The Three Magnets의 다이어그램(No.1)'(그림 3-1)에서 명확히 나타나고 있는데, 그가 목표로 하였던

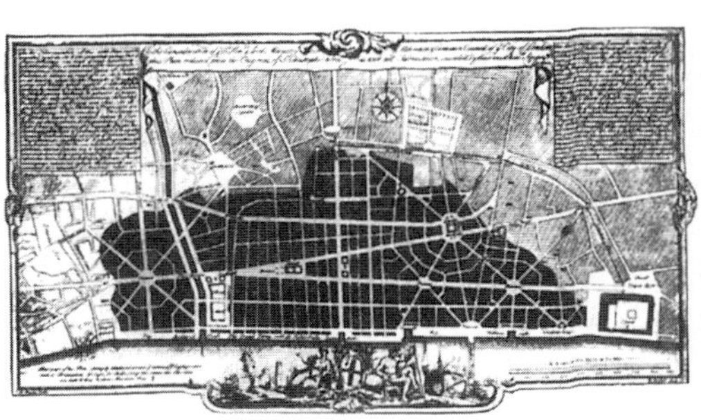
그림 2-10 크리스토퍼 렌의 런던 도시계획

그림 2-11 존 내시, 리젠트 스트릿

것은 근대공업화에 대한 안티테제로서의 농촌회귀가 아닌 '도시(town)'와 '농촌(country)' 양쪽의 장점을 융합시킨 이른바 '도시+농촌' = '전원 · 도시'(garden-city / ies)의 건설이었다.[3-3]

계획의 특징으로서는 ① 대도시로부터 떨어진 교외의 소규모 도시로 한정시키는 것 ② 도시생활 전반의 기능이 완비되어 있을 것 ③ 채권을 발행하여 교외의 저렴한 토지를 구입해 개발하지만 토지는 분양하지 않고 임대용으로서 개발회사가 관리하고 그 이익을 지역에 환원시킴으로써 주거환경의 질을 유지하는 것이라는 세 가지로 요약된다.

또한 전원도시는 도심부와 농지로 구성된다.[3-4] 그 공간구성은 '전원도시의 다이어그램(No.2)'(그림 3-2)에서와 같이 동심원상으로 전개되어지고 불바드(Boulevard)(가로수가 있는 큰길)로써 6분할되어 있다.

그리고 기능적인 배치로서는 중심부에서 외주부를 향해 순서대로 ① 중앙공원과 공공시설 ② 상업공간('Crystal Palace'라고 명명되어진 옥내 몰 타입의 상업시설) ③ 주거지구(학교나 교회가 있는 'Grand Avenue'라는 녹지대를 포함한다) ④ 공장 · 창고 ⑤ 철도 ⑥ 농목초지로 크게 영역이 분리되어 있다.

● 전원도시 구상의 실천적 측면

하워드의 도식에는 '다이어그램에 한정. 계획플랜은 선정부지에 근거한다'라는 주기가 첨부되어 있다. 이는 앞서 서술한 전원도시의 구성이 어디까지나 도식상의 이념적인 것이었다는 점을 나타내고 있는 것이다. 이 점으로 비추어 전원도시 구상의 유토피아성이 지적될 수도 있으나, 그와 동시에 하워드의 구상이 실천을 전제로 한 실무적인 성격도 겸비하고 있었다는 점에 주의가 필요하다. 실제로 하워드는 구상의 실현을 위해 '전원도시협회'(1899)나 '제1 전원도시 주식회사'(1903)를 창설하고 자신

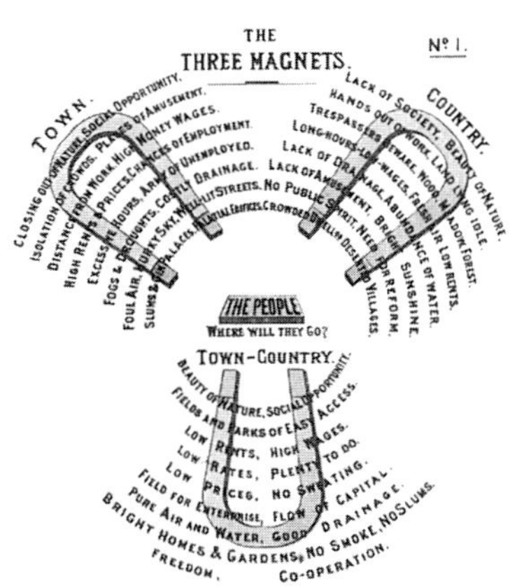

그림 3-1 하워드의 전원도시, 'The Three Magnets'의 다이어그램

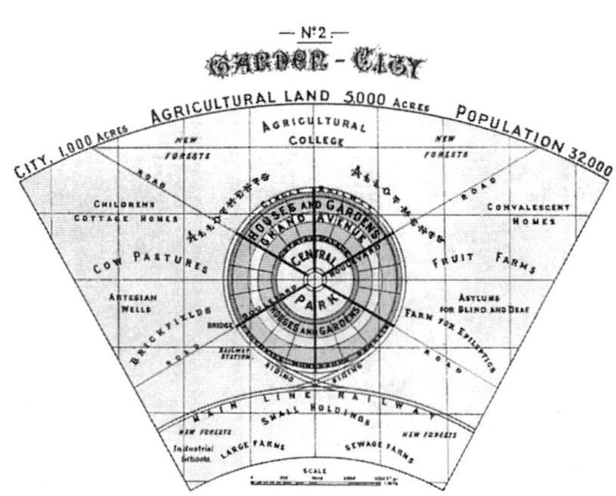

그림 3-2 하워드의 전원도시, '전원도시'의 다이어그램

의 계획을 이해하는 지원자와 함께 자금을 모집하였다. 이러한 활동의 성과는 레치워스(Letchworth, 1903), Hampstead Garden Suburb (1907), 웰윈(Welwyn, 1920)이라는 런던의 교외주택지에서 결실을 맺게 된다.

또한 전원도시의 구상은 교외형 뉴타운이나 위성도시의 형성으로도 전개되어간다. 일본에서도 시부자와 에이이치(渋沢栄一)의 '전원도시 주식회사'의 설립(1918)이나 도쿄의 덴엔쵸후(田園調布)계획(1923) 등이 이러한 전원도시의 구상이 응용되어진 예이다.

● 공업도시 구상과 그 영향

근대공업화의 흐름을 합리주의적인 도시계획의 제안으로 발전시킨 것은 프랑스인 건축가 토니 가르니에(Tony Garnier)의 '공업도시'계획(출판년도 : 1917 혹은 1918)이다[3-5](그림 3-3).

가르니에는 여러 가지의 건물유형을 포괄하는 장래에 추구해야 할 도시의 이미지를 공업을 위주로 한 도시와 겹쳐 제시하였다. 그 전제로서 ① 마을이나 대도시와는 다른 중규모 도시(인구 35,000명) ② 산악부와 하나의 큰 강이 가로지르는 평지로 이루어진 가상의 지형 ③ 천연자원이 풍부하고 강의 급류를 살린 수력발전에 의한 에너지 공급이라고 하는 이상적인 설계조건이 설정되어 있다.[3-6] 그 성과는 총 164장의 도판으로 세밀하게 표현되어 있다.

도시시설(대부분이 철근콘크리트조)[3-7]의 배치에 대해서는 ① 시가지 ② 공장지구 ③ 보건위생지구라고 하는 세 가지 주요한 요소로 구성되고 각각의 지구는 노면전철로 연결되고 있다. 이러한 세 지구의 분할이라는 발상은 르 코르뷔지에를 거쳐 CIAM[3-8]의 제1회 라사라 선언(1928)이나 아테네 헌장(1943)에 명문화 되어있었던 '주거, 노동, 여가'라고 하는 도시기능 분리의 사고방식에 영향을 미치게 되었다.[3-9]

그림 3-3 가르니에의 공업도시의 투시도

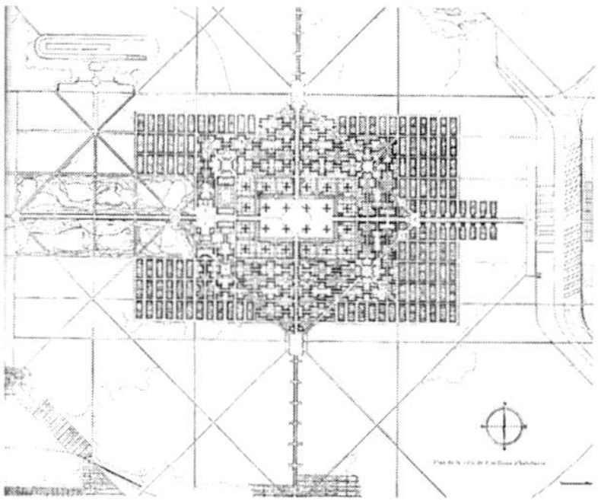

그림 3-4 르 코르뷔지에, '300만을 위한 현대도시 계획'

● 300만을 위한 현대도시'의 구성원리

1922년에 파리의 살롱 도톤(Salon d'Automne)전에 발표된 르 코르뷔지에의 '300만[3-10]을 위한 현대도시계획'(그림 3-4)은 이데올로기성이 강한 면은 있었으나 단순한 선전을 위한 주장만이 아닌 실현에의 의지를 갖춘 제안이었다. 이 계획에서 르 코르뷔지에의 목적은 '현대도시계획의 기본원리'를 규정하는 것이었으며 '현재의 모든 도시화 방식의 프레임 구성'을 제시함에 있었다.[3-11] 기본원리는 다음의 네 가지-① 도시의 과밀완화 ② 밀도의 증대 ③ 교통수단의 증대 ④ 수림대의 증대-로 요약된다.[3-12] 여기에서는 고유한 장소나 시간설정의 틀을 넘은 보편성이 추구되고 있었던 것이다. 건축에 관해서는,

> '고층으로 세우지 않으면 안 된다 라는 하나의 문구로 내일의 필요성이 요약되어진다. 초월적인 기하학이 모든 설계를 지배하고 규정하여 가장 세밀하고 무수한 결과까지 이끌지 않으면 안 된다. 현재의 도시는 기하학적이지 못한 이유로 모두 죽어 가고 있는 것이다. 고층으로 세우는 것, 그것은 흉한 형태에 사려 없이 분할된 필지-오늘날 존재하는 것은 이것뿐이다-를 규칙 정형한 필지로 바꾸는 것이다. 이것 이외에는 구원의 방법이란 존재하지 않는다.'

라는 언급에서 보여지듯이 공업화를 통한 건축의 표준화와 대량생산 시스템에 근거한 고층건축의 필요성을 역설하고 있다.[3-13]

또한 고층건축의 저층부에는 하워드나 가르니에가 제시하였던 녹화계획보다 한층 대담하게 전개된 광대한 녹지에 덧붙여 고속자동차 도로를 포함하는 도로망이 제안되고 있다.

● '브와쟁계획'의 전개

이상의 구상들이 기존의 도시구조나 문화를 가지는 구체적인 장소에서 전개된 것이 파리의 '브와쟁계획'[3-14](1925, 그림3-5)이다. 르 코르뷔지에는 수도 파리의 중심은 오피스를 주체로 하는 고층건축으로 채워져야 한다고 생각하고 있었다.[3-15] 그 이미지에 대해서,

> '이렇게 해서 만들어진 광대한 구획의 중앙부에는 십자형 평면을 가진 마천루를 세우고 지면 위에 밟혀 흐트러져 있던 세포들을 주워 모아 그 세포를 지면에서 멀리 떨어뜨려놓음으로써 대기중의 빛 속에 배치한 도시, 고층도시를 창출한다.'[3-16]

라는 표현에서 알 수 있듯이, 종래의 중세적인 '부패한 지역', '협소한 도로'를 일소하여 '녹음 · 태양 · 공간'에 넘친 새 도시를 제안하고 있다. 여기서 적용되고 있는 십자형의 마천루는 『에스프리누보』지(1921)에서 제시된 '탑상도시'[3-17]의 고층건축을 계승하고 있는 것이다. 고층건축의 도입에 의해 구시가지의 거주밀도는 4배로 증대되고 저층부의 녹지대에는 자동차교통에 대응한 직선적이고 명쾌한 도로망이 표현되고 있다.[3-18]

● '브와쟁계획'의 의의

'브와쟁계획'에서는 기존 도시의 역사적 건축물이나 기념비에 대하여 일정한 배려가 이루어졌으나 그것들은 원래 있었던 장소로부터 떨어져나가 광대한 녹지 속의 파빌리온과 같이 재배치되어진다.[3-19] 이 점에 관해서는 장소의 역사성이나 고유성을 무시한 유토피아계획이라는 비판은 면할 수 없을 것이다.

그러나 한편, 르 코르뷔지에 자신이,

> '〈브와쟁계획〉은 파리 중심부의 문제에 있어서 정확한 해결안이라고는 자부하지 않는다. 하지만 이러한 논의를 이 시대에 맞는 단계로 향상시키고 건전한 척도로 주장하는 데에는 도움이 될 것이다.'

라고 말하고 있는 것처럼 이 계획안은 어디까지나 인간과 도시, 그리고 자연과의 관계성을 근본으로부터 다시 묻기 위한 원칙을 제시하는 것이다.[3-20] 이 사고방식에 따르면 만프레도 타푸리(Manfredo Tafuri)가 지적한 것처럼, 그것은 하나의 프로토 타입의 연구와 제안이며 도시가 내포하는 여러 문제의 소재와 원인을 부각시키려는 시도라고 평가할 수 있다.[3-21]

● '빛나는 도시'의 이념

르 코르뷔지에의 일련의 이상도시 계획안은 '합리적인 필지분할'을 테마로 하는 브뤼셀에서의 CIAM 제3차 회의(1930)를 통하여 '빛나는 도시' 계획이론으로서 주요 테마로 논의되어지게 된다(⇨p.89 그림 4-3).

르 코르뷔지에의 제자이자 건축가인 사카쿠라 준조(坂倉準三)는 '빛나는 도시'를,

> '금세기의 기계문명이 가져온 기술혁명의 성과를 기초로 한 건축과 도시계획과의 긴밀한 관계 위에 만들어진 새로운 3차원의 도시계획이며, 이것으로써 긴 역사 동안 혼미한 상태 속에서 괴로워해 왔던 도시, 농촌의 사람들, 모든 인간에게 ≪물질적으로도 정신적으로도 나무랄 데 없는 최적의 생활조건≫을 찾아내어 제시하고자 하는 것이다.'

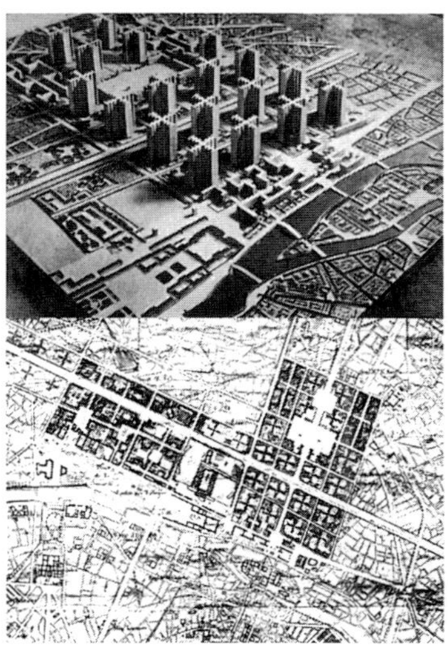

그림 3-5 르 코르뷔지에, 파리의 「브와쟁계획」

그림 3-6 르 코르뷔지에, 「알제리 도시계획」

라고 평가하면서 그 이론의 최초의 실천작으로서 마르세유의 유니테 다비타시옹(1952, ➩p.28 그림 4-6, p.142 그림 1-13)을 들고 있다.[3-22] 또 '빛나는 도시'의 이념은 일련의 알제리 도시계획(1930-42, 그림 3-6)이나 찬디가르계획(1959-65)에도 반영되어 루시우 코스타(Lucio Costa)의 브라질리아계획(➩p.160 그림 4-16) 등에도 강한 영향을 주게 되었다.

● 도시디자인 계획개념의 4단계

이상과 같은 도시계획 이념의 전개에 입각하여 건축가 이소자키 아라타는 『일본의 도시공간』에서 도시디자인의 계획적 방법개념의 추이과정을 ① 실체론적 단계 ② 기능론적 단계 ③ 구조론적 단계 ④ 상징론적 단계의 4가지로 분류하고 있다.[3-23]

먼저 '실체론적 단계'란 '도시를 물적 존재 그 자체로 파악하고 도시계획은 그것을 물리적으로 아름답게 만드는 수법이라고 간주하는 시기'를 가리킨다. 사례로서는 앞서 살펴본 오스만의 파리 대개조계획, 피에르 랑팡의 워싱턴 D.C.계획 등을 들 수 있다. 또, 이러한 도시전체의 계획과 함께 하워드의 전원도시계획, 카밀로 지테(Camillo Sitte)의 광장분석,[3-24] 고든 컬렌(Gordon Cullen)의 '타운 스케이프(Townscape)' 분석[3-25] 등의 '타운 디자인파'에서 그 특징을 찾을 수 있다.

다음의 '기능론적 단계'는 '도시의 실체로부터 기능을 추출하고 정식화'하는 시기로 정의된다. 이 단계의 수행은 CIAM이 주요한 역할을 담당하였다. 즉, '아테네 헌장' 제77조 '도시계획의 열쇠'에서 추출된 '4가지 주요기능'(주거 · 노동 · 여가 · 교통)으로서 기본적 틀을 다진다는 사고방식이다. 그러나 이는 실체를 떠난 다이어그램적인 도시의 기능 조작이 이념적으로 행하여진 결과, 분리되어진 각각의 기능이 단순한 부품으로서 임의로 조합되는 것에 지나지 않은 것으로서 공간을 경험하는 인간의 존재가 배제되어 있다는 단점을 보인다.[3-26]

그에 비하여 '구조론적 단계'에서는 도시의 패턴을 유기체의 유추(인체의 구조, 식물의 줄기, 가지나 잎 등)를 통하여 구조적으로 파악하고자 하는 시도가 전개되었다. 사례로서는 스미슨 부부의 도로패턴을 기본으로 하는 '클러스터 시티'[3-27](그림 3-7), 도시축과 척추동물의 생성과정의 아날로지(analogy, 유추)를 사고의 근간으로 하는 단게 겐조 연구실의 '동경계획1960'(➩p.89 그림 4-4) 등을 들 수 있다. 단, 같은 인물인 단게 겐조가 설계한 '히로시마 평화공원계획'(1955)의 경우는 피폭에 의해 불타버린 들판에 대지의 형상으로 보면 부자연스럽다고도 할 수 있는 인공적인 축선이 '원폭 돔'을 기점으로 배치되어 있는 점에서 '실체론적 단계'의 예로서 이해할 수 있을 것이다(그림 3-8). 이러한 구조론의 단계에서의 도시디자인이 갖춰야 할 사고에 대해서 이소자키는,

> '패턴이란 구조론의 단계에서의 도시공간의 이미지이다. 이 같은 사고를 통하여 공간이 실체개념과 결부되면서 계획적 조작의 대상이 될 수 있는 것이다. 공간은 물리적 형태가 아니며, 그

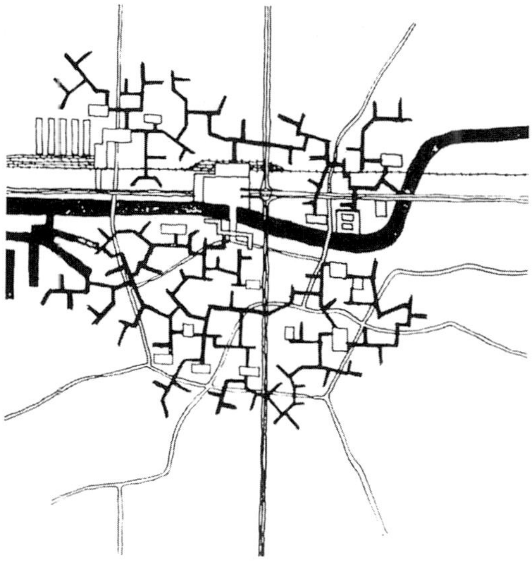

그림 3-7 스미슨 부부의 「클러스터 시티」

그림 3-8 단게 겐조, 히로시마 평화공원의 도시축

> 것이 인간의 행위와 관계되었을 때에 처음으로 존재한다고 하는 인식은 필연적으로 물리적인 패턴과 액티비티의 패턴의 대응관계의 분석으로 인도할 것이다. 그 통합의 조작이야말로 도시 디자인이 되는 것이다.'

라고 하면서 물리적인 패턴이나 물리적인 형태로서의 도시에 대하여 액티비티적인 패턴, 즉 행동하는 인간의 도시에서의 존재가치를 시사하고 있다.[3-28] 이러한 양자의 통합을 목적으로 ① 인간의 이미지와 결부된 시각구조나 ② 심벌화된 엘리먼트와 같은 개념을 계획적, 방법론적으로 도입한 단계가 4번째의 '상징론적 단계'이며, 다음 절에서 설명할 기오르기 케페스(Gyorgy Kepes), 케빈 린치, 필립 티엘(Philip Thiel) 등의 도시 이미지에 관한 시도로 계승되어 가게 된다.

4_ 도시 이미지론

● 시각적 경험과 '명료성'(legibility)

현실을 파악하는 데 있어 시각을 가장 뛰어난 수단으로 보고 예술이나 도시의 분석에 큰 영향을 준 인물로서 헝가리의 화가 기오르기 케페스[4-1]를 들 수 있다.

케페스는 과학기술의 진보에 따라 시각수단이 발전됨과 동시에 새로운 시각적 세계가 발견되어 우리들의 세계에 대한 견해도 변화된다고 역설한다.[4-2] 예를 들면, 망

원경이나 현미경을 통해 보게 되는 거시적, 미시적인 세계란 육안의 세계와는 전혀 다르다. 따라서 이렇게 해서 발견되어지는 새로운 시각세계를 인식할 때에는 '공간의 크기보다도 그것이 열려 있는가 닫혀 있는가'라는 두드러진 형태와 그 '구조(배치나 관련성)'가 관심의 초점이 되는 것이다.[4-3] 케페스는,

'특징이 있는 형태를 분명히 함으로써 숨겨져서 존재하고 있는 다양성을 표면으로 드러낼 수 있다. 분화되는 방향에 한 번 더 관심을 쏟게 되면 필연적으로 시각적인 윤곽이 확실히 두드러지게 될 것이다.'

라고 하는 전제하에[4-4] 시각경험의 연구를 도시의 분석에 응용해 나가게 된다. 이때에 그가 생각한 것은 도시환경의 상징적 구성체에 '명료성'이라고 하는 개념을 도입하는 것이었다. 이러한 작업은 ① 도시환경의 단위분해(각각의 개성을 파악하여 가옥, 도로, 광장, 근린주구, 블록이라고 하는 단위로 분해한다) ② 분해된 단위를 명확히 하고 있는 경계(하천, 벽면, 간격, 형태나 표현의 변화 등)를 읽어내어 도시구조의 모든 부분을 인식한다. ③ 이러한 부분들의 관련성을 필연성이나 연결이라는 단어로 이해한다(교통, 철도, 이동을 위한 자유로운 지표 및 조절 기능으로서의 문이나 창, 다리, 터널, 긴 구간에 걸친 포괄적인 경관) ④ 관련성에 있어서의 모든 부분은 하나의 공통적인 구조-상징형태, 도시 전체의 고유적인 상징-로서 일체적으로 인식되어진다 라고 하는 이상의 4가지의 관련성에 따라 행하여졌다.[4-5]

● 퍼블릭 이미지와 이미지어빌리티(imageability)

케페스가 제시한 도시공간의 엘리먼트와 그 구조화라는 시점을 더욱 진척시켜 사람들의 마음속의 이미지를 단서로 도시를 기술하려고 한 인물이 케빈 린치이다. 1954~59년에 걸쳐 케페스의 지각형태 연구에 협력하였던 그는 저서 『도시의 이미지(The image of the city)』(1960)에서 자신의 기본개념은 케페스로부터 영향을 받은 것이라고 말하고 있다.[4-6]

도시에서는 많은 사람들이 여러 가지 활동을 하고 있기 때문에 당연하겠지만 도시에 대한 사람들의 이미지는 동일하지 않다. 그러나 그는 어떤 그룹의 구성원들 간

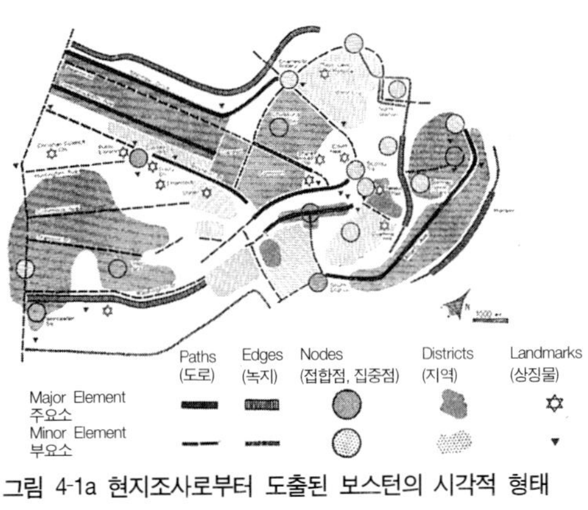

그림 4-1a 현지조사로부터 도출된 보스턴의 시각적 형태

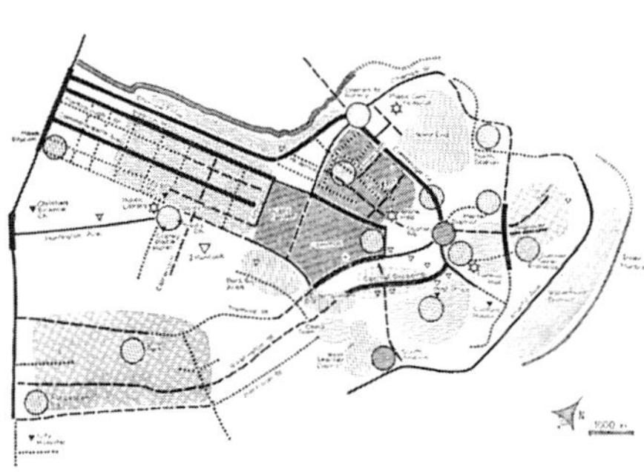
그림 4-1b 구두 인터뷰를 통해 도출된 보스턴의 이미지

에서는 사람들에게 공유되는 이미지가 존재한다고 생각하여 도시주민의 대다수가 공통으로 가지는 심상에 '퍼블릭 이미지'라는 용어를 사용하였다. '퍼블릭 이미지'란 미리 주어진 고정적인 것이 아닌 관찰자와 환경간의 끊임없는 상호작용을 통해서 형성되는 것이다. 따라서 도시를 계획하는 입장에 서서 될 수 있는 한 많은 사람들에게 사용되어지는 환경을 설계하려고 한다면 '퍼블릭 이미지'를 어떻게 파악하느냐가 중요한 과제가 되는 것이다.[4-7] 저작으로서의 『도시의 이미지』는 이러한 과제에 대한 명쾌하고 체계적인 사고방식을 제시한 것이었다.

그는 환경 이미지의 세 가지 성분으로서, ① 아이덴티티(identity) : 단일성이 있어 다른 것과 식별할 수 있는 것 ② 스트럭처(structure) : 대상과 관찰자, 대상간의 공간의 패턴의 관계, 즉 구조 ③ 의미(meaning) : 대상에 대하여 관찰자가 가지고 있는 의미 이상의 3요소를 제시하고 있다.[4-8] 이러한 전제에 입각하여 도시의 형태 '이미지어빌리티'의 구체적인 분석이 이루어져 가게 된다. '이미지어빌리티'란,

> '선명한 아이덴티티와 강력한 스트럭처를 갖추어 매우 바람직한 환경의 이미지를 만드는데 도움이 되는 색이나 형태, 배치를 말한다.'

라고 정의되며, 사물에 갖추어지는 특질로서의 '명료성(legibility)'이나 '가시성 (visibility)'과 같은 뜻으로 해석된다.[4-9] 이미지어빌리티는 도시환경에 있어 결정적인 중요성을 가지며 '퍼블릭 이미지'를 사용하여 환경을 형성할 때의 단서를 주는 것으로서, '이미지어빌리티'가 높은 도시로는 베니스나 맨해튼 등을 들 수 있다.[4-10]

● 도시 이미지의 5가지 엘리먼트

린치의 도시분석은 ① 전문조사원에 의한 현지답사(시각적 현실)와 ② 주민을 대상으로 한 구두인터뷰(그룹 이미지)의 두 가지 방법으로 실시되었다.[4-11] 그 결과로서 도시 이미지가 다음의 5가지 엘리먼트 타입으로 분류되고 각각 주요소(Major Element), 부요소(Minor Element)로 구분되어 '이미지 인지지도'로 정리하고 있다[4-12] (그림 4-1a, b, 4-2). 린치의 도시이미지라고 하는 시점, 엘리먼트라고 하는 사고방식은 현대의 도시분석 · 경관분석에 있어서의 중요한 전제가 되고 있다.

● 환경경험과 시퀀스

린치의 도시 이미지 연구에 '이동'이라는 개념을 도입하여 보다 상세한 경관(시각구조)의 분석을 지향한 인물은 미국인 건축가 필립 티엘이다. 린치가,

> '티엘은 잇달아 일어나는 현상이 체험되는 운동, 지속시간, 공간형태를 나타내는 한층 정밀한 표기법을 개발하였다.'[4-13]

라고 평한 것처럼 티엘의 관심은 단적으로 '시퀀스', 즉 시각이 전개되는 연속성의

Paths (도로)		관찰자가 지나는 혹은 지날 가능성이 있는 길. 사람들은 이동하면서 도시를 관찰하고 패스에 따라 다른 엘리먼트를 관련짓게 된다. 그러한 이미지의 지배적인 엘리먼트가 된다.
Edges (녹지)		관찰자가 패스로는 이용하지 않는 혹은 패스로 간주하지 않는 선상의 엘리먼트. 두 국면의 사이에 있는 경계에서, 벽으로 상호를 분단하는 경우나 투과성을 가지는 경우 등, 두 지역을 연결시키는 연결부가 된다. 패스보다는 지배적이지 않지만 막연한 지역 이미지를 하나로 정리하는 중요한 역할을 한다.
Districts (지역)	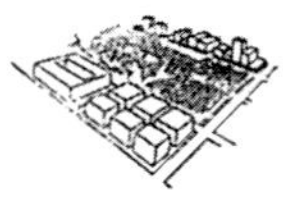	중간 정도 이상의 크기를 가지는 도시의 부분으로서 2차원적인 확대성을 가진다. 관찰자는 마음속으로 그 "내"에 들어가 있게 되고 무언가의 독자적인 특징이 그 내부의 각처에서 공통적으로 보여지는 것으로 인식된다. 패스와 같이 중요한 엘리먼트이며 많은 관찰자가 이에 근거해서 자신이 살고 있는 전체 도시를 조합하고 있다.
Nodes (결절점 : 접합점, 집중점)		관찰자가 그 내부로 들어갈 수 있는 도시의 점. 사람이 이곳으로부터 나오거나 들어가거나 하는 접합점이나 집중점으로서 중요한 초점이 된다. 패스가 집합하는 곳으로서, 지역(district)에 극성을 주게 되는 중심이다.
Landmarks (상징물)		관찰자가 내부로 들어가지 않고 외부에서 보게 되는 점. 건물, 간판, 상점, 산 등의 물리적인 것으로 도시 내부에 있을 경우도 있고 먼 거리에 있으면서 일정한 방위를 보이는 경우도 있다. 랜드마크는 국지적이고 한정된 장소에서, 또한 특정한 방향에서 가까이 접근할 때밖에 보이지 않는다. 아이덴티티나 스트럭처의 단서가 되는 것으로서 시내에서의 행동적 습관과 함께 의존도가 높아지는 대상물이다.

그림 4-2 도시 이미지의 5가지 엘리먼트 타입

체험과 묘사에 있다.

티엘의 의도는 '환경건축 : ENVIROTECTURE = Environment+Architecture'라는 합성어[4-14]로 집약되어진다. 여기서 고찰의 대상이 되고 있는 '환경경험'의 가장 기본적인 성격은 시간에 따라 공간을 이동할 때에 특징이 생겨나는 것으로 그 배경에는,

> '도시가 주민에게 제공하는 복잡하고 무수한 시각적 연속성의 관계에 의해 사람들이 더듬어 가는 연속경로의 구조에 의존해 가면서 의미가 전달되는 것이다.'

라는 케페스의 사고[4-15]가 존재하고 있다.

이러한 방식으로 티엘은 '고정된 공간배치가 아닌' 오히려 '교통수단으로 규정되어진 연속영상의 패턴'이야말로 '도시경관의 기본적인 단위'라는 견해를 밝히고 있다. 또한 우리가 오늘날 직면하고 있는 환경경험의 방법과 성질에 관계된 가장 의의 있는 변화로 다음의 4가지 항목 : ① 이동성(Mobility), ② 야행성(Nocturnity), ③ 변화성(Mutability), ④ 다양성(Diversity)을 들고 있다.

● 시퀀스에 의한 도시 이미지 분석

실제의 환경경험 분석에 있어서[4-16] 티엘 역시 린치와 같이 물리적 환경을 대상으로 하고 있다. 그리고 시간에 따른 연속적인 체험을 다루는 점으로부터 기술방법에

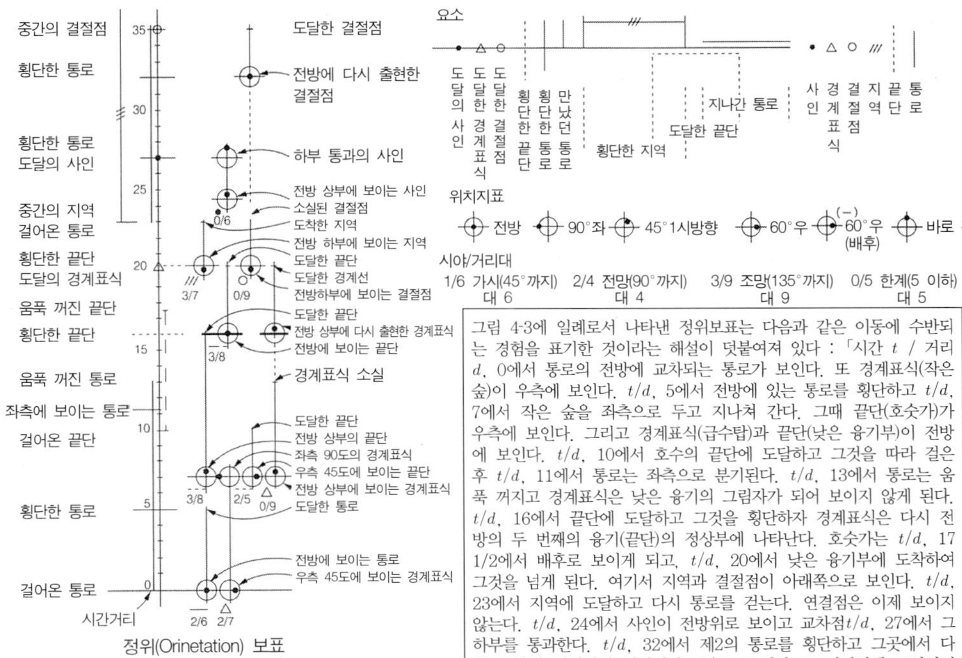

그림 4-3에 일례로서 나타낸 정위보표는 다음과 같은 이동에 수반되는 경험을 표기한 것이라는 해설이 덧붙여져 있다 : 「시간 t / 거리 d, 0에서 통로의 전방에 교차되는 통로가 보인다. 또 경계표식(작은 숲)이 우측에 보인다. t/d, 5에서 전방에 있는 통로를 횡단하고 t/d, 7에서 작은 숲을 좌측으로 두고 지나쳐 간다. 그때 끝단(호숫가)가 우측에 보인다. 그리고 경계표식(급수탑)과 끝단(낮은 융기부)이 전방에 보인다. t/d, 10에서 호수의 끝단에 도달하고 그것을 따라 걸은 후 t/d, 11에서 통로는 좌측으로 분기된다. t/d, 13에서 통로는 움푹 꺼지고 경계표식은 낮은 융기의 그림자가 되어 보이지 않게 된다. t/d, 16에서 끝단에 도달하고 그것을 횡단하자 경계표식은 다시 전방의 두 번째의 융기(끝단)의 정상부에 나타난다. 호숫가는 t/d, 17 1/2에서 배후로 보이게 되고, t/d, 20에서 낮은 융기부에 도착하여 그것을 넘게 된다. 여기서 지역과 결절점이 아래쪽으로 보인다. t/d, 23에서 지역에 도달하고 다시 통로를 걷는다. 연결점은 이제 보이지 않는다. t/d, 24에서 사인이 전방위로 보이고 교차점t/d, 27에서 그 하부를 통과한다. t/d, 32에서 제2의 통로를 횡단하고 그곳에서 다시 전방에 결절점이 나타난다. t/d, 35에서 그 결절점에 도달하여 그 안으로 들어간다.」船津孝行訳編『環境心理学6 : 環境研究の方法』誠信書房, 1975. 중 フィリップ・シール『物理的な環境の知覚的, 認知的な属性を記述, 尺度化, 表示, 譜面化することについての覚え書き』 pp.16-17

그림 4-3 형태 구현의 전개도식

는 악보나 무도의 표시법에서 힌트를 얻은 도식적인 기호표기[4-17]가 사용되고 있다(그림 4-3).

분석에 있어 티엘은 피험자의 '오리엔테이션'(자신의 방향정위)에 착안함과 동시에 린치의 5가지의 엘리먼트에 제6번째의 요소로서 '사인'의 개념을 부가하고 있다. 여기에서의 사인이란 교통이나 위치를 나타내는 것으로 지역(district), 노드(결절점), 패스(도로)에서 두드러지게 발견되는 요소인 것이다. 티엘의 6요소의 특징은 ① '경계표식과 사인' : 근접 가능한 종점이기도 하면서 다른 목표에 도달하기 위한 길을 안내하는 요소 ② '통로와 끝단(가장자리)' : 목표점이나 길안내의 요소로서도 사용되지만, 나아가 더듬어 지나가거나 혹은 가로질러야 하는 요소 ③ '결절점과 지역' : 목표 또는 길안내의 요소로서, 또한 들어가거나 가로지르는 데에 사용되는 요소 로 정리할 수 있다.

이렇듯 티엘의 연구는 시간의 개념이 도입되어 있음으로 해서 인간이 시각적 이미지로서 어떻게 환경을 경험하게 되는가라는 측면과 그 지각대상이 되는 환경 바로 그 자체가 어떤 구조인가라는 두 가지의 측면을 일체적이고 다이내믹한 기술을 가능하게 하였다.

5_ 도시의 콘텍스트

● 도시조직과 콘텍스트

앞 절에서 살펴본 도시 이미지론의 시도들 기저에는 근대 도시계획적 발상이 존재한다. 즉, 개별적 장소를 다루면서도 그 분석수법을 공식화하여 모든 장소나 도시에 응용하려고 하는 사고방식인 것이다.[5-1] 그에 비하여 어디까지나 개별적 도시나 장소의 고유한 콘텍스트(문맥)를 해독해 가기 위한 기반이 되는 것이 '도시조직(Urban Tissue)'[5-2]의 개념이다.

도시조직의 개념은 도시공간을 구성하는 모든 요소가 유기적으로 짜여져 하나의 도시라고 하는 생생한 조직체가 구성된다고 하는 사고방식에 근거하는 것이다. 프랑스의 도시사 · 도시론 연구자인 메를랑(Pierre MERLIN)과 쇼에(Françoise CHOAY)가 편집한 『도시계획 · 정비사전』(1988)에 따르면 도시조직이란,

> '건물이 있는 곳과 없는 곳을 섬유의 실이 서로 얽힌 상태에 비유한 표현으로서 하나로 통합을 이루는 도시적 틀의 제반요소의 총체를 나타낸다. 도시조직은 지형, 도로망, 필지분할, 건축되어진 곳과 공지와의 관계, 스케일, 건물의 형태나 스타일 등에 기여하는 구체적, 물질적인 요소의 총체와 이들 요소를 결부시키는 관계성으로 구성된다.'

라고 정의되고 있다.[5-3] 이러한 사고의 중요한 특성은 도시를 보는 자세에 공시성(동일시점에서의 도시형태)과 통시성(역사성, 도시형태의 발전이나 변천의 흔적)이라는 양측의 시점을 동시에 가지고 있다는 점이다. 파리의 레알지구를 연구하였던[5-4] 프랑소와즈 부동(Françoise BOUDON)의 다음과 같은 언급,

> '필지분할은 사람이 도입한 가장 작은 공통인자이며 거기에는 토지의 역사를 구성하는 법적, 사회적, 경제적 요소가 재발견되어 농업이나 주거형태의 모든 경험이 계승되고 있다. 도시조직에서의 필지분할의 역사적 분석은 장소와 건축, 건축과 기능과의 사이의 관계를 밝히는 수단이다.'[5-5]

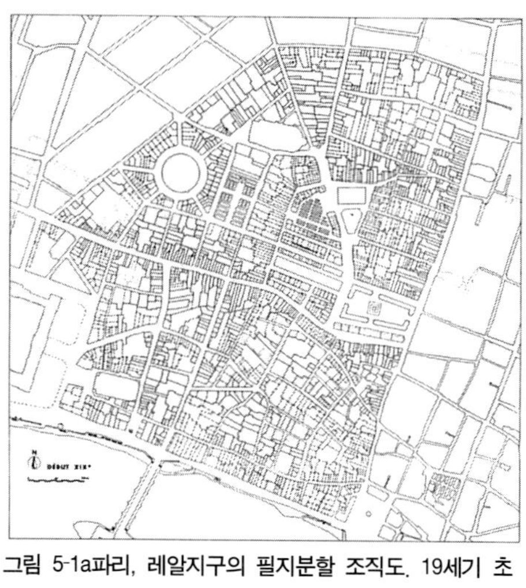

그림 5-1a파리, 레알지구의 필지분할 조직도. 19세기 초

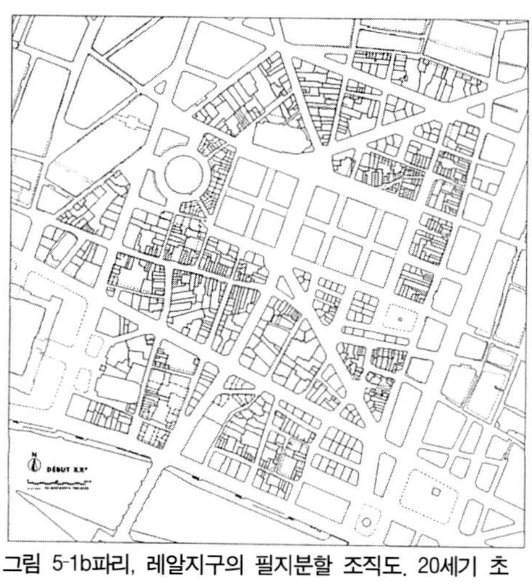

그림 5-1b파리, 레알지구의 필지분할 조직도. 20세기 초

에서 보여지듯이 예를 들어 어느 도시의 한 시점에서의 필지분할은 그 시점까지의 모든 역사적, 사회적 정황으로부터 형성되고, 그 위에 들어서는 건물도 토지구획에 영향을 받으면서 역사적 과정 속에서 형성된다. 즉, 도시조직의 제요소를 현재뿐만 아니라 역사적 시점에서 분석함으로써 도시건축의 생성 메커니즘의 해명을 목표로 하고 있는 것이다(그림 5-1a, b).

● 도시조직과 건축유형/건축 Tipologia

도시조직과 건축유형이라고 하는 사고방식은 이탈리아의 도시사 연구학자 사베리오 무라토리(Saverio Muratori)에 의해 선구적으로 전개되었다.

그는 유기체, 즉 각 부분이 상호적으로 관계를 가지는 총체로서의 도시를 파악하기 위해서 ① 건축, 필지분할, 블록형태, 도로, 오픈 스페이스 등이 만들어내는 '도시조직(tessuto urbano)'과 ② 도시의 구성단위인 건축을 분류적으로 보는 '건축유형(tipo edilizio)'의 두 가지 차원을 설정하고 있다.[5-6] 전자는 ① 대지에 새겨진 평면적인 차원, 후자는 ② 그 위에 전개되는 입체적 차원에 호응하는 것으로, 이 양자를 복합적인 관계성 속에서 파악함으로써 건축의 구체적인 공간구성이 도시의 역할 속에서 어떻게 생성되고 변화되는지에 대한 추적이 가능하다고 하는 것이 무라토리학파의 자세이다. 이러한 점에서 건축형태만을 단독으로 취급하여 분류하는 종래의 유형학과는 그 입장이 크게 다르다[5-7](그림 5-2).

이러한 도시조직과 건축유형이라는 사고방식, 도시의 콘텍스트에 착안점이 집중된 배경에는 산업혁명 이후의 근대도시화 과정에서 역사적 도시를 어떻게 보존하고 재생해 갈 것인가라는 커다란 과제가 존재하고 있었던 것이다.

● 'Figure-Ground' 이론, 콜라주 시티

건축과 도시연구의 분야에 '콘텍스트'라고 하는 개념을 처음으로 도입한 것으로 여겨지는 로버트 벤츄리[5-8] 및 '맥락주의(Contextualism)'의 연구를 추진한 콜린 로우

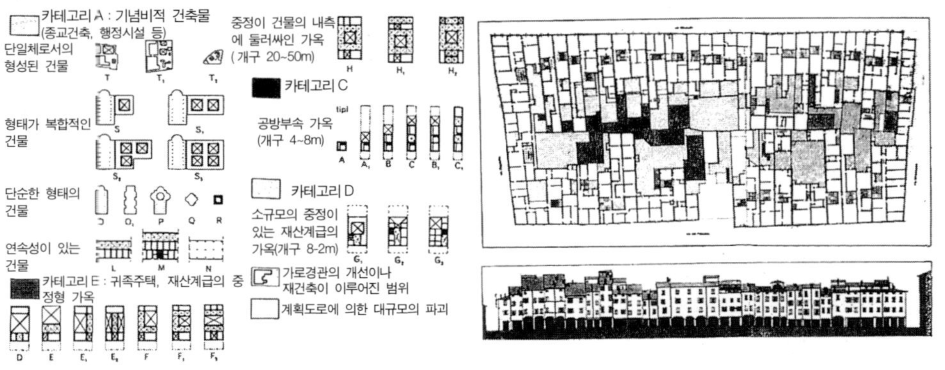

그림 5-2 건축 Tipologia에 의한 볼로냐의 분석사례

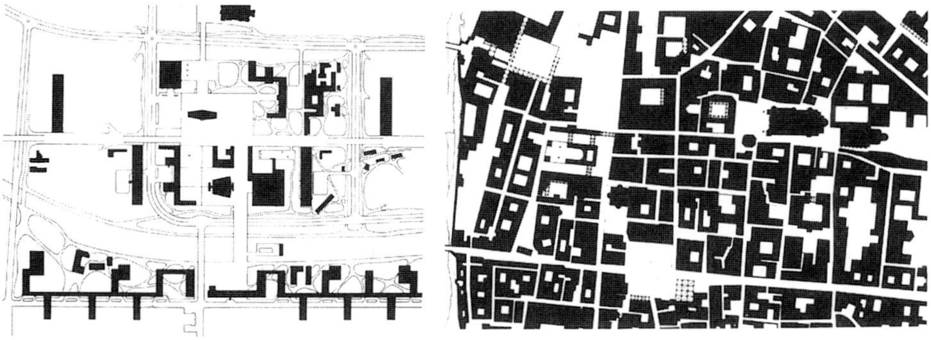

그림 5-3 Figure-Ground이론에 의한 도시분석. 르 코르뷔지에의 생디에계획(좌)과 발마의 구획(우)

를 중심으로 한 코넬학파. 이 양자에 공통되는 것은 근대건축에 대한 비판적인 자세이다.

그들의 전략적인 이론은 건축을 단독적이고 자율적인 것으로서 다루는 것이 아니라 도시적, 역사적인 콘텍스트 속에서 모든 요소와의 관계성을 일체적으로 간주한다는 것이었다.

이러한 방법의 하나로서 로우와 그 제자인 웨인 코퍼(Wayne Copper)에 의해 전개된 'Figure-Ground'에 의한 분석법[5-9]이 있다. 그림 5-3은 Figure-Ground의 시점에서 명백하게 드러나는 도시의 양상이 근대와 그 이전시기가 크게 다른 것을 나타내고 있는 예이다.

이렇게 지도를 Figure와 Ground의 흑과 백색으로 구분하는 방법(⇨p.210, 그림 1-1)은 1901년의 카밀로 지테의 저서 『광장의 조형(Der Städtebau nach seinen künstlerischen Grundsätzen)』[5-10]에서 그 선례를 찾아볼 수 있다. 여기서 그는 건축물과 광장과의 구성관계에 착안하여 둘러싸인 공간의 아름다움에 대하여 역설하고 있다(그림 5-4). 또 오스트리아의 건축가 로브 크리에(Rob Krier)의 1970년대에 수행된 가로와 광장의 유형적 연구는 지테의 수법을 철저하게 체계화시킨 예로 볼 수 있다.[5-11] 일본에서도 건축가 아시하라 요시노부(芦原義信)가 그의 저서 『외부공간의

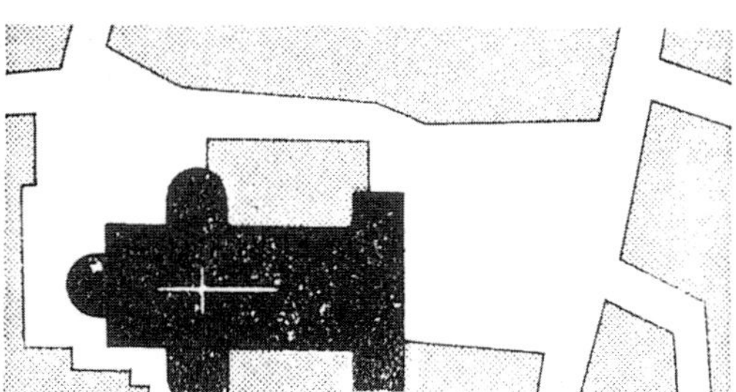

그림 5-4 카밀로 지테의 'Figure-Ground' 분석, 파도바 대성당의 광장

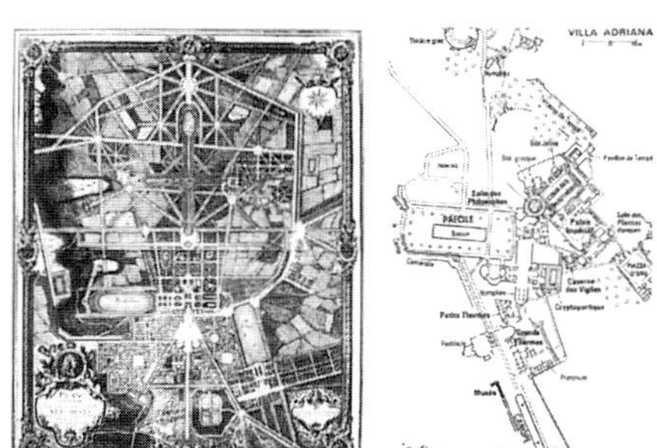

그림 5-5 베르사유 궁(좌), 빌라 아드리아나(우)

미학』에서 이탈리아의 광장 등을 대상으로 Figure와 Ground 현상의 분석을 실시하고 있다.[5-12]

콜린 로우와 프레드 코에터(Fred Koetter)는 이후에 콘텍스트에 의해 도시를 해석하는 방법을 '콜라주 시티'의 개념으로 전개해 나가게 된다. 그림 5-5는 베르사유 궁의 '전체의 통일성'과 빌라 아드리아나(➩p.161 그림 4-21)의 '우연성, 단편의 집합성'을 비교한 것으로서, 그들은 후자의 분산적인 구성에서 '콜라주'의 원리를 인정하고 현대도시의 다양성의 가능성을 발견해 내었다.[5-13]

● 세미라티스로서의 도시

다양성이 결여된 도시, 획일적인 도시의 모습에 경종을 울리는 표현으로서 크리스토퍼 알렉산더의 '도시는 나무가 아니다(A City is not a Tree)'는 특별히 획기적인 의미를 지닌다. 건축가 아사다 다카시(淺田孝)는 그에 대하여,

> '수학이라는 추상적인 사고방법을 통하여 역으로 구체적인 인간성을 테마로 하는 환경디자인의 문제를 새로운 시각으로 조명하였다.'

라고 평가하면서 지금까지의 근대도시에 대한 비판과는 근본적으로 접근이 다른 수학적, 논리적인 어프로치로써 환경디자인의 새로운 관점을 제공했다는 점을 높게 평가하고 있다.[5-14] 여기에서의 'Tree'란 많은 요소가 서로 중복되지 않으면서 꼭 정확히 하나의 줄기로부터 가지가 분리됨으로써 점점 작은 가지로 나뉘어져 가는 단순한 관계성을 가리킨다. 이에 대비되는 것으로, 서로 겹쳐 뒤얽힌 그물과 같은 복잡한 관계를 '세미라티스(Semilattice)'라고 한다(그림 5-6a, b).

알렉산더는 도시를 ① 긴 세월에 걸쳐 자연발생적으로 완성된 '자연의 도시', ② 계획 혹은 기획자의 의도로써 계획된 '인공의 도시' 로 구분하면서[5-15] 다음과 같이 언급하고 있다.

> '현대의 계획가들의 대부분은 이전의 도시가 갖추고 있던 현대의 도시개념으로부터는 파악할 수 없는 추상적인 질서를 연구하려는 노력을 하지 않으면서 현상적이고 구체적인 것만을 추구하려는 것 같다. 그러한 방식으로는 도시에 새로운 숨결을 부가시킬 수 없다. 왜냐하면 그들은 단지 도시의 겉모습만을 모방하고 그 실체가 되는 배후의 본질을 찾을 수 없기 때문이다.'[5-16]

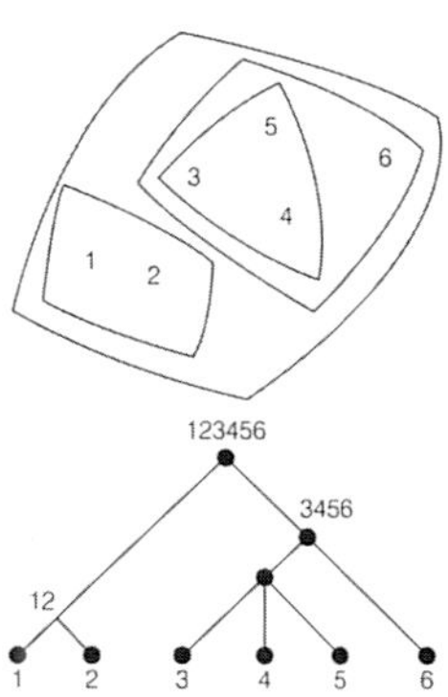

그림 5-6a 트리구조

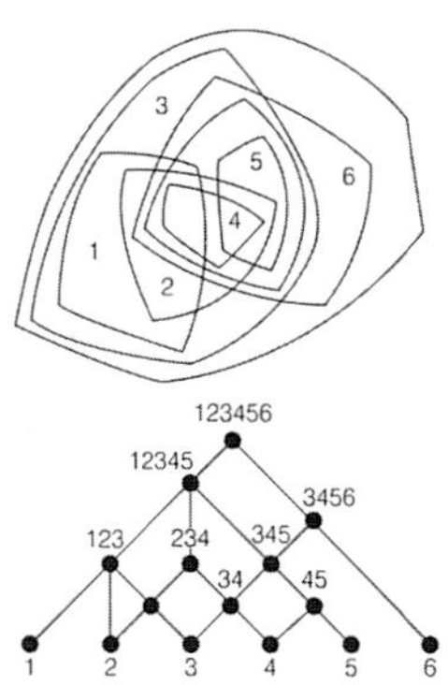

그림 5-6b 세미라티스 구조

이렇듯 알렉산더에 따르면, '인공의 도시'에는 몇 가지 본질적인 것이 결여되고 있으며 이 본질을 담당하는 것이 그가 말하는 '자연

의 도시'에 갖추어져 있는 '세미라티스 구조'인 것이다.

이 '세미라티스 구조'는 상부의 유닛을 뛰어넘어 다른 요소와 연결이 가능하며, 이를 통하여 질서를 유지하면서도 중복성, 불확정성, 다양성을 갖추게 된다. 이에 비하여 트리구조의 '인공의 도시'는 항상 하나의 상부 유닛의 강한 구속을 받게 되는 구조이다. 그 결과, '가족 구성원과의 교류 이외에는 자유로운 타인과의 교류가 금지되어버린 듯한' 폐쇄감이 강한 도시가 구성되어 버린다고 알렉산더는 역설하고 있다.[5-17] 이러한 사고방식으로부터 르 코르뷔지에의 찬디가르계획이나 단게 겐조의 동경계획은 비판받게 되는 것이다.

● **패턴 랭귀지**

알렉산더의 학위논문 『형태의 합성에 관한 노트(Notes on the Synthesis of Form)』에서는 디자인의 합리성이 추구되고 있으며, 디자인의 문제는 '형태와 콘텍스트 간의 적합성의 발견'이라고 정의되고 있다.[5-18] 여기에서의 '적합성'이라는 단어의 뜻은 ① 도시의 콘텍스트에서 보여지는 다양성과 ② 건축의 형태에 요구되는 일정한 질서와의 사이를 조화롭게 규정하는 것의 중요성을 설득하고 있는 것이다. 그림 5-6b에서 나타내고 있는 세미라티스 구조는 이른바 트리구조가 중첩된 것이지만 트리구조를 지양하여 그것들의 결합으로 이루어지는 세미라티스 구조를 목표로 할 때 결코 엉성한 결합으로는 좋은 결과를 얻을 수 없는 것으로, '적절한 결합'을 어떻게 형성해 가는가가 중요한 문제가 된다는 점을 보여주고 있다. 이 질문에 대하여 알렉산더의 하나의 실천적인 제안이 바로 '패턴 랭귀지(pattern language)'인 것이다.

알렉산더는 '패턴 랭귀지'를 방법론(method)이 아닌 하나의 사고방식(idea)으로 규정하고 일반적 언어의 구조에 비유하면서 다음과 같이 설명하고 있다.[5-19]

> '즉, 언어에는 두 가지의 기능이 있다. 인간의 경험을 축적하는 기능과 또 하나는 그 축적된 경험(단어)을 재사용(문법)하여 무수한 새로운 개념(문장)을 만들어 낸다고 하는 기능인 것이다. 패턴 랭귀지도 똑같은 형태로 기능한다. 패턴은 단어이며, 패턴 랭귀지는 문법이고 건물은 문장이다. 즉, 패턴이라고 하는 환경에 관한 인간의 기억의 집적을 패턴 랭귀지라고 하는 문법을 사용해서 조합시켜 가면 무수한 새로운 환경을 디자인할 수 있는 것이다.'

또한 패턴의 합성 프로세스에 관해서는,

> '패턴 랭귀지란 패턴의 네트워크이고 그것은 우리들 자신이 가장 좋다고 생각하는 직관력으로 구성되어 간다.'

라고 말하면서[5-20] 이 과정 속에 만드는 사람에 의한 자의성이 포함되는 것이라고 시사하고 있다.

패턴에는 '1. 자립지역'에서 '253. 자신을 이야기하는 소품'까지 253가지가 있으며,

그림 5-7 크리스토퍼 알렉산더, 에이신 재단 히가시노 고등학교

지역이나 도시 등의 큰 패턴으로부터 근린지역의 개개의 건축물들 속의 패턴, 시공 디테일의 세부 패턴에까지 일련의 관계와 서열을 가지면서 나열된다. 알렉산더에 따르면 이들은 어디까지나 하나의 가설일 뿐 계획자나 이용자에 의해 개선되거나 패턴의 추가가 생겨나는 닫혀지지 않고 살아있는 시스템으로 설정되고 있는 것이다.

이러한 패턴 랭귀지는 실제의 작품으로 오리건 대학(1971-72)이나 에이신(盈進) 재단의 히가시노(東野) 고등학교(1985, 그림 5-7)에서 실천되고 있다.[5-21]

12 힘의 흐름과 표현

기술, 구조, 소재, 건축구법, 엔지니어, 구조가

타이틀 그림 : 스톤헨지

1_ 쌓기

● 집짓기 놀이의 원리

영국 솔즈베리시 교외에 위치한 스톤헨지(타이틀 그림, ⇨p.95 그림 1-1)는 거대한 사암[1-1]으로 이루어진 조적식 구조체이다. 돌을 배치하고 그 위에 다른 돌을 쌓아 올린 구축법은 어린이들의 나무집짓기 놀이와도 같은 원시적이고 소박한 건축수법이다. 그러나 잘 살펴보면 여기에는 쌓는 행위로부터 파생된 기둥과 보의 개념이 존재한다는 사실을 발견할 수가 있다. 또 사람들은 어떻게 그 먼 곳에서부터 거석을 옮겨오고 쌓아올렸던 것일까? 현대의 기술로도 쉬운 일이 아니라고 생각되는 건조물을 앞에 두고 아득한 상상을 하지 않을 수 없다. 이렇듯 언뜻 보면 단순하게 보이는 구조체에서도 실은 다양한 고찰을 이끌어낼 수가 있는 것이다. 건축가에게 요구되는 기술에 대한 감성은 이러한 구조체를 이해하려는 자세로부터 나오는 것이 아닐까?

● 조적조의 개구부

조적조의 구조체에 개구부를 만들어야 하는 경우, 그 방법에는 크게 세 가지가 있

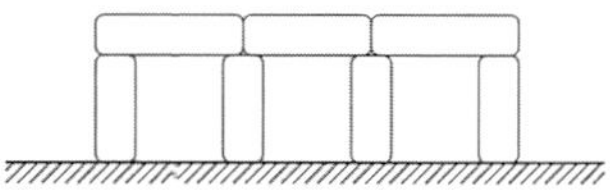

그림 1-1 상인방구조

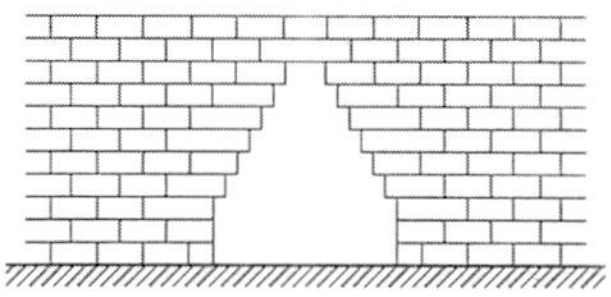

그림 1-2 내쌓기 아치

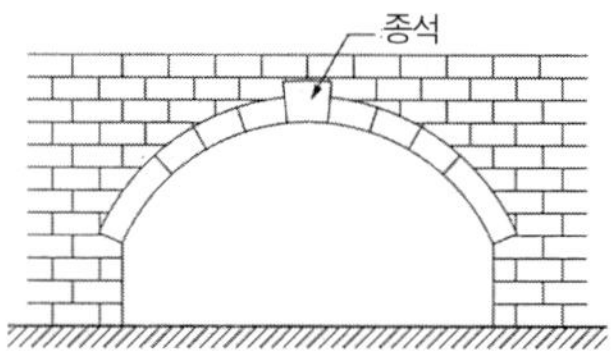

그림 1-3 아치

다. 첫째는 스톤헨지에서도 볼 수 있는 것과 같이 조적으로부터 파생되는 기둥 · 보에 의한 '상인방 구조(lintel)'(그림 1-1)라 불리는 방법, 두 번째로는 쌓아올린 돌을 상부로 올라가면서 서서히 수평방향으로 옮겨가는 '내쌓기 아치(corbelled arch)'(그림 1-2)라고 불리는 방법, 세 번째로 하중을 부재에 전하는 압축력만에 의해 지점으로 전달하는 일반적인 '아치(true arch)'[1-2](그림 1-3)로 불리는 방법이다. 또한 '내쌓기 아치그조'를 응용한 천장에는 '코벨 돔(corbel dome)'이 있고 '아치'를 응용한 천장으로는 '볼트(vault)'(그림 1-4) 또는 '아치식 돔'이 있다.

● 상인방구조와 내쌓기식 아치

그리스의 아크로폴리스에 건설된 파르테논 신전(그림 1-5)은 석재의 조적식 기둥과 보로 이루어진 상인방 구조의 대표적인 건축물이다. 인류의 역사상 가장 아름다운 건축물이라고 일컬어지는 이유에는 여러 가지 설이 존재하지만 그 중 하나로 외관을 구성하는 기둥과 보의 디자인이 있다. 기둥은 위로 향할수록 가늘어지고 원호를 그려내듯이 만들어져 있다. 보도 언뜻 보면 수평방향으로 일직선으로 걸쳐져 있는 듯이 보이지만 실은 중앙부분이 조금 높아지도록 볼록한 형태를 취하고 있다. 이러한 사실이 그리스의 햇빛에 비치는 대리석의 흰색과 어우러져 조적조 특유의 무게감을 줄이고 외관에 경쾌한 아름다움을 부여하고 있다.

동남아시아의 각지에서 볼 수 있는 석재의 조적에 의한 사원건축은 통틀어 상인방구조, 또는 내쌓기식 아치의 구조로 구축되어있다. 즉, 동남아시아의 건축은 아치의 개념이 없이 발전해온 것이라고 할 수 있다.[1-3] 캄보디아의 시엠립(Siem Reap)에

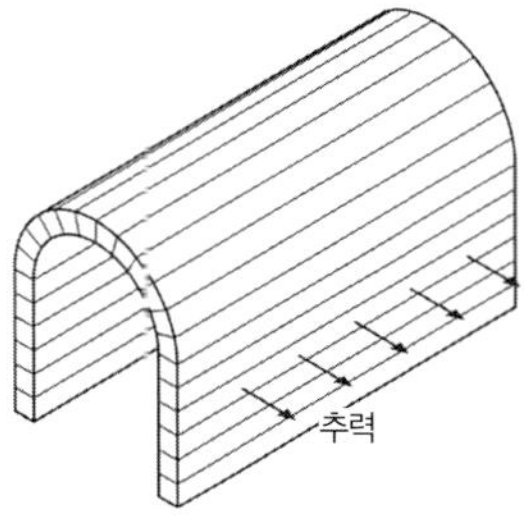

그림 1-4 볼트

그림 1-5 파르테논

그림 1-6 앙코르와트

위치한 앙코르와트(그림 1-6)에서는 사원의 회랑과 개구부가 조적조의 기둥과 보에 의해 구성되어있다. 또한 기단 위에 세워진 다섯 채의 탑은 모두 내쌓기식 아치를 응용한 코벨돔으로 형성되어 있다. 돔의 구체에 사용된 사암은 부드럽고 가공하기 쉬운 성질을 지니는데 사원 곳곳의 부조와 불상에는 사암의 성질을 활용한 매우 섬세한 조각이 이루어져 있어 크메르미술[1-4]의 특징을 오늘날까지 전하고 있다.

● 아치

'아치'란 반원형태나 원호로 구성된 부재를 따라서 하중이 부재에 전달되는 축 압축력만으로 지점까지 전해지는 구조를 지칭한다. 아치의 지점에는 상부로부터 전해지는 하중을 바깥쪽으로 밀어내려고 하는 '추력(thrust)'(그림 1-4)이 발생한다. 이 때문에 아치에 의한 구조에서는 부가적인 벽으로 '버트레스(buttress)'(그림 1-7) 등과 같은 추력을 처리하기 위한 대책이 필요하게 된다. 조적아치의 정상부에는 '종석(keystone)'(그림 1-3)이라고 불리는 굄돌이 끼어지는데, 이는 조적아치를 형성하는 과정의 마지막에 설치되는 것으로써 압축력만에 의한 반원형의 구조를 안정시키기 위한 역할을 지닌다. 아치의 형상에는 침형 아치[1-5]와 튜더식 아치[1-6] 등 구축된 시대에 따라 다양한 양식을 볼 수 있다.

아치의 기술을 발전시키고 세계에 널리 퍼뜨린 것은 로마인들이었다. 로마시대의 조적아치의 형상은 대부분 예외 없이 반원형을 하고 있다. 이 형상에는 시공방법을 단순화시켜 기술을 널리 유포시키기 위한 의도가 있었다고 한다.[1-7] 세고비아(Segovia)에 남아있는 로마시대의 수로교(aqueduct, 그림 1-8)는 로마의 기술이 전파됨으로써 구축된 구조물의 대표적인 예이다.

● 볼트

아치를 연속해서 터널형태로 전개해 만들어지는 반통형의 곡면천장을 총칭해서 '볼트'(Vault, 그림 1-4)라고 한다. 또한 볼트를 십자로 교차시킨 것을 '교차볼트(cross vault)'(그림 1-9)라고 하며, 이 경우의 하중은 그 교차선상으로 전달된다. 또

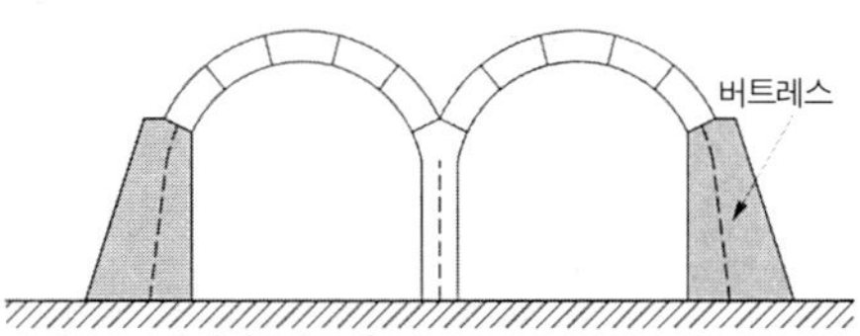

그림 1-7 아치와 버트레스

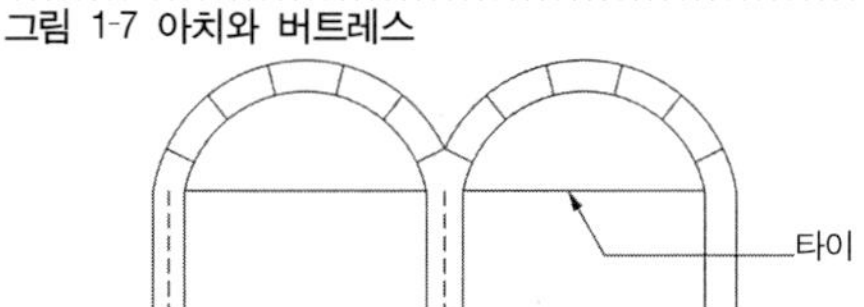

그림 1-11 아치와 타이

그림 1-8 세고비아의 수로교

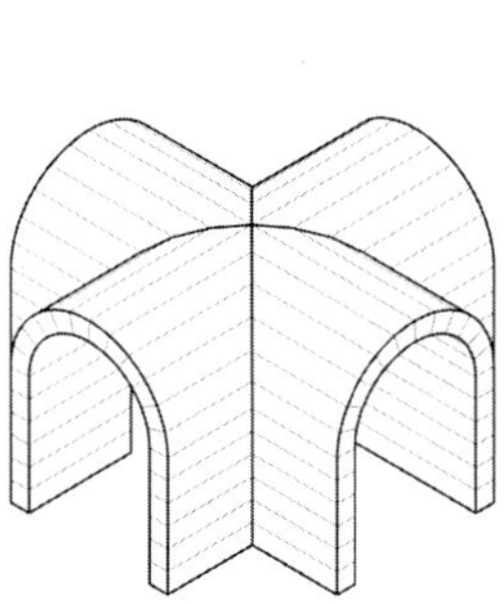
그림 1-9 교차 볼트

한 '리브 볼트(ribbed vault)'(그림 1-10)는 이러한 힘의 흐름을 의장적으로 나타내는 효과를 가짐과 동시에 선행해서 만들어진 리브를 참고로 볼트를 구축할 수 있는 이점이 있다.

볼트에 걸리는 하중은 아치와 마찬가지로 축 압축력에 의해 지점으로 전달된다. 또한 볼트에서도 역시 그 지점에는 하중이 바깥쪽으로 향하려고 하는 추력이 발생하므로 대책이 필요하다. 한편, 아치의 형상은 첨두형 아치로써 아치의 경사를 자유롭게 설정하는 것이 가능해지고 추력을 가감시킬 수가 있다.

추력을 처리하기 위해서는 크게 두 가지 방법이 있다. 첫째로는 아치의 지점 간을 인장재 '타이'(tie)로 연결하고 추력을 상쇄시키는 방법(그림 1-11)이 있다. 둘째로는 버트레스를 이용해 힘의 흐름을 지반으로 전달시키는 방법(그림 1-7)이 있다. 버트레스를 이용하는 방법에서는 아치가 연속적으로 이어진 부분에서 인접한 아치 사이에 발생한 추력끼리 상쇄됨으로써 이 부분의 지점은 기둥만으로도 지지할 수 있게 된다.

'플라잉 버트레스(flying buttress)'(그림 1-12)는 고딕건축의 성당 등에서 볼 수 있는 하늘을 나는 듯한 형상으로 걸쳐진 아치형태의 구조물이다. 신랑(nave)[1-8]에 위치한 볼트의 추력은 플라잉 버트레스를 통해 측랑[1-9]바깥쪽의 버트레스로 전해진다. 그러므로 신랑의 외벽은 볼트의 추력을 받을 필요가 없어지므로 파리의 노트르담 대성당(그림 1-13) 등에서 볼 수 있는 것과 같이 스테인드글라스가 삽입된 큰 개구부를 벽면에 만드는 것이 가능해졌다.

한편, 플라잉버트레스를 매개로 전해지는 힘의 흐름은 그 단면높이 중심부의 1/3 이내의 범위를 통해서 수직방향으로 서서히 방향을 바꾸어 지반으로 전달된다. 이는 조적조의 아치에 있어서의 힘의 흐름(압축력선)이 구조체의 단면높이 1/3이내의 범위에 들게 되면 인장력이 발생하지 않는다는 원리를 응용한 것으로, 이 원리를 'middle third의 원리'라고 부른다[1-10](그림 1-14).

그림 1-10 영국 솔즈베리대성당

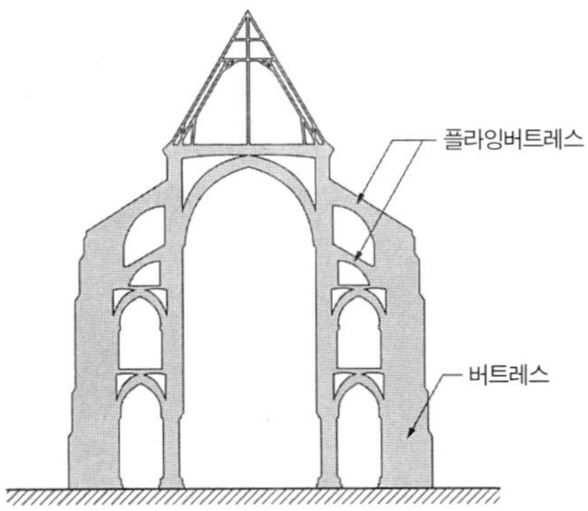

그림 1-12 플라잉 버트레스

그림 1-13 노트르담 대성당

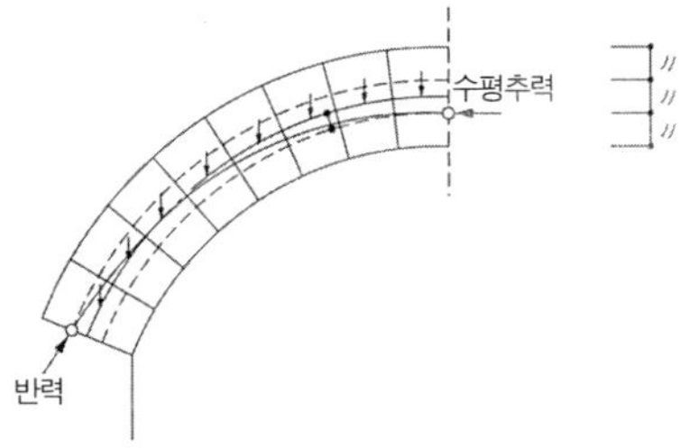

그림 1-14 미들서드의 원리

그림 1-15 산 피에트로 대성당

● 돔

'돔(dome)'은 건축물을 덮어씌우는 목적으로부터 발전하여 아치와 함께 오래 전부터 이용되어 온 구조체이다. 돔의 정점부로부터 가장자리로 향하는 경선 방향의 힘의 흐름은 아치와 유사하다고 할 수 있는데, 위선방향으로도 연속적인 힘의 흐름을 지니고 있어 구면이나 그 밖의 다양한 형태의 구성이 가능하다. 또한 돔에서도 가장자리에서 발생하는 추력에 대한 배려가 필요하다.

바티칸의 산 피에트로(San Pietro) 대성당(그림 1-15)에서는 추력으로 인한 다수의 균열(Crack)[1-11]이 돔에서 발생해 보수공사를 통해 붕괴를 모면한 사례가 있다.[1-12]

조적에 의한 '아치식 돔'으로 대표적인 것으로는 로마의 판테온(그림 1-16)이 있다. 이 돔은 천연 시멘트와 소성벽돌[1-13]로 이루어진 내경 43.4m의 아치식 돔이며 순수한 조적조의 돔으로서는 가장 오래 되었고 규모 또한 최대의 것이다.[1-14]

● 흙의 건축

소성처리하지 않은 흙을 쌓아올려 만든 건축물은 세계 각지에서 볼 수가 있다. '판축'은 목판으로 거푸집을 만들어 그 사이에 석회나 작은 돌 등을 섞은 흙을 조금씩 다져가면서 굳히는 방식으로 벽이나 기초를 구축하는 방법이다. 중국 푸젠성(福建省)에 위치한 객가(客家, 커쟈)의 토루(土樓)[1-15](그림 1-17)에서 볼 수 있는 판축으로 조성된 견고한 외벽은 외적으로부터 몸을 지키기 위한 목적과 함께 건물 내부에서 생활하는 사람들의 결속을 다지게 하는 정신적인 상징이기도 하다.

'햇볕에 말린 벽돌'(어도비, Adobe)은 천연접착제[1-16]를 섞은 흙을 나무틀에 채워서

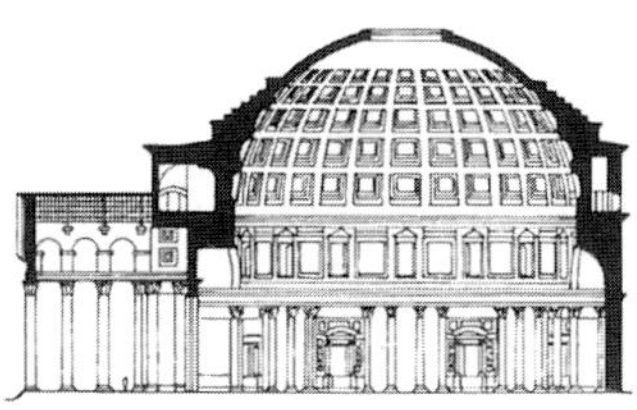
그림 1-16 판테온의 단면도

그림 1-17 객가의 토루

그림 1-18 나시족의 주거

그림 1-19 말리의 메디컬 센터

그림 1-20 도쇼다이지 보물창고

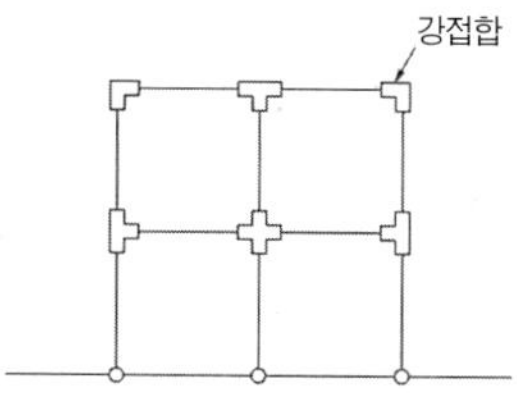

그림 2-1 라멘구조

성형하고 햇볕에 말려 자연 건조시킨 벽돌이다. 중국 운남성 여강(雲南省 麗江) 주변에서 볼 수 있는 나시족[1-17]의 주거(그림 1-18)에서는 목조 기둥 사이에 볕에 말린 벽돌을 쌓아감으로써 벽을 구성하고, 이를 통해 목조 구조물에 작용하는 내력벽[1-18]의 역할과 함께 주거 내부의 단열효과도 얻고 있다.[1-19] 또한 알제리나 말리 등의 아프리카 북부지방 국가에서는 이러한 벽돌로 된 가옥의 구체 위에 손이나 흙손으로 진흙을 바른 건축(그림 1-19)을 볼 수가 있다. 이러한 건축에서는 발라진 진흙에 의해서 표면의 벽돌의 줄눈이 뭉개져 각진 부분 없이 매끈한 개성적인 조형이 만들어지고 있다.

● **교창조(校倉造)**

'교창조(校倉造, 아제쿠라즈쿠리)'(log house, 통나무집구조)[1-20]는 횡목 또는 교목이라 불리는 목재를 井자 형태로 쌓아올리는 구조체로서 원시적인 목조구축방법 중 하나이다. 특히 목재가 풍부한 지역에서 볼 수 있으며 일본에서는 나라시대에 널리 사용되었다

이 구조로 이루어진 건축의 내부환경은 비교적 외기의 영향이 적고 일정한 온도를 유지하기 때문에 쇼소인(正倉院)[역자주 : 일본 나라현 동대사(東大寺)에 있는 왕실의 유물창고]의 보물창고와 도쇼다이지(唐招提寺)[역자주 : 759년 당나라의 고승 감진이 세운 절로서 오늘날 유일하게 남아 있는 나라시대의 사찰건축물]의 보물창고(그림 1-20) 등에서 사용되었다. 한편, 목재의 사용량이 많고 개구부를 내기 어렵다는 난점이 있어 오늘날의 도시지역의 주택 등에 사용되는 일은 극히 드물다.

2_ 조립하기

● **목구조**

기둥과 보를 조립해 골조를 구성하는 방식을 일본에서는 '축조방식'(Skeleton System)이라고 한다. 이러한 골조방식 중에서 기둥과 보가 서로 강접합된 것이 라멘구조(Rahmen, 그림 2-1)이다. 강접합이란 기둥과 보가 완전히 일체로 형성된 것을 가리키며 엄밀하게는 철근콘크리트구조[2-1]나 용접에 의한 부재의 일체화가 가능한 철골구조에 한정된다.

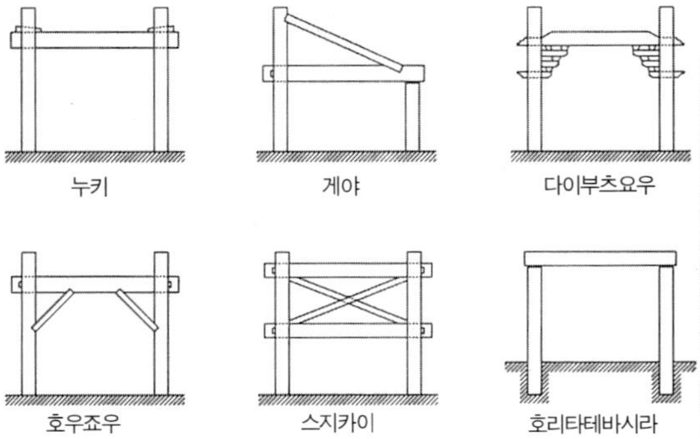

그림 2-2 누키 · 게야 · 다이부츠요우 · 호우죠우 · 스지카이 · 호리타테바시라

그림 2-3 정토사 정토당

목조가구식 구조의 경우 통상적으로는 기둥과 보의 접합부가 핀 접합[2-2]이기 때문에 라멘구조가 될 수 없으며, 수평력에 저항하기 위해 내력벽이나 기둥과 기둥 사이에 엇걸치는 부재를 설치할 필요가 있다. 최근에는 SE공법[2-3]이라 불리는 공법 등이 개발되어 순수한 라멘구조에 근접한 목조가구식 구조도 가능하게 되었다. 그러나 이러한 공법이 개발되기 이전에도 라멘구조에 가까운 효과를 지닌 목조가구가 오래전부터 사용되어 왔다. '누키(貫)' 역자주 : 우리말로는 '인방, '게야(下屋)' 역자주 : 주동의 지붕에서 걸쳐져 내려오는 지붕, '다이부츠요우(大仏様)' 역자주 : 누키라 불리는 수평부재로 기둥과 강하게 조합시켜 구조를 강화하고, 사시히지키라 불리는 첨차를 기둥의 중간에 삽입해 장식과 구조적인 효과를 동시에 낸다., '호우죠우(方杖)' 역자주 : 인방과 기둥 사이에 비스듬히 걸치는 부재, '스지카이(筋違)' 역자주 : 기둥과 기둥 사이에 엇걸치는 부재, '호리타테바시라(堀立て柱)' 역자주 : 땅에 매설해서 세운 기둥. 우리말로는 굴립주 (그림 2-2) 등에는 목조의 가구에 라멘구조에 근접한 효과를 부여하기 위한 노력을 볼 수가 있다.

정토사 정토당(浄土寺浄土堂, 그림 2-3) 역자주 : 현재의 효고현 오노시에 위치한 가마쿠라 시기의 사찰이나 동대사남대문(東大寺南大門) 역자주 : 현재 나라시에 위치한 동대사의 문은 승려이자 뛰어난 건축기술자이기도 했던 슌죠보 쵸겐(俊乗坊重源)에 의해 건설되었다. 두 건축물 모두 공통적으로 다이부츠요우[2-4]에 의한 기교적인 가구법이 이루어져 라멘구조에 근접한 효과를 얻고 있다. 또한 다이부츠요우의 특징인 '사시히지키(差し肘木)'역자주 : 기둥에 삽입하는 첨차 (그림 2-4)는 구조적인 역할 뿐만이 아닌 그 작용원리를 역동적으로 시각화시킨 효과를 함께 지니고 있어 디자인적으로도 중요한 부재라고 할 수 있다.

● 목조의 밸런스 구조

일본건축의 특징 중의 하나로 깊게 뻗은 처마를 들 수 있는데, 이를 가능하게 할 수 있는 것은 '마스(斗 : 두공을 구성하는 부재, 윗부분이 장방형, 아랫부분이 곡선을 이룸)' '히지키(肘木)' 역자주 : 기둥 옆으로 지른 첨차 '오다루키(尾垂木)' 역자주 : 우리말로는 하앙. 지붕가구에서 비스듬히 내려와 돌출한 부재, 지붕을 지렛대식으로 지지한다. 등으로 이루어진 구조물로서, 특히 마스와 히지키를 합쳐

그림 2-4 동대사 남대문의 사시 히지키

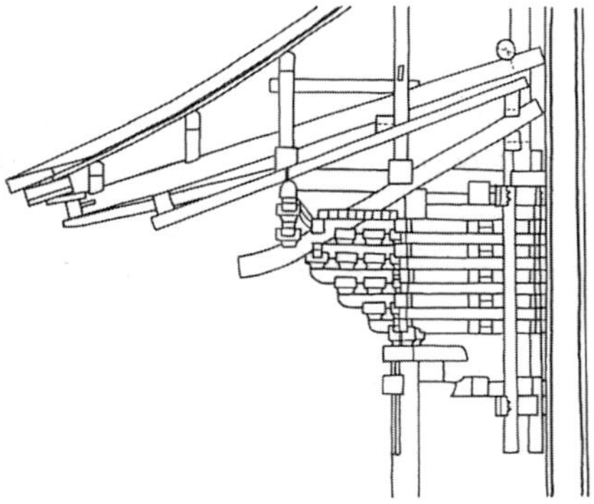

그림 2-5 두공

그림 2-6 야쿠시사의 탑

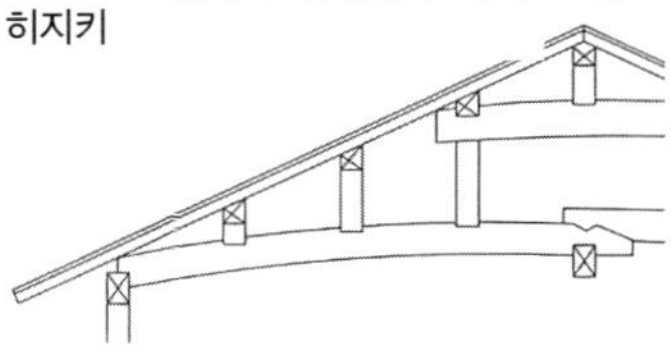

그림 2-7 일본식 지붕틀

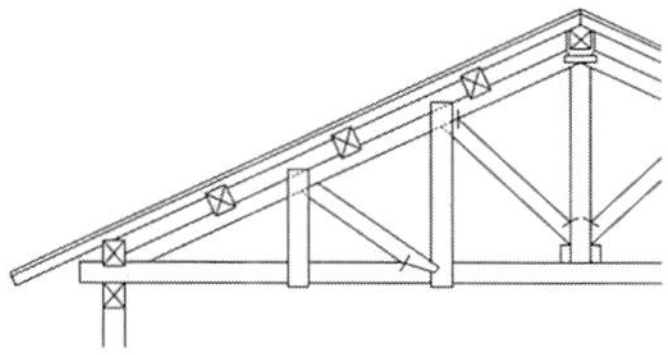

그림 2-8 서양식 지붕틀

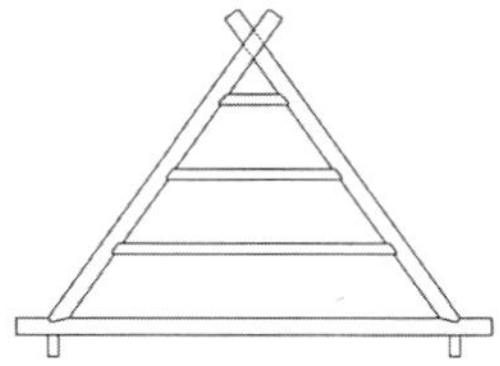

그림 2-9 아치구조식 가구

서 '도쿄우(斗きょう)' [역자주 : 우리말로 두공, 기둥을 받치며 차례대로 짜 올려진 구조물] (그림 2-5)라고 부른다. 호류사(法隆寺 ⇨p.129 그림 6-1)나 나라지역의 야쿠시사(薬師寺, 그림 2-6) 등의 탑에서는 이러한 구조물과 탑의 상부로부터 전달되는 하중을 교묘하게 이용하여 깊이 뻗은 처마를 가진 몇 겹의 지붕을 만들어내고 있다. 이러한 탑에는 '심주(心柱)'가 중심에 위치하는데 이는 상징적인 기둥으로서[2-5] 반드시 구조상의 연직하중을 부담하는 것은 아니다. 탑의 하중은 심주를 에워싸듯이 세워진 측주에 의해 지반으로 전달된다. 측주에 걸쳐진 오다루키는 측주를 지점으로 외부의 지붕에 걸리는 하중과 내부의 상부로부터의 하중을 지렛대와 같이 균형을 잡아 깊게 뻗은 처마를 성립시키는 것이다. 또한 내부의 상부로부터의 하중이 적을 것으로 예상되는 최상부의 처마는 차양이 井자 모양으로 연결되어 결구됨으로써 성립되는 것으로 여겨지고 있다.[2-6]

● 일본식 지붕틀(와고야)과 서양식 지붕틀

일반적으로 '와고야(和小屋)'(그림 2-7)란 일본의 전통적인 지붕틀을 지칭하며, 와고야에서의 하중은 무나기(棟木), [역자주 : 마룻대]와 츠카(束), [역자주 : 동자주]를 통해서 보에 전달되는데 이때 보는 주로 휨력에 대한 저항을 부담한다. 이러한 지붕틀은 비교적 간단하게 시공할 수 있고 부재의 사용도 소량으로 가능하다는 특징을 가진다. 이에 반해 '서양식 지붕틀'(그림 2-8)은 부재의 지점에 걸리는 힘을 축방향력만으로 구성되도록 짠 지붕틀을 지칭하며 '아치구조식 가구'(그림 2-9)는 이 원리에 의한 가장 단순한 형태의 지붕구조이다.

와고야가 사용되는 많은 일본건축들 중 시라카와고우(白川郷)의 합장조(合掌造, 그

그림 2-10 시라카와고우의 합장조

림 2-10)는 아치구조식의 가구법으로 지붕이 구성되고 있다. 단, 이 지붕틀에서는 서양식 지붕틀에서와 같이 지점에 가해지는 힘이 축방향의 힘뿐인 완전한 트러스[2-7]가 되어 있지 않으므로, 합장지붕을 구성하는 산의 형태부분의 부재와 횡부재부분에서는 휨모멘트[2-8]가 발생한다. 완전한 트러스에 의한 지붕구조는 아치구조식 가구에 몇 가지 지주를 보강한 '킹 포스트 트러스(King post truss)'(그림 2-11)를 통해 완성된다. 또한 '퀸 포스트 트러스(Queen post truss)'(그림 2-12)는 킹 포스트를 개량한 것으로 트러스라고는 할 수 없지만, 지붕틀 내부에 어느 정도 넓은 공간을 확보할 수 있게 되어 전통적으로 지붕 안쪽공간을 이용해 왔던 유럽 각지에서 널리 이용되었다.

● 트러스

'트러스(truss)'란 부재가 삼각형을 구성하도록 짜여진 구조로 지점은 핀 접합으로 구성된다. 지점에 걸리는 힘은 인장력과 압축력의 축방향력만으로 전달되기 때문에 휨모멘트를 받는 부재가 변형 또는 파괴되어 절단되지 않는 한 안정된 구조를 유지할 수 있다는 특징이 있다. 또한 주로 휨력에 저항함으로써 성립하는 일본의 지붕틀에 비해 비교적 가는 부재에 의한 구성이 가능하다.

목조 아치구조식 가구는 주로 지붕틀에 사용되면서 발전을 거듭하여 '아치구조식 트러스'(그림 2-13)로 완성된다. 이들 삼각트러스에는 공통적으로 지붕을 구성하는 산의 형상의 부재에는 압축력만이 횡가재에는 인장력이 발생하고 두 쐐기변의 부재와 횡가재를 연결하는 부재에는 트러스의 구성형식에 의해 각각 인장력과 압축력이 발생한다.

구조물 전체를 하나의 보와 같이 사용하는 트러스를 '평행현 트러스'라고 한다. 평행현 트러스를 논리적으로 고안한 것은 이탈리아의 건축가 안드레아 팔라디오[2-9]였다. 팔라디오는 그의 저서 『건축사서』(1570)에서, 4종류의 평행현트러스(그림 2-14)를 제시하였다. 그러나 실제로 평행현 트러스 구조가 널리 이용되기 시작한 것은 19세기 전반부터이며, 미국에서 서부개척을 위한 교량의 건설수요가 늘어난 것을 계기

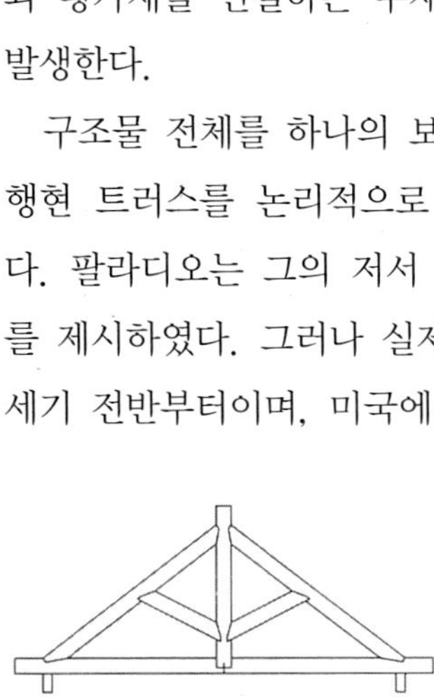

그림 2-11 킹 포스트 트러스

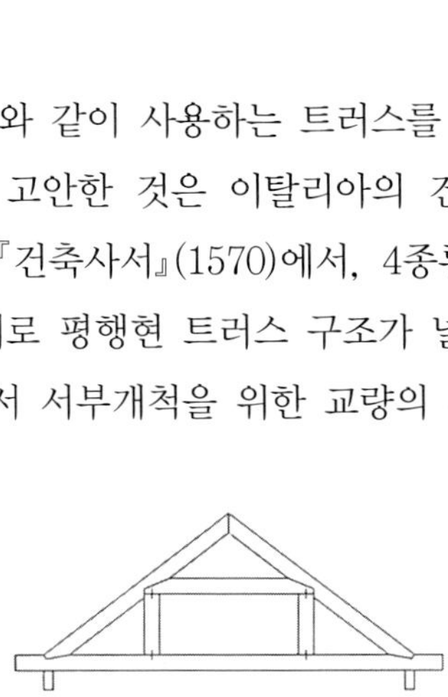

그림 2-12 퀸 포스트 트러스

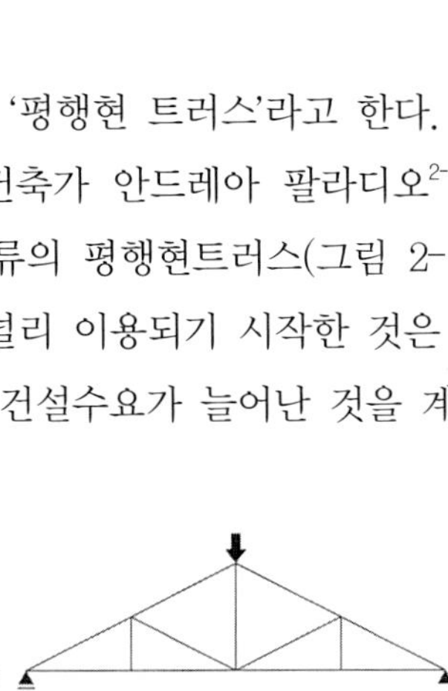

그림 2-13 아치구조식 트러스

로 급속히 발전하였다. 미국에서는 1820년의 타운트러스(Town Truss, 그림 2-15)와 1840년의 하우트러스(Howe Truss, 그림 2-16)가 특허를 취득했다. 또한 영국에서는 1850년 워렌 트러스(Warren Truss, 그림 2-17)가 특허를 취득하게 되고, 이를 시작으로 이후 평행현 트러스는 세계적으로 퍼져나가게 된다. 또한 트러스를 구성하는 주요한 재료도 목재에서 철로 변하면서 근대건축의 기초를 다지게 되었다.

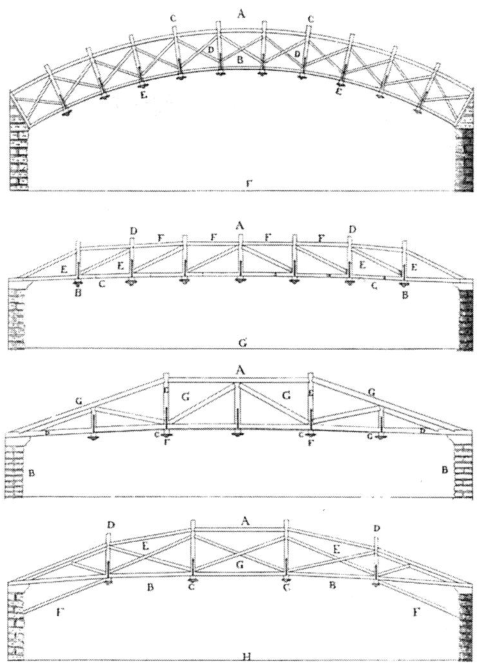

그림 2-14 팔라디오의 4종류의 보 트러스

● **철제 구조**

이 당시까지 주로 사용되던 목재, 석재, 벽돌을 대체하여 철이 건축의 구조재로 사용되기 시작한 것은 18세기 후반부터이다. 특히 영국의 산업혁명에 의한 제철기술의 발전과 교통수단의 발달에 의한 교량건설의 수요로 인해 철의 구조기술은 눈에 띄는 전개를 보인다.

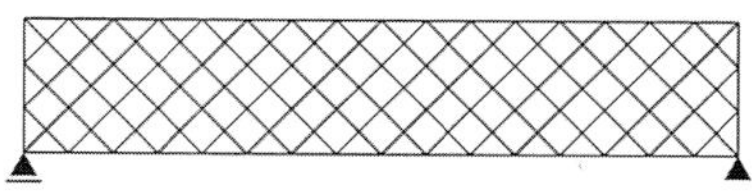

그림 2-15 타운 트러스

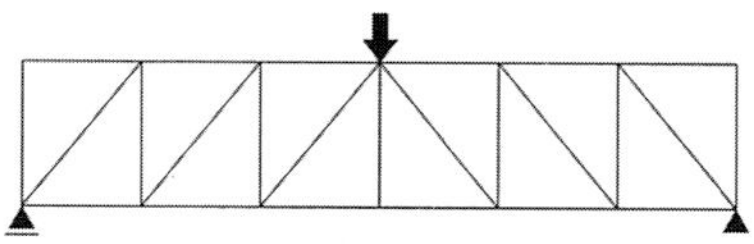

그림 2-16 하우 트러스

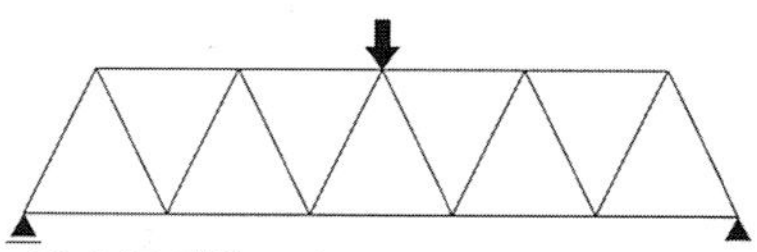

그림 2-17 워렌 트러스

세계 최초의 철교는 영국의 콜브룩데일(Coalbrockdale)에 있는 아이언 브리지(Iron Bridge, 그림 2-18)이다. 1777년부터 79년에 걸쳐서 건설된 이 주철제의 교량은 스팬 30.5미터의 3힌지 아치[2-10] 5개를 나란히 배치해 구성되어 있다.

아이언 브리지를 구조적인 시점에서 살펴보게 되면 그 이전까지의 목조 아치를 답습한 것으로서, 반드시 철의 특징을 활용한 혁신적인 구조라고는 할 수 없다. 그러나 이 교량에서의 중요성은 교량의 건설에 관련된 다양한 기술에 있다. 특히 콜브룩데일의 제철업을 설립한 에이브러햄 더비 1세[2-11]에 의한 세계최초의 코크스(cokes)[2-12]를 사용한 용광로의 건설(1708)과 엔지니어이자 발명가였던 제임스 와트(James Watt)[2-13]의 증기기관의 실용화[2-14](1774)는 철재의 구조물을 이끌었던 중요한 기술발전이었다.

● 철의 종류

철은 그 제조방법에 따라서 몇 가지 종류로 분류되며 각각의 특징을 지닌다. 18세기 후반부터 건축의 구조체로 사용되기 시작한 철은 주철이며, 앞서 언급한 콜브룩데일의 아이언 브리지 등에 사용되었다. 주철은 탄소의 함유량이 많아 압축에 강한 한편, 인장력에는 약하므로 벽돌이나 돌과 비슷한 약점을 보인다. 하지만 주조성이 좋고 비교적 자유로운 조형을 만들어낼 수가 있어 오늘날에도 복잡한 형태의 가공에 이용되기도 한다. 파리의 퐁피두센터[2-15](1977, ⇨p.50 그림 6-2)에 사용된 보의 부재(그림 2-19)는 구조를 담당한 피터 라이스[2-16]의 설계로 주철을 이용해 조형되었다.

19세기에 들어서면서 단철(또는 연철이라고도 한다)이 보급되기 시작한다. 단철은 탄소와 그 외 불순물의 함유량이 적고 단련성이 풍부하며 잘 녹슬지 않는다는 성질을 지니므로 일반적으로 자물쇠나 못에 사용된다. 단철이 골조로 이용된 대표적인 사례로 구스타프 에펠[2-17]이 설계한 파리의 에펠탑(1899, 그림 2-20)이 있다. 실제로는 에펠탑이 건설될 당시 다음 절에서 언급하게 될 강철(steal)이 이미 건축재료로 사용되기 시작하고 있었다. 하지만 에펠은 단철을 고집하였고 가늘고 작은 재료의 조합에 의한 섬세하고 장식적인 라티스 구성[2-18]을 실현시켰다.

19세기말이 되면 평로강[2-19]으로 대표되는 강철(또는 강이라고도 한다)이 제조되기 시작한다. 강철은 그 담금질에 따라서 경도를 증가시킬 수가 있다. 일반적으로 건축에 사용되는 강철은 탄소함유량이 0.15%에서 0.28%의 연강으로 불리는 것으로, 저렴하면서도 품질이 안정되어 있다. 또한 탄소함유량이 0.28% 이상의 강철을 경강이라고 부르고 선로나 용수철 등에 사용된다. 강철은 인성이 풍부하고 탄성한도[2-20]를 넘어서도 어느 정도까지는 변형을 지속하므로 파괴에 이르기 어렵다는 성질을 지닌다. 또한 취급 및 가공이 쉽기 때문에 오늘날의 주요한 건축재료로 보급되어 있다. 그러나 한편으로 500℃ 전후의 고온에서는 강도가 상온의 절반 정도로 급속히 감

그림 2-18 아이언 브리지

그림 2-19 퐁피두센터의 내민보

그림 2-20 에펠탑

소하는 이유로 화재시의 대책으로 내화피복 등의 조치가 필요하다. 미노루 야마사키가 설계한 뉴욕의 월드 트레이드 센터(World Trade Center, 1974, 그림 2-21)에 대한 테러공격에는 항공기의 돌입에 의한 충격과 그 하중에는 견디어 냈던 구조체도 화재에 의한 열로 인해 붕괴하고 말았다.

● 건축부재의 규격화

조셉 팩스턴[2-21]이 설계한 수정궁(1851, 그림 2-22)은 제1회 런던 만국박람회의 전시관으로 건축된 것으로, 근대 초기의 주철에 의한 건축물로서 대표적인 것이다. 연면적 8만m^2에 이르는 이 건축물은 1850년 8월에 착공되어 불과 6개월 만에 완성되었다는 실로 놀랄만한 속도로 건설되었다. 이러한 짧은 공사기간을 가능케 했던 요인은 건축부재의 규격화와 프리패브리케이션[2-22]공법에 의한 생산성의 합리화였다. 건설에 소요된 부재는 기둥이 약 3,300개, 보는 약 2,150개였다고 일컬어지고 있다. 팩스턴은 이러한 부재생산을 거의 같은 규격의 프리패브리케이션 공법에 의해 신속화시키고 현장에서는 24피트(약 7.3미터)의 기준 스팬으로 늘어놓은 후 조립만하는 시공법을 실현시킨다. 수정궁은 만국박람회가 끝난 후 1854년에 런던 교외의 시덴햄(sydenhem)으로 이축되지만 그 후 1936년에 소실되었다. 그러나 여기에 이용된 구조방식은 철과 유리에 의한 건축의 원형을 만들어냈을 뿐 아니라 건축부재의 규격화라는 건설의 합리성도 도출한 것으로 지금까지도 계승되어 오고 있다.

● 교량의 표현

철과 철근콘크리트를 통한 아치의 특징은 인장력을 허용한다는 점에 있다. 조적의 아치에서는 압축선이 미들서드의 원리에 기초한 아치 내부에 있는 것이 조건으로 인장력에 대한 저항이 작으므로 큰 스팬의 구조물이나 변칙적인 하중에는 적합하지 않다. 그러나 철과 철근콘크리트가 사용되면서 구조에 일체적인 강도를 부여하는 것이 가능해져 인장력에 저항하는 아치가 나타난다. 이는 압력선이 아치로부터 벗어나는

그림 2-21 월드트레이드센터

그림 2-22 수정궁

그림 2-23 가라비의 고가교

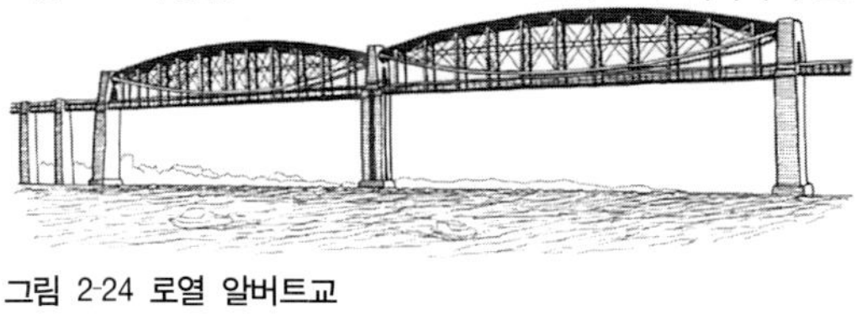

그림 2-24 로열 알버트교

큰 스팬의 구조물이나 열차가 이동하는 것과 같은 변칙적인 하중에 대한 저항을 가능케 함으로써 주로 교량의 건설에 사용되어지고, 이를 통하여 아치는 다양한 전개를 보이게 된다. 특히 19세기 후반에 건설된 몇몇의 철교에서는 당시의 기술혁신을 뚜렷하게 찾아볼 수 있다.

프랑스 남부에 위치한 가라비의 고가교(Le Viaduc de Garabit, 그림 2-23, 1888)는 철의 아치를 통한 거대스팬을 실현한 가장 초기의 사례이다. 165미터 스팬의 아치를 자랑하는 이 교량은 에펠의 설계에 의한 것으로 이후 에펠탑의 건설에 커다란 영향을 끼쳤다고 일컬어지고 있다. 아치부분에는 인장력에도 일정한 강도를 가지는 단철이 사용되어 있으며 기둥은 주로 압축력을 부담하기 때문에 주철이 사용되었다. 또한 아치와 기둥의 측면너비는 정상부로부터 다리부분을 향해 넓어져 감으로써 옆바람에 저항하도록 구성되어 있다. 선로를 지지하는 수평의 보 트러스는 아치와 시각적으로 분리되어 있어 구조상의 기능이 명확하게 표현되고 있다.

I. K 브루넬(I. K. Brunel)[2-23]은 영국에서 교량과 철도와 같은 토목공사의 발전을 주도한 엔지니어이다. 그 중에서도 로열 알버트교(Royal Albert Bridge, 1859, 그림 2-24)는 그의 대표적인 교량이라고 할 수 있을 것이다. 이 교량에는 단철제 체인에 의한 현수케이블에 아치를 조합해 서로 수평력을 상쇄하도록 한 현수아치가 채용되어있다.

미국에서는 B. 이즈(J. B. Eads)[2-24] 설계의 낮은 높이의 아치를 성공시킨 이즈교(Eads Bridge, 1874, 그림 2-25)나, 뢰블링(Robling) 부자[2-25]의 와이어로프의 현수구조를 채용한 브루클린교(Brooklyn Bridge, 1883, 그림 2-26) 등이 있다. 이러한 다리들은 교량의 발전을 볼 수 있는 중요한 사례들이라고 할 수 있다.

철근콘크리트에 의한 교량으로는 3힌지 아치를 채용한 로베르 마야르(Robert Maillart)[2-26] 설계의 살기나토벨교(Salginatobel Bridge, 1930, 그림 2-27)가 있으며, 이 다리는 그 후의 철근콘크리트의 쉘구조[2-27]형식에 커다란 영향을 끼쳤다.

그림 2-25 이즈교

그림 2-26 브룩클린교

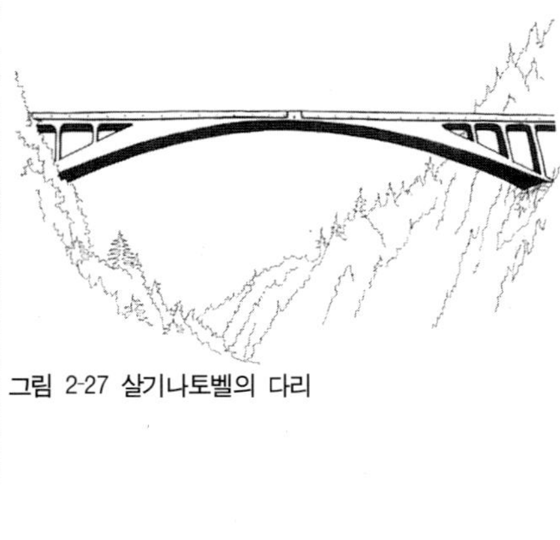
그림 2-27 살기나토벨의 다리

● 캔틸레버

19세기 후반에 건설된 다양한 교량 중에서 특히 이색적인 것이 스코틀랜드의 포스만에 건설된 포스교(Forth Bridge, 1889, 그림 2-28)이다. B. 베이커(Benjamin Baker)와 J. 파울러(John Fowler)의 설계에 의한 이 다리는 '게르버 보(gerber beam)'를 채용한 구조로 유명하다. 게르버 보란 독일의 구조설계가인 H. 게르버(H. Gerber)에 의해 1866년에 특허를 취득한 캔틸레버[2-28]방식의 구조물로서, 이듬해의 1867년에는 세계 최초의 게르버 보 교량인 핫스푸르트교(Hassfurt Bridge, 1867)가 독일의 다인 강에 건설되었다. 게르버 보는 거대 스팬을 가진 구조물에 적합하고 정정 구조물로서 한 스팬에 변형이 발생하더라도 다른 스팬에 영향이 적다는 특징이 있다(그림 2-29). 핫스푸르트교의 최대 스팬은 약 43m였던 것에 비해 포스교의 최대 스팬은 약 520m, 지지부의 높이가 약 100m에 이르는 거대한 것이었다. 건설에는 당시 주류로 자리 잡은 강철(연철)이 채용되었고 주철로 건설된 일부분도 1946년부터 47년에 걸쳐 강철로 보수되었다. 3차원적으로 구성된 다이내믹한 구조는 이후의 스페이스 프레임[2-29] 건설에 영향을 끼쳤다고 평가받는다.

게르버 보는 연속보에 의한 캔틸레버임에는 변함이 없지만 단일 보의 한쪽이 고정되고 다른 한편이 공중에 노출된 보(그림 2-30)를 캔틸레버라고 부름으로써 게르버 보와 습관적으로 구별해서 사용한다.

에두아르도 토로하(Eduardo Torroja)[2-30]가 설계한 마드리드의 사르수엘라(Zarzuela) 경마장(1935, 그림 2-31)과 바르셀로나의 라스 코르츠 축구경기장(Les Corts football stadium, 1943, 그림 2-32)의 지붕구조에서는 각각 다른 구조형식에 의해 캔틸레버가 구성되어 있다. 사르수엘라 경마장에서는 연속된 쌍곡면의 지붕이 철근콘크리트의 쉘에 의해 형성됨으로써 경쾌한 캔틸레버 루프를 실현시켰다. 그리고 라스 코르츠 축구경기장에서는 약 25.3m 길이의 캔틸레버를 실현하기 위해 콘크리트에 비해 중량이 가벼운 철골트러스를 보의 부재로 사용하고, 이를 철근콘크리트의 객석부분이 잡아주는 형태로 지지하는 하이브리드 방식[2-31]이 채용되고 있다. 철

그림 2-28 포스교

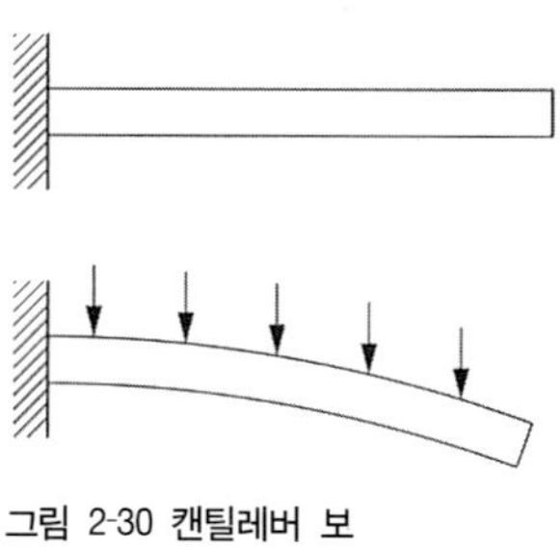

그림 2-30 캔틸레버 보

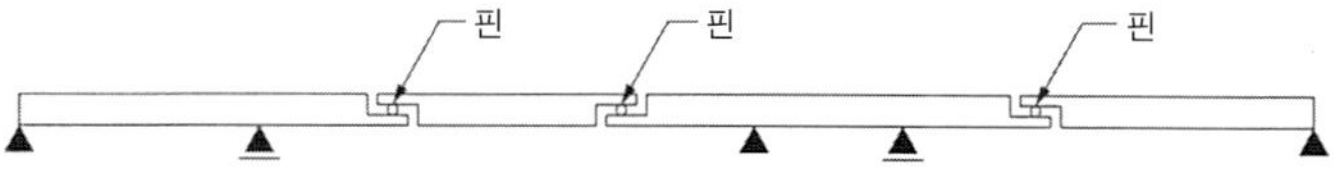

그림 2-29 게르버 보

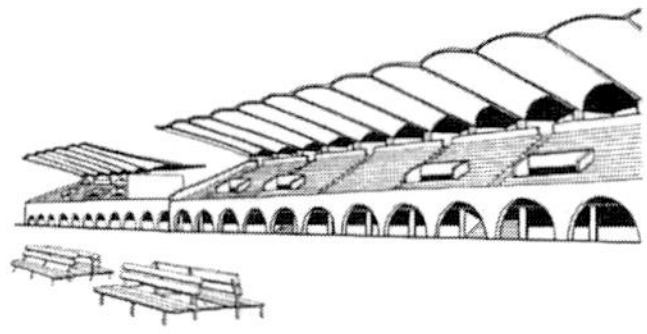

그림 2-31 사르수엘라 경마장

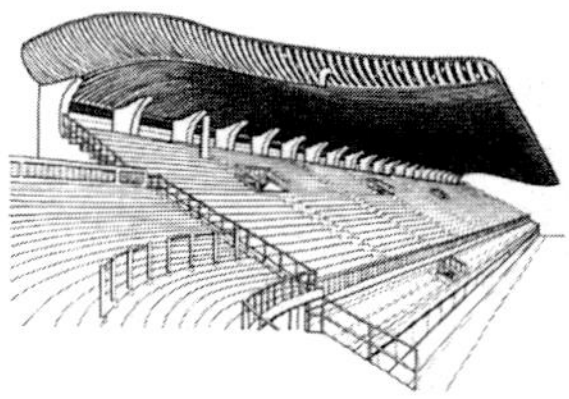

그림 2-32 라스 코르츠 축구경기장

그림 2-33 아카시해협대교

골 트러스에 의한 지붕구조물은 힘의 흐름에 따른 완만한 곡선을 그리면서 유려한 형태를 형성하고 있다.

● 현수구조

압축과 휨에 저항하는 힘이 없으며 인장력만으로 하중을 지지하는 구조체가 현수구조(suspension structure)이다. 오래전부터 경험적으로 이용되어 온 원시적인 구조로서 주로 현수교에 이용되어 왔다. 아치 등과 마찬가지로 스팬을 크게 하여도 좌굴[2-32]에 의해 붕괴할 염려가 없으므로 거대 스팬의 구조물에 적합하다.

아카시해협 대교(1998, 그림 2-33)는 전체길이 3,911m, 최대 스팬이 1,991m로 현수교로서는 세계 최장의 스팬을 자랑한다. 한편, 현수구조에는 옆에서 불어오는 바람에 의해 흔들림이 발생하게 되면 마치 진자가 진동하듯 공명현상이 발생하여 흔들림을 더욱 증폭시키는 특징이 있다. 이 때문에 흔들림에 대한 대책이 반드시 필요하다. 시애틀의 다코마 현수교(Dacoma Narrows Bridge, 1940)는 옆에서 불어오는 바람으로 발생한 진동이 다리 전체에 공명과 증폭을 일으켜 준공 후 불과 4개월 만에 붕괴되었다.

현수구조를 구성하는 케이블은 이전에는 단철 등으로 된 체인이었으나 현재는 고강도의 강선이나 그것을 모방한 와이어로프가 사용된다. 이러한 케이블은 하중의 종류에 의해 형태가 달라진다. 케이블에 집중하중[2-33]이 가해지는 경우 하중이 작용하는 위치에서 굴절되어 직선적인 구성이 되고 만다. 이 구성을 상하를 반전시켜 응용한 예가 일본 요코하마의 베이브리지(1989, 그림 2-34) 등의 사장교에서 볼 수 있는

그림 2-34 요코하마 베이 브리지

그림 2-35 현수선

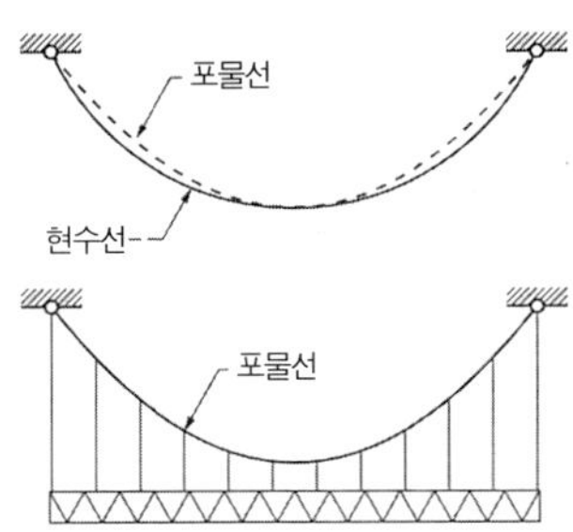

그림 2-36 포물선

직선 케이블이다. 케이블이 자체하중만으로 자연스럽게 늘어져 있는 상태에서는 '현수선(catenary)'(그림 2-35)을 형성한다. 이 상태의 케이블에는 축방향의 인장력만이 작용하고 이는 마치 아치를 상하 반전시킨 것으로 생각할 수 있다. 케이블 전체에 일정한 등분포하중[2-34]이 가해지는 경우에는 '포물선'(그림 2-36)을 형성하게 되고, 교량을 매단 실제의 현수교의 케이블은 이 형태를 나타내고 있다.

● 현수구조의 전개

현수구조는 교량기술로서 보급되다가 이윽고 주로 지붕구조에 이용이 되기 시작하면서 건축에서의 응용이 시작되었다. 지붕은 면적인 성격이 강한 부분이라는 특징 때문에 교량과는 다른 다양한 전개방식을 보이게 된다. 현수구조로 된 구조물의 종류는 케이블을 가설한 방향에 따라서, '1방향 케이블' '2방향 케이블' '방사 케이블'의 3종류로 분류할 수 있다.

'1방향 케이블'(그림 2-37)은 현수선을 그리는 케이블을 직각방향으로 연속하여 전개시킨 구조로 현수구조로서는 가장 단순한 형식이다. 에로 사리넨[2-35]이 설계한 TWA 국제공항터미널(1961, 그림 2-38)은 RC구조에 의한 1방향 케이블의 지붕이 사용되고 있는데, 1장의 거대한 날개를 연상시키는 현수구조의 천장은 역학적인 힘의 흐름을 시각화시켜주고 있다.

'2방향 케이블'(그림 2-39)은 서로 교차하는 2방향의 케이블에 의해 면을 구성하는 방법이다. 하나의 현수 케이블을 다른 케이블이 압박함으로써 1방향 케이블에서 문제가 되는 상승하는 바람의 힘에 저항하는 것이 가능하다. 단게 겐조가 계획하고 쓰보이 요시카츠(坪井善勝)[2-36]가 구조설계를 담당한 국립요요기경기장의 제1체육관

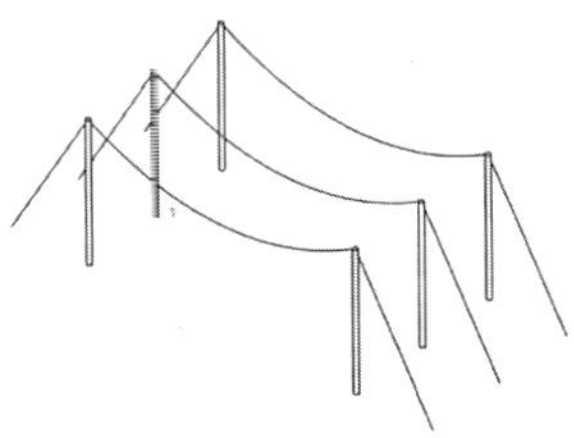
그림 2-37 1방향 케이블

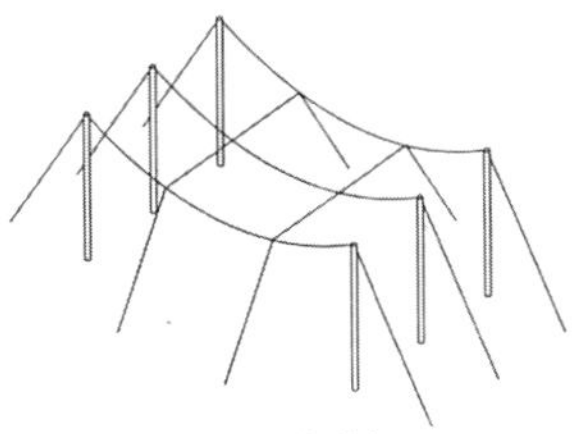
그림 2-39 2방향 케이블

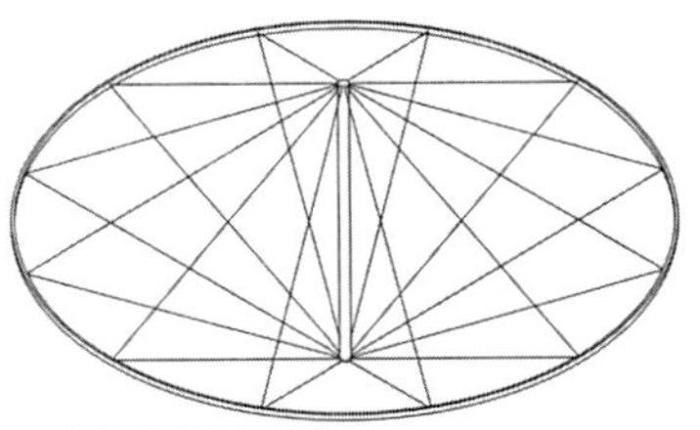
그림 2-41 방사 케이블

그림 2-38 TWA 터미널 빌딩

그림 2-40 국립요요기경기장의 제1체육관

(1964, 그림 2-40)은 2방향 케이블의 시스템을 채용하고 있다. 단, 중앙의 2줄의 주케이블의 구조는 케이블이 아닌 휨력에 저항할 수 있는 철골이 사용되었다. 이로 인해 반강성의 성질을 지닌 현수구조가 구성되어 이 체육관 특유의 날렵한 지붕표현이 가능해졌다.

'방사 케이블'(그림 2-41)은 중앙의 지점으로부터 주위를 향해 방사상으로 케이블이 퍼져나가게 구성하는 방법이다. 방사 케이블에는 크게 두 가지 종류가 있다. 첫 번째로는 현수선상의 케이블을 중앙의 지점에서 방사상으로 전개하는 방법으로서 이 방법은 마치 돔을 상하 반전시킨 듯한 형상을 하고 있다. 두 번째로는 중앙의 지점으로부터 주위를 향해 상하의 두 겹으로 이루어진 케이블을 방사상으로 연결시키는 방법으로 자전거 바퀴의 구조시스템과 유사한 특징을 지닌다. 영국의 런던 아이(London Eye, 2000, 그림 2-42)는 D. 마크스(David Marks)와 J. 바필드(Julia Barfield)가 설계한 방사케이블로 구성된 세계 최대의 관람차이다. 당초에는 밀레니엄 프로젝트의 일환으로 임시건축물이라는 조건으로 건설이 진행되었으나 이후에 영구적인 시설로 개편되었다. 이 관람차는 백스테이[2-37]에 의해 템스 강을 마주한 모습으로 설치되어 공중에 떠있는 거대한 링을 출현시켰다.

● 장현보 구조

휨 강성을 지니는 단순보에 수직부재를 삽입함으로써 현수구조의 장력을 부가시킨 합성보를 장현보라고 한다. 장현보를 이용한 구조에서는 현수 케이블의 장력을 조정하여 상현의 보 부재를 위쪽으로도 아래쪽으로도 완곡시킬 수 있으므로 산의 형태나 아치형태 등을 자유롭게 형성할 수 있다. 장현보에서 힘이 흐르는 방식은 19세기 후반부터 사용된 현수아치와 유사하나 하현재가 케이블로 구성되어 있어 트러스 등과 비교해 볼 때 시각적으로 가벼운 구조라고 할 수 있다.

나이토 히로시가 설계한 오토폴리스 아트 뮤지엄(1991, 그림 2-43)에서는 목조의

그림 2-42 런던 아이

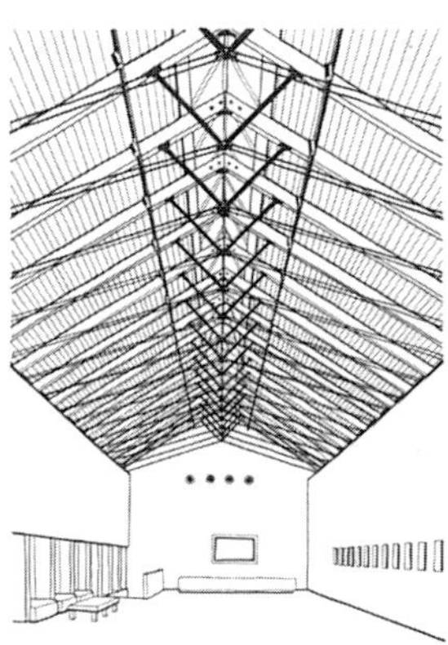
그림 2-43 오토폴리스 아트 뮤지엄

그림 2-44 텐세그리티의 오브제

삼각형 들림형 보 구조에서 현수케이블을 조합하여 가볍고 날렵한 지붕을 구현하였다.

● 텐세그리티

'텐세그리티(tensegrity)'는 tension(장력)과 integrate(통합)으로 이루어진 합성어로서, 벅민스터 풀러[2-38]에 의해 명명되어 1962년에 특허 신청이 이루어졌다. 이 구조의 특징은 인장력을 부담하는 케이블(인장재)에 의해 압축재가 서로 접촉하지 않고 모두 허공에서 지지되어 완전하게 자립한 독립 구조체(그림 2-44)로서 성립한다는 점이다.[2-39]

세드릭 프라이스가 설계한 런던 동물원의 거대한 새장(1961, 그림 2-45)은 텐세그리티를 실제의 건축물에 응용한 예로서 구성이 복잡해 시공이 어렵다는 점 때문에 일반적으로 자주 쓰이는 구조라고는 말하기 어렵다. 단, 소량의 재료로써 가벼우면서도 거대한 구조물을 구성할 수 있어 운반을 위해 경량화가 요구되는 우주개발사업 등에 있어서 높은 가능성을 지닌 구조체라고 할 수 있다.

● 콘크리트구조

철근콘크리트구조는 RC구조(Reinforced Concrete Construction)라 불리며 콘크리트의 취성[2-40]을 철근의 인성[2-41]으로 보강한 구조체이다. 콘크리트와 철근이 일체적으로 형성됨으로써 기둥과 보의 접합부에 강성을 필요로 하는 라멘구조를 구성할 수 있게 된다. 또한 철근콘크리트구조에 철골을 보강한 철골철근콘크리트구조[2-42]나 PC강재[2-43]를 통하여 프리스트레스[2-44]를 가한 프리스트레스트콘크리트(Prestressed concrete)[2-45]구조는 휨에 대한 저항을 높인 고강도 구조체를 구축할 수 있다는 점에서 거대스팬 구조에 적합하다.

철근콘크리트에 의한 벽식 구조는 현장 타설콘크리트나 프리캐스트콘크리트[2-46]에 의한 벽과 바닥 등 평면적인 부재로 구성된 구조체로서, 시공상의 경제적 효율성이 좋은 반면, 구조내력상의 이유로 일정한 조건[2-47]을 필요로 한다.

런던에 건설된 하이포인트 I(High Point Flat first, 1935, 그림 2-47, ⇨p.149

그림 2-45 런던 동물원의 새장

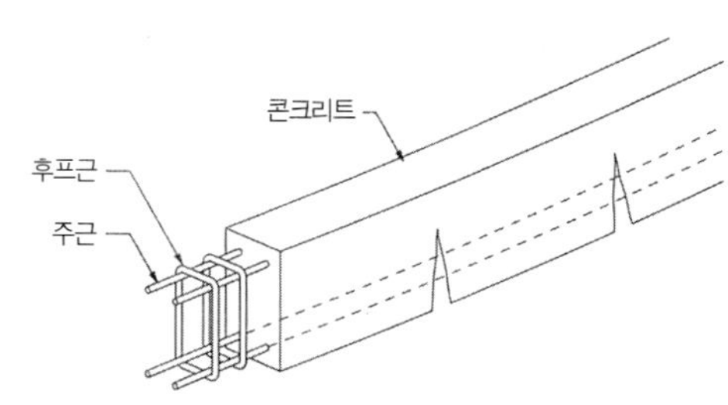

그림 2-46 철근콘크리트 구조

그림 2-25)는 베르톨트 루베트킨(Berthold Lubetkin)이 설계하고 오브 애럽[2-48]이 구조를 담당한 벽식 철근콘크리트구조의 집합주택이다. 당시 콘크리트의 면적구성에 의한 건축물은 일반적이지 않았으므로 이 집합주택은 철근콘크리트에 의한 벽식 구조의 선구적인 존재였다고 할 수 있다.

● **콘크리트 슬래브**

콘크리트 슬래브[2-49]를 사용할 경우 가장 일반적인 방법은 큰보(girder)와 조합시켜 형성하는 것이다. 그러나 이 방법에서는 보의 형태가 기능상 또는 의장상의 문제가 될 소지가 있으므로 스팬은 보통 일반적으로 7~8m로 하고 있다.

플랫 슬래브(Flat Slab, 그림 2-48)는 보를 사용하지 않는 슬래브 구조로서 기둥의 정점부에 원형 또는 사각형의 지지판을 설치해 슬래브를 지지한다. 보를 관통하지 않고 슬래브 밑에 배관을 설치하는 것이 가능하므로 배관이 많은 경우나 층고를 낮게 설정해야 하는 경우에 적합하다.

그림 2-47 하이포인트 I

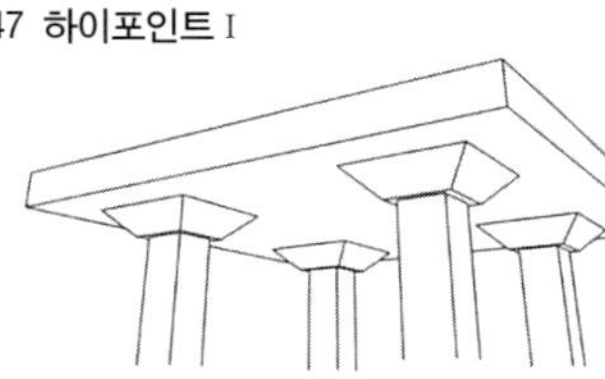
그림 2-48 플랫 슬래브

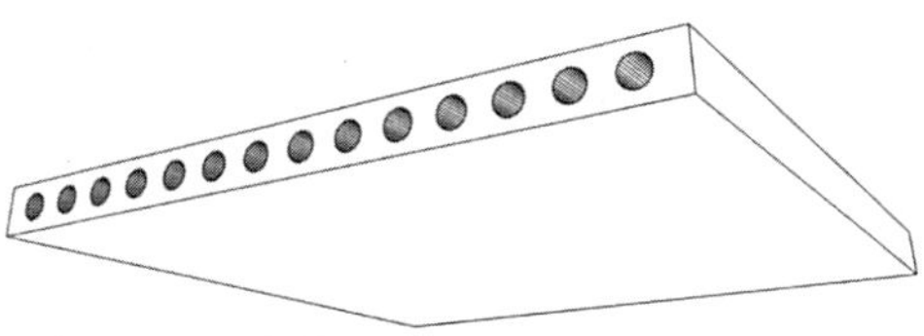
그림 2-49 중공 슬래브

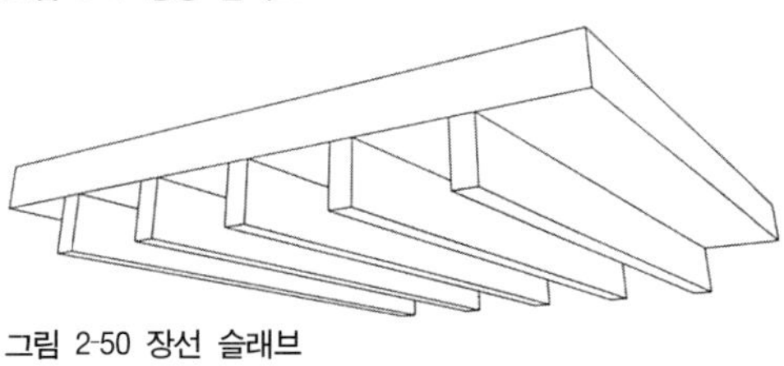
그림 2-50 장선 슬래브

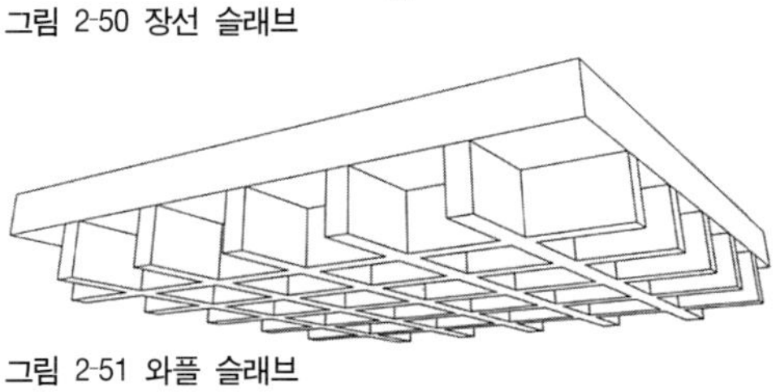
그림 2-51 와플 슬래브

중공 슬래브(그림 2-29)는 슬래브 내부에 연속된 원통형의 보이드(공동)를 둔 것으로 중량이 가벼우면서도 바닥두께를 두껍게 할 수 있어 비교적 큰 스팬의 구조를 가능하게 한다. 천장면에 요철(凹凸)부위가 발생하지 않아 플랫 슬래브와 같은 효과를 기대할 있기 때문에 조형상의 이유로 많이 이용된다.

장선 슬래브(그림 2-50)는 조이스트(Joist, 장선)와 슬래브를 일체로 성형한 것으로 보통의 경우 프리캐스트로 제작되는데 경량화를 목적으로 조이스트 부분에 프리스트레스가 가해지는 경우도 있다. 천장부분에 거더가 드러나지 않기 때문에 천장디자인에 섬세한 구조표현이 가능하다.

와플 슬래브(그림 2-51)는 격자상의

그림 2-52 예일대학 아트 갤러리

장선과 슬래브를 일체로 성형한 것으로 장선슬래브와 중공슬래브가 1방향으로 힘을 전달하여 성립하는 것에 비해 와플 슬래브는 2방향, 또는 3방향의 힘의 흐름을 지닌다. 이로 인해 슬래브 밑에는 방향성의 제한이 없는 균질적인 공간구성이 가능해진다. 루이스 칸이 설계한 예일대학 아트 갤러리(1953, 그림 2-52)는 3방향 와플 슬래브를 채용한 사례이다.

3_ 휨

● 콘크리트구조의 전개

철근콘크리트구조의 출현에 의해 가능해진 것들 중 하나로서 강성을 지닌 자유로운 곡면을 만들 수 있게 된 점을 들 수 있다.

루베트킨과 애럽은 앞에서 언급한 하이포인트 I에 앞서, 철근콘크리트구조로 된 런던 동물원의 펭귄 수영장(1934, 그림 3-1)을 만들었다. 벽식 구조에 의한 타원형의 구체로부터는 수영장을 향해 휘어들어가는 얇은 판으로 된 경사로가 설치되어 경쾌한 구조를 보여줌과 동시에 철근콘크리트구조에 의한 자유로운 곡면을 구현하였다.

● 쉘구조

말 그대로 조개껍질을 뜻하는 쉘구조는 조개껍질과 같은 곡면을 지닌 면 부재에 의해 성립하는 구조체를 지칭한다. 이러한 의미에서 볼 때, 앞서 언급한 볼트나 돔도 쉘구조의 일종이라고 할 수 있다. 그러나 구체부분에 일정한 두께를 필요로 하는 조적조의 볼트나 돔에 비하여 휨력에 저항할 수 있는 철근콘크리트에 의한 쉘구조에서는 100mm 미만의 두께로 100m에 가까운 스팬을 지닌 구조물을 구성할 수 있다. 또한 강재나 목재를 망의 형상으로 조합해서 곡면을 구성하는 것도 가능하므로 부분적

그림 3-1 런던 동물원의 펭귄수영장

그림 3-2 시드니 오페라하우스

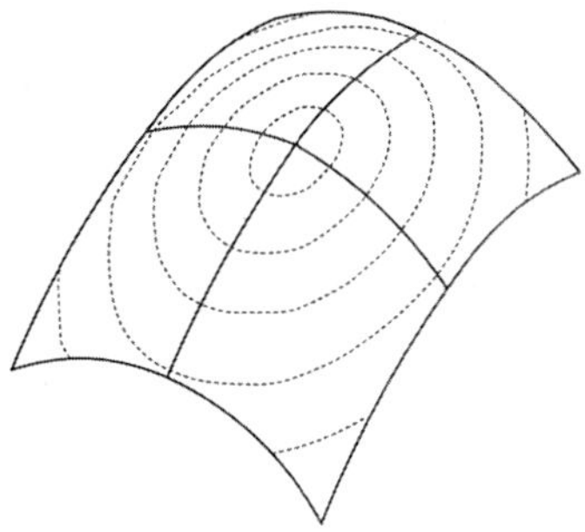

그림 3-3 EP쉘

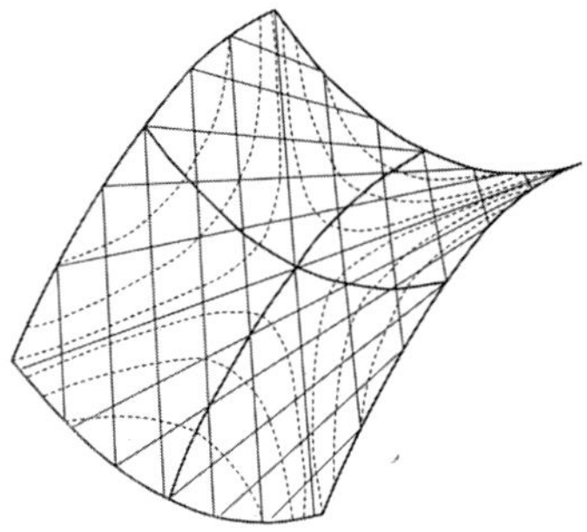

그림 3-4 HP쉘

으로는 FRP[3-1]나 폴리카보네이트[3-2]가 사용되는 경우도 있다. 나아가 쉘구조는 기둥과 보와 같은 골조가 필요 없으므로 얇고 가벼운 구조물을 구성할 수 있다는 점에서 비행기와 차의 몸체와 같은 건축 이외의 다양한 용도로도 이용되고 있다.

요른 웃존의 시드니 오페라 하우스[3-3](1973, 그림 3-2)는 오브 애럽의 구조설계에 의한 쉘 지붕이 특징적인 건축물이다.

당초 웃존의 계획에서는 지붕의 윤곽이 자유로운 곡선으로 구성되어 있었으므로 이 계획의 실제 시공과정에서 극히 어려움을 겪었다. 최종적으로는 지붕을 구성하는 모든 부재에 구의 형상으로부터 잘라냄으로써 얻을 수 있는 동일한 곡률을 가지게 함으로써 실현될 수 있었다.

● **쉘구조의 전개**

쉘구조는 그 구조의 형태에 따라서 몇 가지 종류로 분류할 수가 있다.

회전면 쉘은 어떤 한 곡선의 한쪽 끝을 축으로 하여 수평방향으로 회전시켰을 때 생기는 형태로 돔이나 구가 이 종류에 해당한다. EP쉘(Ellipstic Paraboloidal shell, 그림 3-3)은 타원포물면 쉘이라고 불리며, 볼록형의 포물선을 직교하는 다른 볼록형의 포물선을 따라서 이동시켰을 때 생기는 형태로서 곡면을 수평으로 자르면 그 잘라진 단면형태가 타원인 것이 특징이다. HP쉘(Hyperbolic Paraboloidal Shell, 그림 3-4)은 쌍곡포물곡면이라고도 불리며, 볼록형의 포물선을 직교하는 다른 오목형 포물선을 따라서 이동시켰을 때 생기는 형태로 곡면을 수평으로 잘라내면 그 잘린 단면이 쌍곡선[3-4]이 된다. 또한 HP쉘은 직선재료에 의해서 구성되는 것이 가능하므로 다른 쉘구조에 비해 시공이 용이한 구조라고 할 수 있다. 말의 안장과 비슷한 형태를 한 HP쉘을 안장형 쉘이라고 부르기도 한다.

펠릭스 칸델라(Félix Candela)[3-5]는 에두아르도 토로하나 에로 사리넨(➪p.87, 그림 4-10), 그리고 이들에 이어 하인츠 이슬러(Heinz Isler)[3-6]와 요른 웃존 등과 함께 RC쉘구조에 발전을 가져온 중요한 구조가이자 건축가이다. 특히 HP쉘의 전개는 칸델라를 빼고는 생각할 수 없을 정도이다. 그 중에서도 소치밀코(Xochimilco)에 있는

그림 3-5 로스 마난티알레스 레스토랑

그림 3-6 도쿄 카테드랄 성마리아 대성당

그림 3-7 바다의 갤러리

로스 마난티알레스 레스토랑(Restaurante Los Manantiales, 1957, 그림 3-5)은 4개의 HP쉘을 교차시킨 구성으로 HP쉘의 특징을 자연스럽게 표현하고 있다.

일본에서의 쉘구조의 실천은 구조설계가 쓰보이 요시카츠에 의해 이루어졌다고 할 수 있다. 단게 겐조와 협력한 도쿄 카테드랄 성마리아 대성당(1965, 그림 3-6)은 8장의 HP쉘로 이루어진 구조로서 RC쉘의 강인한 조형과 십자형태로 갈라진 탑 라이트로부터의 빛에 의해 장엄한 내부공간을 구현하고 있다.

● 절판구조

한 장의 얇은 종이도 접으면 일정한 강도를 지니게 된다는 사실은 종이접기를 해본 경험으로 누구나 알고 있을 것이다. 절판구조(Folded Plate Structure)는 평면판의 조합에 의해 서로의 변형을 구속함으로써 성립하는 구조이며, 종이접기에서 종이가 접혀진 부분은 절판구조에 있어서의 평면판끼리의 구속선으로 생각할 수 있다.

일본 시코쿠 지방의 도사시미즈시에 위치한 바다의 갤러리(1966, 그림 3-7)는 근대 일본 여성건축가를 대표하는 하야시 마사코(林雅子)에 의해 설계되었다. RC절판구조에 의한 맞배지붕은 연속된 삼각형의 평면판에 의해 구성되어 지붕에 독특한 표정을 부여하고 있다.

● 막구조

막구조는 크게 나누어 두 종류로 분류할 수 있다. 첫째는 요트의 돛대에 돛을 달듯이 기둥 등으로 지지한 막을 와이어로프 등으로 잡아당겨 막면에 장력을 발생시키는 것으로서 '텐트구조'(그림 3-8)라고 불린다. 둘째로는 공기를 이용해 막면에 장력을 발생시키는 것으로 '공기막구조'(그림 3-9)라 불린다.

텐트구조는 주거공간을 위한 덮개로 오래전부터 사용되어 온 구조체로 볼 수 있다. 이러한 구조는 가벼워서 운반이 간편하다는 점으로부터 유목민의 주거 등에 이용되어 왔다.

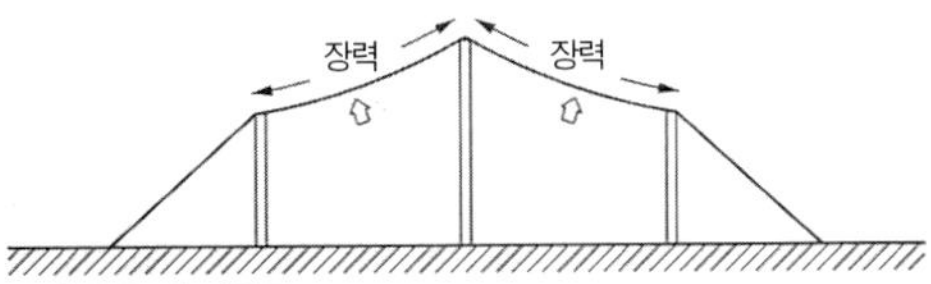

그림 3-8 텐트구조

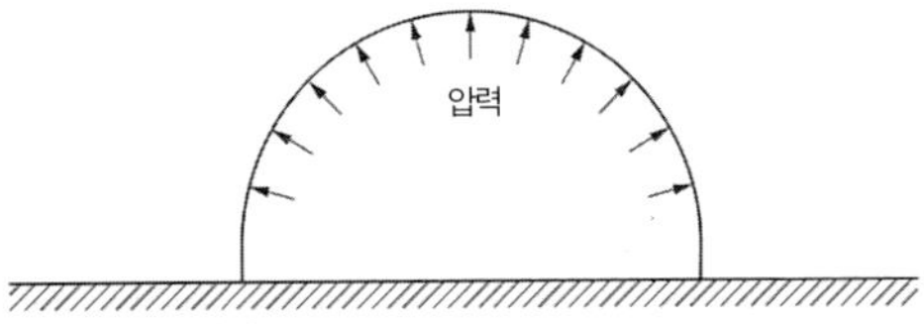

그림 3-9 공기막구조

프라이 오토(Frei Otto)[3-7]는 막구조의 연구를 진행하여 그것을 구체적으로 실천한 구조설계가 중 한 사람이다. 뮌헨 올림픽경기장(1972, 그림 3-10)은 군터 베니쉬(Gunter Behnisch) 등과의 프로젝트 팀에 프라이 오토가 지붕구조에 관한 컨설턴트로서 참가하게 되면서 실현되었다. 케이블 네트의 거대한 텐트 구조에 의한 구조물로서 이중으로 짜여진 케이블 네트를 알루미늄제 클램프(Clamp)[3-8]가 구속함으로써 지붕면의 변형을 막아주고 있다.

공기막 구조는 제2차 세계대전 이후 미국의 군용시설에 사용되었으나 이 구조기술을 비약적으로 발전시킨 계기는 일본에서 열린 1970년 오사카 만국박람회였다. 박람회장에 건설된 수많은 파빌리온들 중에서도 특히 후지그룹관[3-9](그림 3-11)에서는 세계 최초로 본격적인 튜브형 공기막구조[3-10]에 의한 구조체를 성공시켰다. 또한 에어 돔[3-11]을 채용한 미국관[3-12]은 오늘날의 지붕형 스타디움으로 이어지는 가장 선구적인 사례라고 할 수 있을 것이다.

오랜 동안 가설건물로서 이용되어 온 막구조는 테플론 막[3-13]의 개발로 보다 영구적인 사용추세로 변화하게 된다. 도쿄 돔[3-14](그림 3-12)은 일본 최초의 실내형 스타디움으로서 1988년에 오픈하였으며, 테플론 막의 에어 돔 방식을 통한 공기막 구조로서 시설 전체를 덮는 돔 구조를 이루고 있다. 테플론 막을 사용한 에어 돔은 외부 빛을 침투시킬 수 있어 충분한 밝기와 거대한 무주공간을 필요로 하는 스타디움 등에 최적의 구조를 형성한다. 그러나 한편으로는 시설을 사용하지 않는 동안에도 막에 장력을 주기 위해 내압을 유지할 필요가 있어 영구적인 건축물로 채용하기 위해서는 에너지 소비를 고려한 라이프 사이클 비용[3-15]의 검토가 필요하다.

그림 3-10 뮌헨 올림픽경기장

그림 3-11 후지그룹 관

그림 3-12 도쿄 돔

13 지속 가능성과 건축디자인

지속 가능성의 시점, 문화재의 보존과 활용, 재활용과 재사용, 에너지 절약과 디자인, 방재로부터 감재(減災)를 위한 디자인

타이틀그림 : 요코하마 국제 페리 터미널의 옥상녹화

1_ 지속 가능성의 시점

건축에는 항상 그 시대의 가치관이나 사회적 요구에 대한 대처가 요구되어 왔다. 현대사회에 들어서도 건축에 대하여 새로운 과제와 요구가 생겨나고 있으며 환경문제의 개선을 위한 지속 가능성의 배려도 그 중 하나로 볼 수 있을 것이다.

● 환경문제의 배경과 패러다임의 전환

[환경문제의 현저화와 그 배경]

본 절에서는 먼저 모든 분야에서의 신속한 대처가 필요하다고 여겨지고 있는 환경문제에 관한 배경과 그와 함께 요구되고 있는 패러다임의 변화에 대해 정리해보고자 한다.

세계에서 최초로 환경문제에 경종을 울린 것으로 평가받고 있는 문헌으로서 1962년에 출판된 레이첼 카슨(Rachel Carson) 여사의 『침묵의 봄』[1-1]이 꼽힌다. 초판의 원제는 『삶과 죽음의 묘약』으로서 화학약품의 사용에 따른 생태계의 파괴에 대해 많은 예를 제시하고 있다. 현재 이 책에서 지적된 농약을 비롯한 약품 등은 이미 사

용금지가 되어 있으며 문제의 질적 수준에도 큰 변화가 있었으나, 이 책에서의 문제제기를 계기로 환경문제가 본격적으로 대두되었다는 의미에서 지금까지 영향력을 유지하고 있다. 환경파괴의 문제는 인류의 역사와 함께 약 5만년에 걸쳐 진행되어 온 것이지만 우리 인간이 의식하기 시작한 역사는 이렇듯 불과 40년 정도에 지나지 않는다.

이러한 계몽적 의식을 필두로 1970년대에 미국을 중심으로 소위 에콜로지 운동의 철학적, 윤리학적 기반의 해명을 위한 활동이 일어나고 그 과정에서 환경윤리학이라고 하는 학문이 탄생하였다. 가토 히사타케(加藤尙武)에 따르면, 이 환경윤리학의 기본적 입장은 다음의 세 가지 - ① 자연의 생존권의 문제, ② 세대간 윤리의 문제, ③ 지구전체주의 - 로 요약된다.[1-2] 그는 이러한 기본적 주장에 대하여 반론의 가능성을 포함시킨 검증을 통하여 현대를 사는 우리들에게는 미래에 대한 책임이 있다는 점을 명시하고 있다.

[성장의 한계와 인간활동의 물리적 한계]

1972년 로마클럽(Club of Rome)에 의하여 『성장의 한계』라는 보고서[1-3]가 출판된다. 이 보고서에서는 인구증가나 환경파괴가 지금과 같이 진행된다면 21세기 중반에는 인류의 성장은 한계에 도달한다는 것이 과학적 시점으로부터 제시되어지고 있으며, 이를 피하기 위해서는 유한성을 전제로 지구의 규모 내에서의 인구증가나 경제활동 상황을 포함한 균형을 도모할 필요성이 있다고 논하고 있다.

한편, 물리적 법칙에 따라서도 인간활동의 한계는 규정되어지는 것으로, 에너지 보존법칙과 엔트로피 증가법칙의 두 가지의 규칙[1-4]에서 물질순환의 엔트로피 발생법칙이 유도되고 있다. 이에 따르면 하나의 계(system)인 지구환경 속에서 인간사회를 유지해 가기 위한 인간활동의 범위란 태양 에너지로써 구동되는 자연의 순환으로부터 재생 가능한 자원을 얻고 자연정화능력의 범위내의 폐열 · 폐기물을 자연의 순환시스템에 배출하는 것뿐이라는 것으로(그림 1-1), 엔트로피의 한계가 인간의 활동 가능 한계를 규정한다는[1-5] 사고가 나타나고 있다.

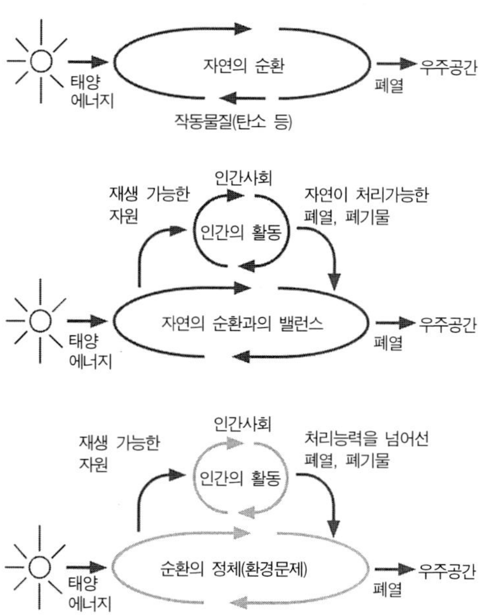

그림 1-1 자연의 순환과 인간활동의 관계

[지속 가능성을 향한 패러다임 전환]

이들 환경론의 전개와 병행하여 산성비, 오존층 파괴, 지구온난화, 이상기후 등의 지구의 환경변화가 현저화되기 시작한 것을 시작으로 1972년에는 스톡홀름에서 유엔이 지구환경 문제에 노력을 쏟은 최초의 회의 '유엔 인간환경회의'가 개최되게 된다. 그 후 본격적인 논의들이 이루어지게 되고 1981년에 레스터 브라운(Lester R. Brown)[1-6]에 의해 '지속 가능한 사회'가 제창된다. 이를 실현하기 위해 필요한 '지속 가능한 개발(Sustainable Development)'이라고 하는 단어에는 여러 가지 해석이 있을 수 있으나 현재 가장 일반적으로 인용되어 있는 표현은,

> '지속 가능한 개발이란 장래 세대의 요구를 만족시키기 위한 가능성을 해치는 일 없이 현 세대의 요구에 호응하는 개발을 수행하는 것' [1-7]

이라고 할 수 있다.

1992년에는 리우데자네이루에서 환경과 개발에 관한 유엔회의(유엔 지구정상회의)가 개최되고, 여기에서 채택된 리오 선언의 제1원칙의 서두에서도 '인류는 지속 가능한 개발을 위한 관심의 중심에 서 있다.'[1-8]라고 명기되어 있으며 이후 '지속 가능한 개발'은 오늘날의 지구환경 문제를 생각하는데 있어 가장 중요한 키워드가 되고 있다.

이렇듯 현세대만의 성장을 일차적인 목표로 하는 종래의 개발로부터 장래 세대로의 지속 가능성을 고려한 개발을 향한 패러다임의 전환변환이 모든 분야에서 요구되기 시작한 것이다.

● 지속 가능한 개발과 건축디자인의 영역

건축의 분야에서도 이러한 관점에서 환경문제에 대처하기 위해 지속 가능한 건축을 위한 여러 가지 방침이 발표되고 있다.

[지속 가능한 건축을 향한 지침]

지속 가능한 건축에는 지극히 다방면으로부터의 개념들이 포함되어 있다. 건축 관련의 사회적 조직이 표방하고 있는 방침에 한정하더라도, 예를 들면 일본건축학회에서는 새로운 시각으로서 - ① 자연과 지역, 도시를 연결한다 ② 에너지를 소중히 여긴다 ③ 자원을 소중히 여긴다 ④ 안전과 건강을 소중히 여긴다 ⑤ 세대를 연결하고 문화를 연결한다 - 라는 5가지의 항목[1-9]을 들고 있으며, 신일본 건축가협회(현 일본건축가협회)는 설계지침으로서 ① 자연(단열, 빛, 바람, 녹음, 물, 자연의 힘의 활용 등) ② 자원 및 에너지절약(구조, 재료, 지역환경, 부산물의 재인식 등) ③ 라이프 사이클(장기간의 활용 및 라이프 사이클의 관리 등) ④ 인간(인간에게 무해한 재료와 라이프스타일의 제안 등) ⑤ 거리 · 커뮤니티(역사를 계승하면서 재창조하고 도시에 자연을 회귀시키는 등)의 5가지 항목[1-10]을 들고 있다. 이상의 내용 이외에도 수

많은 분류방법이 있기 때문에 포괄적으로 논의하는 것은 불가능하지만 그 중 어느 것에도 포함되는 큰 테두리격의 지침으로서 자연과의 접속, 자원 및 에너지의 절약, 장수명, 안전과 라이프스타일, 역사와 문화의 지속이라고 하는 키워드의 정리는 가능할 것이다.

[지속 가능성을 향한 디자인의 영역]

이상의 항목들 중에서 본 절에서는 특히 건축디자인의 분야와 깊은 관계를 가지는 테마로-① 역사와 문화의 지속을 위한 문화재의 보존 ② 자원절약과 장수명을 목표로 한 재료와 건축의 재생 ③ 자연을 활용하는 디자인을 통한 소비에너지의 절감 ④ 건강 및 안전의 유지를 위해서 중요한 재해에 대한 디자인-이라고 하는 4가지의 시점으로부터 해설과 고찰을 해 나가기로 한다.

2_ 문화재의 보존과 활용

● 문화적 다양성의 계승

인류의 존속을 위해서는 미래를 향한 다양한 선택사항을 유지시켜 두는 것이 필수적이다. 생물계의 다양성과 같이 문화적 다양성(cultural diversity)[2-1]을 보존하는 것도 또한 지속성에 있어서 불가결한 요소이며, 이러한 의미로 다양한 문화를 전달해 주는 문화적 건조물들을 지키는 것은 중요한 노력중의 하나가 된다.

그렇다면 문화재를 보호한다는 것은 근본적으로 어떠한 의미를 가지는 것일까? 일본의 문화재보호법[2-2]에서는 제1장 1조에서,

> '이 법률은 문화재를 보존하고 나아가 그 활용을 꾀하는 것으로 국민의 문화적 향상에 이바지 하는 동시에 세계문화의 진보에 공헌하는 것을 그 목적으로 한다.'

라고 규정되어 있다. 여기에는 보존뿐만 아니라 활용까지를 도모하는 것이 문화재 보호의 목적이라고 명기되어 있는 것이다.

그러나 그 반면 건축을 계속적으로 사용하면서 보존하는, 다시 말해 보존하면서 활용한다는 점의 어려움도 부각되고 있다.

● 문화재 건조물의 보존과 활용

건축가인 다하라 유키오(田原幸夫)[2-3]는 보존의 대상에 손질을 가한다는 의미로 '인터벤션(Intervention)'이라는 용어를 사용하면서,

> '보존에는 유지 및 보전에서 재건(복원)까지 다양한 수준에서의 인터벤션이 필요한 것으로, 현재의 우리에게는 그 수준을 어떤 정도로 선택해야 하는가가 새로운 문제로 대두되고 있다.'[2-4]

고 지적하고 있다(그림 2-1).

프랭크 로이드 라이트에 의해 설계된 야마무라 하우스(YAMAMURA House, 그림

	미국 Fitch의 분류	영국 Feilden의 분류	대역(안)
소 ↑ 인터벤션의 정도 ↓ 대	preservation	prevention of deterioration preservation	보호／보존
	conservation and consolidation	consolidation (or direct conservation)	보존／보강
	reconstitution		재조합／재구축
	adaptive use	restoration rehabilitation	수복／활용
	replication (모사품) reconstruction	reproduction (현존하는 것의 복사, 복제) reconstruction	복원 재건

그림 2-1 다양한 인터벤션의 수준

그림 2-2 프랭크 로이드 라이트, 야마무라 하우스

2-2)는 1988년에 보존 및 수리가 이루어진 이후 고베 대지진의 피해를 입게 되나 1998년에 다시 수리되어 현재에도 일본의 중요문화재로서 당초의 원형성을 유지하고 있다. 그러나 이러한 좋은 예가 있는 반면 외관만을 비슷하게 한 표층 수준에 머무르는 건축보존의 예(그림 2-3)도 많이 발견되어진다.

보존에는 복원을 포함하여 어떠한 행동이 이루어진다는 의미가 되는데 역사적인 건축물의 보존이란 근본적으로,

"타인의 작품"에 손을 가한다 … 가장 미묘하고 첨예한 문화적 행위' [2-5]

라는 인식이 요구되는 행위인 것이다.

● **근대화 유산의 보존과 활용**

최근에는 역사적인 전통건축뿐만 아니라 근대산업의 유적에 대해서도 보존이 이루어져야 한다는 주장이 일어나고 있다.

독일의 사진가 베른트와 힐라 베허 부부(Bernd & Hilla Becher)는 2차대전 이전의 건조물이나 공업 플랜트를 유형학적으로 제시함으로써 사진에서의 포스트모더니즘의 선구적 거장으로서 인정받고 있다.[2-6] 이들의 활동이 계기가 되어 1980년대 이후에 산업건축의 미학이 재평가되기 시작하여 문화재에 대한 범위나 문화재를 바라보는 시각에 변화가 일어나게 되었다(그림 2-4).

일본에서도 1997년 이후 '문화재 등록제도'[2-7]가 도입되어 문화재의 개념에는 산업, 교통, 토목, 유산 등의 '근대화 유산'(그림 2-5)까지를 포함하는 범위까지의 확대가

그림 2-3 미즈호은행 교토중앙지점

그림 2-4 공원으로 보존되어진 철공소 철거지

그림 2-5 비와호(琵琶湖)의 수로각

그림 2-6 파리의 마레보쥬 광장(Marais-Place des Vosges)

그림 2-7 시라카와 오기쵸의 집락의 합장조 가옥군

그림 2-8 합장조의 건축을 모사한 철도역사

이루어지고 있다.

● 거리경관의 보존과 활용

한편, 보존의 범위를 세계에서 처음으로 단일체의 건축물로부터 군으로의 건축에까지 확대하여 오래된 건축이나 도시의 보존을 도시재생의 수단으로서 위치를 부여한[2-8] 것은 1962년에 프랑스에서 제정된 '말로법'(보존지역법)[2-9]이다(그림 2-6). 일본에서도 1975년에는 문화재보호법이 개정되어 '전통적 건조물군'의 개념이 도입되고 거리경관의 보존이 도모되었다.

1976년에는 일본에서 처음으로 중요 전통적 건조물군 보존지구로 지정된 지역의 하나로서 합장조의 집락(그림 2-7)으로 알려진 기후현(岐阜縣)의 시라카와무라(白川村) 오기쵸(荻町)라는 지역이 있다. 험한 시라야마(白山)의 산맥이 가로막고 있고 당초에는 방문자의 수도 적어 독특한 문화와 경관이 유지되어 왔으나, 1995년에 세계문화유산으로 등록되고 2002년에는 고속도로가 개통되면서 연간 70만 명 전후였던 관광객 수가 절정기에 150만 명 이상에 달하게 되었다. 지금은 합장조의 가옥들의 형태는 보존되어 있으나 관광산업이 진출함에 따라 이를 모방한 관광시설(그림 2-8)이 불어나기 시작하여 '농촌지역의 [과소화]는 커녕 새로운 의미에서의 [도시화]가 시작되었다'[2-10]라고 지적될 정도로 질적인 변용이 생기기 시작하였다.

거리경관의 보존에 있어서는 특히 변화가 계속되는 생활환경을 내포하는 형태가 되기 때문에 진정성(Authenticity, 진정한 가치)[2-11]과 관광화 및 근대화의 사이에서 보존의 개념을 어느 정도수준의 위치에서 정립시킬 것인가가 항상 문제가 되는 것이다.

3_ 재활용과 재사용

앞에서 언급한 문화재의 보존도 건조물을 폐기하지 않는 의미에서 본다면 재활용이나 재사용에 해당하지만, 재료나 건축을 재생하고 건설폐기물을 삭감한다는 의미로서 건축디자인의 분야가 대처해야 할 새로운 과제가 본 절에서 다루고자 하는 내용이다.

건축물은 인간활동에 의해 생산되는 것들 중에서도 특히 규모가 크고 폐기될 때

그림 3-1 K저택

그림 3-2 보체크 무대디자인

에는 그만큼 환경에 주는 영향도 큰 것으로 지적되고 있다.[3-1] 이러한 과제에 대처하기 위해서는 재활용(recycle)과 재사용(reuse)이라고 하는 두 가지 관점에 입각하여 건축재료적 측면에서의 대처와 건축의 전체적 수준에서의 재생에 대한 노력이 중요하게 된다.

● **재료의 재활용과 재사용**

재료의 재활용이란 정확하게는 한번 파쇄나 용융 등의 과정을 거쳐 원료화하여 다시 생산라인으로 보내는 '재생이용'을 가리키고, 재사용이란 원형 그대로를 계속 사용한다거나 빈 용기 등을 생산라인으로 돌려서 반복하여 사용하는 의미로 정의된다.[3-2] 어느 쪽이든 자원을 활용할 수 있는 횟수가 늘어남을 의미하는 것으로 활용분량만큼 폐기물의 감량과 직결되게 된다.

[재료의 재활용과 디자인]

재활용된 재료를 건축에 도입하는 노력은 이미 일반적으로 실천에 옮겨지고 있다. 이토 도요의 2000년에 발표된 사쿠라죠우스이(桜上水) K저택(그림 3-1)은 재활용이용한 알루미늄을 구조재를 포함한 건축의 주요재료로서 사용한[3-3] 사례이다. 최근에는 여러 가지 폐기물의 콘크리트 원료로의 이용도 실용화되고 있거나,[3-4] 종래에는 재활용이 곤란한 것으로 여겨졌던 폐목재를 원료로 한 구조재까지 개발되는 등 폐기물의 원료화를 통한 재료의 재생이 진척되고 있다.

그러나 특히 재활용(재생이용)의 경우는 폐기물을 원료화 할 때와 다시 제품으로 가공할 때에 많은 에너지를 필요로 하는 케이스도 있어 역으로 엔트로피를 증대시켜 버릴 가능성이 있다는 점[3-5]에도 주의할 필요가 있다.

[재료의 재사용과 디자인]

한편, 재료의 재사용도 기본적으로 인간사회 내부에서만의 순환이기 때문에 몇 번인가 순환된 이후에는 폐기[3-6]되는 것이지만 적어도 폐기될 때까지 시간을 늘리는 효과[3-7]는 존재한다.

현재에도 고재료 문화의 모임이라고 불리는 조직[3-8] 등을 통해 유지되고 있는 것으로서, 목조건축을 해체했을 때에 나오는 고재료를 새로운 건축에 계승하여 사용하

그림 3-3 쿠라시키 아이비 스퀘어

는 방법 중 하나로 기와리(木割)[3-9]라고 불리는 표준적인 치수체계를 가지는 일본의 전통적 수법이 존재한다.

대량으로 폐기되는 페트병의 재사용도 시도되고 있다. 알반 베르크(Alban Berg)의 오페라 『보체크(Wozzeck)』를 위한 안도 다다오가 설계한 무대디자인(그림 3-2)에서는 페트병 약 44,000개로 구성된 무대의 배경[3-10]이 인상적인 연출장치를 만들어 내고 있다. 시게루 반(坂茂)은 페트병 스트럭처를 발표하고 이를 실제의 구조에서도 이용하는[3-11] 시도를 하고 있다.

여기에는 종래에 이용되지 않던 폐기물들을 적극적으로 디자인의 요소로서 살려 낸다고 하는 새로운 시점이 제시되어 있는 것으로 생각할 수 있는 것이다.

● 건축의 전용(Conversion)

건조물 그 자체를 폐기하지 않기 위하여 그 의미나 목적을 시대에 입각하여 재해석, 전용(Conversion)하는 것은 디자인을 통하여 건축이나 건조물 그 자체의 재사용을 가능하게 하는 설계행위라는 평가가 가능하다.

[건축의 전용]

구라시키(倉敷)의 아이비 스퀘어(그림 3-3)는 일본의 역사적 건축물(구라시키 방적공장)을 대규모로 전용(호텔 등)하여 사용하는 선구적 사례[3-12]로 평가되고 있다. 한편, 현대건축의 전용의 예로는 이소자키 아라타의 초기의 대표작으로 알려진 구 오이타현립도서관을 들 수 있다. 1966년에 준공된 이후 30년간 사용되어 왔으나 1996년의 현립도서관이 신축, 이전됨에 따라 토지와 건물이 오이타시에 양도되고 현재는 오이타 아트 플라자(그림 3-4)로 전용되어 시민들에게 개방되고 있다.[3-13]

[토목 기반시설의 전용]

앞 절에서도 언급된 것처럼 문화재의 개념은 근대화의 유산에까지 확대되고 있으며, 토목 기반시설(infrastructure)에 대해서도 건축의 경우에서처럼 전용을 통해서

그림 3-4 현 오이타 아트 플라자

그림 3-5 청소공장을 전용한 홀의 외관

그림 3-6 쓰레기 피트를 재생한 이벤트 홀

재사용되는 예가 나타나기 시작하고 있다.

덴마크의 Forbrandingen(그림 3-5)에서는 헐릴 예정이었던 청소공장이 폐쇄성과 방음성을 갖춘 대규모의 내부공간을 갖추고 있다는 특성을 살려 현재는 음악 이벤트 홀(그림 3-6)로 전용되고 있다. 역시 동일한 덴마크의 Cistern Museum and Art Gallery에서는 원래 저수조의 기능으로서 공원의 지하(그림 3-7)에 만들어진 칠흑과도 같은 거대공간이 자유로운 빛의 연출이 가능하고 습기에도 강한 유리 예술품을 위한 미술관(그림 3-8)으로 전용되고 있다.

인간의 생활 기반을 유지해 온 이들 토목 인프라시설은 때로는 폐시설로서 평소 보이지 않은 장소에 지어지거나 혹은 눈에 띄지 않도록 설계되는데, 이들 시설의 전용이 이루어지고 있다는 점은 현재의 생활이 거대한 도시기반에 의해 유지되어 있다는 사실을 공개함으로써 환경문제에 대한 관심의 시선을 지속시키는 효과도 동시에 기대되는 것이다.

[탈블랙 박스의 디자인]

패시브 디자인[3-14]의 연구자인 고다마 유우이치로(小玉裕一郎)는 에너지절약을 위해서 외부와 차단성을 확보하는 것과 인간의 환경에 대한 의식을 지속시키는 것과의 사이에는 딜레마가 존재한다고 하면서,

> '환경이 오염됨으로써 발전의 잠재력이 약화되어 온 것은 인간의 환경에 대한 무관심이 초래한 결과이므로, 우리는 더욱 환경의 변화에게 민감하게 대처해야 하며 환경의 관리자(steward)로서 환경과의 호응관계를 유지해야 한다는 주장에는 설득력이 있다.'[3-15]

라고 하면서 환경과 건축을 분리하여 생각하는 것이 아니라, 환경으로의 시선을 지속적으로 연결시키는 건축디자인의 중요성을 지적하고 있다.

최근에는 이러한 사고가 더욱 진척되어 전용 이전의 단계에서부터 환경문제의 실상을 공유하기 위한 디자인이 모색되기 시작하고 있는 추세이다.

하야카와 구니히코(早川邦彦)는 동경의 치토세(千歲) 청소공장 설계의 1차 안에서 통상은 블랙박스 속에 배치되는 플랜트를 외부에서도 자유롭게 볼 수 있는 유리마감으로 하는 제안(그림 3-9)을 구상하였다. 여기에서는 도시가 안고 있는 폐기물

그림 3-7 간소한 텐트로 이루어진 지하로의 입구

그림 3-8 Cistern Museum and Art Gallery의 내부

그림 3-9 치토세 청소공장 1차안

그림 3-10 신우메다시티의 기계실 디자인

그림 4-1 케임브리지 대학 수리과학센터

의 문제가 방대한 처리능력을 필요로 하는 장치들에 의존하고 있다는 사실을 디자인을 통해서 일반인들에게 공개함으로써 자신들의 활동이 환경에 영향을 주고 있는 사실을 의식하는 계기를 제공하는 것을 목표로 하고 있는 것이다.[3-16]

이와 유사한 시도는 하라 히로시가 신 우메다 시티(우메다 스카이 빌딩) 지하의 기계실의 디자인에서 설비 플랜트에 색을 입히고(그림 3-10) 일반에게 공개하고 있는 점[3-17]에서도 찾아볼 수 있다.

4_ 에너지절약과 디자인

지속 가능한 건축을 위해서는 건물을 운용할 시의 소비 에너지를 최소화하는 것도 중요한 점으로 작용한다. 이는 에너지를 필요로 하는 설비기기 등에 의지하는 것 뿐만 아니라 디자인상의 연구를 통하여 자연과 접속시킴으로써 ① 통풍과 환기, ② 단열과 난방, ③ 일사와 채광을 패시브(수동적)하게 조절한다는 것으로 건축의 디자인에도 큰 영향을 미치는 과제가 되고 있는 것이다.

● 통풍 · 환기와 디자인

전통적인 일본의 도시주거인 교토의 교마치(京町)의 거리에는 제한된 협소한 공간 속에 바람을 끌어들이기 위한 고민이 반영되어 있다. 거리의 상가의 안쪽에 배치되고 있는 정원에는 개구면적의 차이나 음영에 의한 온도차[4-1]에 의하여 대로와의 사이에 기압의 차이가 만들어지고, 이로 인하여 실내로 바람을 인도하는 효과를 가져오고 있다.[4-2] 최근에는 지붕 위로 굴뚝형상의 고창(Heat Chimney)을 설치하여 상승기류를 통한 흡인력을 통하여 실내의 환기를 해결하는 방법도 사용되고 있다(그림 4-1). 렌조 피아노의 쟝 마리에 지바우 문화센터(Jean-Marie Tjibaou Cultural Center, 그림 4-2)

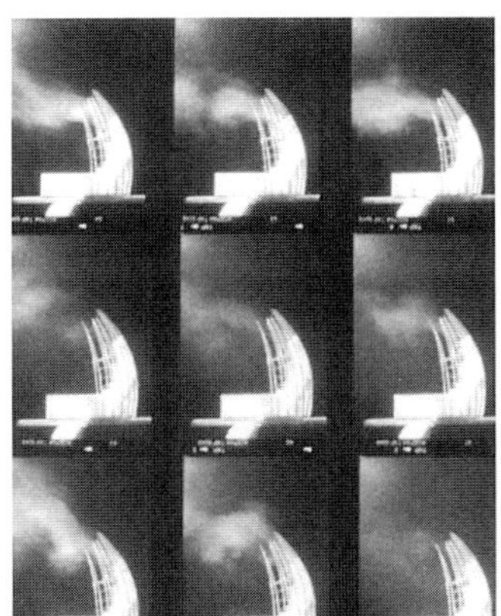

그림 4-2 지바우 문화센터 풍동 모형

에서도 같은 시도를 발견할 수 있는데, 토지의 전통적 민가를 상징하고 있는 프레임은 동시에 패시브한 환기시스템으로도 그 기능을 수행하고 있다. 기류의 설계를 통하여 상징성과 기능성을 갖춘 디자인이 도출되기 시작하고 있는 것이다.

● 단열 · 난방과 디자인

유라시아 대륙 북방지역의 고대주거에서는 지붕에 흙을 올리고 풀을 심어 추위를 견디는 전통이 있었다고 일컬어진다.[4-3] 오늘날의 녹화지붕에는 흙과 식물의 단열 · 방열 효과를 통하여 실내기후를 안정시킴으로써 냉난방 에너지를 절감할 뿐만 아니라, 식물로부터의 수분증발을 통하여 도시내 기온의 저감효과나 또는 녹화를 통해서 자연과 인간과의 관계를 회복한다는[4-4] 의미도 가지고 있다(p.281 13장 타이틀 그림). 현재는 제도적으로도 권장되고 있으며[4-5] 대규모 건축에서도 적용되고 있는 한편, 지붕뿐만 아니라 수직벽면의 녹화도 시도되고 있어(그림 4-3) 디자인적인 면에서도 앞으로의 발전이 기대된다.

반대로 태양열을 적극적으로 활용하여 건축의 에너지로 사용하는 수법도 실천에 옮겨지고 있다. OM Solar System[4-6]은 지붕에서 달구어진 공기를 겨울에는 난방, 여름에는 온수공급에 이용하는 첨단시스템으로 상승기류를 모으기 위한 구배지붕과 큰 기둥과도 같은 수직덕트(그림 4-4)가 디자인 특징을 만들어내고 있다.

● 일사 · 채광과 디자인

빛은 건축에 있어서 중요한 디자인적 요소인 반면에 이를 컨트롤함으로써 실내환경을 최적의 밝기와 일사량으로 유지하는 것은 기능적인 요구조건의 하나이기도 하다.

그림 4-3 다이치 만국박람회 Bio Lung

그림 4-4 OM Solar System 겨울철의 공기의 흐름

그림 4-5 Mill Owners' Association Building의 브리즈 솔레이유

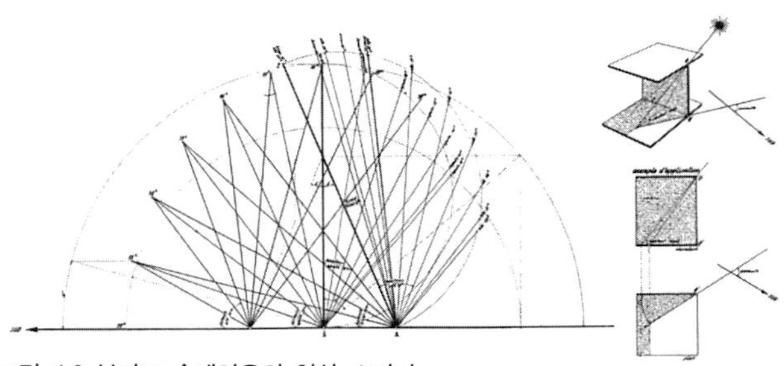

그림 4-6 브리즈 솔레이유의 형상 스터디

일본의 고전건축에서의 발은 전통적인 차양기능의 도구[4-7]이며 차실을 빛이 연출해내는 의장공간이라고 해석하고 있는 미야카와 에이지(宮川英二)는 다회에 있어서의 발의 역할에 대해서,

'다회의 전반은 발에 의하여 빛은 약한 상태로 유지되고 조금 부족한 빛에 의해 족자의 아름다움을 음미할 수 있게 된다. 후반에는 밝고 선명하게 항아리나 꽃을 즐길 수 있다. 빛은 가라앉듯 혹은 흐트러지듯이 변화를 연출하게 되는 것이다.'[4-8]

라고 하면서 가벼운 조작을 통해 각 장면에 적합한 빛을 얻을 수 있는 조광장치로 그 위치를 부여하고 있다.

르 코르뷔지에의 작품에서 보여지는 '브리즈 솔레이유(brise soleil)'(그림 4-5)는 대지에서의 태양고도를 바탕으로 치수와 각도가 설정되어(그림 4-6) 한낮의 강한 햇빛을 선택적으로 차단하는 패시브한 필터의 역할을 하고 있다. 현대건축에서는 아랍문화연구소의 남측 파사드(그림 4-7)와 같이 아랍 문양의 가동 다이어프램(diaphragm, 동작은 전동으로 이루어진다)에 의해 빛의 조절을 시도한 예도 찾아볼 수 있는데, 이 장치는 디자인적 표현수단의 기능도 동시에 수행하고 있다.

● 에너지를 향한 시선과 디자인

본 절에서는 인간의 의식에 작용하는 의장표현이 수행할 수 있는 역할에 대해서 간단히 살펴보고자 한다.

현 시점에서 실용화되어 있는 에코 자동차(Eco Car)의 많은 경우에서는 시스템의 가동상황이나 연비를 순차적으로 모니터링 할 수 있는[4-9] 콘솔 패널(그림 4-8)이 설치되어 있다. 이는 눈으로 확인하기 어려운 에너지의 소비상황을 표시하기 위해 고안된 것으로, 사용자의 조작이 어떻게 시스템이나 환경(연비 등)에 영향을 미치는지를 자연히 의식할 수 있게 해주고 있는 것이다.

그림 4-7 아랍문화연구소의 내부로 들어오는 빛

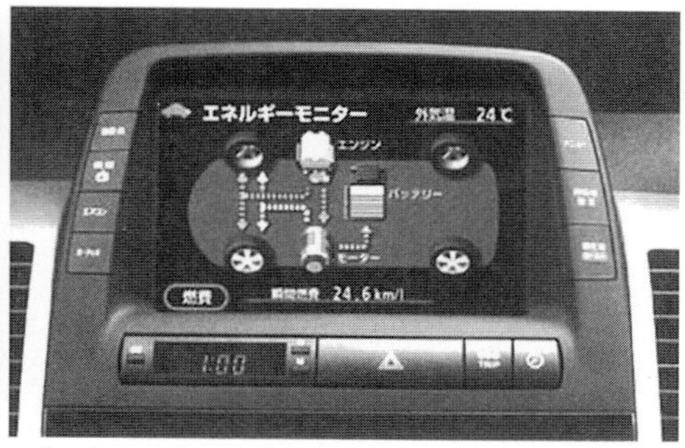

그림 4-8 프리우스의 콘솔 패널

사람이 환경과 호응하면서 존속하기 위해서는 인간과 자연과의 사이에 회선이 열려 있는지가 중요한 점이 된다. 건축분야에서도 사용 에너지가 환경에 미치는 영향 등을 정보 혹은 그보다 발전된 이해하기 쉬운 형태로 변환시켜 사람들에게 전달이 될 수 있다면 이 또한 건축디자인의 분야가 공헌할 수 있는 범주가 되는 것이 아닐까?

5_ 방재로부터 감재(減災)를 위한 디자인

건축을 지속시킨다는 관점에서 사람의 생명을 위협하는 재해에 대해서도 '살아남을 수 있는' 성능을 가지는 것이 필수적이다.

힘에 의한 현상에 대하여 근대의 기술은 힘으로 대항하는 것을 시도해 왔으나 재해는 언제나 상상을 초월하는 힘을 가지며, 역으로 커다란 위협이 되어 이를 무너뜨려 왔다. 힘에 의해 극복할 수 있었던 현상은 재해로는 부를 수 없는 것이고, 이를 넘어서는 현상이 되었을 때에 비로소 재해라고 불리게 되기 때문이다.

근래에 들어서는 재해를 억누르려 했던 종래의 방재 사고방식으로부터 재해를 불가피한 것으로 인정하고 최소한의 피해로 극복하자고 하는 '감재'의 사고방식이 재평가되기 시작하였다.[5-1] 이 사고방식은 전통적인 지혜나 문화[5-2]를 통하여 축적되어 온 것이다.

여기에서는 ① 지진, ② 화재 ③ 풍수해의 세 가지 재해를 대상으로 역사적인 사례들 속에서 보여지는 견해나 그 사고방식을 현대적 시점에서 되살리는 것을 목표로 하는 재해를 '받아 넘긴다'는 사고방식과 그 사례에 대해서 소개하고 고찰하고자 한다.

● 지진과 디자인

지진은 건축이 높이를 추구할 때에 항상 장애가 되는 요소이다. 1923년의 관동대지진에서는 많은 근대건축들이 지진에 의해 파괴되었는데, 야나카(谷中)의 5층탑을 비롯한 목조의 탑들은 부드럽게 휘어짐으로써 진동 에너지를 흡수하는 구조 덕분에 무사히 버텨낼 수 있었다고 한다.[5-3]

그로 인하여 지진의 피해 이후에 강건한 구조로 흔들림에 대항하자는 '강구조'파와 탑과 같은 '연구조'파의 사이에 논쟁이 일어나게 된다. 당시는 기술적인 제약 등으로부터 강구조가 주류가 되고 건축의 높이는 31m 이하로 제한되게 되었는데, 이후 제2차대전 이후 연구조의 연구가 진일보하여 1963년에는 높이제한이 철폐되었다. 일본 최초의 초고층건축이라고 불리는 가스미가세키 빌딩(147m)이 완성된 것은 그로부터 5년 후였다. 현재 일본에서 가장 높은 빌딩은 1993년에 완공된 요코하마의 랜드마크 타워(296m, 그림 5-1)인데, 여기까지 도달하게 된 과정을 살펴보면 지진에 대한 기술은 '내진'으로부터 시작되어 지진력을 억제 또는 제어하여 그 에너지를 흡수하는 '제진' 혹은 '면진'이라고 하는[5-4] 힘을 전달하여 넘기는 사고방식까지 발전되어 있다.

한편, 지진에 약하다고 여겨지는 목조건축에서도 나무의 특성을 살림으로써 성능을 향상시키고자 하는 시도가 진척되고 있다.

전통적인 목축구조에 의한 건축은 기둥과 대들보 혹은 인방과의 사이에서 생겨나는 마찰력이나 기둥 등의 경사 복원력에 의해 흔들림을 흡수하는 특징을 가진다.[5-5] 이러한 특성을 강화하는 수법의 하나로서 수직·수평부재가 교차하는 부분에 댐퍼를 짜 넣어 흔들림의 감소효율을 높이는 방법이 시도되고 있다.[5-6]

오늘날의 고층빌딩이나 새로운 목조건축 보강의 사고방식은 흔들림을 흡수하여 흘려버린다고 하는 전통적인 고안법에 의해 유지되고 있는 것이다.

● 화재와 디자인

일본의 전통건축이나 도시가 세계에 내세울만한 특질 중 하나로서 나무를 최대한으로 활용하고 있다는 점을 들 수 있으나, 동시에 대두되는 문제점은 불타기 쉬워

그림 5-1 요코하마 랜드마크 타워

그림 5-2 GC오사카 영업소 빌딩

화재에 약하다는 점에 있다고 할 수 있다.

다음에서는 대규모 재해와 연결되는 화재를 최소로 하기 위한 - ① 화재피해를 최소한으로 하는 건축 ② 화재발생시에도 제어 가능한 환경 만들기 - 라고 하는 두 가지의 접근방법에 대해서 고찰하도록 한다.

[화재피해를 최소한으로 하는 건축의 시도]

화재에 대한 대책으로서는 건물을 불연화하는 것이 일반적이나 피해에 의한 손실을 최소한으로 막는다는 사고방식도 존재한다.

근세 이전의 일본의 교토는 목조가옥이 밀집하여 큰 화재에 극도로 취약한 도시구조를 가지고 있었기 때문에 반복되는 화재의 경험을 통하여 이를 다시 부흥하는데 드는 비용에 곤란을 겪게 되어 '임시가옥건축'이라고 불리는 건축이 만들어지던 시기가 있었다. 이는 적은 공사비로 신속하게 대량생산을 하기 위해서 규격에 맞추고 입수하기 쉬운 재료를 사용하여 노력과 재료의 경제성을 추구하였던 부흥건축으로 여겨지고 있다.[5-7]

반면에 구조적인 손실을 염두에 둔 '단면현상 내화설계법' 역자주 : 원명칭은 '燃えしろ設計모에시로 설계'. 내화건축물에서 정해져 있는 내화시간을 목재의 단면형상을 크게 함으로써 해결하는 수법 [5-8]이라고 불리는 수법도 존재한다. 목조의 대단면구조에서 이용되는 경우가 일반적으로 시게루 반의 GC오사카 영업소 빌딩(그림 5-2)에서는 집성재를 철골구조에 대한 내화피복으로 사용하여[5-9] 빌딩구조의 새로운 표현이 시도되고 있다.

이들 수법과 정반대의, 이른바 불타지 않게 하기 위한 전통건축 양식이 흙벽창고 등에서 볼 수 있는 '흙칠조'이다. 오오타 히로타로에 따르면, 근세 이전의 에도에서는 창고의 건축에 대하여 포고문이 공지되어 주위에 방화용수를 갖추고 다른 건물들과 분리함으로써 연소를 막거나 창고간의 거리도 떼어 놓고 있으며, 결국에는 지붕까지 흙을 칠한 흙벽창고(그림 5-3)로 만드는 것이 권장되기까지 이르렀다고 언급하고 있다.[5-10]

현재의 일본에서의 건축기준법이나 도시계획법에서도 기존의 전통적인 목조건축

그림 5-3 일본의 풍속화에 그려진 불타고 남겨진 흙벽창고

양식은 화재에의 취약성을 이유로 부적격한 것으로 판단되는 경향이 있다. 그러나 하세미 유우지(長谷見雄二)를 비롯한 사람들의 연구에 의해 기존의 전통건축의 실태에 입각한 외벽, 처마부, 개구부의 방화개수에 대한 지침이 규정되고 있어[5-11] 기존의 전통건축이라도 확실하게 대책을 더함으로써 흙칠조의 벽 등의 방화성능이 최대한 발휘되도록 하는 것이 가능해지는 등 전통적인 건축이 가지는 근본적인 성능도 재평가되기 시작하고 있다.

[화재발생시에도 제어 가능한 도시환경 만들기]

한편으로 지진에 의한 화재 등의 대규모 복합재해에 대한 대책으로는 하천이나 수로, 연못이나 바다, 우물물이나 우수의 저류조 등 재해 시에도 물이 끊이지 않는 지역에 기존의 자연적인 수리시설을 재생시켜 공설소방기구에 의한 소화활동뿐만 아니라 재해시에 현장에 남겨진 지역시민이 자력으로 실시할 수 있는 초기소화를 중요시하는 안전한 환경을 정비하는 것[5-12]도 중요한 테마가 된다.

일본 기후현(岐阜縣)의 구조하치만(郡上八幡)이라는 지역에는 주변의 요시다(吉田)강 등으로부터 취수되는 시마타니(島谷)용수를 비롯한 5개의 전통적인 용수로(그림 5-4)가 정비되어 있다. 현재도 제방 등의 섬세한 물 관리기술에 의해 컨트롤되고 있으며 중요 개소에는 수로에서 분기된 방화수조나 수로상의 저수조가 배치되어 실제로도 이들 물로 몇 번이나 화재를 막아 왔다. 수로변의 소공원(그림 5-5)이나 세척장은 평상시에 커뮤니티 활동의 유지에 공헌하는 지역거점으로도 기능을 다하고 있다.

이는 목조건물이 만들어내는 가로경관을 화재로부터 지켜내고 풍부한 물이 있는 아름답고 안전한 지역 만들기를 실천한 하나의 전통적이자 그와 동시에 선진적인 사례라고 평가할 수 있다.

그림 5-4 수로 및 처마끝에 달려 있는 방화용 버킷

그림 5-5 수로에 설치된 저수공간과 포켓 공원

● 풍수해와 디자인

온대돈순 기후에 속하고 바다에 둘러싸인 일본은 한편으로 긴 풍수해의 역사를 가지고 있다.

[수해대책과 디자인]

최근까지의 하천정비는 범람하는 강을 호안으로 다지고 넘치는 강물을 억제하는 방향으로 진척되어 왔다. 그러나 2002년 11월의 국토심의회에서 국토를 둘러싼 제반정세를 상시 수집하고 분석하는 '국토의 모니터링'의 필요성이 제언되면서 많은 자치단체에서 지금까지 비공개로 다루어졌던 '홍수의 해저드 맵'[5-13]이 공표되기 시작하게 된다. 이 현상은 공공에 의한 대규모 방재사업에도 한계가 있다는 것을 행정측 자신이 인정하기 시작한 결과로 해석할 수 있는 결과였다.

세계적으로 그 디자인이 높게 평가되고 있는 가츠라리궁은 인접한 가츠라 강(桂川)의 범람 위험에 항상 노출되어 왔다. 제방가의 경계영역에 작은 대나무류로 만들어진 울타리가 설치되어 있는데, 이는 빽빽이 심어놓은 대나무를 그대로 이용하여 일정한 높이로 짜낸 울타리이며, '계수나무 울타리'(그림 5-6)라고 불리는 이궁 역자주 : 임금이 국도의 왕궁 밖에서 머물던 별궁의 독특한 형식을 만들어내고 있다. 일부러 틈새공간을 확보해 놓음으로써 가츠라 강의 범람 시에는 토사를 걸러내면서 물이 천천히 흘러나오도록 함으로써 물살을 억제할 수 있도록 고안된 것이라고 일컬어진다.[5-14] 내부의 서원 건축도 고상식(그림 5-7)으로 형성되어 바닥의 높이까지 가츠라 강의 홍수를 계산해서 설정된 것이라고 여겨지고 있다.

이러한 수법들에 의하여 1641년에 가츠라리궁이 재건된 이래 수해에 대하여 근대적인 토목기술이 없었던 시대까지 포함하여 서원은 한번도 홍수에 의한 붕괴나 침수의 피해를 받지 않았던 것이다.

[풍해대책과 디자인]

수해의 경우와 같이 일본에 있어서 비교적 자주 일어나는 재해로서 태풍으로 대표되는 바람에 의한 재해를 들 수 있다.

그림 5-6 고토 가츠라강의 서측 강변을 향하고 있는 계수나무 울타리

그림 5-7 가츠라리궁의 고상식 서원

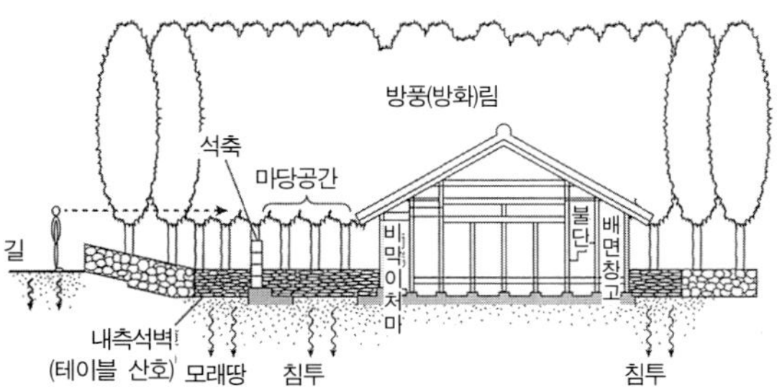

그림 5-8 오키나와 도나키섬 민가의 배치단면도

그림 5-9 대지 주변에 조성된 방풍림

태풍의 발생지역에 가깝고 거의 매년 폭풍의 피해를 입어 온 오키나와 지역에는 전통적인 촌락의 형태 속에 바람에 대항하기 위해 고안된 수법들을 발견할 수 있다. 도나키(渡名喜)섬의 전통주거는 바람에 날려가지 않도록 무거운 기와에 회흙을 칠한 고정된 낮은 지붕을 가지고 있으며, 대지의 주위에도 낮은 돌담을 둘러쌓고 나아가 대지 자체의 레벨을 파 내림으로써 돌담의 높이에 건물 처마고를 조금이라도 가깝게 하는 수법이 행해지고 있다(그림 5-8). 이들 수법은 측면에서 강하게 부는 바람을 직접적으로 받는 면적을 최대한 작게 함으로써 바람의 힘을 흘려보내기 위한 고안법이라고 생각할 수 있다. 그와 함께 대지의 주위에 심어놓은 방풍림(그림 5-9)도 힘을 완전히 막는 것이 아니라 앞서 말한 계수나무의 울타리에서와 같이 약화시키는 사고에 입각한 대책으로서 평가할 수 있다.

이상에서 살펴본 것과 같이 재해에 대한 완벽한 방어가 아닌 피해를 허용하면서도 최소한으로 억제하기 위한 디자인은 전통적인 지혜로서 공유 및 축적되어 옴으로써 아름다운 풍경과 문화를 형성해 왔다. 이러한 감재의 사고방식은 건축과 자연환경과의 융화라는 관점에서도 오늘날 중요한 키워드가 되고 있는 것이다.

문 제 집

Questions

01 근대의 건축

① 산업혁명에 의해 농업으로부터 (1 :   )을 중심으로 한 사회구조로 변화되고 새로운 직업을 구하는 사람들이 유입되어 (2:   )화가 진척되었다.

② 근대로의 이행에 따라 (1 :   ), (2 :   ), (3 :   ) 등의 새로운 건축과제 (「용」)가 나타나게 되었고, 또한 재료나 기술적인 면에서도 (4 :   )나 (5:   )에 관한 소재와 구조 (「강」)면에서의 연구가 발전하였다.

③ 양식을 중심으로 파악되어 온 건축의 「미」에 대해서는, 『건축시론』을 저술한 (1:   )이나 『건축교과과정의 개요』의 저자 (2 :   ) 등에 의하여 양식을 넘어선 건축의 보편적인 원리를 추구해야 한다는 논의가 제시되었다.

④ 윌리엄 모리스 등에 의한 (1:   )은 (2:   )에 의한 대량생산을 부정하고 수공업의 중요성을 주장하였다. 또한 그들의 작품을 통하여 생활 전반을 종합적으로 예술화한다는 의도는 로비 하우스를 설계한 (3:   )를 비롯한 다양한 건축가들에게 영향을 주게 되었다.

⑤ 아르누보의 대표적인 건축가와 그 작품의 한 가지 예를 들어보시오.

⑥ 와그너가 『근대건축』에서 제시한 「필요양식」의 세 가지의 요점은 (1:   )의 정확한 파악, (2:   )의 적절한 선택, 그리고 간결하고 경제적인 (3:   )였다.

⑦ 건축가 (1:   )는 그의 논문 『(2:   )』에서 「문화의 발전이란 실용품으로부터 장식품을 배제하는 것과 같은 것이다」라고 언급하였다.

⑧ 「형태는 (1:   )을 따른다」라고 한 건축가 (2:   )는 삼단구성의 중앙부를 반복시키는 (3 :   )건축의 새로운 형태를 제시하였다.

⑨ 러시아에서는 기존 사회로부터의 변혁을 건축의 디자인으로서 표현하고자 하였다. 이 운동을 (1 :   )주의라고 부르며, 그 대표적인 건축가로서 (2 :   )을 설계한 타틀린, 레닌 연구소를 계획한 (3:   )를 들 수 있다.

⑩ 데 스틸은 근대적 「양식」으로서 (1:   ), (2:   ), (3:   )의 3원색과 함께 (4:   )과 (5:   )의 기하학적 요소로 구성되는 조형을 주장하였다. 이러한 조형은 리히트벨트의 가구 (6 :   )나 주택 (7 :   )에 잘 나타나 있다.

⑪ 『국제건축』을 저술한 건축가 (1 :   )가 교장을 역임한 (2 :   )의 교사는 (3:   ), (4:   ), (5:   )라고 하는 「국제주의 양식의 세 가지 원리를 만족하는 사례라고 일컬어지고 있다.

⑫ 로비 하우스나 낙수장을 설계한 건축가 (1:   )의 작품에는 (2:   )공간과 (3:   ) 공간상호의 유동성(플로잉 스페이스)을 발견할 수 있다.

⑬ 「주택은 살기 위한 기계이다」라고 한 건축가 (1:   )는 도미노 시스템이나 (2:   ) 등의 계획안을 통하여 근대건축의 원형을 제시하고자 하였다.
1926년에는 「근대건축의 5원칙」으로서 (1:   ), (2:   ), (3:   ), (4:   ), (5:   )을 제창하였고 포와시의 (6:   )에서 이 「5원칙」을 충실하게 전개하였다.

⑭ 위의 건축가는 1920년대로부터 30년대에 걸쳐 백색의 입방체라는 표현을 사용하였으며 2차대전 이후에는 콘크리트의 조소성과 소재감을 강조한 (1:   )성당과 (2:   )수도원을 설계하였다.

⑮ 1910년대 후반에서 20년대 전반에 걸쳐 유리의 (1:   )를 비롯하여 벽돌조의 컨트리 하우스 등을 제시한 건축가 (2 :   )는 보다 적은 것이 보다 풍부한 것이라는 의미의 (3:   )라는 사고를 철저히 하여 훗날 유니버설 스페이스라는 (4:   )을 창출하였다.

02 현대의 건축

① 현대건축 이론의 일반적인 특징을 3가지 서술하시오.

② 현대건축 이론에서 중요시되는 개념을 3가지 서술하시오.

③ 『건축의 복합성과 대립성』을 저술한 건축가 (1 :   )는 미스의 주장 「Less is More」에 대하여 「(2:   )」라고 주장하였다.

④ 현대건축에서의 역사주의는 건축가 (1 :   )의 작품 어머니의 집이나 건축가 (2 :   )의 작품 시랜치 콘도미니엄 등에서 나타나듯이 건축의 역사, 특히 양식이나 양식의 언어를 중시하면서 이들 양식이나 언어에 변환을 통하여 현대성을 획득하고자 하였다.

⑤ 건축에서의 유형(Type)의 정의를 세 가지 들어보시오.

⑥ 『건축교과과정의 개요』를 저술한 (1:   )은 다양한

건축을 양식으로서가 아닌 평면 및 단면구성 등을 (2 :), 즉 다이어그램으로써 파악하는 것이 가능하다고 하였다.

⑦ 갈라라테세의 집합주택을 설계한 건축가 (1:)는 자신의 건축 컨셉으로서 「(2 :)적 도시」를 제시하였다. 이는 도시에 대한 체험의 기억을 건축의 설계에 반영하는 것이었다.

⑧ 합리주의는 역사주의와 같이 건축의 역사에 대한 경의에 입각한 것이다. 역사주의가 양식을 중시하는 것에 비하여 합리주의는 양식이 아니라 ( )에서 역사성을 발견해 내고 있다는 점에 차이가 있다고 할 수 있다.

⑨ 손재주를 의미하는 문화인류학의 용어 「( )」는 그때 그 장소에 있는 도구나 재료로써 자신 주변의 환경을 만들어 낸다는 의미를 가지는 것으로, 이는 서양 근대사회에서의 목표달성을 위해 미리 결정된 계획에 대한 비판의 의미도 가지는 것이다.

⑩ 구조주의 건축가 (1 :)의 작품 센트럴 비히어(Central Beheer)나 건축가 (2:)의 작품 어린이의 집에서는 개인 혹은 소수인, 그리고 전체라고 하는 그룹의 위계에 맞춰진 공간이 (3 :)로서 설계되고 다시 이들이 조합됨으로써 전체가 완성되어 가는 특징을 가지고 있다.

⑪ 건축이론가 (1 :)이 그의 저서 『비판적 지역주의를 향해서』에서 제시한 현대건축의 주요개념은 (1 :), (2 :), 컨텍스트, 기후, (3:), (4:), 그리고 촉각성이다.

⑫「비판적 지역주의」가 잘 나타나 있는 작품으로 건축가 (1 :)의 바그스바에르드 교회나 건축가 (2:)의 세이나찰로 타운 홀이 있다.

⑬ 1960년대에 전개된 쉘구조 등의 구조형식을 채용하여 새로운 건축형태를 만들고자 하였던 (1:)의 대표적인 작품으로 건축가 (2:)의 TWA터미널이 있다.

⑭ 기계의 이미지를 건축표현에 응용하였던 (1 :)의 대표적인 작품으로서 건축가 (2 :)의 퐁피두센터나 건축가 (2:)의 홍콩 상하이 은행이 있다.

⑮ 탈구축의 건축가전에 전시되었던 건축가 3인과 각 인물의 대표적인 작품을 하나씩 기술하시오.

03 전후 일본의 건축

① 마에카와 구니오는 1950년대에 근대건축의 발전단계를 3단계로 정리하였는데, 그 3단계의 대략의 연대와 내용을 간략하게 서술하시오. 또한 마에카와가 그 중 제 3단계를 극복하기 위하여 일본에 필요한 것으로 규정한 사고방식을 무엇이라 하는지 답하시오.

② 1950년대에 조형적인 표현을 통하여 근대건축을 넘어서기 위해 전통논쟁이 발생하게 되는데 그 중심적 건축가였던 단게 겐조는 그 핵심을 가리켜 한 문장으로 「( )」라고 하였다.

③ 전통논쟁 중에서 일본의 조형문화는 죠몬문화와 야요이문화의 갈등이라는 독자적 입장을 취한 건축가는 ( )이다.

④ 1960년에 결성된 메타볼리즘이라 불린 건축운동의 의미를 간략하게 설명하시오. 그리고 이 운동에 참가한 4인의 건축가의 이름을 기술하시오.

⑤ 이소자키 아라타는 오이타 현립도서관의 설계에서 시간과 함께 변화되는 건축 본연의 자세를 설정하였다. 그 사고방식에 대해서 서술하시오.

⑥ 이소자키 아라타가 「건축의 수사성」이라 표현하며 철저한 형태조작을 통하여 이루어진 대표적 설계작품 두 가지를 예로 드시오.

⑦ 하라 히로시가 주장한 유공체 이론은 근대건축이 범하기 쉬운 오류인 초기단계에 전체패턴을 부여하는 수법을 피하기 위하여 (1 :)과 (2 :)이라고 하는 사고를 전제로 하고 있다.

⑧ 하라 히로시는 그의 균질공간론에서 근대적 공간과 근대건축의 실상에 대해 ( )이라는 표현으로 그의 의견을 피력하였다.

⑨ 사카모토 가즈나리, 이토 도요, 후지이 히로미, 안도 다다오 등의 건축가들에 의한 1970년대의 주택작품에서 보이는 공통적인 특징은 (1 :)성과 (2 :)성이다.

⑩ 1970년대 전반에 빈번히 이루어진 디자인 서베이에서 중심적인 역할을 담당한 대표적인 인물로 건축역사가 (1 :)와 건축가 (2 :)를 들 수 있다.

⑪ 1980년대에는 공업제품에 둘러싸여진 일본의 도시환경을 긍정하는 설계를 진행한 대표적인 두 명의 건축가가 있다. 각 건축가의 이름과 사고의 키워드, 또 그 키워드를 실체화한 작품의 예를 드시오.

⑫ 하라 히로시가 『기능에서 양상으로』에서 서술한 내용 중 근대건축에서는 배제되었던 버내큘러 건축이나 집락에서 보이는 중요한 네 가지의 특성에 대해 기술하시오.

⑬ 라이트 컨스트럭션의 「라이트」에 담겨진 두 가지의

의미는 (1:　　)과 (2:　　)이다.

⑭ 일본에서의 건축 프로그램론은 집합주택에서 유용하게 적용되어 왔으며, 야마모토 리켄의 호다쿠보 제1단지에서는 그가 70년대에 주장한 (　　)의 개념을 적용한 공간이 구성되고 있다.

⑮ 가나자와 21세기 미술관이 종래의 건축계획적의 시점으로 계획된 미술관 건축들과 다른 점을 두 가지 서술하시오.

04 건축표기의 범위

① 건축드로잉의 의미에 대하여 피터 쿡은 어떠한 언급을 하고 있는지 간단하게 서술하시오.

② 본 절에서 설명되고 있는 요시무라의 가루이자와 산장A의 도면에서는 어떠한 의도를 읽어낼 수 있는지 간결하게 서술하시오.

③ 렘 쿨하스 / OMA의 (　　)에서는 실질적인 영역(매스)과 비어있는 영역(보이드)의 반전을 통한 실험적인 건축설계를 시도하고 있다.

④ (　　)은 실제 사람의 눈에 비추어지는 입체적인 공간요소를 그와 가까운 형태로 평면상에 표기함으로써 그 현실성을 유사적으로 확인하는데 적합한 도법이다.

⑤ 맨해튼 트랜스크립트라고 명명된 일련의 드로잉에서 도시에서 일어나는 사건과 그와 관련된 사람들의 움직임이나 시간의 경과 등을 표기를 통하여 보여주고 있는 건축가는 누구인지 기술하시오.

⑥ 드로잉에서 건축물의 스케일감이나 공간의 확장은 (　　)나 사람의 표기를 통하여 보다 실감하기 쉬워지게 된다.

⑦ 쥬세페 테라니의 카사 델 파쇼의 입면도에는 개략적으로 (　　)의 비율을 보이는 선이 도처에 사용되고 있어 건축형태가 기하학적인 비율로 구성되고 있음을 강조하고 있다.

⑧ (　　)은 입체적인 공간요소를 엘리먼트로 분절하여 표기하는 것이 가능하여 건축구성의 입체성을 도식으로서 표현하는데 적합한 도법이다.

⑨ 「모든 것은 건축이다.」라고 주장하며 항공모함을 건축으로 간주하여 대지에 콜라주시킨 건축가는 누구인지 답하시오.

⑩ 인간이 끼어들 수 없는 건축의 절대성을 추구하며 단테의 『신곡』을 모티브로 한 드로잉을 보여주고 있는 건축가는 누구인지 답하시오.

⑪ 「The Duck」이라는 드로잉을 통하여 건축의 목적을 건축자체의 디자인으로 상징화하려는 시도를 한 건축가는 누구인지 답하시오.

⑫ 전구에서 발생된 빛이 전등갓에 반사되어 확산되어가는 형상을 벡터를 사용한 도면으로 나타낸 PH램프의 디자이너는 누구인지 답하시오.

⑬ 언빌트의 개념을 「지어지지 못한」과 「지어지지 않은」이라는 두 가지의 표현을 사용하여 간략히 서술하시오.

⑭ 피터 쿡 등의 6인으로 이루어진 언빌트의 대표적인 활동조직으로 성장한 그룹명이 무엇인지 답하시오.

⑮ 프로그래밍된 건축사회의 확립을 Fun Palace라는 드로잉을 통하여 제시하였던 건축가는 누구인지 답하시오.

05 건축의 원점

① 인류학자 앙드레 르로와 그란의 통계적 연구에 따르면 원시시대에는 동굴보다 압도적으로 (1 :　　)에서 생활한 것으로 볼 수 있다. 동굴은 주거로서는 한정적으로 이용되는 정도였으며, 오히려 상징적 벽화가 그려져 있다는 사실에서 종교적인 의식이 행해진 「(2 :　　) 장소」로서 중요한 의미를 가지고 있었다고 지적하고 있다.

② 종교학자인 미르체아 엘리아데는 성스러움의 현현을 「신성현현(Hierophanie)」이라는 조어로 표현하면서 이때 체험하게 되는 공간은 물리적 · 수학적인 균질공간이 아니며, 그곳에는 (1 :　　)과 (2 :　　)와 같은 공간 속의 의미적 단절이 나타난다고 하였다.

③ 로마 창건 시 명계의 입구라고 불렸던 문두스, 멕시코의 테오티아칸 유적의 「죽음의 길」, 정토세계를 재현하고 있는 이츠쿠시마 신사의 배치 등의 사례들은 모두 우주론적인 (　　)로서의 축성을 가진다.

④ 역사학자인 퓌스텔 드 쿨랑쥬는 라틴어에서의 「city」와 「urban」의 어원인 (1 :　　)와 (2 :　　)는 고대인들에게는 유사어가 아니었다고 하면서 도시 창건의 종교적 의례는 (3 :　　)에 관련되어 있었다고 서술하고 있다.

⑤ 건축사가인 죠셉 리쿼트는 로마의 창건의례에서 반복되어지는 (1:　　)과 (2:　　) 가 「개념모델」을 구성하며, 이것이 사람들의 마을의 이념(예를 들어 그리드상의 정돈된 도시평면계획 등)을 생겨나게 한다는 사고를 제시하였다.

⑥ 로마 창건에 있어서의 중요한 의례행위로서 원형의

구멍 부근에 제단을 만들고 성화를 밝힘으로써 만들어지는 세계의 중심을 (1:　　)라 부르며 소에 청동날을 입힌 쟁기를 끌도록 하여 쟁기골을 만들어 경계로서의 벽을 만든 것을 (2:　　)라고 부른다.

⑦ 고대 로마의 건축가 (1:　　)의 저서『건축십서』(제2서, 제1장)에는 인류가 원시오두막으로부터 점차로 벽돌, 석재까지도 사용한 훌륭한 집을 만들기 시작하고, 다양한 기술이나 광범위한 사고력까지 습득하게 되어 부정확한 판단으로부터 정확한 (2 :　　)의 이론에까지 도달하게 되었다는 내용이 서술되어 있다. 이 이론은 그리스 건축의 중요한 원리의 하나로서, 그리스 고전건축의 부동의 규범이 되었던 신전의 구성까지도 결정하는 것이었다.

⑧ 로지에가『건축시론』에서 제시한 원시오두막의 3가지 기본요소에 대하여 답하시오.

⑨ 프랑스의 건축이론가 (　　)은 건축의 설계원리는 경제성, 간결성, 효용성에 기초하는 것으로, 로지에 등이 주장한 원시오두막을 원형으로 하는 이론에 극렬한 반론을 펼쳤다.

⑩ 건축가 루이스 칸은「건축의 기원」을 파르테논 신전이 아닌 아르카익 시기의 (　　)으로 간주하였다.

⑪ 루이스 칸은「오더」에「구조」와「기능」이라고 하는 개념을 도입시켜, (1:　　)과 (2:　　)의 분리라고 하는 설비스페이스로 구성하여 리차즈 의학연구소 등의 작품으로 전개시켜 나갔다.

⑫ 루이스 칸의 제1 유니테리언 교회의 설계에서 전개되어진「형태－깨달음 도식」에서는 중앙에 성역 (「?」로 표시되어진)이 배치되고 그 주변에 (　　)라고 불리는 회랑이 둘러싸는 형식을 취하고 있다.

⑬ 루이스 칸의「룸」의 스케치 중에서 특별히 중요한 건축적 구성요소는 (　　)으로서, 이 요소는「침묵과 빛」의 스케치를 통하여 알 수 있듯이「룸」의 내 · 외부를 연결하는 역으로서의 역할을 하고 있다.

⑭ 인간이 스스로를 정위하기 위해서 파악해야 할 실존적 공간의 제반관계로서 건축이론가 노베르그 슐츠가 제시한 세 가지의 요소를 열거하시오.

⑮ 노베르그 슐츠는 장소의 혼과 인간의 쌍방적 관계를 (　　)라고 하는 용어로서 해석하고 장소와 인간 쌍방의 동시적 작용에 의해 장소의 혼이 구현되는 것이라고 생각하였다.

06 건축의 요소

① 『건축의 복합성과 대립성』이라는 자신의 저서를 통하여 건축가 (　　)는,「건축을 만드는 것＝내외를 구분하는 것」, 또는「건축이란 내부와 외부의 갈등과 와해를 공간으로 기술한 것이다.」라고 역설하였다.

② 건축사가 기디온은 저서 『공간 · 시간 · 건축』 에서 내부공간의 형성이란 (　　)시대의 건축에서 이루어졌다고 정의하였다.

③ 르 코르뷔지에는 벽의 해체, 내외의 상호관입이 가능한 구조형식으로서 1914년에 (　　) 시스템을 제안하였다.

④ 건축역사학자 이토 데이지는 툇마루를 포함한 처마 밑 공간을「(1 :　　)의 공간, 또는「연결의 공간」이라고 부르면서 이 공간을 정원과 건축의 양쪽에 속하는 것으로 설명하고 있다. 또한 영역을 연결 혹은 구분하는 전통적 경계의 요소로서 (2:　　)를 들고 있다.

⑤ 19세기의 건축이론가 슈마르조는 공간의 구성요소를,「공간을 닫는 요소＝ (1:　　)」,「공간을 여는 요소＝ (2:　　)」,「공간을 나누는 요소＝ (3 :　　)」의 세 가지로 분류하였다. (　　) 안에 들어갈 구체적인 건축구성요소의 명칭을 각각 하나씩 들어보시오.

⑥ 오오타 히로타로는 자신의 저서『일본의 건축』에서 바닥의 기원이 되었던 의자와 침대의 기능으로서,「지면의 (1 :　　)를 피하는 기능」과「귀족이 그들의 (2 :　　)를 노예에 대하여 과시하는」두 가지의 역할을 해왔던 것이라고 하였다.

⑦ 전통적인 일본의 사찰건축을 지붕과 바닥으로 환원시켜 해석한 스케치를 그린 덴마크의 건축가는 누구인지 답하시오.

⑧ 오오타 히로타로는 일본의 전통적인 지붕형상의 위계에 대해서 불교건축에서는 팔작지붕이나 (1 :　　)이 중요한 건축물에, (2 :　　)가 문이나 기타 위치가 낮은 건물에 사용되어졌으며, 불교가 전래되기 이전의 고분시대에는 (3 :　　)이 훌륭한 지붕으로 여겨져 신사건축으로 계승되고 있다는 점을 지적하였다.

⑨ 로마나 바로크 건축에서 외부와 다른 내부공간을 만들고자 할 때 만들어지는 벽의 외주면과 내주면의 사이의 잔존부분의 명칭은 무엇인지 답하시오.

⑩ 루돌프 아른하임은 (1 :　　)면이 (2 :　　)면에 비하여 인간의 형태지각에 영향을 끼치기 쉽다는 점을 설명하고 있다. (　　)안에 수직 또는 수평 중에 해당하

는 단어를 채우시오.

⑪ 중심을 이루고 나아가 신을 상징화하는 기둥의 역할은 (1:　　)에 현저하게 나타나고 있다. 또, (2 :　　)로서의 기둥을 보호하는 설치물이 건축화된 것으로 「이세신궁의 (3 :　　)」이나 「이즈모타이샤의 이와네노미하시라」가 있다.

⑫ 다음의 예에 상징적으로 나타나는 기둥의 형태에 대해서 「열주, 위요주, 다주실」 중에서 가장 적절한 단어를 채우시오. 카르나크신전과 코르도바 모스크 = (1 :　　), 팔미라나 하세데라 = (2 :　　), 제라쉬 유적의 포럼과 알람브라 궁전 = (3:　　)

⑬ 루돌프 아른하임이 자신의 저서 『The Dynamics of Architectural Form』에서 기둥의 형태가 가지는 동적인 효과를 결정짓는 것으로 설명하고 있는 두 가지 결정인자가 무엇인지 답하시오.

⑭ 성스러운 영역으로 들어가는 출입문이나 역(閾)의 예로서 로마네스크나 고딕양식 성당의 (1 :　　), 신사의 (2 :　　), 차실의 중문이나 (3 :　　)을 들 수 있다.

⑮ 액자효과를 통하여 풍경을 2차원적인 그림으로 잘라내는 창을 「(1 :　　) · 윈도우」라고 부르며 독서나 식사 · 작업을 위한 책상이나 좌석이 배치된 창가를 「(2:　　) · 시트」라고 부른다.

⑦ 요른 웃존의 킹고주택단지에서 L자형의 주택배치에 의해 얻어질 수 있었던 계획상의 두 가지 이점에 대하여 서술하시오.

⑧ 미셸 푸코는 수용시설 등의 일원감시시설에 사용되는 정다각형의 시스템을 (　　)이라고 불렀다.

⑨ 감산적 조작을 통한 볼륨에 대하여 전체와 부분의 시점에서 2단계로 분류하여 설명하시오.

⑩ 두 가지의 형태를 겹쳐놓는 중첩의 수법에 대한 세 가지 패턴을 예를 들어 설명하시오.

⑪ 비평면 배치에 이용되는 그리드의 종류를 들고 구체적인 건물이나 배치계획의 예를 들어보시오.

⑫ 근대건축의 역사에서 「비대칭적인 디자인은 현실적, 기술적, 미학적으로 바람직하다.」라고 주장한 인물은 (1:　　)과 (2:　　)이다.

⑬ 팔라디오의 로툰다는 원형과 정방형의 반복상자구조의 구성으로 되어 있다. 이를 다이어그램적인 도식을 사용하여 설명하시오.

⑭ 클러스터형의 배치계획이 어린이를 대상으로 한 시설에 적합한 이유에 대하여 서술하시오.

⑮ 브라질리아의 삼권광장이 서로 다른 입방체의 볼륨이 대치되면서도 조화를 이루면서 성립되고 있는 점에서 발견할 수 있는 의미에 대하여 간략하게 설명하시오.

07 건축의 형태

① 건축의 평면이나 입면의 비례를 구성하는데 있어 루트장방형을 사용한 예를 열거하시오.

② 황금비의 선분을 분할하는 방법을 설명하고 그 도형적 성질에 대하여 황금비의 사각형을 이용하여 서술하시오.

③ 르 코르뷔지에가 빌라 가르쉐에서 사용한 규준선의 두 가지 기본적 사고에 대하여 서술하시오.

④ 르 코르뷔지에가 제창한 모듈러는 황금비와 (1:　　)를 통합한 것으로 양자는 (2:　　)수열에 의해 연관되고 있다.

⑤ 고바야시 가츠히로는 공간축선과 구성축선이라는 두 종류에 대하여 서술하고 있다. 이들 두 요소의 차이점을 공간과 동선의 관계로부터 설명하시오.

⑥ 오카다 신이치가 제창한 (　　)은 중공벽의 안쪽으로 설비나 동선기능의 장치들을 삽입시키는 시스템이다. 이 시스템을 이용하여 설계하였던 건축물은 무엇인지 답하시오.

08 부분과 전체

① 루이스 칸은 「평면이란 (　　)의 공동체이다.」라고 언급하였다.

② 루돌프 아른하임은 게슈탈트 심리학의 입장에서 건축조형과 지각의 문제를 고찰하고 부분과 전체에 관하여 두 가지의 포인트를 지적하고 있다. 이 점에 대하여 간략하게 서술하시오.

③ 그리스어로 「결합 · 조직」의 뜻으로 서양고전건축에서의 부분과 전체의 조화적 관계를 나타내는 언어를 알파벳을 사용하여 답하시오.

④ 로마시대의 비트루비우스는 인체의 유추로부터 건축에서 비례의 중요성을 역설하였다. 그렇다면 그의 사상에서 「비례」를 나타내는 언어를 무엇이라 하는지 답하시오.

⑤ 17세기의 자신의 저서 『건축의 일반적 이념』에서 건축가 (　　)는 오더란 신에 의해 만들어진 세계와 자연의 작용원리, 즉 「우주의 기구(Macchina del Mondo)」라고 역설하고 있다.

⑥ 균형이나 조화를 의미하는 「Concinnitas」를 수적조화로 정리하였던 15세기 이탈리아의 건축가는 누구인지 답하시오.

⑦ 일본의 전통 목조건축에서 주간으로부터 기둥의 굵기 치수를 결정하고, 다시 그 기둥 굵기를 기준으로 각 부재의 치수를 결정하는 방법을 ( )라고 한다.

⑧ 비트루비우스나 세를리오 등에 의하여 고전건축의 오더는 의인화된 유추로서 표현되었다. 그렇다면 「여성」이나 「여성의 성자」로 비유되었던 고전오더의 명칭은 무엇인지 답하시오.

⑨ 문화인류학자 에드워드 홀은 인간이 가지는 거리대를 4가지로 정의하였다. 그 중에서 약 45~120cm의 사적인 관계를 ( )라고 부른다.

⑩ 플라토니즘의 우주론에서는 천상세계와 인간에게는 연속성이 있으며 우주는 대우주, 인간은 (1 :)로 해석한다. 이러한 전체와 부분을 연속시켜 이해하는 사고는 「(2:)의 원리」로서 이탈리아 · 르네상스에서 케사리아노 등에 의해 건축의 균형모델로 이용되었다.

⑪ 「건축은 응고된 음악이다」라는 표현으로 유명한 19세기 독일 낭만파의 철학자 ( )는 「건축은 그것이 이념의 표현, 즉 우주와 절대적인 존재의 상이 될 때에 한해서 자유롭고 아름다운 예술로서 나타난다.」라고 하였다.

⑫ 신의 유일성과 현실세계의 다양성을 설명하기 위한 논리로서, 「유일하고 위대한 존재가 만물과 그 세계를 깃들게 한다.」라는 기본적 태도를 취하는 사상을 ( ) 라고 한다.

⑬ 이질적인 부분들이 각각 자체의 이질성을 유지한 채 서로 관련지어 가며 하나의 전체를 이루는 상태를 ( )이라 하며 자연을 그 대표적 모델이라고 할 수 있다.

⑭ 뵐플린은 『미술사의 기초개념』에서 부분이 독립성을 그대로 유지하면서 비례에 의해 통일되는 르네상스 고전건축과 주요 모티브를 위하여 부분이 종속 모티브가 되는 ( ) 건축을 대비적으로 설명하고 있다.

⑮ 건축에서 「개개의 요소를 명료하게 표현하는 조형처리」를 ( )이라 부른다.

09 빛에 대하여

① 19세기의 철학자로서 무신론자, 염세주의자로 불리며 건축에서의 빛의 효과를 확실하게 주장하였던 인물이 누구인지 답하시오.

② 덴마크의 도시계획 이론가 라스무센은 인간의 시각환경에 대한 적응력은 뛰어난 것으로서 빛의 양적인 변화가 아닌 ( ) 또는 빛을 떨어뜨리는 방법이 중요시되어야 한다고 주장하였다.

③ 그리스 신전의 기둥에서 보여지는 장식으로 알베르티나 오귀스트 쇼와지가 빛과 그림자의 세밀한 부분의 대비효과에 대하여 극찬한 기법을 무엇이라 하는지 답하시오.

④ 건축의 의장을 「그림자 속에서 생각하는」 습관을 가져야 한다고 역설한 19세기 영국 낭만주의의 예술비평가는 누구인지 답하시오.

⑤ 「감산혼합」의 메커니즘에 따르면 어떤 사물이 「녹색」으로 보일 때, 그 사물은 태양광의 3원색 중 (1 :)과 (2 :)의 가시광을 흡수하고 녹색의 가시광만을 반사하고 있는 것이다.

⑥ 「어둠이 빛을 규정하여 색태를 부여하고, 이로 인해 처음으로 빛 그 자체에 가시성을 부여하는... 」라고 하면서 빛의 존재를 느끼기 위해서는 「어둠」의 존재가 불가결하다는 점을 지적한 19세기의 철학자는 누구인지 답하시오.

⑦ 이탈리아어의 「빛 또는 밝음」과 「어둠」으로부터 유래하여 빛과 그림자를 이용하여 형태에 입체감을 주는 수법을 무엇이라 하는지 답하시오.

⑧ 다니자키 준이치로는 『음영예찬』에서 일본건축에서 내부로 들이비치는 빛은 「반사하는 빛 = ( )」임을 지적하였다.

⑨ 벽 위의 여러 높이로 뚫린 개구부로부터 「한정된 빛」만을 유입함으로써 실내의 명암과 빛의 농도분포를 의도적으로 디자인하는 근대 일본의 건축수법은 무엇인지 답하시오.

⑩ 초기 그리스도교 건축과 비잔틴 건축에서 교회당의 내부의 빛을 연출하기 위해 사용되었던 벽면의 재료로는 ( ), 대리석, 스터코 등이 있다.

⑪ 중세에는 교회예배당이 ( )으로, 예배당 내의 빛이 「신의 본질」로 다뤄지는 경향이 있었다.

⑫ 철과 유리에 의해 19세기 후반에 새로이 출현한 빛이 넘치는 도시공간의 대표적인 것으로 온실, 철도역, ( ), 백화점 등이 있다.

⑬ 거울의 반사와 아르누보의 장식을 이용하여 라이트웰 (빛의 우물)을 디자인 한 브뤼셀의 건축가는 누구인지 답하시오.

⑭ 1920년 전후 브루노 타우트 등의 「유리의 사슬」이라고 불렸던 그룹에 의하여 크리스털, 즉 (　　)의 이미지는 이상적 공동체의 상징으로서 이용되었다.
⑮ 외부공간과는 독립적인 인공적 환경으로 유리지붕 등을 통하여 충분한 자연채광을 확보한 광장상의 내부공간을 무엇이라 부르는지 답하시오.

10 공간에 대하여

① 1908년에 「우리들의 창조의 목적은 공간의 예술이며 그것은 건축의 본질이다」라고 주장한 네덜란드의 건축가는 누구인지 답하시오.
② 「무」에서 만물의 유용성을 발견해 낸 중국의 사상가는 누구인지 답하시오.
③ 1860년대에 독일의 건축가 고트프리트 젬퍼가 『양식론』에서 제창한 공예에 관한 분류의 개념 중에서 석공술로 번역되는 용어는 Stereotomy이다. 그렇다면 구축술 또는 목공술의 의미를 지닌 용어는 무엇인지 답하시오.
④ 플라톤 입방체를 이용하여 우주의 타원궤도를 발견했던 인물은 누구인지 답하시오.
⑤ 아리스토텔레스 우주론에서의 주요개념은 (1:　　) 이다. 또한 가장 걸맞는 것으로서 「공통의 장소 = 전 존재자를 포괄하는 우주의 가장 바깥쪽 테두리」 즉 (2:　　)를 지칭하고 있다.
⑥ 15세기의 신학자 니콜라우스 쿠사누스는 (　　)라는 개념을 통하여 우주의 무한성과 균질성의 융합을 추구하였다.
⑦ 17세기 데카르트는 기하학에 수를 이용한 좌표의 개념을 도입하여 (　　)이라고 하는 개념을 통하여 18세기에 이르러 체계화되었던 3차원 좌표의 기초를 만들었다.
⑧ 뉴턴은 우리들이 감각으로서 파악할 수 없는 「상대공간」 이외에 등속도 선운동이나 질점이라고 하는 물리체계의 확립을 위하여 (　　)의 개념을 제시하였다.
⑨ 데카르트나 뉴턴에 의해서 제시되어진 인간과는 관계없이 확산되어 가는 공간 이미지에 대하여 프랑스의 건축가 (1 :　　)는 19세기 초, 「어떠한 인간이든지 점유할 수 있는 것은 작은 공간뿐이다.」라고 주장하였다. 또한, 20세기 네덜란드의 건축가 (2:　　)는 「무한함으로 인해 지각할 수 없는 공간에 대하여 건축의 역할은 공간을 한정하는 것이다.」라고 선언하였다.
⑩ 20세기 근대건축의 표현의 배후에 있던 공간상으로, 좌표에 의해서만이 사물의 위치가 표시되어진다고 하는 무한하고 균질적인 확장에 대한 개념을 (　　)이라고 부른다.
⑪ 「인간은 촉각으로 느끼는 단단함(Solidity) 없이도 공간에 대한 명석한 관념을 지닐 수 있다.」, 또는 「전혀 사물이 없는 순수공간(진공)의 관념을 지닐 수 있다.」라고 주장한 영국의 철학자는 누구인지 답하시오.
⑫ 신체의 연장으로서의 공간을 정의하여 「건축이란 그 가장 내적인 본질로부터 본다면 공간의 상호작용인 것이다.」라고 역설한 독일의 철학자는 누구인지 답하시오.
⑬ 1714년에 「공간은 실체이기는커녕 사물조차도 될 수 없다. 시간과 마찬가지로 질서인 것이다. ...... 공간은 동시존재적인 질서이다.」라고 서술한 철학자는 누구인지 답하시오.
⑭ 바우하우스 등 20세기 전반에 출현하였던 예술운동에 있어서의 공간개념의 대표 격으로는 (　　)의 사고를 들 수 있다.
⑮ 「공간은 ...... 공간성의 영점으로서의 〈나〉의 장소에서 측정할 수 있는 공간이다.」라고 서술한 20세기 프랑스의 철학자는 누구인지 답하시오.

11 근 · 현대의 도시

① 근대의 도시화의 주요인으로 18세기 후반으로부터 19세기 전반에 걸쳐 영국에서 전개된 (1 :　　)과 그 결과로서의 기계화 · 공업화가 가져온 도시로의 급격한 (2:　　)을 들 수 있다.
② 근대화가 가져온 도시문제를 해결하기 위해 나폴레옹 3세와 세느 지방의 지사 오스만은 중세적이고 조잡하게 뒤얽힌 도시공간의 「정연화」를 목표로 도시 대개조에 몰두하게 된다. 이 대개조의 5가지 주목적을 열거하시오.
③ 파리 대개조의 대규모 도로개설사업에서는 대대적인 (　　)이 불가결하여 초과수용의 법적정비가 이루어졌다.
④ 파리의 오스만형 도로는 한 장소와 장소를 일직선으로 연결하여 투시도적 경관을 형성하는 (1:　　)적 공간구성에 그 특징이 있다. 또한 이러한 공간구성의 선구적 사례로서는 식스투스 5세에 의한 (2:　　)의 도시계획(1585-90)을 들 수 있다.
⑤ 근대의 공업화가 진행되는 과정에서 인간과 자연과의 조화를 목표로 1902년에 에베네저 하워드는 (1:　　) 구상을 발표하게 된다. 이 구상은 런던의 (2 :　　)로 결

실을 맺게 되었고 일본에도 동경의 (3 :)계획 (1923) 등에 영향을 미치게 되었다.

⑥ 프랑스인 건축가 토니 가르니에는 (1 :)구상을 발표(1917~18)하였다. 이 계획에서의 (2 :), 공업지구, 보건위생지구의 3가지 기능에 의한 조닝구분의 발상은 아테네 헌장(1943) 등에서 주창되었던 주거, 노동, 여가의 도시기능을 분리하는 사고에 영향을 미친 것으로 평가되고 있다.

⑦ 르 코르뷔지에는 살롱 도톤전(1922)에 (1 :)을 발표하였다. 이 구상의 4가지의 기본원리는 「도시의 과밀완화」, 「밀도의 증대」, 「교통수단의 증대」, 「(2:)의 증대」였다.

⑧ 살롱 도톤전(1922)에 발표한 유토피아적 구상을 파리라고 하는 구체적인 도시에서 전개하였던 것이 (1:) (1925)이다. 이 계획에서 르 코르뷔지에는 파리의 중심부는 주로 (2 :)로 구성되는 고층건축으로 채워져야 한다고 생각하였다.

⑨ 건축가 이소자키 아라타가 『일본의 도시공간』에서 언급하였던 도시디자인의 계획적 방법개념의 추이과정의 4단계에 대하여 간략하게 서술하시오.

⑩ 헝가리의 화가 기오르기 케페스는 도시 이미지의 분석에 시각경험의 연구를 응용하여 ( )이라고 하는 개념을 도입하였다.

⑪ 프랭크 로이드 라이트에게서도 영향을 받은 미국인 건축가이자 도시계획연구자인 케빈 린치는 환경이미지가 (1:), (2:), (3:)의 3가지 성분으로부터 이루어진다고 판단하고 이들 중 (4:), (5:)에 주목하여 도시형태의 명료성의 개념인 (6:)의 구체적 분석을 실시하였다. 이때, 도시이미지를 5가지의 엘리먼트 타입, (7:), (8:), (9:), (10:), (11:)로 분류하여 분석을 실시하고 이미지 인지지도로 정리하였다.

⑫ 미국인 건축가 필립 티엘은 도시 이미지의 분석에 「이동」이라는 개념을 도입하여 시각이 전개되는 (1 :)에 기초한 체험묘사를 시도하였는데, 이때에 케빈 린치의 도시 이미지의 5가지 엘리먼트에 (2:)라는 요소를 추가하여 실시하였다.

⑬ 이탈리아의 도시사 연구학자 사베리오 무라토리는 필지분할, 도로, 블록형태 등이 구성하는 평면적인 차원의 (1 :)과 건축을 분류적으로 보는 (2 :)의 두 가지 차원을 설정하여 양자의 관계성을 분석하는 연구를 수행하였다.

⑭ 미국 코넬학파의 콜린 로우와 웨인 코퍼는 도시지도를 흑백의 (1 :)에 의한 구분법의 비교를 통하여 건축을 도시 컨텍스트로서 해석하는 연구를 실시하였다. 이 사고는 콜린 로우와 프레그 코에터의 (2:)의 개념으로 전개되었다.

⑮ 빈 출신의 건축가이자 건축계획 연구자인 크리스토퍼 알렉산더는 인공적인 도시를 (1 :)구조, 자연발생적인 도시를 (2 :)구조로서 해석하고, 「도시는 (3:)가 아니다」라는 명제를 남겼다.
또한 253가지의 패턴(단어)을 제시하여, (2:)라고 명명된 문법에 따라서 이들을 조합하여 문장(건축)으로 만든다는 제안을 내세웠다.

12 힘의 흐름과 표현

① 조적조의 구조체에 개구부를 만들어야 하는 경우, 그 방법 중의 하나로는 스톤헨지에서와 같이 조적으로부터 파생되는 기둥 · 보에 의한 ( )가 있다.

② 앙코르 와트의 탑으로 대표되는 동남아시아의 각지에서 볼 수 있는 불탑은 ( )를 응용한 코벨돔으로 형성되어 있다.

③ 아치란 원호로 구성된 부재를 따라서 하중이 ( )만으로 지점까지 전달되는 구조를 지칭한다.

④ 조적조의 아치에서 힘의 흐름 (압축력선)이 구조체의 단면높이 1/3 이내의 범위에 들게 되면 인장역이 발생하지 않는다는 원리를 ( )라고 부른다.

⑤ 목판으로 거푸집을 만들어 그 사이에 석회나 작은 돌 등을 섞은 흙을 조금씩 다져가면서 굳히는 방식으로 벽이나 기초를 구축하는 방법을 ( )이라고 한다.

⑥ 기둥과 보를 조립해 골조를 구성하는 축조방식 중 기둥과 보가 서로 강접합되고 있는 것을 ( )라고 한다.

⑦ 일본건축의 특징 중의 하나인 깊게 뻗은 처마를 가능하게 하고 있는 요소는 「마스(斗)」, 「오다루키(尾垂木)」 등으로 이루어진 구조물로서, 특히, 마스와 히지키를 합쳐서 ( )라고 한다.

⑧ 각 부재가 삼각형을 구성하도록 짜여진 것으로 지점은 핀 접합으로 결합되고 지점에 걸리는 힘은 인장력과 압축력의 축방향력만으로 전달되는 구조를 ( )라고 한다.

⑨ 강철은 인성이 풍부하고 ( )를 넘어서도 변형을 지속하므로 파괴에 이르기 어려운 한편, 500℃ 전후의 고온에서는 강도가 상온의 절반 정도로 급속히 감소하는

성질을 가진다.

⑩ 조적의 아치와는 다르게 철이나 철근콘크리트를 통한 아치의 특징은 (　　)를 허용한다는 점에 있다.

⑪ 압축과 휨에 저항하는 힘이 없으며 인장력만으로 하중을 지지하는 구조체를 (　　)라고 부른다.

⑫ 케이블에 의해 압축재가 서로 접촉되지 않고 모두 허공에서 지지되어 완전하게 자립한 독립 구조체를 (　　)라고 부르며, 벅민스터 풀러에 의해 명명되었다.

⑬ 주로 베르톨트 루베트킨과의 협력을 통하여 RC의 면적구성에 큰 성과를 가져왔으며, 현재는 전 세계적으로 자신들의 이름을 떨치고 있는 구조설계사무소를 설립한 구조설계가는 누구인지 답하시오.

⑭ 조개껍질과도 같은 곡면을 지닌 면 부재에 의해 성립하는 구조체를 (　　)라고 하며 이러한 의미로부터 볼트나 돔도 동일한 구조의 일종이라고 할 수 있다.

⑮ 주로 단게 겐조와 협력하여 도쿄 카테드랄 성마리아 대성당 등을 통하여 일본에서 쉘구조를 실천해왔던 구조설계가는 누구인지 답하시오.

13 지속 가능성과 건축디자인

① 최초로 환경문제에 경종을 울린 것으로 평가받고 있는 문헌은 (1 :　　)년에 출판된 레이첼 카슨 여사의 저서 (2 :　　)이다.

② 엔트로피 발생법칙으로부터 인간사회를 유지하기 위하여 허용되는 활동은 (1:　　) 에너지로써 구동되는 자연의 순환으로부터 재생 가능한 자원을 얻고, 자연의 (2 :　　) 능력의 범위내의 폐열 · 폐기물을 자연의 순환시스템에 배출하는 것뿐이라고 규정된다.

③ 지속 가능한 개발(Sustainable Development)에 대해서 현재 가장 일반적으로 이루어지고 있는 해석은 「(1:　　) 요구를 만족시키기 위한 가능성을 해치는 일 없이, (2 :　　)의 요구에 호응하는 개발을 수행하는 것」이다.

④ 일본의 문화재 보호법 제1장 1조에서는, 「이 법률은 문화재를 (1 :　　)하고, 나아가 그 (2 :　　)을 꾀하는 것으로, 국민의 문화적 향상에 이바지하는 동시에 세계문화의 진보에 공헌하는 것을 그 목적으로 한다.」라고 규정되어 있다.

⑤ 다하라 유키오는 자신의 저서 『건축의 보존디자인』에서 역사적인 건축물의 보존이란 「"(1:　　)의 작품"에 손질을 가하는 ... 가장 미묘하고 첨예한 (2:　　)적 행위」하고 지적하고 있다.

⑥ 일본에서 산업 · 교통 · 토목유산 등을 포함하는 「근대화 유산」의 보존을 법적으로 가능케 한 것은, (1:　　) 년의 (2:　　) 제도이다.

⑦ 보존의 범위를 세계에서 처음으로 단일체의 건축물로부터 군으로의 건축에까지 확대시켰던 것은, (1 :　　) 년에 프랑스에서 제정된 「(2 :　　)법 (보존 지역법)」이다.

⑧ 다음 각각의 사례에 대해서 「재활용, 재사용, 전용」 중 가장 관련이 깊은 단어를 골라 연결시키시오.
1 : 구라시키의 아이비 스퀘어 2 : 알루미늄의 재자원화
3 : 고재료 문화의 모임

⑨ 고다마 유우이치로는 저서 『에코 하우징의 추천』에서 「환경이 오염됨으로써 발전의 잠재력이 약화되어 온 것은 인간의 환경에 대한 (1 :　　)이 초래한 결과이므로 우리들은 더욱 환경의 변화에게 민감하게 대처하여야 하며, ... 환경과의 (2 :　　)관계를 유지하지 않으면 안 된다...」라는 점을 지적하고 있다.

⑩ 오늘날의 녹화지붕에는 흙과 식물의 (1 :　　) · 방열효과를 통하여 냉난방 에너지를 절감할 뿐만 아니라 식물로부터의 (2:　　)을 통한 도시내 기온의 저감효과나 녹화를 통해서 자연과 인간과의 관계를 회복한다는 의미도 가지고 있다.

⑪ 르 코르뷔지에의 작품에서 보이는 대지에서의 (1:　　)를 바탕으로 치수와 방위각이 결정되는 「차양」을 (1:　　) 라고 부른다.

⑫ 지진대책으로서 들 수 있는 다음의 사례들에 대하여 「내진, 제진, 면진」 중에서 각각 가장 관련이 깊은 단어를 연결하시오.
1 : 지반으로부터 건물에 전달되는 진동을 감소시킨다.
2 : 구조 자체로써 흔들림에 저항한다. 3 : 장치를 통하여 건물 내에서 진동에너지를 흡수한다.

⑬ 화재에 대한 대책으로는 타버린 이후에도 어느 정도 형상을 유지하는 목재의 성질로부터 구조부재의 단면계획을 한다는 뜻의 (1:　　)설계법, 전통적인 내화구조로서 평가되어지는 (2:　　)조, 기후현의 구조하치만 지역에서 볼 수 있는 「화재가 발생하더라도 대처가 가능한 도시환경 만들기」 등을 들 수 있다.

⑭ 가츠라리궁에서 볼 수 있는 (1 :　　)는 가츠라 강의 범람 시에는 토사를 걸러내면서 물살을 억제할 수 있도록 고안되어 있는 것이다. 또한 내부의 서원건축에도 바닥을 (2:　　)식으로 함으로써 홍수의 피해를 최소한으로

억제하려는 노력이 담겨져 있다.

⑮ 도나키 섬 등의 오키나와 지방에서 볼 수 있는 전통적인 방풍대책으로, 낮은 (1 :   )의 지붕과 대지의 주위에 낮게 둘러싼(2 :   ), 방풍림으로서 심어놓은 (3:   ) 등을 발견할 수 있다.

(강의 텍스트라고 하는 본 서의 성격상, 해답은 본문을 읽고 각자가 작성해 보는 것이 더욱 도움이 되리라 생각되어 해답은 싣지 않기로 한다.)

도판출전

Credits

01

1장 타이틀 그림　　시도무라 준이치(下村純一)

1-1 Jan Gympel, The Story of Architecture, Konemann, 1996, p.76

2-1 Kenneth Frampton, Modern Architecture, a critical history, Thames and Hudson, 1985, p.44

2-2 Jan Gympel, Tlie Story of Architecture, Konemann, 1996, p.82

2-3 히라오 가즈히로(平尾和洋)

2-4 William Curtis, Modern Architecture, Phaidon, 1987, p.27

2-5 Paco Asensio ed., Chaeles Rennie Mackintosh, teNeues, 2002, p.26

2-6 Paco Asensio ed., Otto Wagner, teNeues, 2002, p.68

2-7 August Sarnitz, Adolf Loos, Taschen, 2003, p.44

2-8 August Sarnitz, Adolf Loos, Taschen, 2003, p.73

2-9 스에카네 신고(末包伸吾)

2-10 Albert Bush-Brown, Louis Sullivan, George Braizer, Inc., 1960, p.80

2-11 스에카네 신고(末包伸吾)

2-12 David Handlin, American Architecture, Thames and Hudson, 1985, p.199

2-13 Frank Whitford, Bauhaus, Thames and Hudson, 1984, p.25

2-14 Frank Whitford, Bauhaus, Thames and Hudson, 1984, p.35

3-1 Paco Asensio ed., Antonio Sant'Elia, teNeues, 2003, p.71

3-2 Christina Lodder, Russian Constructivism, Yale University Press, p.63

3-3 Selim ÖKhan-Magomedov, Pioneers of Soviet Architecture, Rizzoli, 1987, p.221

3-4 Carsten-Peter Warncke, De Stijl, Taschen, 1991, p.11

3-5 Carsten-Peter Warncke, De Stijl, Taschen, 1991, p.165

3-6 Frank Whitford, Bauhaus, Thames and Hudson, 1984, p.161

3-7 Jan Gympel, The Story of Architecture, Konemann, 1996, p.87

3-8 고베대학 공학부 스에카네 연구실

3-9 Jan Gympel, The Story of Architecture, Konemann, 1996, p.86

4-1 스에카네 신고(末包伸吾)

4-2 M. Whiffen and F.Koeper, American Architecture, The MIT Press, 1983, p.366

4-3 David Handlin, American Architecture, Thames and Hudson, 1985, p.229

4-4 히라오 가즈히로(平尾和洋)

4-5 Le Corbusier: Architect of the Century, Exhibition catalogue, Arts council of Great Britain, 1987, p.26

4-6 Le Corbusier: Architect of the Century, Exhibition catalogue, Arts council of Great Britain, 1987, p.10

4-7, 4-8 고베대학 공학부 스에카네 연구실

4-9 Hasan-Uddin Khan, International Style, Taschen, 1998, p.39

4-10 Terence Riley and Barry Bergdool, Mies in Berlin, The Museum of Modern Art, NY, 2001, p.195

4-11 Hasan-Uddin Khan, International Style, Taschen, 1998, p.86

4-12 Richard Weston, Modernism, Phaidon, 1996, p.211

4-13 스에카네 신고(末包伸吾)

5-1 James Steels, R. M. Schindler, Taschen, 2005, p.20

5-2 Kenneth Frampton and David Larkin ed., American Masterworks, Rizzoli, 1995, p.48

5-3, 5-4 스에카네 신고(末包伸吾)

5-5 후지키 요우스케(藤木庸介)

5-6, 5-7 스에카네 신고(末包伸吾)

5-8 Anatxu Zabalbeascoa, Houses of the Century, GG, 1998, p.85

5-9 스에카네 신고(末包伸吾)

02

2장 타이틀 그림　　마츠모토 유타카(松本裕)

1-1 Philip Johnson and Mark Wigley, Deconstructivist Architecture, The Museum of Modern Art, New York, 1988, 표지

1-2 Terence Riley, The Light construction, The Museum of Modern Art, New York, 1995

1-3 Terence Riley, The Un-Private House, The Museum of Modern Art, New York, 1999

2-1 Peter Gossel and Gabriele Leuthauser, Architecture in the twentieth century, Taschen GmbH, 2001, p.273

2-2 Kenneth Frampton and David Larkin ed., American Masterworks, Rizzoli, 1995, p.128

2-3 Peter Gossel and Gabriele Leuthauser, Arhitecture in the twentieth century, Taschen GmbH, 2001, p.270

2-4 Karen V.Wheeler, et. Al. ed., Michael Graves Buildings and Projects 1966~1981, Rizzoli, 1982, p.195

2-5 Anatxu Zabalbeascoa, Houses of the century, Gingko press, 1998, p.126

2-6 Kenneth Frampton and David Larkin ed., American Masterworks, Rizzoli, 1995, p.191

3-1 Architectural Theory, Phaidon, 2003, p.335

3-2 K. Micheal Hays ed., Oppositions reader, Princeton Architectural Press, 1998, p.163

3-3 고베대학 공학부 스에카네 연구실

3-4 Heinrich Klotz, The History of Postmodern Architecture, The MIT Press, 1988, p.267

4-1 Herman Herzberger, Lessons for students in Architecture, 010 pub., 1991, p.48

4-2 Herman Herzberger, Lessons for students in Architecture, 010 pub., 1991, p.23

4-3 Vincent Ligtelijn ed., Aldo van Eyck Works, Birkhäuser, 1999, p.91

4-4 Vincent Ligtelijn ed., Aldo van Eyck Works, Birkhäuser, 1999, p.108

5-1~5-5 스에카네 신고(末包伸吾)

5-6, 5-7 고베대학 공학부 스에카네 연구실

6-1 M. Whiffen and F. Koeper, American Architecture, The MIT Press, 1983, p.380

6-2 고베대학 공학부 스에카네 연구실

6-3 스에카네 신고(末包伸吾)

7-1 Heinrich Klotz, The History of Postmodern Architecture, The MIT Press, 1988, p.286

7-2 Philip Johnson and Mark Wigley, Deconstructivist Architecture, The Museum of Modern Art, New York, 1988, p.78

7-3 고베대학 공학부 스에카네 연구실

7-4 스에카네 신고(末包伸吾)

7-5 Peter Eisenman, Barefoot on White-hot Walls, Hatje Cantz, 2004, p.135

7-6 Philip Johnson and Mark Wigley, Deconstructivist Architecture, The Museum of Modern Art, New York, 1988, p.93

7-7 OMA, Rem Kolhaas and Bruce Mau, S, M, L, XL, 010 Publisher, 1995, p.652

7-8 고베대학 공학부 스에카네 연구실

03

3장 타이틀 그림 히라오 가즈히로(平尾和洋)

1-1 야마모토 나오히코(山本直彦)

1-2 신건축 사진부

1-3 노무라 아키라(野村彰) 작성

1,4~1-6 야마모토 나오히코(山本直彦)

1-7 기타야마 메구미(北山めぐみ)

1-8 야마모토 나오히코(山本直彦)

1-9 시모무라 준이치(下付純一, 협력:TOTO)

1-10 신건축 사진부

2-1 야마모토 나오히코(山本直彦)

2-2 마츠모토 유타카(松本裕)

2-3~2-5 야마모토 나오히코(山本直彦)

3-1 히라오 가즈히로(平尾和洋)

3-2, 3-3 야마모토 나오히코(山本直彦)

3-4 原広司『住居に都市を埋蔵する』住まいの図書出版局, 1990, p.205

3-5 시모무라 준이치(下付純一, 협력:TOTO)

3-6~3-8 야마모토 나오히코(山本直彦)

3-9 신건축 사진부

3-10~3-13 노무라 아키라(野村彰) 작

3-14 무라타 죠(村田譲)

3-15 히라오 가즈히로(平尾和洋)

4-1~4-4 야마모토 나오히코(山本直彦)

4-5 히라오 가즈히로(平尾和洋)

4-6~5-2 야마모토 나오히코(山本直彦)

5-3 스에카네 신고(末包伸吾)

5-4 야마모토 나오히코(山本直彦)

5-5 스에카네 신고(末包伸吾)

5-6~5-9 야마모토 나오히코(山本直彦)

5-10 스에카네 신고(末包伸吾)

04

4장 타이틀 그림 吉村順三『吉村順三作品集 1941~1978』新建築社, 1978, p.32

2-1 Le Corbusier, Œuvre complete Volume 6 1952~

57, Les Editions d'Architecture Zurich, p.20
2-2 THE LINE, Museum of Finnish Architecture, 1993, p.93
2-3 THE LINE, Museum of Finnish Architecture, 1993, p.118
2-4 안도 다다오(安藤忠雄) 건축연구소 제공
2-5 EL CROQUIS 53, EL CROQUIS EDITIORIAL, 1992, p.73
2-6 EL CROQUIS 53, EL CROQUIS EDITIORIAL, 1992, p.72
2-7 EL CROQUIS 53, EL CROQUIS EDITIORIAL, 1992, p.76
2-8 Chaflotte & Peter Fiell, Charles Rennie Mackintosh, Benedikt Taschen Verlag GmbH, 1995, p.87
2-9 宮脇檀建築研究室『宮脇檀の住宅』丸善株式会社, 1996, p.34
2-10 BERNARD TSCHUMI, THE MANHATTAN TRANSCRIPTS, ACADEMY EDITIONS, 1981, p.17
2-11 Yehude E.Safran, mies van der rohe, editorial Gustavo Gill, SA, 2001, p.70
2-12 Peter Buchana, RENZO PIANO BUILDING WORKSHOP Volume 1, Phaidon Press Limited, 1993, p.25
2-13 Bruno Zevi, Giuseppe Terragni, Triangle Architectural Publishing, 1989, p.75
2-14 Peter Buchana, RENZO PIANO BUILDING WORKSHOP Volume 1, Phaidon Press Limited, 1993, p.120
2-15 Bianca Albertini and Sandro Bagnoli, CARLO SCARPA ARCHITECTURE IN DETAILS, Editoriale Jaca Book spa, Milan, 1988, p.97
2-16 GA ARCHITECT 11 STEVEN HOLL, A. D. A. EDITA Tokyo Co., Ltd., 1993, p.62
2-17 EL CROQUIS 67, EL CROQUIS EDITORIAL, 1994, p.94
3-1 EL CROQUIS 30+49 50, EL CROQUIS EDITORIAL, 1999, p.328
3-2 『ハンス・ホライン展』セゾン美術館, 1990, 図版7
3-3 A GUIDE TO ARCHIGRAM 1961~74, ACADEMY EDITIONS, 1994, p.374
3-4 ANDOREI GOZAK & ANDOREI LEONIDOV IVAN LEONIDOV, ACADEMY EDITIONS, 1988, p.110
3-5 다카마츠 신(高松伸) 건축설계사무소 제공
3-6 Thomas L. Schumacher, THE DANTEUM, Triangle Architectural Publishing, 1980, p.52
3-7 DANIEL LIBESKIND COUNTERSIGN, RIZZOLI INTERNATIONAL PUBLICATIONS. INC, 1992, p.21
3-8 AA Files No.20, The Architectural Association, 1990, p.100
3-9 Architectural THEORY, TASCHEN GmbH, 2003, p.800
3-10 Architectural THEORY, TASCHEN GmbH, 2003, p.808
3-11 Target Litho, OSAKA FOLLIES, The Architectural Association, 1991, p.36-37
3-12 Richard Weston, Alvar Aalto, Phaidon Press Limited, 1995, p.67
3-13 LIGHT YEARS AHEAD THE STORY OF THE PH LAMP, Louis Poulsen, 1994, p.95
4-1 LEONARDO DA VINCI Engineer and Architect, The Montreal Museum of Fine Arts, 1987, p.1
4-2 Luigi Ficacci, PIRANESI The Complete Etchings, Benedikt Taschen Verlag GmbH, 2000, p.61
4-3 Le Corbusier, Œuvre complete Volume2 1929~34, Les Editions d'Architecture Zurich, p.155
4-4 丹下健三・藤森照信 『丹下健三』 新建築社, 2002, p.363
4-5 SD編集部編 『現代の建築家：菊竹清訓』 鹿島出版会, 1981, p.31
4-6 CEDRIC PRICE, CEDRIC PRICE WORKS II, The Architectural Association, 1984, p.58
4-7 A GUIDE TO ARCHIGRAM 1961-74, ACADEMY EDITIONS, 1994, pp.116-117
4-8 A GUIDE TO ARCHIGRAM 1961~74, ACADEMY EDITIONS, 1994, p.249
4-9 A GUIDE TO ARCHIGRAM 1961~74, ACADEMY EDITIONS, 1994, pp.132-133
4-10 『a＋u 1989年12月臨時増刊号, ピーター・クック 1961~1989』新建築社, 1989, p.99
4-11 Cees de Jong, Erik Mattie, Architectural Competitions 1950-Today, Benedikt Taschen Verlag GmbH, 1994, p.86
4-12 Cees de Jong, Erik Mattie, Architectural Competitions 1950-Today, Benedikt Taschen Verlag GmbH, 1994, p.202
4-13 MACDONALD and SALTER Building Projects 1982~1986, The Architectural Association
4-14 DOUGLAS DARDEN, CONDEMNED BUILDING, PRINCETON ARCHITECTURAL PRESS, 1993, p.149

4-15 『a＋u 1991年8月臨時増刊号, レベウス・ウッズ：テラ・ノヴァ1988~1991』新建築社, 1991, p.72

4-16 『SD 9304』鹿島出版会, 1993, p.49

05

5장 타이틀 그림　마츠모토 유타카(松本裕)

1-1 フレッド・ホイル, 荒井喬訳 『ストーンヘンジ：天文学と考古学』みすず書房, 1983, p.iV.「ストーンヘンジの公式平面図」

1-2~2-1a 마츠모토 유타카(松本裕), 사토 고우사쿠(佐藤浩作)작성(Marian Moffet, Michael Fazio, Lawrence Wodehouse, A World History of Architecture, Laurence King, London, 2003, p.284로부터)

2-2 クリスチャン・ノベルグ＝シュルツ, 前川道郎・前田忠直共訳 『建築の世界　意味と場所』鹿島出版会, 1991, p.33

3-1 〈Walter Hermann Ryff, Vitruvius Teutsch, Nümberg 1548, fol62〉, in Julien Jachmann, Dir Architekturbücher des Walter Hermann Ryff, Vitruvrezeption im Kontext mathemaischer Wisse-nschaften, ibidem, Stuttgart, 2006, p.154

3-2 Claude Perrault(Corrigés et traduits en 1684, Les dix livres d' architecture de Vitruve, Pierre, Mardaga, p.33

3-3 마츠모토 유타카(松本裕)

3-4 Joseph Rykwert, Adams Haus in Paradies, Die Urhütte von der Antike bis Le Corbusier, Gebr. Mann Verlag, Berlin, 2005, p.47

3-5 마츠모토 유타카(松本裕), 사토 히로시(佐藤浩)작성(マルク＝アントワーヌ・ロージエ, 三宅理一訳『建築試論』中央公論美術出版, 1986, p.47, p.248로부터)

3-6 마츠모토 유타카(松本裕), 사토 히로시(佐藤浩) 작성

3-7 日本建築学会編 『西洋建築史図集』(三訂版), 彰国社, 1988, p.20

4-1 日本建築学会編 『西洋建築史図集』(三訂版), 彰国社, 1988, p.12

4-2 Edited with Commentary by Anne Griswold Tyng, Louis Kahn to Anne Tyng, The Rome Letters 1953~1954, Rizzoli, New York, 1997, p.74

4-3 마츠모토 유타카(松本裕)

4-4 Alexander Tyng, Beginning. Louis I. Kahn' s philosophy of architecture, A Wiley-Interscience publication, New York, 1984, p.30

4-5 Louis I.Kahn. Architecte, Centre Nationale de documentation pedagogique, Paris, 1992, p.74.

4-6 Heinz Ronner, Sharad Jhaveri, Louis I.Kahn, Complete work 1935~1974, Birkhäuser, Basel; Boston, 1987, p.118

4-7a 마츠모토 유타카(松本裕)

4-7b Heinz Ronner, Sharad Jhaveri, Louis I.Kahn, Complete work 1935~1974, Birkhäuser, Basel ; Boston, 1987, p.167

4-8 Alexander Tyng, Beginning. Louis I. Kahn's philosophy of architecture, A Wiley-Interscience publication, New York, 1984, p.179

4-9 Alexander Tyng, Beginning. Louis I. Kahn's philosophy of architecture, A Wiley-Interscience publication, New York, 1984, p.131

5-1 Christian Noberg-Schulz, Existence, space and architecture, Praeger, New York, 1971, p.21

5-2 Edward Relph, Place and placelessness, Pion, London, 1976, p.21

06

6장 타이틀 그림　히라오 가즈히로(平尾和洋)

1-1 Willy et al.,Le Corbusier Œuvre Complete Volume. 1, Artemis Zurich, 1964, p.23

1-2 Willy et al.,Le Corbusier Œuvre Complete Volume. 1, Artemis Zurich, 1964, p.189

1-3~2-1 히라오 가즈히로(平尾和洋)

2-2 오오쿠보 다케유키(大窪健之)

2-3~3-2 히라오 가즈히로(平尾和洋)

3-3 오오쿠보 다케유키(大窪健之)

3-4 히라오 가즈히로平尾和洋)

3-5 Dal co.f et al, Frank O. Gehry, Electa, 2003, p.483

3-6 히라오 가즈히로(平尾和洋)

3-7 日本建築学会編 『日本建築史図集　新訂版』 彰国社, 2002, p.73.

3-8, 3-9 히라오 가즈히로(平尾和洋)

3-10 Weston. R, Key Buildings of the Twentieth Century, W. W. Norton & Company, 2004, p.81

3-11 오오쿠보 다케유키(大窪健之)

3-12 Rem Koolhaas, Delirious New York:A Retroactive Manifesto for Manhattan, Monaceli pr., 1994, p.83

4-1 Jorn Utzon, Verlag Anton Pustet, 1999, p.26

4-2 日本建築学会編『日本建築史図集 新訂版』彰国社, 2002, p.2
4-3 Architectural Theory, Taschen, 2003, p.447
4-4 히라오 가즈히로(平尾和洋)
4-5 오오쿠보 다케유키(大窪健之)작성(山本理顕『システム・ストラクチュアーのディテール』彰国社, 2001, pp.18-21로부터)
4-6 오오쿠보 다케유키(大窪健之)
4-7 히라오 가즈히로(平尾和洋)
4-8 오오쿠보 다케유키(大窪健之)
4-9 日本建築学会編『日本建築史図集 新訂版』彰国社, 2002, p.69
4-10 히라오 가즈히로(平尾和洋)
5-1 ロバート・ヴェンチュリー, 伊藤公文訳『建築の多様性と対立性』鹿島出版会, 1982, p.140
5-2~5-5 히라오 가즈히로(平尾和洋)
5-6 Louis Barragan et al., Barragan: The Complete Works, Princeton Architectural Press, 2003, p.172
5-7 야마모토 나오히코(山本直彦)
5-8 히라오 가즈히로(平尾和洋)
6-1 日本建築学会編『日本建築史図集 新訂版』彰国社, 2002, p.12
6-2, 6-3 히라오 가즈히로(平尾和洋)
6-4 Kunsthisotrisches Museum Wien
6-5 히라오 가즈히로(平尾和洋) 작성(F. D. K. チン, 太田邦夫訳『建築のかたちと空間をデザインする』彰国社, 1987로부터)
6-6 히라오 가즈히로(平尾和洋)
6-7 Moffet. M et al., A World History of Architecture, Laurence King Publishing, 2003, p.8
6-8 히라오 가즈히로(平尾和洋)
6-9 Dominique Lyon et al., Le Corbusier vivant, Telleri, 1999, p.104
7-1 히라오 가즈히로(平尾和洋)
7-2 오오쿠보 다케유키(大窪健之)
7-3 히라오 가즈히로(平尾和洋)
7-4 오오쿠보 다케유키(大窪健之)
7-5a, 7-5b 히라오 가즈히로(平尾和洋)
7-6 Slesin. S et al., JAPANESE STYLE, Clarrkson N. Potter, 1987, p.73
7-7~7-11 히라오 가즈히로(平尾和洋)

07

7장 타이틀 그림 시모무라 준이치(下村純一)
1-1 야마모토 나오히코(山本直彦) 작성(F. D. K. チン, 太田邦夫訳『建築のかたちと空間をデザインする』彰国社, 1987, p.17로부터)
1-2 히라오 가즈히로(平尾和洋)
1-3 야마모토 나오히코(山本直彦)
1-4, 1-5 야마모토 나오히코(山本直彦)
1-6 야마모토 나오히코(山本直彦) 작성(Richard Meier Architect, Rizzoli, 1984, p.68로부터 재작성)
1-7 야마모토 나오히코(山本直彦) 작성(柳亮『黄金分割ピラミッドからル・コルビュジエまで』美術出版社, 1995, pp.60-61로부터 재작성)
1-8, 1-9 야마모토 나오히코(山本直彦)
1-10 Le Corbusier, Le Modulor, Architecture d'aujourd'hui, p.26
1-11 W. Boesiger et O. Stonorov, Le Corbusier: Œuvre complete Volume1:1910~1929 Les Editions d'Architecture, 1964, p.144
1-12 W. Boesiger et O. Stonorov, Le Corbusier: Œuvre complete Volume4:1938~1946 Les Editions d'Architecture, 1964, p.171
1-13 Le Corbusier, Le Modulor, Architecture d'aujourd'hui, p.135
2-1 Francis D. K. Ching, Architecture Form, space, and order, van nostrand reinhold, 1996, 2nd edition, 1996, p.41
2-2 Peter Eisenman, Giuseppe Terragni, Monacelli Press, 2003, p.35
2-3 W. Boesiger, Le Corbusier: Œuvre complete Volume7: 1957~1965, Les Editions d'Architecture, 1965, p.35
2-4 Paul Oliver, Dwellings, University of Texas Press, 1987, p.63
2-5 Henri Stierlin, Islam, Taschen, 1996, p.131
2-6 Niel Levine, The Architecture of Frank Lloyd Wright, Princeton University Press, 1996, p.345
2-7 야마모토 나오히코(山本直彦)
2-8 W. Boesiger, Le Corbusier: Œuvre complete Volume4: 1938~1946, Les Editions d'Architecture, 1946, p.17
2-9~2-11 야마모토 나오히코(山本直彦) 작성
2-12 야마모토 나오히코(山本直彦)
2-13 Vincent Ligtelijn, Aldo Van Eyck : Works, Bir-

khäuser, 1999, p.135

2-14, 2-15 야마모토 나오히코(山本直彦)

2-16 야마모토 나오히코(山本直彦) 작성(Henri Sierlin, Islam, Taschen, 1996, p.153로부터 재작성)

2-17 Marian C. Donnelly, Architecture in the Scandinavian Counturies, MIT Press, 1992, p.287

2-18 Marja-Ritta Norri, Finland, Prestel, 2000, p.161

2-19 Christian Noberg-Schulz, Meaning in Western Architecture, Rizzoli, 1980, p.140

2-20 야마모토 나오히코(山本直彦) 작성

2-21 Henri Stierlin, Encyclopedia of World Architecture, Evergreen, 1994, p.466

2-22 James Stirling, James Stirling : Buildings and Projects 1950~1974, Thames and Hudson, 1996, p.84

2-23 Richard Weston, UTZON, Bloendal, 2002, p.89

2-24 W. Boesiger et O. Stonorov, Le Corbusier: Œuvre complete Volume 1 : 1910~1929, Les Editions d'Architecture, 1964, p.64

2-25 William J. R. Curtis, Modern Architecture Since 1900, Phaidon, 1996, 3rd Edition, p.332

2-26 Paul Groenendijk & Piet Vollaard, Gids voor moderne architectuur, Uitgeverij 010, p.108

2-27 SD編集部編『現代の建築家 I. M.ペイ』 鹿島出版会, 1983, p.141

2-28 David G. De Long, Frank Lloyd Wright and the living city, Vitra Design Museum, 1998, p.274

2-29 William J. R Curtis, Modern Architecture Since 1900, Phaidon, 1996, 3rd Edition, p.191

3-1 야마모토 나오히코(山本直彦)

3-2 Brad Collins, Gwathmey Siegel, Building and Projects 1965~2000, Universe, 2000, p.17

3-3 야마모토 나오히코(山本直彦)

3-4 『新建築 1961年1月号』 新建築社, p.84

3-5 스에카네 신고(末包伸吾)

3-6 야마모토 나오히코(山本直彦) 작성

3-7 야마모토 나오히코(山本直彦)

3-8 야마모토 나오히코(山本直彦) 작성

3-9 David G.De Long, Frank Lloyd Wright and the living city, Vitra Design Museum, 1998, p.110

3-10 Peter Arnell and Ted Bickford, James Stirling : Building and Projects , Rizzoli, 1984, p.255

3-11 Michael Sondin, Karl Friedrich Schinkel: a universal man, Yale University Press, 1991, p.127

3-12 Peter Arnell and Ted Bickford, James Stirling : Building and Projects, Rizzoli, 1984, p.253

3-13 야마모토 나오히코(山本直彦)

3-14 Richard Meier Architect, Rizzoli, 1984, p.191, p.195

3-15 Stephen Dobney, Eisenman Architects : selected and current works, Images Pub. Group, 1995, p.51

3-16 『新建築 1993年 8月号別冊 奈良, そして, トリエンナーレ1992』 新建築社, p.127

3-17 James Stirling, James Stirling : Building and Projects 1950~1974, Thames and Hudson, 1996, p.96

3-18 Neil Levine, The Architecture of Frank Lloyd Wright, Princeton University Press, 1996, p.266

3-19 노무라 아키라(野村彰) 작성

3-20 Tadao Ando 1983~2000, El Croquis, 2000, p.128

4-1 Klaus-Peter Gast, Louis I. Kahn : The Idea of Order, Birkhäuser, 1998, p.181

4-2 야마모토 나오히코(山本直彦)

4-3 Peter Reed, Alvar Aalto Between Humanism and Materialism, MoMA, 1998, p.214

4-4 Werner Blaser, Mies van der Rohe : IIT Campus, Birkhäuser, 2002, p.20

4-5 C.A. Doxiadis, Architecture in Transition, Hutchinson, 1963, p.138

4-6 『建築20世紀 Part2』 新建築社, 1991, p.168

4-7 Hyman Trachtengerg, Architecture : From Prehistory to Post-Modernism, Harry N. Abraham, Inc., 1986, p.63

4-8 야마모토 나오히코(山本直彦) 작성(Andrea Palladio, The Four Books on Architecture, The MIT Press, 1997, p.95로부터 재작성)

4-9 Peter Blundell Jones, Hugo Haring : the organic versus the geometric, Axel Menges, 1999, p.60

4-10~4-12 야마모토 나오히코(山本直彦)

4-13 『新建築 1987年 11月号』 新建築社, p.193

4-14 『新建築 1972年 4月号』 新建築社, p.191

4-15 SD編集部編『現代の建築家 I. Mペイ』 鹿島出版会, 1983, p.118

4-16 David Underwood, Oscar Niemeyer and the Architecture of Brazil, Rizzoli, 1994, p.128

4-17 야마모토 나오히코(山本直彦)

4-18 Claes Caldenby & Olof Hultin, Asplund, Ginko Press, 1997, p.67

4-19 『a+u1975年5月号』 新建築社, p.116

4-20 Richard Weston, Alvar Aalto, Phaidon, 1995, p.49

4-21 Benedetta Adembri, Hadrian's Villa, Electa, 2000, p.54

4-22 Lucien Herve, Architecture of Truth - The Cistercien Abbey od Thoronet, Phaidon, 2001, p.144

4-23 McCarter, R., Louis I. Kahn, Phaidon, 2005, p.290

4-24 Steven Holl, Interviewing, Princeton Architectural Press, 1996, p.4

4-25 W. Boesiger, Le Corbusier : Œuvre comlete 1957 ~1965, Editions d'Architecture, 1965, p.18

4-26 青木淳, 後藤修, 田中禎彦, 西和夫, 西沢大良『新建築 2005年11月臨増刊　日本の建築空間』 新建築社, p.388

08

8장 타이틀 그림　　히라오 가즈히로(平尾和洋)

1-1 히라오 가즈히로(平尾和洋) 작성(原広司他 『新建築学大系 23建築計画』彰国社, 1982, pp.322-323로부터)

1-2 Rotzler, Konstrukitive Konzepte, ABC Verlag Zurich, 1977, p.234

1-3 히라오 가즈히로(平尾和洋)

1-4 今井慎二, F. D. K. チン, 太田邦夫訳 『建築のかたちと空間をデザインする』 彰国社, 1987, pp.12-13로부터 작성)

1-5 太田博太郎 『日本の建築 -歴史と伝統-』 筑摩書房, 1968, p.59로부터 작성

1-6 高橋研究室編 『かたちのデータファイル』 彰国社, 1984, p.52로부터 작성

1-7a 川崎清ほか 『設計とその表現　空間の位相と展開』 鹿島出版会, 1990, p.31

1-7b 川崎清ほか 『設計とその表現　空間の位相と展開』 鹿島出版会, 1990, p.32로부터 작성

1-8 히라오 가즈히로(平尾和洋)

2-1 ヨハネス・ケプラー,大槻・岸本訳 『宇宙の神秘』工作舎, 1982, p.158

2-2 Le Corbusier Œuvre complete Volume. 1, Artemis Zurich, 1964, p.33

2-3 히라오 가즈히로(平尾和洋)

2-4a 森田慶一訳 『ウィトルウィウス建築書』東海大学出版会, 1979, p.83

2-4b 高橋研究室編 『かたちのデータファイル』 彰国社, 1984, p.72

2-4c 森田慶一訳 『ウィトルウィウス建築書』 東海大学出版会, 1979, p.73

2-5 Architectural Theory, Taschen, 2003, p.255

2-6,2-7a 히라오 가즈히로(平尾和洋)

2-7b 高橋研究室編 『かたちのデータファイル』 彰国社, 1984, p.63

2-8 桐敷真次郎編『パラディオ「建築四書」註解』中央公論美術出版, 1986, p.115로부터 작성

2-9 히라오 가즈히로(平尾和洋)

2-10 히라오 가즈히로(平尾和洋) 작성(中川武「中世建築の設計技術と部分の自律化」『講座・日本技術の社会史第7巻』日本評論社, 1983로부터)

2-11 岡田光正 『空間デザインの原点』 理工学社, 1993, p.71

3-1 Moffet.M et al. A World History of Architecture, Laurence King Publishing, 2003, p.296

3-2 ジョージ・ハーシー, 白井秀和訳『古典建築の失われた意味』 鹿島出版会, 1993, p.128

3-3 Moffet. M et al. A World History of Architcture, Laurence King Publishing, 2003, p.50

3-4 ジョージ・ハーシー, 白井秀和訳『古典建築の失われた意味』 鹿島出版会, 1993, p.157

3-5 히라오 가즈히로(平尾和洋)

3-6 岡田光正他『建築計画 I 』鹿島出版会, 1987, p.75

3-7 히라오 가즈히로(平尾和洋)

4-1 ウォレン・ケントン, 矢島文夫訳 『イメージの博物誌 1.占星術』平凡社, 1977, p.123

4-2 コルネリス・ファン・デ・フェン, 佐々木宏訳 『建築の空間』丸善, 1981, p.12

4-3,4-4 히라오 가즈히로(平尾和洋)

4-5 ロジャー・クック,植島啓司訳 『イメージの博物誌 15. 生命の樹』平凡社, 1982, p.82

4-6 高木隆司編『かたちの事典』丸善, 2004, p.680

4-7 『チャールズ・W・ムーア作品集』 a+u, 1978. 5, p.306

4-8a Weston. R, Key Buildings of the Twentieth Centry, W. W. Norton & Company, 2004, p.219

4-8b,5-2 히라오 가즈히로(平尾和洋)

5-3 西田雅嗣, 矢ヶ崎善太郎編『図説　建築の歴史 - 西洋・日本・近代』学芸出版社, 2003, p.48

5-4a 히라오 가즈히로(平尾和洋)

5-4b McCarter. R, Louis I. Kahn, Phaidon, 2005, p.307

5-5a パウル・フランクル, 香山寿夫他訳『建築史の基礎概念』鹿島出版会, 2005, p.67

5-5b,5-5c 히라오 가즈히로(平尾和洋)

5-6 McCarter. R, Louis I.Kahn, Phaidon, 2005, p.116

5-7 히라오 가즈히로(平尾和洋)작성(香山寿夫『建築意匠講義』東京大学出版会, 1996, pp.56-61로부터)

5-8 ノベルグ・シュルツ, 加藤邦男訳『実存・空間・建築』鹿島出版会, 1973, p.85

5-9 히라오 가즈히로(平尾和洋)

5-10 松田隆夫『視知覚』培風館, 1995, p.88로부터 작성

6-1 히라오 가즈히로 작성(F. D. Kチン, 太田邦夫訳『建築のかたちと空間をデザインする』彰国社, 1987로부터)

6-2a Gossel. P, Architecture in the twentieth century, Taschen, 2001, p.265

6-2b~6-5 히라오 가즈히로(平尾和洋)

6-6a Weston. R, Key Buildings of the Twentieth Century, W.W. Norton&Company, 2004, p.219

6-6b Russian Constructivism & Iakov Chernikov, Architectural Design Vol.59, 1989, p.64

6-7 Carter. P, Mies van der Rohe at Work, Phaidon, 1999, p.81

6-8a De Stijl et l'architecture en France, Pierre Mardaga eduteur, 1985, p.151

6-8b,6-9 히라오 가즈히로(平尾和洋)

09

9장 타이틀 그림 히라오 가즈히로(平尾和洋)

2-1 ジョン・M・ルンドクィスト,山下博司訳 『イメージの博物誌29. 神殿』平凡社, 1994, p.38

2-2a 히라오 가즈히로(平尾和洋)

2-2b アルベルティ, 相川浩訳『建築論』中央公論美術出版, 1982, p.212

2-3 히라오 가즈히로 작성(デイヴィット・バーニー,守部信之訳 『サイエンス・ヴィジュアル2光』東京書籍, 1993로부터)

2-4~3-8 히라오 가즈히로(平尾和洋)

3-9 Borsi. F, Bernini architetto, Electa, 1980, p.168

3-10 Moffet. M et al., A World History of Architecture, Laurence King Publishing, 2003, p.380

3-11 『名画への旅11バロックの闇と光』講談社, 993, p.75

4-1a,4-1b 히라오 가즈히로(平尾和洋)

4-2 히라오 가즈히로 작성(辻ほか編『建築設計製図演習1.設計基礎編』 鹿島出版会, 1998, p.13로부터)

4-3a~4-4 히라오 가즈히로(平尾和洋)

4-5 西田雅嗣・矢ヶ崎善太郎編 『図説 建築の歴史 - 西洋・日本・近代』学芸出版社, 2003, p.85로부터 작성

4-6 安原盛彦「日本建築の空間史」『建築概論 建築・環境のデザインを学ぶ』学芸出版社, 2003, p.63로부터 작성

4-7 히라오 가즈히로(平尾和洋)

4-8 岡田光正『空間デザインの原点』 理工学社, 1993, p.87

4-9 安原盛彦「日本建築の空間史」『建築概論 建築・環境のデザインを学ぶ』学芸出版社, 2003, p.62로부터 작성

4-10 日本建築学会編 『日本建築史図集』 彰国社, 1980, p.80

5-1,5-2 히라오 가즈히로(平尾和洋)

각주 5-3의 그림 日本建築学会編『西洋建築史図集』彰国社, 1980, p.80

5-3 Moffet. M et al., A World History of Architecture, Laurence King Publishing, 2003, p.151

5-4 ジョン・M・ルンドクィスト, 山下博司訳『イメージの博物誌 29. 神殿』平凡社, 1994, p.72

5-5~6-2 히라오 가즈히로(平尾和洋)

6-3 C. N. Ledoux, Architecture, Princeton Architectural Press, 1983, p.72

6-4,6-5 히라오 가즈히로(平尾和洋)

6-6 『カラー版西洋美術史』美術出版社, 1990, p.146

6-7~6-9 히라오 가즈히로(平尾和洋)

6-10 Le Corbusier Œuvre complete Volume.1, Artemis Zurich, 1964, p.182

6-11 야마모토 나오히코(山本直彦)

6-12 Nerdinger. W, Walter Gropius Opera completa, Electa, 1989, p.54

6-13 야마모토 나오히코(山本直彦)

7-1 Whitford.F, Bauhaus, Thames & Hudson, 1984, p.24

7-2 Architectural Theory, Taschen, 2003, p.693

7-3~7-5 히라오 가즈히로(平尾和洋)

7-6 Gossel. P, Architecture in the twentieth century, Taschen, 2001, p.388

7-7~7-9 히라오 가즈히로(平尾和洋)

7-10 Alvar Aalto Band I 1922~1962, Artemis, 1963, p.49

7-11~7-15 히라오 가즈히로(平尾和洋)

7-16 Bauhaus utopian, Edition Cantz, 1988, p.130

7-17 Jetsonen.J, Sacral space-Modern finnsh churches, Building imformation Ltd, 2003, p.44

7-18~7-20 히라오 가즈히로(平尾和洋)

10

10장 타이틀 그림　　히라오 가즈히로(平尾和洋)

1-1　日本建築学会編『建築・都市計画のための空間学事典』井上書院, 1996, p.10

1-2　Guidoni. E, Architecture Primitive, Gallimard, 1994, p.50

1-3　日本建築学会編『西洋建築史図集』彰国社, 1953, p.28

1-4　히라오 가즈히로(平尾和洋)

2-1　ウォレン・ケントン, 矢島文夫訳『イメージの博物誌 1. 占星術』平凡社, 1977, p.112

2-2　高木隆司編『かたちの事典』丸善, 2004, p.693

2-3　『世界の名著 9 ギリシアの科学「ユークリッド原論」』中央公論社, 1972, p 377로부터 작성.

2-4　ヨハネス・ケプラー, 大槻・岸本訳『宇宙の神秘』工作舎, 1982, p.97

2-5　岩田靖夫「ケノン・コーラー・トポス」『新岩波講座哲学 7「トポス・空間・時間」』岩波書店, 1985, p.20로부터 작성

2-6　岩田靖夫「ケノン・コーラー・トポス」『新岩波講座哲学 7「トポス・空間・時間」』岩波書店, 1985, p.24로부터 작성

2-7　阿部一『空間の比較文化誌』せりか書房,2000,p.73로부터 작성

2-8　海野一隆『地図の文化史』八坂書房, 2004, p.42

2-9　Aldo van Eyck Works, Birkhäuser, 1999, p.105

3-1　阿部一『空間の比較文化誌』せりか書房, 2000, p.122로부터 작성

3-2　ウォレン・ケントン,矢島文夫訳『イメージの博物誌 1. 占星術』平凡社 1977, p.92

3-3a　海野一隆『地図の文化史』八坂書房, 2004, p.23

3-3b　海野一隆『地図の文化史』八坂書房, 2004, p.43

3-4　Christian Norberg-Schulz, Architecture: Presence, Language, Place, Skila editore, 2000, p.66

4-1　C. N. Ledoux, Architecture, Princeton Architectural Press 1983, p.151.

4-2,4-3　히라오 가즈히로(平尾和洋)

4-4　Cabanne. P, VERMEER, Editorial Terrail, 2004, p.106

4-5　Gossel. P, Architecture in the twentieth century, Taschen, 2001, p.13

4-6,4-7　히라오 가즈히로(平尾和洋)

4-8　Malevitch, Flammarion, 1990, p.104

4-9　DE STIJL et l'architecture en France, Pierre Mardaga eduteur, 1985, p.66

5-1,5-2　クレイゼル, 保坂・山崎訳『数学史Ⅲ』1997, 大竹出版, p.296로부터 작성

5-3　クレイゼル, 保坂・山崎訳『数学史Ⅲ』1997, 大竹出版, p.297로부터 작성

5-4　히라오 가즈히로(平尾和洋) 작성(クレイゼル, 保坂・山崎訳『数学史Ⅲ』1997, 大竹出版, p.310로부터)

5-5　都市史図集編集委員会編『都市史図集』彰国社, 1999, p.100

5-6　Moffet. M et al., A World History of Architecture, Laurence King Publishing, 2003, p.386

5-7　Christian Norberg-Schulz, Architecture: Presence, Language, Place, Skila editore, 2000, p.224

5-8　ヘレン・ロウズナウ, 西川幸治監訳『理想都市 - その建築的展開』鹿島出版会, 1979, p.40

5-9,5-10　히라오 가즈히로(平尾和洋)

5-11a　Borsi. F, Bernini architetto, Electa, 1980, p.102

5-11b　Portoghesi. P, Francesco Boroomini, Electa, 1967

5-12　鳴海・田畑・榊原編『都市デザインの手法』学芸出版社, 1990, p.19

5-13　レオナルド・ベネーヴォロ, 佐野・林訳『図説・都市の世界史 4』相模書房, 1983, p.81

5-14a・히라오 가즈히로(平尾和洋)

5-14b　エットーレ・カメザスカ, 塚本博訳『マンテーニャ』SCALA/東京書籍, 1993, p.39

5-15　Jestaz. B, La Renaissance de l'architecture, Gallimard, 1995, p.128

5-16　ヘレン・ロウズナウ, 西川幸治監訳『理想都市 - その建築的展開』鹿島出版会, 1979, p.52-53

5-17　히라오 가즈히로(平尾和洋)

6-1　Bauhaus utopian, Edition Cantz, 1988, p.314

7-1　デイヴィット・マクラガン,松村一男訳『イメージの博物誌 20. 天地創造』平凡社, 1992, p.67

7-2　飯沢耕太郎監修『カラー版世界写真史』美術出版社, 2004, p.47

7-3　히라오 가즈히로(平尾和洋)

7-4　デイヴィット・マクラガン, 松村一男訳『イメージの博物誌 20. 天地創造』平凡社, 1992, p.38

8-1　bauhaus utopian, Edition Cantz, 1988, p.207

8-2　bauhaus utopian, Edition Cantz, 1988, p.320

8-3　EL LISSITZKY, Municipal Van Abbemuseum, 1990, p.178

8-4　히라오 가즈히로(平尾和洋) 작성(川久保勝夫『トポロジーの発想』講談社, 1995, p.151로부터)

8-5　松田隆夫『視知覚』培風館, 1995, p.99

8-6 空間認知の発達研究会『空間を生きる』北大路書房, 1995, p.240
8-7 空間認知の発達研究会『空間を生きる』北大路書房, 1995, p.132
8-8 日本建築学会編『建築・都市計画のための空間学事典』井上書院, 1996, p.176로부터 작성

11

11장 타이틀 그림　　마츠모토 유타카(松本裕)
2-1a Archives Nationales. N Ⅲ SEINE 562
2-1b Vasserot et Bellager/Archives Nationales. F31-82
2-1c 마츠모토 유타카(松本裕)
2-2 마츠모토 유타카(松本裕), 사토 히로시(佐藤浩) 작성 (Pierre PINON, Atlas du Paris Haussmannien, Parigramme, Paris, 2002, p.180로부터)
2-3 마츠모토 유타카(松本裕), 사토 히로(佐藤浩作) 작성 (Pierre PINON, Atlas du Paris Haussm- nnien, Parigramme, Paris, 2002, p.39로부터)
2-4 Cesar DALY, L'Architecture privee au XIXme siècle sous NapoleonⅢ, Morel et Cie, Paris,1864
2-5a 마츠모토 유타카(松本裕)
2-5b Pierre PINON, Atlas du Paris Haussmannien, Parigramme, Paris, 2002, p.151
2-6 마츠모토 유타카(松本裕)
2-7 마츠모토 유타카(松本裕)・사토 히로시(佐藤浩) 작성 (Leonardo Benevolo, Histoire de la ville, Parentheses, Marseille, 1983, p.296, Fig-862로부터)
2-8,2-9 마츠모토 유타카(松本裕)
2-10 Philippe Panerai, Jean Castex, Jean-Charles Depaule, Formes urbaines de l' ilot a la barre, Parentheses, Marseille, 1997, p.157, Fig-54-b
2-11 마츠모토 유타카(松本裕)
3-1 Ebenezer Howard, To-Morrow, A peaceful path to real reform, (original edition with commentary by Peter Hall, Dennis hardy, Colin Ward), Routledge, London, 2003, p.24
3-2 Ebenezer Howard, To-Morrow, A peaceful path to real reform, (original edition with commentary by Peter Hall, Dennis hardy, Colin Ward), Routledge, London, 2003, p.30
3-3 Tony Garnier, Une cite industielle, Auguste Vincent, Paris, 1918, p.164
3-4 W.Boesiger et O.Stonorov, Le Corbusier, et Pierre Janneret. Œuv complete 1910~1929, Les Editions d'Architecture(Artemis), Zurich, 1964, p.39
3-5 (상), Le Corbusier, Centre Nationale de documentation pedagogique, Paris, 1987, vue-7. (하) W. Boesiger et O.Stonorov, Le Corbusier, et Pierre Janneret. Œuv complete 1910~1929, Les Editions d' Architecture(Artemis), Zurich, 1964, p.111
3-6 Le Corbusier, Centre Nationale de documentation pedagogique, Paris, 1987, vue-16
3-7 アリソン＆ピーター・スミッソン, 大江新訳『スミッソンの都市論』彰国社, 1979, p.51
3-8 마츠모토 유타카(松本裕)
4-1a ケヴィン・リンチ, 丹下健三・富田玲子　共訳『都市のイメージ』岩波書店, 1968, p.22
4-1b・ケヴィン・リンチ, 丹下健三・富田玲子 共訳『都市のイメージ』岩波書店, 1968, p.188
4-2 ケヴィン・リンチ, 丹下健三・富田玲子 共訳『都市のイメージ』岩波書店, 1968, pp.55-59
4-3 フィリップ・シール「物理的な環境の知覚的・認知的な属性の記述, 尺度化, 表示, 譜面化することについての覚え書き」『環境心理学6 環境研究の方法』誠信書房, 1975, 所収, pp.16-17로부터
5-1a Françoise HAMON, Système de l'architecture urbaine, Le quartier des Halles à Paris, CNRS, 1977. Ⅱ. Atlas, Dessins de Jean Blécon, Pl. 15
5-2 秋元馨『現代建築のコンテクスチュアリズム入門』, 彰国社, 2002, p.160, 그림 13.14
5-3 Colin Rowe, Fred Koetter, Traduit de l' américan par Kenneth Hylton, Collage City, indolio, 2002, p.95
5-4 Camillo Sitte, traduction de Daniel Wieczorek, L' urbanisme selon ses findements artistiques, seuil, 1996, p.56, Fig.33
5-5 Colin Rowe, Fred Koetter, Traduit de l'américan par Kenneth Hylton, Collage City, indolio, 2002, p.125, p.127
5-6a,5-6b　クリストファー・アレグザンダー「都市はツリーではない〈上〉」『デザイン』1967年7月号, p.10
5-7 東野高等学校ホームページ (http://www.higasino.ed.jp/index.html)로부터

12

12장 타이틀그림　　후지키 요우스케(藤木庸介)

1-1　야마다 호소카(山田細香) 작성
1-2　야마다 호소카(山田細香) 작성(川口衛他 『建築構造のしくみ』彰国社, 1990, p.48로부터)
1-3　야마다 호소카(山田細香) 작성(川口衛他 『建築構造のしくみ 』彰国社, 1990, p.48로부터)
1-4　야마다 호소카(山田細香) 작성
1-5　히라오 가즈히로(平尾和洋)
1-6　후지키 요우스케(藤木庸介)
1-7　야마다 호소카(山田細香) 작성
1-8　후지키 요우스케(藤木庸介)
1-9　야마다 호소카(山田細香) 작성
1-10　후지키 요우스케(藤木庸介)
1-11, 1-12　야마다 호소카(山田細香) 작성
1-13　히라오 가즈히로(平尾和洋)
1-14　야마다 호소카 작성(『建築大辞典』 彰国社, 1993, p.1610로부터)
1-15　후지키 요우스케(藤木庸介)
1-16　日本建築学会編『西洋建築史図集　三訂版』彰国社, 1994, p.20
1-17　黄汉民『福建土楼』三夫本店, 2003, p.141
1-18　후지키 요우스케(藤木庸介)
1-19　William J. R. Curtis, modern architecture since 1900, Phaidon Press Limited, 1982, p.580
1-20　후지키 요우스케(藤木庸介)
2-1　야마다 호소카(山田細香)
2-2　야마다 호소카(山田細香) 작성(川口衛他 『建築構造のしくみ』 彰国社, 1990, p.40로부터)
2-3, 2-4　후지키 요우스케(藤木庸介)
2-5　日本建築学会 『日本建築史図集・新訂版』 彰国社, 1980, p.50로부터 작성
2-6　후지키 요우스케
2-7　야마다 호소카(山田細香) 작성(『建築大辞典』, 彰国社, 1993, p.1790로부터)
2-8　야마다 호소카(山田細香) 작성(『建築大辞典』, 彰国社, 1993, p.1693로부터)
2-9　야마다 호소카(山田細香) 작성
2-10　야마무라 타카요시(山村高淑)
2-11, 2-12　야마무라 호소카(山田細香) 작성, 川口衛他 『建築構造のしくみ』 彰国社, 1990, p.28로부터 작성
2-13　야마다 호소카(山田細香) 작성
2-14　ANDREA PALLADIO, THE FOUR BOOKS OF ARCHITECTURE, Dover Publications Inc., New York
2-15~2-17　야마다 호소카(山田細香) 작성
2-18　노무라 아키라(野村彰) 작성
2-19　Peter Buchanan, RENZO PIANO BUILDING WORKSHOP Volume 1, Phaidon Press Limited, 1993, p.55
2-20　히라오 가즈히로(平尾和洋)
2-21　William J. R. Curtis, modern architecture since 1900, Phaidon Press Limited, 1982, p.598
2-22　William J. R. Curtis, modern architecture since 1900, Phaidon Press Limited, 1982, p.36
2-23　William J. R. Curtis, modern architecture since 1900, Phaidon Press Limited, 1982, p.74
2-24, 2-25　노무라 아키라(野村彰) 작성
2-26　William J. R. Curtis, modern architecture since 1900, Phaidon Press Limited, 1982, p.75
2-27, 2-28　노무라 아키라(野村彰) 작성
2-29　야마다 호소카 작성(川口衛他 『建築構造のしくみ』 彰国社, 1990, p.12로부터)
2-30　야마다 호소카 작성(川口衛他 『建築構造のしくみ』 彰国社, 1990, p.12로부터)
2-31, 2-3　노무라 아키라(野村彰)작성
2-33, 2-34　후지키 요우스케(藤木庸介)
2-35　야마다 호소카 작성(川口衛他 『建築構造のしくみ』 彰国社, 1990, p.96로부터)
2-36　야마다 호소카 작성(川口衛他 『建築構造のしくみ』 彰国社, 1990, p.97로부터)
2-37　야마다 호소카 작성
2-38　Pierluigi Serraino, ERRO SAARINEN, TASCHEN GmbH, 2005, p.84
2-39　야마다 호소카(山田細香)작성
2-40　후지키 요우스케(藤木庸介)
2-41　야마다 호소카(山田細香)작성
2-42　후지키 요우스케(藤木庸介)
2-43　노무라 아키라(野村彰) 작성
2-44　하라다 준죠(原田順三) 작성
2-45　후지키 요우스케(藤木庸介)
2-46　야마다호소카(山田細香)작성(本多共常他 『建築概論』学芸出版社, 2003, p.38로부터)
2-47　후지키 요우스케(藤木庸介)
2-48~2-51　야마다 호소카(山田細香)작성
2-52　노무라 아키라(野村彰) 작성
3-1　후지키 요우스케(藤木庸介)
3-2　Dennis Sharp, 20th Century Architecture A visual history, Land Humphries London, 1991, p.220
3-3, 3-4　야마다호소카(山田細香)작성(川口衛他 『建築構造のしくみ』 彰国社, 1990, p.75로부터)
3-5　Dennis Sharp, 20th Century Architecture A visual

history, Land Humphries London, 1991, p.220

3-6,3-7 후지키 요우스케(藤木庸介)

3-8,3-9 야마다호소카(山田細香) 작성

3-10 마츠모토 유타카(松本裕)

3-11 Dennis Sharp, 20th Century Architecture A visual history, Land Humphries London, 1991, p.300

3-12 후지키 요우스케(藤木庸介)

13

13장 타이틀그림 오오쿠보 다케유키(大窪健之)

2-1 田原幸夫『建築の保存デザイン』学芸出版社, 2003, p.38

2-2,2-3 오오쿠보 다케유키(大窪健之)

2-4 Niall Kirkwood, Manufactured Sites: Rethinking the Post-Industrial Landscape, Spon Pr., 2001, p.153

2-5~2-8 오오쿠보 다케유키(大窪健之)

3-1,3-2 신건축사진부 제공

3-3 야마모토 나오히코(山本直彦)

3-4 스에카네 신고(末包伸吾)

3-5~3-8 오오쿠보 다케유키(大窪健之)

3-9 早川邦彦『建築文化9511』彰国社, 1995, p.94

3-10,4-1 오오쿠보 다케유키(大窪健之)

4-2 Peter Buchanan, complete works vol 4. Renzo Piano Building Workshop, Phaidon Press Limited, 2000, p.96

4-4 OMソーラー協会『太陽と, OM』2005로부터

4-3 오오쿠보 다케유키(大窪健之)

4-5 고바야시 히로히데(小林広英)

4-6 Le Corbusier Œuvre compléte Volume. 8, 1965~1969, Architecture Artemis Zurich, p.74

4-7 Hubert Tonaka, Institut Du Monde Arabe, Champ Valon, 1988, p.53

4-8 トヨタ自動車『プリウスカタログ』2006

5-1,5-2 오오쿠보 다케유키(大窪健之)

5-3 『春日権現霊験記』前田氏実, 永井幾麻, 東京国立博物館蔵

5-4~5-6 오오쿠보 다케유키(大窪健之)

5-7 노무라 아키라(野村彰) 작성

5-8 沖縄県渡名喜村教育委員会『渡名喜村渡名喜伝統的建造物群保存対策調査報告書』, 1999, 표지로부터 작성

5-9 오오쿠보 다케유키(大窪健之)

주석

explanatory

01

1-1 이 장에서는 건축을 중심으로 설명하고 있다. 도시화에서 근대의 도시계획으로의 전개에 관해서는 ☞ pp. 238-247, 11장 2~3절.

1-2 鈴木博之『近代・現代建築史』彰国社, 1993, pp.4-5.

1-3 새로운 건축과제(빌딩 타입)의 상세한 내용에 관해서는 N. Pevsner『A History of Building Types』Princeton Univ. Press, 1976을 참조.

1-4 鈴木博之, 앞의 책, p.17.

1-5 원시 오두막에 관한 상세한 내용은 ☞ pp.100-105, 5장 3절.

1-6 ☞ p.41, 2장 3절 및 p.103, 5장 3절.

1-7 井上充夫『建築美論の歩み』鹿島出版会, 1991. pp. 159-164, 및 ☞ p.227, 10장 6절.

1-8 같은 책, p.161.

2-1 ジョン・ラスキン, 杉山真紀子訳『建築の七灯』鹿島出版会, 1997.
(원저명 : John Ruskin『The seven lamps of architecture』)

2-2 러스킨의 빛의 중요성에 대한 지적에 관해서는 ☞ p.188, 9장 2절.

2-3 ニコラス・ペヴスナー, 白石博三訳『モダンデザインの展開』みすず書房, 1957, p.10.
(원저명 : Nicolaus Pevsner『Pioneers of Modern Design』)

2-4 ☞ pp.201-202, 9장 6절.

2-5 O・ヴァーグナー, 樋口清, 佐久間博訳『近代建築』中央公論美術出版, 1985.
(원저명 : Otto Wagner『Moderne Architektur』)

2-6 アドルフ・ロース, 伊藤哲夫訳『装飾と罪悪』中央公論美術出版, 1987.
(원저명 : Adolf Loos,『Ornament and Crime』)

2-7 같은 책, p.71.

2-8 라움플랜에 관해서는 伊藤哲夫『アドルフ・ロース』鹿島出版会, 1980을 참조.

2-9 ☞ p.204, 9장 7절.

3-1 ☞ pp.52-55, 2장 7절

3-2 되스부르그의 시공간 개념에 관해서는 ☞ p.231, 10장 8절.

3-3 ヴァルター・グロピウス, 貞包博幸訳『国際建築』中央公論美術出版, 1991.
(원저명 : Walter Gropius『Internationale Architektur』)

3-4 ☞ p.204, 9장 7절.

3-5 ☞ p.203, 9장 7절.

4-1 Frank Lloyd Wright『An American Architecture』Horizon Press Pub. Ltd., 1969, p.77.

4-2 H. P. Berlage : The New American Architecture, Schweizerische Bauzeitung 60, Sep.14, pp.148-50, 1912.

4-3 ☞ p.205, 9장 7절.

4-4 그리너프의 사고방식에 관해서는 井上充夫, 앞의 책, pp.181-83을 참조.

4-5 ル・コルビュジエ, 石井勉訳『東方への旅』鹿島出版会, 1979.
(원저명 : Le Corbusier『Le Voyage d'Orient'』)
A・オザンフアン, E・ジヤンヌレ, 吉川逸治訳『近代絵画』鹿島出版会, 1968.
(원저명 : Amédée Ozenfant, Le Corbusier『La peinture moderne』)
ル・コルビュジエ, 吉阪隆正訳『建築をめざして』鹿島出版会, 1967.
(원저명 : Le Corbusier『Vers une architecture』)
ル・コルビュジェ著, 樋口清訳『ユルバニズム』鹿島出版会, 1976.
(원저명 : Le Corbusier『Urbanisme』)

4-6 ル・コルビュジエ, 吉阪隆正訳, 앞의 책, p.14.

4-7 같은 책, p.13.

4-8 르 코르뷔지에의 내외의 규정에 관해서는 ☞ pp.115-116, 6장 1절.

4-9 르 코르뷔지에의 도시계획에 관해서는 ☞ pp.244-246, 11장 3절.

4-10 모듈러에 관해서는 ☞ pp.141-142, 7장 1절.

4-11 롱샹성당의 빛에 관해서는 ☞ p.191, 9장 3절.

4-12 鈴木博之『建築20世紀 part1』 新建築社, p.132.

4-13 이 계획안들의 유리건축 이미지에 관해서는 ☞ p.204, 9장 7절.

4-14 균질공간에 관해서는 ☞ p.220, 10장 4절.

5-1 鈴木博之, 앞의 책 pp.109-110.

5-2 R.Banham : New Brutalism, Architect P., 1966.

5-3 H・R・ヒッチコック, P・ジョンソン, 武澤秀一訳『インターナショナル・スタイル』鹿島出版会, 1978.
(원저명 : Henry Russell Hitchcock, Philip Johnson『The International Style』)

5-4 ☞ p.85, 4장 3절.

5-5 알바 알토의 공간과 빛의 관계에 관해서는 ☞ pp.205-206, 9장 7절.

보충주석) 이 장과 다음 장에서의 설명은 서양의 근·현대건축을 개괄적으로 살펴보기 위한 것으로 근·현대건축의 배경과 건축가 개인의 작품스타일 등의 언급은 제한적인 수준에 그치고 있다. 서양의 근·현대건축에 대해 더욱 심층적인 이해를 위해서는 다음과 같은 기초적인 문헌을 참조하기 바란다. 근·현대건축사는 저자의 관점에 따라서 다양한 방식으로 묘사되기 때문에 필히 다양한 문헌을 접해볼 것을 권장한다. 또한 다음의 문헌들에 기재된 참고문헌도 적극적으로 접해보기를 바란다.

(원본의 초판 출판연순)

ニコラス・ペヴスナー, 白石博三訳『モダン・デザインの展開』みすず害房, 1957.

(원저명 : Nicolaus Pevsner 『Pioneers of Modern Design』) : 근대건축의 형성에 있어서, 영국의 동향, 아르 누보, 추상회화의 중요성을 설명하고 있다.

ジークフリート・ギーディオン, 太田賓訳 『空間 時間 建築』丸善, 1969.

(원저명 : Sigfried Giedion 『Space, Time and Architecture』) : CIAM의 서기장이었던 기디온이 1941년 저술한 책이다. 근대건축의 특성을 시간과 3차원 공간의 교차 속에 있다는 「시공간」의 시점의 확산과 그 중요성을 다루고 있다.

レイナー・バンハム, 石原達二, 増成隆士訳『第一機械時代の理論とデザイン』鹿島出版会, 1976. (원저명: Reyner Banham『Theory and Design in the First Machine Age』) : 근대건축의 형성에 있어서 프랑스 등의 아카데미의 영향과 함께 특히 미래파를 중심으로 한 데 스틸, 르 코르뷔지에, 바우하우스와 같은 전위예술운동의 이론과 실천을 상세히 기술하고 있다.

レオナルド・ベネヴォロ, 武藤章訳『近代建築の歴史』鹿島出版会, 1978.

(원저명:Leonardo Benevolo 『History of Modern Architecture』) : 제2차 세계대전까지의 근대건축의 형성에서 전개까지 사회적인 상황과 함께 도시계획에 대해서도 상세히 기술하고 있다.

マンフレッド・タフーリ, フランチェスコ・ダル・コ, 片木篤訳『近代建築』本の友社, 2003.

(원저명 : Manfredo Tafuri and Francesco Dal Co 『Modern Architecture』) : 현대의 건축이론가를 대표하는 타푸리와 달 코에 의한 저서. 건축/도시, 유럽/미국, 전위/반전위 등 논쟁적이고 이데올로기적인 저서이다.

ヴィットリオ・ラムプニャーニ, 川向正人訳『現代建築の潮流』鹿島出版会, 1985.

(원저명 : Vittorio Magnago Lampugnani 『Architektur und Städtebau Des 20. Jahrhunderts』) : 근·현대의 건축을 합리주의, 표현주의, 유기적건축, 전통주의, 신고전주의 등의 경향에 따라 논한 저서이다.

ケネス・フランプトン, 中村敏男訳『現代建築史』青土社, 2003.

(원저명 : Kenneth Frampton 『Modern Architecture: A Critical History (World of Art)』):현대의 대표적인 건축이론가 중인 한사람인 프램턴의 저서. 근대건축의 형성과 전개를 주제별로 논하고 있는 제1부, 제2부와 현대건축의 경향을 소개한 후 프램턴이 주장하는 비판적 지역주의의 중요성을 논한 제3부로 구성되어 있다.

W・J・R・カーティス, 五島朋子, 沢村明, 末広香織訳『近代建築の系譜 : 1900年以後』鹿島出版会, 1999.

(원저명 : William J. R. Curtis『Modern Architecture Since 1900』) : 필자의 주관적인 관점이 아닌 객관적인 시점에서 냉철하게 근대건축을 정리한 저서이다.

일본에서도 근, 현대건축에 관한 많은 성과가 있었다. 근대로부터 현대까지의 건축의 흐름을 간결하게 설명한 최근의 저서로 다음의 네 권을 추천한다.

鈴木博之, 山口広『新建築大系5 近代・現代建築史』彰国社, 1993.

大川三雄, 川向正人, 初田亨, 吉田剛市『図説 近代建築の系譜』彰国社, 1997.

石田潤一郎, 中川理編『近代建築史』昭和堂, 1998.

矢代真己, 田所辰之助, 浜崎良美『マトリクスで読む20世紀の空間デザイン』彰国社, 2003.

또한 20세기의 건축을 풍부한 사진이나 도판을 통해 소개하고 있는 것으로서,

鈴木博之・中川武・藤森照信・隈研吾監修 『建築20世紀』新建築社, 1991 를 들 수 있다.

02

1-1 ☞ p.31, 1장 5절.

1-2 A. Drexler 『Transformation in Modern Architecture』 The Museum of Modern Art, New York, 1979.

1-3 井上充夫 『建築美論の歩み』 鹿島出版会, 1991, p.312.

1-4 P. Johnson and M. Wigley 『Deconstructivist Architecture』 The Museum of Modern Art, New York, 1988.

1-5 T. Riley『The Light Construction』 The Museum of Modern Art, New York, 1995.

1-6 T Riley『The Un-Private House』The Museum of Modern Art, New York, 1999.

1-7 K・フランプトン, 小林克弘訳「現代建築における五つのイズム」A+U, 8110, pp.67-74.

1-8 이러한 건축사조 중심의 설명에서는 때때로 현대건축을 선도한 중요한 건축가를 예로 들지 못할 때가 있다. 건축가와 연관된 설명이 되지 못했을 경우, 건축의 사상, 사조란 무슨 의의가 있는가라는 의문이 생길 수도 있을 것이다. 그러나 이러한 논의는 적어도 우리들의 선배들이 건축에 대해 무엇을 어떻게 생각했던 가를 이해하는 것이며 우리들이 앞으로의 건축을 생각해 나갈 때의 나침반 역할은 될 수 있을 것이라 믿는다.

2-1 R・ヴェンチューリ, 伊藤公文訳『建築の多様性と対立性』鹿島出版会, 1982.
(원저명 : Robert Venturi『Complexity and contradiction in architecture』)

2-2 ☞ p.86, 4장 3절.

2-3 R・ヴェンチューりほか, 石井和紘, 伊藤公文訳『ラスベガス』鹿島出版会.
(원저명 : Robert Venturi et al.『Learning From Las Vegas : The Forgotten Symbolism of Architectural Form』)

2-4 S・アンウィン, 重枝豊監訳『建築デザインの戦略と手法』彰国社, 2005, pp.183-187.
(원저명 : Simon Unwin『Analysing Architecture』)

2-5 V・スカーリー, 長尾重武訳『アメリカ住宅論』鹿島出版会, 1978.
(원저명 : Vincent Joseph Scully『The shingle style today or the historian's revenge』)

2-6 콜린 로우를 중심으로 한 코넬학파가 제창한「컨텍스츄얼리즘(맥락주의)」에 관해서는 ☞ pp.253-254, 11장 5절.

2-7 C・ロウ, 伊東豊雄, 松永安光訳『マニエリスムと近代建築』彰国社, 1981.
(원저명 : Colin Rowe『The Mathematics of the Ideal Villa and Other Essays』)

3-1 J. N. L. Durand『Précis des leçons d'architecture données à l' École royale polytechnique』Paris, 1802-05.

3-2 D・シャープ編, 彦坂裕, 菊池誠, 丸山洋志訳『合理主義の建築家たち』彰国社, 1985.
(원저명 : Dennis Sharp『The Rationalists : theory and design in the modern movement』) 본 서는 20세기의 건축에서 주를 이룬 개념 중 하나인 합리주의를 논한 논문집이다. 이 논문집에는 알도 로시 등 신합리주의 사상가들을 위주로 한 동시대의 동향을 정리한 찰스 젱스(Charles Jencks)의「Conclusion Irrational Rationalism: the rats since 1960」가 실려 있다.

3-3 알도 로시의 저서로는 다음의 2가지 책을 참조할 것.
1) A・ロッシ, 大島哲蔵・福田晴虔訳『都市の建築』大竜堂書店, 1991.
(원저명 : Aldo Rossi『L'architettura della città』)
2) A・ロッシ, 三宅理一訳『アルド・ロッシ自伝』鹿島出版会, 1984.
(원저명 : Aldo Rossi『A scientific autobiography』)

4-1 구조주의에서의 구조란 예를 들어 今村仁司編『現代思想を読む事典』講談社現代新書, 1988, pp.209-211에서 알 수 있듯이 인간의 사회나 문화를 생각할 때의「주체」가 아니라「주체의 사상과 행동을 결정짓고 궤도를 정하는 개념」이라는 측면에서 중요성을 가지고 있다.

4-2 C・レヴィ=ストロース, 大橋保夫訳『野生の思考』みすず書房, 1976.
(원저명 : Claude Lévi-Strauss『La pensée sauvage』)

4-3 渡辺公三 『レヴィ=ストロース：構造』 講談社, 1996, p.321.

4-4 H・ヘルツベルハー, 森島清太訳『都市と建築のパブリックスペース』鹿島出版会, 1995.
(원저명 : Herman Hertzberger『Lessons for students in architecture』)

4-5 이노우에 미츠오(井上充夫)는 알도 반 아이크와 헤르츠베르거의 사상을 간결하게 정리하고 있다.「중요한 것은 공간이 아니라「장소 place」이며 시간이 아니라「경우 occasion」이다. 장소와 경우에는 각각 의미가 있으며 이들은 인간을「감싸는 include」... 집도 출입구도 가로도「외부」이어서는 안 된다. ...「내부interior」를 창조해야 하는 것이다.
「혼돈과 질서의 공존」이 필요하다. 전체로서는 질서를 가지면서도 부분적으로는「특정성 identity」이 있어야 한다. 부분은 될 수 있는 한 작은 단위가 되어 그 배치에 의해 전체가 구성되어야 하는 것이다. 이를 통하여 성장과 변화에 대처가 가능해지고 건물과 주변과의 경계도 모호한 것이 된다.」井上充夫, 앞의 책, pp.314-318.

5-1 같은 책, pp.252-255.

5-2 ☞ p.119, 6장 3 절, p.228, 10장 6절.

5-3 20세기의 공간개념에 관해서는 ☞ p.231, 10장 8절.

5-4 기디온의 공간개념의 변천에 대한 정리는 ☞ p.115, 6장 1절.

5-5 原広司「均質空間論」『空間：機能から様相へ』岩波書店, 1987, pp.22-83.

5-6 ハル・フォスター編, 室井尚, 吉岡洋訳『反美学』

勁草書房, 1987. pp.40-64. (원저명 : Hal Foster ed. 『The anti-aesthetic : essays on postmodern culture』)

5-7 장소의 개념과 밀접하게 관계되는 실존적 공간과 장소의 혼(Genius Loci)에 관해서는 ☞ pp.110-113, 5장 5절.

5-8 K・フランプトン, 松畑強, 山本想太郎訳『テクトニック・カルチャー』TOTO出版, 2002. (원저명 : Kenneth Frampton 『Studies in Tectonic Culture: The Poetics of Construction in Nineteenth and Twentieth Century Architecture』)

5-9 루이스 칸의 건축이념에 관해서는 ☞ pp.105-110, 5장 4절.

6-1 ☞ pp.277-280, 12장 3절.

6-2 ☞ pp.272-275, 12장 2절.

6-3 ☞ pp.281-284, 13장 1절.

7-1 磯崎新『建築の解体』美術出版土, 1975.

7-2 한스 홀라인에 관해서는 ☞ pp.83-84, 4장 3절.

7-3 아키그램이나 프라이스에 관해서는 ☞ pp.88-91, 4장 4절.

7-4 알렉산더에 관해서는 ☞ pp. 255-257, 11장 5절.

7-5 高橋哲哉『デリダ脱構築』講談社, 1998을 참조하였다.

7-6 츄미의 논문에 관해서는 다음을 참조할 것. B・チュミ, 山形浩生訳『建築と断絶』鹿島出版会, 1996. (원저명 : Bernard Tschumi 『Architecture and disjunction』)

7-7 맨해튼 트랜스크립트에 관해서는 ☞ pp.79-80, 4장 2절.

7-8 렘 쿨하스의 다수의 저작중 대표적인 것은 R・コールハース, 鈴木圭介訳『錯乱のニューヨーク』筑摩書房, 1999. (원저명 : Rem Koolhaas 『Delirious New York』)과 Rem Koolhaas, Bruce Mau 『S M L XL』 Monacelli Press, 2002. 가 있다.

7-9 렘 쿨하스의 도시에 대한 시점에 관해서는 ☞ p.237, 11장 1절.

7-10 ☞ p.87, 4장 3절.

7-11 본 작품에 관해서는 ☞ pp.78-79, 4장 2절.

03

1-1 前川国男 『建築の前夜 : 前川国男文集』 而立書房, 1996, pp.149-153.

1-2 松隈洋 「前川国男とテクニカル・アプローチ : その歴史と今日的意味」『現代建築の軌跡』 新建築社, 1995, p.186.

1-3 제관양식이란 근대건축의 형식을 갖추고 있으나 지붕만을 일본식으로 만든 양식을 지칭한다. 「일본적인 스타일을 기조로 할 것」을 조건으로 규정한 동경제실 박물관 현상설계(1931)에서 당선된 와타나베 히토시(渡辺仁)의 안이 유명하다. 또한 이 설계경기에서 마에카와 구니오는 국제주의 양식으로 응모한 것으로 알려져 있다.

1-4 丹下健三「現代日本において近代建築をいかに理解するか : 伝統の想像のために」 新建築, 1955年 1月号, pp.15-18.

1-5 藤森照信 「伝統論争」『現代建築の軌跡』 新建築社, 1995, pp.214-215.

1-6 若田智夫(川添登)「丹下健三の日本的性格: とくにラーメン構造の発展をとおして」 新建築, 1955年, pp.63-69.

1-7 白井晟一「縄文的なもの : 江川氏旧韮山館」新建築, 1956年 8月号, p.4.

1-8 篠原一男「日本伝統論」『住宅論』 鹿島出版会, 1970, pp.11-65.

1-9 篠原一男「3つの原空間(プライマリィ・スペース)『住宅論』鹿島出版会, 1970, pp.133-157.

1-10 奥山信一編, 篠原一男監修『アフォリズム・篠原一男 空間言説』 鹿島出版会, 2004, pp.3-10. 본 서에 따르면 시노하라의 언급 속에는 「형태의 논리」와 「시선과 상황」이라는 두 가지의 부분이 존재하는데, 전자의 내용 중에는 때때로 오해와 반발을 부를 소지가 있을 만큼 간결하면서 격언적인 부분이 있으며 후자는 이 아포리즘의 배후에 흐르고 있는 시노하라의 시대와 사회 등에 대한 통찰의 내용이다. 본문에서의 「3가지 원공간」의 설명은 시노하라의 아포리즘 중 한 부분이다.
이러한 명쾌한 구조는 시노하라의 글 자체를 자립시키고 있으며 작품과의 관련성에 관해서는 같은 책의 p.249에서 시노하라는 다음과 같이 언급하고 있다. : 「백의 집」은 건축공간의 기저로서 정의한 〈3개의 원공간〉중의 하나이면서 가장 엄격한 의미성을 가지는 〈상징공간〉에 해당된다.

2-1 동경계획1960의 도시 디자인 역사상의 위상에 관해서는 ☞ pp.246-247, 11장 3절.

2-2 가와조에에 의한 메타볼리즘의 선언문은 다음과 같다. 「메타볼리즘」이란 다가올 사회의 모습을 구체적으로 제안하는 그룹의 명칭이다. 우리는 인간사회를 원자로부터 대성운에 이르기까지의 우주가 생성 발전하는 한 과정으로 생각하고 있으며 특별히 메타볼리즘〈신진대사〉이라는 생물학의 용어를 사용하는 것은 디자인과

기술을 인간활동의 연장선상에서 생각하기 때문이다. 따라서 우리는, 역사의 신진대사를 자연적으로 받아들이는 것이 아니라 적극적으로 촉진시키려고 하는 것이다.(「메타볼리즘 1960」)

2-3 신전이라는 표현은 이후의 하세카와 다카시(長谷川尭)의 『神殿か獄舎か(신전인가 옥사인가)』 相模書房, 1972 로 잘 알려져 있다. 가와조에의 비판은 단게 겐조에 대한 것으로, 국가의 의향과 함께 해온 건축가가 신전(=체제를 담은 건축)을 만들어온 기만적인 행위를 규탄하였다.

2-4 「か(가)」는 구상과 질서, 「かた(가타)」는 실천인식의 단계, 전형 또는 체계를 말하며 구상, 질서(「か(가)」)에 대한 실제적 개념에서의 재파악을, 「かたち(가타치)」는 실천에 있어서의 본질적인 단계를 말하며 구축된 「かた(가타)」가 「かたち(가타치)」라는 실천을 통해서 검증됨을 가리킨다. 즉, 「か(가)」,「かた(가타)」,「かたち(가타치)」는 각각 Imaginative, Technological, Function에 대응되는 개념이다. 역자주 : 「かたち(가타치)」는 일본어로 「형태」라는 뜻이다. 건축개념의 구현화 과정을 「형태」라는 단어를 통해 언어유희적으로 풀어간 이론으로 해석하면 좋을 것으로 사료된다.

2-5 磯崎新「プロセス・プラニング論」『空間へ』 鹿島出版会, 1997, pp.66-87.

3-1 磯崎新「なぜ《手法》なのか」『手法が』鹿島出版会, 1997, pp.4-26.

3-2 磯崎新『空間へ』鹿島出版会, 1997, pp.398-412.

3-3 건축역사가 쓰치이 요시타케(土居義岳)는 이소자키가 수법론으로 전향한 점에 대해 시라이에게 영향을 받았을 것이라는 점, 이소자키가 르네상스 이후의 마니에리즘을 근대건축과 그 이후의 시대에 오버랩시켜서 보고 있었던 점을 지적했다. (土居義岳「The Year of Isozaki : 磯崎新のステイトメント」『現代建築の軌跡』 新建築社, 1995, p.370.)

3-4 磯崎新「手法論から修辞論へ,そして・・・」 『手法が』 鹿島出版会, 1997, pp.56-73.

3-5 건축평론가인 후노 슈우지(布野修司)는 이러한 이소자키의 문화론적인 경향을 자본의 논리와 대중소비사회의 대두에 의해 지배되어진 현실의 도시에 대해 건축가가 감당하지 못하는 상황이 되어버림으로써 현실의 컨텍스트에서 「표현의 장이 제한되어 가는 상황하에서 이를 역으로 이용하려고 하는 」전략이라고 평했다.
(布野修司 『戦後建築の終焉』 れんが書房新社, 1995, p.217.)

3-6 이소자키는 「건축의 해체」라는 증후군에서 보여지는 공통적인 특징을 다음과 같이 5가지의 A로 시작하는 단어로 정리했다.
「Apathy 근대건축에 대한 열광의 상실」,「Alien 건축이라는 개념의 확장」,「Ad hoc 혼성적인 성격」,「Ambiguity 다의성을 내재한 표현형식」, 「Absence 주제의 부재」. (磯崎新『建築の解体』鹿島出版会, 1997, pp. 297-400)
구체적으로 소개된 건축작품이나 건축가에 관해서는 ☞ p.51, 2장 7절.

3-7 原広司「有孔体」『住居を都市に埋蔵する』住まいの図書館出版局, 1990, pp.181-227.

3-8 原広司「反射性住居」『住居に都市に埋蔵する』住まいの図書館出版局, 1990, pp.69-144.

3-9 같은 논고, pp.9-24. 또한 하라의 「부분과 전체」에 대한 논고의 역사적 정리에 관해서는 ☞ pp.163-164, 8장 1절.

3-10 「협곡으로서의 건축」: 통상의 건축을 볼륨이 서는 「산으로서의 건축」이라고 한다면 이를 반전시킨 개념으로서 아와츠 저택이나 그의 자택에서 내핵이 하강해가는 공간으로서 구성되어짐으로써 실현되었다.
「주거속에 도시를 묻는다」: 주거의 역사는 기능적 요소가 도시에 박탈당하는 역사라는 인식 위에 이를 반전시켜 스케일로부터 의식적으로 해방시킨 후, 도시의 자연, 공간적인 영역, 장소의 의미, 기호성, 컨텍스트 등의 모든 이미지를 주거 속으로 되찾아온다는 개념이다. 이를 통하여 과밀한 도시환경 하에서의 주거의 쾌적성,「방위의 거점」으로서의 주거를 실현시킨다.

3-11 原広司 「均質空間論」『空間<機能から様相へ>』岩波書店, 1987, pp.21-83.

3-12 균질공간론에 관해서는 ☞ p.220, 10장 4절.

3-13 篠原一男「住宅論, 個と集合のための空間論」新建築, 1972年2月号, pp.135-146.

3-14 현대건축에 있어서의 역사성에 대한 재평가의 움직임에 관해서는 ☞ pp.38-40, 2장 2절.

3-15 宮崎檀「サーヴェイと創る術との狭間にて」新建築, 1977年 5月号, pp.212-213.
단, 그는 최종적으로 아키타(秋田) 상호은행 가쿠노다테(角館) 지점의 설계에서 스스로는 작품에 어딘가 부족함을 느끼면서도 인접하는 전통창고를 배려했던 디자인에 대해 주민들로부터 호의적인 평가를 받은 점으로부터 디자인 서베이의 의의에 관해서는 확신을 가진다고 언급하고 있다.

3-16 B・ルドフスキー, 渡部武信訳『建築家なしの建築』鹿島出版会, 1984.
(원저명 : B.Rudofsky『Architecture without Architects: a short introduction to non-pedigreed architecture』)

4-1 大江宏, 藤森照信「キッチュの海とデザインの方法」磯崎新編著 『建築のパフォーマンス』 PARCO出版, 1985, pp.83-96.

4-2 松葉一清 『ポストモダンの座標』 鹿島出版会, 1987, pp.62-65.

4-3 槇文彦 「近代主義の光と影」新建築, 1986年 1月号, pp.162-169.

4-4 長谷川逸子 「<第二の自然としての建築>」 新建築, 1989年 9月号, p.214.

4-5 磯崎新編著「都市, 国家, そして〈様式〉を問う」『建築のパフォーマンス』PARCO出版, 1985, pp.22-36.

4-6 磯崎新 「主題を捜す, という主題」新建築, 1988年 1月号, pp.226-230.

4-7 磯崎新編著 『建築のパフォーマンス』 PARCO出版, 1985, p.97.

4-8 이소자키 자신은 대문자의 건축에 대해서 다음과 같이 말하고 있다.
「정통적이며 자립한 건축적 사상에 기초한 관념의 결정과도 같은 것으로서 반드시 구체적인 건축물에 국한된 것이 아닌 언어로 구축될 수 있는 종합적인 관념이라고 할 수 있다.」(磯崎新編著『建築のパフォーマンス』 PARCO出版, 1985, p.97)

4-9 原広司「機能から様相へ」『空間<機能から様相へ>』岩波書店, 1987, pp.209-242.

5-1 MOMA에서 열린「라이트 컨스트럭션」전시회에 관해서는 ☞ p.37, 2장 1절.

5-2 原広司, 「〈機械〉と〈風〉」 『GA ARCHITECT 17 TOYO ITO』 A. D. A EDITA Tokyo, 2001, p.11.

5-3 탈구축주의 건축의 세계적인 조류에 관해서는 ☞ pp.52-55, 2장 7절.

5-4 八束はじめ 「非形態と呼ばれる形態」と 「プログラムと呼ばれる非プログラム」 新建築, 1993年 8月号, pp.137-140. 이 논고를 발표한 이듬해 그는 『10+1』 1994년 2호에서, 「제도/프로그램/빌딩타입」이라는 특집을 기획하였다.

5-5 山本理顕 「パブリック/プライベート」は空間概念である<閾>という概念をめぐって」『新編 住居論』, 平凡社ライブラリー, 2004, pp.72-91.

보충주석) 3장에서는 주로 전후부터 현대까지의 일본의 건축이론을 다루었다. 메이지·다이쇼·태평양전쟁이전까지의 일본의 건축이론과 근대건축의 수용에 관해서 보다 상세한 내용에 관해서는 다음의 참고도서를 추천한다.
역자주 : 메이지(明治) : 일본의 원호로 메이지 천황의 재위기간인 1868-1912의 기간. 다이쇼(大正) : 일본의 원호로 다이쇼 천황의 재위기간인 1912-1926의 기간

· 稲垣栄三『日本の近代建築 上·下』SD選書, 1979.
· 山口広ほか, 新建築学大系 『5近代·現代建築史』 彰国社, 1993.

04

1-1 투시도 : perspective, 원근법

1-2 액소노메트릭(Axonometric) : 투영방법에 따라 「아이소메트릭 Isometric」, 「다이메트릭 Dimetric」, 「트리메트릭 Trimetric」의 3가지로 분류되고 이들을 총칭하여 액소노메트릭이라 한다.

1-3 다이어그램(Diagram) : 간략화된 도표. 열차시간표를 예를 들면 직접적으로는 열차의 운행예정과 관계된 내용만을 나타내게 된다.

1-4 콜라주(collage) : 근대회화 기법의 한 가지. 화면에 종이, 인쇄물, 사진 등을 오려붙인 후 일부 작업을 가해 구성하는 수법. 블라크, 피카소 등에 의해 시작됨. 『広辞苑(第五版)』岩波書店, 1998, p.1011.

1-5 図研究会 『図·建築表現の手法』 東海大学出版会, 1999, p.4.

1-6 浜田邦裕 『アンビルトの理論』 INAX出版, 1995, pp.28-29.

2-1 図研究会, 앞의 책, pp.10-11.

2-2 매스 : 덩어리. 실질적으로 존재하는 영역.

2-3 보이드 : 비어 있는 영역

2-4 글래스고 예술학교(Glasgow School of Art) : 스코틀랜드의 미술대학. 교사는 현상설계(1896)에 당선된 맥킨토시의 설계에 의하여 지어짐.

2-5 「House for an art Lover」(예술애호가의 주택의 리플릿)

2-6 마츠카와 주택 : 미야와키의 대표작중 한 작품. 1971년의 제1기 공사에 착수하여 1978년의 제2기, 1991년의 제3기 공사로 계속되었다.

2-7 츄미에 관해서는 ☞ pp.53-55, 2장 7절.

2-8 황금분할에 관해서는 ☞ p.140, 7장 1절.

2-9 모듈러에 관해서는 ☞ pp.141-142, 7장 1절.

2-10 이탈리아 합리주의 : 파시즘 시기의 이탈리아에서 생겨난 합리주의.

2-11 폴리카보네이트에 관해서는 ☞ pp.277-278, 12장 3절.

2-12 3힌지 아치. ☞ p.267, 12장 2절.

3-1 『a + u No.226』新建築社, 1989, pp.78-79.

3-2 홀라인에 관해서는 ☞ p.51, 2장 7절.

3-3 레오니도프에 관해서는 ☞ p.22, 1장 3절.

3-4 신곡 : 단테의 서사시로서 1307-21년 작품. 지옥편·연옥편·천국편의 3부로 나뉘어져 있으며 인간의 영혼이 죄악의 세계에서 회개, 정화되어 영원한 천국으로 정진하는 경로를 그리고 있다. 『広辞苑(第五版)』岩波書店, 1998, p.1373.

3-5 T. L. Schumacher 『THE DANTEUM』 Triangle Architectural Publishing, 1985.

3-6 변증법 : 본래는 대화의 기술이라는 의미로서 소크라테스, 플라톤은 이데아의 인식에 도달하는 방법으로 규정하였다. 변증법에 관해서는 이외에도 여러 가지 해석이 존재한다. 『広辞苑(第五版)』 岩波書店, 1998, p.2416.

3-7 벤츄리에 관해서는 ☞ pp.37-38, 2장 2절.

3-8 『Architectural THEORY』 TASCHEN, 2003, pp.790-811.

3-9 PH램프 : 덴마크의 루이스 폴센(Louis Poulsen)사가 판매하는 펜던트형 조명 기구. 헤닝센의 이름으로부터 PH램프라고 불리게 되었다.

3-10 CAD : Computer Aided Design. 컴퓨터 응용설계라고도 불리며 컴퓨터를 이용한 설계의 방법 혹은 컴퓨터에 의한 설계 지원 도구를 의미한다.(CAD시스템) CAD를 「컴퓨터를 이용한 도면작성 시스템」이라고 해석하는 경우는 Computer Assisted Drafting, 혹은 Computer Assisted Drawing을 지칭하는 의미로서 사용되는 경우가 많다. Free백과사전 『Wikipedia』

4-1 浜田邦裕 『アンビルトの理論』 NAX出版, 1995, p.8

4-2 여기에서의 작가들이란 반드시 언빌트적 경향으로만 활동하였거나 활동하고 있는 작가만을 대상으로 하고 있는 것은 아니다.

4-3 피라네지의 드로잉에는 투시도의 초점을 미묘하게 틀어놓거나 형태를 비뚤어지게 하는 등의 조작이 이루어져 있다.

4-4 메타볼리즘에 관해서는 ☞ pp.60-62, 3장 2절.

4-5 AA스쿨 : 런던의 건축연구 · 교육기관(The Architectural Association School of Architecture).

4-6 스페이스 프레임에 관해서는 ☞ p.271, 12장 2 절.

4-7 아이러니 : 빈정거림의 의미. 소크라테스가 이용하였다고 알려진 문답법에서 상대를 현자로 인정하고 자신은 무지하다고 하면서 역으로 대화를 통해서 상대의 무지를 파헤쳤다. 『広辞苑(第五版)』 岩波書店, 1998, p.10.

4-8 런던 아방가르드 『SD 329号』 鹿島出版会, p.5.

4-9 팝아트(pop art) : 대중문화의 심벌을 그대로 소재로 사용하는 전위예술. 『広辞苑(第五版)』 岩波書店, 1998, p.2466 참조.

4-10 메타포(metaphor) : 은유 혹은 은유법에 의한 표현.

4-11 浜田邦裕 『ロンドン・アヴァンギャルド』 鹿島出版会, 1997, pp.82-85.

4-12 하이테크에 관해서는 ☞ pp.49-50, 2장 6절.

4-13 『建築20世紀 PART2』 新建築社, 1991, p.248.

4-14 절대주의(Suprematisam) : 말레비치가 주창한 추상예술의 일종. 모든 제한적, 연상적 요소를 배제하고 가장 단순한 기하학 형태만으로 절대성을 추구함. 『広辞苑(第五版)』 岩波書店, 1998, p.1286.

4-15 Oxygen House의 제작년도에 관해서는 발견할 수 없었으나 표기되어진 스토리의 설정은 「6 July 1979」로 되어 있다. Douglas Darden 『Condemned Building』 Princeton Architectural Press, 1993, p.145.

4-16 사이언스 픽션(SF) : 과학, 기술의 사고나 전달을 근간으로 하거나 혹은 이를 묘사한 공간적 소설. 広辞苑(第五版)』 岩波書店, 1998, p.293.

4-17 레비우스 우즈의 드로잉 작품에 관해서는 『a + u 1991年 8 月 臨時増刊号, レベウス・ウッズ : テラ・ノヴァ 1988~1991』 新建築社, 1991.

05

1-1 アンドレ・ルロワ＝グーラン, 荒木亨訳 『身ぶりと言葉』 新潮社, 1973, pp.311-312.
(원저명 : André Leroi-Gourhan 『Le geste et la parole』)

1-2 鬼丸吉弘 『原初の造形思考』 勁草書房, 1985, p.151.

1-3 ジークフリート・ギーディオン, 江上波夫 · 木村重信共訳 『永遠の現在-美術の起源』 東京大学出版会, pp.524-527.
(원저명 : Siegfried Giedion 『The eternal present : the beginnings of art 』)

1-4 アンドレ・ルロワ＝グーラン, 蔵持不三也訳 『先史時代の宗教と芸術』 日本エディタースクール出版部, 1985, p.94.
(원저명 : André Leroi-Gourhan 『Les religions de la préhistoire』)

1-5 フレッド・ホイル, 荒井喬訳 『ストーンヘンジ』 みすず書房, 1983 (원저명 : Fred Hoyle 『On stonehenge』) 에서는 스톤헨지는 일식, 월식을 예지하기 위한 장치였다고 해석하고 있다. 그리고 Gérard Bailloud, Christine Boujot, Serge Cassen, Charles-Tanguy, Le Roux 『Carnac, Le premiere architectures de Pierre』 CNRS, 1995, pp.58,64-66에서는 알리뉴망의 열석이 태양의 일출, 일몰의 방위각을 기준으로 배치되어 있다고 해석되고 있다. 또한 여러 가지 설이 있으나 스톤헨지는 BC 2750년경부터 BC 1500년경까지 4기에 걸쳐서 구축되었고 카르나크의 알리뉴망은 BC 3000년경에 구축된 것으로 여겨지고 있다.

スピロ・コストフ, 鈴木博之訳『建築全史：背景と意味』住まいの図書館出版局, 1990, p.62, p.73 참조.
(원저명 : Spiro Kostof『A history of architecture : settings and rituals』)

1-6 『일본서기』에 기록되어 있는 소가노 우마코(蘇我馬子(?-626, 역자주 : 고대 일본의 정치가)의 묘라는 설도 있다.

1-7 Christian Norberg-Schulz『Système logique de l'architecture』 Mardaga, 1998, pp.145-147. 그리고 クリスチャン・ノルベルグ=シュルツ, 加藤邦男, 田崎祐生共訳『ゲニウス・ロキ』住まいの図書館出版局, 1994, pp.92-95(원저명 : Christian Norberg-Schulz『Genius loci : towards a phenomenology of architecture』) 참조.

1-8 ミルチャ・エリアーデ, 久米博訳, 堀一郎監修『聖なる空間と時間：エリアーデ著作集3』 せりか書房, 1981, pp.159-161.
(원저명 : Mircea Eliade『Ttaité d'histoire des religions』)

2-1 G・ファン・デル・レーウ, 田丸徳善・大竹みよ子共訳『宗教現象学入門』東京大学出版会, 1979, p.211.
(원저명 : G. van der Leeuw『Einführung in die Phänomenologie der Religion』)

2-2 「신성현현」으로 번역할 수 있는 Hierophanie는 그리스어의 hieros(신성한) + phainomai(출현하다)로 이루어진 조어이다.
ミルチャ・エリアーデ, 風間敏夫訳『聖と俗』法政大学出版局, 1969, p.3 (원저명 : Mircea Eliade『Das Heilige und das Profane : Vom Wesen des Religiösen』) 참조.

2-3 엘리아데의 이러한 「단절」의 개념을 볼로프(Otto Friedrich Bollnow)는 「체험되는 공간」과 「수학적 공간」과의 본질적인 구별의 근거로 보고 있다.
オットー・フリードリッヒ・ボルノウ, 大塚恵一・池川健司・中村浩平共訳『人間と空間』せりか書房, p.135 참조.
(원저명 : Otto Friedrich Bollnow『Mensch und Raum』)

2-4 ミルチャ・エリアーデ, 風間敏夫訳, 앞의 책, p.13. 기둥이 나타내는 중심성과 축성에 관해서는 ☞ pp.130-131, 6장 6절.

2-5 ジョーゼフ・リクワート著 ; 前川道郎, 小野育雄共訳『＜まち＞のイデア：ローマと古代世界の都市の形の人間学』みすず書房, 1991, pp.100-102.
(원저명 : Joseph Rykwert『The Idea of a town : the anthropology of urban form in Rome, Italy and the ancient world』)

2-6 川添登『都市と文明』(改正版)雪華社, 1970, pp.59-62.
Charles Delfante『Grand Histoire de la ville』 Armand Colin, Paris, 1997, pp.82-84.
ドリス・ハイデン+ポール・ジャンドロ,八杉佳穂+佐藤考裕共訳『図説世界建築史9：メソアメリカ建築』本の友社, 1997, pp.18-39.
(원저명 : Doris Heyden, Paul Gendrop『Architettura Mesoamericana : Pre-Columbian architecture of Mesoamerica』) 그리고 「테오티아칸」이란 「신들이 태어난 장소」라는 의미이다.

2-7 일례로 영국인 고고학자 아서 에반스 경이 1900년 이래로 발굴·복원을 한 「크노소스 궁전」(그리스, 크레타섬, 기원전 2000년 전반기경)의 미노타우르스 신화와 미궁건축의 관계(증명되지 않음)가 유명하다. 왕비 파시파에가 저주에 의해 아름다운 흰 소와 사랑에 빠져 머리는 소, 몸은 인간인 괴물 미노타우르스를 낳은 것에 대해 미노스왕이 격노하여 미노타우르스를 미궁에 가두었다. 이 미궁은 그리스 최초의 전설적 건축가 다이다로스가 이집트왕의 무덤 평면을 모델로 건축하였다고 전해진다. 미궁에는 소의 뿔 모양을 한 조각이 무수히 존재한 것으로 여겨지며 그 일부가 발굴된 유적으로 남아있다.(5장 타이틀 그림 참조)

2-8 ミルチャ・エリアーデ, 中村恭子訳, 堀一郎監修『神話と現実：エリアーデ著作集７』 せりか書房, 1974, pp.24-26.
(원저명 : Mircea Eliade『Aspects du mythe』)

2-9 フェステル・ド・クーランジュ, 田辺貞之助訳『古代都市』白水社, 1995, p.198.
(원저명 : Fustel de Coulanges『La cité antique』 Hachette, 1923)
프랑스 원저의 p.151에서는 「cité와 ville」로 구분되어 표기되어 있으며 영어판 (Johns Hopkins 출간, 1980, p.126) 에서는 「civitas와 urbs」로 구별되어 있는데 「ville」에 해당하는 단어로 「city」가 쓰여지고 있다.

2-10 ジョーゼフ・リクワート著 ; 前川道郎, 小野育雄共訳, 앞의 책, p.47.

2-11 같은 책, 「문두스」에 관해서는 pp.66-67, 100-102, 「포메리움」에 관해서는 pp.52, 107-110, 「사방위 정위」에 관해서는 pp.82-83, 144, 155-159 참조.

3-1 원서는 기원전 33-22년경에 작성되어져 일본의 야요이문화의 중기시대에 해당된다.
ウィトルーウィウス, 森田慶一訳註『建築書』東海大学出版会, 1979, pp.34-35 참조.
(원저명 : Marcus Vitruvius Pollio『De architectura

libri decem』)

비트루비우스가 설정하였던 원시오두막 건설의 과정 : ① 인류는 동물과 같은 야생상태로 숲이나 동굴, 수풀 속에서 태어나 야생의 먹을거리를 먹으면서 일생을 보냈다. ② 어딘가의 우거진 수목이 강한 바람에 의해 흔들려 가지와 가지가 서로 마찰되면서 불이 발생했다. ③ 불꽃이 두려워 도망갔지만 불꽃이 꺼진 후 불의 따뜻함을 접하고 신체적으로 매우 쾌적함을 느껴 나뭇가지를 던져서 (불)이 꺼지지 않도록 한 뒤 다른 이들을 불러 손짓으로 불의 효용을 이야기했다. ④ 사람들은 서로 제각각 다른 발음으로 소리를 냈지만 매일 매일의 습관으로 우연히 단어가 정해지고 비교적 자주 사용되는 것에 관해서는 의미를 부여함으로써 대화가 발전한다. ⑤ 불의 발견에 의해 사람들 사이의 왕래, 만남, 집회가 생겨났다. ⑥ 직립보행을 하면서 손과 발을 이용해 원하는 것을 쉽게 다루게 된다. ⑦ 이 집단 중에서 어떤 사람은 나뭇잎으로 지붕을 짓기 시작하고 어떤 사람은 언덕 기슭에 동굴을 파기 시작하고 어떤 사람은 제비 둥지를 흉내내어 자신들이 들어갈 곳을 진흙과 작은 나뭇가지를 사용하여 만들기 시작했다. ⑧ 다른 이들과 비교하면서 새로운 것을 더해가며 나날이 개량된 형식의 집을 만들어낸다. ⑨ 인간은 본래 모방적이고 학습적이므로 경쟁을 통해 기능을 단련하여 판단력을 향상시킨다. ⑩ 두 갈래로 지주를 세우고 그 사이에 작은 가지들을 배치하고 진흙으로 벽을 칠했다. ⑪ 어떤 사람은 진흙덩어리를 햇볕에 말려서 벽을 쌓고, 그것을 목재로 이어서 비와 더위를 막기 위해 짚이나 나뭇잎으로 덮었다. ⑫ 이 지붕은 겨울의 우기에 내리는 큰 비를 막을 수 없었으므로 진흙을 칠하여 지붕에 경사를 부여함으로써 빗물을 흘려보냈다.

3-2 같은 책, p.36에서 발췌 : 폰투스(Pontus: 흑해연안지방)에 사는 콜키스(Colchis: 흑해의 동해안지역. 지금의 카스카스 지방)족은 삼림이 풍부하였으므로 긴 나무를 교대로 쌓고 그 틈을 나무부스러기와 진흙으로 막고 이어서 방추형의 지붕을 만들어 갈대와 진흙으로 이국적인 거북이등껍질 모양의 지붕을 만들게 되었다. 한편 평지에 살던 프리지아(Phrygia : 소아시아의 서부내륙지방)의 사람들은 삼림이 풍부하지 못한 탓으로 목재가 부족하였다. 그 결과 자연적인 언덕을 골라 그 중턱의 곳곳에 구멍을 뚫고 통로를 낸 후 그 위에 통나무를 서로 조합해서 방추형의 형태를 만들고, 다시 그 위를 갈대와 나뭇가지로 덮어 주거공간의 상부에 지면보다 높게 다량의 흙을 쌓아 올렸다.

3-3 클로드 페로(1613~88): 비트루비우스 『건축십서』의 프랑스 어판을 출간한다(1673). 오더에 합리성이 없다는 점, 착시교정의 부정 등 비트루비우스에 대한 비판을 전개하였다.

3-4 ウィトルーウィウス, 森田慶一訳註, 앞의 책, p.37. 심메트리아에 관해서는 ☞ p.169, 8장 2절, p.173, 8장 3절.

3-5 로지에(1713~69)와 동시기에 활약한 카를로 로돌리(Carlo Lodoli, 1690~1761 : 베네치아 카르멜회 수도사이자 건축이론가)는 비트루비우스가 제창한 목조의 원시오두막으로부터 석조건축으로 발전해간다는 생각에는 과학적, 역사적 근거가 없다며 부정하였다. 예를 들어 오리엔트의 나라들에서는 돌이 최초로 건축에서 사용되고 있으며 원시적인 도리스식 오더는 이집트가 그 기원이라고 주장하였다. ジョセフ・リクワート, 黒石いずみ訳 『アダムの家 - 建築の原型とその展開』 鹿島出版会, 1995, pp.59-60 참조.
(원저명 : Joseph Rykwert 『On Adam's house in paradise』)

3-6 マルク=アントワーヌ・ロジエ, 三宅理一訳 『建築試論』 中央公論美術出版, 1986, pp.156-157.
(원저명 : Marc-Antoine Laugier 『Essai sur l'architecture』)

3-7 Georges Poisson 『Historie de l'architecture a Pari (Nouvelle Historie de Paris)』 Hachette, Paris, 1997, pp.297-298. 절충주의(19세기)의 선구자인 수플로가 「고딕교회당 구조의 경쾌함과 그리스 건축의 단정함과 웅장함을 가장 아름다운 형태 중의 하나로 융합한다」고 하였다고 수플로(1713~80)의 동료였던 브레비온(Brebion)이 증언했다. ☞ p.200, 9장 6절.

3-8 이하는 マルク=アントワーヌ・ロジエ, 三宅理一訳 『建築試論』의 pp.34-35의 내용으로서 로지에가 설정하였던 원시오두막 건설까지의 과정의 내용이다.
① 원초적 상태의 사람은 필요에 대한 자연적 본성 이외에는 이끌리지 않는다. ② 휴식의 장소를 필요로 한다. ③ 조용한 샘물가의 녹지에 누워서 자연의 혜택을 평화롭게 즐긴다. ④ 햇볕에 더위를 느낀다. ⑤ 몸을 숨길 장소를 찾는다. ⑥ 숲의 그늘에서 더위를 피한다. ⑦ 큰 비를 겪는다. ⑧ 나뭇잎으로 비를 막아보지만 퍼붓는 불쾌한 빗물로부터 몸을 보호하는 방법을 모른다. ⑨ 동굴이 시야에 들어와 그곳으로 들어간다. ⑩ 동굴은 어둡고 공기는 정체되어 있었다. ⑪ 자연상태의 무방비상태를 자력으로 보완해가기로 결심한다. ⑫ 동굴에서 나온 후, 몸을 땅 속에 숨기는 것이 아니라 자신을 둘러싼 형태의 주거를 만들기로 한다. ⑬ 숲 속에서 잘라낸 가지에서 가장 단단한 4개의 가지를 선택한다. ⑭ 지면에 수직으로 세우고(= 기둥 : 원주의 개념) 사각형의 형태로 배치한다. ⑮ 이 4개의 나뭇가지 위에 별도의 4개의 나뭇가지를 눕혀서 연결한다.(= 들보:

엔태블러처의 개념) ⑯ 그 위에 몇 개의 나뭇가지를 기울여서 세우고 두 변을 한 점에서 교차시킨다.(=지붕 : 페디먼트의 개념) ⑰ 이 지붕에 햇볕을 차단할 만큼 충분한 밀도로 나뭇잎으로 덮는다. ⑱ 이와 같은 과정을 통하여 인간은 주거를 손에 넣게 된다. ⑲ 주변이 개방되어있는 이 주거에서는 추위와 더위를 견뎌낼 수 없다. ⑳ 그리하여 기둥 사이를 막음으로써 몸의 안전을 확보하게 된다.

3-9 ジョセフ・リクワート, 黒石いずみ訳, 앞의 책, p.50.

3-10 원주의 기초가 되는 사각형의 입방체. マルク＝アントワーヌ・ロジエ, 三宅理一訳, 앞의 책, pp.47-49, p.240 참조.

3-11 네덜란드의 건축이론가 코르넬리스 반 드 벤(Cornelis van de Ven)은 르 코르뷔지에의 「도미노」시스템이 원시오두막을 더욱 단순화시킨 것이라고 간주하였다. コルネリス・ファン・デ・フェン, 佐々木宏訳『建築の空間』丸善株式会社, 1981, p.65.
(원저명 : Cornelis Van De Ven Van『Space in Architecture』)

3-12 マルク＝アントワーヌ・ロジエ, 三宅理一訳, 앞의 책, pp.13-14, p.36 참조.

3-13 ジョセフ・リクワート, 黒石いずみ訳, 앞의 책, p.47. 白井秀和『カトルメール・ド・カンシーの建築論 - 小屋・自然・美をめぐって - 』ナカニシヤ出版, 1992, pp.18-19. 또한 듀랑의 유형론에 관해서는 ☞ p.41, 2장 3절.

3-14 白井秀和, 앞의 책, pp.18-19, p.21 참조.

3-15 八束はじめ『空間思考』弘文堂, 1986, pp.65-78.

3-16 エイドリアン・フォーティー, 坂牛卓・邉見浩久監訳『言葉と建築語彙体系としてのモダニズム』鹿島出版会, 2006, pp.332-337.
(원저명 : Adrian Forty『Words and buildings : a vocabulary of modern architecture』)

3-17 ジョセフ・リクワート, 黒石いずみ訳, 앞의 책, pp.93-94.

3-18 白井秀和『カトルメール・ド・カンシーの建築論 - 小屋・自然・美をめぐって』ナカニシヤ出版, 1992, pp.38-40, p.61.

4-1 ルイス・カーン, 前田忠直編訳『ルイス・カーン建築論集』鹿島出版会, 1992, p.28.
(원저명 : Louis I. Kahn『Conversations with Students』)
역자이자 루이스 칸의 연구자인 마에다는 「칸이 말하는 기원이란 단순한 단서, 발단, 출발의 의미가 아닌 어떤 사건의 처음이자 그로부터 후속되는 것을 처음부터 지배하는 것이다」라고 정의하고 있다. 같은 책, p.23 역주 참조.

4-2 같은 책, p.32-33.

4-3 前田忠直,『ルイス・カーン研究 : 建築のオデュッセイア』鹿島出版会, 1994, p.197, 제1장 주4.

4-4 ルイス・カーン, 前田忠直編訳, 앞의 책, pp.34-35.

4-5 アレクサンドラ・ティン, 香山寿夫・小林克弘共訳『ビギニングス : ルイス・カーンの人と建築』丸善, 1986, p.34.
(원저명 : Alexandra Tyng『Beginnings』)

4-6 ☞ p.48, 2장 5절, pp.179-180, 8장 5절.

4-7 アレクサンドラ・ティン, 香山寿夫・小林克弘共訳, 앞의 책, p.32.

4-8 ルイス・カーン, 前田忠直編訳, 앞의 책, p.164.

4-9 香山寿夫『ルイス・カーンとはだれか』王国社, 2003, pp.102-103.

4-10 アレクサンドラ・ティン, 香山寿夫・小林克弘共訳, 앞의 책, p.133.

4-11 여기서의 「역(閾)」이란 「형태」-「깨달음」을 상기할 수 있는 장소로서도 생각할 수 있다. 이러한 대비의 개념은 이후에 인간의 일상적인 생활과 보다 밀접하게 연계되며 구체성을 띠게 되는 개념인 「instituion」-「inspiration」으로 전개되어 간다. 룸도 그러한 인간의 가장 기본적이고 일상적인 생활공간단위의 개념이다.

4-12 ルイス・カーン, 前田忠直編訳, 앞의 책, p.77.

4-13 같은 책, p.11.

4-14 같은 책, p.36.

5-1 특히 20세기의 실존사상에서는 개별적이고 구체적인 상태의 유한한 인간의 주체적 존재형태를 제시하고, existenz 또는 existence라는 용어가 사용되었다.
広松渉他編『哲学・思想事典』岩波書店, 1998, pp.668-670.

5-2 オットー・フリードリッヒ・ボルノウ, 大塚恵一・池川健司・中村浩平共訳, 앞의 책, pp.17-20 참조.

5-3 호돌로지적 공간이란 수학적인 두 점사이의 최단거리가 아닌 인간의 주체성이나 기분, 목적에 따라서 선택되는 우회로 등과 같은 「두드러진 길」의 개념에 기초한 공간을 말한다. 같은 책, pp.186-189 참조.

5-4 クリスチャン・ノルベルグ＝シュルツ, 加藤邦男・田崎祐生共訳, 앞의 책, pp.9-10, p.46.

5-5 クリスチャン・ノルベルグ＝シュルツ, 加藤邦男訳『実存・空間・建築』鹿島出版会, 1973, p.18, p.40.
(원저명 : Christian Norberg-Schulz『Existence, space and architecture』) 여기서 말하는 쉐마란, 「어떤 상황에 대응한 전형적 반응이라고 정의해도 좋다.

그것은 개인과 환경과의 상호작용을 통해서 행해지는 정신적 발달과 병행해서 형성되어가며, 그 과정에 의해 인간의 행위 즉《조작》의 횟수들이 군집화하여 긴밀한 통합체가 된다」고 쓰여 있다.

피아제의 연구에 관해서는 ☞ pp.233-234, 10장 8절.

5-6 クリスチャン・ノルベルグ=シュルツ, 前川道郎・前田忠直共訳『建築の世界 : 意味と場所』鹿島出版会, 1991, p.29.
(원저명 : Christian Norberg-Schulz『Il mondo dell' architettura』)

5-7 クリスチャン・ノルベルグ=シュルツ, 加藤邦男訳, 앞의 책, pp.42-44.

5-8 같은 책, pp.67-68. 또한 실존적 공간의 구체화로서의 건축적 공간에 관해서는 케빈 린치의 도시이미지분석의 성과를 토대로 다음과 같은 구성이 제시되었다 :
「장소place와 결절점node」,「통로path와 축선axis」, 「영역domain과 지역district」. ☞ p.164, 8장 1절.

5-9 鈴木博之『東京の[地霊]』文春文庫, 1998, pp.4-5.

5-10 アルド・ロッシ, 大島哲蔵・福田晴虔共訳『都市の建築』大竜堂書店, 1991, p.161.
(원저명 : Aldo Rossi『L'architettura della città』)
알도 로시의 「기억 속의 도시」에 관해서는 ☞ pp.41-42, 2장 3절.

5-11 クリスチャン・ノルベルグ=シュルツ, 加藤邦男・田崎祐生共訳, 앞의 책, p.36.

5-12 小阪国継『西田哲学の研究 - 場所の論理の生成と構造』ミネルヴァ書房, 1991, pp.22-26 참조. 「순수경험」이란 모든 판단과 사고가 개입되기 이전의 원초적인 경험의 상태, 어떤 일을 반성하거나 규정하기 이전의 직접적인 경험의 상태이자 발레리가 지적하는 「시적상태」와 유사한 상태로 생각할 수 있다.
クリスチャン・ノルベルグ=シュルツ, 加藤邦男・田崎祐生共訳, 앞의 책, p.368 수록의 가토 구니오의 해설을 참조.

5-13 일례로서 安藤忠雄「ゲニウス・ロキ」를 참조할 것. 磯崎新・浅田彰編『Anywhere』NTT出版, 1994, pp.108-109.

5-14 鈴木博之「地霊(ゲニウス・ロキ)とは」『建築雑誌』vol.108 no.1347, 1993年 9月号, p.20 에서는「세계가 서구를 중심으로 한 보편적인 공간에 의해서 지배당하고 있다는 개념은 이미 존재하지 않는다.」「세계는 공간으로서 구조화 되는 것이 아닌, 장소로서 이해되어야 할 것이다.」라고 주장했다.

5-15 加藤邦男「GENIUS LOCIを巡って - 建築・場所論をめざして -」日本建築学会大会学術講演梗概集1993年9月 (関東) p.1080.

5-16 鈴木博之「ゲニウス・ロキの概念について」日本建築学会大会学術講演梗概集 1990年(中国), pp.1051 - 1052 와 「地霊(ゲニウス・ロキ)とは」『建築雑誌』vol.108 no.1347, 1993年9月, pp.18-21을 참조.

06

1-1 ロバート・ヴェンチューリ, 伊藤公文訳『建築の多様性と対立性』鹿島出版会, 1982, p.162.
(원저명 : Robert Venturi『Complexity and contradiction in architecture』)

1-2 R・アルンハイム, 乾正雄訳『建築形態のダイナミズム(上)』鹿島出版会, 1980, p.143.
(원저명 : Rudolf Arnheim『The Dynamics of Architectural Form』)

1-3 ジークフリート・ギーディオン, 太田頁訳『空間・時間・建築』丸善, 1990, pp.27-28.
(원저명: Sigfried Giedion『Space, Time and Architecture』)

1-4 같은 책, p.7, 611.

1-5 ル・コルビュジエ, 井田安弘・芝優子共訳『プレシジョン下』鹿島出版会, 1984, pp.25-26.
(원저명 : Le Corbusier『Précisions』)

2-1 神代雄一郎『間・日本建築の意匠』鹿島出版会, 1999, p.16.

2-2 「축조 軸組 Framework」: 토대, 기둥, 들보, 도리, 가새 등으로 구성되어 있는 벽체의 뼈대. 가구구조의 뼈대를 말할 때도 있다 (建築大辞典). 일본건축에서는 ① 축조식 건축 : 사원건축, 신사건축, 침전조 양식[역자주 : 헤이안 시대의 귀족 주택의 건축 양식 중앙의 주실인 침전을 에워싼 건물이 각기 복도로 연결되어 있음], 민가. ② 비축조식 건축 : 스키야조(数奇屋, [역자주 : 다실건축의 수법을 채용한 주택양식. 일본의 다실은 단순히 차를 마시는 공간만이 아니라 그들의 사교적, 의례적, 종교적, 예술적인 사상이 가미된 공간으로서 독특한 규칙 하에 지어지게 된다]). ③ ①과 ②의 중간 : 서원조 양식[역자주 : 선종(禅宗)의 서원 양식이 관원 및 무사의 주택에 채택된 것으로 현재의 일본식 주택은 거의 이 양식이다]으로 구분이 가능하다.

2-3 「조작 造作 joinery」: 목공사에 있어서 축조공사 후에 설치되는 천장이나 마루, 문지방, 위 미닫이, 계단, 선반이나 찬장, 바닥 등의 마무리 공사를 통칭해서 말한다.

2-4 香山昌夫『建築意匠講義』東京大学出版会, 1996, p.99.

2-5 宮川英二『風土と建築』彰国社, 1979, pp.159-169.

2-6 伊藤ていじ『日本デザイン論』鹿島出版会, 1966, pp.43-51.

2-7 「결계」: 불교용어의 결계로부터 변한 용어. ① 불교수행에 방해가 없도록 수행자의 행동 범위를 정하는 것 또는 그 구역(日本語大辞典)을 일컫는 말이었으나 후에 ② 밀교에서는 악마의 장난을 털어버리기 위해 도장의 일정구역을 지정하는 것(여인금지 등)을 가리켰다. ③ 사원의 본당이나 신사본전의 나무 울타리 혹은 스크린 = 승속(승려와 속세인)의 사회적 지위를 구별하는 것 / 내진과 외진[역자주 : 신사나 절 등에서 본존을 안치한 곳과 일반인들이 배례하는 곳]

2-8 磯崎新『見立ての手法』鹿島出版会, 1990, pp.178-179.

2-9 가장 높은 지위를 상징하는 것으로 「운겐베리[역자주:천황이나 법왕의 다다미에 사용됨]」이 있다.

2-10 계절이나 시간의 변천과 같은 공허함을 내포한 시간개념

3-1 アルベルティ, 相川浩訳『建築論』中央公論美術出版, 1982, p.10.
(원저명 : Leon Battista Alberti『De re aedificatoria』)

3-2 井上充夫『建築美論の歩み』鹿島出版会, 2000, p.254.

3-3 「바닥」: 공간을 수평방향으로 구분하는 건물의 부분으로서 인간이나 물건이 그 위에 타거나 올려지거나 함(建築大辞典).

3-4 「지붕」: 건축물의 위쪽에 위치하여 외부에 면하면서 공간을 덮는 부분(建築大辞典).

3-5 「벽」: 격벽의 뜻으로 재료의 여하, 건물의 내외를 막론하고 공간을 분리하고 있는 수직구조물(建築大辞典).

3-6 「기둥」: 지붕이나 바닥의 하중을 지탱하면서 기초까지 전달하는 기능을 하는 수직부재(建築大辞典).

3-7 「개구부」: 채광, 환기, 통행, 투시 등의 역할을 목적으로 하는 건물의 벽, 지붕, 바닥 등의 잘려내진 부분(建築大辞典).

3-8 大野晋ほか『岩波古語辞典』1974.

3-9 山田幸一監修『床の間のはなし』鹿島出版会, 1999, pp.51-53.

3-10 藤森照信『天下無双の建築学入門』筑厚番房, 2001, pp.106-107.

3-11 「斎庭 유니와」: 일본의 종교인 신도에 있어서 신에게 제사 지내거나 강림을 우러러 보기 위해 정화되어진 장소. 보통은 돌모래 또는 자갈을 깔고 금줄이나 울타리 등을 둘러친다.

3-12 太田博太郎『日本の建築』筑摩書房, 1968, pp.22-23, 42-44.
저자에 의하면 일본에 의자식 생활이 들어오게 된 것은 5・6세기경이나 6세기의 일본에는 이미 귀족의 고상주거가 자리잡고 있었으므로 입식생활은 정착하지 않았던 것으로 인식하고 있다. 또 신사와 사원의 비교에서 일본 고래의 신사는 반드시 바닥을 설치하고 주위에 툇마루를 설치하는 것에 비해 외래에서 들어온 7・8세기의 사원은 기단위에 바로 흙바닥의 토방이 오게 된다.
또 죠몬시대의 수혈주거의 토방을 바닥으로 간주하는 경우 바닥은 쌓아 올리는 경우뿐만 아니라 파 내림으로써 형성될 수 있다는 견해도 있다.(香山寿夫『建築意匠論』放送大学教育振興会, 2004, p.127)

3-13 지리학자 Yi-fu Tuan은 이 경향에 대해서 「건축에서는 중요한 건물은 높은 곳의 평평한 바닥위에 축조되어지는데 적합한 기술이 있을 경우에는 보통의 경우보다도 더 높이가 있는 건물이 되는 경향이 있다.」라고 말했다.(イーフー・トゥアン『空間の経験』筑摩書房, 1988, p.73. (원저명 : Yi-fu Tuan『Space and place』)

3-14 「노오(能)는 신령이나 영령을 불러들여 그 사연을 이야기토록 하는 드라마이며 무대는 이러한 영령에 대해 살아 있는 인간이 경축하거나 고뇌나 비애를 듣고 애도하는 장소이다.」吉村貞司『日本の空間構造』鹿島出版会, 1982, p.218.

3-15 「須弥壇 수미단」: 불상을 안치하는 목조의 단. 평면은 사각 또는 팔각(建築大辞典).
「戒壇 계단」: 스승이 제자에게 계를 내리는 의식에 사용하기 위해 돌이나 흙으로 쌓은 단. 754년 간진(鑑真,[역자주 : 나라시대의 귀화승. 일본 율종의 시조])이 동대사(東大寺) 대불전 앞에 쌓은 것이 최초라고 일컬어진다(日本語大辞典).

3-16 ヴィジュアル版建築入門編集委員会編『建築の言語』彰国社, 2002, p.12.

3-17 隈研吾『新建築入門』筑摩書房, 1994, pp.55-59.

3-18 R・アルンハイム, 乾正雄訳, 앞의 책, pp.67-74.

3-19 「円座 원좌」: 고대의 깔개도구의 하나. 잎, 지푸라기, 대나무껍질 등을 사용해 동심원상으로 둥글게 짜낸 깔개. 지름 약 90cm, 두께 약 3cm.

3-20 藤森照信, 앞의 책, pp.110-114.

3-21 伊藤ていじ, 앞의 책, pp.82-85.

3-22 小松義夫『地球生活記』福音館書店, 1999.

3-23 フランク・ロイド・ライト, 遠藤楽訳『ライトの住宅 : 自然・人間・建築』彰国社, 2002, p.6.
(원저명 : Frank Lloyd Wright『The Natural House』)

3-24 レム・コールハース, 鈴木圭介訳『錯乱のニューヨーク』筑摩書房, 1995, p.106.
(원저명 : Rem Koolhaas『Delirious New York』)

4-1 伊藤ていじ『屋根』淡交社, 2004, p.70, 74.

4-2 「원시오두막」의 상세한 내용에 관해서는 ☞ pp.100-105, 5장 3절.

단, 서양의 지붕의 기원에 관하여 ① 구배를 갖는 페디먼트는 BC 5세기경 그리스 신전으로부터라고 여겨진다. ② 에디큘러(Aedicula)는 로마시대의 폼페이 벽화에 출현했다라는 설이 있다. ③ 그리스 이전의 건축에서는 평지붕이 기본이었다라고 여겨진다. 이상의 3가지 점에는 주의가 필요하다.

「페디먼트」: ① 그리스나 로마 건축에서 수평의 코니스와 경사진 레이킹 코니스로 둘러싸여진 삼각형의 맞배지붕벽, ② 창문이나 출입구의 상부에 달려진 삼각형의 부분.

라틴어의 에디큘러(Aedicula)는 작은 집, 소신전의 뜻. 기둥 위에 삼각형을 태운 형태를 가리킨다.

고대의 개선문이나 시의 입구의 문 등에 보여지는 조각상을 둔 니치(niche)의 주변을 원주와 페디먼트에 의해 신전풍으로 구성한 것을 에디큐르(Aedicule)라고 부른다(이상 建築大辭典 및 隈研吾『新建築入門』筑摩書房, 1994, pp.59-61).

4-3 伊藤ていじ『屋根』淡交社, 2004, p.76.

4-4 神代雄一郎『間・日本建築の意匠』鹿島出版会, 1999. pp.42-43.

4-5 일본의 전통 관용어구인「용마루가 높다」는 집이 부유한 것을 의미한다.

4-6 太田博太郎, 앞의 책, pp.22-23.

4-7 伊藤ていじ『日本デザイン論』鹿島出版会, 1966, pp.78-80.

4-8 이러한 지붕이 출현하게 된 것은 헤이안시대 이후로서 나라시대에서와 같은 게쇼다루키(化粧垂木, 역자주: 아래에서 보면 지붕구조가 노출이 되기 때문에 화려하게 장식한 서까래)로 지붕덮개판을 받치고 여기에 기와흙을 올려서 지붕면을 구성하는 수법으로는 만들 수 없었던 것으로 노야네(野屋根)의 등장으로 처음으로 가능해졌다.

「노야네(野屋根)」: 서까래 위에 짧은 수직부재를 세워 모야케타(母屋桁, 역자주: 처마도리와 평행하게 배열돼 지붕덮개판을 받치는 도리의 일종)를 지지시키고 그 위에 노다루키(野垂木, 역자주: 지붕덮개판을 직접 받치는 서까래)를 나란히 배열해 지붕을 구성한 것. 「보이지 않는 지붕」을 의도하여 헤이안 시대의 불당에서 처음 등장한다. 호류지 대강당(法隆寺大講堂, 990)이 오래된 예이다. 가마쿠라 시기에는 이 공간을 이용한 긴 처마를 지지하기 위해 하네기(桔木, 역자주: 지붕 뒷면에 부착하는 부재로 지렛대의 원리를 이용해 처마끝을 지지한다. 이로 인해 지붕의 경사를 급하게 하거나 두께를 줄 수가 있다.) 가 사용되었다(建築大辭典).

중국과 달리 지붕골조가 하부구조의 골격과 분절되는 것이 일본건축의 특징이며 여기서는 천장을 마감하는 것이 관습화되었다. 불당의 내진과 외진의 천장고의 차이의 원인이 여기에 있다.

5-1 香山寿夫『建築意匠講義』東京大学出版会, 1996, p.86.

5-2 ロバート・ヴェンチューリ, 伊藤公文訳, 앞의 책, pp.148-153.

5-3 그라나다의 카를로스5세 궁(그림 5-2)에서는 외부의 직사각형 벽과 안쪽의 원형중정(내주면)에 낀 잔여의 공간에 궁전의 실들이 만들어진 예가 있다. 지붕에 관한 절에서 앞서 언급한 일본의 「노야네」도 하늘과 땅을 나누는 「잔여의 공간」으로 존재함과 동시에 일본 전통건축의 의장적인 특징이 되고 있다.

5-4 건축가 마리오 보타가 건축의 원초적인 기능에 대해서 「집은…잠재의식 속에서 사람이 회복하고 자기를 발견하며 자기의 역사와 기억을 되찾고 꿈꿀 수 있는 장소로 지속되어 왔다 … 보호라는 원초적인 기능…집에 이러한 의미를 다시금 부여하는 것은 건축가의 진정한 목표를 달성하는 것이다…좋은 건축을 위해서는…지면에 서게 됨으로부터 나아가 점차 공간을 형성하여 내부와 외부를 분할하게 되는 측벽이 중요한 것이 된다. 보호의 요소로 표현된 벽은 아름답다.」라고 말했다.

マリオ・ボッタ, 古谷誠章訳『構想と構築』鹿島出版会1999, pp.13-15.

(원저명 : Mario Botta 『Mario Botta』)

5-5 土肥博至「壁・塀・垣」日本建築学会編『空間要素』井上書院, 2003, pp.40-41.

5-6 일본어의 울타리를 뜻하는 「가키(垣)」는 「한정짓다 : 가기루 (限る)」라는 동사에서 온 말이다. 또한 공간을 구획하는 비단으로 된 휘장(帷帳, 도바리)도 「기누가키(絹垣)」 또는 「아야가키(綾垣)」라고 불리운다.

5-7 R.アルンハイム, 乾正夫訳, 앞의 책, pp.63-65.

5-8 土肥博至, 앞의 글, pp.42-43.

5-9 伊藤ていじ『日本デザイン論』鹿島出版会, 1966, p.94.

5-10 川崎清・小林正美・大森正夫『仕組まれた意匠』鹿島出版会, 1991, p.127.

6-1 伊藤ていじ, 앞의 책, pp.97-100.

일본건축에서는 들보와 도리를 따로 구별하는 것으로부터 알 수 있듯이 축조는 반드시 방향성을 지닌다.

6-2 伊藤ていじ, 앞의 책, pp.94-100.

6-3 大野晋ほか『岩波古語辞典』1974.

고대일본에서는 신의 수를 세는데 2주(柱), 3주(柱)…와 같이 기둥을 단위로 사용하였다.

6-4 井上充夫『建築美論の歩み』鹿島出版会, 1991, pp.156-157.

6-5 요리시로란 신도에서 수목, 암석, 어페(御幣, 종이 또는 천을 막대기에 붙인 제사용구), 동물 등에 신령이 옮겨 붙어 그 의사를 표현하는 매체, 즉 신령이 깃드는 것을 가리킨다(日本語大辞典).

6-6 「心柱 신노미하시라」, 「斉住 이미하시라」라고도 부른다 ⇨「宮主 미야바시라[역자주 : 신사건축의 중심이 되는 기둥]」「大黒柱 다이고쿠바시라」로 연결된다.

6-7 이즈모타이샤(出雲大社)의 높이는 태고적에는 32장(96m), 그 이후에는 16장, 현재는 8장이라고 알려져 있다. 옛 기둥은 굵기 1350mm의 통나무 세 개를 금줄로 두른 것이었다는 점이 헤이안시대의 그림을 통하여 알려져 있다. 현재의 이즈모타이샤에서는 주위의 8개의 기둥이 지붕을 지지하고 있는데, 중앙의 3척 6촌 길이의 이와네노미하시라는 키 높이를 넘어선 지점에서 멈춰있으며 다른 8개의 기둥보다도 듬직한 인상을 준다. 이러한 중심주는 「이즈모국조신가사 出雲国造神賀詞[역자주 : 고대 이즈모국을 통치하던 이즈모국조가 대가 바뀔 때마다 신사에 바치던 축사]」, 「이세신궁축사식 伊勢神宮祝詞式[역자주 : 이세신궁에 받쳐진 축사모음집]」의 「바닥의 반석 위에 미야바시라(宮柱)를 세우고 높은 하늘에 천 개의 나무를 훌륭히 세웠다.」라고 전해지는 고대신사나 신사건축의 시작이며 훗날 3중탑, 5중탑으로 계승되어져갔다는 설이 있다. 「훌륭히 세웠다」라는 표현은 기둥이 신의 차원까지 높이 솟아있음으로써 신과의 교류가 가능해지고 평안과 번영에 대한 소망을 담은 높이에 대한 갈망의 표현이다.

(吉村貞司『日本の空間構造』鹿島出版会, 1982, pp. 63-65, 143)

6-8 같은 책, p.62.

6-9 磯崎新『見立ての手法』鹿島出版会, 1990, p.14.

6-10 ミルチャ・エリアーデ, 風間敏夫訳『聖と俗』法政大学出版局, 1969, pp.25-58, 152-169.

(원저명 : Mircea Eliade 『Das Heilige und das Profane : Vom Wesen des Religiösen』)

6-11 그 밖의 가옥내부의 중심으로서는 아궁이나 화로에서 기둥형상으로 서게 되는 굴뚝이 가옥의 수직축과 중심을 나타낸다.

O・F・ボルノウ, 大塚・池川・中村訳 『人間と空間』せりか書房, 1978, p.155.

(원저명 : Otto Friedrich Bollnow 『Mensch und Raum』)

6-12 イーフー・トゥアン, 앞의 책.

6-13 이러한 맥락에서 「탑」도 기둥형상을 하고 서 있는 건축으로 생각할 수 있다. 이노우에 미츠오는 호류지의 5중탑을 예로 들면서 「탑은 이른바 호화롭게 장식된 하나의 기둥이다. ... 원시시대의 기둥은 때때로 신격이나 인격의 상징이었다.」고 지적하고 있다(井上充夫『日本建築の空間』鹿島出版会, 1969, pp.43-45).

6-14 福井通「柱」日本建築学会編 『空間要素』 井上書院, 2003.

6-15 후쿠이 도오루(福井通)는 공간을 만드는 기둥을 「위요주」, 장식을 통하여 공간의 의미나 분위기를 표상하는 기둥을 「장식주」로 명명하였다.

6-16 伊藤ていじ, 앞의 책,p.80.

6-17 神代雄一郎 『間・日本建築の意匠』 鹿島出版会, 1999, p.98.

6-18 R.アルンハイム, 앞의 책, pp.82-87.

「짧은 기둥은 지붕의 하중에 의해 위로부터 짓눌리는 압력과 토대에 의해 하부로부터 반발하는 저항력 사이의 상대적으로 수동적인 수용체이다. ... 높은 기둥은 생생하고 자유로운 느낌, 압박에 대한 승리와 같은 느낌을 주기도 한다. 모든 시각적 길이는 상대적인 것이므로 기둥의 높이의 다이내믹한 효과는 높이와 굵기의 관계에 의존하게 된다.」

6-19 같은 책, pp.83-87.

7-1 문(門)과 비교하여 한쪽만 열리는 문짝의 형태가 호(戸)이다. 또한 일본어에서는 문을 '가도'라고 읽기도 하는데 가도(門) = 신을 맞이하는 정원이라는 설도 있다. 가도마츠(門松,[역자주 : 정월날 집문 앞에 세우는 한쌍의 소나무나 대나무의 장식. 오래전부터 신이 깃든다고 생각되었다.])는 요리시로, 데미즈(手水,[역자주 : 신사에서 참배하기 전에 손을 깨끗이 하기 위한 물]), 다키우치(滝打ち,[역자주 : 폭포를 맞으면서 수행하는 것]), 입욕은 결제(潔斎,[역자주 : 제사에 앞서 부정한 것을 멀리하고 심신을 깨끗이 하는 행위]) 즉 세속적인 것의 지양(정진)을 의미한다.

문(門)에는 하나의 세계로 들어가는 입구라는 의미 외에, 문벌, 문하생, 일문, 파문과 같이 특정한 사회집단을 표현하는 의미로도 사용된다(土肥博至「門・扉」日本建築学会編『空間要素』井上書院, 2003, p.80).

7-2 O・F・ボルノウ, 大塚・池川・中村訳, 앞의 책, pp.146-147.

7-3 香山寿夫『建築意匠論』放送大学教育振興会, 2004, p.52.

7-4 井上充夫『日本建築の空間』鹿島出版会, 1969, pp. 73-82.

7-5 土肥博至「壁・塀・垣」日本建築学会編 『空間要素』井上書院, 2003, p.82.

7-6 ミルチャ・エリアーデ, 앞의 책, p.17.

7-7 川崎清・小林正美・大森正夫『仕組まれた意匠』鹿島出版会, 1991, p.180.

「현관」이라는 단어는 선종에서 「현묘의 길로 들어가는 관문」에서 나온 말이다. 주거공간의 출입에 관한 문은 ① 중문랑(中門廊,[역자주 : 침전조에서 건물과 건물을 잇는 복도 사이에 중문을 설치한 경우 중문랑이라고 한다.) ② 현관(선종방장(禅宗方丈), 역자주 : 방장(方丈)은 1장를 한 변으로 한 면적을 지칭하며 이 넓이로 만들어진 선승들의 암자를 의미함에서 시작해 서원으로 이어지고 ③ 구루마요세(車寄), 역자주: 구루마요세란 건물정면, 현관 앞에 설치한 차를 대서 내리고 타기 위한 지붕이 덮인 건물의 부분. 니죠성의 마루쇼인(丸書院) 등으로 변화해, ④ 스키야에서는「躙口 니지리쿠치역자주: 차실의 벽면에 설치된 높이 66cm, 폭63cm의 매우 작은 손님용 문을 가리킨다. 지위에 상관없이 몸을 숙이고 들어오라는 사상이 담겨있다.」가 나타났다. 서원조에서는 큰「가라하후(唐破風), 역자주 : 중앙부분의 지붕모양이 둥근 아치형이고 양 끝단은 살짝 올라가 있는 일본고유의 지붕양식」를 잇대어서「시키다이(式台), 역자주 : 현관 앞에 위치한 실내 바닥보다 한단이 낮은 바닥」를 오르는 무가의 의식적인 현관이 되었다. 서원조의 현관과 스키야조의 니지리구치가 정식화된 현관의 양극을 나타낸다.

7-8 磯崎新『見立ての手法』鹿島出版会, 1990, pp.179-180.

7-9 アルベルティ, 相川浩訳『建築論』1982, 中央公論出版, p.122.
(원저명 : Leon Batista Alberti『De re aedificatoria』)

7-10「포르티코 portico」: 주랑현관, 보통 열주가 페디먼트를 지지한다. 영어로는 포치(Porch).

7-11「하레」: 공적인 시간, 장소, 연중행사나 관혼 등 특별한 의례를 치르는 날을 하레(晴れ : 맑음)의 날이라고 한다(日本語大辞典).

7-12 大野晋ほか『岩波古語辞典』1974.

7-13 O・F・ボルノウ, 大塚・池川・中村訳, 앞의 책, pp.150-153.
아동에게는 자기 자신은 숨은 채로 주위의 세계를 들키지 않고 관찰할 수 있는 은신처를 원하는 깊은 욕구가 존재한다고 주장했다.

7-14 日向進著『窓のはなし』鹿島出版会, 1988, pp.36-37.

7-15 같은 책, pp.101-102.

7-16 ル・コルビュジエ, 井田・芝訳『プレシジョン(上)』鹿島出版会, p.124.
(원저명 : Le Corbusier『Précisions : sur un état présent de l'architecture et de l'urbanisme』)

7-17 香山寿夫『建築意匠論』放送大学教育振興会, 2004, pp.65-66.

7-18 香山寿夫『ルイス・カーンとはだれか』p.162.

07

1-1 건축 엘리먼트로서의 기둥이 가지는 여러 가지 의미에 관해서는 ☞ pp.129-133, 6장 6절.

1-2 햄비지는 예일대학에서 교편을 잡았으며, 일련의 장방형을 바탕으로 한 Dynamic Symmetry를 1920년에 발표하였다.

1-3 柳亮『黄金分割 ピラミッドからル・コルビュジエまで』美術出版社, 1965, pp.16-18.

1-4 같은 책, 1965, pp.60-62.

1-5 도면에서 황금비를 표현하는 방법에 관해서는 ☞ pp.80-81, 4장 2절.

1-6 ル・コルビュジエ, 吉阪隆正訳『建築をめざして』鹿島出版会, 1967, pp.64-76.
(원저명 : Le Corbusier『Vers une architecture』)

1-7 コーリン・ロウ, 伊東豊雄・松永安光訳『マニエリスムと近代建築』彰国社, 1981, pp.1-31.
(원저명 : Colin Rowe『The mathematics of the ideal villa and other essays』)
콜린 로우에 의한 르 코르뷔지에의 작품과 고전건축의 관계에 관해서는 ☞ pp.39-40, 2장 2절.

1-8 ル・コルビュジエ, 吉阪隆正訳『モデュロールI』鹿島出版会, 1976, p.39.
(원저명 : Le Corbusier『Le modulor』)

1-9 비트루비우스의 오더와 신체의 관계에 관해서는 ☞ pp.173-174, 8장 3절.

1-10 피보나치 수열에서는 n을 무한히 크게 해 가면 제 n+1항과 제 n항의 비가 황금비에 무한히 근접하게 되는 것이 알려져 있다. 피보나치 수열이란 인접한 항의 합이 다음 항의 값이 되는 수열로서 다음 식으로 표현된다. $a_{n+2}=a_{n+1}+a_n(n=1,2,3\cdot\cdot\cdot)$.

1-11 ル・コルビュジエ, 吉阪隆正訳『モデュロールI』鹿島出版会, 1976, pp.90-105.
르 코르뷔지에의「빛나는 도시」와 마르세유의 유니테 다비타시옹의 관계에 관해서는 ☞ pp.245-246, 11장 3절.

2-1 이탈리아 합리주의에 관해서는 ☞ p.33, 1장 5절.

2-2 니시자와 후미타카(西沢文隆)는 아라비아 반도에서 아프리카 북부에 걸쳐 나타나는「사막에 점재하는 벽으로 둘러싸여진 민가」란「경외스러운 자연의 열풍을 벽으로 막고 그 울타리 속에서 오아시스를 찾아내고자 하는 인간의 휴식에 대한 노력과도 같다.」라고 하고 있다. 西沢文隆「コートハウス 論」新建築, 1962年10月, pp.88-95.

2-3 나선의 다이내믹한 형태를 살린 건축으로 제3인터내셔널 기념탑 계획안도 참조할 것. ☞ p.22, 1장 3절.

2-4 메카에서의 이슬람교도는 순례의 일환으로 검은 천으로 덮인 카바신전의 주변을 반시계 방향으로 7회 순회를 하는데 이 의식을 타와프라고 부른다.

2-5 죠교도(常行堂, 상행당)에서는 죠교(常行)삼매라고 불

리는 수행이 이루어진다. 이는 천태종의 수행법의 사종삼매[역자주 : 천태종에서 세운 네 가지 삼매. 동작에 따라 상행삼매(常行三昧), 상좌삼매(常坐三昧), 반행좌삼매(半行坐三昧), 비행비좌 삼매(非行非坐三昧)로 나눈다.] 중 하나로서 7일 또는 90일간 항상 아미타불의 불상의 주변을 순회하며 아미타불을 되뇌면서 마음에 아미타불을 끊임없이 생각한다고 하는 수행법이다.

2-6 ル・コルビュジエ, 吉阪隆正訳『建築をめざして』鹿島出版会, 1967, p.146.

2-7 小林克弘『建築構成の手法』彰国社, 2000, pp.66-67.

2-8 サイモン・アンウィン重枝豊監訳・上利益弘訳『建築デザインの戦略と手法』彰国社, 2005, p.142.
(원저명 : 『Simon Unwin : Analysing architecture』)

2-9 Served Space와 Servant Space의 설명과 그 본질적인 가치에 관해서는 ☞ p.180, 8장 5절. 또 루이스 칸의 「오더」와 이들의 관계에 관해서는 ☞ p.107, 5장 4절.

2-10 라이트의 유소니언 주택의 평면분석에 관해서는 ウィリアム・ストーラー, 岸田省吾監訳『フランク・ロイド・ライト全作品』丸善, 2000, p.219, 246, 258, 273에 상세하게 설명되어 있다.
(원저명 : William Allin Storrer 『The Frank Lloyd Wright companion』)

2-11 라 로슈 잔느레 주택의 공간구성분석에 관해서는 다음의 저술에 자세히 설명되어 있다. ジェフリー・ベイカー, 中田節子訳 『ル・コルビュジエの建築 : その形態分析』鹿島出版会, 1991, pp.132-153.
(원저명 : Geoffrey Baker 『Le Corbusier : an analysis of form』)

2-12 미스 반 데어 로에의 1920년대의 5가지 주요 계획안에 관해서는 ☞ p.29, 1장 4절.

2-13 정다각형은 중심부분에 감시부문을 두는 수용시설이나 제조공장 등에 사용되어 왔다. 이러한 목적으로부터 정다각형을 채용한 건축공간은 파놉티콘(Panopticon, 감시시설)이라고 불린다. 파놉티콘은 제레미 벤담(Jeremy Bentham)에 의해 18세기 말에 구상되었다. 많은 사람들을 관리하는 시설에 적합하여 미셸 푸코는 관리자의 눈을 내면화시킨 자기규율적인 근대의 주체의 형성을 벤담의 이론을 이용하여 설명하고 있다. ミシェル・フーコー, 田村俶訳『監獄の誕生 : 監視と処罰』新潮社, 1977.
(원저명 : Michel Foucault 『Surveiller et punir : naissance de la prison』)

3-1 フランシスーD.K・チン, 太田邦夫訳『建築のかたちと空間をデザインする』彰国社, 1987, p.40. (원저명 : Francis D.K. Ching 『Architecture : form, space, and order』)

3-2 라 빌레트 공원의 중첩된 레이어에 관해서는 ☞ p.87, 4장 3절.

3-3 분할하는 벽의 역할에 관해서는 ☞ p.127, 6장 5절.

4-1 본 절에서 제시하는 구체적인 예를 개념적으로 뒷받침하는 사고방식은 본서 8장 「부분과 전체」를 참조.

4-2 에어포일은 비행기의 기체용으로 사용되는 금속판을 말한다.

4-3 미스 반 데어 로에의 유니버설 스페이스에 대한 일리노이 공과대학 캠퍼스의 마스터플랜의 의미에 관해서는 ☞ p.30, 1장 4절.

4-4 군마현립근대미술관은 이소자키 아라타가 자신의 수법론에 따르던 시대의 작품. 수법론에 관해서는 ☞ pp.62-63, 3장 3절.

4-5 모듈러 코디네이션에 관해서는 다음의 문헌에 상세하게 서술되어 있다. 高橋研究室編『かたちのデータファイル : デザインにおける発想の道具箱』彰国社, 1984, p.74.

4-6 C.A.ドクシアディス, 長島孝一・大野秀敏訳 『古代ギリシアのサイトプランニング』鹿島出版会, 1978, pp.44-45.
(원저명 : Constantinos A. Doxiadis, 『Architectural space in ancient greece』)

4-7 반복상자구조의 개념에 관해서는 ☞ p.177, 8장 4절.

4-8 H・R・ヒッチコック&P・ジョンソン, 武沢秀一訳『インターナショナル・スタイル』鹿島出版会, 1978, p.72. (원저명 : Henry Russell Hitchcock and Philip Johnson, 『The international style』)

4-9 라이트의 「유기적 건축」이 인간척도를 포함하고 있는 내용에 관해서는 ☞ p.174, 8장 3절.

4-10 ウルリヒ・コンラーツ編, 阿部公正訳 『世界建築宣言文集』彰国社, 1970. pp.163-164(원저명 : Ulrich Conrads 『Programme und Manifeste zur Architektur des 20. Jahrhunderts』)중 「휴고 헤링 : 유기적 계승으로서의 주택(발췌)」참조.

4-11 클러스터의 다중심적인 사고에 관해서는 ☞ pp.180-181, 8장 5절.

4-12 타오스 푸에블로(Pueblo de Taos)는 미국의 뉴멕시코주를 중심으로 한 푸에블로 인디언(정주하는 인디언)의 촌락의 하나. 타오스는 같은 주 북부지역의 산그리 드 크리스트 산맥의 서측 기슭에 위치하고 있으며 3개의 촌락으로 이루어지는데 이 중 푸에블로(Puebro)인디언이 생활하는 것은 San Geronimo de Taos이다.

4-13 알렉산더의 대표적인 논고에 관해서는 ☞ pp.255-257, 11장 5절.

4-14 콜린 로우의 「콜라주 시티」의 개념에 영향을 미친 빌

라 아드리아나의 의미에 관해서는 ☞ p.255, 11장 5절.

4-15 그림 4-22의 토로네 수도원에서는 빛의 중요성도 중요한 점의 하나이다. ☞ pp.191-192, 9장 3절.

4-16 香山寿夫 『建築意匠講義』 東京大学出版会, 1996, pp.51-52.

4-17 고오야마 히사오는 위요란 다중심의 건축을 성립시키는 수법의 하나라고 말하고 있다. ☞ p.181, 8장 5절.

4-18 香山男夫, 앞의 책, pp.48-50.

08

1-1 「형이상학」 제5권에서는 멜로스(부분)와 홀론(전체)이 정의되어 있다.
① 어떤 양적인 것이 분할될 때의 그 무엇, 양적인 것 전체의 척도, 단위
② 양과는 관계없이 분할되는 종류
③ 그것들로부터 전체(형상)가 합성될 때의 그 무엇들
④ 각각의 사물의 논질을 명확히 하는 설명양식의 요소. 이상 4가지
アリストテレス, 出隆訳『形而上学(上)』岩波書店, 1959, pp. 204-206.
(원저명 : Aristoteles『Metaphysica』)
『유기적인 전체 · 부분의 관계』에 관해서는,
カント, 篠田秀雄訳 『判断力批判(下)』 岩波文庫, 1964, pp.32-36.
(원저명 : Immanuel Kant 『Kritik der Urteilskraft』)

1-2 프로클로스는 「다(多)는 모두, 어떠한 형태로든지 일(一)을 분유한다(명제1)」라는 「一과多의 문제」를 논고하였다.
田中美知太郎 編 『世界の名著15 : プロティノス・ポルピュリオス・プロクロス』 中央公論社, 1980, pp.494-497.

1-3 原広司他, 『新建築学大系23 : 建築計画』, 彰国社, 1982, pp.322-323.

1-4 ノルベルグ・シュルツ, 加藤邦男『実存・空間・建築』鹿島出版会 1973, pp.149-192.
(원저명 : Christian Norberg-Schulz 『Existence, space and architecture』)

1-5 香山寿夫 『建築意匠講義』 東京大学出版会, 1996, pp.42-47.

1-6 香山寿夫 『ルイス カーンとはだれか』王国社, 2003, pp.114-118.

1-7 F・D・K・チン, 太田邦夫訳『建築のかたちと空間をデザインする』彰国社, 1987, pp.12-13.
(원저명 : Francis D. K. Ching 『Architecture : form, space, and order』)

1-8 중첩에 관해서는 ☞ pp.152-154, 7장 3절.

1-9 「오버레이 수법 overlay mathod」: 이안 맥하그(Ian McHarg) 등에 의해 개발된 계획기법. 계획지역의 자연조건, 토지이용, 인구분포, 법규제 등의 조건을 지도상으로 표시해 중첩시킴으로써 상호간의 연계관계를 살펴봄으로써 최적해를 구한다.

1-10 太田博太郎 『日本の建築 - 歴史と伝統—』 筑摩書房, 1968, pp.58-61.

1-11 高橋研究室編 『かたちのデータファイル』 彰国社, 1984, p.52.

1-12 川崎清ほか 『設計とその表現 : 空間の位相と展開』 鹿島出版会, 1990.

1-13 倉田泰男 『建築造型論ノート』 鹿島出版会, 2004, p.11.

1-14 R・アルンハイム, 乾正雄訳 『建築形態のダイナミズム(上)』 鹿島出版会, 1980, pp.201-203. (원저명 : Rudolf Arnheim 『The Dynamics of Architectural Form』)

1-15 ☞ pp.231-232, 10장 8절.

1-16 이노우에 미츠오는 프랑스식 정원과 같이 공간구조를 한눈에 파악할 수 있는 공간을 「기하학적 공간(공간의 동시적 파악)」이라고 부른데 반해 일본의 대규모 서원조양식[에도성(江戸城)이나 니죠성(二条城) 등]에서는 인간이 깊숙한 곳으로 이동함에 따라서 공간이 서서히 경험 · 이해되어가는 구성으로서, 이를 「행동적 공간(공간의 계속적인 파악)」이라고 불렀다.
井上充夫 『日本建築の空間』 鹿島出版会, 1969, pp. 287-288.

1-17 「근방공간 activity space」「 ... 부근」과 같이 막연한 영역을 나타내는 말인 「 ... 근방」은 도시적인 관점에서 다양하고 활기찬 분위기로 사람들이 끌리는 자연발생적인 장소를 지칭하는 경우가 대부분이다.

2-1 村治能就編 『哲学用語辞典』 東京堂出版, 1999, p.285.

2-2 건축가 구마 겐고는 신성한 자연을 살육하면서 구축하는 건축의 모순을 정당화하기 위해서 그리스 건축이 「비례=미」라는 개념을 정의하였다고 논하고 있다.隈研吾『新建築入門』筑摩書房, 1994, pp.51-52.

2-3 森田慶一 『建築論』 東海大学出版, 1978, pp.76, 169-170.

2-4 ル・コルビュジエ, 吉阪隆正訳 『建築をめざして』 鹿島出版会, 1967, pp.25, 93-94.
(원저명 : Le Corbusier 『Vers une architecture』)

2-5 F・L・ライト, 遠藤楽訳『ライトの住宅』彰国社, 1967, pp.13-30.
(원저명 : Frank Lloyd Wright 『The Natural House』)

2-6 「오더 Order」: 그리스・로마건축의 원주와 엔태블러처의 비례관계를 기초로 한 구성원리. 그리스에는 도리스식, 이오니아식, 코린트식의 3종류가 있으며 로마인은 이를 계승 및 변형시키면서 토스카나식, 콤포짓식의 2종류를 추가하였다.

2-7 「주할 Inter columniation」: 그리스, 로마의 신전에서 원주의 직경을 단위로 해서 기둥 사이의 치수를 정하는 행위. 비트루비우스의 건축십서(3.3)에는 다음의 5종류로 분류되어 있다. 기둥 반경 M과 내경의 비 = 3:밀주식, 4:집주식, 4.5:정주식, 6:격주식, 8:소주식.

2-8 森田慶一訳 『ウィトルウィウス建築書』 東海大学出版会, 1979, p.12.
(원저명 : Marcus Vitruvius Pollio 『De Architectura』)

2-9 「모듈러스 Modulus」: 고대건축에서 부재간의 비례관계를 결정하는 기준단위. 비트루비우스의 「건축십서」에서 이용한 개념으로 원주의 기저부의 반경을 1모듈러스로 한다.
「엔태블러처 Entablature」: 기둥에 의해 지지되는 수평재. 서양 고전건축에서 아키트레이브(architrave), 프리즈(frieze), 코니스(cornice)의 3부분으로 이루어진다.

2-10 정면의 기둥수: 4주식, 8주식 등, 측면의 기둥수는 정면의 기둥수의 2배+1, 기둥의 배치형식은 전주식・주익식 등 6종류의 정해진 양식이 있다. 스즈키 히로유키는, 「도리스 양식의 6주식에 의한 주익식 신전에, 주할은 정주식」이라는 기술만으로도 건물 전체를 결정하는 것이 논리적으로 가능하다고 한다. 鈴木博之『建築の７つの力』鹿島出版会, 1984, pp.50-54.

2-11 パラディオ, 桐敷真次郎編『建築四書注解』中央公論美術出版, 1986, p.35.
(원저명 : Andrea Palladio 『I quattro libri dell' architettura di Andrea Palladio』)

2-12 井上充夫 『建築美論の歩み』 鹿島出版会, 1991, pp.61-76.

2-13 J・サマーソン, 鈴木博之訳『古典主義建築の系譜』中央公論美術出版, 1989, pp.21, 37-47. (원저명 : John Newenham Summerson 『The classical language of architecture』)

2-14 18세기 로지에 신부는 건축과 장식의 미를 구별하고 구조를 본질적인 것으로 생각할 것을 주장하였다.
マルク・アントワーヌ・ロジエ, 三宅理一訳『建築試論』中央公論美術出版, 1986, p.35.
(원저명 : Marc-Antoine Laugier 『Essai sur l' architecture』)

2-15 アルベルティ, 相川浩訳, 『建築論』中央公論美術出版, 1982, p.9, p.159.
(원저명 : Leon Batista Alberti 『De re aedificatoria』)

2-16 森田慶一, 『建築論』, 東海大学出版, 1978, p.199.

2-17 ① 수 Numerus는 자연의 섭리를 따른 수의 규칙으로서 원주 등은 동물이 결코 홀수의 다리를 가지지 않는 것처럼 짝수(4,6,8,10)로, 개구부는 홀수(3,5,7,9)가 되어야 한다. ② 마감면의 윤곽 Finitio은 선끼리의 대응 즉, D・W・H(길이・폭・높이)의 길이끼리의 관계성 = 비례에 의한 수적 질서를 나타내는 것이며 소리의 조화의 비례를 인용하여 2:3, 3:4, 1:2, 1:3, 1:4, 8:9 로 규정하고 있다. ③ 배치 Collocatio는 좌우 대칭적인 배치를 지칭한다. (이상: 건축론 9.5 ~9.7) アルベルティ, 相川浩訳, 앞의 책, pp.283-291.

2-18 같은 책, pp.213-214.

2-19 1950년대의 원서에서는 컴퍼스 제도에 의한 이론화, 수식화를 다음과 같이 나타내었다.
①폭과 길이의 산술평균(등차중항): h=(b+l)/2
②폭과 길이의 기하평균(등비중항): h=bl의 제곱근
③폭과 길이의 조화중항:h=2b/b+l
パラディオ, 桐敷真次郎編, 앞의 책, pp.114-116.

2-20 ルドルフ・ヴィトコーアー, 中森義宗 『ヒューマニズム建築の源流』彰国社, 1971, p.57.
(원저명 : Rudolf Wittkower 『Architectural principles in the age of humanism』)

2-21 鈴木博之『建築の７つの力』鹿島出版会, 1984, p.55.

2-22 「하시라마(柱間, Bay)」: 기둥과 기둥사이의 거리 또는 그 사이의 공간

2-23 상세내용은 다음을 참조. 高橋研究室編, 앞의 책, p.73.

2-24 「다다미와리 畳割」: 규격화된 다다미(畳)의 크기를 기준으로 하여 각 실의 크기를 결정하고 기둥의 위치를 결정하는 행위. 주할과 달리 기둥의 심과 심의 거리는 일정하지 않으나 건구, 도코노마와 천장 등을 규격화할 수 있는 장점이 있다.

2-25 中川武「中世建築の設計技術と部分の自律化」, 『講座・日本技術の社会史第7巻』, 日本評論社, 1983, pp.82-97.

3-1 森田慶一訳 『ウィトルウィウス建築書』 東海大学出版会, 1979, pp.69-72.(원저명 : Marcus Vitruvius Pollio 『De Architectura』)

3-2 같은 책, p.91.

3-3 隈研吾『新建築入門』筑摩書房, 1994, pp.83-86.

3-4 ジョージ・ハーシー, 白井秀和訳『古典建築の失われた意味』, 鹿島出版会, 1993, pp.128-129.

3-5 모듈러에 관해서는 ☞ pp.141-142, 7장 1절.

3-6 岡田光正,『空間デザインの原点』, 理工学社, 1993, p.64.

3-7 F・L・ライト, 遠藤楽訳, 앞의 책, p.6.

3-8 岡田光正, 앞의 책, pp.96-97.

① 도주거리: 적을 만났을 때 도망갈 수 있는 거리

② 공격거리: 도망가지 못 했을 때 공격으로 전환할 수 있는 거리

③ 임해거리: 도주거리와 공격거리 사이의 좁은 대역

④ 개체거리: 동료와 적정한 간격을 유지하려는 거리

⑤ 사회거리: 그 경계를 넘어서면 불안해지는 거리로서 커뮤니케이션이 가능한 경계

3-9 エドワード・ホール, 日高・佐藤訳 『かくれた次元』みすず書房, 1970, pp.145-181.

(원저명 : Edward Twitchell Hall 『The hidden dimension』)

3-10 에드워드 홀은 인간의 영역성이 물질적인 연장선상으로 가시화된 것을 『고정형태의 공간(Fixed feature space)』이라 부르면서 건물은 고정형태의 공간의 한 표현이라고 하였다.

4-1 種山恭子訳『ティマイオス(プラトン全集12)』岩波書店, 1975, pp.31-64. (원저명 : plato『Timaeus』)

구축자는 불・흙・물・공기와 같은 가시적이고 만질 수 있는 요소로 우주를 구의 형태로 창조하고 혼으로 채웠다(36E). 우주는 하늘의 종족・새의 종족・물위의 종족・땅위의 종족(불・흙・물・공기와 각각 호응의 관계)으로 채워졌으나 하늘의 종족(신들)만이 불사의 존재이며 다른 죽는 운명을 타고난 3종족은 신들이 창조하였다. 단 인간은 혼 중에서 이성의 부분만이 죽지 않는 우주의 혼과 동종으로 만들어졌다(41A-D). 그 이후에 인간의 불사혼은 신체와 묶이게 된다.

4-2 阿部一 『空間の比較文化誌』 せりか書房, 2000, pp.172-177.

4-3 コルネリス・ファン・デ・フェン, 佐々木宏訳 『建築の空間』丸善, 1981, pp.13-15

(원저명: Cornelis Van De Ven 『Space in Architecture』)

4-4 アルベルティ, 相川浩訳『建築論』中央公論美術出版, 1982, p.26.

4-5 ライプニッツ, 清水富雄他訳 『モナトロジー形而上学叙説』中央公論社, 2005, p.69.

4-6 井上充夫, 앞의 책, p.120.「건축은 얼어붙은 음악이다.」는 F. 슈레겔의 말이다.

4-7 イーフー・トゥアン, 山本浩訳『空間の経験』, 筑摩書房, 1993, pp.179-180.

(원저명 : Yi-fu Tuan『Space and place』)

4-8 「지척만리」: 지척의 거리 속에 천리의 풍경을 축소해서 그린다는 뜻. 송병(宋炳)에 의해 수묵화의 원점이 되었다.

「소중견대」: 작은 것 안에서 큰 것을 본다는 뜻

「만일 작은 세계 속에서 일어난다면 큰 세계 안에서도 또한 일어날 것이다.(Phisica252b26-27)」

리큐(利休)에 의해서 로지(露地)는 세속으로부터 격리되기 위한 결계이며「속세의 바깥길」이라고 불렸다. 어기서 로지는 바위가 노출된 산길의 축소를 의미하는 것이다. 역자주 : 로지(露地)란 차실에 부속된 정원의 통칭으로서 『법화경』에 등장하는 단어. 센 리큐(千利休, 1522-1591) 일본의 중세말기의 다도가.

4-9 吉村貞司 『日本の空間構造』 鹿島出版会, 1982, pp.223-224.

4-10 山本光雄訳編『初期ギリシア哲学者断片集』岩波書店, 1958, pp.65-66.

4-11 「유출설」: 신의 일원성과 현실의 존재물의 다양성을 설명하기 위해「하나의 존재→누스(신 의지성)→푸슈케(영혼, 정신)→감성적 세계」로 이루어진 계층논리로서 고차원의 영지의 세계에서 인간의 감성계를 향해 실재가 필연적으로 산출된다는 설. 인간은 저차원의 감성계에 살며 영지계로부터 내려온 개별 혼과 육체가 한데 묶인 존재이며 개별영혼은 근원적으로 하나의 존재이자 비물질적, 비공간적, 영원한 것으로 여겨진다. 비물질적인 것은 「All-things-are-in-all-things Principle: 각각의 존재 속에 전체가 포함되어 있으나, 각각의 독자성이 강조된다.」라는 원리가 적용된다.

4-12 田中美知太郎編『世界の名著 15プロティノス・ポルピュリオス・プロクロス』中央公論社, 1980, pp.63-76, 449.

4-13 그림 4-5는 로버트 플러드(Robert Fludd)의『유대 신성철학』중 17세기에서 발췌 : 초월적인 원천으로부터의 우주의 현현을 나타내는 상징.

4-14 広松渉ほか編 『哲学・思想辞典』 岩波書店, 1998, p.1031.

4-15 「Analogy 상사」: 형태나 기능이 닮았어도 발생의 기원이 다른 것. 곤충의 날개와 새의 날개.

「Similar 상사」: 수학에서 하나의 도형을 똑같이 확대 또는 축소해서 다른 도형에 완전히 중첩시킬 수 있으면 양자는 서로 닮았다(상사)고 할 수 있다.

4-16 「프랙탈 Fractal」: 1975년 만델브로트가 fracture(파편, 균열), fraction(단편, 부분)을 합쳐 만든 합성어. 자연계의 불규칙한 구조 속에는 척도를 달리 해도 불변하는 다양한「상사구조」를 발견할 수 있다. 만델브로트는 이를 프랙탈이라 명명하고 새로운 학문분야를 창

시하였다. 프랙탈에 의해서 오늘날까지 정량화가 불가능하다고 생각되었던 자연현상의 기술이 가능케 되었다.

4-17 「반복상자구조」: 기물설계 시스템 중의 하나. 형태는 같으나 크기가 다른 몇 개의 기물을 포개어 모든 기물이 최대의 기물 속에 들어가도록 만들어진 것, 또는 그 시스템. 역자주 : 일본 원어로는 이레코(入れ子)구조라고 한다.

4-18 チャールズ・ジェンクス, 工藤国雄訳『複雑系の建築言語』彰国社, 2000, pp.60-64, 90-93.
(원저명 : Charles Jencks『The architecture of the jumping universe』)

5-1 村治能就編 『哲学用語辞典』 東京堂出版, 1999, p.28.

5-2 H・ヴェルフリン, 梅津忠雄訳『美術史の基礎概念』慶応義塾大学出版会, 2000, pp.271-276.
(원저명 : Heinrich Wölfflin 『Kunstgeschichtliche Grundbegriffe : das Problem der Stilentwicklung in der neueren Kunst』)

5-3 マリオ・ボッタ, 古谷誠章訳『構想と構築』鹿島出版会, 1999, pp.86-87.
(원저명 : Mario Botta『Mario Botta』)

5-4 パウル・フランクル, 香山寿夫訳『建築造形原理の発展』鹿島出版会, 2005.
(원저명 : Paul Frankl『Principles of Architectural History』) 그림 5-5의 코펜하겐 대학도서관에서는 중심에 있는 복도형태의 공간 좌우로 셀 상의 열람실이 나란히 배치되어 있다.

5-5 松隈洋 『ルイス・カーン - 構築への意思―』 丸善, 1998, pp.30 - 33.

5-6 「클러스터 Cluster」: 군, 집단형태의 일종. 원래 포도송이나 그와 유사한 형상의 꽃을 의미한다. 일정한 질서로 모인 공간단위의 한 무리를 지칭한다.

5-7 香山寿夫 『建築意匠講義』 東京大学出版会, 1996, pp.51-62.

5-8 ノベルク・シュルツ, 加藤邦男訳『実存・空間・建築』鹿島出版会, 1973, p.85.
(원저명 : Christian Norberg-Schulz『Existence, space and architecture』)

5-9 같은 책, pp.160-161.

5-10 「프래그난츠 Pregnancy」: 시각심리용어로 「단순화」를 의미한다. 어떤 사물의 이미지를 정확하게 전달하기 위해서 그것의 형태나 색이 있는 부분을 한층 강조하거나 혹은 생략화시켜 조형전체를 통일해 가는 조작을 말한다. 훌륭한 디자인은 이러한 원리에 충실한 경우가 많다. 조각가인 브랑쿠시는 「단순화는 예술의 목적은 아니지만 물질의 진정한 의미에 접근하면 단순화에 이르게 된다.」고 말하고 있다.
「프래그난츠의 법칙」: 게슈탈트 심리학의 기본개념 중 하나로 사람의 지각은 대상을 전체를 통해 가장 간결하고 질서정연한, 더 나은 형태로 만들어가려는 경향이 있다는 법칙.

5-11 松田隆夫『視知覚』培風館, 1995, pp.86-89.

6-1 『建築大辞典』彰国社 1993, p.1491.

6-2 F・D・K・チン, 大田邦夫訳『建築のかたちと空間をデザインする』彰国社, 1987, p.51.
(원저명 : Francis D. K. Ching 『Architecture : form, space, and order』)

6-3 高橋研究室編, 앞의 책, pp.30-31

6-4 루이스 칸은 부재의 접합부를 「장식이 시작되는 곳」이라고 하여 다른 재료, 다른 의미를 가진 면의 명쾌한 분절을 중요시하였다. 香山寿夫, 앞의 책, p.166.

6-5 小林克弘『建築構成の手法』彰国社, 2000, p.91.

6-6 미스 반 데어 로에는 「기둥과 보가 지지벽을 제거한다. 이것이야말로 표피와 뼈대의 구축물이다.」라고 하였다. ジークフリート・ギーディオン, 太田實訳『空間・時間・建築』丸善, 1990, p.673.
(원저명: Sigfried Giedion 『Space, Time and Architecture』)

6-7 ル・コルビュジエ, 井田安弘・芝優子共訳『プレシジョン(上)』鹿島出版会, 1984, pp.63-73.
(원저명 : Le Corbusier『Précisions』)

6-8 アウグスト・シュマルゾー, 井面信行訳『芸術学の基礎概念』中央公論美術出版, 2003, p.106.
(원저명 : August Schmarsow 『Grundbegriffe der Kunstwissenschaft am Übergang vom Altertum zum Mittelalter』)

09

1-1 ショーペンハウアー, 西尾幹二訳 『意思と表象としての世界II』中央公論新社, 2004, p.81,106.
(원저명 : Arthur Schopenhauer 『Die Welt als Wille und Vorstellung』)

1-2 쇼펜하우어는 무신론자, 염세주의 철학자로 불리며 고통의 세계로부터 벗어나는 유일한 구제수단이 예술이며 그중에서도 음악이 인간을 최고의 경지에 인도한다고 설명하면서 철학자로서는 드물게 예술 전반에 걸쳐 광범위한 논술을 남겼다. 대표적 저서인 「의지와 표상으로서의 세계」는 작곡가 바그너, 심리학자 프로이드, 소설가 톨스토이, 프루스트, 에밀졸라, 시인 릴케, 철학자 니체, 루드비히 비트겐슈타인, 건축가 베를라헤 등

후대의 예술가 및 사상가들에게 막대한 영향을 끼쳤다.

1-3 ショーペンハウアー, 西尾幹二訳, 앞의 책, pp.110-111.

1-4 S·Eラスムッセン, 佐々木宏訳 『経験としての建築』 美術出版社, 1966, pp.184-189.
(원저명 : Steen Eiler Rasmussen 『Experiencing Architecture』) ☞ p.48 그림 5-1,2는 제자인 건축가 웃존의 작품.

1-5 香山寿夫 『建築意匠講義』 東京大学出版会, 1996, pp.67-86.

2-1 ル·コルビュジェ, 吉阪隆正訳 『建築をめざして』 鹿島出版会, 1967, pp.37-38.
(원저명 : Le Corbusier 『Vers une architecture』)

2-2 「볼륨, 양감 Volume」: 조형용어. 입체감, 중량감, 용적감 등을 포함한 총칭. 원래는 조각분야에서 납작하고 평평한 느낌과 대조적으로 두께를 느끼도록 하는 효과를 지칭하는 개념이었으나 건축의 분야에서도 같은 의미의 조형적 특징을 표현할 때 사용한다.(建築の大辞典) / 입체감이 있는 공간의 크기를 체적 Volume 이라고 한다(かたちの事典).

2-3 「매스 Mass」:〈덩어리의 의미〉회화·건축 등에서 덩어리로서 시각 등에 호소하는 색, 명암, 형태 등의 총칭(日本語大辞典).

2-4 「파르테논 신전과 판테온을 비교해보면 그리스 건축이 가지고 있는 구조적, 외향적인 성격과 로마 건축의 조형적, 내향적인 성격이 확실한 대비를 보이고 있음을 알 수 있으며 이는 로마의 가장 전형적 건축물인 바실리카의 내부열주가 그리스 신전의 외부를 반전시킨 것이라고 생각하면 한층 명료해진다.」
ニコラウス·ペヴスナー他, 鈴木博之監訳 『世界建築事典』 鹿島出版会, 1983, p.512.
(원저명 : Nikolaus Pevsner 『A dictionary of architecture』)

2-5 井上充夫, 앞의 책, p.258.

2-6 기디온의 공간변천의 3단계설에 관해서는 ☞ p.115, 7장 1절.
ジークフリート·ギディオン, 太田實訳 『空間·時間·建築』 丸善, 1990, pp.27-28.
(원저명: Sigfried Giedion 『Space, Time and Architecture』)

2-7 오더에 관해서는 ☞ p.169, 8장 2절.

2-8 森田慶一 『西洋建築入門』 東海大学出版会, 1971, p.7.

2-9 르 코르뷔지에도 그리스의 빛을 슈와지의 책에서 배웠다는 설이 있다. 모리타 게이이치는 르 코르뷔지에의 그림자를 만드는 빛에서 아름다움의 원리를 추구하는 사고에는 그리스의 고전주의적 전통을 계승한 면이 있다고 지적했다. 森田慶一 『建築論』 東海大学出版会, 1978, p.98.

2-10 「플루팅 Fluting」: 세로 홈 장식. 고대 건축에 있어서 기둥의 몸체에 종방향으로 파여진 홈. 도리스식 오더(Order)에는 플루팅 사이가 예리한 각을 이루는데 비해, 이오니아식 오더에는 플루팅 사이가 평평하다. 또한 그리스는 타원형 플루팅인데 비해 로마는 원형이 주류이다.

2-11 「낭만주의 Romanticism」: 고전주의와 대립하는 예술주의를 지칭한다. 형식의 제약을 깨고 정념을 강조하는 것을 특징으로 삼는다. 건축에는 18세기-19세기 전반에 나타났던 경향으로 중세, 특히 고딕건축 형식을 사용한 것이 특징이다. 퓨진(Pugin)의 국회의사당의 장식을 그 사례로 들 수 있다(建築大辞典).

2-12 井上充夫, 앞의 책, p.142.

2-13 ジョン·ラスキン, 高橋訳 『建築の七灯』 岩波文庫, 1930, pp.128-129.
(원저명 : John Ruskin 『The seven lamps of architecture』)

2-14 レオナルド·ダ·ヴィンチ, 杉浦明平訳 『レオナルド·ダ·ヴィンチの手記(上)』 1954, 岩波書店, pp.248-253.
(원저명 : Leonardo da Vinci 『Omo sanza lettere』)

2-15 デイヴィット·バーニー, 守部信之訳 『サイエンス·ヴィジュアル2 : 光』 東京書籍, 1993.
(원저명 : David Burnie 『Visual Encyclopedia of Science』)

2-16 サイモン·アンウィン, 重枝·上利訳 『建築デザインの戦略と手法 : 作品分析による実践トレーニング』 2005, 彰国社, pp.25-26.
(원저명 : Simon Unwin 『Analysing Architecture』)

3-1 ゲーテ, 木村直司訳, 『色彩論』 筑摩書房, 2001, pp.65-68.
(원저명 : Johann Wolfgang von Goethe 『Zur Farbenlehre』)

3-2 下村純一 『近代の光 光のイメージをめぐる建築の7章』 求竜堂, 1985, p.131.

3-3 森田慶一 『西洋建築入門』 東海大学出版会, 1971, p.37.

3-4 ジークフリート·ギディオン, 앞의 책, p.18.

3-5 H.フォション, 阿部成樹訳 『かたちの生命』 筑摩書房, 2004, p.71.
(원저명 : Henri Focillon 『Vie des formes, suivi de Éloge de la main』)

3-6 전혀 빛이 들어오지 않는 「사(死)의 공간」에 「구멍(孔)」

을 뚫는 행위를 통하여 건축의 원점을 바라보는 태도에 대해 건축가 하라 히로시는 「최초에 닫혀진 공간이 존재했다라고 나는 생각한다. 이 닫혀진 공간에 구멍을 뚫는 것. 이것이 즉 생(生)이며, 즉 건축이다. 닫혀진 공간이란 사(死)의 공간으로서 세계와의 어떠한 교환도 없으며 그 어느 것도 매개하지 않는다.」라고 표현했다. 原広司『空間 〈機能から様相へ〉』岩波書店, 1987, p.133.

3-7 「Oculus : '눈'의 의미」라고도 불린다.

3-8 S·Eラスムッセン, 佐々木宏訳『経験としての建築』美術出版社, 1966, p.190.

3-9 磯崎新『空間へ』鹿島出版会, 1995, p.144.

3-10 ル·コルビュジエ, 吉阪隆正訳, 앞의 책, pp.137-144.
그림 3-5는 북유럽 건축가들이 자주 사용하는 벽돌을 이용한 벽으로서, 이러한 재료의 취급도 르 코르뷔지에의 말에 비추어 본다면 빛을 받기 위한 디자인임을 이해할 수 있다.

3-11 토로네 수도원은 라 투렛트 수도원(⇨p.143 그림2-3)의 설계를 르 코르뷔지에에게 의뢰한 쿠트리에 신부가 그에게 반드시 보러 가도록 추천했다는 일화로 유명하다. 르 코르뷔지에가 토로네를 찬양한 내용으로는 프랑스와 칼리의 저서 서문에 기고한 글 「빛과 그림자는 건축의 진실과 정숙과 강함을 증폭시켜 전하는 확성기와도 같다. 이 이상 건축에 덧붙일 만한 것은 없다.」이 있다. Lucien Herve『Architecture of Truth-The Ciste- rcien Abbey of Thoronet』Phaidon, 2001.

3-12 フェルナン·プイヨン,荒木亨訳『粗い石 - ルートロネ修道院工事監督の日記』2001, 形文社, p.55.
(원저명 : Fernand Pouillon『Les pierres sauvages』)

3-13 香山寿夫『ルイス·カーンとはだれか』王国社, 2003, p.147.

3-14 磯崎新, 앞의 책, pp.143-144.

3-15 키아로스 큐로는 헬레니즘 시대의 그리스·로마 예술가들이 사용한 기법으로, 르네상스·바로크시대의 화가들에 의해 투시화법과 함께 재발견된 기법이다.
リチャード·モリス, はやしはじめ訳『光の博物誌』白揚社, 1980, pp.70-71.
(원저명 : Richard Morris『Light: From Genesis to Modern Physics』)

3-16 『名画への旅 II : バロックの闇と光』講談社, 1993, p.74.

4-1 「축조 軸組 Framework」: 토대, 기둥, 들보, 도리, 스지카이(筋交:기둥과 기둥사이에 엇걸치는 부재) 등으로 구성된 벽체의 골조. 가구(架構)의 골조를 지칭하는 경우도 있다(建築大辞典).

4-2 吉村貞司『日本の空間構造』鹿島出版会, 1982, p.76.

4-3 伊藤ていじ「日本デザイン論』鹿島出版会, 1966, p.34.

4-4 谷崎潤一郎『陰翳礼賛』中公文庫, 1975, pp.25-26.

4-5 日本語大辞典, p.372.

4-6 宮川英二『風土と建築』彰国社, 1979, pp.16-21.

4-7 谷崎潤一郎『陰翳礼賛』中公文庫, 1975, pp.26-27.

4-8 같은 책, pp.20-23, 31-35.

4-9 같은 책, p.29.

4-10 磯崎新, 앞의 책, pp.148-149
한편, 칸은 「깊고 풍부한 어둠은 극히 작은 한 조각의 빛에도 한없는 풍부함을 부여한다. 이에 비해 지나치게 많아 오히려 빈약한 빛은 우리들 주위에 어디서도 볼 수 있는 것이다.」라고 말하며 「빛」에 대한 「어둠」의 중요성에 덧붙여 빛의 범람(=어둠의 결여)의 실태를 언급하고 있다. 香山寿夫, 앞의 책, p.146.

4-11 11세기 중반 후지와라 요리미치(藤原頼道 : 헤이안시대의 귀족)의 동삼조전(東三条殿),[역자주 : 헤이안 시대의 침전조 양식의 저택]의 침전에서는 6간2간[역자주 : 1간=약1.18m]의 4면에 차양, 북측에는 덧댄 차양, 건물 동쪽의 2간4방은 진흙방, 남북으로 긴 동쪽의 부속동에는 2간5간에 차양, 남쪽에는 덧댄 차양, 이같은 침전, 부속동 계획의 내용으로부터 판단하면 2~3방향에서 빛이 스며들었을 것으로 생각된다. 『日本建築様式史』美術出版社, 1999, p.51.

4-12 「시츠라이 室礼」: 침전조 양식의 주택의 안채와 차양에 발, 장지, 휘장, 장지문 등의 생활살림을 장식하는 행위를 지칭한다. 헤이안시대 초기(10세기경)에 이 관습이 성립했다고 일컬어진다(建築大辞典).

4-14 「내영벽 来迎壁 라이고우카베」: 불당에서 본존을 안치하는 수미단 후방의 기둥사이에 설치된 벽.

4-15 安原盛彦「日本建築の空間史」『建築概論建築·環境のデザインを学ぶ』学芸出版社, 2003, p.67.

4-16 서원조에서는 바닥, 선반, 책장, 조다이를 통하여 윗좌석은 항상 정해지고 있다.

4-17 安原盛彦「日本建築の空間史」『建築概論建築·環境のデザインを学ぶ』学芸出版社, 2003, pp.61-62.

5-1 森田慶一, 앞의 책, 1971, p.65.

5-2 ニコラウス·ペヴスナー, 小林·山口·竹本訳『ヨーロッパ建築序説』彰国社, 1989, pp.23-26.
(원저명 : Nicolaus Pevsner『An outline of Euro- pean architecture』)

5-3 「펜던티브 돔」: ⇨ 하기 그림 참조

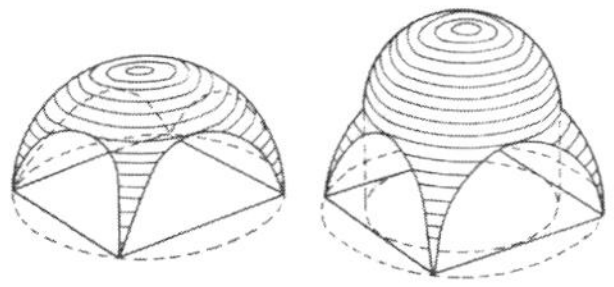

펜던티브 돔

5-4 森田慶一『建築論』東海大学出版会, 1978, pp.185-187. 20세기 오스트리아의 미술사가 테오도르마이어(Theodor Mayer)도 1950년 자신의 저서『대성당의 생성』에서 고딕교회당은 요한계시록 21장에 나오는「천상의 예루살렘」을 모방한 것으로 비유하고 있다.
前川道郎『ゴシック建築論の森の中に』『ゴシック建築とスコラ学』筑摩書房, 2001, p.193.

5-5 M・ヤンマー, 高橋・大槻訳『空間の概念』1980, 講談社, pp.48-50.
(원저명 : Max Jammer『Concepts of space』)

5-6 「보편 Universal」: 철학에서 일정 수의 대상에 공통된 사항(日本語大辞典).
「철학상의 보편논쟁」: 아리스토텔레스의 개체 형상론을 계승한「보편은 개체 속에 존재한다」가 토마스 아퀴나스의 입장. 이후의 이 흐름을 거부하는 안세르무스와 기욤의 실재론「보편은 개체보다 우선한다」와 로스켈리누스와 오컴의 유명론「보편은 개체의 이후에 존재한다」라는 두 가지 사고방식을 낳게 되고 최종적으로는 경험론적 경향을 지니는 오컴이 이단선고를 받았다. 村治能就編『哲学用語辞典』東京堂出版, 1999, pp.362-363.

5-7 E・ジルソン他, 服部・藤本訳『アウグスティヌスとトマスーアクィナス』1981, みすず書房, p.240.

5-8 森田慶一, 앞의 책, pp.191-192.

5-9 前川道郎「ゴシック建築論の森の中に」『ゴシック建築とスコラ学』筑摩書房, 2001, p.192.

5-10 ハンス・ヤンツェン, 前川道郎訳『ゴシックの芸術』1999, 中央公論美術出阪, pp.6-7, 97-101. (원저명 : Hans Jantzen『Über den gotischen Kirchenraum』)

6-1 パウル・フランクル 香山寿夫他訳『建築史の基礎概念』鹿島出版会, 2005, pp.263-280.
(원저명 : Paul Frankl『Die Entwicklungsphasen der neueren Baukunst』)

6-2 「계몽사상 Lumieres(불) Enlightment(영)」: 모든 이성의 빛에 비추어 봄으로써 구폐를 타파하고 공정한 사회를 만들고자 하였다. 주로 18세기에 전개된 지적 운동.

6-3 パオロ・ポルトゲージ「光と近代建築」『光の空間』, ADA EDITA Tokyo, 1994, p.6.

6-4 이성의 빛 : 데카르트는 인간에게 선천적으로 갖추어진 진위판단의 능력, 즉 이성을「자연의 빛」이라고 상징적으로 표현했다. デカルト, 谷川多佳子訳『方法序説』岩波書店, 2001, p.18.
(원저명 : René Descartes『Discours de la méthode』)

6-5 ヘンリィ・プラマー, 渡辺朋子訳「マスターズ・オブ・ライト20世紀のパイオニアたち』a+u, 2003. 11, p.31.
(원저명 : Henry Plummer『Masters of light』)

6-6 サマーソン, 鈴木博之訳『古典主義建築の系譜』中央公論美術出版, 1989, p.92.
(원저명 : John Summerson『The classical language of architecture』) 로지에의 도판은 ⇨p.71 그림 3-4.

6-7 「파사주 passage」: 프랑스에서 건축물 사이를 통과하는 캐노피 또는 폭이 좁은 보행자용 통로.

6-8 パオロ・ポルトゲージ, 앞의 논고, p.8.

6-9 「인상파는 시각에 있어서 주변의 빛이 중요하다는 점을 깨닫고 공기 중을 채우고 물체로부터 반사되는 그대로의 주변광을 포착하려고 노력하였다 ... 인상파에서 중요한 점은 보는 쪽에 중점을 두는 자세에서 다시 공간으로 초점을 옮겼다는 점이다.」
エドワード・ホール, 日高・佐藤訳『かくれた次元』みすず書房, 1970, p.127.
(원저명 : Edward Twitchell Hall『The hidden dimension』)

6-10 「갈레리아 Garelia」: (이탈리아어) 지붕이 설치된 보행자용 공간.

6-11 三宅理一「Usurpation of the sky」『光の空間』ADA EDITA Tokyo, 1994, p.38.

6-12 三宅理一「樹木のアレゴリー」『光の空間』ADA EDITA Tokyo, 1994, p.72.

6-13 ル・コルビュジエ, 坂倉準三訳『輝く都市』鹿島出版会, 1968.
(원저명 : Le Corbusier『Manière de penser l'urbanisme』)

6-14 포르토게시는「기능주의의 규약에서 보이는 투명성과 빛이란 ... 인상작용, 감각, 감정을 고양시키는 것이 아니라 위생조건, 주거성에 의거하여 ... 그 어떤 것도 신비의 베일에 덮이거나 배후에 감춰져 사라져서는 안 된다는 도덕률 ... 의 확인을 꾀하고 있다.」라고 하여 기능주의의 이념 하에서「빛」으로 표현된 사회성의 측면을 지적하고 있다.
パオロ・ポルトゲージ, 앞의 논고, p.12.

6-15 ヘンリィ・プラマー, 渡辺朋子訳, 앞의 책, pp.49-57.

6-16 三宅理一「透視できる建築」『光の空間』ADA EDITA

Tokyo, 1994, p.292.

7-1 ヘンリィ・プラマー, 渡辺朋子訳, 앞의 책, p.130.

7-2 三宅理一, 앞의 논고, p.130.

7-3 F・Lライト.谷川訳 『建築について』 鹿島出版会, 1980, pp.247-248.
(원저명 : Frank Lloyd Wright 『Frank Lloyd Wright on architecture』)

7-4 三宅理一「影のない光」『光の空間』 ADA EDITA Tokyo, 1994, pp.306-307.

7-5 ヘンリィ・プラマー, 渡辺朋子訳, 앞의 책, pp.369-371.

7-6 「아트리움 Atrium」: ① 고대로마도시 주택에서의 주요공간으로서, 네 측면의 지붕은 안쪽으로 경사가 있으며 중앙에는 천창이 열려 있었다. 바닥은 돌로 포장되고 중앙에는 우수를 담는 연못이 설치되었다. ② 초기 그리스도교 건축에서 예배당의 전면에 배치된 앞뜰을 의미한다. 보통은 사각형의 회랑에 의해 둘러싸인다. ③ 지붕이 걸쳐진 앞뜰과 중정을 지칭한다. 특히 유리 지붕 등에 의해 충분한 자연채광을 확보한 광장형태의 공간을 의미한다. ④ 미국의 유도지역제도나 일본의 총합설계제도 및 특정블록의 조건이 되는 공개공지 중 건물내부나 지붕이 걸쳐진 광장형태의 공지를 지칭한다. 지붕이 있는 플라자, 내부공개공지라고도 불린다(日本語大辞典).

7-7 『建築20世紀Part 2』新建築 66巻８号, 1991, p.138.

7-8 ヘンリィ・プラマー, 渡辺朋子訳, 앞의 책, pp. 103-107.

7-9 캐논 뤼미에르 : 불어로 빛의 대포라는 의미

7-10 三宅理一「形而上学的な光」『光の空間』 ADA EDITA Tokyo, 1994, p.174.

7-11 パオロ・ポルトゲージ, 앞의 논고, p.16.

7-12 MIT예배당의 경우 아래로부터의 빛에 의한 바닥과 벽의 분절을 말한다.

10

1-1 森田慶一 『建築論』 東海大学出版会, 1978, p.42. 칸트에 관해서는 본 장의 4절을 참조.

1-2 모리타의 정의에 의하면, 「형식」이란 작품에 감각을 직접 부여하는 것으로서, 즉 색, 소리, 형태 등 그 자체 = 현상적 조직이며 이에 비해 「내용」이란 연상작용・상징작용에 의해 현실 속의 어떤 것의 사상・물상을 지칭하는 경우의 사물적인 조직을 의미한다. 같은 책, p.49.

1-3 같은 책, pp.35-45.

1-4 コルネリス・ファン・デ・フェン.佐々木宏訳 『建築の空間』 丸善, 1981, 序文.
(원저명 : Cornelis Van De Ven 『Space in Architecture』)

1-5 磯崎・浅田編 『Anywhere』 NTT 出版, 1994, p.138.

1-6 上松祐二『建築空間論その美学的考察』早稲田大学出版部, 1997, p.62.

1-7 「Figure-Ground」: 게슈탈트 심리학의 기본개념 중 하나로 형태・존재가 인정되는 「Figure」에 대해 그 배경이 되는 부분을 「Ground」이라고 부른다. Figure는 주의를 끌게 되고 부각되어 보이며 배경으로부터 독립되어 통일된 느낌을 주는 부분을 말한다. 게슈탈트 학파에 대한 상세한 내용은 松田隆夫『視知覚』培風館, 1995 참조.

1-8 「도」는 만물의 원천이나 우주의 실체를 구성하고 만물을 움직이는 것으로서 「만물유전」이 우주의 운동원칙이자 도의 운동형식이라고 한다.

1-9 金谷治『老子』講談社, 1997, pp.43,78.

1-10 ☞ pp.227-228, 10장 6절.

1-11 コルネリス・ファン・デ・フェン, 佐々木宏訳, 앞의 책, pp.5-8.

1-12 여기서 구축법적(Tectonic)이란 선상의 목재를 조립하여 만들어진 축조성(골조성)이 강한 오브제를, 재석법적(Stereotomy)이란 돌이나 흙으로 만들어진 위요성이 강한 오브제를 각각 가리키고 있다고 생각할 수 있다. 젬퍼의 공예분류에는 5가지가 있으며 그릇의 비유를 젬퍼의 분류와 대응시키면 「도기술 Ceramics」 쪽이 정확한 측면이 있지만 코르넬리스의 문맥은 위요적인 공간이미지를 나타낸다는 점에서 그대로 소개했다.

2-1 岩田靖夫「ケノン・コーラー・トポス」『新岩波講座哲学７「トポス・空間・時間」1985, pp.9-13.

2-2 種山恭子訳『ティマイオス,プラトン全集12』岩波書店, 1975, pp.75-84.(원저명 : plato『Timaeus』)

2-3 기본삼각형은 ① 직각 이등변 삼각형과, ② 30˚, 60˚, 90˚로 이루어진 직각삼각형의 두 가지로서, 전자는 정방형의 8분의 1, 후자는 정삼각형의 6분의 1이다.

2-4 ① 이집트 기원의 신성기하학을 전하는 피타고라스파로부터 전승된 이 다면체는 4대원소를 구성한다. 통증의 불, 움직이기 쉬운 물, 중간적인 성격인 공기(바람과 수증기), 움직이지 않는 흙, 신비적인 5각형으로 만들 수 있는 정12면체는 지구를 부유시키면서 4대원소를 가둬놓는 우주의 그릇. 천공 12궁 조디악은 여기에서 영향을 받았다. 高木隆司『かたちの事典』丸善, 2004, pp.692-693.
② 피타고라스는 4,6,12면체만을 알고 있었으며 그 후

기원전 4세기의 테아이테토스에 의해서 8,20면체가 발견되었다.「만물은 수(数)이다.」라고 생각한 피타고라스파의 우주론은 정다면체에 중요한 의미를 부여하고 무엇보다도 우수한 것은 이 다섯 가지 뿐이라고 생각했다. 13개의 준정다면체는 아르키메데스에 의해 발견되어 아르키메데스 입체라고 불린다.

グレイゼル, 保坂・山崎訳『数学史 3』大竹書店, 1997, pp.194-199.

2-5 6 행성의 궤도 구면을 매개로 하는 정다면체는 안쪽부터 정8면체, 정20면체, 정12면체, 정4면체, 정6면체 순으로 구성되어있다.

ヨハネス・ケプラー, 大槻・岸本訳『宇宙の神秘』工作舎, 1982, pp.132-136, 188-192.

(원저명 : Johannes Kepler『Mysterium cosmographicum』)

2-6 藤沢令夫訳「アリストテレスの自然学」『世界の名著9「ギリシアの科学」』中央公論社, 1972, p.112.

2-7 岩田靖夫「ケノン・コーラー・トポス」『新岩波講座哲学 7「トポス・空間・時間」』1985, pp.20-21.

2-8 구가 회전할 때에는 구의 부분은 장소를 바꾸지만 그와 동시에 구 전체는 같은 곳에 머물러 있으므로 천구는 부동인 것으로 여겨졌다.

2-9 岩田靖夫, 앞의 논고, pp.19,22-24.

2-10 ☞ pp.109-110, 5장 4절, 5절, pp.45-46, 1장 5절.

2-11 コルネリス・ファン・デ・フェン, 佐々木宏訳, 앞의 책, pp.21-22.

2-12 O. F. ボルノウ, 大塚・池川・中村訳『人間と空間』せりか書房, 1978, pp.16-17, 285.

(원저명 : Otto Friedrich Bollnow『Mensch und Raum』)

2-13 イーフー・トゥアン, 山本浩訳『空間の経験』筑摩書房, 1993, pp.95-101.

(원저명 : Yi-fu Tuan『Space and place 』)

3-1 M.ヤンマー, 高橋 大槻訳『空間の概念』1980, 講談社, pp.85-94.

(원저명 : Max Jammer『Concepts of space』)

3-2 신은 대지를 만물의 중심으로서 창조하고 자신의 형상을 닮은 인간을 창조하여 대지의 주인으로 삼아 신이 천상에 구축한 낙원은 인간의 사후의 영혼이 승천하는 곳이라고 생각한 세계관. 성경 시편93에는「세계는 단단히 고정되어 있으며 결코 흔들리지 않는다」라는 부동성에 관한 기술이 있다.

ブライアン・マギー, 中川純男監訳『知の歴史 - ヴィジュアル版哲学入門 - 』BL出版, 1999, p.64.

(원저명 : Bryan Magee『The Story of Philosophy』)

3-3 ニコラウス・クザーヌス, 岩崎・大出訳『知ある無知』創文社, 1966, pp.121-148.

(원저명 : Cardinal Nicholas of Cusa『De docta ignorantia』)

3-4 空間認知の発達研究会『空間に生きる』北大路書房, 1995, p.225.

3-5 M・ヤンマー, 高橋・大槻訳, 앞의 책, pp.98-100.

3-6「에테르 ether」: 고대 그리스 이래 현대물리학에 이르기까지 다양한 성질이 부여된 미세한 물질. 어원인 그리스어의 의미는「상부의 맑은 공기나 하늘」. 코페르니쿠스, 갈릴레오의 시대에는 우주공간에 충만한 물질로 여겨졌다.

広松渉ほか編『哲学・思想事典』岩波書店, 1998, p.159.

3-7「스피리투스 Spiritus」: 그리스어의 프네우마, 산스크리트 어의 아트만과 같은 의미. 본래는 숨결을 의미하고, 호흡・피와 동일시되고 생명의 원리로 이해할 수 있다. 같은 책, p.881, 1413.

3-8 上野俊哉「科学する魔術師たちの宇宙論」「別冊 宝島116」宝島社, 1990, pp.229-230.

3-9 브루노의 신학적 우주관에 기초한 우주원리로서「우주는 한결같고 등방성을 지닌다.」라는 것이 있다. 川久保勝夫『トポロジーの発想』講談社, 1995, pp.136-139.

3-10 空間認知の発達研究会, 앞의 책, p.228.

3-11 ブライアンーマギー, 中川純男監訳, 앞의 책, p.88.

3-12 広松渉ほか編, 앞의 책, p.172.

3-13 デカルト, 谷川多佳子訳『方法序説』岩波書店, 2001, p.51.

(원저명 : René Descartes『Discours de la méhode』)

3-14 村治能就編『哲学用語辞典』東京堂出版, 1999, p.53.

3-15 河野伊三郎訳『デカルトの幾何学』白林社, 1949.

3-16 ブライアンーマギー, 中川純男監訳, 앞의 책, p.84

3-17 이후의 20세기 철학자 하이데거는 데카르트를 인용하면서 연장개념에 의해 도입된 공간이「물체의 여러 변화(분할, 형태화, 운동)」를 언제나 받아들이는 것이 가능한「존재기구 그 자체」로서 평가했다.

ハイデッガー, 原・渡邊訳『存在と時間(Ⅰ)』中央公論新社, 2003, pp.232 - 237.

(원저명 : Martin Heidegger『Sein und Zeit』)

3-18 海野一隆『地図の文化史』八坂書房, 2004, pp.22-58.

3-19 횡좌표와 종좌표로 이루어진 직교좌표계는 고대 그리스 수학자 아폴로니오스(기원전 260-170년경)가 저술한 16세기 라틴어판을 토대로 1670년대에 라이프니츠에 의해 도입되어 그에 의해 Coordinate = co+ordinate,

라틴어기원의 「정연한」이라는 의미로 불려지게 되었다. 서로 독립적이고 대등한 X축과 Y축의 2좌표의 개념은 G. 크레머(G. Cramer) 「대수곡선의 해석입문 1750」으로 성립되었다. 3차원 좌표는 베르누이, 클레로에서 시작해 오일러의 「무한소 해석입문 1748」로 거의 체계화가 이루어졌다.

グレイゼル, 保坂・山崎訳 『数学史』 大竹出版, 1997, I 의 pp.74-75, Ⅲ의 pp.170 - 184.

3-20 空間認知の発達研究会, 앞의 책, p.229.

3-21 감각할 수 있는 측도(좌표계). 물체의 장소와 운동의 기준이 될 수 있는 정지물이 있을 경우 그것은 상대적 공간이 된다.

M・ヤンマー, 高橋・大槻訳, 앞의 책, pp.106-112.

3-22 広松渉ほか編, 앞의 책, p.941

3-23 ボアンカレ, 古田洋一訳 『科学の価値』 岩波書店, 1977, pp.90-92.

(원저명 : Henri Poincaré 『La valeur de la science』)

4-1 空間認知の発達研究会, 앞의 책, p.229.

4-2 白井秀和編著 『ルドゥ - 「建築論」註解 I 』 中央公論社美術出版, 1993, pp.78-79.

4-3 コルネリス・ファン・デ・フェン, 佐々木宏訳, 앞의 책, pp.116-120.

4-4 ギーディオン, 太田寛訳 『空間・時間・建築』 丸善,1990, pp.150-151.

(원저명 : Sigfried Giedion 『Space, Time and Architecture』)

4-5 「뉴턴의 무덤에 대해서 나는, 모든 이미지 중에서 최고로 위대한 것을 실현하려고 추구하였다. 즉 절대적인 것을 ... 구체는 무한한 다면체이다. ... 」

コルネリス・ファン・デ・フェン佐々木宏訳, 앞의 책, p.67.

4-6 같은 책, p.38.

4-7 『建築大辞典』 彰国社, 1993, p.413.

4-8 原広司 『空間〈機能から様相へ〉』 岩波書店, 1987, pp.23-83.

4-9 추상예술의 「비대칭성」을 지적하고 있는 것으로서(그림 4-8) 죠지 릭키(George Rickey)가 구성주의의 계보에서 지적한 개념이며 기하학적이고 근본적인 형태, 색채를 통해 구체적인 의미를 지니는 대상을 연상시키지 않아야 할 것을 제시하고 있다.

4-10 그로피우스는 바우하우스 총서 1925년판에서 「개인・민족・인류」의 동심원 모델 중에서 가장 포괄적인 인류의 원, 즉 인류 모두에게 기여하는 건축 이미지를 지향한다고 선언했다. 또한 건축에 의해 제거된 공간도 포함시켜 모든 공간이 연속적이라는 균질공간 개념에 기초한 작품으로 키슬러(Kiesler)의 프로젝트가 있다(그림 4-9).

4-11 「경험주의 Empiricism」: 인지・지식의 근거를 경험에서 추구하는 철학적 입장과 경향을 지칭하며 그 근거를 이성에서 찾는 이성주의・합리주의와 대립된다. 또한 지식의 후천성을 중시하기 때문에 모든 형태의 선천적 인식과도 대립된다. 広松渉ほか編, 앞의 책, p.401.

4-12 M・ヤンマー, 高橋・大槻訳, 앞의 책, p.54.

4-13 空間認知の発達研究会, 앞의 책, pp.220-221.

4-14 「관념 idea」=심리학・철학 등에서 대상이 마음속에서 정돈된 형태 혹은 의식 속에서 나타나는 이미지, 의식내용, 이데아, 이념, 표상(日本語大辞典). 칸트 등 독일의 근대철학에서의 idee라는 용어는 「이념」이라는 특수한 의미로 사용되고 있고 관념에 해당하는 언어로서는「표상」이 일반적으로 사용되어진다(철학・사상사전).

4-15 ジョン・ロック.大槻春彦訳 『人間知性論 I 』 岩波書店, 1974, pp.166-168.

(원저명 : John Locke 『An essay concerning human understanding』)

4-16 ジョン・ロック, 大槻春彦訳「人間知性論 II』 岩波書店, 1974, pp.87-94.

(원저명 : John Locke 『An essay concerning human understanding』)

4-17 空間認知の発達研究会, 앞의 책, p.230.

4-18 カント, 篠田英雄訳 『純粋理性批判』 岩波書店, 1961, p.39.

(원저명 : Immanuel Kant 『Kritik der reinen Vernunft』)

4-19 ブライアン・マギー, 中川純男監訳, 앞의 책, p.135.

4-20 カント, 篠田英雄訳, 앞의 책, pp.3-40.

4-21 空間認知の発達研究会, 앞의 책, pp.247-248.

5-1 등측투영에 가까운 방법으로 그려진 회화 중에는 오래된 것으로 4세기 로마시대 것이 남아있다. 축측투영법에 관해서는 14세기 이후의 프레스코 화나 이콘화에서 초기의 예를 볼 수 있다. グレイゼル, 保坂・山崎訳 『数学史Ⅲ』 大竹出版, 1997, p.295.

5-2 같은 책, pp.298-306.

5-3 ヘレン・ロウズナウ, 西川幸治監訳 『理想都市 - その建築的展開』 鹿島出版会, 1979, p.65. (원저명 : Helen Rosenau 『The Ideal city : its architectural evolution』)

5-4 타원의 기본이론 중 가장 오래된 것은 기원전 3세기 그리스의 아폴로니오스에 의한 이론이다. 高木隆司編, 앞의 책, pp.467-470.

5-5 グレイゼル, 保坂・山崎訳, 앞의 책, p.299.

5-6 井上充夫 『日本建築の空間』 鹿島出版会, 1969,

pp.229-234.

5-7 鳴海・田畑・榊原編『都市デザインの手法』学芸出版社, 1990, pp.18-21.

5-8 ヘレン・ロウズナウ, 西川幸治監訳, 앞의 책, pp.62-75.

5-9 「공간정위 spatial orientation」: 대상 또는 자기 자신을 공간에 위치를 부여해 지각하는 것. 대상의 정위에 실패하면 「잃어버린다」, 자신의 정위에 실패하면 「헤매게 된다」와 같은 상태에 빠진다. 공간정위는 자기 자신을 기준으로 하는 자기 중심정위와 외계를 기준으로 하는 객관적 정위의 두 가지로 분류되는 경우가 많다. 단순히 orientation이라고도 한다.

5-10 『名画への旅 II : バロックの闇と光』 講談社, 1993, pp.128-133.

5-11 ヘレン・ロウズナウ, 西川幸治監訳, 앞의 책, p.51.

6-1 カント, 篠田英雄訳 『判断力批判』 岩波書店, 1964, pp.3-115.
(원저명 : Immanuel Kant『Kritik der Urteilskraft』)

6-2 헤겔은 또한 건축에서의 변증법적 발전에 대하여 ① 자율적・상징적 건축(바벨탑이나 피라미드) ②고전적・봉사적 건축(그리스와 로마 건축) ③ 낭만적 건축(고딕 교회) 의 흐름으로 평가하고 있다. 井上充夫, 앞의 책, pp.115-120.

6-3 コルネリス・ファンー・デ・フェン, 佐々木宏訳, 앞의 책, pp.88-89.

6-4 井上充夫, 앞의 책, pp.161-163.

6-5 「프롤레고메나」: 해당 저서의 논점을 알기 쉽게 정리한 소책자를 지칭한다.

6-6 「형식 form」: ① 사물이 존재할 때에 외부로부터 보이는 것, 형태 ② 미술・음악 문학 등에서 미적효과를 향상시키고자 여러 부분의 균형과 배합을 고려하는 것 (일본어 대사전).

6-7 コルネリス・ファン・デ・フェン, 佐々木宏訳, 앞의 책, p.91.

6-8 上松祐二, 앞의 책, p.97.

6-9 コルネリス・ファン・デ・フェン, 佐々木宏訳, 앞의 책, 서문.

6-10 アウグスト・シュマルゾー, 井面信行訳『芸術学の基礎概念』 中央公論美術出版, 2003, pp.187-190, 354-366.
(원저명 : August Schmarsow『Grundbegriffe der Kunstwissenschaft am Übergang vom Altertum zum Mittelalter』)

6-11 コルネリス・ファン・デ・フェン, 佐々木宏訳, 앞의 책, p.109.

6-12 井上充夫, 앞의 책, pp.253-254.

6-13 アウグスト・シュマルゾー, 井面信行訳, 앞의 책, p.360.

6-14 19~20세기의 미학에서 건축과 공간에 대한 논의는 젬퍼나 슈마르조 등에 의해서만 이루어졌던 것은 아니다. 그 외의 논고에 관해서는 上松祐二, 앞의 책 에서 상세하게 다루고 있다.

6-15 スクルートン, 阿部公正訳『建築美学』丸善, 1985.
(원저명 : Roger Scruton『The aesthetics of architecture』)

7-1 M・ヤンマー, 高橋・大槻訳, 앞의 책, pp.21-23.

7-2 「공허를 우주로 내보내는 원천」으로 여겨진다.
山本光雄訳編 『初期ギリシア哲学者断片集』 岩波書店, 1958, p.23.

7-3 칼람(kalam)의 원자론에서는 원자는 기하학적인 점이며, 「위치 hayyiz」를 가지지만 「공간(makan)의 크기」를 점하는 일은 없으며 공간적인 확산을 구성하는 것은 단순히 위치의 집합으로 여겨진다. 두 가지의 원자는 결합해서 길이를 가지고, 4개가 되면 2차원적인 면적을 가지며, 3차원은 2차원의 적층에 의해 적어도 8개의 원자로부터 가능해진다고 한다. M・ヤンマー.高橋・大槻訳, 앞의 책, p.75.

7-4 阿部一「空間の比較文化誌』せりか書房, 2002, p.159.

7-5 우유(偶有) : 어떤 성질을 우연히 갖고 있는 것(日本語大事典).

7-6 広松渉ほか編, 앞의 책, p.467.

7-7 M・ヤンマー, 高橋・大槻訳, 앞의 책, pp.73-77.

7-8 「모나드 Monade」: 진정한 실재로서 공간적인 범위를 가지지 않는 불가분의 단순자이며, 물적・연장적인 원자와는 구별된다. 모나드는 상호독립적이며 서로 다른 성질을 가지고, 그 작용은 자기의 내적 원리만에 의존한다. 의식적 혹은 무의식적인 표상의 작용을 가짐으로써 상대방을 서로 반영하며 예정조화에 의한 관념적 관계만을 지니고 각각의 시점으로부터 우주를 표출시킨다. 모나드는 우주의 생명적 활동의 원리이자 신의 창조에 의해서만 살게 되고 또 죽게 되는 것이다.
広松渉ほか編, 앞의 책, p.1597.

7-9 「엔텔레케이아 Entelekeia」: 아리스토텔레스의 용어로서, 형상이 질료와 한데 묶여서 자기를 실현해 가는 것. 에네르게이아(energeia)가 목적 텔레스(형상)를 향한 운동인 것에 비하여 목적을 실현한 상태를 구분해서 엔텔레케이아라고 부른다(철학용어사전).
뉴턴은 현존하는 현상의 근원적인 원인으로서 능동적 원리(Active principles)의 사고에 따라서 물질입자의 원격작용・중력・생명현상 등을 설명하였다(철학사상용어사전).

7-10 ライプニッツ, 青水・竹田訳 『モナドロジー』 中

央公論新社, 2005, pp.3-25, p.229.
(원저명 : Gottfried Wilhelm Leibniz 『Discours de métaphysique』)

7-11 下村寅太郎「来るべき時代の設計者」「モナドロジー』 中央公論新社, 2005, p.57.

7-12 ライプニッツ, 高野輿一訳 『単子論』 岩波書店, 1951, p.286.
(원저명 : Gottfried Wilhelm Leibniz 『Monadologie』)

7-13 ブライアン・マギー, 中川純男監訳, 앞의 책, p.99.

7-14 ライプニッツ, 高野輿一訳, 앞의 책, pp.186-187.

8-1 L.モホイ・ナジ, 宮島久雄訳 『材料から建築へ』 中央公論美術出版, 1992, pp.194-195.
(원저명 : László Moholy-Nagy 『Von Material zu Architektur』)
コルネリス・ファン・デ・フェン, 佐々木宏訳, 앞의 책, pp.39, 278-280.

8-2 「평면=회화·매스(mass)=조각·공간=건축」의 구별은 1918년 헤르만 죌겔(Herman Sorgel)이 제창하였다. コルネリス・ファン・デ・フェン, 佐々木宏訳, 앞의 책, pp.136-141.

8-3 아인슈타인이 광속도불변원리로 뉴턴의 절대시간·공간에 대체되는 「시공」이라는 4차원 연속체를 세상에 제시(특수상대성원리)한 것은 1905년, 큐비즘입체파의 출발점이라고 평가받는 피카소의 「아비뇽의 아가씨들」이 완성된 것은 1907년, 철저한 시점이동에 의한 대상해체를 피카소와 브라크가 행한 것은 1909~11년이었다.

8-4 コルネリス・ファン・デ・フェン, 佐々木宏訳, 앞의 책, pp.235-238, 262-267.

8-5 「위상공간 Topological Space」: 위상이 정의된 집합. 집합에 적당한 구조를 부여해 극한이나 연속의 개념이 정의될 수 있도록 한 공간(日本語大辞典).
グレイゼル, 保坂・山崎訳, 앞의 책, pp.327, 330-341.

8-6 足立・杉浦・長岡編 『リーマン論文集』 朝倉書店, 2004, pp.295-307.

8-7 ポアンカレ, 吉田洋一訳 『科学の価値』 岩波書店, 1977, p.134.
(원저명 : Henri Poincaré 『La valeur de la science』)

8-8 ポアンカレ, 河野伊三郎訳 『科学と仮設』 岩波書店, 1938, pp.78-79.
(원저명 : Henri Poincaré 『La Science et l'hypothèse』)

8-9 空間認知の発達研究会, 앞의 책, pp.233-235.

8-10 M・メルロ・ポンティ, 竹内他訳 『知覚の現象学2』 みすず書房, 1967, pp.60-72.
(원저명 : Maurice Merleau-Ponty 『La phénoménologie de la perception』)

8-11 M・メルロ・ポンティ, 滝洲一木田沢 『眼と精神』 みすず書房, 1966, pp.275-282.
(원저명 : Maurice Merleau-Ponty 『Les sciences de l'homme et la phénoménologie』)

8-12 空間認知の発達研究会, 앞의 책, pp.237-239.

8-13 위상(토폴로지)에 관해서는 川久保勝夫 『トポロジーの発想』 講談社, 1995 등을 참조.

8-14 ☞ pp.222-223, 10장 5절.

8-15 空間認知の発達研究会, 앞의 책, pp.240.

8-16 J.ピアジェ, 滝沢武久訳 『思考の心理学』 みすず書房, 1968, p.102.
(원저명 : Jean Piaget 『Six études de psychologie』)

8-17 「하트 & 무어의 참조계 이론」: 인간의 공간내의 위치파악이 다음의 3단계로 발달한다는 설. ① Experience(자기중심적 참조계) = 자기신체·행위에 위치파악을 행하기 때문에 사후에 표상작성이 불가능한 단계 ② Fixed(고정참조계) = 공간내의 고정된 대상으로부터 위치파악을 행하고 루트 맵형의 표상이 나타나는 단계 ③ Coordinated(협응참조계) = 복수의 고정참조계가 통합되어 절대방위의 이용이 가능해짐으로써 서베이 맵형의 표상이 나타나는 단계.

8-18 「시겔 & 화이트의 인지지도 발달」: 대규모공간의 경로탐색과 표상의 발달은 다음의 순서에 따라 이루어진다는 설.
① 랜드마크의 인지와 기억 ② 랜드마크의 계열로서의 기본적 표상형성 ③ 복수의 랜드마크의 클러스터 형성 ④ 복수의 기본적 표상들과 랜드마크의 클러스터 간을 관련지으면서 대규모 공간의 서베이 맵 표상이 형성됨.

8-19 「어포던스 Affordance」: J.J. 깁슨이 1979년에 제창한 개념으로 환경이 인간이나 동물에게 제공하는 것 혹은 준비하거나 갖추고 있는 것을 지칭한다. 환경 그 자체의 속성이지만 모든 생물에게 보편적으로 적용할 수 있는 속성은 아니다. 예를 들면 계단을 오르는 행위를 유발(afford)하거나 망치를 잡고 때리는 행위를 유발(afford)한다. 깁슨식 접근법에서는 대규모 공간 내에서의 목적지 찾기에도 경치·비스타 등의 환경으로부터의 어포던스가 작용하는 것이라고 주장한다. 이러한 사고방식에는 대규모공간의 이동은 인지과정이 아닌 지각과정의 문제로서 다루어진다.

8-20 磯崎新 『空間へ』 鹿島出版会, 1995, pp.140-145.

11

1-1 폴 발레리(Paul Valéry)는 이러한 상황을 다음과 같이

표현하고 있다. 「파리를 사고한다? ...... 그러한 일을 하기 시작하면 나는 기로에 빠져버린다... 이 〈대도시〉의 감각적인 아름다움과 추상적인 성격이란 너무도 많이 존재하는 것으로 나는 떠오르는 생각과 그것들의 가능한 조합의 포로가 되어버린다. ... 〈파리〉를 사고한다? 그렇다고 해도 어떠한 식으로 〈파리〉를 생각하면 좋을 것인가. 우리들은 간단한 하나의 유기체에 대해서... 어떻게 해서 서서히 하나의 개체가 다른 존재와는 비교할 수 없는 존재가 되어 그 존재로서만이 고유한 역사, 반응의 방법, 공감, 반감에 의해 자신과 같은 모든 종류로부터 구별되게 되는 것일지를 상상하는 것만도 도저히 할 수 없는 것일지라도? ... 〈파리〉를 사고한다고? 그렇게 하려면 할수록 반대로 〈파리〉 쪽으로부터 생각을 당하고 있는 것 같은 생각이 들고 마는 것이다.」

ポール・ヴァレリー, 東宏治・松田浩則編訳『ヴァレリー・セレクション(下)』平凡社, 2005. 중「パリの存在」pp.189-191, 195.

1-2 エドワード・レルフ, 高野岳彦, 阿部隆, 石山美也子訳『場所の現象学：没場所性を越えて』ちくま学芸文庫, 1999, p.298.

(원저명 : Edward Relph『Place and placelessness』)

1-3 같은 책, pp.246-248.

1-4 Rem Koolhaas『MUTATIONS』Actar, Bordeaux, 2000.

1-5 クリスチャン・ノルベルグ=シュルツ, 加藤邦男, 田崎祐生共訳『ゲニウス・ロキ：建築の現象学をめざして』住まいの図書館出版局, 1994, p.328.

(원저명 : Christian Norberg-Schulz『Genius loci : towards a phenomenology of architecture』)

2-1 ロイド・ロドウィン, 磯村英一訳『未来の大都市』紀伊国屋書店, 1967 중 ロイド・ロドウィン, ケビン・リンチ「都市の世界」p.1.

(원저명 : Lloyd Rodwin『The future metropolis』)

2-2 중요한 성과로서 제임스 와트의 증기기관(1769), 카트라이트의 역직기(1785), 스티븐슨의 증기기관차(1814), 리버풀과 맨체스터 간의 철도개통(1830) 등을 들 수 있다. ☞ p.13, 1장 1절.

2-3 급격한 인구증가 : 파리의 예) 1789년 : 52만4186명, 1793년 : 64만0504명, 1795년 : 55만1347명, 1801년 : 54만7756명, 1831년 : 78만5866명(86만1436명), 1856년 : 117만4346명(153만8613명), 1901년 : (271만4068명). ( ) 안은 시 전역통합분을 포함한 수치임. ルイ・シュヴァリエ, 喜安朗, 木下賢一, 相良匡俊共訳 『労働階級と危険な階級』 みすず書房, 1993, pp.175-177.

(원저명 : Louis Chevalier『Classes laborieuses et classes dangereuses à Paris, pendant la première moitié du XIXe siècle』)

런던의 예) 1801년 : 111만4000명, 1861년 : 322만3000명, 1911년 : 725만1000명. ヒュー・クラウト『ロンドン歴史地図』東京書籍, 1997, p.88.

(원저명 : Hugh Clout『London history atlas』)

2-4 ルイ・シュヴァリエ, 喜安朗, 木下賢一, 相良匡俊共訳, 앞의 책, pp.157-169.

2-5 도시계획이라는 단어는 각 나라별로 urbanisme(프랑스), town-planning(영국), city planning(미국), stadtebau(독일)등으로 표현되고 있는데 그 원류는 Ildefons Cerdà의 『Teoría General de la Urbanización』(도시계획의 원리 : 바르셀로나의 정비 확장을 위한 원리의 적용, 1867)에서 사용한「urbanizacion」이라고 일컬어지고 있다. フランソワーズ・ショエ, 彦坂裕訳『近代都市 - 19世紀のプランニング』井上書院, 1983, p.7.

(원저명 : Françoise Choay 『The modern city : planning in the 19th century』)

또한「계획 planning」이라는 용어를 수반한 의미로서의「도시계획」은 1909년 미국에서의「제1회 전미 도시계획 회의」와 영국의「주택・도시계획법」의 제정에서 탄생하였다. 新谷洋二, 越沢明監修 『都市をつくった巨匠たち：シティプランナーの横顔』 ぎょうせい, 2004, p.1, p.6.

2-6 파리 대개조계획은 나폴레옹3세의 착상에 의하여 리볼리거리의 연장 등 오스만의 취임(1853)이전부터 시작되고 있었다. 또한 오스만 실각(1870)후의 제3공화제 시기에 들어서도 일부계획은 계승되어져 실시되었다.

2-7 「정연화 regularisation」: 오스만 자신이 사용한 용어임. フランソワーズ・ショエ, 彦坂裕訳, 앞의 책, 1983, p.10, p.30.

2-8 유리지붕으로 덮인 밝은 도시공간에 관해서는 ☞ pp.200−201, 9장 6절.

2-9 Boulevard란 일반적으로 가로수가 있는 대로를 지칭함.

2-10 Pierre PINON, Paris, biographie d'une capitale, Hazan, 1999, pp.184-190.

이와 함께 ピエール ラヴダン, 土居義岳訳『パリ都市計画の歴史』中央公論美術出版社, 2002, pp.319-327참조. (원저명: Pierre Lavedan『Histoire de l'urbanisme à Paris』)

2-11 吉田克己 『フランス住宅法の形成：住宅をめぐる国家・契約・所有権』東京大学出版会, 1997, pp.151-153.

2-12 ☞ p.225, 10장 5절.

2-13 Pierre PINON, Atlas du Paris Haussmannien, Parigramme, Paris, 2002, pp.28-29.
또한 PINON은 파리 대개조계획에 대한 런던의 도시계획의 특별한 영향은 없었다고 하는 입장이다.

3-1 『明日一真の改革にいたる平和的な途』(1898)의 개정판.

3-2 에베네저 하워드(1850-1928)는 건축, 도시의 전문가가 아니라 런던법정의 속기기자였다.

3-3 エベネザー・ハワード, 長素連訳 『明日の田園都市』 鹿島出版会, 1968, p.84.
(원저명 : Ebenezer Howard 『Garden cities of tomorrow』)
고오야마 히사오는 「town」의 반대개념이라고 할 수 있는「country」는 「농촌」의 의미가 아닌 신이 만들어낸 대지의 의미로서의 「전원」의 의미로 해석해야 하고 「Garden City」는 「정원도시」로 번역되어야 한다고 주장하고 있다. 香山寿夫 『都市計画論 : 私達の都市をいかにデザインするか』 放送大学教育振興会, 2002, p.69.

3-4 전제가 된 전원도시는 총면적 6,000에이커(약 2,428ha)에 3만2000명의 규모였다. 그 자세한 내역으로서는 도심부(1,000에이커, 약 405ha에 3만 명 거주)와 농지(5,000에이커, 약 2,023ha에 2,000명 거주)이다. 참고로 파리의 1901년 당시의 면적은 약 7,000ha로 총인구 약 271만 명이었다.

3-5 토니 가르니에(1869~1948) : 1899년 보자르의 로마대상을 8년 동안의 노력으로 수상하여 유학을 가게 되었던 로마의 빌라 메디치(Villa Medici)에서 구상을 다듬어 1901년과 1904년에 보자르에 연구 보고를 하였던 내용이 정리되어지나 보자르가 기대하였던 연구성과와는 아주 멀었던 것으로 평가는 지극히 낮았다. 한편 「공업도시」출판 년에는 1917년과 1918년이라는 설이 있다.
吉田鋼市 『トニー・ガルニエ「工業都市」注解』 中央公論美術出版, 2004, pp.45-47.

3-6 같은 책, p.6.

3-7 가르니에가 구상한 건축은 「장식이 벗겨내어진 고전주의」라고 일컬어지듯 간결하고 합리적인 특징을 보인다. 또한 오귀스트 페레(August Perret, 1874~1954)와 같이 가르니에에게도 보자르의 교수 줄리앙 귀아데(Julien Guadet, 1834-1908)의 영향이 지적되고 있다. ドーラ・ウィーベンソン, 松本篤訳 『工業都市の誕生 : トニー・ガルニエとユートピア』 井上書院, 1983, pp.16-17.
(원저명 : Dora Wiebenson 『Tony Garnier : the cité industrielle』)

3-8 ☞ p.31, 1장 5절.

3-9 吉田鋼市, 앞의 책, pp.50-54.
한편, 저자에 따르면 가르니에의 구상에는 세 가지의 주요구성요소 이외에 상하수도 등 각종 도시의 인프라나 묘지, 농목지, 자동차・비행기의 시험활주장 등 지극히 현실적인 기능은 그려져 있는 반면에 교회당, 군인막사, 경찰서, 형무소, 오락장(상점, 찻집, 댄스 홀 등)은 보이지 않는데 이는 무신론자이자 사회주의자인 가르니에가 도래해야 하는 평화스러운 사회주의 사회에서는 불필요한 시설이라고 이상적으로 생각한 결과라고 설명하고 있다.

3-10 300만 명의 상세내용 : 중심업무지구 40만 명, 주변도시주거지구 60만 명, 주변의 전원도시 200만 명.

3-11 ル・コルビュジエ, 樋口清訳 『ユルバニスム』 鹿島出版会, 1967, p.153.
(원저명 : Le Corbusier 『Urbanisme』)

3-12 ウィリ・ボジガー, オスカル・ストノロフ編, 吉阪隆正訳 『ル・コルビュジェ＆ピエール・ジャンヌレ全作品集1910~1929』 A. D. A. EDITA Tokyo, 1979, p.30.
(원저명 : Willy Boesiger, Oscar Stonorov 『Le Corbusier-Œuvre complète: Volume 1: 1910~1929』)

3-13 ル・コルビュジエ, 樋口清訳, 앞의 책, p.165. ☞ pp.27-29, 1장 4절.

3-14 자동차회사 오너이자 전람회의 스폰서였던 가브리엘 브와쟁(Gabriel Voisin, 1880~1973)의 이름을 따서 「브와쟁 계획」이라고 명명되었다.

3-15 ル・コルビュジエ, 樋口清訳, 앞의 책, p.169.

3-16 ル・コルビュジエ, 山口知之訳 『エスプリ・ヌーヴォー : 近代建築名鑑』 鹿島出版会, 1980, p.197.
(원저명 : Le Corbusier 『Almanach d'architecture moderne』)

3-17 「탑상도시」로 전개되어진 마천루는 십자형 평면을 가지고 채광을 중시하여 철과 유리로 구성되어 있다. 60층 건물로서 250m의 높이를 가지고 300m 간격으로 건축된다 라는 설정. 『建築文化』 vol.56, 2001년 2월호, pp.113-114.

3-18 ル・コルビュジエ, 山口知之訳, 앞의 책, pp.198-200.

3-19 ル・コルビュジエ, 樋口清訳, 앞의 책, pp.265-268.

3-20 ル・コルビュジエ, 山口知之訳, 앞의 책, p.203.

3-21 マンフレッド・タフーリ, 藤井博巳, 峰尾雅彦共訳 『建築神話の崩壊 : 資本主義社会の発展と計画の思想』 彰国社, 1981, pp.151-152.

(원저명 : Manfredo Tafuri 『Architecture and Utopia』)

3-22 ル・コルビュジェ, 坂倉準三訳『輝く都市』鹿島出版会, 1968, pp.270-271.

(원저명 : Le Corbusier 『Manière de penser l'urbanisme』)

3-23 彰国社編・刊 『日本の都市空間』 1968, pp.9-21을 참조.

한편, 각 단계는 개별적, 독립적인 것이 아니라 앞 단계를 포함하고 소화하면서 다음 단계로 이행해 가는 것이다. 또 이 단계분리에는 에른스트 카시러(Ernst Cassirer)의 다음의 3단계론이 부연 설명되고 있다 : ① 가장 낮은 층인 유기적인 공간 및 시간에 있어서의 신체적 충동에 근거하는 행동공간 ② 지각적 공간(보다 고등한 동물. 모든 다른 종류의 감각경험 - 시각적, 촉각적, 청각적 및 운동 감각의 요소를 포함한다) ③ 추상적・심벌적 공간. 이 최후의 단계에 있어서 인간만이 발달되어진 동물과의 차이가 있는 것이다. エルンスト・カッシーラー, 宮城音弥訳 『人間』 (岩波現代叢書) 岩波書店, 1953, pp.59-61.

(원저명 : Ernst Cassirer 『An essay on man : an introduction to a philosophy of human culture』)

3-24 カミロ・ジッテ, 大石敏雄訳『広場の造形』鹿島出版会, 1983.

(원저명 : Camillo Sitte 『Der Städtebau nach seinen künstlerischen Grundsätzen』)

3-25 ゴードン・カレン, 北原理雄訳『都市の景観』鹿島出版会, 1975.

(원저명 : Gordon Cullen 『The concise townscape』)

3-26 ☞ pp.27-29, 1장4절, p.31, 1장5절 및 ル・コルビュジエ, 吉阪隆正編訳 『アテネ憲章』 鹿島出版会, 1976, pp.115-116를 참조.

(원저명 : Le Corbusier 『La charte d'Athènes』)

3-27 「클러스터」에 관해서는 ☞ pp.159-160, 7장 4절.

3-28 彰国社編・刊, 앞의 책, p.19. ☞ pp.234-235, 10장 8절.

4-1 기오르기 케페스(Gyorgy Kepes, 1906~2001) : 1930년부터 베를린에서 모홀리 나기와 공동으로 영화나 연극, 그래픽 디자인에 몰두하여 바우하우스의 중심적 존재가 되었다. 1937년에는 미국으로 망명하여 시카고에서 모홀리 나기가 설립한 「신바우하우스」에 합류하여 주도적 역할을 하게 된다. 이후 1967년에 매사추세츠 공과대학(MIT)에 「첨단시각 연구센터 the Center for Advanced Visual Studies(CAVS)」를 설립, 1972년까지 센터장을 역임하면서 디자인 교육의 발전에 지대한 공헌을 했다.

4-2 Michael Golec "A Natural History of a Disembodied eye: The Structur of Gyorgy Kepes's Language of Vision", in Design Issues: Vol.18. No.2 Spring, 2002, p.5.

4-3 ジョージ・ケペッシュ, 佐波甫, 高見堅志郎訳『造形と科学の新しい風景』美術出版社, 1966, p.169.

(원저명 : Gyorgy Kepes 『The new landscape in art and science』)

4-4 ロイド・ロドウィン, 磯村英一訳, 앞의 책 중, ジョージ・ケペッシュ, 「都市景観にみられる表現と伝達」 p.187.

4-5 같은 논고, p.190.

4-6 ケヴィン・リンチ, 丹下健三, 富田玲子訳『都市のイメージ』岩波書店, 1968중 서문 p.iv.

(원저명 : Kevin Lynch 『The image of the city』)

4-7 같은 책, pp.7-9.

4-8 물리적 환경을 독립 변수로서 강조하기 위하여 이미지의 「아이덴티티」와 「스트럭처」와 관계되는 물리적 특질의 추구에 집중한다고 하는 점을 거부하고 있는 것이다. 같은 책, pp.10-11참조.

4-9 같은 책, p.12.

4-10 같은 책, p.3, 13.

4-11 대상지로서 다음의 세 도시의 중심부분에 대해서 실시되었다 : ① 보스턴(형태가 확실하지만 이미지 정립이 어려움) ② 뉴저지 시티(형태가 불명확하여 이미지어빌리티가 낮음) ③ 로스앤젤레스(전혀 다른 척도를 가지는 새로운 도시로서 중심부 평면이 격자형). 또한 이 분석에는 다음 두 가지의 방법이 도입되었다 : (1) 훈련을 받은 1인의 관찰자가 걸으면서 실시하는 그 지역에 관한 조직적인 현지답사 (2) 주민 중에서 소수의 샘플 피험자(보스턴 30명, 기타 2도시 15명)가 선발되어 물리적 환경에 대한 그들 자신의 이미지를 환기시키는 장시간의 인터뷰. 같은 책, pp.17-19.

4-12 같은 책, pp.56-59.

4-13 ケヴィン・リンチ著, 北原理雄訳 『知覚環境の計画』 鹿島出版会, 1979, p.157.

(원저명 : Kevin Lynch 『Managing the sense of a region』)

4-14 「이 합성어는 단지 그것이 의식적인 표현성을 소유하고 건설적이고 공공적인 위치의 활동이라는 점에서 건축과 유사함을 나타내기 위해 선택되었다. 그와 동시에 종합적인 경험적 환경을 포함하고 건물만큼 한정되지 않는다는 점에서 건축과는 다른 의미이다.」 フィリップ・シール〈Towards an ENVIROTECTURE : 環境デザインの新しい科学をめざして - その1〉, 建築文化, No.307, 1972년 5월호, p.75.

4-15 Gyorgy Kepes, 〈Expression and Communication in the Cityscape〉, 1961 로부터 인용. フィリップ・シール, 앞의 논문, p.72.

4-16 船津孝行訳編『環境心理学6：環境研究の方法』誠信書房, 1975 중 제2장의 논문 フィリップ・シール「物理的な環境の知覚的, 認知的な属性を記述, 尺度化, 表示, 譜面化することについての覚え書き」참조.

4-17 로렌스 할프린(Lawrence Halprin, 1916~)도 악보에서 힌트를 얻은 도시 이미지 분석을 시도하고 있다. 할프린은 워크숍을 통해서 사람들이 계획 프로그램이나 환경이 가져야 할 의미내용의 확정에 스스로 참가할 수 있는 환경의 「집단적 창조 프로세스」를 실천적으로 추구하고 있다. 그 과정은 「Take Part Process」라고 불린다. 또 활동의 중심으로서 「RSVP사이클」이라고 불리는 다음 네 가지의 구성 요소로서 이루어지는 순환적인 시스템이 제안되고 있다 : 「자원 Resources : 주어진 환경이나 여건」, 「보면・악보 Scores : 행동규범이 되는 것」, 「기능평가・평가 활동 Valuaction = Value +Action : 평가와 피드백」, 「연주・성능 Performance : 악보의 실행」.
ロ-レンス・ハルプリン+ジム・バーンズ, 杉尾伸太郎・杉尾邦江訳『集団による創造性の開発』牧野出版, 1989, pp.31-44.
(원저명 : Lawrence Halprin『Taking Part』)

5-1 마키 후미히코(槇文彦)는 린치의 연구에 대해 이미지 특성의 이해에 관하여 일정수준의 평가를 내리면서도 「도시사회에 존재하는 문화적인 콘텍스트 속에서 각각 무엇을 의미하고 있는지를 모르면 진정한 이해에 도달했다고는 말할 수 없다.」라는 평가도 내리고 있다. 槇文彦他 『見えがくれする都市』 鹿島出版会(SD選書) 1980, p.21.

5-2 「도시조직」은 tessuto urbano (이태리), tissu urbain (프랑스), urban tissue (미국・영국)등으로 표현되고 있다.

5-3 Pierre MERLIN et Françoise CHOAY『Dictionaire de l'urbanisme et de l'aménagement』 Puf, 1988(2ème édition), pp.792-793.

5-4 Françoise BOUDON, André CHASTEL, Hélène COUZY, et Françoise HAMON『Système de l'architecture urbaine. Le quartier des halles à Paris』CNRS, 1977.

5-5 Françoise BOUDON, Tissu urbain et architecture: l'analyse parcellaire comme base de l'histoire architecturale:, Annales, Economies, Sociétés, Civilisations, 30e année No.4. juillet Août, 1975, p.773.

5-6 陣内秀信 『イタリア都市再生の論理』 鹿島出版会, SD選書147, 1978, pp.55-56.

5-7 이 차이를 고려하여 유형에 「학」을 붙여서 그 대상이 축소되지 않도록, 또한 영어의 Typology와의 뉘앙스의 차이를 나타내기 위하여 특별히 건축유형 / Tipologia로 표기하고 있다. 그 주도적인 역할을 담당한 장 프랑코 카니쟈(Gianfranco Caniggia)의 유형의 개념에 대한 부연설명으로서 다음과 같은 정의를 찾아볼 수 있다 :「자연적 조건, 사회적 조건, 경제적 조건, 기술적 조건이나 고밀도로 모여 있는 도시사회로부터의 요청에 제대로 부응하는 합리적인 해결법을 찾아냄으로써 어떠한 건물도 같은 구성을 취하면서 서 있는 것이라는 사실을 알게 된다. 이것을 건축유형(tipo edilizio)이라고 부른다. .... 이러한 건축유형이 어떠한 과정으로 성립하고 어떻게 다른 유형으로 변화되어 가는가를 동적으로 해석하는 방법이 건축유형학 / Tipologia edilizia인 것이다.」陣内秀信, 같은 책, pp.38-39.

5-8 프린스턴 대학에서의 석사논문 「건축의 구성에서의 컨텍스트 Context in Architectural Composition」 (1950)에서 처음으로 「컨텍스트」라는 단어가 사용되어졌다. 秋元馨『現代建築のコンテクスチュアリズム入門』彰国社, 2002, p.14, p.106 참조. ☞ pp.37-38, 2장 2절.

5-9 같은 책, p.124 참조. Figure-Ground에 관해서는 ☞ p.209, 10장 1절.

5-10 カミロ・ジッテ, 大石敏雄訳, 앞의 책.

5-11 ロブ・クリエ, 黒川雅之, 岸和郎共訳『都市と建築のタイポロジー』 a +u, 1980년 6 월 임시증간호.

5-12 芦原義信『外部空間の構成 : 建築から都市へ』彰国社, 1962, p.23.

5-13 コーリン・ロウ, フレッド・コッター, 渡辺真理訳『コラージュ・シティ』鹿島出版会, 1992, pp.144-151. (원저명 : Colin Rowe, Fred Koetter『Collage city』)

5-14 浅田孝「クリストファー・アレグザンダーについて」SD, 第47号, 1968, p.6.

5-15 「지연의 도시」의 예 : 시에나, 리버풀, 교토, 맨해튼 등. 「인공의 도시」의 예 : 미국의 레빗타운, 찬디가르 등.
クリストファー・アレグサンデー「都市はツリーではない〈上〉」『デザイン』1967年7月号, p.8.

5-16 같은 논문, p.9.

5-17 같은 논문, p.12.

5-18 Christopher Alexander『Notes on the synthesis of form』Harvard University Press, 1964, p.73.

또, 磯崎新, 「クリストファー・アレグザンダー：環境を生成する普遍言語の探求」, 『美術手帖』, 1970年12月号, p.116.

5-19 平田翰那編 「《無為自然の建築) - クリストファー・アレグザンダーの世界」, a+u, No.51. 1975年３月号, p.49에서 역자에 의해 소개되어지고 있다.

5-20 같은 논문, p.52.

5-21 실시과정에 관해서는 「〈近代〉との闘争: C.アレギザンダーと盈進学園東野高等学校をめぐって」新建築 1985年6月号, pp.153-186. 日経アーキテクチュア 1985年5月20日号, pp.60-68. 그리고 スティーブン・グラボー, 吉田朗, 長塚正美, 辰野智子共訳 『クリストファー・アレグザンダー:建築の新しいパラダイムを求めて』 工作舎, 1989(원저명 : Stephen Grabow 『Christopher Alexander』에 상세하게 설명되어 있다.

12

1-1 사암 : 모래알과 진흙, 실리카질이 퇴적해 압력을 받아서 생성된 암석. 부드러워 가공하기 쉽다.

1-2 「아치 Arch」는 「내쌓기 아치와 구별하기 위해 「홍예 아치」라고 표기되는 경우가 있으나 본 서에서는 「아치」로 표기하기로 한다.

1-3 千原大五郎 『東南アジアのヒンドゥー・仏教建築』 1982, pp.53-58. 한편, 미얀마의 유적에서는 본격적인 아치와 볼트구조가 인정된다. 또한 태국에 산재되어 발견되는 아치와 볼트는 14세기 이후에 미얀마로부터 도입된 것들이다.

1-4 크메르 미술 : 크메르는 캄보디아의 주요민족 이름이다. 9세기경부터 크메르에 의해 힌두·불교문화를 숭상하는 앙코르 왕조가 세워져 그곳에 번영한 조각미술을 말한다.

1-5 첨탑아치 : 「침형아치」라고도 한다. 스팬의 길이가 같은 반경을 지닌 두 개의 원호를 조합해 첨탑형을 이룬 아치. 『建築大辞典』 彰国社, 1993, p.1178.

1-6 튜더아치 : 첨탑아치의 변형. 4개의 원호로 이루어진 일종의 평평한 침형아치. 영국 후기 고딕양식에서 이용되었다. 같은 책, p.1135.

1-7 斉藤公男 『空間構造物語』 彰国社, 2003, p.40.

1-8 신랑(身廊 nave) : 교회건축에서의 중앙의 가늘고 긴 공간.

1-9 측랑(側廊 aisle) : 교회건축의 신랑 양쪽의 가늘고 긴 복도형태의 공간.

1-10 Middle Third의 원리 : 『建築大辞典』 彰国社, 1993, p.1610.

1-11 크랙 : 물체에 하중이 작용했을 때나 건조수축 또는 팽창했을 때의 내부응력에 의한 변형량 또는 탈수나 온도변화에 의한 체적의 변화량 등이 물체자신 또는 구속하고 있는 대상의 허용할 수 있는 변화량을 넘어설 경우에 생기는 균열. 『建築大辞典』 彰国社, 1993, p.410.

1-12 川口衛他 『空間構造のしくみ』 彰国社, 1990, p.71.

1-13 소성 벽돌 : 소성시켜 강도와 내수성을 강화시킨 벽돌.

1-14 川口衛他, 앞의 책, p.68.

1-15 객가(客家)의 토루(土楼) : 객가는 중국북부로부터 남하해 온 뒤 광동성(広東省), 복건성(福建省) 등에 거주하는 한족의 후손으로 알려져 있다. 일부 객가의 주거인 토루에는 원형과 사각형이 있으며 그 형태는 점술에 의해 결정된다.

1-16 천연접착제 : 일본어로는 「스사 혹은 츠타」라고 한다. 회벽이나 벽돌의 보강, 균열방지를 목적으로 사용되는 짚이나 마, 짐승의 털 등의 총칭.

1-17 나시족(납서족 納西族) : 중국 운남성(雲南省) 북부와 사천성(四川省) 남부에 거주하는 중국 소수 민족. 티베트의 영향을 받은 둥바문화가 있다.

1-18 내력벽 : 주체구조로서 수직하중 또는 수평력에 저항하기 위한 목적으로 만들어지는 벽체로서 공간 분할벽과는 구별된다. 『建築大辞典』 彰国社, 1993, p.985.

1-19 이러한 주거형식은 나시족의 주거뿐만 아니라 중국남부에서 네팔 등에 걸쳐 널리 분포한다. 햇볕에 말린 벽돌 대신 소성벽돌이나 판축이 사용되는 경우도 있다.

1-20 교창조(校倉造 아제쿠라즈쿠리) : 「이타쿠라 板倉」의 일종. 「이타쿠라」란 벽체가 목재로 된 창고를 가리키며 기둥 사이에 하메이타(羽目板, 역자주 : 벽체에 붙이는 널빤지) 를 맞춰 놓은 축조와의 혼합 구조나 아제쿠라즈쿠리 등의 구성의 총칭.

2-1 철근콘크리트구조에 관해서는 ☞ pp.275-277, 12장 2절.

2-2 핀 접합 : 회전은 자유로우나, 부재 상호간의 상대적인 이동은 구속되어있는 접합상태. 일반적인 목조의 접합부는 핀 접합으로 간주된다.

2-3 SE 공법 : 「Safety Engineering 공법」의 약어. 목조에 있어서 약품처리를 하지 않은 목재에 비해 내력적으로 우수한 집성재를 사용하여 접합부를 전용 철물로 고정함으로써 부재를 구조적으로 일체화 시키는 공법.

2-4 다이부츠요우(大仏様) : 「텐지쿠요우 天竺様」라고도 하나 인도양식으로 오해할 소지가 있어 현재는 일반적으로 다이부츠요우라고 한다. 역자주: 「텐지쿠」는 「천축국」 즉, 인도를 가리키는 말이다. 중국 복건성의 건축양식과 전통적인 일본양식을 토대로 성립되었다고 생각되는 불교건축양식.

2-5 川口衛他 『空間構造のしくみ』 彰国社, 1990, pp.118

-119.「심주 心柱」에 관해서는 ☞ p.130, 6장 6절.

2-6 斉藤公男『空間 : 構造物語』彰国社, 2003, pp.62-63.

2-7 트러스에 관해서는 ☞ p.266-267, 12장 2절.

2-8 휨 모멘트 = 부재에 작용하여 부재를 휘게 하려는 힘.

2-9 안드레아 팔라디오 : 이탈리아 후기 르네상스시대의 건축가. 빌라 로툰다 등의 작품이 있다.

2-10 3 힌지 아치(3 hinged arch) : 두 곳의 핀 지점으로 지지되고 중간에 핀이 한개 더 있는 골조. 이는 정정구조물이므로 부동침하나 온도 변화에 대해 적응성을 가진다.『建築大辞典』彰国社, 1993, p.650.

2-11 에이브러햄 더비 1세(Abraham Darby I) : 콜브룩데일 제철업의 창시자. 그의 코크스 고로의 발명을 계기로 2세가 코크스 제철을 기업화하고 3세에 의해 주철교 아이언 브리지가 완성된다.

2-12 코크스(Coke) : 석탄을 건류시킴으로써 얻어지는 탄소질의 개체. 제철에 사용되는 것 이외에 가스 발생용이나 연료용으로 쓰인다.

2-13 제임스 와트(James Watt) : 영국의 기술자이자 발명가. 실용증기기관을 완성시켰다.

2-14 증기기관 : 와트는 1775년에 볼턴-와트 상회를 개업하고 증기기관의 상업적 생산을 개시한다. 이로써 금속제련에 사용되는 풀무도 물레방아를 쓰던 것으로부터 보다 강력한 증기기관을 동력으로 한 것으로 변화하게 된다.

2-15 퐁피두센터 : 렌조 피아노와 리차드 로저스의 설계. 프랑스 정부가 주최한「보브르센터 beaubourg center」설계공모의 당선안. 당시의 퐁피두 대통령의 이름을 따서 오늘날의 명칭이 되었다.

2-16 피터 라이스(Peter Rice) : 구조가, 오브 애럽사의 디렉터. 시드니 오페라하우스 구조설계를 시작으로, 수많은 유명건축물의 구조를 설계했다.

2-17 구스타프 에펠(Gustav Eiffel) : 프랑스의 철골구조가. 에펠탑이외에도 몇몇 교량과 뉴욕의「자유의 여신상」의 구조설계로 유명하다.

2-18 라티스(Latice) 구성 : 비스듬하게 또는 지그재그로 구성된 웹을 이용한 구조재.「웹 web」이란 구조부재중에서 전단력을 주로 부담하는 부재이며 주로 휨력을 받는 부재를「플랜지 flange」라고 부른다.

2-19 평로강 : 평로로 용성시킨 강철. 품질조정이 자유롭고 쇠부스러기의 재생도 가능하다.

2-20 탄성한도, 탄성한계 : 하중에 의해 발생하는 변형이 하중을 제거했을 때 완전하게 원상태로 돌아가 영구변형이 발생하지 않는 응력도·왜곡도 곡선의 한계점. 또는 그 때의 응력도.『建築大辞典』彰国社, 1993, p.1028.

2-21 조셉 팩스턴(Joseph Paxton) : 영국의 조경설계가이자 건축가. 철과 유리를 통한 건축의 개발에 몰두하였다.

2-22 프리패브리케이션(Prefabrication) : 사전에 공장 등에서 부재를 조립해 놓은 뒤, 현장에 반입해서 정해진 곳에 장착하는 것을 말한다. 정밀도와 생산성의 향상을 기대할 수 있다.

2-23 I. K. 브루넬 : 영국의 토목·조선기술자. 그 밖의 중요한 교량 설계의 예로, 순수한 체인에 의한 현수교인「클리프톤 현수교 Clifton suspension bridge」가 있다. 세계최초의 대서양 정기기선「그레이트 웨스턴 호」등의 선박도 브루넬의 설계에 의해 건조되었다.

2-24 J. B. 이즈 : 미국의 건설기술자. 잠수작업용 잠수종을 발명하였다. 교량의 설계는 이즈교뿐이지만 교각공사에 공기 케이슨 공법을 이용한 것도 특필할만하다. 한편 케이슨 공법이란 지반을 깊이 굴삭할 경우에 장애가 되는 지하수의 용출을 각 심도에서의 수압에 상당하는 공기압으로 억제하면서 철근콘크리트제의 케이슨(caisson)을 가라앉혀 교각의 기초로 하는 공법을 말한다.「뉴매틱 케이슨 공법 pneumatic caisson method」이라고도 한다.『建築大辞典』彰国社, 1993, p.1263.

2-25 뢰블링 부자 : 독일 태생의 미국의 강선기술자 존. A. 뢰블링(부)과 워싱턴. A. 뢰블링(자). 아들은 아버지의 뒤를 이어 부자 2대에 걸쳐서 브루클린교를 완성시켰다.

2-26 로베르 마야르 : 스위스의 구조설계가. 주로 철근콘크리트에 의한 구조의 가능성을 탐구했다.

2-27 쉘구조에 관해서는 ☞ pp.277-279, 12장 3절.

2-28 캔틸레버 : 한쪽 끝이 고정지지되고 다른 한쪽이 자유로운 보.「외팔보」「내민 보」라고도 한다.

2-29 스페이스 프레임 :「입체골조」라고도 한다. 부재의 대량생산과 조립방식의 단순화에 경제효과를 기대하고 만들어진 골조.『建築大辞典』彰国社, 1993, p.867.

2-30 에두아르도 토로하 : 스페인의 구조설계가. 구조의 컨셉을 명확하게 내세운 구조설계가 특징이다.

2-31 하이브리드 방식 :「혼성구조」라고도 한다. 다른 성질을 지닌 구조형식 또는 부재를 혼성해서 골조로 사용하는 방식.

2-32 좌굴 : 구조부재가 외력을 받았을 시에 그 외력이 단순증가를 하게 되면 어떤 점에서 급속히 그때까지의 변형양식을 바꾸는 현상.『建築大辞典』彰国社, 1993, p.628.

2-33 집중하중 : 부재의 한 점, 또는 한 지점에 집중해서 작용하는 하중 또는 그 하중상태.

2-34 등분포하중 : 선형 부재일 경우에는 단위 길이, 바닥판 등의 면에 관해서는 단위면적당 하중이 부재 전체길이 또는 판 전면에 걸쳐서 균등하게 분포해 있는 하중 상

태.『建築大辞典』彰国社, 1993, pp.1170-1171.

2-35 에로 사리넨 : 핀란드 출신의 미국 건축가. 철근콘크리트에 의한 구조물에 구조적인 특징이 있다.

2-36 쓰보이 요시카츠(坪井善勝) : 구조설계가. 일본에서의 쉘구조 연구의 선구자. 단게 겐조와의 협력으로 구조설계에 있어서 일본근대건축사에 큰 성과를 가져왔다.

2-37 백스테이(Backstay) : 현수구조에서 주로 경간의 양쪽에 설치한 버팀줄. 「뒤 버팀줄」이라고도 한다.『建築大辞典』彰国社, 1993, p.1336.

2-38 리차드 벅민스터 풀러 : 미국의 구조설계가 · 건축가 · 디자이너. 다이맥션(dymaxion)이론을 연구하여 주택이나 자동차 등의 설계를 했다. 또한, 1969년에 간행된 저서 『우주선 지구호 Operating Manual for Spaceship Earth』에서는 지구환경에 대한 주장을 펼쳤다.

2-39 텐세그리티의 구조시스템 : 텐세그리티에 대한 최초 시도로는 조각가 K. 이오겐슨(Ioganson)의 「Study in Balance」에서 발견할 수 있다. 이후 조각가 K. 스넬슨(Snelson)에 의해 디자인으로 전개되었다. 斉藤公男『空間構造物語』彰国社, 2003, pp.214-215. 한편 풀러는 앞서 언급한 사례 이외에도 4D 다이맥션 하우스(1929)에서 인장력과 압축력을 분리한 구조시스템을 고안하였다.

2-40 취성 : 무른 성질, 파괴되기 쉬운 성질.

2-41 인성 : 질긴 성질.

2-42 철골철근 콘크리트구조 : 「SRC구조」라고도 한다. 철골골조 주위에 철근을 배치하고 콘크리트를 타설한 구조.『建築大辞典』彰国社, 1993, p.1336.

2-43 PC강재 : 콘크리트구조에 프리스트레스를 가한 강재.

2-44 프리스트레스(Prestress) : 사전에 부재에 가해지는 응력.

2-45 프리스트레스트 콘크리트(Prestressed concrete) : 콘크리트의 인장응력이 발생하는 부분에 미리 압축력을 가해 콘크리트의 겉보기 상의 인장강도를 증가시켜[역자주: 실질적인 인장강도가 증가한 것이 아니라 부재 내에 사용된 압축력에 의하여 인장력이 상쇄된 것이다.] 휨저항이 증대되도록 고안된 것.『建築大辞典』彰国社, 1993, p.1481.

2-46 프리캐스트 콘크리트(Precast concrete) : 미리 공장에서 제작된 철근콘크리트의 부재.

2-47 일본 건축기준법시행령 제3장 6절.

2-48 오브 애럽(Ove Arup) : 덴마크의 구조설계가. 루베트킨 & 텍톤(Lubetkin & Tecton)과의 협동작업을 시작으로 이후의 활동에서 RC의 면적인 구성에 큰 성과를 이루어냈다. 1946년에 그가 설립한 오브 애럽 사는 오늘날 세계적인 규모의 구조설계사무소로 성장하였다.

2-49 콘크리트 슬래브 : 콘크리트의 상판

3-1 FRP : Fiber Reinforced Plastic의 약칭. 강화플라스틱의 총칭으로 강화섬유재로서 유리섬유를 이용한 것이 많다.『建築大辞典』彰国社, 1993,p.161.

3-2 폴리카보네이트 : 탄산 에스텔형의 구조를 지닌 고분자의 총칭. 매우 질긴 성질을 지니며 충격과 인장력에 골고루 강한 점이 장점이다.『建築大辞典』彰国社, 1993, p.1553.

3-3 시드니 오페라 하우스 : 건축의 구체부분의 완성은 1967년. 한편, 웃존은 내장공사에 들어가기 전에 이 프로젝트에서 물러남으로써 현재의 인테리어는 당초의 설계에서 크게 변경된 것이다.

3-4 쌍곡선 : 2차곡선 중의 하나로, 두 정점으로부터의 거리의 차가 일정한 점들의 궤적.『建築大辞典』彰国社, 1993, p.933.

3-5 펠릭스 칸델라 : 미국의 구조설계가이자 건축가. 안장형 쉘을 채용한 우주선연구소(1951)를 시작으로 이후 쉘 건축의 가능성을 추구하였다.

3-6 하인츠 이슬러 : 스위스의 구조설계가. RC쉘을 연구하여 많은 RC쉘 건축에 관여하였다.

3-7 프라이 오토 : 독일의 구조설계가. 현수 지붕구조 등의 경량구조를 연구하였다.

3-8 클램프 : 부재와 부재를 접속하는 금속부품.

3-9 후지그룹관 : 건축설계/무라타 유타카(村田豊), 구조설계/가와구치 마모루(川口衛).

3-10 튜브형 공기막구조 : 공기 팽창형 구조의 일종. 보자기 형태로 만든 이중막 사이에 압력을 가해 실린더형태로 만든 구조.『建築大辞典』彰国社, 1993, p.144.

3-11 에어 돔 : Air Supported 구조의 일종. 막재와 구체, 지반 등에 의해 구성된 공간에 외기압보다 약간 높은 압력을 가함으로써 구조형태 및 안정성을 얻는 구조.『建築大辞典』彰国社, 1993, p.144.

3-12 미국관 : 건축설계/L.데이비스(L. Davis), 구조설계/D.가이거(David Geiger).

3-13 테플론막 : 미국 듀퐁사제의 폴리테트라 풀르오르에틸렌(PTFE)을 사용한 막.

3-14 도쿄돔 : 건축 · 구조설계/닛켄설계(日建設計), 다케나카 공무점(竹中工務店)

3-15 라이프사이클 코스트: 자산의 취득으로부터 그 이용이 종료되기까지의 전 기간을 통해 필요한 모든 비용의 합계. 「생애비용」이라고도 한다.『建築大辞典』彰国社, 1993, p.1712.

13

1-1 レイチェル・カーソン, 青樹簗一訳『沈黙の春』新潮社, 1991改版.
(원저명 : Rachel Carson『Silent Spring』)

1-2 加藤尚武『環境倫理学のすすめ』丸善, 1991의 제1장에서 다음의 세 가지로 정리되어 있다. ① 인간뿐만 아니라 생물의 종, 생태계, 경관 등에도 생존의 권리가 있는 것으로 제멋대로 이를 부정해서는 안 된다 ② 현세대에게는 미래 세대의 생존 가능성에 대한 책임이 있다 ③ 지구의 생태계는 열린 우주가 아니라 닫혀진 세계이다.

1-3 ドネラ・H・メドウズ他著, 大来佐武郎監訳『成長の限界 : ローマ・クラブ「人類の危機」レポート』ダイヤモンド社, 1972.
(원저명 : Donella H. Meadows『The limits to growth : a report for the Club of Rome's project on the predicament of mankind』)

1-4 ① 열역학 제1법칙(에너지 보존의 법칙) : 우주에 있어서의 물질과 에너지의 총합은 일정한 것으로, 결단코 새로 생겨나거나 소멸되는 일은 없다. 물질이 변화되는 것은 그 형태만인 것으로 본질이 바뀌는 일은 없다. ② 열역학 제2법칙(엔트로피 증가의 법칙) : 물질과 에너지는 하나의 방향으로만 즉 사용가능한 것으로부터 사용불가능한 것으로, 이용 가능한 것으로부터 이용 불가능한 것으로, 질서화 되어 있는 것으로부터 무질서한 것으로 변화한다. ジェレミー・リフキン著, 竹内均訳『エントロピーの法則』祥伝社, 1990, p.45.
(원저명 : Jeremy Rifkin『Entoropy : into the greenhouse world』)

1-5 槌田敦他 『ごみで斬る-廃棄学と循環型社会からのアプローチ』社会思想社, 1992, pp.32-39.

1-6 「Lester R. Brown」: 1934년 미국의 뉴저지 주에서 출생. 1959년 농무성에 입성하여 국제농업개발 국장을 역임. 1974년 지구환경문제를 담당하는 World Watch Institute를 설립. 1984년에는 연차간행물『지구백서 State of the World』를 창간. 2001년 5월 지구 정책 연구소(Earth Policy Institute)를 창설하여 현재는 소장을 맡고 있다.

1-7 1987년에 UN 및 환경과 개발에 관한 세계위원회에 의해 출판되어진「Brundtland report」(위원장 : 노르웨이의 수상 브룬틀란트Brundtland)로 알려진 보고서. 정식 타이틀『Our Common Future』

1-8 海外環境協カセンター編, 国連事務局監修, 環境庁・外務省監訳『アジェンダ21-持続可能な開発のための人類の行動計画('92地球サミット採択文書)』1993.

1-9 日本建築学会編『地球環境建築のすすめ: シリーズ地球環境建築入門編』彰国社, 2002.

1-10 新日本建築家協会編『生き続ける建築のデザイン』彰国社, 1995.

2-1 「생물적 다양성이 자연에 필요한 것과 같이 문화적 다양성은 교류, 혁신, 창조의 근원으로서 인류에게 필요한 것이다. 이러한 의미에서 문화적 다양성은 인류공통의 유산이며 현재 및 장래의 세대를 위해 그 중요성이 인식되고 주장되어야 한다.」(21회 유네스코 총회『문화적 다양성에 관한 세계선언』2001, 제1조 문화적 다양성 : 인류 공통의 유산에서 발췌)

2-2 일본의 문화재 보존의 법적 제도는 1897년의「고사찰 보존법」으로 시작된 이후 1929년에「국보 보존법」이 제정되어 보호의 대상은 사찰과 신사, 불각으로부터 성곽이나 민가 등까지 확대되어 1950년의「문화재 보호법」제정에 이르게 된다.

2-3 「다하라 유키오 田原幸夫」: 2003년 현재 니혼설계(日本設計) 보존프로젝트 총괄. 일본 이코모스(ICOMOS) 국내위원회 이사. 도코모모(docomomo) 재팬의 이사회 임원. 도카이대학(東海大学) 강사 역임.

2-4 田原幸夫『建築の保存デザイン』学芸出版社, 2003, p.36.

2-5 같은 책, p.36.

2-6 飯沢耕太郎監修『カラー版世界写真史』美術出版社, 2004, p.130.

2-7 문화재보호법 개정시에 도입되었다. 신고제와 지도, 조언, 권고를 기본으로 하는 부드러운 보호조치를 강구하여 소유자에 의한 자주적 보호의 촉진을 도모한다는 취지. 보존 및 활용을 위한 조치가 특히 필요시되는 것이 대상이 되고 등록의 기준으로서는 적어도 건축연수 50년이 경과된 것 등이 필요조건이다.

2-8 田原幸夫, 앞의 책, p.23.

2-9 「프랑스의 문화재 보호법을 촉진하고 부동산의 수복을 촉진하기 위한 1962년 8월자의 법률」: 1959년에 프랑스 문화부 장관으로 취임한 안드레 말로(Andre Marlaux)에 의해 제정됨

2-10 中川滿「ゆれる'百年自治体'④白川村の市町村合併問題への取り組み」『月刊自治』vol.47, no. 546, 2005, p.94.

2-11 イコモス(非政府組織・国際記念物遺跡会議), 日本イコモス国内委員会訳『記念建築物及び遺跡の保存と修復のための国際憲章(ヴェニス憲章)』1965年採択(원저명 : ICOMOS『The Venice Charter : International Charter for the Conservation and Restoration of Monuments and Sites』의 서문에서 발췌. 진정성(Authenticity, 진정한 가치)의 개념이 최초로 국제적으로 명문화되어짐.

3-1 건설폐기물은 2000년도의 통계로 산업폐기물의 배출량

의 약 20%, 최종처분량의 약 30%를 차지하고 있으며 또한 불법투기건수 및 불법투기량의 약 60%를 차지하고 있다.(環境省 「平成 15年 度版循環型社会白書」 2005 발췌)

3-2 재활용(Recycle)의 예로는 휴지나 철 등의 재원료화, 재사용(Reuse)의 예로서 자전거, 가구, 의류나 공병 등의 재사용이 있다. 이외에도 배출물(emition)의 감량방침으로서, Reduce(폐기물이 되는 요소를 절감한다)를 들 수 있고 앞 문자를 따서 3R, 혹은 여기에 Refuse(폐기물을 가져오지 않는다)를 더하여 4R 등으로 불린다.

3-3 주 구조는 일체가 된 새시의 축조법과 알루미늄 압출재료에 의해 외부의 디자인의 기능을 겸비하면서도 구조적인 내력벽이 되고 있다. 알루미늄 건축구조협의회의 알루미늄 하우스 프로젝트의 일환으로서 계획되었다(伊東豊雄「アルミの家への期待」『住宅特集』 2000年4月号, 新建築社, 2000, p.53).

3-4 현재 석탄재, 소각재, 하수진흙, 주물모래, 폐타이어, 용광로의 슬러그 등이 시멘트 원료로서 이용되고 있다(사단법인 시멘트협회 조사).

3-5 역으로 에너지를 필요로 하지 않고 재이용할 수 있는 재료는 폐기물이 아니고 자원으로 해석할 수 있다.

3-6 藤田祐幸「廃棄物問題の焦点」 『ガボロジーとエントロピー』 別冊経済セミナー・エントロピー読本4, 1987, pp.209-216.

3-7 八太昭道「ゴミとエントロビー」 『ガボロジーとエントロピー』 別冊経済セミナー・エントロピー読本4, 1987, p.160.

3-8 고재료 문화의 모임(교토)나 일본 민가 재생 리사이클 협회(동경)의 고재료 네트워크 등의 NPO, NGO활동을 중심으로 고재료의 활용이 이루어지고 있다.

3-9 「기와리 木割」: 일본의 전통건축에서 각 부의 비례와 크기를 결정하는 시스템 또는 원리(建築大辞典).

3-10 安藤忠雄 「ペットボトルの小宇宙」『新建築』 2004年11月号, 新建築社, 2004, p.85.

3-11 インタヴュー：坂茂「素材と構造への挑戦-ペットボトルからポンピドーセンターまで」『新建築』 2004年4月号, 新建築社, 2004, pp.98-101.

3-12 田原幸夫, 앞의 책, p.43.

3-13 한편, 같은 건축가 이소자키의 설계로 주변부지에 1960년에 완공된 「오이타 의사회관」은 보존 운동에도 불구하고 1999년에 헐리고 말아 대조적인 결과를 보이고 있다.

3-14 「패시브 디자인」: 여기에서는 자연의 에너지를 수동적(passive)으로 활용하는 의미로서의 건축디자인을 지칭한다.

3-15 小玉裕一郎「エコーハウジングの勧め」 丸善, 1996, p.12.

3-16 早川邦彦「関係性をデザインする」 『建築文化 9511』 彰国社, 1995, p.94.

3-17 佐々木賢治「機械室のプレゼンテーション」 『空中庭園＝連結超高層建築1993』 彰国社, 1993, p.269.

4-1 이와 함께 정원에 물을 뿌림으로써 발생하는 기화열로 온도를 낮추는 것도 전통적 지혜로서 알려져 있다.

4-2 京都新聞社編『京の町家考』京都新聞社, 1995, pp.176-177.

4-3 藤森照信 『天下無双の建築学入門』 筑摩書房, 2001, pp.74-75.

4-4 武者英二, 吉田尚英編著『屋根のデザイン百科』 彰国社, 1999, pp.140-141.

4-5 일본의 국토교통성은 2001년도에 도시녹지보전법을 개정하여 민간에서의 녹화에 대한 노력을 지방 공공단체가 지원하는 「녹화시설 정비계획 인정제도」를 창설하였다. 고정 자산세가 경감되어(과세표준이 5년간 1/2로) 조성제도나 융자제도 등의 활용에 맞추어 도시에서의 녹화의 추진이 의도되고 있다. 동경도는 2001년 4월부터 옥상녹화를 조례로 의무화하고 있다.

4-6 「OM Solar」: 1987년에 건축가 오쿠무라 아키오(奥村昭雄)에 의해 고안된 시스템. 태양광으로 따뜻하게 더워진 지붕의 공기를 건물의 마루 부분에서 모은 후 팬으로 바닥의 하부로 보내어 슬래브 하부에 축열난방을 함으로써 실내의 난방에 이용하는 장치.

4-7 「발」: 잘게 깎은 대나무를 떠서 만들어진 장막형상의 칸막이 도구

4-8 宮川英二『風土と建築』彰国社, 1979, p.191.

4-9 에코 자동차의 대부분은 엔진에 전기모터를 조합시킨 하이브리드 구동방식이 이용되고 있는데 도요타의 프리우스(Prius)가 에너지의 흐름과 연비를 비주얼 모니터를 통해 표시하고 있는 한편 혼다의 인사이트(Insight, 2001년 모델)도 모터(충전)상태로 달리고 있는지 엔진(소비)상태로 달리고 있는지를 한눈에 알 수 있는 미터 표시부를 설치하고 있다.

5-1 河田恵昭「防災研究所の課題「減災学」の確立」『DPRIニューズレターNo.36』京都大学防災研究所, 2005, pp.1-2.

5-2 「안전에는 절대적 수준이라고 하는 것이 존재하지 않는다. 안전이란 바로 문화이기 때문이다.」(宮本佳明「防災」という思想, 「安全」 という文化」『新建築臨時増刊 「node 20世紀の技術と21世紀の建築」』 新建築社, 2000, p.106).

5-3 上田篤編 『五重塔はなぜ倒れないか』 新潮社, 1996, pp.16-17.

5-4 일반적으로 제진구조란 건물 속에 에너지를 흡수하는 제진댐퍼 등을 설치하여 건물의 진동을 저감시키는 형식, 면진구조는 지반과 건물의 사이에 면진장치를 삽입하여 건물에 전달되는 진동을 저감시키는 형식으로 나눌 수 있다.(清水建設免制言研究会著『耐震・免言・制服のわかる本-安辰建築をめざして』彰国社, 1999에 알기 쉽게 설명되어 있다.).

5-5 木造軸組構法建物の耐震設計マニュアル編集委員会『伝統構法を生かす木造耐震設計マニュアル - 限界耐力計算による耐震設計・耐震補強設計法』学芸出版社, 2004, p.6.

5-6 小林広英, 桝田洋子, 桑島由美子, 小林正美「京都都心部における防災性能を備えた木造住宅の設計手法と伝統的町家の耐震化に関する考察 - 木造の制震補強デバイスとしての粘弾性ダンパーの利用法の提案 - 」『日本建築学会技術報告集』, 日本建築学会発行, 2003, pp.355-358.

5-7 京都歴史フォーラム編輯 『京都歴史フォーラム第10号』京都市歴史資料館, 2003. p.4.

5-8 일본에서 1993년에 규정된 준내화 구조에 대해서 일본의 건축기준법 고시 62-1901,1902호에 따라 집성재의 외측두께 35mm에서 45분, 45mm에서 1시간분의 연소시간을 해결하면 목구조에서 준내화 구조를 건축할 수 있게 되었다. 현재에는 제재법의 규정을 만족시키는 방법으로도 준내화 구조의 건축이 가능해졌다.

5-9 坂茂 『プロジェクツ・イン・プロセス』 TOTO出版, 1999, p.45.

5-10 太田博太郎『日本の建築』筑摩書房, 1968, pp.203-205.

5-11 長谷見雄二(代表)関西木造住文化研究会『既存京町家の防火改修指針の作成』平成16年度京都市防災対策調査助成研究, 2004 등.

5-12 京都市 『京都市防災水利構想』 2002.ほか地球環境学研究会著「12章：木造文化を守り水環境を再生する環境防災水利一地球環境学と防災まちづくり」『地球環境学のすすめ』 丸善, 2004, pp.182-198 등.

5-13 「해저드 맵 hazard map」: 재해발생 예측지도. 해일이나 화산, 풍수해 등의 재해 시에 있어서 각종의 위험정보, 피난경로, 피난시설 등 재해 시에 필요가 되는 정보를 지도상에 표시한 것(일본 국토교통성).

5-14 大熊孝『洪水と治水の河川史』平凡社, 1988, pp.90-93.

찾아보기

Index

ㄱ

ㅅ

ㅇ

ㅈ

ㅎ

기타

편저자

히라오 가즈히로(平尾和洋)
리츠메이칸(立命館 입명관)대학 이공학부 건축도시디자인학과
조교수(공학박사, 일급건축사)
집필담당 : 6장, 8장, 9장, 10장

스에카네 신고(末包伸吾)
고베대학 공학부 건축학과 조교수(공학박사, 일급건축사)
집필담당 : 1장, 2장, 3장(5절)

집필자

오오쿠보 다케유키(大窪健之)
교토대학 대학원 지구환경학 조교수(공학박사, 일급건축사)
집필담당 : 6장, 13장

후지키 요우스케(藤木庸介)
교토 사가예술대학 예술학부 관광디자인학과 전임강사 및
유코우샤(遊工舍)일급건축사 사무소 대표
(예술학석사(M.Arts), 일급건축사)
집필담당 ; 4장, 12장

마츠모토 유타카(松本 裕)
오사카 산업대학 공학부 환경 디자인학과 전임강사
(공학석사, DEA 학위)
집필담당 : 5장, 11장

야마모토 나오히코(山本直彦)
시가현립대학 환경과학부 환경계획학과 환경 · 건축 디자인전공
전임강사(공학박사)
집필담당 : 3장, 7장

감수 | 김기수

동아대 건축학과와 일본 교토공예섬유대학(京都工藝纖維大學) 대학원에서 박사학위를 취득하였다. 공간건축사사무소에서 건축실무를 익혔으며, 포항시립미술관 현상설계(2005), 울산인재육성센터 현상설계(2008)에서 우수상을 수상한 바 있다. 주요저서로 『건축의 일상성과 상징성』(2000.10), 『일본의 현대건축』(2000.12), 『일본문화의 힘』(2006.7), 『부산 · 울산 · 경남의 근대건축문화유산 가이드북』(2007.11) 등이 있다. 현재 동아대학교 건축학부 교수로 재직 중에 있으며, 역사·문화시설의 활용을 위한 설계작업과 근대건축에 관한 연구활동을 병행하고 있다.

역자 | 윤철재

1997년 홍익대학교 건축학과 졸업. 2000년 동 대학원에서 석사학위 취득 후 정일엔지니어링 종합건축사 사무소 근무. 2004년 일본정부초청 문부성 국비유학의 자격으로 도일, 2007년 동경대학교 공학계 연구과에서 건축학 전공으로 박사학위를 취득하였으며, 현재 일본 닛켄설계에서 재직중이다.

| 민건희

2006년 한양대학교 건축공학부를 졸업하고, 일본 동경대학교 공학계 연구과에서 건축학전공으로 석사학위를 취득하였으며 현재 동 대학원의 박사과정에 재적중이다.

건축의장

2009년 8월 20일 1판 1쇄 인쇄
2009년 8월 25일 1판 1쇄 발행

편 저 자 히라오 가즈히로 · 스에카네 신고
오오쿠보 다케유키 · 후지키 요우스케 · 마츠모토 유타카 · 야마모토 나오히코

감 수 김기수
역 자 윤철재 민건희
발 행 인 강 해 작
발 행 처 기 문 당
주 소 서울시 성동구 공명길 39(하왕십리동 966-22)
02) 2295-6171(代)~5
전 화 02) 2296-8188
팩 스 1976. 10. 7(1-44)
출판등록 http://기문당
홈페이지 http://www.kimoondang.com
I S B N 978-89-6225-169-2 93540
정 가 20,000원